中国经济伦理学年鉴

CHINESE ECONOMIC ETHICS YEARBOOK

（2014）

王小锡・主编

中国社会科学出版社

图书在版编目（CIP）数据

中国经济伦理学年鉴．2014 / 王小锡主编．—北京：中国社会科学出版社，2015.12

ISBN 978 - 7 - 5161 - 7248 - 3

Ⅰ．①中…　Ⅱ．①王…　Ⅲ．①经济伦理学—中国—2014—年鉴
Ⅳ．①B82 - 053

中国版本图书馆 CIP 数据核字(2015)第 291018 号

出 版 人　赵剑英
责任编辑　张靖晗
责任校对　林福国
责任印制　张雪娇

出　　版　中国社会科学出版社
社　　址　北京鼓楼西大街甲 158 号
邮　　编　100720
网　　址　http://www.csspw.cn
发 行 部　010 - 84083685
门 市 部　010 - 84029450
经　　销　新华书店及其他书店

印刷装订　三河市东方印刷有限公司
版　　次　2015 年 12 月第 1 版
印　　次　2015 年 12 月第 1 次印刷

开　　本　710 × 1000　1/16
印　　张　41.5
插　　页　6
字　　数　714 千字
定　　价　118.00 元

凡购买中国社会科学出版社图书，如有质量问题请与本社营销中心联系调换
电话:010 - 84083683

中国经济伦理学年鉴（2014）
编委会

主　　编　王小锡
执行编辑　（以姓氏笔画为序）
王露璐　汤建龙　张　曦　张晓磊
李志祥　姜晶花　陶　涛
特约编辑　（以姓氏笔画为序）
吴　俊（清华大学）　张　霄（中国人民大学）
沈永福（首都师范大学）　周谨平（中南大学）
周海春（湖北大学）　周治华（上海师范大学）
商增燕（东南大学）　解丹琪（中南财经大学）
熊富标（华中师范大学）
组织编辑
中国人民大学伦理学与道德建设研究中心
经济伦理学研究所
南京师范大学经济伦理学研究所

编辑说明

为了全面系统地展示我国经济伦理学的发展历程，总结我国经济伦理学学科建设和学术研究的成就，促进国内国际的学术交流，由教育部人文社会科学重点研究基地中国人民大学伦理学与道德建设研究中心和南京师范大学共建的经济伦理学研究所决定编辑出版从2000年起的《中国经济伦理学年鉴》（以下简称《年鉴》）。

《年鉴》的编写得到中国伦理学会名誉会长、我国著名伦理学家罗国杰教授的鼎力支持，他欣然担任编委会主任，并亲自审定了《年鉴》的总体编写计划。

《年鉴》的内容主要包括特稿、对话访谈、论文摘要、著作简介、学术活动、主要课题和学者介绍等。《年鉴》主要反映我国经济伦理学发展的状况，设置了“特稿”“伦理学前沿”栏目，并介绍国外经济伦理学相关中译本著作。尽管我们力图通过与学界同仁的共同努力，使《年鉴》以较为完美的形态出现在读者面前。但是，《年鉴》的编写工作琐碎繁杂，疏漏之处在所难免，恳请读者和学界同仁谅解。需要说明的是，《年鉴》中收集或编辑的内容大多经过相关作者认可，但由于我们的时间和精力有限，故在与作者联系中可能会有疏漏，敬请相关作者理解和海涵。

《年鉴》学者介绍按姓氏笔画排序，其他学术信息按时间先后排序。

为便于《年鉴》编辑工作的顺利开展，我们请有关专家学者在每一年的1月底之前将前一年发表的论文、著作、主要课题、学术活动等参照《年鉴》的编纂格式，发送至编辑部邮箱。自2014年起，我们在中国人民大学、湖南师范大学、清华大学、中南大学、东南大学、湖北大学、首都师范大学、上海师范大学、华中师范大学、中南财经大学等伦理学重点研究单位设立了特约编辑，相关学校的各位专家学者可将学术信息发给本单位特约编辑整理后一并发送至编辑部邮箱。

《年鉴》的编纂得到学界同仁的真诚关注和大力支持，许多作者主动帮助收集和提供相关资料；《年鉴》在编纂过程中，研究生张燕、曹琳琳、江舒、戚文鑫、苗新莉、虞瑛、刘洁、陈子雪、刘昂、曹维文、赵丹丹、孟娜、陈萧寒、唐珂、杨雯瑞、李睿、汪苗、孙诗杰、张军、芮雅进、钟秀娟、石群英、王丽丽、钱淑斐、胡梦云、李于竹等同学协助责任编辑做了大量的辅助工作，《年鉴》的出版有他们的辛劳；《年鉴》的编纂与出版得到江苏省优势学科建设工程和中国社会科学出版社的大力支持，对此，我们表示由衷的谢意！

《中国经济伦理学年鉴》编辑部邮箱：zhgjjllxnj@163. com。

学者介绍

王正平，男，浙江海宁人，生于上海。1996 年晋升为哲学·伦理学教授，现为上海师范大学哲学学院博士生导师、伦理学学科带头人，上海师范大学跨学科研究中心主任，《上海师范大学学报》（哲学社会科学版）副主编，兼任国家社会科学基金学科规划评审专家、中国教育伦理学会会长、中国环境伦理学会副会长、上海市理论创新咨询专家。先后在美国波尔大学、哥伦比亚大学，英国牛津大学，法国国家科学研究中心、巴黎大学，日本龙大学等进行学术访问和交流。

主持和完成的全国哲学社会科学规划项目有：《中西人生哲学比较》《美国职业伦理研究》；上海市哲学社会科学重点项目《当代生态伦理学研究》《深生态学与现代环境价值理念》《中国流动人口道德问题研究》等。个人获奖科研成果有：《论人与自然关系的道德问题》（载《哲学研究》1989 年第 5 期）、《发展中国家环境权利和义务的伦理辩论》（载《哲学研究》1995 年第 6 期）、《环境哲学——环境伦理的跨学科研究》（专著）等。曾获上海市哲学社会科学优秀成果并列一等奖 1 项和个人二等奖 1 项、三等奖 4 项。

主要学术著作有：《环境哲学——环境伦理的跨学科研究》《应用伦理学》《现代伦理学》《生态、信息与社会伦理问题研究》《教育伦理学理论与实践》《伦理学与现时代》《教育伦理学》《中国传统道德论探微》等。学术译著有：《罗素文集》《最终的安全》《中国人的性格》《快乐哲学》《信念的魔力》等。已在《哲学研究》《自然辩证法研究》《道德与文明》《伦理学研究》《探索与争鸣》《光明日报》《解放日报》《文汇报》等刊物上发表 120 余篇学术论文，其中 30 多篇论文被《新华文摘》《中国社会科学文摘》《高等学校文科学术文摘》等刊物全文转载。

何云峰，男，1962 年出生，重庆市开县人，博士生导师。1987 年起到上海师范大学工作，1993 年经上海市教委破格晋升为副教授，1999 年 7 月经上海市教委破格晋升为教授。1999 年 7 月获复旦大学哲学博士学位，2006 年 2 月获香港大学教育学博士学位（第二博士学位）。曾先后担任上海师范大学法商学院副院长，校学报编辑部副主任，校宣传部副部长、部长等职，现任校学报期刊杂志社社长、总编，兼任上海师范大学知识与价值科学研究所所长、上海思维科学研究会副会长、上海马克思主义研究会副秘书长、中国伦理学会教育伦理专业委员会秘书长等职。主要研究领域为马克思主义哲学、社会管理和教育心理学；文化学马克思主义（或劳动人权马克思主义）理论首倡者。先后主持、参与上海市哲学社会科学规划课题、上海市教委文科项目、国家教委项目、教育部人文社会科学基地重大项目以及同国内外大学横向合作项目共计十多项。其著作《思维效率理论与实践》和《从普遍进化到知识进化：关于进化认识论的研究》等先后两次获得上海市马列基金资助。已发表学术论文 100 余篇，独立/合作专著十余部。伦理学方面的代表作主要有：《从价值哲学到价值科学的发展》（载《上海师范大学学报》（哲学社会科学版）2001 年第 1 期）、《网络伦理责任与网络伦理教育》（载《华东师范大学学报》（哲学社会科学版）2008 年第 2 期）、《建立和完善教育伦理与教师道德的中介架构》（载《探索与争鸣》2014 年第 4 期）等。多篇论文被《新华文摘》《中国社会科学文摘》《高校文科学报文摘》、中国人民大学《复印报刊资料》等刊物转载。其主编的《当代公共关系及其操作技巧》曾获上海普通高等学校优秀教材三等奖（1996）。曾获上海师范大学优秀青年教师（1993）、上海市高校优秀青年教师（1995）、上海师范大学优秀中青年学术骨干（1998）、上海宝钢教育奖优秀学生奖（复旦大学，1998）、教育部优秀青年教师资助计划（1998）、宝钢教育基金优秀教师奖（1999）等奖励或称号。

陈春萍，男，1967 年 1 月出生，江西南昌人，法学博士。现任湖南科技大学教育学院院长，教授、博士生导师。湖南省新世纪 121 人才工程人选，湖南省理论学习服务体系省级专家，中国经济伦理学会理事，湖南省高等教育学会理事。

主要从事经济伦理学、马克思主义理论、高等教育学的教学、研究和学科建设工作。在劳动伦理学、教育人力资源管理、大学生网络思想政治教育等方面形成了系列研究成果，彰显了自己的学术研究特色。

近年来主持国家哲学社会科学基金项目 1 项，国家哲学社会科学重大招标项目子课题 1 项，省部级科研项目十余项。出版专著《和谐劳动论》《变革与建构》《网络文化与大学生思想政治教育》3 部，参编著作《巨型大学发展模式论》等十余部。在《马克思主义研究》《道德与文明》《高等教育研究》等刊物发表论文 40 余篇，其中十多篇被《新华文摘》《中国社会科学文摘》、中国人民大学《复印报刊资料·伦理学》《思想政治教育》等刊物全文转载或摘录。先后有 4 项研究成果获湖南省哲学社会科学优秀成果奖，3 项成果获湘潭市社会科学优秀成果奖，1 项成果获湖南省优秀教学成果奖。

赵爱玲，女，1971 年 12 月出生，毕业于中国人民大学马克思主义理论与思想政治教育专业，法学博士。现任北京信息科技大学新闻中心主任兼党委宣传部副部长，教授、硕士生导师。主要社会兼职有：北京伦理学会副秘书长、中国伦理学会理事、中国行政伦理学会常务理事、中国经济伦理学会理事、中国婚姻家庭伦理学会理事等。现主要从事思想政治教育学与政治伦理学教学与研究，出版的主要著作有：《当代中国政府诚信建设》《中华传统美德领导干部读本》《中国特色社会主义核心价值体系建设研究》《新时期思想政治教育史论》等十余部；先后在《光明日报》《道德与文明》《齐鲁学刊》《哲学动态》《学校党建与思想教育》《中国特色社会主义研究》《高校理论战线》等学术期刊公开发表《论爱国责任》《论推进社会主义核心价值体系大众化的三重道德路径》《从公民意识到公共文明：基于社会公德视角的分析》《基于公仆理念的当代中国政府德性举要及剖析》等80余篇论文，分别主持完成了“社会主义荣辱观研究”“意识形态理论视域中构建社会主义核心价值体系问题研究——兼批‘意识形态终结论’思潮”“构建社会主义核心价值体系视阈中的道德共识研究”“大学生道德领域存在的突出问题及教育治理对策实证研究”“中国地方政府公共服务竞争力与责任机制研究”“‘三育人’与德育转化问题研究”“首都公共文明建设的德法共治研究”等多项国家级或省部级以上研究项目和行业委托项目，相关研究成果曾入选国家出版基金“马克思主义研究论库·第一辑”资助出版项目，并分别荣获中国电子教育学会2012年度思想政治教育优秀论文特等奖、丹柯杯优秀研究成果二等奖、全国首届党员教育培训教材优秀教材以及首都精神文明建设奖等。

段钢，男，1969年9月出生，中共党员，博士，复旦大学哲学博士后，高级记者、高级编辑。上海社会科学院《社会科学报》社长兼总编，第四批全国新闻出版领军人才。

主要从事新闻学、经济哲学、文化哲学研究。曾多次获得上海市征文优秀奖、学术年会组织奖、优秀外事工作奖、上海市青联奉献奖等。兼任上海社会科学院经济伦理研究中心副主任，全国经济哲学常务理事，中国经济伦理学会常务理事，上海马克思主义研究会常务理事，上海科学社会主义研究会理事，上海东方青年学社媒体部部长，上海伦理学会理事，上海哲学学会理事，上海青少年运动史研究会理事，上海市第九、十届青联委员。兼职上海交通大学城市科学研究院特聘研究员，上海对外贸易学院特聘教授。

近年来在国内学术刊物《求是》《马克思主义与现实》《哲学动态》《江海学刊》《道德与文明》《学术月刊》《探索与争鸣》《天津社会科学》《河北学刊》等发表学术论文50余篇；在国外理论杂志《乌托邦》上发表英文论文。出版的专著有：《寻觅图像世界的密码》（上海人民出版社）、《绿色责任：企业可持续发展与环境伦理思考》（上海社会科学院出版社）。

发表的论文有：《文化资本与当代城市发展》（载《学海》2009年第3期）、《重估城市精神价值——从芒福德等西方学者的城市观看中国城市发展》（载《学术月刊》2013年第12期，《红旗文摘》全文转载）、《共生视野下的社会发展》（载《学术月刊》2008 年第 9 期）、《图像时代的符号和象征》（载《天津社会科学》2006 年第 4 期）、《图像读写：一个理论研究的新视点》（载《哲学动态》2007 年第 2 期）、《图像认知的哲学意识》（载《社会科学研究》2006 年第 4 期）、《日常生活与图像的现代性批判》（载《社会科学研究》2007 年第 5 期）、《图像符号的意识形态操控》（载《河北学刊》2007 年第 6 期）、《图像的直观认识特征与美学意义》（载《河北学刊》2006 年第 3 期）、《视觉文化背景下的图像消费》（载《江海学刊》2006 年第 2 期）、《经济自由与后发国家政府的责任》（载《社会科学研究》2005 年第 4 期）、《对历史的自觉是抵御历史虚无主义的基石》（载《求是》2013 年第 1 期，《红旗文摘》全文转载）、《当前思想文化领域的挑战与对策》（载《马克思主义与现实》2014 年第 2 期），光明网、中国社会科学网、中国人民大学《复印报刊资料》等媒体全文转载，等等。

唐文明，男，1970 年出生，山西朔州人。2001 年毕业于北京大学哲学系伦理学专业，获哲学博士学位，同年任教于清华大学哲学系。现任清华大学哲学系教授、系副主任，清华大学道德与宗教研究院院长助理、儒学研究中心主任。主要学术兼职有：中华孔子学会副秘书长，中国青年伦理学会副会长，中国社会科学院儒教研究中心学术委员，复旦大学儒学文化研究中心学术委员，《原道》编委会委员等。2003 年 9 月至 2004 年 6 月为美国联合神学研究院（Graduate Theological Union at Berkeley）访问学者，2004 年 7 月至 9 月为美国哈佛—燕京学社（Harvard-Yenching Institute）合作研究员，2007 年 6 月为香港中文大学访问学者，2008 年 8 月至 2009 年 6 月为哈佛—燕京学社访问学者，2013 年 1 月为台湾大学访问学者。主要研究方向：伦理学、中国哲学与宗教学。曾主编《清华哲学年鉴》，在国内外学术期刊发表学术论文 100 多篇，出版的学术专著有《与命与仁：原始儒家伦理精神与现代性问题》（河北大学出版社，2002 年）、《近忧：文化政治与中国的未来》（华东师范大学出版社，2010 年）、《隐秘的颠覆：牟宗三、康德与原始儒家》（生活 · 读书 · 新知三联书店，2012 年）、《敷教在宽：康有为孔教思想申论》（中国人民大学出版社，2012 年），另有学术译作若干篇。

彭柏林，男，1965 年出生，湖南平江人。哲学博士、教授，硕士生导师，湖南理工学院期刊社社长和马克思主义理论学科带头人，中国伦理学会会员，教育部《学位与研究生教育》湖南采编中心采编委员会委员，湖南省高校学报研究会常务理事，湖南省伦理学会常务理事，湖南师范大学兼职教授，韩国大邱教育大学客座研究员。1985 年毕业于湖南理工学院政治系。1986—1989 年，在华中师范大学政治教育专业进修，获法学学士学位。1997—2000 年，在湖南师范大学伦理学研究所攻读硕士，获哲学硕士学位。2003—2006 年，在湖南师范大学道德文化研究中心攻读博士，获哲学博士学位。2002 年晋升副教授，2006 年晋升教授。研究专长为伦理学原理和应用伦理学。

主要著作有：《道德需要论》（上海三联书店，2006 年）、《当代中国公益伦理》（人民出版社，2010 年）、《中华传统美德的历史意蕴和现代价值》（云南人民出版社，2014 年）。

主要论文有：《道德起源的三个视角》（载《哲学动态》2003 年第 11 期）、《公益视域中的道德义务》（载《道德与文明》2010 年第 1 期）、《论墨家的公益慈善伦理思想》（载《道德与文明》2013 年第 4 期，韩国《哲学论丛》2013 年第 1 期）、《公平正义的时代话语》（载《马克思主义与现实》2008 年第 5 期）、《论公民道德建设的内在规律性》（载《伦理学研究》2004 年第 2 期）、《公益视域中的公平正义》（载《伦理学研究》2009 年第 3 期）、《论道德需要的特点》（载《求索》2004 年第 2 期）、《论人类道德需要发生的心理动因》（载《湖南师范大学社会科学学报》2007 年第 2 期）、《价值永存的伦理思考》（载《北京行政学院学报》2005 年第 1 期）、《论传统家庭美德的现代价值》（载《湖南大学学报》（社会科学版）2001 年第 1 期）、《论道家和道教的公益慈善伦理思想》（载韩国《哲学论丛》2014 年第 4 期）。

目　录

CONTENTS

I In Memory of Mr. Luo Guojie

II Special Essays

III Abstracts of Essays

IV Outlines of Works

V Frontiers of Ethics

VI Academic Activities

VII Main Projects

第一篇
纪念罗国杰先生

亦师亦父　恩重情深

——怀念敬爱的罗国杰老师

王小锡

敬爱的罗国杰老师已离我们而去，哀伤难以消逝，怀念将成永远。

我一生结缘伦理学，是因为我有幸于20世纪80年代初参加了教育部委托中国人民大学举办的伦理学高校教师进修班；我一生钟情伦理学，是因为我有幸滋养于罗老师亦师亦父般的教诲与扶植。

一句箴言，影响历代学人

我记得1982年秋伦理学进修班开学后，罗老师第一次给我们上课就很认真地告诫我们要“学伦理学，做道德人”。他不仅这样说，而且坚持一生身体力行，率先垂范。为此，罗老师赢得了社会各界广泛的尊重和爱戴。“学伦理学，做道德人”这句话，也成为我人生的座右铭，始终影响着我的为人处事。当年中国人民大学举办的伦理学高校进修班被称为伦理学界的“黄埔一期、二期”，为全国高校培养了一批伦理学人才。可以说，罗老师的这句“学伦理学，做道德人”，伴随着中国伦理学的发展和壮大，也影响并将继续启迪我国一代又一代的伦理学同仁。

不吝墨宝，激励后学上进

记得当年，江苏伦理学界同仁集体编写了一本《伦理学通论》。一天，趁去北京开会的机会我怀着忐忑不安的心情恳请罗老师题写书名，没想到罗老师爽快答应，令我喜出望外。据我所知，罗老师为学界伦理学著作题写书名十分鲜见，荣幸之余，我也常常感念罗老师的厚爱与鼓励。后来，南京师范大学先后成立伦理学研究所和应用伦理学研究所，罗老师不仅分别为两所题写了所名，并且还提供了竖写横写两款格式，任我们选用。我的夫人郭建新教授主编了《财经信用伦理研究》一书，恳请罗老师题词，罗老师很快从北京寄来了题有“深入研究财经信用伦理，完善财经信用制度，大力推进社会主义市场经济建设”的题词签，并盖上了印章。这不仅是对作者的鼓励和鞭策，更是对伦理学同仁的要求和希望。今天，罗老师虽然离我们而去，但见牌见字如见人，他永远激励我们在学术的道路上不断前行。

真诚扶植，推进学术繁荣

在我的学术道路上，罗老师始终无私提携。记得我在中国人民大学进修伦理学专业时，一天下午，我正在宿舍里写作，罗老师敲门进来，见我一人在宿舍，就坐下跟我交谈了一个多小时。当时交谈的内容很多，谈学习，谈生活，谈工作，谈学术，说是交谈，其实是给我单独上了一堂人生哲学课，顿时让我对眼前这位和蔼可亲的老师、长者肃然起敬、心存感激。我一直记忆犹新的是，罗老师在谈话中要我多读书，要有自己的思考，要站在学科前沿搞研究，要让理论真正解释和解决社会现实问题。可以说，我一生的学术路向和学术风格深深地受到罗老师当时的谆谆教诲的影响。

从中国人民大学伦理学进修班毕业30多年来，我多次参加伦理学的学术会议，每次聆听罗老师在会上的学术演讲就是享受一次学术大餐。2001年，在南京师范大学召开了全国第一次经济伦理学学术研讨会，罗老师专程到会祝贺、演讲，会议间隙，他总是亲切地与年轻人交流。同样令我记忆犹新的是，在会议上，他语重心长地说，经济伦理学作为新兴学科，只要坚持以马克思主义为指导，好好耕耘，必有收获。今天，我国经济伦理学研究内容不断丰富，研究领域不断拓展，呈现出良好发展态势，也验证了当时罗老师的教导。那次会议，罗老师还告诫青年学者，做学问要力求创新，要立足为社会服务，这就是今天强调的学术创新要高平台、接地气的理念。

伴随着经济伦理学学科的发展，我萌生了带领南京师范大学经济伦理学团队编辑出版《中国经济伦理学年鉴》的设想和计划。一次，在北京召开《思想道德修养与法律基础》教材编写会议时，我把这一想法向罗老师作了汇报。罗老师在表示全力支持的同时，欣然同意担任《中国经济伦理学年鉴》编委会主任，随后又认真审阅、修改了《年鉴》的编写设想和计划。他对我说："这是我国伦理学界第一部也是至今唯一一部年鉴，要精心规划、精心组织、精心编撰，使之真正成为经济伦理学乃至伦理学研究的权威信息资料库。"多年来，罗老师提出的这三个"精心"，成为我们编撰《年鉴》的工作宗旨。今天，《中国经济伦理学年鉴》已出版 11 卷，引起了学界的广泛关注，在推进我国经济伦理学乃至伦理学的学术繁荣和学科建设上发挥着独特的作用，并在国际上产生了一定的影响。这项得到学界赞赏的事业，与罗老师的关心、支持是分不开的。可以说，没有罗老师当初对编撰《年鉴》的支持和指示，没有罗老师长期的关注和指导，就不可能有今天已经连续出版 11 卷的《中国经济伦理学年鉴》。

最使我难忘的是，罗老师先后为我的拙作撰写过两篇序言，每篇序言都是他在认真阅读书稿的基础上写就的，且每篇序言都有画龙点睛之功，可谓字字洋溢热情鼓励，句句闪烁学术光芒。在为我的《道德资本与经济伦理》（自选集）作序时，罗老师已经重病在身，但听我说要出自选集并有意请他在身体康复后作序，他欣然允诺，并很快在病中给我写好了序言。当我在罗老师家拜接纸质序言稿时，罗老师对我说："小锡啊，我现在体力不支，不再为他人作品作序了，但你的自选集要出版，我很高兴，我要为你写好这篇序言。"那一刻，我不知说什么好，唯有眼含热泪，不断地点头并鞠躬致谢。师恩如山，无以为报，唯当竭尽所能，致力于罗老师开创的事业，以不辜负罗老师的关爱与提携。

其实，罗老师对后生的提携在学界屡见不鲜，目的是为了推进中国伦理学的繁荣。罗老师的见识和作为，真不愧为伦理学界可敬的崇高"人梯"。

罗老师的精神永存！罗老师永远活在我们心中！

第二篇
特　稿

古为今用　推陈出新
——论继承和弘扬中华传统美德

罗国杰　夏伟东

学习、贯彻、落实社会主义核心价值观，使社会主义核心价值观融入全民族的精神血液，内化于心、外化于行，这是与实现中华民族伟大复兴中国梦形神相随的一项重大战略任务。社会主义核心价值观要入耳入脑入心、敦化为民风民俗民德，一条重要的途径，是必须与中华文化的根本相融通，生长于斯、发展于斯、创新于斯。习近平总书记指出，培育和弘扬社会主义核心价值观必须立足中华优秀传统文化，牢固的核心价值观，都有其固有的根本，抛弃传统、丢掉根本，就等于割断了自己的精神命脉。习近平总书记还着重指出，中华传统美德是中华文化精髓，蕴含着丰富的思想道德资源，不忘本来才能开辟未来，善于继承才能更好创新，对历史文化特别是先人传承下来的价值理念和道德规范，要坚持古为今用、推陈出新，有鉴别地加以对待，有扬弃地予以继承。习近平总书记的这些重要论断，是我们今天正确把握培育社会主义核心价值观同弘扬中华传统美德相互关系的基本遵循。

一、对待中华传统道德须秉持正确立场

正确对待中华传统道德，关键在于秉持正确的立场。

中国自近代以来，包括新中国建立以来，在传统文化和传统道德问题上，全盘否定的文化虚无主义、全盘否定的西化论、全盘肯定的复古主义等思潮，从来就没有真正销声匿迹过，一有适宜的条件，这些思潮便会以

不同的面目顽强地表现出来。对于中国共产党人来说，对传统文化和传统道德的态度，也经历着曲折的认识过程。只是从以毛泽东同志为代表的那一代卓越的共产党人开始，中国共产党人才真正解决了正确对待传统文化和传统道德的立场问题，在不断使马克思主义中国化的进程中，提出了马克思主义对待中国传统文化和传统道德的基本原则，如批判继承、古为今用、推陈出新，等等。毛泽东同志说："今天的中国是历史的中国的一个发展；我们是马克思主义的历史主义者，我们不应当割断历史。从孔夫子到孙中山，我们应当给以总结，承继这一份珍贵的遗产"；"清理古代文化的发展过程，剔除其封建性的糟粕，吸收其民主性的精华，是发展民族新文化提高民族自信心的必要条件；但是决不能无批判地兼收并蓄"；对于历史遗产和一切进步的文化，都不能生吞活剥地、毫无批判地吸收，应该"如同我们对于食物一样，必须经过自己的口腔咀嚼和胃肠运动，送进唾液胃液肠液，把它分解为精华和糟粕两部分，然后排泄其糟粕，吸收其精华，才能对我们的身体有益"。

毛泽东同志这些代表性的论述，从理论原则上解决了对待中国传统文化和传统道德的正确立场问题。但在实践中，对于中国这样一个具有五千年文明史的国度来说，处理好传统文化和传统道德的批判继承、古为今用、推陈出新问题，决不会一蹴而就和一劳永逸。五千年的文化积淀，使中国传统文化和传统道德具有鲜明的两重性与矛盾性，其中，既有民主性的精华，又有封建性的糟粕；既有积极、进步、革新的一面，又有消极、保守、落后的一面，在有些情况下，精华与糟粕紧密结合，良莠杂陈，瑕瑜互见。一方面是资源丰沛、取之不竭，一方面是见仁见智、各取所需；加上近代以来，中华文化始终面对处于强势地位的西方文化的挑战和冲击，这就使得中国在对待传统文化和传统道德的问题上遭遇的复杂困境，是世界上任何一个国家都无法比拟甚至难以想象的。传统文化和传统道德，究竟是中国前进的动力还是前进的阻力，这样的问题，近代以来给国人带来极大的困惑，造成极大的纷争。

尽管自近代以来，在如何对待传统文化和传统道德的问题上存在各种不同甚至势不两立的态度和观点，但从总体上可以说，凡是进步的有识之士，对待传统文化和传统道德的态度，基本上都强调既返本又开新，强调在不断地返本中不断地开新，因此，像"综合创新"这样充满智慧的主张，才会日益成为思想界的主流，而那些极端的反古派和极端的复古派，却越来越成为非主流。今天，在对待传统文化和传统道德的问题上，我们应该顺应思想界的这一主流，不要再受困于极端的态度和观点，旗帜鲜明地拒斥历史虚无主义、文化虚无主义和文化复古主义、文化保守主义，认认真真地总结好、承继好从孔夫子到孙中山这一份珍贵的文化道德遗产。

最根本的，须如习近平总书记指出的那样：要加强对中华优秀传统文化的挖掘和阐发，努力实现中华传统美德的创造性转化、创新性发展，把跨越时空、超越国度、富有永恒魅力、具有当代价值的文化精神弘扬起来，把继承优秀传统文化又弘扬时代精神、立足本国又面向世界的当代中国文化创新成果传播出去。这就要求讲清楚中华优秀传统文化的历史渊源、发展脉络、基本走向，讲清楚中华文化的独特创造、价值理念、鲜明特色，增强文化自信和价值观自信，认真汲取中华优秀传统文化的思想精华和道德精髓，大力弘扬以爱国主义为核心的民族精神和以改革创新为核心的时代精神，深入挖掘和阐发中华优秀传统文化讲仁爱、重民本、守诚信、崇正义、尚和合、求大同的时代价值，使中华优秀传统文化成为涵养社会主义核心价值观的重要源泉。只要中华民族一代接着一代追求美好崇高的道德境界，我们的民族就永远充满希望。

二、对待中华传统道德要尊重文化传承客观规律

社会主义核心价值观，无论是国家层面的价值目标、社会层面的价值取向，还是公民个人层面的价值准则，其产生，都不能靠简单的“设计”，而要靠准确把握概括时代精神，科学提炼取舍传统文化和传统道德。

在时代快速发展的今天，比较容易被人们忽视的，是对传统文化和传统道德的批判继承。毫无疑问，旧时代的文化和道德，必定包含着特定时代陈腐的旧精神、旧风俗、旧习惯、旧道德，有严重的地域、时代和阶级的局限性，许多内容早已丧失复兴的价值，甚至还可能成为今天的历史包袱。但是，也必须看到，今天的时代和过去的文化道德的联系，是本根般、血脉般的联系，客观上无法割断也不能割断，倘若强行割断，一味拒斥，必定是剪不断、理还乱。

对传统文化和传统道德采取古为今用、推陈出新的方针，不是对历史遗产的主观偏爱，更不是发思古之幽情，而是尊重文化传承的客观规律。在传统文化和传统道德中，蕴含着不可忽视的、超越时代的、可继承的优

秀遗产。讲仁爱、重民本、守诚信、崇正义、尚和合、求大同的精神，就是中华优秀传统文化和传统美德的精髓。“己欲立而立人，己欲达而达人”，“己所不欲，勿施于人”的仁爱精神；“天行健，君子以自强不息”的进取精神；“地势坤，君子以厚德载物”的包容精神；“大道之行也，天下为公”的社会理想；“不义而富且贵，于我如浮云”的义利观；“富贵不能淫，贫贱不能移，威武不能屈”的大丈夫气概；“与人为善”、“助人为乐”、“扶贫济困”、“知耻近于勇”的道德品格，等等，对这些中华民族的传统美德，要理直气壮地继承和弘扬，使之成为涵养社会主义核心价值观的重要源泉。

应该取既厚古也厚今的态度，厚古之资源，厚今之所用。对于中国文化和传统道德，既不能全盘否定，也不能全盘继承。全盘否定，势必导致文化虚无主义或全盘西化论；全盘肯定，势必导致文化保守主义或全盘复古论。对我们的祖先传承下来的文化道德，要以历史唯物主义为指导，在去粗取精、去伪存真的基础上，采取兼收并蓄的态度。返本的目的在于开新，开新的目的全在今用，而成功与否，关键在于是否能古为今用、推陈出新。

古为今用，要求批判继承传统道德的主要目的，是服务于中国特色社会主义文化建设的需要，创造出先进的道德，提炼出先进的社会主义核心价值观，解决现实生活中的思想道德问题，为改革发展创造良好的思想道德环境。根本依归，是在对历史的继承创新中塑造民族精神、民族魂，进而认识和把握中国社会发展规律，激励人民继续前进的信心和勇气。

推陈出新，要求对中国历史上诸子百家的文化和道德思想作通盘考察，取各家之精华，舍各家之糟粕，在比较、分析、整合的基础上兼收并蓄、综合创新，使之形成一种新的符合时代需要的思想，成为社会主义核心价值观的有机组成部分。

三、对待中华传统道德要具体情况具体分析

对中国传统道德的古为今用、推陈出新，是一个总原则，在实际认知和践行过程中，需要将这个原则具体化，做到具体情况具体分析。

在中国传统道德中，从我们今天的立场、观点和方法着眼，大体上可分出几种不同情况。

第一种情况，一些传统道德，基本属于精华部分。

第二种情况，一些传统道德，是奴隶制、封建制等级制度和等级观念的核心意识形态，基本属于糟粕部分。

第三种情况，一些传统道德，精华与糟粕交织融合在一起。

还应当看到，即使基本上属于精华的部分，也仍然瑕瑜互见，尽管“瑕不掩瑜”，但对于“瑕瑜错陈”的情况，古人从来都强调“持择须慎”。

首先，对那些基本上属于精华的传统道德，要理直气壮地批判继承，同时也应当按照古为今用、推陈出新的原则进行分析，赋予时代新意。例如，“先天下之忧而忧，后天下之乐而乐”这两句广为传诵的名言，是北宋范仲淹在《岳阳楼记》一文中所说的。其中所指的“天下”，在当时，既指整个中华民族所聚居的广袤土地，又兼指宋王朝统治的范围。这两句话中的“忧”“乐”，既有对广大人民群众的忧乐，又有对宋王朝兴衰的忧乐。今天，我们理解的“天下”与范仲淹所理解的“天下”，既有相通之处，也有原则区别；相应的，所应当有的“忧”“乐”，既有相通之处，也有原则区别。

在中国传统道德中，这样的例子还可以举出很多。如“仁者爱人”，“己所不欲，勿施于人”，等等，在继承时都要注意抛弃其在当时所包含的抹杀阶级矛盾和维护统治阶级私利的消极内容，弘扬其在今天调解人民内部矛盾、加强人民之间的团结友善关系的积极内容。再如，“居天下之广居，立天下之正位，行天下之大道。得志，与民由之，不得志，独行其道。富贵不能淫，贫贱不能移，威武不能屈，此之谓大丈夫”，对于其中的“广居”“天下”“道”“志”等，都应当运用古为今用、推陈出新的原则加以综合创新。

其次，对那些基本上属于糟粕的传统道德，要理直气壮地批判拒斥。比如，对“三纲五常”中的“三纲”，由于其是专制等级制度和等级观念的意识形态支柱，而且与今天的社会制度和社会生活完全背道而驰，不但没有正面价值，反而充满负面价值，因此，可以判定为糟粕，要坚决抵制。当今社会政治生活以及日常生活中屡屡表现出来的家长制作风和歧视妇女等现象，究其传统文化的根源，正在于“君为臣纲、父为子纲、夫为妻纲”这类腐朽思想的毒害。

再次，对那些精华与糟粕交织融合在一起的传统道德，更需要有鉴别地加以对待，有扬弃地予以继承。以“义利”关系这一中国传统道德的中心问题为例。《论语》中提出的“不义而富且贵，于我如浮云”“见利思义”“见得思义”“义然后取”，等等，这些思想，基本上属于精华部分，但其中也夹杂着一些维护封建统治阶级私利的内容。重点在于正确区分古人所说的义与利和今天所说的义与利的区别，这样我们才能比较好地弃糟取精。更复杂的是另外一些情况。例如“君子思义而虑利，小人贪利而不顾义”和“君子喻于义，小人喻于利”等思想，就是比较典型的精华与糟粕相互交织在一起的情况。问题主要集中在对“君子”与“小人”的分别上。在中国古代社会，“君子”的一层含义，是指统治阶级的成员，另一层含义，是指有道德的人；“小人”的一层含义，是指居下位的卑贱者，另一层含义，是指只顾私利而没有道德的人。因此，对“君子思义而虑利，小人贪利而不顾义”和“君子喻于义，小人喻于利”的理解，可以包含两个既有联系、又有区别的释义：一个释义是，只有统治者才思考大义、明白大义，而劳动人民只贪图私利、懂得私利；另一个释义是，只有道德高尚的人才考虑大义、明白大义，而没有道德的人不顾大义、只知道私利。在中国长期封建社会中，第一种释义显然是主流，对这样的内容，应批判拒斥。对第二种释义，应批判继承，将其改造后，可以有助于人们树立正确的义利观，处理好义利关系。

四、对待中华传统道德的正确方法论

正确对待中国传统道德，从方法论上来看，还有一个如何正确对待道德特殊和道德普遍的关系问题。在过去一段时期内，对中国传统道德问题之所以存在认识和实践偏差，方法论上的失当，也是一个深层次的原因。比如，否定传统道德可以继承的观点，其错误在于只看到传统道德形成于某一具体时代、具体人物和具体事物的特殊性，没有看到其中也可能包含了超越时代的普遍性因素；而主张全盘继承、全盘复古观点的错误，则在于夸大了传统道德的普遍性，看不到不同时代的特殊性，因而否认对传统道德进行变革的必要性。

怎样正确理解传统道德的这种特殊和普遍的关系呢？马克思和恩格斯在《德意志意识形态》中曾经指出，即使在阶级对立的社会中，各阶级之间，既有对立的利益，也有共同的利益，“而且这种共同利益不是仅仅作为一种‘普遍的东西’存在于观念之中，而首先是作为彼此有了分工的个人之间的相互依存关系存在于现实之中”（《马克思恩格斯文集》第1卷，人民出版社2009年版，第536页）。例如，统治阶级的思想家们，为了维护统治阶级的长远利益，不但利用这种共同利益来制定维护社会稳定的道德规范，举着这种共同的、普遍利益的旗帜来抵抗外来的侵略，而且根据这种共同利益来开发自然和兴修水利，等等。

道德要求都具有特殊意义和普遍意义。在中国的奴隶社会和封建社会条件下，当一个道德要求被提出来的时候，从特殊利益的层面看，其必然要立足于维护统治阶级的根本利益和等级制度的社会尊卑秩序；从普遍利益的层面看，它也要着眼于维系当时社会的整体生产生活关系，着眼于维护社会秩序的安定和谐、家国社稷的长治久安。当然，由于受历史的、阶级的局限，当古人根据那时的特殊环境、特殊目的提出某些道德要求和道德准则时，又往往自认为是发现了人类道德生活永久不变的真理，认为这些道德要求和道德准则可以万古长存，企望“天不变，道亦不变”。

传统道德包含的这样两个层面，既使得那些在特定历史条件下产生的道德，其核心部分具有不言而喻的剥削阶级的阶级私利专属性，因此，对于这些反映剥削阶级根本利益，没有什么科学性、民主性和人民性因素的道德，就应该采取批判拒斥的态度；也使得那些确实反映了同一社会的人们所必须共同遵守的道德准则，那些如恩格斯所指出的某些共同的历史背景就必然会使道德有某些“共同之处”，那些如列宁所说的人类在千百年来所形成的“公共生活规则”，具备了可以批判继承的合理内核。对传统道德，究竟是批判继承，还是批判拒斥，判断的根本标准，就是看传统道德中是否包含着科学性、民主性和人民性的因素。

那些具有科学性、民主性和人民性的因素的独特的、优秀的文化道德遗产，按照古为今用、推陈出新的原则加以甄别改造之后，就必将成为培育和践行社会主义核心价值观独特的文化依托和文化优势，也必将成为中国特色社会主义伟大事业独特的文化依托和文化优势。正是独特的文化传统、独特的历史命运和独特的基本国情启示我们，中国注定要走适合自己特点的发展道路。

五、中国传统美德的核心和主流

中国传统美德的核心和主流，可以简约地概括为“天下为公”的精神。

认真反思数千年的文化道德传统，在今天还能称为美德的，可以说，都或多或少地反映了《礼记》中提出的“大道之行也，天下为公”的精神，《礼记》中阐释的“小康”“大同”思想，本质上是和“天下为公”这样的“大道”紧密联系在一起的。《诗经》中的“夙夜在公”思想，《左传》中的“立德、立功、立言”“三不朽”思想，贾谊《治安策》中的“国而忘家，公而忘私”思想等，强调的都是“天下为公”精神。正是在“天下为公”精神的影响和激励下，范仲淹写下“先天下之忧而忧，后天下之乐而乐”；文天祥写下“人生自古谁无死，留取丹心照汗青”；顾炎武写下“天下兴亡，匹夫有责”；颜元写下“富天下，强天下，安天下”；林则徐写下“苟利国家生死以，岂因祸福避趋之”——这样的道德格言在传统典籍中汗牛充栋，这样的道德人格在历朝历代层出不穷，共同彰显着中华传统美德以国家、民族、整体利益为上的特殊宝贵的价值。

在个人对他人、对社会的关系上，中国传统美德强调个人对国家、对民族尽责，强调先人后己、助人为乐，直至强调“杀身成仁，舍生取义”，这种整体主义道德，是中国传统道德区别于西方以个人主义为核心的道德传统的一个重要特点和优点。中华民族在五千年的历史征程中，饱经内忧外患，历尽兴衰起落，但周虽旧邦，其命惟新，中华民族始终屹立于世界民族之林，成为世界上唯一使远古文明与当代文明、远古民族与当代民族一脉相承的文明民族。毫无疑问，中国传统文化和传统道德中“天下为公”的整体主义精神，成为维系中华文明和中华民族生生不息、愈挫愈强的强大精神纽带。国家统一，民族团结，反对分裂，反对内战，成为几千年来各族人民的共同愿望，从而决定了中国历史发展的主流和方向。尽管中华民族在历史上经历了无数次外敌入侵的外忧、无数次国家分裂和地区政权间对立的内患，诸如魏晋南北朝，五代十国，宋、辽、金、西夏并峙等时期，但最终都依靠自己的力量，一次次凤凰涅槃，获得新生。

应当看到，在长期的奴隶制和封建社会中，中国传统道德中“天下为公”的整体主义思想，也打上了深深的剥削阶级私利的烙印，成为维护统治阶级私利的一种思想武器。统治阶级总是把自己的阶级利益，把一姓王朝的私利，冒充为所谓“天下”的利益。我们今天批判继承中国传统道德中的整体主义精神，就是要拒斥这种用一己私利冒充天下利益的思想，继承那种“夙夜在公”“公而忘私”忧乐天下的“天下为公”精神。在今天，奋力实现中华民族伟大复兴中国梦的精神，就是最根本的“天下为公”的精神。

（载《红旗文稿》2014 年第 7 期）

诚信建设制度化的路径选择

王淑芹

当前，我国某些领域、行业、群体出现的诚信道德失范问题，侵蚀到社会生活各个领域，成为带有普遍性的社会问题。由此引发的社会信任危机，扰乱市场和人的心灵秩序，积聚社会矛盾，挑战人类道德底线和社会正常运行的阈限，成为制约我国经济社会健康发展的“软肋”。为此，国务院颁布了《社会信用体系建设规划纲要（2014—2020 年）》，中央文明委印发了《关于推进诚信建设制度化的意见》，把诚信建设制度化、规范化、长效化作为褒扬诚信、惩戒失信的重要举措。

诚信建设制度化，是促进社会互信、减少社会矛盾、加强和创新社会治理的重要手段。基于我国现有社会信用体系建设现状以及发达市场经济国家社会信用建设的历程和经验，笔者以为，我国当前应从三方面着手推进诚信建设的制度化。

一、信用管理的外围法与核心法两大系统协同共建

现代市场经济社会诚信建设的关键在于制度；诚信制度建设的关键在于信用管理法律法规体系的建立和完善。信用管理的法律法规体系，一般分为两大系列：一是直接处罚欺诈失信主体的法律法规，也称外围法，如《刑法》《民法通则》《食品安全法》《合同法》《反不正当竞争法》《消费者权益保护法》等法律中与诚信相关的条款；二是保障信用信息采集、公开、使用、共享的法律法规，也称信用管理的核心法律。目前，我国存在着信用管理的外围法惩罚力度不够、核心法律法规缺位的问题。因而，完善诚信保护的外围法和加快制定信用管理核心法律是当前我国诚信法律制度建设的双重任务。

修订外围法涉及诚信的条款，加大对欺诈失信行为的惩戒力度，提高违法成本，增强法律威慑，使人们不敢失信、不愿失信。我国需要依法对失信主体（自然人、企业、社会组织）重典治理，既严惩失信者又警示他人要诚实守信。与国外法律对欺诈失信行为的惩罚相比，我国相关法律

的刑罚力度普遍偏低，难以产生法律威慑。《法国刑法典》对诈骗罪的规定，强调其行为性质，只要是采取了欺诈伎俩，轻则处5年监禁并科250万法郎罚金，重则处7年监禁并科500万法郎罚金，并适用资格刑。《澳大利亚联邦刑法典》对通过欺诈不诚实地从他人处获取了某种经济利益的行为人，处以10年监禁。我国《刑法》对诈骗罪数额与惩罚的规定，不仅存在把犯罪数额作为诈骗罪既遂标准的后果论倾向，而且惩罚力度不足以产生利益牵制的威慑力（我国《刑法》对诈骗罪的惩罚，在数额较大的情况下，最低处三年以下有期徒刑、拘役或者管制，并处或者单处罚金）。这种欺诈失信成本和风险低下的社会现实，客观上产生了“纵容”或“激励”非诚信行为的道德悖论。依法制裁失信者，需要尽快对我国现行《刑法》《民法通则》《食品安全法》《合同法》《反不正当竞争法》《消费者权益保护法》等法律中与诚信相关的条款，进行修订完善。在修订中，一是要考虑诚信行为的“善意与恶意”的行为性质，改变目前单纯的后果要件论定罪方式；二是要加大对欺诈失信行为的惩罚力度，让失信者付出惨痛代价，罚其倾家荡产而不敢投机失信；三是要修改笼统性的法律条款，细化、明确信用、欺诈方面的法律规定，减少“选择性执法”的空间。

把信用信息公开法的立法工作提到议事日程，渐进制定信用管理的核心法律体系，使信用信息能够合法采集和使用，建立守信联奖、失信联惩的信用信息共享机制。现代市场经济社会，褒扬诚信、惩戒失信，既需要相关法律对失信主体进行民事、行政和刑事责任的直接处罚，也需要建立覆盖全社会的征信系统，建立信用记录和信息的公开、共享、传递机制，使企业或个人的信用记录普遍公开和广泛传播，使失信者到处碰壁，良信者处处获益，从而构成对投机失信企图和行为的利益钳制。目前，我国推行公民个人、法人和社会组织的唯一信用代码制度，实现社会信用主体信息的归集、查询、公示，就是要实行信用记录与评价对失信者的持久社会处罚。事实上，要发挥信用信息的奖罚作用，不仅需要解决征信网络平台问题，更需要解决征信的合法性问题。因为对自然人或企业的信用信息进行归集与评价，关涉个人和企业的合理权益的保障、征信机构的诚实记录以及公正评价等问题，而我国目前尚无一部专门针对信用信息采集、使用、披露、保护的全国层面的信用法律，所以，制定和颁布信用信息采集和使用方面的法律制度是诚信建设制度化的当务之急。换言之，要实现

《社会信用体系建设规划纲要（2014—2020年）》提出的“信用信息合规应用”以及中央文明委《关于推进诚信建设制度化的意见》提出的“依法收集、整合区域内公民、法人和其他组织的信用信息、依法推进信用信息互联互通和交换共享”的目标，尽快制定信用信息合理采集和使用的相关法律制度是关键。

二、建立信用信息归集制度

有效消除信用信息“壁垒”和“孤岛”现象，让失信记录见阳光，使失信者无处躲藏，有赖于信用信息的及时归集，形成信用记录，使自然人、企业、社会组织涉及诚信的行为留有痕迹。信用主体信用信息的归集，需要四个配套条件：第一，具有信用法律法规体系，使信用信息能够依法采集；第二，具有信用标准体系，使信用档案的建立有“标准”可依，全国通用，与世界接轨；第三，具有全国统一的征信平台；第四，具有“各部门各地区信用信息系统统筹整合”的制度保障，使及时归集信用主体不同领域的信用信息成为可能。信用主体活动的多领域性以及社会组织对信用主体的多系统管理方式，使得信用主体的信用信息分属于不同系统和部门，而信用主体完整的、综合的信用记录的形成，需要对不同领域、不同系统信用信息进行整合。目前，在我国，不仅自然人、法人和其他组织统一社会信用代码制度正在建立中，而且信用主体的信用信息也处于分割、分散状态。要破除各系统之间、各部门之间的信息“壁垒”，亟须修订和完善相关制度，明确不同系统和部门信用信息公开的义务以及未能履行义务应负的责任。具体言之，修订《中华人民共和国政府信息公开条例》，在明确规定公安、法院、工商、税务等相关政府部门所辖信用信息向社会公开的基础上，需要进一步规定不公开信息所承担的责任，且对信息不归集的行为责任进行明确规定，避免政府信息归集受部门利益阻碍而搁浅。发挥银行、保险、社区等社会组织机构的作用，要求它们及时提供所辖成员真实的信用记录。我国在征信平台的建设上，应该尽快实现四大系统信息平台的对接与整合：金融系统的个人和企业信贷的信用信息平台，工商管理的个人和企业纳税、合同履约、产品质量、行政处罚等信用信息平台，公安系统的个人与企业的法律惩罚信用信息平台，保险、电信、水电、房租等系统的缴费信用信息平台。

三、建立信用记录的广泛使用制度

我国社会中存在的守信者无优待、失信者无惩罚的“诚信无用”的社会现实，与企业和个人的信用记录在经济社会中未能成为其生活和交易的“通行证”无不相关。所以，建立健全激励诚信、惩戒失信长效机制的关键，是要建立信用记录的广泛使用制度。

把诚信嵌入利益获取的关口，实现“诚信获益、虚假失信亏利”的社会正义。我国需要推行信用记录的广泛使用制度，建立过去、现在与将来诚信记录与利益联动的一线贯通机制。建立诚信红黑名单制度，把企业生产、经营的信用记录纳入企业的注册登记、资质审核、年度考评等监督检查环节，对良信企业实行优先办理、简化程序等“绿色通道”的各种优待政策。相反，对不良企业，在曝光、加强审查的同时，实行某些行业经营的禁入限制；把个人的信用记录融入律师、会计师、税务师、公务员、教师等职业资格准入和职称、职务晋升中，“对严重失信行为实行‘一票否决’”。把诚信记录内嵌于社会组织和个人的各种社会利益活动中，使信用记录成为人们就业、升学、升职、信贷、租赁以及企业经营、贷款等交互活动中利益获取的“关卡”，人们自然会珍惜诚信记录，维护诚信信誉。“处处用信用、时时讲信用”“守信者得利、失信者损利”的“德得相通”社会环境，是最好的、最有效的诚信教育，是培育和践行社会主义核心价值观的社会支持系统。

（载《光明日报》2014 年 9 月 10 日第 16 版）

第三篇
论文摘要

美国的慈善伦理与财富创造

［美］乔治·恩德勒，《上海师范大学学报》（哲学社会科学版）2014 年第 1 期。

这篇文章中，作者集中讲述了一个历史典范，了解安德鲁·卡内基这位美国慈善事业杰出先驱的慈善观念。然后，作者又通过一些事例简洁地讨论了慈善的定义。

一、安德鲁·卡内基：慈善的先驱

安德鲁·卡内基生于 1835 年，卒于 1919 年，他在苏格兰出生，在 1848 年跟随他的父母来到了美国。他一味追求企业的成功而不惜牺牲工人的利益，受到人们的批评。1901 年，卡内基以超过 2.5 亿美元的价格出售了他的公司，并决定将余生奉献给慈善事业。

二、财富的福音

《财富的福音》不仅是卡内基撰写的一本自传的书名，也是他的一篇文章的题目，意指造福于国家的“好消息”。卡内基坚信，贫富之间的鸿沟是美国 19 世纪后期社会面临的一个非常重大的挑战，在这个鸿沟之中充满了贫富之间的社会冲突和关系破裂。这个社会产生了大量的财富，然而，这些财富没能被管理好。当作者阅读到这个开篇陈述时，不由得惊叹这种与当今中国有着惊人相似的情况，作者认为中国当下在收入和财富的公平分配方面存在着巨大的问题。

三、富人的责任

鉴于这个唯一的选择，富人的责任包括：为社会树立一种简朴的、不事张扬的人生样板；适当地满足家人合理的生活需求；完成这些以后，就应该把所有的剩余收入简单地看成是社会委托自己管理的信托基金。富人应该当仁不让地承担起管理职责，从而通过自己的精打细算为社会带来最富成效的好处。

四、慈善的定义

慈善这个术语源于希腊语，含义是“对人类的爱”。它可以被定义为对人类社会福利和进步的利他主义关切（作为慈善态度和行为），通常表现为向贫穷的人捐赠金钱、财产，提供帮助（作为慈善工作），或者是向研究机构和医院提供资助（作为慈善机构），抑或为其他具有社会积极意义的活动慷慨解囊。

五、美国现今的个人慈善事业

在探讨了有关安德鲁·卡内基开拓性的模范事迹以及辨明了慈善的概念之后，我们转向当下，先说个人的慈善活动，再说商业组织的慈善活动，从而把握美国慈善的一些特点。关于美国的慈善事业，“慈善纪事”是一个内容极为丰富的信息源，年轻的企业家更热衷于慈善事业，正如一位顾问所说，这一代在证明：我开始了一项事业，因而我现在可以成为一名慈善家了。

六、美国的企业慈善

综观当前对企业慈善的文献研究，可以将其划分为四个关键主题。第一个关键主题是战略性慈善，它将慈善事业作为一种竞争优势来研究；为了创造可持续的社会影响，将慈善活动与公司的核心竞争力进行战略组合。第二个关键主题是尝试确定员工参与自愿活动对员工个人发展、提高企业的公众形象、改进企业运营系统、优化招聘以及留住雇员有哪些益处。第三个关键主题涉及企业声誉：企业慈善对企业的声誉资本产生积极的影响，但是这种慈善活动必须被认定是真实可靠的。第四个关键主题是公司的社会责任和财务绩效之间的关系是一个复杂的问题，直到现在这个问题还没有取得权威的研究成果。

七、财富创造作为企业和经济生活的目的

在作者看来，企业和经济生活的目的在于“创造财富”。第一，就一个国家的财富而言，很难否认财富应该包括私人物品与公共物品两部分。第二，财富被理解为与经济相关的私人资产和公共资产的总和，不仅包括金融资本，而且包括物质资本、人力资源和社会资本。第三，财富的“创造”不仅仅是拥有或获取财富，而是构成了财富增加的一种特殊形式。第四，财富创造不是短期事务，而是在长期规划中逐步形成的。第五，有一种非常普遍的错误认识，就是将创造的过程仅仅理解为生产过程，而紧随其后的便是分配过程。第六，财富创造需要什么样的动机？自

我关切的动机（如私利）可以有力地创造私人财富。第七，这种完备意义上的财富创造有物质和精神两个方面，因此是一种高尚的活动。

八、慈善事业在财富创造中的作用

由于更少受制于政治和经济方面的阻力，个人和企业能够自主创新，探求解决社会问题的新方案，这可能会导致产生新的社会制度，涉及更广泛的社会阶层。此外，它可以马上解决穷人和弱势群体的迫切需求，使他们不再为结构性改善而长久等待。关于个人慈善和企业慈善的局限性，我们也必须清楚陈述，通常情况下，捐助者关心自己胜于受捐赠对象，企业重视声誉胜于它所支持的事业。

企业应当承担社会责任的三重论证

尹奎杰，《社会科学家》2014 年第 1 期。

以法理学逻辑来分析企业应当承担的社会责任，就是要论证企业承担社会责任的理论基础。企业在事实上和法律上享有的权利是其应当承担社会责任的逻辑前提，企业与社会在现实生活中呈现出的复杂的利益关系与利益格局是其应当承担社会责任的事实基础，依法实现对企业行为的法律评判和保障社会主体的相关权利是企业应当承担社会责任的价值归宿。

企业承担社会责任在法律上是可能的，但却是需要证明的。因为就传统企业而言，其除了基于依个体本位的法律享有权利并承担义务外，并不当然地负有承担社会责任的义务。为此，该文以为证明企业应当承担社会责任这一命题，可以从以下三个方面着手：一是基于法律上权利义务关系的考虑，从权利义务关系的范畴来分析企业承担社会责任的法律机理；二是基于社会利益多元化的社会现实来分析企业承担社会责任的事实基础；三是基于现代法治主义形成的规范逻辑与制度化现实来分析企业承担社会责任的规范基础和价值基础。

一、权利与义务的逻辑关系：企业应当承担社会责任的规范前提

企业承担社会责任作为其履行义务的一种表现，要求企业在享有权利的同时，承担相应的义务，这不但是为了使企业更好地享有权利，也是为了社会主体能够因此享有更多的权利，使企业在社会生产过程中成为完整的权利义务的统一体。一方面，现代企业无不是利用社会提供的各种资源从事生产、经营，并在经营中获利，在这个过程中，企业与社会之间构成了某种“利益—负担”的关系。另一方面，如果说企业在法律上享有的权利在某种意义上也来自社会支付的“对价”的话，那么，这种“对价”则呈现出一种不平衡的态势。

二、企业与社会之间的利益关系格局：企业应当承担社会责任的事实基础

利益，作为主体社会化的需求，在法律上常常以某种权利的形式出现，是权利得以制度化表达的现实基础。以个体利益身份参加社会生产的各种类型的企业，其在社会利益格局中主要是为个体利益的增益而与社会发生利益关系的，也就是说，企业通过个体的社会参与过程为自身利益的增值而努力。然而，在现实的社会利益格局中，不同的利益主体都力求实现自身利益的最大化，也都希望通过这种个体利益最大化的过程来实现社会利益的最大化。事实上，现代社会出现了更为复杂的利益关系格局，呈现出利益多元化的状态。在这样的社会格局下，企业要想最大限度实现自身利益，必须要处理好自身利益与社会利益、眼前利益与长远利益、物质利益与精神利益（在企业中表现为某种企业文化）的一致性。这种复杂的利益关系要求企业必须成为现代社会利益格局中的“适者”，就是在社会生产实践中能够对其他个体利益、特定群体利益和社会公共利益做出合理让步和合理抉择的主体，这样的主体才能在社会中“生存”下来。企业对于自身在社会利益格局中的让步或者妥协，实际上就是以向社会尽到某种法律义务或者法律责任为形式的，这种向社会尽到责任或者履行义务，使得社会利益“寻求得到满足”和法律“保护的权利请求、要求、愿望或需求”得以实现，也就是使社会利益得到了一定程度的实现。

三、法律直接作用于社会关系参与者的意志行为：企业应当承担社会责任的价值归宿

法律对于利益和权利的确认与维护，总是基于特定的价值标准或者诉求。在企业应当承担社会责任的法律价值意旨上，法律通过直接作用于相关的社会关系参与者达到其特定的价值目的。这种价值意旨或者价值目的，不但蕴含了现代社会追求的正义、自由与幸福的价值诉求，也体现了法律通过对社会活动有目的、有意识的影响来达到某种秩序化状态。一方面，法律通过承认或者拒绝承认某些特定利益，确定相应的权利义务关系和法律秩序，进而确立相关法律的价值旨趣。另一方面，法律之所以产生，缘于人类社会定纷止争和维持秩序的需要，法律因此具有社会调整与控制作用、评价与指引作用、预测作用以及警戒、激励作用。企业应当承担社会责任，不但是由企业的权利义务状况决定的，而且是企业在现代社会中实现自身利益的现实需要，更是现代法律实现某种特定价值诉求的产物，企业承担社会责任既有逻辑的前提，也有事实的基础，更有明确价值的诉求。

我国企业提升核心竞争力的四大策略

李书学 冯胜利，《学术交流》2014 年第 1 期。

面对全球经济一体化的现实，如何在激烈的市场竞争中占有一席之地，使企业永远处于不败之地，这是摆在每个企业家面前的一项重大课题。不论是从理论角度，还是从实践的角度来分析，企业核心竞争力的培育与提升是企业应对市场竞争的法宝，这对于我国企业健康发展具有非常重要的战略意义。企业核心竞争力是指企业独有的、支撑企业可持续竞争优势的核心能力。专家学者一致认为："企业核心竞争力是企业内部独特的，是伴随着企业的发展而孕育生成的一种竞争优势，它是企业整体实力的象征，一旦形成则具有长效性、持久性。"这种核心能力的培养和提升需要数年的积累和实践才能完成。

策略之一：以技术创新为核心。我们必须从三个方面进行转变。一是中国企业必须高度重视技术创新这一问题，要从企业长久发展的高度，把技术创新作为核心动力。二是广纳贤才，组建研发队伍。企业发展，人才是关键，我们要用高薪、用真情来吸引专业人才融入企业研发队伍之中，创造条件让技术人才进得来、留得住、用得好，为企业发展提供强大的智力支撑。也可以尝试重奖技术人才的办法，即对企业技术创新有贡献的人才，企业赠与其在企业的股权，以此激励他们为企业发展作出更大的贡献，同时股权也能促其与企业发展同呼吸、共命运的工作动力。三是不断增大对研发的资金支持力度。企业要改变观念，必须舍得在研发上多投入，这是企业发展的动力源泉，没有大的投入，企业就不能在市场中去竞争，也就不能做大做强。

策略之二：以信息化为动力。一是企业要重视信息化的建设，肯于在信息化方面加大投入。二是企业要加大核心业务的信息化建设。三是企业要加强主导流程的信息化建设。四是企业要强化员工信息化技能的培养。

策略之三：以创建品牌为手段。品牌培育是企业发展的初级阶段，打造名牌才是企业发展的高级阶段。这里仅围绕创建品牌而展开。一是要从精心设计CIS入手。二是形成准确的品牌定位。三是严把产品质量关。四是争取国际标准认证。五是形成独特的产品个性魅力。六是成功的品牌宣传。

策略之四：以企业文化为支撑。一是企业文化所具有的功能，主要包括：导向功能、凝聚功能、激励功能、规范功能。二是建设企业文化的措施。其一是大力实施企业文化战略。“企业文化战略是以企业文化建设为特征的企业经营策略，其中核心内涵就是品牌战略。创造知名品牌战略，主要是以文化而形成发展动力的。怎样打造知名品牌呢？那就是要给企业品牌融入高品位的文化内涵和文化形象，再经过成功的品牌宣传，而逐渐才能成为知名品牌”。其二是企业文化的本质就是企业的“人化”。因此，企业发展要“以人为本”，以不断调动人的主观能动性为宗旨，积极培养、挖掘和发挥每一个员工的积极性，同时也要研究、关注、服务好企业的服务对象，调动他们与企业合作的积极性，从而实现企业的社会价值和企业自身价值。

公司社会责任信息披露动机、国际借鉴及策略

贾敬全　卜　华，《江西社会科学》2014年第1期。

在经济全球化日益深化的背景下，公司在运营过程中出现了诸如职工福利与安全、产品质量等方面的问题，这使得人们逐渐质疑公司追求利益最大化的目标是否合理。因此，有必要通过剖析公司社会责任信息披露动机，借鉴国外公司社会责任信息披露机制的做法，研究制定指导我国公司社会责任信息披露的策略。

一、公司社会责任信息披露动机探析

1. 合法性动机

公司社会责任信息披露策略，会随着社会价值观和社会对企业责任的关注点的变化而作出相应调整，但是表明其合法性应是最初的动因。合法性是在共同社会环境下，以合法性理论为依据，建立在社会契约基础上的对行动是否恰当、合乎期望的一般认识和假定，当公司所在行业在发展过程中面对环境污染、法律诉讼等困境时，就会更加充分地披露社会责任信息。

2. 经济性动机

根据经济学相关理论，社会责任履行好的公司会给其带来不可替代的

竞争优势，会给各利益相关者带来维持公司长远发展的经济利益，所以，社会责任表现突出的公司，就会着力披露其社会责任绩效指标，展现其在社会责任方面的经济表现，使自己与其他社会责任表现差的公司相区别，以避免逆向选择现象。研究表明，社会责任表现好的公司，能吸引更多的消费者和供应商以及更多更负责的公司员工。

3. 伦理性动机

社会责任的履行是构成公司生存与发展的伦理要素，与生产要素一样，其会促进公司的可持续发展，公司的利益相关者根据公司表现，也会相应作出积极响应，帮助公司在激烈竞争中形成核心竞争力。在社会责任法律制度不健全的情况下，公司承担伦理责任，反映了公司迎合社会期望的积极态度，体现出对公司利益相关者负责的价值观及道德规范。

二、公司社会责任信息披露模式的国际经验借鉴

在社会责任信息披露内容及形式等方面存在很多待改进之处，有必要学习和借鉴国外公司社会责任信息披露模式。

1. 美国模式：非营利组织主导型

美国关于公司社会责任信息披露模式的特点如下：首先，公司社会责任信息披露的外在推动力是大量的非政府组织即非营利组织，政府机构只是起辅助作用；其次，公司社会责任信息披露内容比较庞杂；最后，从社会责任信息披露形式来看，采取自愿与强制相结合的披露模式。

2. 法国模式：政府主导型

法国拥有较为完善的社会责任信息披露框架，为其他国家发展社会责任提供了有益参考。首先，社会责任信息披露的外在推动力量主要来自政府的推动；其次，法国非常关注公司内外部利益相关者利益的保护，体现出较强的福利主义特色；最后，从社会责任信息披露形式来看，政府实施了比较规范的专门的社会责任报告披露形式。

3. 英国模式：政府引导型

其社会责任信息披露的模式，可以总结为政府引导型。具体特点：首先，英国公司社会责任信息披露的驱动力主要来自政府的引导；其次，公司社会责任信息披露内容非常广泛，并且侧重于披露环保、公司雇员、就业、社会事务、工作条件等方面；最后，英国已经初步建立起公司社会责任信息披露框架。

三、公司社会责任信息披露的策略

为了实现经济、社会和环境的共赢，推进公司与员工、社区、顾客等利益相关者的有效合作，因此，有必要针对我国国情，进一步分析关于公司社会责任信息披露的先进做法，探讨完善我国公司社会责任信息披露的策略。

1. 继续强化公司社会责任信息披露意识

公司在日常的经营过程中就应该意识到所要承担的社会责任，通过转变经营理念和管理模式，实现对利益相关者的契约承诺。当然，除了政府及非营利组织的引导以外，社会舆论监督也是一种外部促进力量。

2. 选择合适的公司社会责任信息披露模式

总体上看，目前国际上社会责任信息披露方式，主要有三种披露模式：编制独立的公司社会责任报告进行披露，设置相应的会计科目在会计报表中进行披露，作者比较倾向于社会责任信息披露实施表外独立披露。

3. 构建公司社会责任信息披露的协同治理机制

首先，我国应该尽快出台专门针对社会责任履行和信息披露的法律制度；其次，发挥政府的主导作用，构建公司积极履责并披露相关社会责任信息的协同机制；此外，加强公司社会责任信息披露的第三方审计工作，从而更好地为利益相关者的决策服务。

经济和伦理的内在统一：道德治理的范式转换

王露璐，《安徽师范大学学报》（人文社会科学版）2014 年第 1 期。

一、问题的提出：道德治理究竟“治什么”

当我们探讨道德治理这一问题时，需要首先回答这样一个基本问题，即：道德治理究竟“治什么”？显然，道德治理旨在解决当前道德领域中的一些突出问题。我们不难发现，道德治理的对象绝不是单纯的道德问题。在这些问题中既包含着经济活动及其中的经济关系，也包含着在此基础上产生的伦理关系和道德现象。因此，道德治理不能与“治道德”画上等号，将道德治理之“治什么”简单而狭窄地理解为纯粹的道德问题，是当前道德治理问题上亟待改正的一种认识错误。

二、经济与伦理：从冲突走向统一

从经济伦理的视域考察，将道德治理的对象理解为与经济活动相分离的纯粹的“道德问题”，进而试图以单一的道德手段加以治理，这种认识错误的理论根源在于对经济与伦理的分割式理解。无论是从学术史或经济实践活动考察，经济与伦理原本是统一的。无论是马克思和韦伯，还是离我们更为遥远的亚当·斯密，尽管他们的理论源点和立场方法不尽相同，但从根本上来说都看到了经济与伦理的内在统一。经济是伦理的物质内容，我们无法构建脱离人类经济生活的虚幻伦理；伦理是经济的意义价值，我们不能想象失去道德之维的纯粹经济。这也正是我们在经济伦理学的视域中看待经济与伦理关系应有的基本立场。

三、道德治理的范式转换：从“道德”治理走向“经济—伦理”治理

秉持经济与伦理内在统一的基本立场，道德治理也应实现从“道德”治理走向“经济—伦理”治理的范式转换。具体而言，这一转换体现在认识范式和实践范式两个层面。

其一，在认识范式上，从“道德”治理走向“经济—伦理”治理，意味着道德治理内容的转变。表面看来，对道德领域突出问题的教育和治理，针对的是种种“不道德现象”。但是这些问题绝不仅仅是孤立的道德问题，而是体现复杂经济利益关系的经济伦理问题。由此出发，我们对道德领域突出问题的认识，也应当探寻其经济关系和经济利益的根源，从而真正找到问题的症结所在。

其二，在实践范式上，从“道德”治理走向“经济—伦理”治理，意味着道德治理主体和方式的转变。既然道德治理的内容不是单纯的道德问题，那么，以此为逻辑起点形成的“以道德手段进行道德治理”，也成为当前道德治理亟须转变的实践范式。换言之，道德治理实践范式的转变，目的在于在实践中明确两个基本问题，即：道德治理究竟由“谁来治”？道德治理究竟应当“如何治”？

一方面，道德治理的对象不是单纯的道德问题，这就决定了道德治理不能仅仅依靠政府相关部门的力量，更不能变成宣传部门的“独角戏”。一是应当改变当前由某一部门独立治理的工作模式，真正形成道德领域突出问题治理的统筹协调机制，从而变“独立治理”为“综合治理”；二是充分发挥基层群众的力量，实现“自上而下”与“自下而上”两条治理路径的统一，从而变“单向治理”为“双向治理”。

另一方面，道德治理既然不仅仅是“治理道德”，那么，在其方法和路径上显然也不能仅仅“以道德治理”。道德领域突出问题都有着复杂的

经济社会根源，需要在经济建设、道德建设和法治建设的系统工程中寻求有效的解决路径。仅仅以道德宣传和教育的方法，难以从根本上治理上述问题，甚至可能因道德治理中的形式主义而导致问题更趋严重。尤其应当看到的是，在造成上述问题的诸多因素中，市场经济条件下经济利益的诱惑往往是最为直接的原因。因此，在道德治理究竟“如何治”的问题上，需要高度重视利益机制的调节作用，采取多种具体措施，通过协调现实的利益关系来发挥其约束或者导向作用。

金融道德风险发生机制的多维透视

车亮亮，《华中科技大学学报》（社会科学版）2014 年第 1 期。

2008 年美国金融危机的发生再次使金融道德风险成为学界探讨的热点问题，学界普遍认为金融道德风险是造成此次全球金融危机的根本原因。那么，作为金融危机根源的金融道德风险到底是怎么发生的？其发生机制是怎样的？厘清这一关键问题，对于金融道德风险的防范具有极其重要的意义。因此，亟待学界对金融道德风险的发生机制进行全面、深入的探讨。在作者看来，金融道德风险问题不仅仅是一个伦理道德问题，也是一个经济和金融问题，还是一个法律问题。从根本上看，金融道德风险的发生是金融主体伦理道德缺失的必然结果。但是，必须看到金融伦理道德沦丧的背后是巨大经济利益的诱惑和金融业与生俱来的脆弱性。作为一个追逐自我利益的“经济人”，金融主体追求正当的个人利益无可厚非，但是其对个人利益的追求不应超越法律制度的藩篱，以致损害正常的金融市场秩序和破坏整个金融体系的稳健运行。因此，作者认为对金融道德风险的发生机制的探讨可以借鉴发生学的分析范式，从哲学、经济学、金融学、伦理学、法学等多个维度进行分析，以便真正把握金融道德风险的发生机制和内在机理，从而为金融道德风险的防范与治理奠定理论基础。下面，作者从金融道德风险发生的人性基础、经济诱因、信用土壤、伦理因子、法律根源五个维度对其发生机制予以系统分析。

一、人性基础：“经济人”假设

道德行为的最大风险即在于以维护社会公共利益之名行损害他人和社会利益之实，甚至不惜践踏基本的正义原则和诚信原则。这要求我们全面、客观地理解和把握金融主体的人性特征，既要看到其利己的一面，又不能忽视其利他的一面。利己作为人的自然属性的典型体现，是一种本能的反应，既不能被忽视也不应被过度放大，而利他作为人的社会属性，是人之社会需求的典型体现，因为人天生是一个社会动物，注定要过社会生活，在与他人的不断交往与互动中实现其人生价值。社会生活的一个基本要求就是对个人利益的追求不得损害他人和社会利益，并积极倡导在可能的条件下尽最大的努力利他。这必然要求个人对其利己心应有所收敛，相反，其利他心应得以积极的彰显，从而促进整个社会经济的和谐发展。因此，以利他为核心的社会属性才是人的本质属性，只有在不害他或者利他的条件下才能实现更大的利己，进而促进人类社会的健康发展和人类文明的不断进步。

二、经济诱因：信息不对称

信息不对称，是指在经济活动中一方拥有私人信息，即关于某些信息缔约当事人一方知道而另一方不知道，甚至第三方也无法证实。据此，他们将任何一种涉及不对称信息的交易关系都称作委托代理关系。在信息不对称的情况下，倘若缺乏有效的制度约束，受自利心的驱使代理人可能滥用其信息优势从事损害委托人利益的行为，以实现自身利益的最大化。而道德风险作为信息不对称和不完全合同的产物只能在某种程度上予以缓解，却无法从根本上消除。因此，如何制定公平、普遍的法律并确保其有效实施成为人们防范金融道德风险的次优选择。

三、信用土壤：金融脆弱性

金融脆弱性，是指金融内在的一种不稳定性、不确定性的危险状态，一般是指由货币脆弱性和信用脆弱性两者在相互作用的过程中所形成的现代金融关系的脆弱性，其隐现于金融结构之中，是金融业的本质属性之一。金融业是经营风险和信用的产业，金融经济是典型的信用经济，金融脆弱性是引发金融道德风险的信用土壤。一方面，高负债和高杠杆率是金融业的基本特点，其自有资本不足10%，而核心资本也仅有4%，尽管2008年美国金融危机之后这一标准已有所提高，但是和其他产业相比其自有资本仍然偏低。另一方面，金融经济作为虚拟经济的典型表现，它的发展必须以实体经济的健康发展为支撑，而不能完全脱离实体经济的发展自我循环。由此可见，金融脆弱性在一定程度上加剧了金融市场的不稳定，为金融道德风险乃至金融危机的发生创造了信用环境，亟须运用伦理道德和法律制度等社会控制技术对其严加防范和治理。

四、伦理因子：道德脆弱性

从伦理学的视角看，金融主体基本金融伦理的缺失和金融职业道德的沦丧是引发金融道德风险的伦理因子。所谓道德脆弱性，是道德与生俱来的一种特性，指道德内在的不稳定性、敏感性等导致在受到外部一个很小的冲击或干扰时，就可以使组织或个人已经形成或初步认同的道德产生波动、陷入困境，甚至完全失去，产生道德风险，使道德失效。因此，伦理道德本身潜藏着巨大的风险，对于不讲道德的人而言根本很难奏效。在此情况下，一旦缺乏有效的制度约束或者外部环境发生变化，就可能导致金融主体理性的迷失和行为的失控，以致发生金融道德风险。不管怎样，只有将内部治理与外部治理有机结合，才能真正防止金融道德风险的发生，从而促进整个金融体系的稳健运行。

五、法律根源：权义结构失衡

金融主体之间的权义结构失衡，既表现为金融机构与金融消费者和投资者之间的权利义务不对称，也表现为金融机构的权利与其所承担的责任不匹配，还表现为金融消费者和普通投资者权利的弱小以及对金融监管机构的权力缺乏有效制约。作为现代社会治理的基本手段，法律对于金融伦理道德环境的净化与提升具有重要的引导与规范功能。另外，从法律的角度看金融道德风险的防范应充分发挥法律的硬约束功能，通过稳定的法制安排均衡配置各方主体的权责利义，实现权利与义务相一致，权力与责任相匹配，风险与安全相平衡，从而通过科学的法律制度设计防止金融道德风险的发生。

私利与公益的协调——解析斯蒂芬·杨的“道德资本主义”经济伦理观

刘凯旋，《伦理学研究》2014 年第 1 期。

一、道德资本主义的真谛：私利与公益相溶

斯蒂芬·杨在批判资本主义和共产主义的基础上，认为只有道德资本主义才能为人类提供一种“欣欣向荣的私利与公德共同体”。道德资本主义提倡私利与公益相溶，这样，我们的内心就会与道德同在，我们的思维、行为和决策就会拥有智慧、伦理和人格，我们就会受到信任和尊重，从而我们整个社会的道德质量就会得到提高。公益来自私利的支持，私利来自公益的升华，两者互为因果、互为前提、相得益彰。把他人利益视为自我利益的延伸，让整个利益在个体行为中得到实现，这就是判断道德资本主义的重要标准。

二、道德资本主义的作用

道德资本主义是经济伦理观的具体体现，是资本主义社会的高级形态；道德资本主义的作用在于能够使私利与公益的关系处于一种协调、一致的状态，这种状态在我们的现实生活中表现在三方面：首先，表现在成功的企业中，睿智的企业能够维持好实体资本、人力资本、金融资本、声望资本和社会资本之间的联系，在满足企业自身的同时又服务社会；其次，道德资本主义对于人类贫困的终结具有重大价值，道德资本主义强调利用自由市场扩大资本投资，利用科学技术提高生产力，不断积累社会财富，逐步消灭人类贫困现象；最后，道德资本主义引领人类迈向崇高目标。道德资本主义要求人们正视现实、向往未来，要求人们既要接受金钱和市场的压力，又要给自己设定力所能及的道德标准，要求人们既要追求自我利益，又要注重公益与私利的重合部分。

三、道德资本主义的范例：考克斯原则

斯蒂芬·杨对考克斯原则进行了精辟的概括。第一，该原则蕴含了两个基本道德观，一个是“共生”，一个是“人格尊严”。第二，该原则反映了道德资本主义的哲学内涵。第三，该原则体现了利益相关者在道德资本主义经济伦理体系中的地位。

四、道德资本主义的践行：培养有原则的商业领导

斯蒂芬·杨认为：“道德资本主义要想登上历史舞台，离不开众多有原则的商业领导。”道德资本主义践行先锋的高尚品德尤其显得重要；领导者要有正确的价值观、良好的道德修养，商业领导坚定不移的信仰、清晰无误的价值观、完美的人格和崇高的品德以及较高的理论水平和丰富的实践经验必不可少。

五、道德资本主义的中国价值

中国经历30多年的改革开放，经济上获得了前所未有的成功。但是社会发展进程中存在诸多悖论，使人们困惑中国是否要走资本主义道路。答案虽然是否定的，但道德资本主义对当下的中国无疑具有积极的现实意义。道德资本主义不否认个人私利，把私利与公益看作是一个谋求发展的“共同体”，重视伦理道德，强调整体意识，这与社会主义本质没有区别；

道德资本主义主张通过“资本”获利、通过市场竞争增加社会财富，这与社会主义发展经济的手段也不矛盾；道德资本主义重视人的尊严、引导向善的力量、强调企业社会责任、呼吁终结人类贫困，这与社会主义理想不谋而合。可以说，道德资本主义是资本主义和社会主义的有机“结合体”。道德资本主义告诉我们：既要追求财富又不能丢失道德感；既要讲求利益又要晓知大义；在财富、道德和尊严面前人人平等。

当代企业生态伦理的走向和实现

刘素杰 侯书文 李海燕，《河北学刊》2014 年第 1 期。

随着科学技术的发展和经济全球化的到来，人类面临着生态环境危机，同时也面临着生态价值伦理危机。当代环境问题急剧恶化的主要原因是企业污染，因而企业生态伦理问题得以凸显。

一、企业生态伦理观是人与自然关系的反映

自然环境是企业存在和发展的前提。因此，人们应重新确立人与自然的关系，树立人与自然和谐相处的伦理价值观，尊重自然，敬畏自然，保护自然，由自然的征服者变为自然的保护者。人与自然关系中的这些价值理念是企业生态伦理观的灵魂和精髓，在某种程度上说，这些价值观念应当渗透到企业的生态伦理责任之中，也应当贯穿在企业伦理价值规范体系之中。企业生态伦理是指在处理企业与自然关系的过程中所应遵循的伦理原则、责任规范和道德实践的总和。当代社会越来越关注企业生产经营中的伦理问题，对企业履行生态伦理责任越来越期待，并提出了相应的伦理要求和主张。

二、当代企业生态伦理的发展走向

由于经济全球化和信息革命的推动，当代企业生态伦理中一些新的伦理理念不断产生，这不仅有利于实现人与企业、企业与生态环境的关系的重新定位，而且极大地丰富了当代企业生态伦理价值体系。

1. 越来越强调企业的生态责任，这是当代企业生态伦理的重要走向之一

在当代企业生态伦理价值体系中，生态伦理责任已成为价值核心，责任感的强弱已成为衡量企业是否成功的公认指标。履行生态责任，要求企业主动地把自身与自然环境的利益关系调整到伦理道德关系的高度去认识，将对人的伦理关怀扩展到对整个生态环境的伦理关怀，承认自然的内在价值，把对生态环境的权利和义务统一起来。

2. 构建生态伦理与人际伦理并重的价值体系

传统伦理学观念主要关注人际伦理，只思考人与人之间的关系，而人与自然之间的关系并未被纳入思考的范围，因此，追求人际伦理和生态伦理并重的价值体系成为当代企业生态伦理的新走向。

3. 追求人与自然和谐的价值目标

人类对于人与自然的关系的认识经历了三个阶段，从“敬畏自然”到“战胜自然”，再到“人与自然和谐共处”，这三个阶段代表了人类在处理与自然关系的过程中不同的理念和追求。为此，人类开始重新审视自己的立场，着眼于人类的可持续生存与发展，将人与自然和谐共处作为追求的终极目标，力图构建与生态文明相适应的生态伦理。

4. 培育生态型企业

对于企业来说，凡是能给自然环境带来现实或潜在的破坏的行为就是不道德的，凡是有利于生态恢复的行为就是合乎道德的。所以，所谓生态型企业，是指运用生态学原理和方法来指导企业生产和经营，以保证资源、能源和信息的高效利用，实现企业经济效益、社会效益和生态环境的和谐统一，形成人与自然互惠共生的和谐生态系统。

5. 实施企业生态伦理规范化

在当代企业走向全球化的进程中，全球性的伦理信条包括生态伦理规范的出现和发布是一个重要事件。20 世纪 90 年代以来，全球性的企业伦理规范纷纷发布，这标志着对全球企业具有约束力的企业伦理准则正在完善，当代企业伦理包括企业生态伦理正在走向规范化。受西方企业生态伦理学的影响，中国许多企业在企业文化建设过程中制定了有关企业生态伦理的道德规范。

三、企业生态伦理的实现

当代企业生态伦理实现的方法，一是价值观管理，二是建立伦理管理的践行机制。

1. 价值观管理

价值观管理是企业领导者建立、推行企业共享价值观的一种管理方式，是企业文化管理的深化。企业要搞好价值观管理，必须抓好价值观建设，培育企业共同价值观。

2. 伦理管理

伦理管理的几个特点：其一，伦理管理要将伦理价值观与实际行为结合起来，这些“伦理性的目的”就是价值观；其二，伦理管理的具体内容是“规范和塑造行为”，“监督与指导过程”；其三，伦理管理依赖于伦理准则，须有“一套内部规则”。企业要搞好伦理管理，首先须对企业决策作伦理追问，明确企业核心价值观，考虑企业决策行为中的动机、效果、利益和德性。决策是管理的关键，可以在源头上保证管理行为符合伦理准则，从而使企业道德水准不断有所提升，构建全新企业形象。

收入分配、产权保护与社会冲突：现代经济学视角下的冲突管理与和谐社会构建

张旭昆　朱　诚，《浙江大学学报》（人文社会科学版）2014 年第 1 期。

一、引言

近年来，关于群体性事件的问题引起了广泛的社会关注和讨论。现代经济学家对社会冲突的研究已取得很多新的进展。如果单从冲突主体来分类，经济学家切入社会冲突主要有两条路径：一是国家层面的冲突，如国际冲突、战争，包括内战、种族冲突以及冲突与经济增长的关系，主要发生在宏观经济学领域；二是个体层面的冲突，如对某些特定社会现象的研究（如犯罪、寻租等），主要发生在微观经济学领域。古典经济学认为，任何竞争活动必然意味着某种类型的代理人之间的“利益冲突”，只要冲突行为发生在市场经济规则内部，那么冲突行为就是“系统中性”。换言之，古典经济学家将各种形式的冲突都理解为与“合作行为”或“交易行为”相对应的“冲突行为”。概略而论，就是现有的经济学文献忽视了转型国家社会冲突现象中普遍存在的两个特征：一个是冲突的“群体性”特征，以及由此衍生的收入分配性问题；另一个是冲突的“产权不完全性”特征。首先，转型国家的社会冲突更多的是介于国家层面和个体层面之间的中间层面的冲突现象，因此，转型国家的社会冲突带有明显的“群体性”特征，冲突主体是阶层而非国家或种族。该文试图以产权保护和收入分配为出发点来讨论群体性社会冲突加剧的政治经济学原因，并在此基础上为我国在转型期的社会稳定机制的构建建言献策。

二、模型分析

该文借鉴了 Hirshleifer 的基本分析框架，即在一个“投入—冲突”的类生产函数中分析产权保护、收入分配和冲突的问题。当然，根据分析问

题的需要，该文对经典理论框架进行了适当改造。

首先，对于冲突主体的分类，通过简单的两分法来分出两个对立的群体显然是不完善的，但这种两分法对转型国家来说又是可以借鉴的。

其次，以往的经济学文献通常以占有财富的多少来划分阶层，但笔者认为，在对社会冲突的研究中，财富是冲突的结果，而在冲突的过程中起更大作用的是政治权力、身份地位、社会关系网络等以社会资本形态体现的资源。

最后，群体性事件只是精英与大众冲突中的一种可见的比较剧烈的形态，事实上，包括犯罪、舆论争斗、政策的制定与出台等在内的各种冲突往往共同组成了整个社会转型期冲突的真实写照，但本文以群体性事件为主要分析对象。

收入分配往往在一定时间内无法改变，更不可能在冲突的过程中发生变化，因此，本文使用以下两阶段非合作博弈框架：在第一阶段，精英决定收入分配的多少；在第二阶段，精英与社会公众同时并各自决定冲突的投入。

三、比较静态分析

对社会公众来说，他们对冲突的投入相当于对自身产权的保护。因为第三方实施的产权保护是不完全的，社会公众必须要通过自己投入额外的资源来保护其产品。而在精英看来，他们对冲突的投入是为了从社会公众那里竞争到更多的产品。精英收入最大时社会公众的收入不是最小值。也就是说在一定范围内精英通过提高收入分配可以同时改善双方的收入情况，但一旦离开这个范围，精英没有动力通过提高收入分配来改善社会公众的收入情况，因为进一步提高公众收入分配会降低精英的收入状况。虽然本文并未分析产权保护和收入分配两者之间的直接作用机制，但可以看到，这两者对于社会冲突的化解存在替代的作用，即一者的不足或可以用另一者的强化来弥补，这就为政策制定者（文中的“能力型精英”）短期内的政策时效打开了空间。当产权保护不够时，政策制定者可以适当强调收入分配，当收入分配难以进行时，政策制定者就必须加强产权保护。但从长远看，这两者得到制度上的支持才是平衡冲突的真正基础。

四、产权保护与收入分配：和谐社会的微观基础

如何化解冲突、调和群体性事件，一直是当今整个社会关注的焦点。随着收入分配改革方案的提出，政府越来越关心分配改革问题，盖因政府同样认识到了不平等对社会冲突的重要影响。而通过本文的博弈论框架分析可知，加强产权保护应该是和收入分配改革同样重要的对冲突的有效管理机制或曰是对社会和谐稳定有重要作用的机制。宏观制度对于权力配置、权力监督的安排会深刻地影响社会的政治经济图景。当前社会存在一些不稳定因素，都或多或少与权力运用的正当性及收入分配等问题密切相关。深入研究这些问题形成的内部机制，将有利于问题的解决与和谐社会的建设。完善市场机制与社会机制，强调产权的神圣不可侵犯和适当的财富分配，应是当前我国构建和谐社会、实现中国梦的重要课题，而这也正是这一视角的理论与现实意义。

论企业家的财富德性

李兰芬，《江海学刊》2014 年第 1 期。

一、财富德性：企业家的身份德性

“财富的本质就在于财富的主体存在。”由于主体存在的丰富性和差异性，财富“既作为享受的对象，又作为活动的对象”。企业家财富的“属人性”“为人性”和“评价性”的价值品性，赋予了企业家财富的身份德性。按照经典的市场经济学说，企业家就是通过创造财富，来实现人、财、物、技术和信息等资源的有效配置进而造福于人类的。企业家在本质上就是一种“类”财富创造者，但企业家又不是天生就有财富创造的可持续能力的。这里就涉及一个值得企业家们认真反思和辩护的“财富德性”问题：一是关于财富来源的认知；二是关于获取财富手段的选择。财富德性作为企业家的身份德性，形塑着企业家群体的人格魅力。根据亚里士多德的德性理论，我们可以将“财富认知”“财富手段”视为一种思考、求知的理智德性，把“财富态度”视为一种通过习惯养成的道德德性。当然“企业家应该如何行为”的理智德性与“企业家应该成为什么样的人”的伦理德性是一个相互依存、相辅相成、不可分割的德性结构体。伦理德性作为企业家财富德性的基础，确认着企业家创造财富的目的和归属，以伦理德性为基础且受其制约的理智德性，规范着企业家财富创造的手段和方法。

二、取之有道：企业家财富的理智德性

“取之有道”之所以成为企业家财富的理智德性，在于它从根本上规范着企业家财富的来源及其增长方式、操作平台和发展路径的选择自由，因而具有深刻的道德意味和广泛的道德评价空间。“取之有道”不仅规范着企业家正确处理企业利润与员工利益、经济效率与社会公平、企业发展与环境生态的利益关系，而且蕴含着财富与人、历史、责任、正义、诚信、幸福的意义关系，影响着人们的价值观和社会生活，甚至会改变一个国家乃至世界的发展格局。

首先，财富创造是企业家财富德性的物化形式。财富既是一种生产力，也是一种生产关系的物化形式。把财富变成一种通过一定生产方式和社会结构创造出来的、具有一整套权利与道义关系的生产力，是企业家财富德性的理智向度。

其次，财富认同是企业家财富德性的合法性基础。企业家财富创造不仅取决于生产力与生产关系的矛盾运动，也直接受制于人们的财富认同：即人们对企业家财富本身的认可，包括人们对企业家获取财富的途径和方法、支配或占有财富的态度和份额等。

再次，诚信和生态是当下中国企业家财富德性的重要行为准则。“中国未来经济能否持续增长，很大程度上取决于企业家是不是由寻租活动转向创造价值的活动。”诚信，对企业家而言，是一个事关企业、企业家与消费者、社区、政府等利益共同体的可持续发展问题，是一个事关维系整个社会经济“利益共同体”公平正义的道德底线问题。作为企业家财富德性的行为准则，不仅要坚守诚信准则，还要进一步建立以生态公平和生态正义为核心价值的生态准则。

三、回馈社会：企业家财富的伦理德性

“回馈社会”之所以成为企业家财富的伦理德性，在于它从根本上涉及、规范着企业家这一特定阶层与社会整体的利益关系，因而具有深刻的道德意味和广泛的道德评价空间。

1. 企业家财富伦理德性的历史演进

企业家的财富伦理德性，经历了从企业家的良心发现、“开支票了事”到企业的战略性选择的演进历程，从政治伦理意义分析，从良心发现、“开支票了事”到战略性选择的企业家财富“回馈社会”的德性演进历程，既相伴于随人类社会形态的变化而变化的财富形态，更源自财富的公共性品质。

2. 企业家财富“回馈社会”的必要和可能路径

企业家财富创造于市场机制体系，但市场体系不能满足于如安全、秩序、基本教育和大众健康等社会所需要的基本公益。企业家财富“回馈社会”说到底就是社会公益建设需要。企业家财富“回馈社会”尽管是志愿的而非被迫的，是公共的而非个人的，是公民性的而非施舍性的，但企业家财富“回馈社会”的善举行为仍然需要制度支撑和制度建设，如果得不到制度的支持和鼓励，仍然会造成我国企业家财富“回馈社会”公益动力的缺失。

企业社会责任问题的产生、实质与治理

李　恒　黄　雯，《天府新论》2014 年第 1 期。

利益相关者对企业社会责任的看法往往夹杂着非理性因素，其结果是放大了企业的应尽职责。从社会成本和社会收益的角度来理性看待企业社会责任问题，才有利于认识企业社会责任问题的本质。治理企业社会责任问题，不是简单地制止企业的损害行为，而应该在权衡社会成本和社会收益后再采取行动。由于信息不对称，外界无法观测到企业的全部信息，因此，纯粹的制度约束无法使企业完备地履行社会责任，必须依靠企业决策者一定程度的道德自律。所谓企业社会责任，实际上就是对企业行为的一种道德约束。

一、企业社会责任问题的产生

企业社会责任问题是指企业行为对社会造成负面影响后，人们以企业“不履行”社会责任的名义指出的社会问题。

（一）企业机会主义行为与社会责任问题。机会主义行为的后果是使社会处于一种无序状态，提高其他个人或组织的私人成本、增加了社会成本，主要表现为机会主义行为的直接后果带来的成本和防范机会主义行为产生的额外成本。当人们察觉到自身利益因企业的机会主义行为而遭受损失时，就把企业的这种行为称作“不履行”社会责任。

（二）企业外部性与社会责任问题。外部性有正负之分，前者指经济主体的活动给其他主体带来额外的好处，后者指经济主体的活动给其他主体带来坏处。负外部性与企业社会责任问题具有紧密的联系。负外部性给其他主体带来“无妄之灾”，增加了社会成本，降低了社会福利，因此，人们把企业的这种带有负外部性的生产行为也称作“不履行”社会责任。

（三）企业没有满足社会公众的心理预期与社会责任问题。当人们认为企业“应该做什么”而企业没能满足其心理预期时，人们往往会产生

不满的情绪，认为企业没有履行社会责任。值得注意的是，这种因没有满足社会公众心理预期而导致的企业社会责任问题，有时会被无限放大，以至于企业无论如何也达不到所谓履行社会责任的状态。

二、企业社会责任的提出与发展

（一）在20世纪70年代以前，人们对企业社会责任的认识主要围绕企业是否应该承担经济责任之外的其他责任展开。

（一）20世纪70年代到20世纪末，在卡罗尔、弗里曼等学者的发展下，企业社会责任的内涵更加丰富，在经济责任的基础上发展出环境责任、伦理责任、法律责任、慈善责任等维度，责任对象也明确为企业的利益相关者。这一时期，对企业社会责任的争论，不再是围绕企业是否应该履行经济责任以外的责任展开，而是讨论除了经济责任外，企业还应该履行哪些责任。

（二）21世纪以来，除了大量学者，许多国际组织也逐渐加入到企业社会责任的研究与实践中。联合国、世界银行、欧盟、世界可持续发展工商理事会等组织都纷纷提出了各自的企业社会责任思想。从思想内涵来看，这一时期对企业社会责任的认识比上一阶段更进一步，人们普遍认为企业在追求利润的同时应该充分考虑利益相关者的利益，并致力于提高社会总福利。

三、企业社会责任问题的实质

理性的社会责任观是在要求企业“应该做什么”或“不应该做什么”的时候，通过经济推断，弄清楚这样的要求可能带来的效果。

（一）理性看待企业的利他主义行为。从经济理性的角度来看，不得不承认，企业创建的初衷并非是为社会创造就业或采用其他途径实现社会福利最大化，而是使投入的资本获得尽可能高的回报。我们可以认为，现实世界中观察到的企业利他行为，实际上是企业在利他行为与利己行为相容的时候的理性选择。

（二）履行社会责任的企业也无法根除损害行为。并不是所有的损害都应该归咎为企业社会责任问题。实际上，基于外部性的损害是无法根除的，除非工厂停止生产，但“世界上总得有工厂、冶炼厂、炼油厂、有噪声的机器和爆破声，甚至在它们给毗邻的人们带来不便时，也要求原告为了大众利益而忍受出现的并非不合理的不舒适”。

（三）从社会成本和收益来看企业社会责任问题的本质。第一，企业机会主义行为带来的损害往往是“损人利己”，从履行企业社会责任的角度来说应该制止。第二，对外部性带来的损害，应该仔细权衡社会成本和社会收益后，决定哪种程度的损害是为了增进社会福利而可以承受的，哪种程度的损害是需要控制的。第三，人们期待的企业利他行为，诸如企业捐赠等，其未必是企业社会责任行为。

四、企业社会责任问题的治理

政府和非政府组织（NGO）是推动企业社会责任的关键力量。政府的社会管理职能决定了政府应该参与企业社会责任问题的治理。如：政府可以通过制定法律、规章等来影响企业决策，从而达到治理企业社会责任问题的目的。政府获取了有关企业社会责任问题的信息后，组织专家从社会成本和社会收益的角度论证企业行为是否降低了社会净福利，最后决定是否采取行动干预企业行为。值得注意的是，政府推动力量的缺陷是难以获取具体企业是否履行社会责任的信息，存在一定程度的政府失灵。政府失灵决定了 NGO 存在的合理性，在治理企业社会责任问题方面亦是如此。NGO 通过道义谴责、舆论监督、社会责任运动等手段给企业带来负面影响，从而提高企业损害行为的成本，形成抑制作用。

在这篇文章中作者认为，政府不应该因片面追求 GDP 而忽视了对企业社会责任问题的治理。经济增长是一个既注重“量”又注重“质”的过程，过去几十年的飞速发展带来了“量”的飞跃，今后的发展应该更注重“质”，治理企业社会责任问题实际上就是提高经济增长“质”的一个很好的途径。但是，治理企业社会责任问题时，应当从社会成本和社会收益的角度，理性界定企业社会责任的范围。此外，适当放宽我国 NGO 的审查程序，鼓励民间 NGO 的兴起，使 NGO 能较好地向政府反馈可能存在的企业社会责任问题，然后再由政府作出理性判断，继而采取行动，这不失为治理企业社会责任的好办法。

再论道德理论的层次结构：以义促利——与陈晓平教授、罗伟玲博士商榷

李高阳，《道德与文明》2014 年第 1 期。

一、从自律论、他律论角度看儒家伦理与康德伦理

儒家伦理具有非常明显的实践性特征，而儒家伦理的善良意志是直接与实践行为相联系的，这正是儒家伦理的意志学说迥异于康德的意志哲

学、纯粹实践理性的重要特点。善良意志的相对独立性、自主性、普遍性、本然性、必然性、当然性以及向善的目的性、生命的原则性，体现了儒家伦理在较高层次的“自律论”品格。这也就体现了儒家伦理在较高层次上与康德自律论相类似、相一致的地方。但是，儒家伦理在最低层次和发端意义上属于他律论，但它又在实现终极目的的较高层次上兼有广义的自律论的品格；儒家伦理既有最低层次的功利论，又在较高层次上兼有道义论的品格。

二、儒家伦理兼功利论与道义论，主张以义促利，而非以义制利

儒家原始的思想决不反对普通老百姓的正当的功利论即合乎“义”的功利，它所提出的道义论恰恰是针对那些为政者，尤其是以利为利、与民争利的为政者说的。儒家的“义利之辨”并非“以义制利”，而是“以义致利”“以义促利”，在仁义原则下的人的自利行为是追求个人利益最大化。儒家伦理并不在一般意义上反对功利主义，它反对的是破坏了道义原则的极端功利主义，对于坚持道义原则的功利论，它反而是极为肯定和支持的。基本观点可以概括为：坚持道义论原则下的功利论。从层次上说，儒家伦理在最深层次即发端上属于功利论，同时在较高层次上兼有道义论的品格。

三、儒家伦理与英国道德感学派伦理、功利论的总体一致性

不仅仅是儒家伦理在道义论和功利论问题上表现出以道义论为前提、以功利论为最终目的的以义致利或以义促利的特点，实际上，陈晓平、罗伟玲文中介绍的以休谟、斯密为代表的道德感派和以边沁、密尔为代表的最大幸福派都在总体上表现出这个特点。当然，这三派各自的侧重点不尽相同，相互之间也有细微的差别。

《道德情操论》是《国富论》的理论本源，《国富论》是《道德情操论》的伦理学在经济领域的实际应用和表现，二者属于同一个理论体系；从道义论和功利论的角度也可以说，斯密总的意思是以义致利、以义促利，即以道义论为前提、基础，以功利论为最终目的。从整体上看，儒家伦理与英国道德感派伦理具有一致性。至于二者的细微差别则是由于各自所处的历史背景和学术环境所决定的，但是二者整体上的一致性应该说是人类历史发展的必然规律。

四、新的道德理论之层次结构及中西伦理重新比较

需要强调的是，儒家伦理、英国道德感派的“道义论”与康德的道义论并不是一个概念，前两者属于情感主义道义论，它可以吸收康德的道义论，功利论也是其题中应有之义；后者属于理性主义道义论，它不但排斥情感主义，更排斥功利论。道德理论的总原则是：以义促利或以义致利。道德理论的层次结构是：情感主义以义致利—理性主义道义论—功利论。后两者在各自的理论上只关心道义的规范或功利的获得，都不能称得上是完整、透彻的理论形态，一个容易脱离现实，一个容易迁就现实。儒家伦理与道德感派、最大幸福派二者在总体上具有一致性；在细节上，儒家伦理关于道义论与功利论的关系的总括性说明可以对英国道德感派、最大幸福派作出总体性概括；道德感派、最大幸福派可以在功利论即“致利”的方法方面也即如何实现最大多数人的幸福、利益的方法方面给儒家伦理作出补充说明。同时，它们对康德理性主义自由意志道义论都可以做到兼收并蓄。总之，中西方伦理在总体上一致，在细节上互补。这里的“互补”是在共同理论基础上的互补，即同源、同体且互补，而陈晓平、罗伟玲文所说的“互补”则是异质性理论的“互补”，这种“互补”究竟如何在道德理论和实践上实现，是个更难解的问题。

公平厌恶、获得性遗传与贫富差距

杨华磊，《西南大学学报》（社会科学版）2014 年第 1 期。

《圣经·新约·马太福音》中说：“凡有的，还要加给他，叫他有余；没有的，连他所有的也要夺过来。”这种“马太效应”在各行各业随处可见。在一市场内每个厂商都有争取更多市场份额的激励，而不是专注于其特色的领域上。根据专业特色的分工，市场份额对每个厂商来说，都是均匀的，进而是公平的，此时每个厂商都有通过多元化经营来争取更多市场份额的激励，而这种争取更多市场份额的行为是对专业分工下收益均等的厌恶，对收入差距的向往，这也是反分工的力量。当不公平发生在自己所属种群身上时，人们存在对公平的向往，但不可否认，当不公平发生在其他种群身上时，人们就存在对不公平的期望。人们在内心深处存在两种纠结的心理：公平偏好和公平厌恶，并在不同的时空和场所表达不同的心理和行为。这表现为：和下层维持差距，并有机会扩大差距，和上层间缩短差距，并有机会超越；处于劣势的人期待公平（不公平厌恶），处于强势的人希望保持地位（公平厌恶）。如果大家都厌恶不公平，就不会存在不公平行为，而现实中是存在公平厌恶的心理和行为的。有时大家即使感觉做某件事对大家或者其他人不公平，但很多时候还是会去做，这就是公平厌恶的表现。当然，公平厌恶不仅是富人的心态，穷人有时一样会有，只不过属于不同的公平厌恶类型。

本文从生物学和行为学的角度，经过实验验证和理论演绎，提出利己的另一变种：公平厌恶，即对差距、等级以及特权的向往，对完全公平及完全没有差距的排斥，也即对幸福偏好下最大化利己的非公平行为的热衷。如一种短期由公平厌恶引致的贫富差距，通过代际遗传加以强化，进而造成子代在初始和边界条件上的差距，进一步加剧贫富差距。针对这种现象，探求公平厌恶和获得性遗传的起源，并在此基础上考察贫富差距形成的内在机制，从而针对短期的公平厌恶及获得性遗传引致的差距提出破解之道，就成了一个具有现实意义的理论问题。

儒家经济伦理及其公正理念研究

邵龙宝，《齐鲁学刊》2014 年第 1 期。

经济伦理是一个现代概念，探讨儒学的经济伦理思想有其深刻的意蕴，因为现代经济伦理思想离不开历史和文化传统的演化，儒学作为传统文化的表征和主流，在中国历史的长河中对社会经济文化产生了深远的影响。要想明智而有效地解释当下中国社会的经济现象和经济行为中的伦理价值意蕴，以指导中国的经济实践的健康发展，决不能忽视对儒学中的经济思想的审视、批判、辨析和发掘。经济伦理源自近代西方，这一概念是以知识论形式出现的，儒家的经济伦理思想则没有这样一套知识论的表现形式，但并不能据此认为儒学没有经济伦理思想。在阐释儒学中的经济伦理思想时借用西方的经济伦理的概念范畴加以诠释和阐发，亦即将西方的经济伦理的概念范畴以及理论作为一个比较的参照系或坐标是十分必要的，然而这种借鉴必须跳出西方的思维模式和框架，以便超越自我中心的经济学与无我的伦理学以及我国长期以来经济学界和哲学界各说各话，交流与融通不足之弊端。

儒家的义利之辨归根结底是服务于宗法家族、国家和天下的秩序稳定的。儒家以诚信为基础的信用规则与现代信用体系在个体人的德性层面相比或许儒商更高，现代信用体系的优势主要表现在形式上和技术层面，它的实质是个体人的诚信德性的水准和制度的双向互动。儒家也有类似于契约精神的立信、征信、结信的制度规范。儒家的礼乐教化的政治智慧源于家族的族规和家教，除了用调均来防止社会分配的严重不均，还在养老、救济弱者、赈灾与社会保障等方面进行制度设计，由此出发来解决传统社会最基本的民生问题。本文拟从“义利与秩序”，“诚信、契约与效益”，“贫富、调均与公正”三个方面对儒家经济伦理及其公正理念的中国特色予以辨析和诠释。

一、“义”、“利”与秩序

众所周知，儒家并不反对个人正当的获利行为，不对“求利动机”作负面的道德评价，承认人人都有谋求生活富足的愿望，无论性善性恶论都关注人的生存状态，都认为一个合符人性的社会首先要保障每一个体人的生存权。孔子为礼崩乐坏的春秋时代创立了名分大义，即君臣、父子，试图让社会秩序井然和谐；孔子对仁、义、礼都作了极其深刻的阐发，特别是对“政”“刑”“德”“礼”的辩证关系进行了独到的论说。孟子着力于“内圣”即“大丈夫”的理想人格与浩然之气等心性修养学说的阐发。荀子则是着力于“外王”即试图通过礼仪制度的建设来达到解决社会财富的有限性和人的欲望的无限性之间的矛盾。荀子的礼制思想归根结底是为了维护宗法专制主义社会的等级结构，为了形成一种上下有别、贵贱不同的等级制度。

在中国漫长的宗法专制主义社会，中央集权的大一统国家的国家形态有利于经济的发展和繁荣，这一传统的遗存亦已被实践证明它有许多有利于经济加速度发展的内在因素，可见，中央集权的大一统国家在国家形态上未必就一定比联邦制国家和邦联制国家落后，采取何种国家形态归根结底是由不同时期的国情决定的。诚然，礼制等级结构的负面效应直到今天并没有因为建立了新中国，历经改革开放30余年，至今置身在全球化、信息化和网络化的世界背景中而被钉在棺材里，埋葬在坟墓中，相反，其影响之深远和广大是一个中国公民在日常生活中都能体悟和感受到的。一个文明的现代社会，知识的分层化应该比阶层的分层化速度要快，而且知识的分层化应该真正起到决定性作用。而事实上远不是这样，制度创新的成果往往被看不见摸不着的文化传统的负面的东西所左右，这正是我们需要进一步进行改革和文化创新的重大课题之一。然而，我们的改革只能在传统的土壤上改，我们无法拽着自己的头发离开这个地球，无法脱离“大一统”“仁政德治”“家国同构”等传统的遗存奢谈改革和借鉴西方的积极的思想因素。

二、诚信、契约与效益

“诚”是儒家思想中的一个核心概念，“诚”贯穿天道、地道与人道，可成己、成人、成物。“信”与“诚”可以相互诠释、相互说明、相互印证。“信”的本质是诚实不欺、遵守诺言、言行一致、恪守信用，都是强调做人的根本是不欺天、不欺人、不自欺。诚信是人之为人的表征，区别于一切动物，是一种社会资本，是协调人与人关系，和谐社会的一种精神质素，也是一种社会心态和凝聚社会的一种无形的力量。契约是正式行为的约束范畴，违背契约要承担责任，它与诚信的区别在于，诚信是一种品质，而契约是一种以书面或其他形式订立的协议、合同或约定。

契约自由的经济原则在不同的社会经济结构和文化传统中应当有符合自己国情的特点，修正它的目的是为了使这一理论更趋完善，使其更好地发挥契约自由的法律精神。然而，真正的现代法律精神的内涵是道德，是诚信，所以说儒家的诚信传统和资源在现代化的中国经济发展中不仅有资源价值，还有超越时代和国界的“普适价值”。儒家的义利思想由于注重社会和谐和秩序，所以尽管在落后国家启动现代化时表现作用不明显，但是在高度现代化的国家面临现代性危机时就应该重新估量它的价值和意义。因此，传统儒家的诚信道德的开掘一定要与现代的信用制度和契约原则或精神有机结合才有可能获得创造性转换。

三、贫富、“调均”与公正

孔子主张均贫富，曾说：“丘也闻有国有家者，不患寡而患不均，不患贫而患不安。盖均无贫，和无寡，安无倾。”（《季氏》）孔子反对当官的利用手中的权力巧取豪夺，通过不义的手段获取暴利，主张以行政和法制手段来打击和制衡“诈”“伪”等“与民争利”的不法行为。关于“调均”，董仲舒探究了“不患贫而患不均”的问题。他认为一小部分人富了，必然导致一大部分人穷了，两极分化严重，就必然导致社会不安定，要消除不安定，就要“调均”。经过调均，“使富者足以示贵而不至于骄，贫者足以养生而不至于忧”。调均的根本途径和方法是设法制止官家与民争利，主张凡“所予禄者，不食于力”，官家食禄而已，不与民争业，然后利可均布而民可家足。儒家通过礼仪教化和“调均”等措施来扶助弱小，防止贫富差距拉大。可见，儒家传统包含了关注民生、缩小贫富分化，尊重人权、平等，主张公平正义的理论预设和思想资源，问题的关键是要用历史唯物主义和辩证唯物主义的世界观和方法论来分析和创造性转换儒家传统中的经济伦理精华。

再分配“逆向调节”之分配正义考量

庞永红　肖　云，《伦理学研究》2014 年第 1 期。

初次分配和再分配是解决收入分配问题的“两个轮子”，缺一不可。在初次分配中拉开收入差距，需要通过再分配予以“调节”或“收敛”。该文针对我国再分配中存在的“逆向调节”问题进行了探讨，指出再分配的“逆向调节”是分配的不正义，是基于身份的不平等，是有违再分配的初衷和目标的。再分配正义应该是普惠 + 特惠，是平等基础上的“差别原则”。

一、再分配及我国再分配“逆向调节”之表现

再分配是在国民收入初次分配基础上按照各种需要通过经常转移的形式对初次分配收入进行再次分配，再分配主要是由政府参与并主导进行的。再分配的主体是政府，其中的关键环节是政府的调控机制发挥作用。其最终目标是优化收入分配格局、调整收入差距、促进社会公平、提高社会成员的福利，实现共同富裕。

再分配“逆向调节”是指由于政府现有的再分配政策在一定程度上不合理地“偏向”某些群体，导致其调节机制不能实现公平分配的调节功能反而异化为进一步加剧收入分配差距的方向调节的现象。具体表现在：第一，个人所得税、流转税的“逆向调节”；第二，我国社会保障支出流向不合理，再分配性“异化”；第三，转移支付结构、方式等存在问题，不仅不同的地区存在着差距，不同的工作群体也存在着差距。

二、西方再分配有关理论和实践

从西方国家的理论和实践来看，对再分配的探求主要集中在两个方面。

第一，政府应不应该实行再分配。早期古典经济学家认为收入分配是不可改变的，其代表亚当·斯密就认为，国家和政府应对经济生活采取“自由放任”的“不干涉”政策，主张“守夜人”式的政府；而西斯蒙则主张“政府应当通过政治经济学来为所有的人管理全民财产的利益”。

第二，政府该如何实行再分配才是正义的。庇古指出，政府可以通过一定的措施将高收入群体的财富向低收入群体转移；凯恩斯则主张，抛弃自由放任原则，运用国家财政政策与货币政策，实施国家对经济的调节和干预。

由上述可见，西方的再分配无论是理论还是实践虽然有争议，但总的来说是优化收入分配格局，调整收入差距，保护弱势群体，促进社会公平，提高社会成员的整体福利。

三、从不平等的“逆向调节”走向平等基础上的“差别原则”

1. 再分配的意义

再分配是一种伦理关系，是人类自身人性的展现。再分配的真正意义在于去商品化，让所有人都能有尊严地生活。由于初次分配的差距，现实中已经形成了强与弱、贫与富的差别，如果再分配无论贫富、强弱大家一个样，一视同仁，那就失去了再分配的意义，现状不会有任何改变。

2. 几种基于“差别原则”的再分配

差别原则是以社会底层弱者利益为基准来安排社会制度的。基于这种指导思想，笔者认为再分配正义在政府提供的均等的公共服务基础上，还应该按照“差别原则”从以下几种再分配中有所体现。

（1）救济性再分配（援助性、济贫性）：主要是针对特殊困难群体，如老弱病残者的社会援助。政府应该关心这部分群体，采取一定的措施来保障他们最基本的生活。

（2）保险性再分配——社会福利：建立在法律的基础上，以增加收入安全的社会保障为主旨，社会保险包括医疗保险、失业保险以及养老保险等。

（3）公正性再分配——合理的税收：从再分配的角度而言，税收起着两个重要的作用：第一是用作公益性支出，这样才能有资金来保障那些低收入群体的基本生活，才能提高全体人民的生活水平；第二是通过税收来调节收入差距，税收又是群体的累进税，是社会公平的体现，符合正义原则。

经济学及马克思经济学科学性的伦理之思

贺汉魂　许银英，《甘肃社会科学》2014 年第 1 期。

经济学是以经济问题为基本研究对象，以描述经济现象从而揭示经济规律为根本研究任务的科学。准确描述经济现象，科学揭示经济规律是判定经济学科学性的基本标准。但是描述事实且揭示规律科学，甚至经理论逻辑或经验事实证实为科学的经济学未必就是科学的经济学。其一，不同经济学多将“重大而普遍的事实”作为主要描述对象，描述时不会有太多的差异，否则就太不合常识。其二，对同一经济规律的揭示与表达往往有个体差异，动辄将某经济学定性为“伪科学”也不应该。其三，检验理论科学性的间接依据是“其他理论”，直接依据是实践的事实。但“其他”可能就是错误的理论，错误的理论也可找到证明其正确性的事实。

经济学作为一门人文社会科学，根本特性是其伦理性。经济学的伦理性决定了科学的伦理是经济学科学性的根本判定标准。科学的伦理即合道德本质的伦理。道德的本质即以“小恶”换“大善”。所谓“善”即人的需要的实现，最大的“善”也即人的最大需要的满足。这种最大的善，只能是人生幸福。马克思实际上将人生幸福作为经济学的根本研究主题。西方主流经济学实际是有关财富生产、分配、交换和消费的理财之学。

关于幸福实质的不同认识并不妨碍人们在幸福人生必备基本价值方面达致共识：幸福人生的基本价值包括身心健康，友爱情谊，创造性活动，三者之综合即马克思所谓的人的全面发展。人们对幸福的主观判断则是判断幸福经济实现状况的重要依据。经济的客观化的确有利于统计方便，但人类经济行为是精神支配的行为，最终目的在于物质彼岸的“精神快乐”。牺牲的意义在于为多数人的幸福而牺牲个体某些利益，一切以促进牺牲为根本目的的道德必是“不道德”的道德甚至是“反道德”的道德。

对于社会科学的研究而言，其基本问题无非是四个，即研究什么，为谁研究，由谁研究，如何研究。经济学科学化的伦理之路也应沿此四方向进行。就研究什么而言，主要是要规定经济学应以增进人生幸福为研究宗旨。就为谁研究而言，幸福是人人之追求，经济学应为多数人的幸福而不是部分人的幸福而研究。就由谁研究而言，经济学主要还是由经济学家们在研究，因而经济学家是否具备相应的从业素质，尤其是道德品质，是经济学成为科学经济学的关键所在。就如何研究而言，经济学的伦理性从根本上决定了经济学的研究虽可以借用自然科学方法，但是其所偏重的方法却应该是人文社科的方法，应该全面借重伦理学的研究方法。

古今诚信之辨——基于中西比较的视角

徐大建　赵　果，《伦理学研究》2014 年第 1 期。

诚信是市场经济社会中最为重要的道德，社会诚信建设已成为完善我国市场经济制度的重大课题。该文试图在澄清诚信涵义的基础上，着重论证古代诚信伦理与现代诚信伦理的特点、区别及其经济基础，从而说明现代诚信伦理不是由传统诚信伦理直接延续可成的，并对传统诚信伦理向现代诚信伦理转化的路径提出了建议。

一、诚信的基本涵义

中文“诚信”的意思大致与英文单词 integrity 相当，即诚实守信；诚实是指内心与言行的一致，真诚不欺；守信则意味着要遵守自己的诺言，凡是自己承诺的便一定要兑现。由于社会历史背景和人生阅历眼光的不同，事实上人们对何谓诚信存在着各自的不同理解乃至误解。为了避免无谓的争议，笔者从社会经济伦理的角度，将诚信分成以下四层涵义：一是言行的真实（truthfulness），二是内心的真诚（sincerity），三是承诺的坚守（keep promise），四是外在的信任（trust）。因此，我们在讨论诚信时便要注意到：一方面，诚信具有不同参差的含义，不仅意味着诚实守信的道德规范，而且意味着主观的真诚意愿和客观的信任程度；另一方面，我们决不可将伦理意义上的诚实混淆为认识论意义上的真理，更不可误以为诚实等同于完全的表里不一。

二、古代诚信观的特征

相对于现代人而言，古代西方的诚信观与古代中国的诚信观虽有所不同，但更有相同一面而构成了古代诚信观的特征，即古代人所主张的诚信在道德规范上处于较低的等级，它要服从其他更为基本的道德规范。

西方古代伦理道德观念的典范可见于亚里士多德的德性伦理。在亚里士多德的德性理论体系中，诚实作为一种道德德性被分割为两部分：“与他人无直接利益冲突关系的真诚”和“涉及人际利益冲突关系的守约”；但无论是真诚还是守约，它们在整个道德体系中都处于较低的地位。

古代中国人的诚信观念则主要见于儒家学说。就古代中国诚信观而言，诚信虽然也很受重视，儒学对“信”的论述的丰富程度甚至要大大高于古希腊人对诚信的论述，但诚信的地位并不高。相比之下，诚信在古希腊伦理体系中的地位虽然也不高，但希腊人从来没有像儒家那样明确地表示过：如果诚信与忠孝相悖，则不能再讲诚信。

三、现代诚信的特征

相对于古代诚信观来说，现代人的诚信观的特征则在于：现代人所主张的诚信在道德规范和道德品质上处于较高的等级，换言之，诚信在现代属于基本的道德规范。现代社会始于16世纪欧洲资产阶级革命所形成的市场经济社会。随着社会的转型，人们的伦理观念也在17—18世纪完成了从古代身份伦理到现代契约伦理的转型，其代表是康德的先验主义义务论伦理学和休谟的经验论功利主义伦理学，由此形成了现代的诚信伦理。

四、诚信伦理的基础和转型

历史唯物主义表明，伦理道德总是根植于人们的生产交往方式和由此决定的社会组织结构之中，为人们的生产交往有序化、维护社会的稳定而存在的。因此，诚信伦理的社会历史转型也必然根源于人们的生产交往方式和由此决定的社会组织结构的社会历史转型。古代诚信观之所以不同于现代诚信观，其根本原因在于古代社会的生产方式不同于现代社会的生产方式，在于古代社会的生产方式形成的不平等等级制熟人社会不同于现代社会的生产方式形成的自由平等的陌生人社会。

大家一致认为，中国目前的市场经济建设亟须现代诚信伦理的建设，亟须在传统中国诚信伦理的基础上建设现代诚信伦理。我们目前的诚信伦理建设的重点，并非大力宣传传统的诚信伦理，而是要大力推进市场经济本身的建设和完善，包括法治建设，建立起真正的现代社会，为现代诚信伦理的转型提供坚实的社会基础。一方面，不搞市场经济，也就不需要现代诚信伦理，而没有健全的法治，市场经济就会遭到破坏；另一方面，传统的诚信伦理虽然在字面上与现代诚信伦理区别不大，本质上却是不适应市场经济的。

消费者环保责任分析

柴艳萍，《道德与文明》2014年第1期。

一、消费者环保责任的由来

消费行为不是孤立的个人活动，它涉及与企业、他人、自然界和子孙后代等众多的关系，会产生广泛的社会影响。消费者被这些伦理关系规定成为一个既拥有权利又同时需要承担责任和义务的人。消费者的环保责任是由社会关系客观规定了的。日益恶化的生态环境才使人们深刻认识到破坏环境、向自然无限索取的错误和危害，以及转变生产方式、建设生态文明、实现人与自然和谐相处的重要性。环保消费是一种自觉消费、一种负责任的消费、一种引导性消费。

二、消费者环保责任的基本内容

首先是环保理念。广大消费者应该转变消费观念，确立节俭、健康、适度、环保的消费观，实现由破坏性消费向环保性消费的转变，倡导健康生活与绿色消费，做具有良知与责任的消费者，消费对环境无害的产品。

其次是环保购买。环保购买是指消费者应该购买环保产品、绿色产品，选择无污染或污染小、可回收利用或可降解的产品，自觉抵制和拒绝非环保产品。

再次是环保使用。环保使用就是消费者在使用和消费过程中要最有利于保护环境，将环境破坏减少到最低限度，坚持少污染、少浪费、重复利用、关爱生命等原则，有效合理地使用产品。一是厉行节约，二是控制污染，三是重复利用、循环使用、物尽其用，四是关爱生命，最后是环保处置。环保处置是消费者在消费过后对已经使用过的消费品及其残留物采用环保的方式进行处置。一是环保处置生活垃圾；二是妥善处置有毒性、放射性、污染性物品；三是尽可能多地重复使用；四是进行科学设计，使用过的消费品进入下一循环，如此循环利用既不造成污染又可节省资源。

三、消费者环保责任的延伸

绿色经济是一种超越了传统经济发展模式弊端的新经济战略，是实现生态文明的根本途径，它要求生产、流通和消费等整个过程的各个环节都坚持环保原则。环保消费是促使企业转变观念、进行绿色设计和生产的根本动力，而且也只有企业提供了环保产品和服务，消费者的环保责任才能充分实现，才能购买到环保产品。

消费者的环保消费及其对企业行为的影响、引导和监督有利于促进企业转变生产方式，实行绿色管理、绿色设计，采用绿色技术，进行绿色生产，提供绿色服务，最终促进绿色经济战略的实现和生态文明建设。企业实现利润的依据是消费，当消费者崇尚绿色消费时，当消费者拒绝浪费污染和破坏环境的产品和服务时，也就是不环保企业灭亡之时，此时企业要想生存就必须转向绿色生产。基于自身的利益，也迫于消费者的压力，企业会调整经营战略，承担环保责任，开发环境友好型产品，将可持续发展观念融入其商业战略之中，在控制污染、预防破坏方面进行独特的设计。其实，企业的目的是营利而不是破坏环境，当绿色生产可以满足这一目的时企业就没有理由拒绝承担环保责任了，因为此时承担环保责任与追求利润就不再矛盾而是合二为一了。

实现绿色转变固然需要企业自律，但更重要的是消费者的推动。有责任的消费者不仅仅是洁身自好、约束自己，更重要的是推动企业承担包括环境保护在内的社会责任。与过去相比，今天的消费者更加成熟，企业也越来越多地关注并考虑消费趋向。企业家们已经深刻地意识到今天的消费者不仅被赋予了相当大的权力，而且比过去更加执着，更加觉醒，也更有社会责任感。实际上，消费者的消费倾向已经成为引导企业行为的航标，消费者有道德的消费更能迫使企业承担社会责任。消费者环保意识的提高和对环保商品的选择才是企业转变观念、承担环保责任的根本动力。消费者应该通过购买环保产品而让企业获利，进而促使和支持企业承担环保责任，促使整个社会经济增长方式的转变，这才是实现生态文明的关键。

孟子义利学说辨正

崔宜明，《道德与文明》2014 年第 1 期。

孟子其实有两种“义利关系”学说：“以义制利”说和“唯义无利”说，但是在思想史乃至当代中国的伦理学史研究中，人们好像只记住了一句“何必曰利，亦有仁义而已矣”（《孟子·梁惠王上》），也就是“唯义无利”说。

一、孟子是否只说“仁义”，从不言“利”，从未在道德上肯定过个人利益的正当性，以至于从不追求其个人的利益呢

答案是否定的！孟子不仅追求其个人利益，而且在“曰利”时非常理直气壮。孟子的财富来源于诸侯的馈赠，并且过着奢华的生活，他认为他的财富是合于“道”的，所以是可得的。他说“利”之所得，要看是否合于“道”，不合于“道”之“利”，就是一碗饭也不应得，合于“道”之“利”，哪怕是整个“天下”也应得。个人利益并不等于道德的

“恶”，追求个人利益，只要合于“道”，在道德上就是正当的。

二、孟子心目中的那个用来衡量个人利益正当与否的“道”究竟是什么

在孟子看来，这个“道”包含着两层意思，并且在不同的意义上规定着“利”的正当性。首先，“道”指“仁义忠信”等标识着人类尊严的价值，对这些人类价值的守护、传播和教化是人类最神圣的事业之一，在这一事业上对社会作出了贡献就应当获得相应的利益回报；其次，“道”就是个人利益的分配应当根据其人所作出的实际社会贡献，而毋论其动机。

三、孟子的学说中有两种不同的义利之辩，分别对应论说的语境和游说的语境

在论说语境中的义利之辩是讲“利”之当取不当取，“义”是评价“利”的价值标准，给出“利”之当取不当取的界线，符合“义”者为当取，否则就不当取；在游说语境的义利之辩中，“义”和“利”是同一层次的对应概念，两个概念的关系与“善恶”“是非”“左右”等范畴一样是排中的，其中，“义”就是“善”，“利”就是“恶”，二者不仅是对立的，而且是非此即彼的，它公开说的是只可取义、不可取利，骨子里是以义取利。

四、最后还要强调孟子义利关系学说中的两个问题，一是对“社会交换”的理解，二是关于生活方式的道德正当性问题

1. 孟子批判农家学派所推崇的“不劳者不得食”原则，认为这是把“劳动”狭隘地理解为体力劳动，而且更狭隘地理解为农业体力劳动。当然，孟子最后的结论——“劳心者治人，劳力者治于人。治于人者食人，治人者食于人；天下之通义也”——是错误的，虽然我们今天无须苛责于古人，但还是要指出错误的症结所在：他把经济和社会的分工与社会等级制混淆起来。

2. 孟子似乎有意无意地在混淆个人利益的道德正当性问题和生活方式的道德正当性问题。孟子葬母的事情在当时引起了很大的非议，也有人赞同孟子的观点，认为只要有财，只要不违背“礼”的规制，就可以奢华无度。但是以“礼”的规制为托词而奢华无度，正与“礼”的精神——“礼，与其奢也，宁俭；丧，与其易也，宁戚”（《论语·八佾》）——背道而驰。

论组织（企业）理论中“个人自由”的意义与价值

曹　阳，《华中师范大学学报》（人文社会科学版）2014 年第 1 期。

个人为什么需要组织？或者，更具体地从经济层面说，个体劳动为什么要结合成“团队生产”，个人为什么要成为企业（组织）中的一员？如果仅仅把组织（企业）看作是一个追求效率、追求组织（企业）收益的工具，就极有可能忽视组织（企业）中的“人”，忽视“个人自由”这一“人的最高本质”。

一、文献回顾与理论反思

1. 组织（企业）是以自由为代价换取安全吗？——对奈特理论的反思

个人加入组织本身就意味着要放弃个人的部分自由权利，否则，组织就不成其为组织。弗兰克·H. 奈特 1972 年出版的《风险、不确定性和利润》一书，在西方企业理论中有着十分重要的地位。奈特理论的基本前提是个人的异质性和经济生活的不确定性。按照奈特的观点，社会上只有少数人是风险偏好者，而绝大多数人则是风险规避者或风险中性者。企业家（组织者）作为风险偏好者，以承担风险为代价，换取风险规避或风险中性者雇员（工人）的自由劳动决策权；而雇员则由此获得保险，获得安全，获得一份确定的收入。

2. 劳动与资本是企业中可以相互替代的同质的生产要素吗？——新古典企业理论批判

新古典经济学在很多方面背离了以亚当·斯密为代表的古典经济学传统。新古典经济学集大成者马歇尔特别强调了组织作为生产第四大因素的特殊作用，并以企业效率（利润最大化）为核心，研究了企业家作用、规模经济、企业的市场结构、私人合伙组织、股份公司组织、合作社等极为广泛的问题。

3. 企业就是一系列契约的连接吗？——新制度主义企业契约理论批判

新制度主义经济学的奠基者科斯对新古典的企业理论提出了强烈的批评。科斯认为，新古典的企业理论远离现实，企业依然是一个没有被真正认识的“黑箱”，因为新古典企业理论既不能解释企业为什么会存在，也不能给出企业的边界与范围。

4. 部分经济学家对个人自由在企业权重中的认识

经济学理论中一直有一些非主流的声音，他们在重视组织（企业）效率的同时，也关注，甚至更关注个人自由在组织（企业）中的权重。

二、个人为什么需要组织？——从个人自由视角的观察

第一，合作和组织创造了单个人劳动所不具有的“集体力”，弥补了个人身体条件的局限性，拓展了劳动的空间与时间，从而扩展了个人自由的现实空间，提升了个人实现“实质自由”的可行能力。

第二，合作和组织深化了劳动分工，提高了劳动效率，在获得“分工收益”的同时，还获得了个体劳动所没有的“规模收益”，获得了“合作剩余”和“组织收益”，这也为个人自由的充分实现，为提升个人实现“实质自由”的“可行能力”，提供了必要的物质基础与前提。

第三，合作与组织提供了个人社会接触的平台，提供了知识互补和知识交汇的渠道，从而大大提升了个人实现自由的认知能力与行为能力。

第四，合作与组织能生产和提供满足社会公共需要的公共物品，这是提升个人实现“实质自由”“可行能力”的重要前提。

第五，组织提供的社会保障与社会惩罚机制能更有效地保护个人自由的疆界。

三、组织的异化：组织对个人自由的束缚、限制与禁锢

第一，组织的强制力要远大于个人的强制力，组织者利用组织的强制力可强行剥夺广大组织成员众多的自由权利，甚至包括基本的人身自由权。

第二，组织内部的分工在促进专业化、提高劳动效率的同时也有可能加深劳动异化，使个人更加依附于组织，成为组织的奴隶。

第三，任何组织的运转都需要权威，权威以权力为基础。

第四，组织为了保证“统一的意志”，往往要求“思想统一”“言论统一”，这有可能扼杀组织成员的思想自由。

四、结论与展望

该文对组织与个人自由的关系进行了初步的探讨，但远未穷尽对这一问题的研究。例如，“市场”从科斯的意义上可以看作是一种组织社会经济的方式，但毕竟不是实体性的组织。那么，市场在哪些方面可以替代企业等实体性组织来提升与拓展个人自由？进一步，从个人自由的视野，而非仅仅从效率的角度，市场与企业等实体性组织的关系究竟是替代、互补，或者二者兼而有之？还有，从拓展人类自由的终极目标出发，组织应如何发展，如何演进？诸如此类的问题，将是作者今后研究的努力方向。

资本的伦理效应

龚天平，《北京大学学报》（哲学社会科学版）2014 年第 1 期。

当代中国在加快完善社会主义市场经济体制的条件下加强道德建设的过程中，有一个不可回避的问题，即市场经济最基本的前提——资本对道德建设到底起何作用。作者认为，资本具有不容忽视的伦理效应，这种伦理效应包括积极的和消极的两个方面。

一、资本不是非道德的

我国学界有一种观点认为，资本属非道德——不能对其进行道德评价——领域。这种观点因为把资本和道德划分为两个不搭界的领域，因而资本对道德建设没有任何作用。作者认为这种观点是有问题的。如果资本是非道德的，那就是说只要是在市场经济领域，资本导致的所有后果都是合理的，对它也是无法进行伦理规约的，只能任其肆虐。然而事实上人们已对资本的肆虐行为批评有加。

资本并不是非道德的。那么资本与伦理到底如何联结呢？

马克思认为，资本是能够带来剩余价值的价值。市场经济下的资本首先是一种商品，但其并不是一个自然物品，而是一种社会关系——物质的社会关系。据此，我们完全可以推知，与资本这种物质的社会关系相适应的必定会有一种精神的社会关系，而这种精神的社会关系中就必定包含着伦理关系。因此，资本作为一种特定社会关系的载体，必然具有相应的伦理属性，与伦理相联结。那么，资本的伦理属性是什么？

所谓伦理属性，就是指需要由道德和法律调整利益关系的属性。资本同样也是市场经济条件下必不可少的商品，如果说市场经济下商品生产都具有伦理二重性，那么资本也同样具有“为他性和为己性、服务性和谋利性”相统一的“伦理二重性”。如果说伦理关系是实体性关系，家庭、社会、国家、规章制度等是伦理实体，那么资本也是伦理实体。因为它同样是一种社会关系，同样需要道德和法律来调整利益关系。这种利益关系也就是资本的为他与为己、服务与谋利之间的关系。

二、资本的伦理正效应

学界还有一种观点认为，资本属道德领域，但它本性上就是不道德的，是一种纯粹的恶。这种观点因为把资本本性界定为恶，因而资本对道德建设只有负效应。作者认为，这种观点也是有问题的。如果资本本性上就是恶，那就是说它是要被抑制住、被抛弃的，但为何人们仍然要充分利用它以发展市场经济呢？前文已述，资本具有为他性、服务性的属性，这一属性实质上是资本的伦理正效应。思想史上许多思想家都肯定资本的伦理正效应，特别是马克思用“资本的文明化”或“资本的文明面”这一范畴来标识这种伦理正效应。马克思向我们宣示了资本的三个方面的伦理正效应：第一，发展生产力，造就富裕社会，为道德建设提供物质基础；第二，发展社会关系，为个人的全面发展提供可能；第三，创造高一级的道德形态并为其提供新的精神特质。

三、资本的伦理负效应

资本具有为己性、谋利性的属性，这一属性实质上是资本的伦理负效应。这种伦理负效应在马克思那里表现为他对资本的道德批判。在他看来，资本原始积累的方法是通过“对直接生产者的剥夺，是用最残酷无情的野蛮手段，在最下流、最龌龊、最卑鄙和最可恶的贪欲的驱使下完成的”。资本的伦理负效应主要有如下表现：第一，腐蚀公共善；第二，加剧人的异化；第三，有碍社会和谐；第四，造成自然的异化。

四、扬正抑负之途

当今中国发展社会主义市场经济，同样必须依靠资本；在社会主义市场经济下进行道德建设，也不能忽视资本的伦理效应。但是，资本的伦理效应既有正效应，也有负效应；社会主义市场经济下的道德建设应该激发正效应，抑制负效应。因此，中国社会主义市场经济下的资本应该是有限制的资本。有限制的资本就是伦理正效应得到发扬、伦理负效应得到抑制的资本。那么，如何对资本的伦理效应进行扬正抑负呢？第一，坚持以人为本；第二，合理定位资本；第三，明晰所有权；第四，以制度约束资本，发展经济伦理和环境伦理；第五，提倡高尚道德。

马克思主义正义观的辩证结构

詹世友　施文辉，《华中科技大学学报》（社会科学版）2014 年第 1 期。

马克思主义认为，正义的最高标准是实现能促使人获得全面发展的客观社会物质生产条件，所谓“正义的环境”并非产生正义问题的实质根源。人类历史就是逐步实现这些条件的漫长历史，也即追求正义的漫长历史。现实社会生活中的主流正义观不过是统治阶级的所谓唯一的公平标准。资本主义社会达到了形式性的正义标准，却有着实质性的非正义。只有在生产力高度发展的基础上，废除私有制，消除异化劳动，才能获得人的全面发展的社会条件，这是只有在共产主义社会中才能达到的实质性正义。所以，马克思主义正义观内含着在社会物质生产方式的现实运动中逐渐展开的辩证结构。

（一）社会上占主流地位的正义观的本质是基于一定社会的物质生产方式之上的政治治理、利益分配和人的发展等方面，为占统治地位的阶级所评价为具有正当性的原则、制度和美德等观念；被统治阶级则有不同的正义观，但不占主流。正义观会随着历史的不同发展阶段而具有不同的内容和标准。

（二）对于资产阶级正义观的进步性给予了历史性的肯定，即它完成了对平等、自由和正义的形式性的揭示和论证，又揭露了在资本主义制度下的实质性的不平等、不自由和实质性的不义。

（三）认为通过大力发展社会生产力，最终废除私有制，使所有人从异化劳动中解放出来，社会成为自由人的联合体，这是达到人的自我实现和全面发展这一人类社会发展的最高目标的社会正义条件。

（四）正如在奴隶社会中人们会认为实现奴隶制是天然正义的；在封建社会中，人们会持有一种基于门第、社会等级身份的应得正义观；在资本主义社会中，贵族身份、门第等就不再是决定分配的因素，只有在资本主义经济过程中通过符合市场规则的公平交换所获得的利益份额才是正当的。那么，消除资本主义私有制所造成的劳动异化，获得人的全面发展的条件就将是未来社会的正义的最高条件。

事实上，马克思主义的正义观超越了历史上任何形态的正义观，其革命性意义就在于，它把正义价值的追求落实在对人类历史发展的客观规律的把握之上，落实在对现实的社会物质生产方式的考察之上，这将使其正义观具有客观的事实基础，从而不会流于空洞抽象的说教；马克思主义正义观摆脱了所谓“正义的环境”的论说，从其对形式性正义和实质性正义的辩证关系的阐述中，得出了正义标准应该是获得能够促进人的自由解放和全面发展的社会条件的观点。马克思主义的正义原则，将能指导我们切实地考察现实社会中的正义问题，并有效地批判各种抽象的正义观念。

《资本论》的哲学史意义

白 刚 李 娟，《山东社会科学》2014 年第 2 期。

马克思“毕生的伟大著作”《资本论》是奠立在“两大超越”的基础上：既超越了古典政治经济学，又超越了西方古典哲学。在此基础上，《资本论》实现和成就了马克思的“新唯物主义”哲学——不仅“解释世界”更要“改变世界”，真正扭转了西方哲学的观念论传统，因而《资本论》具有独特而深刻的哲学史意义。

一、《资本论》对古典政治经济学的超越

古典政治经济学是资本主义制度确立和上升时期的资产阶级经济理论体系，它突破了重商主义只关注流通领域里商品交换关系的局限，开始从流通领域过渡到生产领域。马克思的《资本论》比古典政治经济学有更加深刻的历史唯物主义内容：实际的经济关系是以一种完全新的方式——历史唯物主义方法进行考察的。虽然古典政治经济学突破了重商主义者对于“交换关系”考察价值的局限，但古典政治经济学并没有彻底完成这个转变过程，主要原因在于：其一，古典政治经济学仍然不能摆脱物（商品）的外观的迷惑，在研究资产阶级社会内部关系时，古典政治经济学只注意于各经济范畴之间量的关系的分析，而忽略了它们之间的质的社会关系本质。其二，古典政治经济学忽视了资本主义生产关系中最主要的关系，即作为“全部现代社会体系所围绕旋转的轴心”的“资本和劳动的关系”。其三，虽然古典政治经济学所设计的只是资本主义的生产关系，但它却把这一生产关系当作一般的、普遍的和永恒的自然形式，从而古典政治经济学不能揭示资本主义生产方式运动的本质和发展规律。为此，马克思在《资本论》中明确指出：资产阶级的政治经济学，把资本主义制度不是看作历史上过渡的发展阶段，而是看作社会生产的绝对的最后形式。马克思认为，只有赋予这些范畴以历史的性质才能说明和理解它们的相对性和暂时性，而只有马克思的超越古典政治经济学的“哲学——政治经济学”批判，才揭开了罩在资本主义社会关系上的“神秘面纱”，并证明了其不可避免的灭亡。

二、《资本论》对古典哲学的超越

在马克思的“哲学——政治经济学批判”视野中，黑格尔以“绝对精神”为代表和主宰的西方古典哲学，以最抽象的形式表达了最现实的人类状况——“个人现在受抽象统治”，可以说黑格尔哲学就是资本主义社会现实最高和最终的理论和意识形态表达。但是马克思在“思想—哲学”领域对以黑格尔为代表的西方古典哲学进行了深刻的批判和超越。马克思认为黑格尔精神哲学在实质上就是资产阶级社会意识形态最充分和最集中的表达，是德国现实中尚不成熟的资产阶级等价交换原则“在观念上的延续”。确切说，马克思哲学也是继承和发展了黑格尔哲学，主要表现在三个方面。其一，正是黑格尔全能的、所向披靡的“绝对精神”，转变为马克思的“人类劳动”。其二，马克思的《资本论》运用黑格尔的辩证法来思考已经构成的内容，阐释社会矛盾发展和社会形态演变，并且也部分地充当了马克思资本批判的逻辑语言。其三，黑格尔的“国家理念”被马克思应用于《资本论》中，让它转变成了“以每一个个人的全面而自由的发展为基本原则”的“自由王国”。通过《资本论》的研究，马克思在古典政治经济学和经验主义历史学占统治地位的英国，重新发现和超越了黑格尔。

三、《资本论》的哲学史意义

《资本论》既是伟大的经济学著作，又是伟大的哲学著作。马克思很好地把经济学和哲学结合起来：既借鉴辩证法超越古典经济学，又利用经济分析超越西方古典哲学，马克思哲学存在的本身只是以实践的状态存在于分析资本主义生产方式的科学实践即《资本论》中，存在于工人运动史上的经济实践和政治实践中。马克思的《资本论》在根本上就是“人类自由解放的辩证法”，通过对古典政治经济学和以黑格尔为代表的西方古典哲学以及以往一切旧哲学的批判，真正做到了“新唯物主义”哲学的彻底批判本性，从而终结和颠覆了整个“解释世界”的西方哲学传统，开创了自己独特的“改变世界”的新哲学。

私有财产神圣不可侵犯吗？——评昂格尔的财产权理论

周 婧，《浙江社会科学》2014年第2期。

在一般法学理论中，私有财产权被认为对维护个人的人格和尊严、促进社会经济发展具有重要意义。根据自然法学派的观点，私有财产权不仅是个人生存和发展的基础，而且是天赋的，是不可剥夺、不可转让的。但是，也有一些学者对此提出不同的见解，对私有财产权的神圣性、正当性提出了质疑。对于财产权保障制度正处于如火如荼建立过程中的当下我国而言，辨识私有财产权的虚实相无疑具有独特的意义。

一、私有财产权批判

在法律上，私有财产权并不是一项绝对性的权利，而是受到一定的限制。

首先，法律对财产权的约束主要体现在限制财产权的行使，而不是禁止财产的永久占有。

其次，凭借对资源的垄断以及经济上的优势地位，少数强者左右着资源的配置，影响法律与政策的形成，维持现有资源分配格局。

再次，私有财产权确立的特定模式被运用到判断有无权利的领域当中。

此外，财产权被认为与市场经济制度的现行版本直接相关，而这种版本确保了生产和分配的高效率。如果取消财产权，就可能导致专横与无效率。如此一来，不仅财产权，就连被认为与财产权对应的市场经济的现行版本也是不可替代的。这就限制了我们选择其他版本、寻求其他制度设置的可能，反而把以私有财产权为轴心展开的现行市场经济秩序固定下来。

二、从财产权到市场权

被视为个人自由之基础的私有财产权已走下神坛，不再是神圣不可侵犯的，反而受到了限制。但私有财产权所受到的限制主要针对财产的使用。在昂格尔看来，此种限制不足以消除财产权导致的压制。为此，他主张改变私有财产权的“统一”性质，将财产权分解，以市场权取而代之。对昂格尔而言，建立在“轮换基金”基础上的市场权使得每个人都有机会使用资本，照自己的意愿来规划未来。由此，社会就具备了可塑性和开放性，我们就能够超越法律制度、社会秩序所施加的束缚，通过对现行制度的批判和修正，通过不断的实验，寻找有助于实现个人自由的更好的制度。

三、辐射性权利：豁免权、变动权与团结权

以市场权取代私有财产权虽有助于减少雇佣者对垄断资源的少数人的依附，但不足以促成社会的开放性，避免个人为现行法律制度、社会秩序所束缚。为此，昂格尔在市场权的基础上创设了三种新的权利，即豁免权、变动权和团结权。豁免权旨在保护个人免受公共或者私人权力的压制，免于被排除在影响其生活的集体决定之外，免于遭受经济和文化上的匮乏。豁免权和变动权的设立不仅为个人提供了安全和福利保障，确保个

人免受其他人、组织或者国家的压制，而且通过赋予个人挑战现行制度的权利，避免社会的僵化。

四、没有财产权的权利体系可行吗

以市场权取代私有财产权的权利体系能否更有效地保护个人自由？私有财产权一直被视为人权的核心，它确保个人能够占有和支配自己的财产，进而创造实现自由的物质条件。昂格尔并没有忽略这一点。实际上，他并不排除个人对资源的支配，只是防止社会的主要资源总是控制在一部分人手中。所以，他主张在取消私有财产权的同时，设立市场权，以此保证每个人都有机会使用社会资源。退一步而言，即使能够取消私有财产权，“市场权”能否保护个人免受压制仍有待商榷。如前所述，市场权是个人暂时使用部分社会资本的权利。究竟哪些人能使用社会资本以及能使用多少。不仅市场权，豁免权和变动权能否保护个人自由也有待推敲。诚然，我们需要保持社会的开放性。但是，我们也不能忽视稳定的社会对于个人的重要性。

五、对中国问题的检视与启示

由于我国实行的是以公有制为主体、多种所有制共同发展的经济制度，保护私有财产权的法律制度尚处于建立与完善过程中，许多学者强调私有财产权对于保障个人的生存基础、保护个人自由以及推动社会经济发展的重要性，强调私有财产权的对抗性和不可侵犯性，呼吁加强立法，切实保护私有财产。与此同时，也有一些学者对绝对的财产权理念加以反思，提出由于个人的生存基础在很大程度上已由私人财产所有权变成每个人的工作以及国家提供的保障和救济，财产权应当伴随社会义务，为此需要寻求财产权的社会性与个体财产的自由之间的平衡。

诚信建设的有效路径

王小锡，《光明日报》2014 年 2 月 17 日。

诚信是道德境界，也是道德实践，且道德境界在道德实践中体现和提升，道德实践在道德境界导引下日益进步。作为人和社会的精神愿景和行动品质，诚信的实践及其实现是一项系统工程。在社会主义市场经济条件下，由于社会利益关系错综复杂，使得我国的诚信建设不时受到严峻挑战。因此，诚信的实践及其实现也是一个艰巨的过程，作者认为，唯有遵循以下进路，方能取得实效。

其一，要让全社会充分认识诚信理念及其功能与作用。诚信需要通过教育达到全社会普及的效果，诚信教育不仅要让人们知道诚信即是诚实且有信用，更要让人们深刻地认识到诚信理念的功能与作用。一是诚信乃立身之基。人无信不立。没有信誉的人，其实是在自己孤立自己，在丧失人脉资源的同时，也丧失了做人的起码条件。二是诚信乃社会主义市场经济建设不可或缺的特殊资源。市场经济离开了诚信，就容易成为尔虞我诈、互相拆台的经济，利益相关的任何一方或任何一个环节的诚信缺失，都会导致整个经济秩序的混乱，带来经济发展的严重挫折。三是诚信乃和谐社会建设的精神支柱。建设和谐社会，倡导诚信是关键。唯有诚信才能在社会管理上获得社会成员情感上的接受、支持与配合；唯有诚信才能营造互信、多赢的社会氛围，避免社会矛盾和冲突；唯有诚信才能有效解决业已存在的社会矛盾。

其二，建立健全诚信管理体系。在这个系统工程中，需要运用法律、行政、道德等综合管理手段。在这些管理手段中，诚信是贯穿始终的一条红线。要做到诚信管理，一是社会每个成员在生产、生活各个领域和各个层面，都要十分清楚诚信的规则，并坚持以这种规则行事；二是在生产、生活各个领域和各个层面都要有监督制度，要有诚信记录和评估机制，尤其要建立包括单位在内的每一个行为主体的诚信档案，对于失信者要在晋升、晋级、评估、评奖等活动中“一票否决”；三是要通过电视、报刊、网络等营造诚信的舆论环境和良好氛围，让社会成员随时随地处在诚信理念的熏陶之下。作者特别指出的是，对于严重的失信者，要尽可能诉诸法律，以此推进诚信建设进程。

其三，有针对性地在各领域和各层面建立诚信制度。在经济社会发展进程中，诚信作为道德境界和道德规范，需要灌输和教育。只有这样，诚信才可以在全社会形成一种自觉履行与强制约束相结合的良好状态。例如，在企业中，诚信应该是企业的自觉行为，企业的诚信品质应该是在持续的诚信行为中养成的。又如，在法制层面，唯有建立司法公开、严禁刑讯逼供等制度，唯有以制度保证“以事实为根据、以法律为准绳”理念的落实，才有可能实现真正的“法律面前人人平等”。再如，在金融领域，尤其是在与股民和社会发展息息相关的股票交易活动中，唯有通过信用制度的完备，特别是股票交易监控制度的细化和严格，才可能全方位实现金融诚信。否则，一旦金融领域失信，政府的公信力将严重受损。

其四，吸收借鉴国际有益经验。尽管国外的社会制度和道德理念与我国社会主义制度及道德理念不同，甚至有着本质的区别，但是，其诚信建设经验中适合我国诚信建设的好的方面，我们应该积极研究和吸纳。诸如，有些国家的诚信规范和诚信制度注重顶层设计，注重诚信体系研究和规划；有些国家诚信教育贯穿人的一生，不同时段有不同的教育内容，且家庭、学校、社会都承担着诚信教育的责任；有些国家坚持从小孩抓起，从小培养讲诚信、守规则的习惯；有些国家建立个人或企业诚信档案，作为评价个人和单位品质的重要依据，也作为个人晋升晋级的重要条件和作为企业信用度的标志，必要时对行为主体的失信行为实行“一票否决”，等等。这些经验都值得我国在诚信建设中大力借鉴。

诚信：为人之本　兴国之基

王淑芹，《人民日报》2014 年 2 月 17 日。

诚信是人类的普遍道德要求，是中华民族的传统美德，是培育和践行社会主义核心价值观的重要内容。诚信的要义是真实无欺不作假、真诚待人不说谎、践行约定不食言。

一、培育和践行诚信价值观意义重大

诚信是中华民族的传统美德。“诚”是尊重事实、真诚待人，既不自欺也不欺人。“信”是忠于良心、信守诺言。中华传统美德把诚信视为人“立身进业之本”，要求人们“内诚于心，外信于人”。诚信是立身处世之道。人是通过“社会化”完成从生命体的自然人到具有社会角色的社会人的转化的。不仅要学习和掌握社会生活所必需的知识和技能，而且要学习社会交往的规则。诚信是市场经济发展的基石。诚信是实现信用交易的前提和保障，是市场经济健康发展的金规则和生命线。

二、诚信价值观的实践要求

诚实劳动。人们在认识、改造自然和社会的活动中应当尊重客观事实，不作假，不投机取巧、偷奸耍滑。只有诚实劳动才能创造出提升人的生活品质和增强人们幸福感的美好世界。真诚待人对己。诚信要求人们在社会交往中求实不骗人、对己不自欺，反对虚伪和欺骗。诚信是忠于本心、真实无妄、信守承诺的态度和品行。恪守诺言和约定。诚信要求人们遵守诺言、契约，反对毁约和违背诺言的行为。这里所说的诺言和约定，既包括由人们自己承诺而引发的特定权利和义务，也包括国家法律、法

规、政令、规章制度等规定的普遍权利与义务。

三、培育和践行诚信价值观的着力点

树立行政人员的法治思维和依法行政意识，确保制度科学、合理、有效，履行对公众的承诺，充分发挥政务诚信的引领示范作用，树立诚信形象，提高政府公信力；加强监管力度，引导、教育人们在商业活动中诚实守信，不造假、不掺假，做到童叟无欺等，积极营造讲诚信的商业文化氛围；围绕诚信方面的法律规定、信贷业务、信用消费等，开展生活化的诚信教育，增强人们诚实守信的行为动力；加强对企业、事业单位、社会团体等社会组织的诚信建设；应大力宣传诚信道德模范真实感人的事迹，营造诚实守信光荣、虚假失信可耻的社会氛围，充分发挥诚信道德模范的社会辐射效应。

中国式国有企业管理是社会主义制度文明的重要体现

龙静云　徐耀强，《红旗文稿》2014 年第 4 期。

中国式国有企业管理是社会主义先进文化的创新实践，是社会主义制度文明的重要体现之一。增强中国式国有企业管理自信，完善创新中国式国有企业管理实践，既是落实党的十八届三中全会决定提出的坚持和完善“公有制为主体、多种所有制经济共同发展的基本经济制度”的必然要求，也是“建设社会主义文化强国、增强国家文化软实力”题中应有之义。

一、中国式国有企业管理的巨大优势

中国式国有企业管理的巨大优势。一是经济优势。国有企业属于全民所有的性质决定了其存在的逻辑是要实现整个国家和社会的利益，也就决定了它能够体现社会主义市场经济的基本要求，顺应社会主义市场经济的发展方向，从而成为国家宏观调控的微观基础和基本力量，成为维护国家经济安全、推进国家现代化、保障人民共同利益的重要力量，并在引领我国经济健康快速发展中实现国有经济活力、控制力、影响力的不断增强。二是政治优势。国有企业不断加强党的建设，切实把国有企业党的政治优势转化为企业的发展优势，把党建工作资源转化为企业的发展资源，使我国国有企业改革发展取得显著成效，既彰显了中国特色社会主义制度的优势，也丰富了中国特色社会主义道路的伟大实践。三是人才优势。可以说，国有企业，特别是中央企业拥有门类最齐全、结构最合理、数量最充足、素质最高尖的人才队伍，成为企业发展的“第一资源”。四是文化优势。国有企业坚持把提升文化软实力作为增强企业综合实力和对外竞争力的战略举措，注重挖掘自身精神文化资源，开展愉悦身心的人文教育，锻造凝魂聚气的核心价值，培育形成了“两弹一星”精神等一系列富有时代特点的国有企业精神，由此打造形成各具时代特色和企业特色的企业文化，成为推动国有企业改革发展的重要精神力量和文化支撑。

二、中国式国有企业管理的基本特征

中国式国有企业管理的基本特征。一是坚持党对国企政治领导。始终强调切实加强国有企业党的建设，坚定不移地贯彻落实党的路线方针政策，充分发挥企业党组织政治核心作用和共产党员先锋模范作用，毫不动摇地坚持社会主义基本经济制度，使国有企业始终成为全面建成小康社会、实现中华民族伟大复兴的中坚力量，使国有经济始终成为党执政的重要物质基础，这是中国式国有企业管理的一个重大原则。二是全面推行现代企业制度。基本建立了以市场经济为基础，以完善的企业法人制度为主体，以有限责任制度为核心，以公司企业为主要形式，以产权清晰、权责明确、政企分开、保护严格、管理科学为主要特征的新型现代企业制度，这是中国式国有企业管理顺应世界企业制度文明发展的需要而采取的重大改革措施。三是认真履行企业社会责任。认真履行企业社会责任是由国有企业的性质所决定的“内生性”要求。四是成为国家自主创新主体。激发自主创新能力，成为国家创新主体，这也是中国式国有企业管理的一个显著时代特征。五是全心全意依靠工人阶级。全心全意依靠工人阶级是国有企业管理的一个光荣传统。随着改革开放和现代化建设的发展，国有企业更加注重完善职工民主管理制度，更加注重尊重职工的主体地位和首创精神，更加注重促进职工的全面发展，更加注重维护职工的合法权益。

三、中国式国有企业管理的创新完善

中国式国有企业管理的创新完善。一是必须积极推进国有企业投资主体多元化。当前一些国有企业应通过大力发展机构投资者、企业法人股和公众个人股等多种形式，吸纳包括集体资本、非公有资本在内的各种经济成分进入企业，推进产权结构向多元化、股份化、证券化转变，不断完善国有企业法人治理结构，实现投资主体多元化。二是必须积极推进中国特色现代国有企业制度建设。要准确界定不同国有企业功能，加大国有资本对公益性企业的投入，推进国有资本继续控股经营的自然垄断行业以政企分开、政资分开、特许经营、政府监管为主要内容的改革，进一步推进公共资源配置市场化；要健全协调运转、有效制衡的公司法人治理结构，完善党组织有效参与重大问题决策的体制机制；要建立职业经理人制度，深化企业内部管理人员能上能下、员工能进能出、收入能增能减的制度改革。三是必须大力加强国有企业市场经济主体建设。要加强以国有企业企业家精神为核心的企业文化建设，加快和完善国有企业的精神法人主体建构。四是必须有效提高国有企业的管理创新水平。必须深刻把握企业管理发展的世界潮流，积极引入现代管理理论和方法，不断探索、丰富、创新中国式国有企业管理。

“经济人”假设的争论：本源与超越

马朝杰，《河南社会科学》2014 年第 3 期。

“经济人”作为人的基本行为假设是“非现实”的，它虽然极大简化了经济理论的建构和分析，但也使经济理论研究的领域和视野变得极端狭窄，将丰富多彩的社会关系维度排斥到理论研究之外，反映了现代西方主流经济理论缺乏可靠方法论基础。“自利”“理性”的“经济人”在被批判的同时，“经济人”假设的辩护者不断地对其进行修正，加入“利他”因素、承认“理性是有限的”，并指出其不可能用于解释所有的经济现象，但可以用作“纯市场行为可信的假设”。然而，如果这一假设不是指向明确的“市场经济”，它的局限和无能将会明显地表现出来。显然，现实的经济不是纯市场经济，人的行为更不可能是纯市场行为，由此，以“经济人假设”作为逻辑出发点的主流经济学理论确是值得商榷的。“经济人假设的争论”反映的正是对主流经济理论的批判与辩护，争论的结果表明：“经济人假设”唯一的优点就是它的所有替代物都比它差。或者可以说，非主流经济理论不能替代主流经济理论的原因在于，它们比主流经济理论更差。由此，西方主流经济学对“经济人假设”的修正必将继续，非主流经济学的批评也将继续。如何看待这一争论，从对“争论”的不断延续中能否找到超越“经济人”假设的更大契机？对此，本文以审慎和客观的态度，对“经济人假设的争论”加以透视性的分析，阐述“经济人假设”难以被替代的原因，并试图从人的本质出发，分析超越“经济人假设”的可能。

“经济人”的“自利”“利己”是争论的第一个焦点，核心问题指向经济研究是否应该将个人从事经济活动的动机确定为“利己”。现实中的“利己”与“利他”共存表明将“自利”作为唯一动机进行经济研究忽略了其他动机对人的经济行为的影响。“理性”是第二个焦点，核心命题在于将“理性经济人”的“最大化行为”作为经济活动主体普遍行为模式是否合适。事实上，利益的最大化目的与利益最大化行为存在矛盾。由此，超越“经济人假设”需要以人的本质作为经济研究的逻辑出发点。经济研究中的人是在特定经济关系中不断进行“直观自我”的个人，是从他人和客观世界的交互运动中通过“直观自我”而不断发展的人。从人的本质出发，超越“经济人假设”，需要从实践中确认“人的动机和人的选择理性”的能动性根源，即确认人的实践行为。行为的选择由社会对象化的结果与个人社会化的相互作用所决定，而非经济利益最大化。

传统儒家的公私利益观及其现代分化

于建东，《河南师范大学学报》（哲学社会科学版）2014 年第 2 期。

“重义轻利”“大公无私”是以儒家伦理为主体的中国传统伦理文化的基本价值倾向，这种倾向决定了传统儒家把公共利益置于首位，强调其至上性与优先性，以公共利益为中心协调公共利益与私人利益冲突的基本致思路径。传统儒家伦理倡导重义轻利，崇公抑私，主张为公利与道义献身，不断压制私人利益。由这种整体主义的精神特质出发，传统儒家的公私利益观展开为义利之辨、理欲之辨、群己之辨等。但在以市场经济为主的现代社会，人们的利益与权利意识得以不断解放，传统儒家的公私利益观不可避免地走向分化。

一、传统儒家的公共利益与私人利益

传统儒家的公共利益所指涉的第一层涵义，就是封建诸侯、国君所代表的封建统治集团的利益。传统儒家的公共利益所指涉的第二层涵义，就超越了君主所代表的统治阶级利益与国家利益，代表全社会与全体社会成员的利益。公共利益的第三层涵义指涉实现普遍之“公”所要求的公共理性与公共秩序，规定着人们的行为尺度与标准。从私的层面上看，儒家指涉的利益有两层涵义。第一层涵义是指满足人自然生存与生活所需要的个人利益。对于这部分私人利益，属于不善不恶的范畴，人们追求这部分私人利益，是被允许的。孔子说：“富而可求，虽执鞭之士，吾亦为之。”第二层涵义是指“不以其道得之”的利益，在中国传统儒家伦理文化中，

这种私主要是指私利或私欲，与公相对，是被压制的对象。

二、传统儒家的公私利益观

第一，义利之辨。义利之辨是中国传统伦理思想史上的核心问题。义利之辨在春秋战国时期出现了“百家争鸣”的高潮，继之有两汉、两宋、明末清初等发展阶段。所谓“义利之辨”，就是在处理社会问题上围绕着取义还是取利展开的论辩，其实质就是人们在处理社会关系时道义原则与功利原则这两种价值取向的争论辨析，它本质上是一种道德与利益孰先孰后之辨。义作为一种道德要求反映的是统治者或国家的整体利益，利则是个人私利、私欲的概括，所以义利之辨实质上是儒家公、私利益观的一种反映。

第二，理欲之辨。理欲之辨是中国传统伦理思想的重要范畴，是义利之辨的进一步深化与展开。义利之辨是理欲之辨的思想源头与理论渊源，理和义是对等的范畴，遵循天理就是义。欲和利也是紧密相连的。“义者，天理之所宜”。“理”在社会领域的运用具有规范之意，用来指称礼、义等道德规范。程朱理学把“理”提升为宇宙的根本法则，成为宇宙万物的本体。“欲”的主要含义是感性之欲望、欲求和私利之欲望、人欲之私。实际上，理欲之辨就是义利之辨，只是二者展开的层面和角度不同，义利之别，就是理欲之别。理欲之辨是中国传统伦理思想“天命之谓性”内在逻辑的展开与深化，是义利之辨落实到道德和人心关系的必然结果。而理欲之辨也在新的历史条件下把义利之辨推到了一个更高的理论层次。如果说义利之辨更多地侧重于外在的道德约束，那么理欲之辨更加倚重内在的道德自律，依靠主体的道德自律达到高度自觉的程度。

第三，群己之辨。群己问题是指社会价值与个体价值的关系问题。它主要包括社会群体利益与个人利益、社会群体共性与个性特性两重关系。一般来说，“己”是指具体的个人，而“群”则是由众多的个人构成的社会群体，可以用来指称天下、国家或社会。“群己之辨”是我国传统伦理思想史上关注的一对重要范畴，是指个人与群体、个体价值与群体价值之间关系的辩论。“群己之辨”发端于孔子，对中国社会政治制度的安排和社会的价值导向有重大影响。全部儒家道德理论都是为了论证个体必须服从整体，整体的利益绝对高于个体的利益；个人必须归属于关系，只有在特定的关系中才能确定自己的存在，才能明确自己的责任和义务，一句话，才能成为真正的道德主体。

三、传统儒家公私利益观的现代分化

传统儒家公私利益观的现代分化，一方面，注重公共利益，公共利益从传统国家利益至上的模式中分化出来。另一方面，注重私人利益，私人利益从传统“大公无私”的道义论中分化出来。

古希腊的财神与财富观念

王以欣　张大丽，《上海师范大学学报》（哲学社会科学版）2014 年第 2 期。

趋利避害，爱富嫌贫，本是人类天性。古今中外，人们都在追求财富，也膜拜财富的人格化象征——财神。然而，财富的两面性也是显而易见的，既给人类带来幸福、快乐、荣耀和权力，也滋养了人类的种种恶行，还导致各种社会关系的恶化与断裂，这些现象在理性发达的古希腊也尤其发人深省。

一、神话家世与宗教功能

古希腊的财神名叫普鲁托斯，其希腊文含义就是“财富”。有关此神的来历，早期史诗诗人已有提及，荷马史诗《奥德赛》也提到，德墨忒耳女神与伊阿西翁，奥维德的《爱经》也提到女神与克里特猎人伊阿索斯的故事，他们的爱情果实就是财神普鲁托斯。古希腊财神与冥王的名字拥有相同词根，均表示“财富”，而财富均源于地下，因此这两位神祇，一位是大地所生神婴，一位是地下统治者。普鲁托斯作为老者的形象源于收获的和窖藏的谷物，孩童代表大自然和田野生命的觉醒，因而在秘教中，谷物精灵普鲁托斯扮演着现世福乐赐予者的角色。有学者推测，在秘教神话中，普鲁托斯的父亲可能是冥王普鲁同或神王宙斯，但无确凿证据支持。在一些文学作品中，财神普鲁托斯的母亲或养母常被想象为和平女神或命运女神，显然，这是文学的比喻和象征。

二、秘教艺术中的财神形象

作为厄琉西斯秘教的神祇，普鲁托斯经常出现在秘教主题的造型艺术中，而且总是以裸体婴孩或少年形象与秘教双女神同在。财神普鲁托斯的形象还出现在几件浮雕作品上。雅典市场区出土的两件厄琉西斯秘教主题浮雕属于公元前 4 世纪的作品，其中的普鲁托斯形象均为裸体婴孩，手持丰饶角，被一位秘教男神（欧布琉斯）单臂抱于怀中。赫丽生的名著

《忒弥斯》提供了一幅今已失传的古希腊浮雕图案，凯文·克林顿通过对厄琉西斯秘教诸神形象的精细调查后发现，造型艺术中的秘教诸神通常是穿衣的，只有普鲁托斯例外。手持丰饶角的小财神是和平富足新生活的象征，以怀抱丰饶角的孩童形象在古典后期秘教艺术中集中再现被尼尔森解释为一种“返祖现象”，寄托了饱经战乱的雅典人对美好新生活的向往。

三、文学艺术中财神形象的嬗变

普鲁托斯，这位乐善好施的送钱神，总是拥有众多膜拜者。然而，这位人见人爱的财神，口碑却不怎么好。抒情诗人提奥哥尼斯指责财神同流合污，对财神的抱怨实际上反映了古希腊社会严重的贫富分化现象，这种现象在公元前 4 世纪前期的雅典尤其明显。战后的雅典，国家财政捉襟见肘，农民窘迫，社会财富的分配严重不公，因而喜剧诗人阿里斯托芬萌生了给瞎眼财神治病的念头，这是喜剧诗人阿里斯托芬的一种乌托邦式的社会理想，也是饱受战争蹂躏的雅典农民们的一种幻想。在阿里斯托芬荒诞的喜剧世界里，这个至今困扰人类的社会财富分配不公的顽症被戏剧性地解决了。公元 2 世纪的希腊作家卢奇安在其讽刺作品《提蒙》中用更辛辣的笔调调笑财神和形形色色的逐利者，讽刺人情冷暖与世态炎凉。卢奇安沿袭了阿里斯托芬的批判精神，但没有乌托邦式的理想。他嬉笑怒骂，用犀利的笔锋把世间众生对财富的贪婪刻画得淋漓尽致，并按照希腊的传统，把财富的种种特征加以人格化，塑造出一个栩栩如生、惟妙惟肖、令人捧腹的瞎眼财神形象，足见其现实主义的讽刺功力。

四、古希腊知识精英的财富观

尽管财神屡遭挖苦，追求财富却被希腊人视为世间常情。但古希腊的知识精英们强调节制，反对无休止地聚敛钱财，穷奢极欲。过多的财富带来的不是幸福，而是灾难，会腐蚀人们的灵魂。在获取财富方面，强调君子爱财，取之有道，不能靠卑鄙手段敛财，获取财富的手段必须合乎道德，顺乎自然。古希腊先哲们也常常告诫人们，在道德和财富的天平上，高尚的人总是把道德置于金钱之上。尽管古希腊的先哲们为世人做出了良好的道德榜样，在财富问题上也提出不少警世恒言或喻世明言，并在制度上提出了中肯的建议，但这些劝喻与建议，只能在哲学家的理想国中实现，不能改变冷峻的现实。人性的贪婪、社会的不公、贫富的分化、道德的败坏、利益集团的垄断依然如故，而且随着古希腊城邦制度的衰落而愈加严重。

五、结语

古希腊的财神普鲁托斯原本是赐予者，进而成为普遍财富的象征，然而，贫富不均、善者贫恶者富的社会现象也让古希腊人迁怒于财神。人世间的种种贪婪与恶德，也被浓缩在财神身上，知识精英们的道德理想和财富观虽有警世劝喻之功效，却难以改变严峻的社会现实。幻想改造财神以实现社会公义，毕竟是乌托邦式的幻想，这种现象或与古希腊宗教果报观念不强的自身弱点有关。

“经济范畴”与“形式规定”——马克思经济学本质观的哲学基础和当代价值

王峰明，《天津社会科学》2014 年第 2 期。

任何经济学的理论体系都离不开特定哲学方法论的支撑，马克思经济学的这一“本质观”，来源于对黑格尔哲学现象学方法的批判和继承，为深度剖析和有效解决困扰经济社会发展的重大现实问题提供了宝贵的思想资源。

一、在马克思看来，“经济范畴”是一种“形式规定”。这说的是，经济范畴总是以特定的自然物质存在为载体，同时，它们又总是反映和体现着特定的经济关系和生产关系。前者构成经济范畴的“物质存在”和“物质规定”，后者则构成经济范畴的“本质存在”和“本质规定”。从现象来看，经济范畴的本质存在和本质规定，总是被这样那样的物质存在和物质规定遮盖着，致使它们所承载和体现着的经济关系和生产关系隐而不彰、蔽而不显。这就要求我们必须穿透经济现象的表层，探索和揭示隐蔽于深处作为本质存在的生产关系和经济关系。

二、在黑格尔那里，第一，“精神”或者说“理性”是一切事物的最高的“本质”，“自由”即自己决定自己或者说依靠自身而存在，则是精神和理性的本质；第二，就其本源形态而言，自由精神或自由理性以“概念”和“范畴”的形式存在，并按照从“正题”到“反题”再到“合题”的方式进行纯逻辑的推演和运动；第三，任何概念和范畴都是一种“逻辑规定”或“思维规定”。按照科耶夫的解读，在精神或理性的辩证运动中，“正题”对立于通常由正题引起的“反题”。正题与反题相互对立、相互纠正、相互诋毁，最终合二为一，产生一种“综合”的真理。

“正题”描述实在事物的“同一性”方面，相反，“反题”描述实在事物的“否定性”方面。众所周知，黑格尔的哲学体系或《哲学全书》由三部分构成，即《逻辑学》《自然哲学》和《精神哲学》。其中，《逻辑学》堪称黑格尔哲学的“本体论”，它描述了存在本身的三位一体结构，辩证法无疑构成整个“逻辑世界”的本质。因此，在黑格尔看来，无论是自然世界中的事物，还是精神世界中的事物，都不过是自由理性和自由精神的体现，理性和精神是事物之为事物的内在本质和灵魂，物质存在则是一些徒具其表的僵死的躯壳。

三、实际上，马克思表达过同样的观点，即印度等传统的亚细亚共同体“根本没有历史”。从商品生产发展的角度看，虽然说：“商业对于那些互相进行贸易的共同体来说，会或多或少地发生反作用。它会使生产日益从属于交换价值，而把直接的使用价值日益排挤到次要地位，因为它使生活日益依赖于出售，而不是依赖于产品的直接消费。它使旧的关系解体。因而它扩大了货币流通。它开始时只是涉及生产的余额，后来就越来越涉及生产本身了。”在此，马克思强调的显然是“生产关系”和经济关系及其变化对于人类社会的存在和发展的重要作用，从而有别于黑格尔所一再强调的“精神”和“理性”的重要性。由此可见，在黑格尔和马克思的思想世界中，具有本质性意义的范畴分别是精神（或理性）和生产关系（或经济关系）。把“现象”与“本质”区分开来，力求穿透现象的表层去理解和把握事物内在的和辩证的本质，这是马克思和黑格尔共同的理论主张。

四、从思想史的角度看，马克思主义政治经济学诞生的标志，是科学形态的劳动价值论的创立，而劳动价值论创立的标志，正是从生产关系的高度对商品“价值”问题的科学解答。在这里，马克思明确反对在“物”的层面理解任何一个经济范畴。正是站在这样一个高度上，马克思才完成了对古典经济学的超越；也正是有了这样一个视角，马克思的经济思想不仅同古典经济理论而且同形形色色的新古典经济理论从本质上区别开来。在谈及财富与生产力的关系时，从财富的消费来看，没有任何物质内容即使用价值的东西，肯定不能作为财富来消费，但是，对于现实的具体的人来说，仅仅具有使用价值，仍然不足以成为“他的”财富。正因为如此，马克思有时把使用价值叫作“财富物质”，而把交换价值或价值叫作“作为财富的财富”。

同马克思相比，古典政治经济学的致命缺陷在于忽视了生产关系的历史性，忽视了由此决定的财富生产和分配方式的历史性，他们满足于资本主义的财富生产，并把财富生产的这种特定形式绝对化、永恒化。

慈善经济的道德合理性论证及其实现

王银春，《齐鲁学刊》2014 年第 2 期。

慈善与商业结合的学术概念可以表达为“慈善经济”或“慈善商业模式”。作者认为用“慈善经济”概念更为宏观、更为全面，它可以涵盖“慈善商业模式”的内容。为澄清前提，划清界限，更好地分析说明问题，首先需要对慈善经济（或慈善商业模式）与经济慈善（商业慈善模式或企业慈善模式）作一定的界定与区分。慈善经济主要是指慈善组织或个人为了实现帮助他人的目的，采取与经济或商业结合的手段，达到慈善资源的有效利用与持续循环的活动或形式。经济慈善则是指企业等营利机构为实现企业长远利益，或利益最大化的目的，或承担企业社会责任等动因，采取与慈善结合的活动或形式。本文主要探讨慈善经济的伦理正当性问题，经济慈善不在本文讨论的范围之内。慈善经济的形态可分为宏观、中观与微观三个层面。宏观慈善经济主要指全球慈善经济活动，是一些世界性的基金会或公益慈善组织为实现资金的保值、增值，将慈善资源用于投资或与具体产业相结合进行盈利的活动。

一、慈善经济的道德合理性质疑

第一，慈善经济容易滋生“慈善异化”的道德风险。异化是阐述主体与客体关系的重要哲学术语，指主体在一定发展阶段分化出它的对立面，这个对立面反过来成为奴役和支配主体的异己力量。所谓慈善异化，主要是指慈善事业发展到一定阶段，分化出慈善的对立面，反过来这个对立面成为奴役和支配主体的外在异己的力量。有学者认为慈善与商业不能结合，二者一旦结合，就会蕴藏借机敛财的道德风险，并导致慈善异化现象的发生。信任是慈善事业赖以生存与发展的生命线，无信任则无慈善。公益慈善事业的透明度决定了其信任度，只有实施“透明慈善”，才能保证慈善经济的良性运行。

第二，慈善经济因政策支持会妨碍市场公平性。公益慈善组织通常都享受税收优惠政策。那么，如果公益慈善组织与商业活动相结合，参与市场竞争，就必然会带来慈善经济主体与其他市场经济主体的不正当竞争问题。此外，还有学者提出，慈善经济不能确保投资或与商业活动结合就一定或必然带来收益，而有可能导致亏损，即慈善经济存在慈善资本亏损的市场风险等。

二、慈善经济的道德合理性辩护

第一，慈善与功利主义的关注对象具有内在一致性。功利主义倾向于“给利益相关者带来实惠、好处、快乐、利益或幸福”，“如果利益相关者是一般的共同体，那么就是共同体的幸福”。穆勒强调“构成功利主义的行为对错标准的幸福，不是行为者本人的幸福，而是所有相关人员的幸福”。由此可见，功利主义的实质是关注利益相关者的幸福，是“最大多数人的利益”，即公众幸福。同样，慈善经济的倾向就在于给利益相关者带来实惠、好处、快乐、利益或幸福，其终极目的是为利益相关者带来持续的幸福。慈善经济的利益相关者由施助主体、慈善经济主体、受助主体组成，慈善经济的价值取向就在于实现这些利益相关者的幸福，尤其是慈善受助主体的幸福。显然，慈善经济符合功利原则的要求，二者在公益性方面不谋而合。

第二，慈善经济符合实现利益相关者“幸福最大化”的功利原理。慈善经济通过将慈善资金用于投资，或与具体的商业活动相结合，使资本保值、增值，获得更大收益，从而实现利益相关者的“最大幸福”。此外，慈善经济存在“二律背反”，具有利己与利他动因，对主体与他者同时开放。“二律背反”是康德认识论的重要命题，它是指两个互相排斥但同样是可论证的命题之间的矛盾。现在通常用来表示一种事物发展所带来的两种既相互对立，又同时具有存在合理性的现象。显然，慈善经济的内在机理真正符合康德的二律背反概念，其理由在于：其一，慈善经济是利己与利他的对立；其二，慈善经济是利己与利他统一。

三、德性慈善经济的实现路径

第一，义利双赢：慈善经济的价值取向。中国语境下的慈善经济无疑深受传统伦理思想的影响，在义与利的天平上自然偏重于义，但同时又不能排斥对利益的渴求，应当将义与利通过慈善经济平台进行有机结合，实现义与利的统一。其次，在慈善经济运作的过程中，最容易陷入慈善异化的漩涡，沉溺于巨大物质利益获得的快乐之中，使得慈善为经济目的所用而不能自拔。我们应对此进行深入研究，并在慈善经济实施的过程中进行全程监控，并不时加以矫正，以实现义利双赢，使慈善经济真正具有道德德性。

第二，道与术：慈善经济的理性选择。“道”是事物发展的规律，“术”是规律指导下的方法。如果说道是用理论来指导实践，术就是实践过程中的方法。道术相生相成，道中有术，术中有道，道术互济，功用互构。圣人借术以明道，化成者化道为术，并在道与术的结合、运动、变化、通达中成就事业。慈善作为一种超越性的大爱，其本质是伦理的，它以实现人的幸福为其最高目的，属于“形而上”的范畴。经济作为一种社会行为方式，是实践过程中的方法、工具与手段，相对而言，属于“形而下”的范畴。作为“形而上”与“形而下”结合的慈善经济，在其具体的实施运作过程中，要遵循道与术、目的与工具的内在关系及其运行规律，即在慈善经济的运行过程中要将“道”与“术”统一起来，无论怎样经济之术都不能偏离其慈善之道。

第三，制度安排：慈善经济的法制保障。其一，透明公开制度。目前，民政部制定了《公益慈善捐助信息公开指引》，对公益慈善组织捐赠信息公开的内容、原则、方式、时限等都作了细致的规定，明确提出了信息公开的“及时准确原则、方便获取原则、规范有序原则、分类公开原则、公开为惯例不公开为特例原则”等基本原则。其二，年度专项审计制度。其三，失信惩戒制度。

消费者隐私问题的当代镜像及其伦理检视

吕耀怀　王恩超，《道德与文明》2014年第2期。

一、互联网时代的消费者隐私问题

消费者隐私问题，主要是指涉及消费者个人信息方面的隐私问题。信息技术的发展与普及使得人们可以更为方便、更为迅捷、更为广泛地收集和处理个人信息，这既可能给消费者和公司带来某些方面的好处，又可能因滥用通过信息技术手段获得的消费者个人信息而对消费者的隐私造成威胁。

二、消费者隐私风险的伦理后果

第一，消费者的隐私风险危及电子商务中二级交换的公平性。在消费者看来，只有当其在“二级交换”中向供应商或商业网站所提供的个人信息被用于特定商品或服务的获得时，“二级交换”才是公平合理的。而消费者之所以不愿意向特定供应商提供不相干的信息，则往往是因为这些信息可能属于消费者不愿披露的个人隐私信息的范围。

第二，消费者的隐私风险对消费者与供应商之间的信任关系产生负面影响。在电子商务中，由于消费者的隐私风险更甚于面对面交易时的情形，故消费者的隐私担忧也更为严重，从而给消费者与供应商之间的信任关系造成了更为严重的负面影响。商业网站或从事电子商务的公司若不能通过强有力的保护措施而表现出对消费者个人隐私的尊重，消费者也就不会有对于商业网站或公司的尊重，他们之间的信任关系就不可能存在。

第三，消费者的隐私风险降解了消费者的自治水平。出于进行电子商务活动的需要，消费者必须向供应商提供相关的个人信息。但是如果供应商为了自己的利益而将这些个人信息用于特定电子商务以外的目的，而消费者对于供应商的这种行为毫不知情或未予授权，则显然消费者已经失去对这些信息的控制，消费者的自治便已开始瓦解。在消费者的隐私处于风险之中的情况下，供应商对于消费者个人信息的非授权利用因降解了以自由、自愿和自主为内涵的消费者自治，而对消费者的尊严构成了伤害，消费者仅仅成了供应商牟利的手段，而不再是目的性存在物。

三、制约相关商家行为的道德原则

第一，交换公平原则。此处之“交换”是指非货币性的交换——消费者以其个人信息换取更高质量的服务和个性化的商品供应或折扣，其中三个公平原则即分配公平、程序公平及互动公平可以用交换公平原则来表示。

第二，尊重客户原则。尊重客户原则首先要求尊重消费者的道德主体地位。尊重客户原则还要求尊重消费者的相关基本权利，主要包括信息所有权、知情权、隐私权等。

第三，信守承诺原则。这里所谓的承诺主要是指公司或网站就消费者信息的收集、利用或共享而向消费者作出的相关承诺。

第四，安全责任原则。消费者向相关公司或网站提供了电子商务所必需的相关个人信息后，相关公司或网站就有责任保证这些信息的安全，以避免这些信息不慎被泄露或被第三方以非法手段获取。

经济正义与道德正义——论儒家道德政治经济学中的“均、和、安”

成中英　董　熠，《江海学刊》2014 年第 2 期。

1759 年，亚当·斯密（1723—1790）写下了他的第一本书《道德情操论》，在书中他提出了“公正旁观者”（moral spectatorship）的理论，意在解释人为什么会具有道德情操。在该书中，第一次引入“看不见的手”这一概念来解释每个人都追求自身利益的社会是如何有序地组织起来的。所谓“看不见的手”，正是我们在追寻个人利益的过程中所遵循的规则与因果律。1776年出版的《国富论》中，斯密在谈到鼓励制造业竞争的自由市场时也涉及“看不见的手”。

“看不见的手”产生于人之本性所固有的局限，而我们所建立和健全的经济体系自身的首要目的就是实现私利向公益的转变。因此，这只“看不见的手”最终就相当于“限制或回复”的自然法则，或是人为构建的平衡机制（比如势力均衡）。后者的实现无疑需要政府和立法者这只“看得见的手”。正如我们所见到的那样，在当代的西方经济中，无论是调控自由市场的“看不见的手”，还是政府调控的“看得见的手”，抑或是二者联手，都导致了很多违背公平价值观的问题产生。我们需要对仁道原则进行再考量，以此获得对经济发展和政治管理目标的更深层次的认识，从而实现公平的愿景。

儒家对宏微观经济的处理方法

公平理论语境之下的“公平”是平等的题中之义，也可以是指交换、收支、产出与回报之间的公平比例。我们可以作出假设的是：不管我们运用什么措施获得我们需要以“和”作为初始条件以创造“安”与“均”，而这两者又会自然而然地促进国家社会与政治之“和”。

“安”与“和”“均”的关系问题

我们可以看到将“均、和、安”作为政治经济和统治的总原则之必要性，事实上更确切地说，应是“道德政治经济与统治学”之总原则，因为这种经济与统治所基于的“均”和“安”首先要从道德政治经济学的层面上去理解。它旨在获得全社会的和睦，这种和睦有着内在的道德力量，同时它可以在更广层面甚至全球层面上产生一种卓有成效的、和谐共生的成长能力。政治经济的“均、和、安”必须以道德与政治的公平、和谐与稳定的愿景为基础，这样一来，在生产、市场与分配中才能实现经济的公正、和睦与稳定。

合理利用个人利益的必要性

需要指出的一点是，尽管贫困并不会成为国家或社会公正、和谐和稳定的阻力，但后三者也不会使一个人民贫困、人口稀少的国家变得经济富裕、人口繁荣。这意味着我们必须注意到另一项基础性原则，它产生于自然需求，甚至可能成为增进社会福利、有益于个体又裨益社会的必要条件，这便是让一部分人先富裕起来，从而有能力进行教育、文化和道德的建设。如此一来，摆在我们面前的问题是如何让生产能够可持续发展。我们需要考虑人们是如何在企业家精神的影响下培养着谋求个人利益的欲望，又是怎样在依靠竞争和奖励刺激机制的条件下进行创新和革新的。

“克己”与“达人”：在伦理学意义上的基础性关联

“信”是依赖于人性中固有的“仁”与“义”这两大特性的。将此基础和内容纳入考虑，便可知信任需要以规章制度的方式来维护，并通过正确理智的判断和启发性的知识来进行传达和执行。“礼”与“制”的重要性正由此凸显出来。我们可以明确意识到的是：社会互信在真正意义上正是需要各种道德条目的支撑，与此同时，它又对所有关乎“均”和“安”的道德政治经济品质发挥着作用。

公平原则的系统整合

我们拥有“两只手”，一只是来自市场的“看不见的手”，一只是来自政府的“看得见的手”，但我们同时也拥有一颗道德心。用这一颗心来操纵“两只手”，就能遵循和谐的最初动机，成就“均、和、安”的最终目的。在此进程的组织规划中，根据前文所论可总结出九项基本原则。

(1)“道德—政治—经济”价值理念中“均、和、安”的整合；

(2)“均、和、安”在整体层面上实现后，在道德、政治、经济的不同层面会发挥不同作用；

(3)“均”是“和”与“安”之要素；

(4)“和”与“安”相辅相成；

(5)“和”与“安”是“均”之基础；

(6)“和”是“均”与“安”之本源；

(7)德性（或文德）是“和”之源泉；

(8)道德的引领以“文德”与“和谐”为基础；

(9)经济发展与社会和谐正是建立在从上述八项原则而来的道德引领的基础上。

论企业社会责任的性质与边界

余　澳　朱方明　钟芮琦，《四川大学学报》（哲学社会科学版）2014 年第 2 期。

自企业社会责任思潮出现以来，关于企业社会责任的性质与边界就一直处于争论中。正确理解企业社会责任的性质与边界是关于企业社会责任理论研究与实践的重要基础和根本前提。本文试图在对企业社会责任性质与边界认识的发展演变进行细致梳理的基础上，对企业社会责任研究中的这一重要理论问题进行深入的再探讨，以实现对企业社会责任更加科学的认识并推动实践的发展。

一、企业社会责任性质与边界的发展演变：基于代表性文献的述评

（一）企业社会责任的源起

企业社会责任思潮萌芽于 20 世纪初的美国。基于美国经济社会中强烈的权力与责任对等观，社会开始要求企业承担与其权力范围相一致的责任，而管理者资本主义的诞生又为这种权力责任对等的要求提供了践行的可能。因此在这样的背景下，社会责任思潮便应运而生了。

（二）国外代表性观点

20 世纪 70 年代后，美国经济发展委员会发表了具有重要影响力的报告《商业公司的社会责任》，涉及经济、教育、员工、污染、文化、政府等 10 个领域的 58 种社会责任行为，并将这些社会责任划分为“三个同心圆”。进入 21 世纪后，企业社会责任得到了前所未有的关注，学界和国际组织对其性质和边界也进行了更为广泛的界定。

（三）国内代表性观点

20 世纪 90 年代，企业社会责任理论引入我国后，少数学者开始关注这一问题并作了初步的研究。这一时期，学者们主要是从劳资关系的角度对企业社会责任进行研究，其性质界定大多体现了企业的存在对于社会的价值、企业对社会经济应尽的义务等。2000 年之后，国内学术界对企业社会责任的研究越来越深入，进一步加深了对企业社会责任性质与边界的认识。但此时对企业社会责任性质与边界的认识出现了明显的分化。

（四）评价

对企业社会责任性质与边界进行界定的演变过程，是随着企业社会责任运动的兴起和发展，人们不断深化对企业社会责任的认识的过程。综观国内外关于企业社会责任性质与边界的各种界定，我们可以发现，企业社会责任本质上是企业利益相关者对企业行为的社会福利效应的一种希望或期待。但迄今为止，人们对企业社会责任的理解并没有形成共识。

二、界定企业社会责任性质与边界需要明确的前提条件

（一）企业自身追求与社会责任的关系

不论是“股东利益最大化”的企业社会责任观，还是基于利益相关者理论、契约理论的企业社会责任观，都将经济责任内置于企业的社会责任中。股东利益最大化不应当成为企业的社会责任。但该文并不反对将经济责任作为企业社会责任的内容，只是经济责任中不应当包括股东利益。

（二）“社会”与“社会成员”的关系

“社会”应是一个集合概念，“社会责任”应满足“社会成员”的共同利益而不是某一个或部分成员的利益。“不可否认，企业利益相关者是企业社会责任的重要对象，但不是唯一对象。从企业社会责任实践看，被纳入企业社会责任对象的范围要比企业利益相关者更宽泛。”

（三）对责任程度的理解

责任承担的程度关涉的实质在于对相关利益者利益的满足究竟应当达到怎样的程度，是无限度地最大化还是其他？该文赞同詹森的观点，认为企业是一种经济组织，逐利是其本性，它应当而且能够最大化的只有其自身价值，对于其他利益相关者的利益只能做到尽可能地尊重与不侵害。

（四）对责任边界的理解

企业社会责任的边界应当包括两个层面：第一，企业需要承担哪些社会责任、相关各责任的范畴与边界是什么？第二，作为整体的企业社会责任，其外部边界在哪？当前对企业社会责任边界的理解主要集中于对第一个问题的回答，而忽略了第二层面的企业社会责任边界问题。

三、对企业社会责任性质与边界的再界定

根据以上分析，该文认为：企业社会责任是指企业在追逐自身价值最大化的过程中不仅不对相关利益者造成侵害，同时还尽可能致力于提高总体社会福利；其责任范畴包括：人本责任、经济责任、法律责任、伦理责任和环境责任；企业自身利益与社会利益的均衡点是企业社会责任的边界。该文基于既有理论和相关分析前提，对有关企业社会责任性质与边界的理论研究进行了发展，目的在于树立相对合理的企业社会责任观，使企业能够自觉接受和履行社会责任，同时又不导致过度的社会负担和压力，并期望建立在此基础上的评价（体系）更具有合理性和现实针对性。

儒家道德思想对社会主义市场经济条件下道德建设的启示

张　静，《湖南大学学报》（社会科学版）2014 年第 2 期。

党的十七届六中全会指出："文化是民族凝聚力和创造力的重要源泉，是综合国力竞争的重要因素，是经济社会发展的重要支撑。"中华民族在长达数千年的历史发展中，形成了源远流长的优良道德传统，这些优良的道德传统内容丰富、博大精深。儒家道德思想作为我国传统文化的一部分，对中华民族精神的形成起着重要的作用，其所包含的道德理念和道德精神对当前社会主义市场经济条件下的道德建设和社会主义道德教育有着极其重要的借鉴和启迪作用，是值得我们去重视的精神财富。

一、儒家道德思想基本内涵概述

儒家道德思想作为我国民族传统道德文化的主流，虽然不可避免地带有时代烙印和历史局限性，但其仍包含着合理成分与积极因素。儒家道德思想中所蕴含的仁爱的伦理关怀、个人道德品质的塑造、明礼的道德价值以及诚信的道德追求都同社会主义道德建设息息相关，是社会主义公民道德建设的宝贵资源，自我修身也是儒家思想中对每个人都有普遍意义的道德内容，只有先达到自我修身，才能实现"齐家""治国""平天下"，也才能把"仁""义""礼""信"这些儒家道德思想内化为个人自身宝贵财富，达到"至善"的境界。总之，儒家思想中有着极其丰富的内容。

二、市场经济条件下道德滑坡现实和建设需要

所谓道德滑坡是指在现实生活中道德规范对具有道德责任能力的社会成员失去了约束力或约束力弱化，相对于物质文明发展程度，精神文明发展相对滞后、下滑。市场经济条件下道德滑坡的表现概括起来大致有以下几种：第一，个人利己主义思潮泛滥；第二，职业道德沦丧；第三，社会公德缺失。分析道德滑坡的原因，主要是以下两点：一是社会经济关系的变化带来的"利"取向，二是价值多元化的发展提供了现实基础。

三、从儒家道德思想入手进行市场经济条件下社会道德建设

首先，儒家道德思想是社会主义道德建设的重要来源。从儒家道德思想自身内容而言，它注重德育方法的系统性，从"仁""义""礼""信"入手，几乎对一个人成为具有高尚人格的正人君子，以及人日常的所思、所行都作了详尽全面的规范，并将完善自我道德与履行社会责任统一起来，使自律与他律相结合。其次，用儒家道德思想为市场经济条件下的道德建设服务。第一，针对职业道德沦丧，儒家道德思想以诚信作为职业道德的一般要求。第二，针对社会公德缺失、群己关系恶化的情况，儒家道德思想以“仁”和“礼”作为指导思想。第三，儒家道德思想注重人自身的道德修养，塑造君子人格，然而又以“修身”为起点，沿着“齐家”“治国”的路径，最后达到“平天下”的终极价值目标。第四，魅力人格的塑造使政府官员作为社会精英人物在社会道德建设中起到了带头示范作用。

论消费的生态限度

李红梅，《华中科技大学学报》（社会科学版）2014 年第 2 期。

消费不仅是一种维系个体生命、彰显个体尊严的活动，而且还具有重大的社会意义，任何个体人的消费一定会影响到其他个体人消费的实现，从而影响人类整体的生存与发展。基于此，我们要关注消费对人的生态存在的意义，必须站在生态批判的立场上怵惕消费的生态限度，并且设置相应的制度予以回应。消费行为既影响自然生态，又具有社会外部性，因而具有双重性。自然承载力的有限性制约人类消费的总量；消费制度的正义性则要求在社会内部各个成员之间平等地分享生态益品。自然承载力和生态益品分享的正义共同决定人类消费的生态限度。为了保护生态环境，人类需要在生态限度内重构一种既遵循自然承载力，又遵守生态益品分享正义的消费模式，实现生态化消费。

一、消费的双重性——自然性与社会性

人在人—自然关系中的地位以人的生产能力显示出来，并进而以人所消费的物品的种类、质量以及消费方式显示出来。消费，在透露人的生产能力的同时，也透露出人在自然界中的地位，显示出人的生态性存在的自然维度。面向社会，消费标识出人获取生态产品的权利范围，显示社会成员之间在生态益品分配与享有上的差异。在马克思看来，消费不只是消耗物质以获取养料那么简单，消费还具有社会意义，体现了人的存在。人在社会之中能够消费何种物品是由人的社会地位所决定的，因此消费能够反映人的社会地位、人的社会关系的全部内容，包括社会禁忌、社会规范与制度等。而作为社会性活动，消费不仅一般性地标识出人的社会地位，它

还能标识人享有、消费生态益品的权利范围。由于必须以自然作为客观基础，因而消费不得违背自然规律；同时，由于其发生在社会内部，显示社会成员之间分配生态益品的权利义务关系，因而消费必须是正义的。遵从生态规律与遵守生态分配和消费的正义性制度共同构成消费的生态限度。

二、自然承载力——消费生态限度的自然之维

消费具有社会性，但人类社会本身却无法以自己为对象进行生产与消费。人类的消费活动必须以人的外部世界为对象，即以自然为对象。人所消费的物质来源于自然，又返回于自然。因此，人的消费除了社会性外，还具有自然性。那么，在有限的资源总量和有限的再生能力的世界里，要保障人类的福祉、维系人类的可持续发展，就要求我们必须在生态系统的限度内进行生产与生活，不得突破自然的承载力。实际上，人类面向自然，对自然进行开发利用时，必须谨记恩格斯对我们的教诲："我们统治自然界，决不像征服者统治异族那样，决不像站在自然界以外的人一样，相反，我们连同肉、血和头脑都是属于自然界，存在于自然界；我们对自然界的整个统治，是在于我们比其他一切生物强，能够认识和正确运用自然规律。"

三、消费制度正义——消费生态限度的社会之维

自然承载力的有限性只是告诉我们，超出自然总量的消费将破坏消费的客观基础——地球，这无疑如同毁灭人类自身。因此，人的消费总量不得超出自然承载力。但人的消费以消费资格为获得消费物前提，即以消费物质的分配为前提。因此，为了防止人的消费总量超出自然承载力，社会需要建立自然承载力分享制度，即生态益品分配与消费制度。

不正义的消费制度一定带来生态恶化的后果。一些辛勤劳动不可避免地引起过度砍伐森林、过度开采矿产、过度捕捞，等等，结果就是自然净化能力的下降、物种的灭绝、海洋环境的恶化等种种生态恶果。为满足富人们对奢侈品的需要而进行的各种生产劳动不仅造成了物质的匮乏，也制造了生态的灾难。为了确保人的消费总量被限定在自然承载力的限度内，人类就必须在社会内部清除消费特权，建立正义的生态益品分配制度，保障每个人都能够获得满足基本生存需要的消费品。消费特权、奢侈品消费与生态危机之间形成了一个封闭的循环。清除消费特权就意味着任何人不得消费奢侈品，也就没有奢侈品的生产工业体系，这样，它们之间的恶性

循环将被打破，人与自然之间就能建立一种和谐的关系。消费制度正义意味着消费平等，平等消费要求任何人的消费不得损及他人的消费。同时，平等消费需要人人必须履行保护生态的义务。

诚信体系建设与司法公信力的道德资本

姜　涛，《江苏社会科学》2014 年第 2 期。

一、问题的提出：由“信访不信法”现象切入

“信访不信法”是一个特有的中国问题。“小闹小解决、大闹大解决、不闹不解决”，也成为上访者的基本信条。如何看待这个问题，有一种声音颇具有代表性：解决纠纷“信访不信法”，是一种不正常的现象。如果遵循着信访这条道路上下反复处理，将导致法制社会的倒退。显然，这一质疑是基于“信访 = 有损法律权威 = 信访室向人治屈从”的思路和逻辑展开的。问题的关键在于：信访不信法的症结何在？其实造成“信访不信法”现象的原因有很多，而最重要的原因是：信访这条救济渠道比司法更具有权威性，也更为有效，这反而表明了当代国内司法信仰的缺失和法律权威的弱化。

从根源上分析，司法公信力主要取决于两个基本条件：一是社会公众是否相信司法是公正的，是维护公民利益的，这不仅需要精通法律、经验丰富、不徇私情、刚正不阿的司法者，而且需要司法者具有很好的法律修养和较高的职业素养等；二是公众是否相信司法有足够的力量按它自己的规律发生作用。而国内“信访不信法”的现象则说明，当今司法不仅不能很好地回应公众的信任和信赖，而且也没有摸清司法运行的基本规律，同时也暴露出现行司法公信力之法治保障的制度性缺失。所以该文认为，提升司法公信力意味着司法需要更多的社会资本，而这种社会资本的获得则需要司法诚信为保障，以引导民众逐步变信访为信法，并逐步树立、巩固与强化司法权威。

二、基于认同的权威：诚信体系建设视域下的司法公信力

司法公信力意指司法通过诚信体系促进司法权威的形成，提升司法权威，从而成为一种“资本性”资源。司法权威是司法获得社会资本的基石，司法权威的缺失将是一种司法灾难，带来的结果必然是以力量的逻辑代替诚信的力量。从类型上说，司法权威有三种类型：基于恐吓的权威、认同的权威和知识的权威。然而，基于恐吓的权威是政治文明低下状态的

选择，而基于知识的权威则是以法律教育为内容的软约束，只有基于认同的权威才能带来司法公信力的提高。

在认知心理学上，认同其实是人类情感与理性共同作用的结果，当情感与理性都高涨时，产生的意识形态的信任是惊人的，透过心理学的结论我们也大致能推导出信任在现代司法中的功能：一方面是公共利益与个人利益之间的对立关系，要消除这种对立，争取司法中的公众认同至为关键；另一方面，认同是一个社会的价值体系，可以使合作更为简单。具体来说，诚信体系建设的司法价值体现在宏观、中观和微观三个层面。其一，就宏观而言，诚信体系建设的司法价值体现在，诚信是推动某一国家、地区司法权威的强大动力；其二，就中观而言，诚信体系建设的司法价值体现在，诚信能够通过司法活动过程带来社会正义和司法效益；其三，就微观而言，诚信体系的司法价值体现在，诚信能够通过司法人员品质、素养和境界的提升而成为一切司法活动不可或缺的精神动力。

三、认同的自我激励：司法公信力的制度决策展开

1. 强化司法对立法的忠诚

司法诚信首先意味着对立法的忠诚，即司法活动应该依法而为，不允许逾越法律规定而任意为之，在确保安全的基础上，实现司法权威，司法诚信意味着对正义的追求，这也是司法诚信的题中之义。

2. 重视司法的道德基础

在一个价值多元化的时代，各种各样的价值立场粉墨登场，大放异彩，这在创造了精彩纷呈的“剧场”效果的同时，也使司法裁判变得艰难，讨论何为正当性的司法裁判则往往“众口难调”，在这一能动司法的过程中，唯有司法者坚守人类在长期社会生活实践中积淀下来、作为人共通部分的“常识、常情、常理”，才能保证司法裁判的结果不违背普通公民的意志，也才能最终实现法律的价值。

3. 以判决书说理增强司法裁判的说服力

缺乏公众认同的浸润与支撑，司法就会出现所谓的“双重不确定性”无法解消的困境，这就需要判决书说理制度予以保障。公众的司法认同最终表现为结局合理、对行为过程的妥当评价两个方面，前者意味着人们愿意看到正义得到伸张，邪恶得到惩治，后者体现为司法过程本身符合国民一般的规范理念或道德观念。

当现行司法对诚信体系的背离使司法活动面临非正义、不被认同的危险的同时，也展示了一种拯救的力量，即立足于社会资本理论重新审视和正视司法中的诚信体系。

福利社会卫生资源优先配置的伦理标准探析

峗　怡，《道德与文明》2014 年第 2 期。

医疗卫生系统的战略性问题是资源稀缺，因此合理的资源配置是与人类生存不可分割的补充手段，对用于卫生供应的稀缺资源的尽可能最优利用是需要解决的战术问题。为弄清资源优先次序决策机理，作者分析了若干典型福利国家的经验，以为我国相关决策领域的优先抉择和伦理价值观选择提供对比参考。

一、福利国家的案例实证研究

荷兰经验：荷兰 Dunning 委员会运用“四层筛子”优选服务项目。瑞典经验：瑞典优先委员会设立了一个明确的优先次序配置流程，委员会提出将伦理平台（Ethics Platform）作为优先次序设置的基础。挪威经验：挪威是最早尝试设立明确的优先次序的国家之一，也是第一个尝试原教旨主义（principlist）/基于价值（value-based）的方法的，它的目标是为扩大医疗保健发展规划工具，引导资源优先配置。新西兰经验：较早公开讨论卫生资源优先次序配置，成立新西兰国家核心健康与残疾支持服务咨询委员会。英国经验：成立国家临床评价研究所（NICE）——一个争议较大的世界著名卫生资源配给机构。加拿大经验：没有专门的国家机关负责资源的优先次序配置，相关决策主要是由所在区域和地方各级领导人决定的。美国俄勒冈州经验：美国立法机关指派了俄勒冈州的一个健康服务委员会来制定配给方案，目的是为使配给制度化。

二、福利国家卫生优先次序决策的伦理原则及标准剖析

上述国家和地区制定优先次序配置的伦理原则和标准有许多相似之处。疾病严重程度、效果和成本效益几乎在每一个国家都被理解为是确定优先的基础和明显的出发点。另一个关键的优先次序配置的出发点是公正或平等的治疗。在此基础上设立同一层次人群同等待遇的原则的同时，也通过团结原则关照不同层次人群间的共济问题，这些都是公平分配在国家宏观层面政策伦理的基础。需要注意的是，以上许多标准仅仅是建立在经验基础上的概念，如果缺乏一些与健康状况相关的关键因素数据，如疾病的人口分布、残疾的风险因素等，不同的人群、不同的相对需求和成本效

益将不会被考量，这无疑会阻碍优先次序配置实践工作的开展。

三、不同哲学观影响下卫生资源优先配置决策的伦理标准及规则初探

福利社会的优先分配的诸多伦理原则和决策标准是多元的，理论来源主要有分配正义、机会平等、自由主义、功利主义以及新旧福利经济学理论等，除此以外，东亚文化的社群主义和中国哲学的德性伦理也应是资源优先分配伦理思想源泉的重要补充，这些哲学思想的理清将为更深入地研究卫生资源优先配置决策的伦理模型建构提供理论基础。需要注意的是，由于政策制定的“在地化”，不同社会、经济、政治、历史、文化背景下的国家对于多元伦理观会有不同程度的偏好，这也会直接引发优先价值取向和分配规则的变化。

企业主观诚信的不确定性及其外部监管措施

柴艳萍，《齐鲁学刊》2014 年第 2 期。

诚信与信用不同，前者是一种道德品质，看重的是主观动机；后者是一种经济制度，看重的是行为结果。企业的目的是追求利润，只有当诚信经营可以带来利润时企业才会自觉遵守诚信，否则便可能选择失信，因此，企业主观诚信具有不确定性。无论企业是否自觉自愿地选择诚信经营，只要客观上守信就是遵守信用。所以，除了要求企业主观诚信外，更主要的是强化外部管理，如健全法律法规，强化职能部门监管，重视行会商会自律，完善信用管理和评价机制等，同时还要发挥舆论媒体的监督作用，并利用社会责任投资和有道德消费等手段促进企业守信经营。

一、诚信与信用之区别及企业主观诚信的不确定性

人们通常将诚信与信用混用，其实这是两个不同的概念。诚信更多地用于道德领域，是一个道德范畴，主要指人们诚实守信的道德品质。而信用更多地用于经济学领域，是一个从属于商品和货币的经济学范畴，主要是指在发达的商品经济条件下所形成的一种经济制度，它标志着一种生产关系，而且是“本质的发达的生产关系”。诚信的本质在于心善，而信用的核心在于实际行动即履约。还有一种情况是，虽然有实际履约能力，但主观上不情愿履约，只是迫于外在压力而不得不履约，这也可以使信用得以实现。可见，主观诚信只是遵守信用的道德前提，并不必然地导致信用的实现；主观不诚信也不必然导致信用不实现，外力可以强制其实现。所以，在企业主观不诚信时，外在的强制和监督就成为其守信经营的关键。因此，道德固然重要，但仅有道德还不行。当然没有道德更不行。社会有序以及市场健康发展既需要道德自律，也需要法律和其他外在的监督，只有内外结合、刚柔相济，才能实现有效管理，促进企业守信经营。

二、强化企业外部约束的必要性

企业是个经济体，其首要目的是追求经济利益而不是追求道德诚信。经商就是为了赚钱而不是学雷锋做好事。虽然为自己赚钱要通过为他人服务来实现，但是为自己是目的，为他人是手段。所以企业是否自觉诚信经营，更多的原因或者说其主要原因不在于企业能否严格自律，而在于市场环境能否促进企业诚信经营。因此，问题的关键是，与其要求企业提高道德境界，自觉诚信，不如改善市场环境，完善竞争机制，让诚信企业能够赚到钱，在市场竞争中取得胜利，而让失信企业被驱逐出市场。促进诚信经营不能仅仅要求企业自觉自律、主动诚信，还必须同时改进外部环境，从制度设计和外部管理上保证“诚信经营赚钱，失信经营无立足之地”。企业的普遍守信不能仅寄希望于经营者的道德自觉，还要有一个有效的保障和监管机制。否则，仅有道德自觉，而没有相应的制度、环境与之配套，其结果就会导致守德守信成本太高、违德失信成本太低，最终就会导致劣币驱逐良币，守信经营吃亏、失信经营盛行。出现这种情况就是制度设计和管理机制的缺陷。合理的制度设计应该使得企业在竞争中“守信才能获利，获利必须守信”。

三、强化企业守信经营的法律保障

作为道德范畴的诚信，依靠的是道德主体的自律和道德规范的他律，通过社会公认的价值理念、传统文化、风俗习惯、公众舆论压力等非正式制度因素来发生作用。因此，对不诚信个人的惩罚，一是靠内心自责，二是靠舆论批评。而对于违背经济信用的惩罚机制除了道德谴责外，更重要的是法律惩罚和经济制裁等硬性制度措施。所以，加强经济信用建设，仅仅在道德层面提倡诚实守信还远远不够，只有原则性的法律倡导也还不行，而必须建立和健全相关法律法规，增强执法力度，提高失信和违约成本，严惩违约行为。如果失信行为得不到法律制裁，或惩处力度相当小，就不足以起到警诫作用。

四、促进企业守信经营的外部监管措施

企业守信经营，既需要企业提高道德认识，严格自律，主观诚信，又需要强有力的法律保障，还需要加强外部的各种监督和控制。因为企业有主观不诚信之时，法律也有不完善或惩治不到位之处。所以，必须着力加强和创新社会管理，改善市场环境，建立企业守信经营的长效机制。具体说来可以从以下几个方面加强监督和管理：一是强化职能部门对企业行为的监管；二是重视商会协会的行业监管；三是充分发挥大众舆论的监督作用；四是完善企业信用管理和评价机制；五是利用融资杠杆促进守信经营；六是消费者要大力维权并进行有道德负责任的消费。

金融危机引发西方学者对个人主义的深刻反思

沈永福　王　茜，《红旗文稿》2014 年第 7 期。

2008 年美国次贷危机引发全球性的金融危机，其背后深层次的是道德危机，即作为西方价值总汇的个人主义出现了问题。

一、“占领华尔街”运动引发的思考

“占领华尔街”是民众自发自觉公然质疑经济制度，是自 20 世纪 50 年代后第一个将资本主义整体作为批判对象的群众运动。西方主流社会终于开始直面资本主义的“病人身份”，承认自我困境，美国和欧洲的经济动荡不应被理解为金融危机或债务危机，而应被理解为资本主义的制度危机，而这场制度危机的背后价值根源就在于个人主义。

二、金融危机的幕后推手

金融危机的爆发，使得西方学者从不同视角探究其原因，大家基本形成一个共识，即引发危机的幕后推手就是美国金融街贪婪的金融资本家及效率低下的政府。制造危机的罪魁祸首——靠金融投机爆发的最富有的有产阶级投机制造了这场危机。金融危机的爆发，政府的失职显而易见。“自由市场资本主义”“金融资本主义”“赌场资本主义”是行不通的，而且会导致很大的灾难。

三、金融危机背后深沉的文化根源

金融危机的深重根源就是个人主义文化的危机。西方经济个人主义过于崇拜自己追求利益的正当性，甚至唯一性，相信个人的行为就足以提供社会经济组织的原则，自由放任的经济制度是最好的制度；政治个人主义过于看重自我的权利和自由，把国家看作是一种不可避免的弊病，追求让“无形的手”自己发挥作用的“无为而治”；伦理个人主义认为道德的标准在于个人利益、个人需要，个人是道德价值的标准，是道

德的最高权威。

四、每个人都是资本主义危机的共犯

个人主义的文化使得每个人置身其中而莫能度外，在一些西方学者大力批判贪婪的资本家、无能的决策者、效率低下的政府的同时，亦在反思易被忽视的普通公众的思想和行为。作为普通的消费者和投资者的贪得无厌，每个人都是赌徒，只不过是投机金融家、政府等庄家通吃，公众埋单。每个人都是危机的共犯。

五、个人主义的世界并非美梦

西方学者从为资本主义辩护到反思资本主义，并从个人主义价值观层面深挖根源，人们不得不感叹"美国梦"破碎了，人们对自己和下一代能否过得更好似乎信心不足。如何化解西方危局，不少学者转向东方，在中国当前深化改革发展的关键时期，一方面我们应当自感欣慰与自豪，另一方面我们应保持清醒头脑，莫让个人主义的价值观念迷惑了我们的双眼！

人与自然的矛盾及其和解：《资本论》及其手稿的生态意蕴

万冬冬，《学术交流》2014 年第 4 期。

马克思在《资本论》及其手稿中以历史唯物主义为根本方法，以劳动价值论为起点，以物质变换为主线，以人和自然的双重解放为指归，从资本逻辑的视角去认识资本主义社会中人与自然的矛盾。资本主义生产方式在人与自然之间的物质变换过程中制造了一个"无法弥补的裂缝"，导致人与自然关系的异化和严重的生态危机。资本主义生产的本性是反生态的，资本主义制度是造成人与自然矛盾的根源。只有变革和超越资本主义制度，彻底瓦解资本的逻辑，才能最终实现人与自然的和解以及人本身的和解。

一、人与自然之间物质变换的"断裂"

马克思将劳动视为人与自然之间的物质变换过程，认为"劳动首先是人和自然之间的过程，是人以自身的活动来中介、调整和控制人和自然之间的物质变换的过程"，资本主义生产在人与自然之间的物质变换过程中制造了一个"无法弥补的裂缝"。资本主义社会中人与自然之间的物质变换是"断裂"的，最直接的表现就是人与土地之间物质变换的"断裂"。人与土地之间物质变换的"断裂"在资本主义原始积累阶段就已经出现了，资本主义原始积累以对土地的“剥夺”为前提。在资本主义原始积累过程中，资产阶级“掠夺教会地产，欺骗性地出让国有土地，盗窃公有地，用剥夺方法、用残暴的恐怖手段把封建财产和克兰财产转化为现代私有财产”。资本主义社会内部异化了的物质变换关系扰乱了人与土地之间正常的物质变换过程，使人与土地之间的物质变换出现了“无法弥补的裂缝”，不仅破坏了自然的生产力，而且还危害到人类的身心健康甚至生命。之所以会出现人与土地之间物质变换的“断裂”，除了资本主义社会中城乡之间的对立关系外，根本原因在于资本主义制度本身。

二、人与自然关系的异化

马克思在《1844年经济学哲学手稿》中揭示了异化劳动不仅包含人同人相异化，而且还包含人同自然相异化。马克思认为，人与自然之间本来是内在统一的关系，人是自然界的一部分，自然界也是人的一部分，即“人的无机的身体”，但是异化劳动却“从人那里夺走了他的无机的身体即自然界”，造成人与自然关系的异化。在资本主义条件下，人化自然的过程实质上就是自然不断地被异化的过程。人与自然关系的异化在资本主义农业中体现得淋漓尽致，“资本主义农业的任何进步，都不仅是掠夺劳动者的技巧的进步，而且是掠夺土地的技巧的进步，在一定时期内提高土地肥力的任何进步，同时也是破坏土地肥力持久源泉的进步”。资本主义社会中人与自然关系的异化是人与人关系异化的表现，生态危机的实质是人性危机。马克思指出，资本是剩余劳动的榨取者和劳动力的剥削者，它根本不关心工人的健康和寿命。资本追求无限的剩余价值和掠夺工人的时间，是资本主义生产的内在要求。在资本逻辑的支配下，工人的智力荒废了，发展出现了畸形化，身体受到了摧残，寿命被缩短了，人与人之间的关系彻底被异化了。因此，资本逻辑支配下的人类在自然面前成了方向迷失、自我缺失的“单向度的人”，盲目地生产和消费，毫无顾忌地“征服自然”，全然不顾对生态环境的破坏性影响，造成人与自然关系的严重异化。

三、资本主义生产的反生态本性

在马克思看来，资本是能够带来剩余价值的价值，增值是它的本性和使命，资本主义生产的全部内容和目的都是为了获取更多的剩余价值。资本主义生产方式在推动生产力发展的同时，也使人与自然之间的物质变换过程出现了“断裂”，破坏了作为一切财富源泉的土地和自然条件，危害了人类的身心健康和生命根源。资本家总是以利润最大化作为其根本目的，这就会促使资本家盲目地追求经济利益，导致生态环境的破坏。马克思指出，资本积累程度受劳动力的剥削程度、社会劳动生产率的水平、所用资本与所费资本之间的差额以及预付资本量的影响。在其他条件不变的情况下，随着社会劳动生产率的提高，资本积累程度提高，在生产过程中所需的原料增加，资源的消耗加快。伴随资本积累规模的不断扩大，人类活动对生态环境破坏的程度和范围也日渐扩大。“资产阶级，由于开拓了世界市场，使一切国家的生产和消费都成为世界性的了”，所以资本积累对生态环境的破坏也就成为世界性的了，造成了全球性的生态危机。在“资本的帝国”时代，资本主义“经济理性”与“生态理性”是根本对立的，资本主义社会中生态危机的出现是其“利润至上”法则的必然结果。

马克思主义公平正义理念与公民幸福——以中国社会发展为视角

刘 阳 尹奎杰，《河南社会科学》2014 年第 4 期。

一直以来，公平正义的应然性一直是政治哲学家们为每一个理想政治体所设计追求的基本原则。作为政治哲学中的一个重要范畴，公平正义也一直是人们在政治生活中不可或缺的核心价值理念，更是人们追求幸福生活不可或缺的制度体现。如今，中国已成为世界第二大经济体，我们的社会经济建设在取得辉煌成就的同时，也不可避免地面临着社会改革的关键期和瓶颈期，特别是随着社会阶层结构发生深刻变迁而出现的价值主体多样化、价值观念复杂化趋势以及部分阶层群众贫富差距加大、利益相对受损等现象，影响了人民群众对社会主义建设的评价，直接降低了人民群众的生活满足感和幸福感，更不利于早日完成全面建成小康社会的伟大目标。因此，就目前的社会发展背景而言，马克思的公平正义观对建设中国特色社会主义，特别是对营造幸福中国、提高公民幸福指数具有重要的意义，是我们在社会主义发展过程中必须始终贯彻的价值理念。总之，作为建设中国特色社会主义伟大事业的内在要求，努力实现社会公平正义既是发展中国特色社会主义的重大任务之一，又是中国共产党人的一贯主张，而“必须坚持维护社会公平正义”也成了在党的十八大报告中被再次明确强调的重要内容。文章的主要内容有：第一，马克思主义公平正义思想研究现状；第二，马克思主义公平正义理念的中国要义；第三，公平正义：实现公民幸福的根基；第四，幸福与公正：当前中国发展中的问题；第五，幸福之源：实现公平正义的社会发展。

十八大提出了“中国梦”的设想，“中国梦”的实现不仅需要国家物质的积累、发展、强大，更需要一个能够梦想成真的“舞台”，而这个“舞台”就是要充分利用马克思主义丰富的公平正义理念来努力优化社会发展的环境。首先，就发展的核心理念而言，要将“以人为本”作为社会发展的指导思想，这也是马克思主义公平正义理念在当代中国的核心要义。其次，就发展过程而言，要正确处理好发展成果共享与发展成本承担之间的关系。再次，就发展自身而言，要在全社会建立起完善的社会制度。最后，就发展的最终目标而言，实现社会主义公平正义还离不开始终坚持以经济建设为中心促进社会生产力发展的策略，从而为社会主义公平正义创造良好的物质条件。对社会公平正义的探讨离不开生产力的要素，否则就无法定位追求社会公平正义的价值评判标准和价值基础，更无法找准社会历史发展和追求公平正义之间的互动性和一致性，由此导致对公平正义概念的理解也只能停留在思维的必然性而无法达到现实的必然性。这样，公平正义的美好愿望就只能一直停留在大脑中，而无法在现实中结出丰盛“果实”。

中国近代财富分配思想论析

孙浩进，《中州学刊》2014 年第 4 期。

中国近代主要思想家基于生产方式、社会形态、政治变革等方面提出的社会财富分配思想，有一定的历史进步性，但其设想与中国当时的社会现实和特点并不相符，所以根本无法实现。本文拟从近代思想家论著中所涉及的人口问题、生产关系问题以及上层建筑博弈问题作一简要论述。

一、对于相对过剩人口的关切

政治经济学中，相对过剩人口是随着资本有机构成不断提高、生产过程中大量采用机器设备而排挤出的大量劳动力，是相对于资本需求而过剩的劳动力，是资本主义社会失业和贫困的根源所在。中国近代思想家虽未提出明确的相关概念，但提出的思想和理念在原理上与上述理论有着极为相通的地方。梁启超倡导社会改良，他对资本主义经济阶层关系、财富分配关系有着清晰的认识。他认为，一个国家的贫富取决于人口中的生利和不生利者的比例。可以说，梁启超所谓的“生利者”，是创造商品价值和社会财富的劳动人民，只有劳动才能“生利”，才能获得相应的劳动收入和工作福利，这体现出明显的劳动价值论的色彩。梁启超的生利分利说实际上谈的是市场经济中的财富合理分配问题。部分中国近代思想家已经对于财富分配不公平的表现和根源进行了较为深入的考察，把脉较准，但开方未能对症下药，相应的解决策略未能明确主体及其力度。

二、对于生产关系变革的重视

在中国经济思想的发展史上，严复作为系统引进并阐发西方古典经济学理论的第一人而占有重要的地位。在其著作中，严复重视生产关系中透视社会经济问题的本质，根据要素产权不同，把社会收入分为工资、利润和地租三个部分，改变了中国传统的财富分配分析思路，突出了自由市场经济的思想。康有为同样重视社会生产关系变革进行财富分配这一根本性问题，考虑了私有产权的激励效应问题，但他更为重视私有产权关系对社会民生的负面效果，认为其是造成财富分配差距的根源，甚至要用制度设计来全面取消私人财产权，建立大同社会。综上而言，中国近代思想家基于中国半殖民地半封建社会的现实国情和生产力发展状况，认识到应该通过生产关系变革，尤其是要素产权关系变革，促进社会财富分配领域的公平化，这体现了近代思想家的敏锐洞察和辩证思考，尽管有其历史局限性，但其进步意义仍然非常重大。

三、对于上层建筑博弈的忽视

在政治经济学理论中，尽管经济基础决定上层建筑，但上层建筑对于经济基础的作用同样十分重要。如果忽视了上层建筑中各主体的博弈关系，忽略了政治变革、文化变迁等领域的研究，就无法找到社会再生产、社会财富分配过程中产生问题的真正根源，也就不会提出相应的解决对策。中国近代思想家虽然辩证地认识到了通过生产关系变革尤其是要素产权关系变革促进社会财富分配领域公平的重大意义，但却未能从根本上找到促进生产关系变革的方式，仅是期待通过改良甚至妥协来实现社会制度变迁，忽视了社会上层建筑中各方力量博弈带来的革命对于生产关系变革的巨大促进作用，这无疑体现出近代思想家们的片面性和局限性。

四、结论

在我国近代，对于半殖民地半封建社会财富分配严重不合理，贫富差距悬殊的问题，近代的思想家和革命家提出了很多有利于财富公平分配的主张，并把其中的一些运用于实际的社会改造中。但是，他们都是在旧的经济和政治体制下，仅从西方的思想和经验中来寻求解决问题的途径的，他们的见解与当时中国社会的现实与特点并不相符。但从积极的意义来看，近代思想家对于相对过剩人口的关切、生产关系变革的重视，体现了他们对彼时社会问题的辩证思考，符合马克思主义的经济学原理。更为重要的是，近代思想家的观点和论述中，体现了一种劳动创造价值的辩证认识，这符合马克思主义政治经济学劳动价值论的原理，体现了我国近代思想家从“劳动”这一基本范畴出发，尊重劳动人民在创造价值、创造财富、分配财富中的重要作用和历史地位，寻求解决社会分配问题合理路径的唯物主义性质的积极探索。

民生安全视阈下食品药品企业社会责任的建设

吴宝晶，《福建论坛》（人文社会科学版）2014 年第 4 期。

改革开放以来，我国经历了前所未有的社会转型，从高度集中的计划经济体制转为市场经济体制，从农业的、乡村的、封闭半封闭的传统社会转变为工业的、城镇的、开放的现代社会。伴随着经济社会的转型，在民生安全领域的食品药品行业陆续出现了毒奶粉、毒大米、毒猪肉、毒酱油、地沟油等食品安全事件，以及美国“PPA”事件、德国“拜斯亭”事件、黑龙江“亮菌甲素注射液”事件、安徽“欣弗”事件等药品安全事件。这些事件的接连发生使这些涉及民生领域安全的中国企业社会责任问题成为百姓关注的焦点问题，也成为学者研究的重点问题。

一、食品药品企业社会责任的现状与问题

食品药品是与百姓日常生活密切相关的，它们的安全属于民生安全的范畴。同时，由于食品药品安全关系到人民的身体健康和生命安全，因此，食品药品的安全应成为最大的民生问题，而要保证食品药品的安全，最重要的是企业应该承担起本该承担的社会责任。民生安全与企业社会责任密切相关。就食品药品行业的企业来说，其社会责任可分为，企业必须做、能做和可以做，即企业必须以确保消费者的身心健康和生命安全为第一要务；企业能够为满足消费者的生存需要和健康需要，提供充足的食品和药品；企业可以为社会的和谐发展做一些公益和捐赠活动，等等。本文

着重从食品药品安全等民生安全领域的现状与问题出发，剖析中国企业的社会责任问题。

食品安全问题的现状让人瞠目。当前百姓的餐桌受到了前所未有的威胁，食品安全问题层出不穷。但食品安全事件还是有增无减，这些事件不仅扰乱了正常的市场秩序，影响到公众的生命健康和社会的和谐稳定，而且也影响到整个食品行业在百姓心中的位置，进一步造成百姓对政府信任度的降低。

二、食品药品企业社会责任问题解析

在市场经济条件下，企业作为市场经济的主体和社会的一员，应该遵守法律、照章纳税、善待员工、对消费者负责、对社区负责、对环境负责。但实际上，一些食品药品企业盲目追求自身利益最大化，缺乏社会责任。还有很多企业无视市场规则，破坏公平的市场竞争环境，扰乱市场秩序。食品药品行业的特殊因素是造成企业不能履行社会责任的根本原因。就食品行业来说：食品行业价格竞争激烈，一些经营者为了获取高额利润，而制售假冒伪劣产品，坑害消费者。部分从业人员素质偏低，企业违法违规行为受处罚的成本过低，导致知假贩假的不法行为时有发生。食品监管不到位、缺位、错位，让违法分子有机可乘。药品行业也同样存在着上述的一些问题。药品已经实行了统管，但由于我国药品生产企业存在“一小二多三低”，以及药品流通领域存在的“多、小、散、乱、低”现象。

企业与企业家道德素养缺失是导致企业不能践行社会责任的主要动因。改革开放以后，特别是市场经济体制建立以后，在熟悉社会中被置于社会生活首位的道德伦理，在市场经济中必须让位于追求利润的现实。被儒家强调了2000多年的义在利先的原则，在市场经济中被很多人颠倒了，甚至变成了取利忘义。众所周知，市场的本性是竞争和逐利，竞争和逐利一定要通过商品生产与经营来实现，而商品的生产与经营过程中，同时也展开着企业与消费者等利益相关者的交往关系，这就注定要产生十分复杂的道德关系。

三、食品药品企业社会责任构建的路径选择

（一）制定严格的食品药品行业的准入制度，并规制企业的经营行为。

（二）强化多部门的协调监管，建立和完善食品药品监管的长效机制。

（三）推动政府职能转变，建设服务型政府。

（四）“黄金律”与企业家良好经营行为的培育。

（五）创新社会治理体制，激发社会组织在社会责任构建中的重要作用。

总之，要治理民生安全领域食品药品行业的企业社会责任的缺失问题，需要形成政府主导、法律保障、企业自律、社会监督相结合的、多方参与、共同治理的社会治理合力。同时，还要进一步调动公众广泛有序参与监督企业的积极性，强化媒体对企业的监督功能。

亚当·斯密论商业社会的“财富”与“正义”

康子兴，《浙江社会科学》2014 年第 4 期。

中国的现代化过程既是“寻求富强”的发展过程，也是由农业社会向商业社会的转型过程。如何理解财富与“不平等”之间的张力？怎样的经济秩序才合乎正义？政府应该如何对待市场？这一系列问题都未能逃离古典政治经济学的理论视野。

一、“文明”的问题与“平等的悖论”

身处现代早期的启蒙哲人面临着一个“文明”与“野蛮”的争论，其本质则是正义与自由的问题。围绕这一争论，亚当·斯密和卢梭成为潜在的对话者。斯密的理论中隐含了一个“卢梭问题”，对此问题的解答关涉到其经济学的根本，甚至可以说《国富论》全书五卷的论述都可以视为回答这个问题所做出的努力。对于文明开化社会中不平等关系的体察，斯密丝毫不亚于卢梭。他用同样讽刺的笔调来描写穷人的劳苦和富人的奢华。平等与否是一个与分配相关的问题“不平等是否违反自然法”则是一个分配正义的问题。于是，对这两个问题的回答亦构成了亚当·斯密所有经济论述的核心。

二、财富的秘密与分配正义

解决“平等悖论”的关键在于发现财富的秘密。若要使分配链最底层的人民拥有富足的生活资料，就必须有一个巨大的财富总量作为前提。在从事生产劳动的人数不变，甚至减少的情况下，要实现财富的增长的唯一途径就是提高劳动生产力，而这与劳动者的熟练程度、技巧和判断力有关。通过对“神正论”问题的不同回答，关于不平等和分配正义的问题，亚当·斯密得出了不同于卢梭的结论。

三、发现“无形之手”：价格中的自然秩序

根据亚当·斯密的“四阶段理论”，“商业社会”是社会自然史的最后一个阶段，是离原初的社会状态最为遥远的阶段。如果说原初社会的秩序来自最朴实的人性，源自纯粹的自然法，那么在人们摆脱了那种纯朴的状态，把自己都变成商人之后，社会的秩序、法律，尤其是“交换的秩序和法律”又依据何种原则建立起来？依据亚当·斯密的自然法理学，无论在哪一个文明阶段，一切政府和法律的基础——其“正义的法律”都未曾改变。亦即，商业社会赖以存在的正义基础、交换的正义基础，必然也存在于最原初的社会之中，存在于那无须也尚无交换存在的社会状态之中。交换的法则超越交换而存在。所以，只要每部分的价格合乎自然正义的要求，那么商品的价格就是正义的，据此实现的财富分配同样是自然正义的。

四、结语：何种政治经济学视野

很明显，亚当·斯密的政治经济学视野大不同于卢梭。后者所谓的政治经济学从属于他的政体理论，重在对理想政体的思考，只不过重新叙述了《社会契约论》的思想。而斯密则采用“自然法理学”的视野，其任务在于探究“自然正义的法律”，为国家的政策和法律提供指南。在关于“财富之原因和性质”的论述中，斯密从“同情”这一人性原则出发，论证了劳动分工、社会分化的自然基础：以“劳动”为核心，依“同情”机制求索到价值的自然尺度，交易和商业的自然法。在自由的贸易环境中，按照自然价格进行的交易便是正义的，由此产生财富和阶层分化也并未抹煞交易和同情双方的自然平等。亚当·斯密的解决方式不仅使商业和商业社会在法理学上获得了正当性，也使政治经济学成为立法科学的一部分。

企业福利人性化设计探讨

魏迎霞，《学术交流》2014 年第 4 期。

现代社会，个性化追求被推崇，员工的福利需求也呈现个性化与多样化。传统福利模式已难以满足员工的福利需求，这就要求企业人力资源管理部门提供人性化的福利项目来满足员工个性化与多样化的福利需求，使企业福利效用达到最大化，即使企业福利更好地发挥激励功能和对企业目标的支持功能。企业福利人性化设计是“以人为本”管理理念在企业福利管理上的具体体现，能更好地满足员工的物质及心理需求，提高企业福利效用。企业福利人性化设计以人本原理与效益原理作为理论依据，坚持理性原则、弹性原则、创意性原则及体现“以员工为中心”的原则，分成核心福利模块、弹性福利模块和创意福利模块三部分进行设计。

一、企业福利人性化设计含义与作用分析

企业福利人性化设计是“以人为本”的管理理念在企业福利管理方面的具体体现，将企业目标与员工个人需求充分结合，为员工提供个性化、多样化、具有人情味的福利项目，可使企业员工在获得物质满足的同时，也获得心理上的满足，充分调动起员工的工作积极性、主动性与创新性，使企业福利效用扩大化。企业福利人性化设计可以起到以下作用：吸引员工、激励员工、凝聚员工、提高员工满意度、降低员工离职率。

二、企业福利管理存在问题分析

企业福利管理存在问题分析：第一，对企业福利重视程度不够，福利管理落后；第二，企业福利制度与福利项目制定缺乏沟通，员工对企业福利满意度低；第三企业福利项目缺乏弹性，难以满足员工个性化需求。

三、企业福利人性化设计策略

企业人性化福利设计的理论依据主要有两个：一是人本原理，即在企业管理活动中应以人为中心，关心人、尊重人、发展人；二是效益原理，即管理活动都要以实现有效性、追求高效益作为目标，其核心是价值，用公式表示为价值 = 效益/耗费。依据这两个原理，我们分析企业福利人性化设计原则及设计方法，以更好地解决企业福利管理存在的问题。

1. 企业福利人性化设计原则：理性原则、弹性原则、创意性原则、体现“以员工为中心”的原则。

2. 企业福利人性化设计方法，核心福利模块设计：员工健康福利、员工服务福利。

3. 弹性福利模块设计：制定弹性福利预算。第一，制定弹性福利预算；第二，制定每位员工的弹性福利限额；第三，分析企业已有福利项目，并调查和分析员工对福利项目的需求；第四，确定弹性福利项目清单或弹性福利套餐，并进行定价；第五，员工选择弹性福利项目。

4. 创意福利模块设计：第一，设计符合员工需求的独特服务或实物福利项目；第二，为员工设计非常假期；第三，创新福利发放途径。

化解市场经济道德悖论的利器

叶小文，《人民日报》2014年4月11日。

发展市场经济，使市场在资源配置中起决定性作用，必然强化市场经济主体的利益意识、自主意识、竞争意识和创新精神，促进其个性、能力和素质全面发展，并形成与之相适应的道德品格，诸如包容、诚信、守时、互利等。这无疑是巨大的进步。但毋庸讳言，市场经济的自发运行也可能导致道德失范。

市场经济有两个基点：每一个经济主体都追求利润最大化，每一个现实个体都追求利益最大化。这两个最大化在一定意义上形成了社会生产力不断发展的动力，形成了市场经济优胜劣汰的竞争格局。但从另一个角度说，它又可能成为市场经济健康发展的阻力：如果放任这两个最大化，不进行适当的监管包括道德规范，就必然导致互相欺诈、物欲横流，市场经济的秩序就无法维持。

由此看来，市场经济的自发运行存在一种道德悖论：既排斥道德又需要道德。一方面，资本追逐利润最大化、个人追求利益最大化，可能导致拜金主义、极端利己主义等非道德现象；另一方面，市场经济的健康发展必然要求人们遵守市场规则、进行道德自律，生产力水平的提高必然要求社会公平正义、人们的道德素质普遍提高。在实践中我们也看到：社会主义市场经济的发展带来了社会生产力的解放和快速发展，与此同时，由于体制机制不健全等原因，一些经济主体拜金主义、享乐主义、极端个人主义有所滋长，部分社会成员世界观、人生观、价值观扭曲，出现了坑蒙拐骗、制售假冒伪劣产品、权钱交易等种种丑恶现象。可见，化解市场经济自发运行的道德悖论，是促进社会主义市场经济乃至整个经济社会健康有序发展的一个紧要课题。

中华民族作为一个有着深厚文化传统的伟大民族，在走向现代化、建设社会主义市场经济的过程中有没有办法化解这个悖论？习近平同志指出：中华文化积淀着中华民族最深层的精神追求，代表着中华民族独特的精神标识，为中华民族生生不息、发展壮大提供了丰厚滋养。这段论述使我们眼前一亮：化解市场经济自发运行的道德悖论，不妨在市场经济发展中激活中华民族的精神基因。

中华民族的精神基因在哪里？在传统文化里。但传统文化、传统道德过去没有、现在也不能把我们带进现代化。就此，习近平同志又指出，要加强对中华优秀传统文化的挖掘和阐发，努力实现中华传统美德的创造性转化、创新性发展。实现这一目标，需要持续不断地努力。当前，可着力研究和解决三个问题。

一是如何处理好利与义的关系。针对近利远亲、见利忘义、唯利是图、损人利己等道德失范现象，从中华民族优秀的文化基因中找回和强化道德约束与道德自律，增强中华民族在现代化浪潮中强身壮体的抗体，增强人们在各种物质诱惑面前的免疫机能，促使人们做到见利思义、义利并举、先义后利。

二是如何处理好权与钱的关系。我国有推崇君子人格的传统。诸如“君子喻于义，小人喻于利”的谆谆告诫，修齐治平、治国安民的政治理想，“载舟覆舟”、居安思危的忧患意识，“国而忘家，公而忘私”的精神境界，“安得广厦千万间，大庇天下寒士俱欢颜……吾庐独破受冻死亦足”的百姓情怀等，这些优秀传统文化所倡导的“君子之德”，与中国共产党人为实现共产主义前赴后继的远大理想、全心全意为人民服务的根本宗旨相契相合。党的各级干部不妨从传统的“君子之德”中汲取丰富营养，念好权力运行的“紧箍咒”，获得精神鼓舞的正能量，培养浩然正气。

三是如何处理好法治与德治的关系。在我国历史上，很多有识之士主张“儒法并用”“德刑相辅”。治理国家和社会是复杂的系统工程。我们党提出依法治国和以德治国相结合，一定程度上吸收了古人这方面的治理思想与经验。以德治国，包括以道德的力量规范经济社会发展，是我们国家和民族的历史传统之一，应认真继承并使之转化为新的历史条件下的文化软实力。

让道德成为市场经济的正能量

叶小文，《光明日报》2014 年 4 月 17 日。

从“厚德载物”到“厚德载市场经济”

习近平总书记 2014 年 2 月 24 日在中央政治局第十三次集体学习时的讲话指出，“历史和现实都表明，构建具有强大感召力的核心价值观，关系社会和谐稳定，关系国家长治久安”，“一种价值观要真正发挥作用，必须融入社会生活，让人们在实践中感知它、领悟它”。

市场经济不断给我们带来“财气”，也形成无所不在的“地气”。培育和践行社会主义核心价值观，不能不接好这个地气。一个以利益关系为基础的社会价值体系和作为其反映的价值观念体系，必须回应全社会的利益关切。对于发展市场经济过程中社会上出现的道德滑坡、信任缺失、腐败时现的现象，如果整个社会的核心价值观不能对症下药、刮骨疗伤，而束手无策任其病入膏肓，就没有说服力、缺乏生命力。

搞市场经济，不是要搞“市场社会”。使市场在资源配置中起决定性作用，不是要使市场在社会生活中也起决定性作用。

国无德不兴，人无德不立。市场经济无德，也搞不好、搞不成。“地势坤，君子以厚德载物。”中国特色社会主义之所以能席地而来，浩浩荡荡，其特色之一，就是能以“厚德”载市场经济。市场经济中每一“经济人”都追求利润最大化，由此激烈竞争，优胜劣汰，效率大增。货币成了一般等价物，价值规律驱使人们不断追求和积累商品价值。市场经济当然要讲效率。但如果“一切向钱看”，就会把精神、信仰一概物化，把诚信、道德统统抛弃。手持利益这把“双刃剑”，身处社会这个共同体，就需要坚守底线、明晰边界，有所为，有所不为。经过了个人利益的觉醒、市场经济的洗礼，如何把经济冲动与道德追求、把物质富有与精神高尚成功结合起来，检验着我们社会的文明程度，也关乎社会主义市场经济的成功程度。

中华美德的创造性转化与创新型发展

如何使社会主义核心价值观接地气，成为我们社会发展市场经济中的强大正能量，习近平总书记一直在深入地思考这个重大问题，2013 年 12 月 30 日在中央政治局第十二次集体学习时的讲话中指出：“坚持马克思主义道德观、坚持社会主义道德观，在去粗取精、去伪存真的基础上，坚持古为今用、推陈出新，努力实现中华传统美德的创造性转化，创新性发展。”

发展市场经济，使市场在资源配置中起决定性作用，必然强化市场经济主体的利益意识、自主意识、竞争意识和创新精神，促进其个性、能力和素质全面发展，并形成与之相适应的道德品格，诸如包容、诚信、守时、互利等。这无疑是巨大的进步。但毋庸讳言，市场经济的自发运行也可能导致道德失范。作者认为，当前可着力研究和解决三个问题。

一是在推进市场经济中激活民族优秀传统的文化基因。

蕴含在中国传统文化中的中华民族的“民族本性”，有巨大的能量，如何在发展市场经济的新的历史条件下唤回它、激活它、放大它，使它成为强大的正能量。今天，诊治近利远亲、见利忘义、唯利是图、损人利己的道德失范现象，不妨从民族优秀的文化基因中，去找回和强化道德约束和慎终追远的定力，去增强我们民族在现代化浪潮中强身壮体的抗体，增强人们在各种物质诱惑面前的免疫机能，促使人们做到见利思义、义利并举、先义后利。

二是在推进市场经济中确保坚守共产党人的道德高地。

当市场在资源配置中起决定性作用时，执政党在领导和调配全国资源中起什么作用？不能不正视，腐败之风已经在严重侵蚀我们的党政干部队伍。中国有推崇君子人格的传统。诸如“君子喻于义，小人喻于利”的谆谆告诫，修齐治平、治国安民的政治理想，“载舟”“覆舟”、居安思危的忧患意识，“国而忘家，公而忘私”的精神境界，“安得广厦千万间，大庇天下寒士俱欢颜……吾庐独破受冻死亦足”的民本情怀等，这些中国传统文化的“君子之德”，与共产党人为实现共产主义前仆后继的远大理想，全心全意为人民服务的基本宗旨相契相合。党的各级干部不妨从传统的君子之德中，念好权力约束的“紧箍咒”，获得精神鼓舞的正能量，培养浩然正气。

三是在推进市场经济中实现法治与德治并举。

中国历史上，很多人主张“儒法并用”“德刑相辅”。治理国家和社会是复杂的系统工程。党提出依法治国和以德治国相结合，一定程度上吸收了古人这方面的治理思想与经验。以德治国，是我们国家和民族的历史传统之一，是中华民族应该认真继承使之转化为新历史条件下进一步用好的最深厚的文化软实力之一。习近平总书记强调，“依法治国首先是依宪治国，依法执政，关键是依宪执政”，“党领导立法、保证执法、带头守法”。只有这样，才能把权力关进制度的笼子里，给权力涂上防腐剂，使各级官员都经得起市场经济的诱惑和考验，常修为政之德，常思贪欲之害，常怀律己之心，在市场经济的考验中继续成为全心全意为人民服务的道德模范，群众对我们的干部，才能“譬如北辰，众星拱之”。

经济增速的调整与财富伦理观的调适

乔洪武　董在东，《中州学刊》2014 年第 5 期。

我国经济发展的增速将由过去的高速增长状态平稳过渡到一个中速

增长状态，并将在较长时期内保持这种状态。那么，在经济增长速度放缓时期，我国社会的经济伦理观念又面临哪些挑战？经济伦理观念中特别是财富伦理观念，需要做出哪些调整和变革以适应经济增长速度的调整呢？

一、经济增速的调整必然要求财富伦理观：从“快富”转变为“平稳致富”

根据马克思主义的基本观点，社会经济活动是产生某种社会伦理观的根源，而某种伦理观一经形成，又会对社会经济活动产生积极或消极的影响。因此，与我国经济高速增长相适应而形成的伦理观也势必对当前经济增速的调整产生制约。为什么要将急于“快富”的经济伦理观念转变到“平稳致富”呢？第一，急于“快富”的经济伦理观并不符合市场经济发展的内在规律。第二，急于“快富”的经济伦理观所驱动的经济增长方式在我国已经带来了严重恶果。若不改变这种“竭泽而渔”甚至“饮鸩止渴”的经济增长方式和财富攫取方式，我国社会大多数人经济收入增加与生存成本增大的“损益平衡点”就会被越过而向损大于益的方向转变。因此，转变经济增长方式，从本质上看，就是要抛弃过去那种“竭泽而渔”的财富攫取方式及其所形成的“快富”和财富“只升不降”的伦理观。

二、以对资本积累有利为道德标准的“快富”伦理观实质上是一种金钱崇拜

从改革开放之初开始，由于急于摆脱长期贫穷的梦魇，迅速脱贫致富成为我国社会上下的强烈愿望。而要脱贫致富就必须拼命追求财富数量的增加，尤其是个人、集体和政府拥有的货币数量的快速增加。经历过30多年的改革开放，我们也不得不承认，在30多年片面追求富裕和经济增长的价值导向下，我们已陷入凯恩斯所说的“伪道德”谬误：将是否“对资本积累的推进极端有利”作为衡量善恶与否的唯一道德标准，由此带来的广泛的负面效应也越来越凸显。由上述改革开放30多年的深刻教训可知，高速的经济增长固然能满足人民群众脱贫致富的需要，但片面的经济增长若变成了带血的GDP、带三聚氰胺的GDP、带乌烟瘴气的GDP，那么，这样的GDP片面发展的最终结果并不是增进人民的财富，反而是直接或间接地剥夺了人民的财富。

三、"平稳致富"财富伦理观的要义是物质财富与精神财富的同步发展

从人类发展市场经济的历程来看，西方经济学家早就预计到财富的增长并不是无限的，在进步状态的尽头便是静止状态。亚当·斯密早就指出，由于资本的不断积累，利润率将降到最低值，经济增长不能永远地持续下去，某些时候，经济将步入静止状态。李嘉图把报酬递减律视为约束经济增长的自然法则，从而得出利润率必然下降、经济增长必然停滞、社会静止状态必然出现的一般结论。但是，与大多数经济学家以悲观、沮丧和厌恶的心情来看待资本和财富增长静止状态不同，英国古典经济学家约翰·穆勒认为，静止状态可能是更适合人类文明生活的状态。他指出，在他之前一些最著名的学者将静止状态看成"叫人感到沮丧的前景"是不科学的，原因在于，他们"检验繁荣的标准是利润的高低"，是"财富的迅速增加"。他倾向于认为，整个说来，静止状态要比我们当前的状态好得多。这是因为，首先，在静止状态下，"通过个人的远虑与节俭以及一套有利于公平分配财产的法律制度的共同作用"可以实现财产的"更好的分配"。其次，静止状态可以消弭尔虞我诈、弱肉强食的激烈竞争。最后，静止状态只是资本和人口增长的静止，不是人类社会进步的停止。我们应该牢牢记住约翰·穆勒早在150多年以前所告诫的尽量避免出现的如下情况："工业蓬勃发展，国家欣欣向荣，财富总额大幅度增加，甚至在某些方面，财富的分配也有所改善；不仅富者更富，而且贫民中也会有许多人富裕起来，中等阶级的人数和力量会增加，舒适品会被愈来愈多的人所享用；但与此同时，处于社会底层的穷苦老百姓阶级却可能只是人数增多，而其生活水平和教养都无所改善。"如果底层人民大众从经济增长中得不到丝毫好处的话，"则这种增长也就没有什么重要意义"。由此可见，实现财富分配的公平正义，让底层人民群众从增长中获得更多的利益和好处，是我国各级人民政府在经济"中速增长期"的重大责任和义务。

公平正义：民生幸福的伦理基础

何建华，《浙江社会科学》2014年第5期。

人类生活的实践揭示了这样一个真理：公平正义是人们获得幸福的伦理基础。然而在伦理学研究中，对幸福的社会基础的研究却显不足。必须以公平正义为指导，以改善民生幸福为重点，通过合理的制度安排，保障

公民权利，促进人际关系的和谐，切实提高国民的幸福指数。

一、民生幸福：现代社会最大的政治

费尔巴哈认为，追求幸福是“人的本性”，追求幸福的欲望是人的一切行为的基础，满足自己的需要、追求个人的幸福是人的天然权利。亚里士多德认为，与荣誉、快乐、理智等其他德性有时由于自身、有时则为了幸福而被选择不同，幸福表现为一种终极的目的。其实，幸福既具有理想性，又具有现实性。理想的幸福指的是一种本体意义上的幸福，它超越个体幸福的差异，为个体的人生追求提供一种理念和境界。现实的幸福是一种真实的感受，是个体在其现实生活中感觉和认知到的幸福，它的根据来自个体生活的实践。从理论上讲，决定人生幸福的至少有两个因素：一是幸福的条件，二是幸福的内容。幸福的内容是与人的价值观紧密相关的，它规定了生活的目标。幸福的条件是幸福的必要前提和基础，规定着人的幸福是否可能。

二、公平正义：民生幸福的制度保障

1. 公平正义是维护人的尊严的伦理基拙

人的尊严是人类最高的道德权利，而且人的尊严是人人平等的。人的尊严不可侵犯，尊重和维护人的尊严是社会公平正义的基本目标。只有坚持公平正义原则，才能维护社会底层的基本尊严，提升普通民众的幸福感。

2. 公平正义是建构合理和谐的社会关系的价值准则

坚持公平正义原则，就是要从制度上规范社会的发展方式和人的社会实践，解决利益矛盾和化解利益冲突，实现利益关系均衡，使社会财富不断增长的同时实现全体社会成员利益的合理分配，保障和改善社会弱势群体的生活，为社会关系的和谐稳定奠定基础。

3. 公平正义是保障人的基本权利的制度安排

尊重和保障人的基本权利是实现民生幸福的基本前提，也是民生幸福的题中之义。只有每个个人都拥有平等的人权，能平等地享有参与社会生活的权利，才能真正分享到经济与社会发展的成果，才能实现自由，从而发挥人们巨大的创造热情。

4. 公平正义是德福一致的社会基拙

在思想家们看来，人的幸福是在德性的获得和运用过程中实现的，德性是幸福的前提和条件，是通向人生幸福的共同走廊。在现实社会中，幸福是德性的动因，德性是幸福的必要条件，德性与幸福是一致的，德福一致是社会存在与发展的必要条件。

5. 公平正义是人民安居乐业、社会有序发展的制度保障

民生幸福需要良好的社会秩序和制度环境。而良好的制度环境与秩序的维系离不开人的努力，离不开公平正义的信念。因而，公平正义是社会有序发展、人们安居乐业的重要保证。

三、以公平正义促进民生幸福

1. 切实保障并不断扩展公民的自由和权利

民生幸福首先体现在民众对自由和权利的充分享受，这既包括经济自由和权利，也包括政治文化等各个领域的自由和权利。没有政治文化领域权利的充分性，经济权利和利益就没有制度保障，民生幸福也就难以真正实现。

2. 让全体社会成员共享发展成果

社会发展是全体人民的共同事业，发展成果是全体人民共同创造的，理所当然要由全体人民共同享有。只有让全体社会成员共享发展成果，他们才会自觉、自愿地参与到改革和发展的伟大实践中来，才能在促进社会发展的同时实现民生幸福。

3. 注重资源、环境与发展的可持续性

民生幸福与良好的生态环境息息相关。没有人与自然的和谐就不可能实现民生幸福，以牺牲环境为代价的发展方式已经遭到自然界的报复，必须以民生幸福为导向，尊重自然，合理利用资源，平衡当代人与后代人的利益，促进人与自然的可持续发展。只有坚持公平正义原则，始终关注资源、环境与发展的可持续性问题，才能实现经济、社会、环境的协调发展，促进人的自由而全面的发展。

马克思对正义思想的批判与超越——基于生产正义的视角

李　翔，《学术论坛》2014 年第 5 期。

公平与正义是西方政治哲学的一个焦点问题，也是我国当前构建和谐社会的一个核心理念。罗尔斯《正义论》的问世，实现了西方政治哲学的复兴，但每当我们提及马克思的正义思想，却总会引来诸多争论。在马克思博大精深的理论体系当中，究竟有无正义的理念；毕生致力于人类解放和幸福的马克思，为何在其著作当中却鲜有关于正义的论述；在对资本

主义残酷剥削制度进行严厉鞭挞的同时，却又何故对有关正义的思想进行言辞批判？要回答这些疑问，我们就必须深入到马克思思想深处，挖掘出马克思正义思想的特质。马克思不是拒斥正义，而是反对抽象的一般的正义；不是纠缠于浮在表面、看似严密且充满人文关怀的正义话语，而是致力于实现正义的现实物质与实践活动。正是本着历史唯物主义的基本理念，马克思不仅对西方传统的正义思想、空想社会主义正义思想和小资产阶级社会主义正义思想进行了激烈的批判，更重要的是他把自己的正义思想建立在对资本主义现有制度和生产方式的批判之上，建立在实现正义的现实运动之上。马克思的正义思想既是一种对旧的传统正义理念的批判，也是一种在批判现有资本主义制度和生产方式基础上建构起来的新的正义，是正义的批判与批判的正义。马克思并不拒斥正义，而是反对和批判空想社会主义和小资产阶级一般的抽象的正义。在历史唯物主义视域中，正义不是一种预先设置的静态的抽象观念，而是一种废除私有制、消灭资本主义的动态的现实运动，生产方式的变革和生产关系的调整决定着正义的内容和实质。正义既非预设，更非永恒，而是历史性与阶级性的统一。共产主义是对正义的消解与超越，随着人类社会的发展，正义的实现之日也恰恰是其自身的消亡之时。

旧睡袍与狄德罗效应

方维规，《社会科学报》2014 年 5 月 29 日。

“留着你们的旧物，小心富贵带来的恶果。我的经历给你们一个忠告：清贫无拘无束，富裕带来拘牵。”耶克尔的讲演引经据典，学术性很强，很有启发意义。他援引的第一个学者是狄德罗。我的反应是：又是狄德罗！对于 18 世纪的法国启蒙主义者，曾经有过的责难数不胜数。唯有一个人似乎不费劲地抵挡住了所有攻击，那便是狄德罗。他的作品影响深远，甚至在 21 世纪的今天，还未丧失其魅力和现实性。

1772 年，狄德罗在《追思我的旧睡袍》的随笔中，伤感地忆起自己的旧睡袍。“我为什么没有留着它？”他以这个问题开始自己的思考：“它很合身，我也配它，穿在身上很自如，从不碍事。”但这新睡袍让他浑身不自在，还搅乱了全部生活，甚至是一种破坏。往日的生活，只在回忆之中，旧睡袍同日常生活是那么融洽，与家里的桌椅也很般配。“可是眼下，一切都乱了套，”他恼怒地说，“和谐已经远去，没了分寸，没有美。”

这种毫无意义的损毁，缘于美化和更新的冲动。他没能节俭持家，终于酿成恶果。他穿着新睡袍在书房里来回踱步、沾沾自喜的同时，发现书房里的家具怎么也比不上这件睡袍的档次，往日里感觉不错的地毯也显示出了穷酸相。于是，新睡袍的格调开始发威，狄德罗挨个儿换掉了熟识的家具，终于坐在贵族气十足的书房里。就在这时，他后悔自己丢掉了那件破旧但很温馨的旧睡袍，那上面的墨迹记载着一个文学家的生活。而穿着考究的睡袍，他觉得自己活像个富有的懒汉，没人会认出他来。唯有简陋的地毯还能让他想起自己是谁。自从有了这件睡袍，家里阔气多了。而这可憎的奢侈睡袍，让他失去了安宁，“奢华引起何等祸害!”

狄德罗描述的是一个不幸社会的场景，盲目地买了又买，最后却是满足欲的破灭。他在整个叙述中没有用“消费”概念，却以一篇短文而成为最早的消费批判者之一。在他看来，奢侈虽是人们利用财富营造的舒适生活，却从来是道德家的鞭笞对象。对指责奢侈的各种论证做了一番历史批评后，狄德罗得出结论说：“奢侈有助于人的幸福，国家应当说明、推动和引导奢侈。”他主要关注的，并不是奢侈本身，而是社会不平等现象。他认为政治的任务在于建立财富的均衡。

很奇怪，我们总会自觉或不自觉地根据物品来寻求和谐。为何如此?美国人类学家和社会学家麦克奎肯（Grant McCracken）试图解开这个谜，最后在狄德罗的《追思我的旧睡袍》中找到了答案。这就是所谓“狄德罗效应”。在《文化与消费》（*Culture and Consumption*，1988）一书中，麦克奎肯首次提出“狄德罗效应”。它已成为消费研究中的一个著名概念。作者把狄德罗的故事看作消费社会的原本情形：拥有新的消费品，比如一件衣服，会让人接着买下去，原因是总体协调感。第一次购买成了继续购买的起因，这是一个“连锁反应”，或曰“配套效应”，为的是添补、完善、一致。人总是在寻求一致，在寻求相互协调的物品，此乃“狄德罗整体”。麦克奎肯区分了狄德罗效应的三种形式，睡袍经历则是其中较为极端的一种：一个陌生物品翻转了一切，这种事情较少出现。而在通常情况下，狄德罗效应处于守势：人们会防范那些破坏狄德罗整体的想法和产品。第三种情况则是对狄德罗整体的创造性突破：一些玩味生活的艺术家，恰恰挑选违反常规的物品。要想更好地理解我们生活的世界，谁了解“狄德罗效应”，谁就会在生活中受益无穷。“狄德罗效应”可以解释购物癖，也可理解时尚和反时尚，可预见和不可预见的。

奢侈与经济息息相关

［德］米夏埃尔·耶克尔，曹一帆译，《社会科学报》2014 年 5 月 29 日。

“什么是奢侈?”

什么是奢侈？狄德罗认为这个问题在君主制的条件下是无法回答的，但他在《追思我的旧睡袍》（1772）一文中所提出问题“什么是奢侈?”购买新物刺激了已有物品组成的安稳状态，打乱了它们完美搭配的和谐场景。狄德罗在文中说：“让恶魔拿走这件珍贵的衣服，因为我不得不向它屈服！还我粗糙、简易、舒适的旧裹衣！”他后悔丢掉熟悉的东西，因为这可能导致失序。社会越富足，这样的感慨就越常见。回顾一下历史，结果同样如此。《南德意志报》意在给出一种更为与众不同的回答。桑巴特界定了两种不同的奢侈形式：在消耗意义上的数量形式的奢侈，即浪费商品；以及质量形式的奢侈，即使用更好的商品。因此，浪费应被视为奢侈，但奢侈未必是浪费。

奢侈不仅与经济相关，也是道德标准

奢侈不仅与经济相关，也是道德标准。关于奢侈的话语在历史上往往有矛盾性：它一方面违背简朴的原则，另一方面刺激个体欲望；既意味着狭隘的用户群，又是生产的动力；它象征着不平等的分配机制，却又带动经济总体的增长；它是死的资本，也是不断累积的国家财政收入。

“使用更好的商品”令界定浪费变得困难

有一种普遍的观点，认为奢侈等于浪费。凡勃伦把“炫耀性消费”看作优越性的一种变体，并对之进行历史分析。而韦伯对新教伦理的讨论中，把“舒适”归类为“伦理许可的花费”。或许，不经济的日常行为确实曾存在于简朴的环境之中，但法国启蒙哲学家孔狄亚克把社会中的财富水平看作一个整体，并将它作为衡量社会对奢侈接受程度的标尺，商品的必需性、便捷度和奢华感的不同，导致人们对它不同的需求。政治经济学家罗雪尔认为在国家的昌盛和成熟时期，“舒适”是对奢侈的一种准确描述，即他所谓“优雅的生活享受”。结果是奢侈不再是一种浪费，而与经济息息相关。人们注意到了奢侈的品质层面，而不仅仅将它与地位、身份相联系，“使用更好的商品”占据了主导地位，也就是说，人们开始关注奢侈的“真正用途”。

富裕程度影响人们对奢侈的接受程度

纵览过去与现在，我们发现了四个讨论奢侈的维度。第一个维度首先指向消费的阶层化效果。不论奢侈是否与浪费有关，即使奢侈的大众化也在同时推进。一旦某个社会达到普遍经济富裕的程度，消费的分层效应开始减弱。当讨论奢侈的第二个维度凸显——“奢侈”落入“浪费”的层面，即突出消费的道德区分，它表示社会在经济困难时期会时常警惕资源的稀缺性，欣赏朴素和奋斗，并在道德上评价市场行为。由此可见，社会总体的富裕程度影响着人们对奢侈的接受程度。

消费:“社会不平等”的征兆

不论是奢侈消费还是暴殄天物，都不会长期不断地增长。奢侈受制于虚假需求，它仅为极少数人享有，还会危及整个社会的和谐。另外，奢侈将导致价值可疑的“新消费品”不断涌现。消费起到整合社会的作用，但同时也是社会不平等的征兆。如果财富的社会标准把越来越多的人排除在外，那么人们就很有可能把优质高价的商品和服务归类为浪费。

奢侈将永远存在

社会的富裕程度越高，奢侈性消费越不易遭受道德谴责，也不会被视为社会阶层化和不平等的祸端。社会的富裕程度越低，奢侈性消费被谴责为浪费的呼声就越猛烈，并直指其为社会不平等的证明。与此相类似，质量和数量之间的辩论也受到社会富裕程度的影响。在经济艰难的时代，与质量相关的“舒适”占据更重要的位置。起初，“舒适”并不等同于奢侈，而是更接近于“必需”，但数量的因素将导致舒适发生变异，直至成为新的奢侈，晋升为“平等的宿敌”。2009年，《法兰克福汇报（周日版）》上刊载了一篇分析经济危机和奢侈品市场的文章，名为《趋于平淡的魅力》，它以一种近乎调和论的方式结尾：“不仅奢侈将永远存在，而且能负担得起奢侈的人也将永远存在。”

简析道教“节俭观”及其现代启示

王　进，《伦理学研究》2014年第3期。

作为中国土生土长的传统宗教，道教蕴含着丰富的崇俭抑奢思想，在漫长的小农经济社会和封建专制政治体制下，道教形成了独特的“节俭观”及其实践方式。道教“节俭观”对于我们当前乃至今后相当长一个时期的各项工作与日常生活均有深刻启示和借鉴意义。

一、道教“节俭观”的内涵

崇尚节俭、反对奢华、抑制浪费是道教信仰中的重要思想。老子在《道德经》中阐释了他的观点，认为“俭故能广”，人们坚持节俭，生活就会越来越宽裕；执政者坚持节俭，国家就会越来越富足。老子指责当时过着骄奢淫逸生活的统治者为强盗头子。可见，道教提倡俭朴反对浮华，认为满足人消费的标准不在于物品的多少，而在于内心的知足与否；人的消费行为，应该以满足基本需要为目标，而不应该在此之外多吃多占；倡导人们在日常生活中，还必须具有节约意识和节约习惯。

二、道教“节俭观”的实践

道教以老子的崇俭抑奢、少私寡欲思想作为教徒的生活准则。少私寡欲、清静恬淡体现的是一种生活态度，它与财富的多寡无关。老子在《道德经》中结合养生学的原理，以个体的生命为价值标准，阐明了节欲、崇俭的必要性，将少私寡欲、崇俭抑奢这些道德要求与人们希图健康长寿这一生理需要密切结合起来，将做人之道和养生之道密切结合起来。

禁欲主义是道教“节俭观”的具体实践，也是道教“节俭观”的鲜明体现。首先，道教把断除酒色财气等较粗的人欲为首务。其次，道教，尤其是全真道还要求道士降低物质生活要求，摒绝一切过头的物质欲望。在理性的指导下，克制非自然又非必要的欲望，也就是要求人不要过分追求财富权势和饮食男女的享乐以求心灵宁静的真快乐。

三、道教“节俭观”的启示

道教所倡导的“节俭观”不仅对于道教信徒实现清心寡欲、自然无为、慈俭不争的教义生活有重要作用，而且对于我们实现科学发展，加快建设节约型社会，进而全面建成小康社会也具有重要意义。节俭观念和节俭行为是辩证的统一，二者相辅相成，互相促进；尽管节俭是生活困境下的产物，但摆脱了困境条件下的今天，仍然需要发扬节俭精神；弘扬节俭精神，必须通过法律的、行政的、道德的、教育的、舆论的等渠道和手段，倡导全社会厉行节俭，自觉抵制奢侈浪费的行为；树立科学节俭观，必须继承和发扬我国传统文化的精华，去其糟粕，做到以史为鉴，以人为鉴，鉴往知来，科学发展。当前，面对复杂多变的国际形势和艰巨繁重的改革发展稳定任务，实现“两个一百年”奋斗目标，实现中华民族伟大复兴的“中国梦”，强调积极借鉴我国历史上优秀廉政文化，不断提高拒腐防变和抵御风险能力，以及全党深入开展党的群众路线教育实践活动之际，学习借鉴道教“节俭观”可谓正当其时，对于抵制“享乐主义突出，奢靡之风严重”现象，对于反对“铺张浪费，奢靡享乐”问题，均具有深刻启示和借鉴意义。

论经济增长与财富积累的伦理限度

任　翠，《道德与文明》2014 年第 3 期。

经济增长和财富积累的伦理限度，意指两个维度上的规定：一是指经济增长和财富积累的伦理性而言；二是指经济的适度增长和财富的合理积累所需要的伦理基础。经济增长和财富积累的伦理性决定于经济增长的代内公平和代际公正及其人性后果。

一、代内公平与代际公正

就代内公平说，创造任何财富所需的资源，原则上属于每个有公民资格的人，然而这些资源却往往垄断在精英集团那里。除去耗费资源外，财富的创造还会产生各种各样的负外部性，但这些负外部性却并未被财富的拥有者承担，而是在利益不相关者之间分配。一代人由于过度开发和无度消费，致使下一代人所能利用的资源锐减，且要承担上一代人造成的各种后果，如资源枯竭、环境污染、社会无序等，这便是经济增长的代际公正问题。代内不公平无论怎样严重，不同人群依然可以以现实的力量加以讨论，以当下的形式加以解决。然而代际的不公正就不那么容易被人们想得到、看得见了。

二、经济增长和财富积累的人性意义

市场经济的所有神奇均得益于它对两个市场的深度开发：需求市场和供给市场。需求市场的开发从根本上解决了创造财富的动力问题；而资源市场的开发，则为激发起来的各种欲望提供了各种各样的价值。在日常意识上，市场经济的神奇功效强化了人们已有的价值判断：财富就是幸福，价值就是意义。无论是政府的政策设计、制度安排，还是企业的经营理念，都把上述两个命题视为真理，并作为主导价值观确立下来，以指导或引领人们的观念与行动。一种自上而下的价值观驱使着人们去创造、竞争、消费可识见的财富、价值。然而，当人们被物包围的时候，未能获得人们期许的快乐与幸福，相反，却发生不满情绪，当这种情绪积累到一定数量和一定程度的时候，一种全面的怨恨情绪就形成了。于是，一种全面的有财富无幸福、有价值无意义的状况在整个社会范围内蔓延开来。为解脱这种困境，人们不是向内追问，而是变本加厉地向外求索，通过占有和消费更多的财富弥补内心的落寞、心灵的空虚。

三、回归生活世界的基本道路

让理论理性和实践理性回归生活世界已成不可阻挡之势，但道路艰辛，困难重重。依照戈森“第三享受定律”，对人的整体上的好生活而言，对个体的健康人格而言，发现并培养一个指向心性修养的享受，比发现并开发物质享受的多样化和细致化更重要。就此而言，用于提升人的心性修养的根本道路乃是培养并满足信、知、情、意四个层次的需要。人从来不缺少满足人格需要的倾向性和可能性，因为它们是植根于心灵深处的高级需要。然而它们并不能自发自动地得到满足，它们只能在反复进行的交往实践中满足和完善因此，精神需要的满足更加困难、复杂。政府有责任生产质高量多的精神产品，政府应自觉地通过政策设计和制度安排，引导知识生产者和精神创造者极尽其心智力量引领人们求真、向善、趋美的精神活动。

“新教伦理”与“资本主义精神”的理性关系解析

安素霞，《河北学刊》2014 年第 3 期。

在马克斯·韦伯看来，“新教伦理”与“资本主义精神”具有高度的“亲和性”。他甚至认为，在某种程度上，不以新教作为主流价值观的区域不能产生高度发达的资本主义。虽然他并不认为新教伦理直接导致了资本主义的发展，却并未意识到新教伦理与资本主义精神的契合具有历史阶段性。事实上，这种亲和性在更大程度上源于二者具有相同的时代文化背景，是同一社会发展的产物。

一、资本主义精神的实质

韦伯认为，资本主义是最具有形式合理性的生产方式，资本主义的经济行为是依赖于利用交换机会来谋取利润的行为，亦即依赖于（在形式上）和平的获利机会的行为。韦伯还引用富兰克林的箴言来说明资本主义的精神内涵：时间、金钱、勤劳、诚实等。在这诸多精神特征中包含着一种理性的实质，也就是韦伯所说的实质合理性或价值合理性。他认为，资本家是渴望财富的逐利者，把远大的计划、正确的手段和正确的计算当作实现盈利目的所必需的“三种方法”，这与马克思所揭示的资本主义的本质相类似。

二、新教伦理的理性实质

新教伦理同样是在理性的背景下产生的，是宗教改革的产物。

1. 宗教改革的理性动因

如果说西方文明中有一种普遍的“理性”存在的话，那么，在基督教经典当中必然也渗透着这种理性。基督教对于当时社会经济的发展无疑起到了积极的促进作用。但随着社会经济的发展，教权的滥用和教廷的腐败不但引起了各阶层众多教徒的不满，甚至基督教本身也面临着生存危机。文艺复兴时期的人文主义者猛烈抨击了宗教神学的统治，其中路德，是一位忠诚尽职的圣徒，但随着对人文主义的理解，他对《圣经》作了新的解读，路德以他的“九十五条论纲”开启了欧洲的宗教改革之路。

2. 新教伦理的理性实质

新教伦理的主要内容包括新教的基本观念及其为日常经济活动所设立的基本准则，主要是由入世的禁欲主义的教义衍生而来。改革后的新教所实行的是入世的禁欲主义，关上了修道院的大门，把人们引向尘世生活，并以其伦理观念和秩序向日常生活渗透。路德提出了“天职”一词，也正是他的“天职观”的提出，促进其他新教宗教更清楚地建立与资本主义精神之间的联系。加尔文的预定论迫使信教徒承受一种对生活有条理的组织。并且韦伯认为，理查德·巴克斯特作为长老会的教徒，其清教徒伦理学最具代表性。

三、一定历史背景下的互相促进和发展

资本主义精神和新教伦理具有亲和性，这种“亲和”不是“重合”，而是各自保持着自己的独立性。资本主义的发展促进了宗教改革的进程，并把自己的内在需求渗透到宗教教义当中。新教的天职观有利于新教徒至诚地从事自身的职业，以荣耀上帝，新教的禁欲主义却限制了教徒对于财富的享用。在资本主义发展的早期，禁欲主义确实在某种程度上促成了财富的快速积累。

1. 资本主义发展的内在要求促进了新教伦理的形成

韦伯认为，经济发达地区的资产阶级意识到当时的宗教神学不利于资本主义的发展，为了求得自身的发展，须破除旧的文化意识对新的社会因素成长的阻碍；除此之外，新兴的资本主义因素需要找到为自己的生存和

发展服务的社会伦理支持，新崛起的资产阶级需要获得社会的认可。资本主义的萌芽是商品经济发展到一定阶段的产物，商品经济是通过市场来运转的。然而，原有的宗教在某种程度上是轻商的，所以这个阶层要想改变自己的社会地位，要么就要买爵位，要么就要让教义改变，基于这样的现实，经济发达地区会特别赞成教会的改革。

2. 新教伦理促进了资本主义的发展

新教伦理对于资本主义的发展无疑具有很大的推动作用。新教的“天职观”培养了教徒劳动的自觉性，他们把劳动当作自身的一种绝对目的，当作一种天职来从事。预定论更是告诫新教徒，人类是为了上帝而存在，一切实务都是为了荣耀上帝。这样不仅培养了优秀的企业家，而且培养了大量的产业工人及职员，从而为资本主义社会经济的快速发展提供了精神基础和人力、物力资源。

四、二者的背离

韦伯认为，虽然说新教伦理与资本主义精神具有高度的亲和性，但新教伦理毕竟不是资本主义精神的全部，并且资本主义精神中的某些方面在根本上与新教伦理是不相容的。从唯物史观的角度来看，“新教伦理”与“资本主义精神”的契合一定会成为历史。随着历史的发展，特别是资本主义社会的空前繁荣，资本主义制度本身会产生与其相应的伦理而不再需要宗教伦理的支撑，原有的新教伦理也会表现出与资本主义伦理的不适应，如对奢侈品的消费就违背了新教的禁欲主义伦理。

总之，新教伦理不适应问题的产生是西方社会变迁的结果，尤为突出的是工业社会向信息社会的变迁。新教伦理与资本主义精神的一致是工业社会初期的事情，随着资本主义社会的发展，形成了资本主义本身的经济伦理：社会中人与人的关系是独立的，是以市场为中介的交换关系。

基于社会资本的慈善组织公信力研究

汝绪华，《青海社会科学》2014 年第 3 期。

慈善是慈悲心理驱动下的善举，源于民众心底最原始的善良。近年来慈善事业的负面事件却接二连三，严重挫伤了公众的捐赠热情，伤害了公众的仁爱之心，更降低了公众对慈善组织的信任，中国慈善组织与慈善事业遇到空前信任危机。如何提升慈善组织的公信力，重塑公众对于慈善组织的信心，是我国慈善组织与慈善事业健康发展面临的重要任务。

一、慈善组织公信力与社会资本

公信力对慈善事业来说是非常重要的，从某种意义上来说，公信力就是慈善事业的生命力，是慈善组织赖以生存和发展的基石，是慈善组织得以运行的有力保障。丧失了公信力，慈善组织就会丧失资源、丧失力量，甚至丧失存在的价值。在公众对慈善组织与慈善事业的公信力要求越来越高的背景下，公信力的高低直接关系到一个慈善组织的生死存亡，攸关一个社会慈善事业的前景，公信力已经成为衡量、评判慈善组织信誉度与社会影响力最重要、最根本的标准之一。当然，慈善组织公信力与社会资本之间不仅存在逻辑上的关联性，也互为因果。其一，丰富的社会资本存量与增量无疑有助于慈善组织公信力的保持与提升，对于慈善组织的发展、壮大也是至关重要的；其二，慈善组织公信力的提升必将丰富社会资本存量与增量。公信力本身就是一种社会资本，慈善组织公信力的提升不仅意味着慈善组织内部、慈善组织与个人、慈善组织与政府、慈善组织与其他社会组织之间较高的信任度与互惠合作，也昭示着慈善组织与慈善事业能够快速健康地发展。

二、社会资本不足制约着慈善组织公信力

目前我国慈善事业发展的最大困境在于慈善组织的公信力不足，公信力的荏弱意味着慈善组织将失去公众的信任，最直接的表现就是公众对慈善组织的社会捐款额降低。从社会资本三要素角度剖析，我国慈善组织公信力不足主要有三个方面的原因：一是公众对于慈善组织的信任度低；二是与慈善组织与慈善事业直接相关的制度规范不健全、不完善；三是参与网络欠缺。信任是社会资本的第一要素，是社会资本的基础，也是公信力的核心所在。制度规范是社会资本的第二要素，是社会资本中的制度资本，是公信力的有力保障。参与网络是社会资本的第三要素，是社会资本的支持力量，是公信力的力量源泉。

三、增强社会资本，提升慈善组织公信力

社会资本之所以重要，是因为“它能节省没有它而必须付出的更多的资源”。信任、制度规范与公众参与网络能够通过促进合作行为来提高社会的效率，使社会资本的投资比其他资本具有更高的收益率。为破解目前的公信力困境提供一种创新性思路，从而促进慈善事业与慈善组织的健康可持续快速发展。

1. 取信于民，重塑慈善组织健康可持续发展的社会信任机制

慈善服务是公共服务的重要构成部分，需要接受公众监督，承受公众信任的检验。信任就像润滑剂，能够增进社会群体成员之间的资源共享、互惠合作，帮助他们克服集体行动的困境，进而实现既定目标。

2. 建立健全有利于慈善组织健康可持续发展的制度规范体系

制度规范不健全不完善已经成为我国慈善事业与慈善组织健康可持续发展的严重障碍。具体说来：其一，政府与慈善关系的定位出现扭曲；其二，慈善立法滞后；其三，慈善信息公开制度乏力；其四，慈善内外监督机制欠缺。

3. 构筑完善的参与网络

民间性是慈善组织的本质属性所在，公众是慈善事业的主角，失去了民间性，慈善组织也就成了无根之木、无源之水。就公众而言，公众参与才是慈善的真谛。在我国，公众慈善参与率低的根本原因不在于爱心的缺乏，而在于公众参与网络的匮乏。近年来我国慈善事业的发展实践一再证明，我国慈善组织的准官方性质、善款使用信息的不透明已经成为改善公众参与慈善网络的“拦路虎”。因此，当前一方面要培育慈善文化、普及慈善理念、创造良好的慈善氛围，使更多的普通公众主动参与慈善事业；另一方面要完善公众参与网络，增强公众对于慈善组织的信心。

马克思资本批判的哲学内涵

肖庆生，《北方论丛》2014 年第 3 期。

《资本论》的哲学意蕴是国内外马克思主义哲学研究中的基础性课题。在当代学术先进国家的《资本论》哲学研究当中，解释学的意识日益强烈，学者们自觉从本民族的文化特质出发，面向世界历史的宏观时代特征，进行《资本论》解读与哲学研究的视域融合。在改革开放和融入全球化的背景下，跻身世界民族之林的中国要与世界接轨，重返人类文明大道的中国马克思主义哲学研究要与世界哲学对话。中国的《资本论》研究，也应直面作为人类终极关怀理论化产物的“一般哲学”，回应存在论、认识论、逻辑学和价值论向《资本论》所提出的具体问询，从而以《资本论》为文献地基，建构符合时代精神的历史唯物主义的大写哲学。

一、思路的提出：既然“资本论”也是哲学，就必须回答哲学的共有问题

就《资本论》哲学研究来说，如果在新的时代风貌下，我们仍局限于以往唯物史观例证和方法论制定的研究思路，而不作与世界哲学相衔接的拓展，则容易遮蔽《资本论》与一般哲学（大写哲学）的重大关联。这里所说的一般哲学，即人类终极关怀的理论化形态，包括存在论、认识论、逻辑学和价值论四个主要论域。这些论域当然是与以往我们所进行的《资本论》历史观和方法论研究紧密交织在一起的，但它们又具有从各自视角追问《资本论》哲学意蕴的合理性——站在大写哲学的层面，追问《资本论》为其提供了哪些思想因素的合理性。一言以蔽之，如果说“资本论”也是哲学，那么就无法回避这一课题：《资本论》如何求解终极关怀问题？进而，《资本论》的存在论、认识论、逻辑学和价值论是什么——《资本论》与一般哲学四大论域的关系怎样？

二、对思路合法性的辩护：答复三种反对意见

第一种可能的反驳是：马克思拒斥上述一般哲学观及其分类，所以，它是个假问题；因为马克思不止一次宣布哲学的终结，“马克思哲学”已经不再是哲学。第二种可能的反驳是：马克思哲学不在于解释世界，而在于改变世界，因此从《资本论》中“逼供”存在、认识、逻辑和价值问题是无中生有。第三种可能的反驳是：《资本论》的存在论、认识论、逻辑学和价值论是什么，其实人们早研究过了，答案分别是：“世界统一于物质”“能动反映论”“主观辩证法”和“为共产主义而奋斗”，换个名称即可。

三、思路的意义：反驳、立论和对话

其一，反驳割断《资本论》与一般哲学关联的研究倾向。其二，立论——探索《资本论》对哲学四大问题域的破解。首先，《资本论》有其存在论革命：从物的关系中揭示人的关系。其次，《资本论》有其认识论革命：从抽象到具体。《资本论》的认识论路线由《〈政治经济学批判〉导言》概括为从抽象到具体，完整形态则是感性具体——理性抽象——理性具体，即思想捕捉表象、思想蒸发表象和思想重组表象的过程。再次，《资本论》有其逻辑学革命：历史的内涵逻辑。最后，《资本论》有其价值论革命：对现存的一切进行无情的批判。其三，对话——《资本论》与其他经典，马克思主义哲学与其他哲学，哲学与社会科学。首先，

《资本论》与其他马克思主义经典文献的对话。其次，马克思主义哲学与西方哲学、中国哲学、印度哲学的对话。再次，哲学与经济学、政治学、社会学等社会科学的对话。

论财税体制与国民尊严的关系及其启示

姚轩鸽，《道德与文明》2014 年第 3 期。

财税体制与国民尊严之间是一种正相关关系。财税体制本身既是提升国民尊严的公共产品，也是保障优质公共产品供给，从而提升国民尊严总体水平不可或缺的重要手段。当下国民尊严总体状况实在堪忧，要完善国民尊严的现状，既要以财税体制优化作为主要目标和手段，并作为政治体制改革的突破口，注意税制改革与财政改革的同步与协调，也要注意财税体制目的物——公共产品结构的调整，特别是提高公共产品的合意性水平。

一、"尊严"是指"尊贵"、"庄严"，是指人具有极高的存在地位和价值地位，因而成为神圣不可侵犯、威严且令人敬畏的存在。人的尊严、权利与国民的尊严、权利，其概念虽有差异，但基本可以通用，要满足每个国民这些基本或非基本的尊严需要，既需要一定的私人产品，也需要一定的公共产品。而公共产品的供求，无疑有赖于财税体制功能的正常发挥。财税体制是指公共财政管理制度，具体地说，财税体制是关于国家财政收支管理的规范体系。

二、公共产品是指具有消费或使用上的"非竞争性"和受益上的"非排他性"的产品，是指能为所有人或绝大多数人共同消费或享用的产品。它与每个国民尊严的实现之间具有正相关的关系。国家是公共产品的供应方，它提供给国民的财税体制与国民的尊严之间也是正相关的关系。税制或税法越优良，国民尊严被尊重的程度就越高；税制或税法越恶劣落后，则国民尊严被尊重的程度就越低。

三、财税体制优劣的标准是什么？首先，凡是增进每个国民福祉（尊严）总量越多的财税体制就越优良，这是判断财税体制优劣的终极标准；其次，自由是判定财税体制优劣的最高标准；最后，财税体制的公正性是判断其优劣与否的根本标准。此外，评价财税体制优劣的具体标准有公开性、透明性，以及诚信、节俭、限度、便利等，还有其他一些技术性的标准。

四、探究财税体制与国民尊严之间的关系，旨在为当下的财税体制优化提供理论上的指导，从而探求总体提升国民尊严水平的现实路径与策略。首先，财税体制优化本身直接影响或决定一个国家国民尊严的总体水平。其次，财税体制的优化可提高公共产品的性价比，从而间接满足国民基本的尊严需求。最后，财税体制优化对国民尊严的总体提升具有基础性、结构性的价值。

五、在当下中国，要提高国民尊严的总体水平，任重道远。作者以为，就方向和策略而言，应注意以下几点：第一，应走财税体制优化之路，通过财税体制优化，逐步提供可以满足国民各个层次尊严需求的公共产品；第二，财税体制优化必须使税制或税法与财政体制或预算法同步进行；第三，财税体制优化的关键在于扩大财税权力的民意基础，及其如何对财税权力进行有效的监督与制衡；第四，不应完全否定财税体制技术要素优化方面的各种努力；第五，要注重公共产品的结构性调整，注意满足国民各个层次性的尊严需求；第六，要提升国民尊严总体水平。

论经济学“帝国”的道德“边界”

赵 昆，《兰州大学学报》（社会科学版）2014 年第 3 期。

社会发展与市场经济离不开经济学，离不开经济分析。但社会主义市场经济建设，不是要搞“经济学帝国主义”引导下的市场社会，经济学也不能无限“越界”，不能将人类一切行为都纳入经济分析和计算。任何具体学科都有自己的研究领域和相对“边界”，道德价值及其意义世界，人类情感和精神世界，是经济学研究的道德“边界”。这一“边界”不否定经济学“跨学科研究”，它只是表明，在这一“边界”内，经济学的解释是正确的或有效的，而简单“帝国”越界，往往会带来这些领域的价值混乱和理论误导。

一、问题的缘起

我们不能简单说，今天的社会完全就是经济学“帝国”的社会，也不能简单否定经济学工具和市场逻辑应用于别的领域，但“经济学帝国主义”作为一种理论思潮对当代社会毕竟产生了这样那样的影响。经济学作为社会市场、生活的基础学科，许多领域和问题当然需要用经济学进行分析，问题不在于经济学是否对其他领域进行了分析，问题在于一些人在进行经济分析的时候，将社会生活的许多行为和关系都仅仅看成是经济行为和经济关系了。将爱、婚姻、情感、道德、信仰等非经济事物都进行经济分析和计算，或许会提供新颖的分析视角，但也会带来价值混乱和误导。因为极端的经济分析和计算会扭曲社会生活中许多事物和关系的意义，会改变我们对公民社会、公共领域、道德价值甚至一切事物的看法，会将公民社会及其仰赖的道德价值彻底扭曲，也会扭曲我们的人格。

但简单指责经济学“帝国”的“越界”行为，也是不全面和不妥当的。那么就经济学研究而言，到底应不应该“越界”，经济学有没有“边界”，“边界”在哪里，就有必要认真探讨一下。

二、学科“边界”何以必要

任何学科都应该有研究的“边界”。但要注意的是，划定学科边界，并不是要各学科故步自封、自我封闭，并不是要拒绝学科之间的交流和融合。“跨学科”研究是必要的，但也不可任意泛滥。人们不反对经济学的“跨学科”研究，但批评和指责以下两种“越界”行为：其一，是那种越俎代庖、方法论“霸权”的经济学“越界”现象；其二，以“实然”思考、解释、解决“应然”问题。

本文所谈的经济学的“边界”，更多的是指经济学所不能跨越的道德“底线”或“警戒线”，超越了这一“界线”，即使不能说经济学就由真理变成了谬误，也至少会带来危险和混乱。

三、经济学的“边界”界定

那么经济学的“边界”是什么呢？不同的学者给出了不同的答案。

本文认为，学科“边界”还含有“底线”、“警戒线”之意，学科研究也应有一定的“禁区”。经济学的“边界”是，德性、情感、情操、精神（爱国精神或民族精神等）、意义、信仰等价值和意义世界。也就是说，价值和意义世界及情感和精神世界，规定了经济学的道德“边界”，简单“帝国”越界，往往会带来这些领域的价值混乱和理论误导。

四、小结

厘清经济学的“边界”，不是为了反对经济学的跨学科研究，更不是拒斥经济学、否定经济学的功能和作用。但这并不意味着经济学就可以随心所欲、“帝国主义”式地来分析人的价值和意义世界以及情感和精神世界，因为这会破坏人们在价值和精神世界的追求，这是一种学术上的危险。

财富观从“物本”向“人本”嬗变的伦理审视

唐海燕，《道德与文明》2014 年第 3 期。

财富观从“物本”到“人本”的转向和演进，实现了现代人类财富的价值观倒转和道德内涵的提升，从伦理角度追寻“物本”到“人本”嬗变的轨迹，探索嬗变的伦理起源，解读嬗变的伦理内容，提出“物本”到“人本”的转向具有重要的现实意义。

一、嬗变的伦理解读

在长期的社会发展实践中，人们对财富的本质不断进行解读，纵观财富发展史，对财富的哲学认知轨迹经历了从单一的财富“物”的实体性存在到“物”中蕴含“人”的双重属性综合体的认知，然后上升为“人”是财富的“目的因”，而“物”则仅作为“质料因”的确证。“人本”财富观主张人第一性、物（财富的形式、样态）第二性，在哲学价值论认识论中，强调人为物之根本，财富的物性是为了满足人性的需求和人的全面发展的需要，人本财富观与物本财富观相对立，反对“物”凌驾于“人”之上，明确“物”仅仅是一种质料因的客观存在，而“人”才是真正的目的因存在。其一，提出财富本身不是自在之物，财富蕴含着物的有用属性（客体性）与人的价值属性（主体性）的双重特征。其二，肯定财富的产生、流转和发展的每个历史时期都伴随和记载着人性彰显的历史变化过程，同时也深刻地反映了人性异化的历史。

二、嬗变的伦理追溯

从伦理发生史角度探索，从“物本”到“人本”的演进是现代社会发展的特殊的伦理需求。从理性哲学视角审视和辨析，从“物本”向“人本”的演进是哲学思辨现代性批判性反思的结果。

在现实社会发展层面，要求财富观不断趋归人本的价值；在伦理原理及人文精神层面，要求财富观人本的内在提升；发展的伦理要求促进了从“物本”向“人本”的财富理念转向；人性“善”的存在推动着财富伦理维度由“负性”向“理性”的演进，促进人本财富观的形成。

三、嬗变的伦理内容构成

财富观本身包含财富获得、生产、分配和使用四个方面。财富观从“物本”向“人本”的哲学转向有其特殊的伦理意蕴、道德历史来源，在其主要伦理构成上，实现了财富获得正当性认知、财富可持续性创造、财富公平正义配置、财富适度性消费。

财富获得的正当性认知，是“物本”向“人本”财富观实现哲学转向的前提标志；财富创造的可持续性，是从“物本”财富观向“人本”财富观转向的核心内容；实现财富配置的公平正义，是财富观从“物本”走向“人本”转变的价值体现；财富使用和消费的适度性，是财富观从“物本”向“人本”变革的基本要义。

四、嬗变的伦理价值及现实意义

人类财富观从以物为本到以人为本的进化，不仅在意识领域产生“哥白尼”式的重大转变，在实际生活中也产生了积极、进步的伦理意义。

促进人的解放和自由程度的提高。财富创造除了为人类提供生存和发展的必需资料外，更重要的是促进人在物质生产中源源不断释放和发展着的主体力量和内在潜能，根本上是人的自由而全面的发展；提升人的幸福感。“物本”向“人本”财富观的嬗变，把人从将人视为资本增值的一个环节的定论中解脱出来；提供了实现“中国梦”重要的伦理价值维度。“以人为本”的财富理念遵循社会存在决定社会意识的历史唯物论，财富成为人的劳动对象化和充分发展人的主体本质创造力量的客观存在物，这是“中国梦”实现人文主义和人性关怀的重要伦理维度。

儒家诚信伦理及其价值观意蕴

涂可国，《齐鲁学刊》2014 年第 3 期。

讲诚信、守信誉是中华民族的传统美德，是每个人安身立命的根本所在，也是历代中国人崇高的价值追求。作为中国传统文化价值观的精华之一，儒家的诚信伦理虽没有被孟子纳入同仁义礼智相并列的德目之中，却也被汉代董仲舒作为五伦（朋友有信）价值规范之一加以倡导。儒家诚信伦理思想继承和发展了三代时期盟誓、胥命以及信为政本、交友以信、言行一致、定身行事等尚信传统，尤其是吸收了东周“信用昭明于天下”“赏莫于信义”“设围以信”“忠信而志爱”“以信为动”以及春秋战国时期“定身以行事谓之信”“信者言之端也”等重信观念，由孔子、孟子和荀子在先秦做了创发性探索。儒家诚信伦理在儒学体系中占有重要的地位，它被作为求真务实价值意蕴的“常道”“常理”深刻地烙印于民族心灵之中，成为人们的立身之方、交友之道和为政之纲。

当代中国出现了较为严重的诚信缺失问题，为此，党和国家反复强调要加强道德领域突出问题专项教育和治理，十七届六中全会《决定》提出把诚信建设摆在突出位置，十八大报告和中共中央办公厅印发的《关于培育和践行社会主义核心价值观的意见》也把诚信作为个人层面的核心价值观之一在全社会加以倡导。不容置疑，诚信核心价值观具有深厚的传统文化根基，反过来传统儒家诚信伦理为培育和践行诚信核心价值观提供丰厚的精神滋养。但是如何对儒家诚信道德作创造性转换，把它运用现时代以培养人的诚实守信品德，更好发挥它在培育和践行社会主义核心价值观中的积极效应，是一个有待进一步思考的深层次时代问题。

本文主要内容：一是诚实不欺，二是言行一致，三是诚信合一。先秦孔孟儒家尽管重视“诚”与“信”，但是这两个范畴一般分在当代中国，培养人们的诚信习惯与信念是一项重大的道德建设课题。令人遗憾的是，当今中国社会中缺诚失信的不良现象屡见不鲜，造假、贩假、售假、用假的行为比比皆是，涉及生活的方方面面，层出不穷，屡禁不止。而要提高治理水平、培育和践行诚信核心价值观，就应从儒家诚信伦理思想中吸取宝贵的资源。这就既要创造性转换儒家建立在义务、血缘、亲情和友情基础上的诚信思想——荀子所讲的君子“能为可信，不能使人必信己”，“耻不信，不耻不见信”正是一种出于良知和道义的主观承诺，着力于构建以经济交换为特征的经济诚信，使诚信成为大众化、普遍化的道德存在，又要在全社会大力倡导儒家所阐发的道德诚信，以弥补法律诚信和契约信用的互利性、交换性的不足，同时致力于建立完善以契约为基础的法律诚信和社会信用体系，克服儒家诚信伦理单一义务本位的偏颇，树立起权利义务对等的诚信精神，把道德诚信和法律诚信有机结合起来。

论消费者的社会责任

郭　琛，《西北大学学报》（哲学社会科学版）2014 年第 3 期。

一种理论、一个学说，乃至一项权利的兴起和衰落皆有其历史原因。消费者责任亦无例外。当消费者因为消费信息不对称而深受垄断以及格式条款的支配与欺凌时，消费者权利就由一种私人权利上升为“消费者主权”。然而时过境迁，工业经济社会，因为消费者的非理性消费陷入诸如水资源枯竭、土壤重金属严重污染、雾霾持续、农产品有毒残留物超标、野生动植物濒临灭绝等社会危机时，消费者主权理论随之受到质疑。“消费者主权表面是给消费者至高无上的地位，其实不过是人类中心主义的别名，实际上是对人们贪欲的一种默许和肯定。由于对消费者主体的过分信赖和无限放纵，自然客体被图景化，这种对主客体关系的片面化、极端化、单向性的理解，使得人们肆无忌惮地满足其需要。”对消费者主权的质疑，迫使人们重新反思现行消费者权利保护模式。而消费者社会责任的兴起则正是这一反思的代表。

一、界定消费者的社会责任

消费者社会责任，也会被称为消费者责任。然而“责任”就狭义理解原指法律主体因为违反法律规定或者双方约定义务而应当承担的一种消极不利的法律后果。按此理解，消费者责任就是消费者因为消费行为而应当承担的不利法律后果。如此理解，即与现有社会常识形成悖论，不仅招致社会普遍反感，更无益于解决当前因为消费者主权理论过度提倡所导致的诸多社会问题。但社会责任却不然，它是一种伦理责任。作为伦理责任，社会责任本就包含了高于消费者法律责任所要求的道德水平，因此选择使用“消费者社会责任”则可避免社会大众在情感上可能出现的非理性排斥，同时指向伦理层面的责任感也有助于诱导、鼓励合乎公共道德水平的消费行为；又由于“出礼亦可以入法”，所以消费者社会责任也不排除将部分严重侵犯伦理标准的消费行为落入法律规制范围。如此，与“消费者责任”这一术语相比，消费者社会责任显得更具流动性、包容性以及大众可接受性。就本质而论，它既可指向义务，表达为“分内应做的事”，也可指向行为后果，表达为应当承担的责任，且无论“义务说”，还是“责任说”，亦可同时涵摄法律与道德两大领域。

二、强化消费者责任的必要性

第一，保护消费者权利的根本需要。自消费者主权确立以来，消费者权利的性质早已由一个纯粹的私权属性转变成为一个兼有社会性、公共性的社会性经济权利。那个昔日被认为是“弱而愚”的消费者形象，现如今也在美国、德国、欧盟等国家和地区纷纷接受反思与审视。尽管如此，我国现行构建的消费者权利保护制度，却始终固守在传统的债法思维中。无论是消费者权利的法定化、诉权的有限直索，还是惩罚性赔偿责任的适用，主要用来与经营者形成抗衡之势。即便是新《消费者权益保护法》在诉权主体以及惩罚性损害赔偿制度上有所突破，但由于将消费者权利的保护方式仍悬系于政府，因此新法的理念依旧表现出浓厚的债法理念（所不同的只是传统民法理念转变为现代民法理念），消费者只是一个面对强势“经营者”的弱势缔约人，因此需要政府采取倾斜保护政策，改变消费者缔约过程中所处的被支配地位，以实现契约的实质平等。

第二，推动政府规制方式趋于科学的需要。毫无疑问，消费者主权理论与法律父爱主义也有着紧密的关联性。“法律父爱主义”描述的政府规制路径是：像父亲对待自己的子女一样，政府为了保护弱势当事人利益免受伤害而不得不运用公权手段限制自治或强加义务。法律父爱主义理论有力地支撑着消费者主权理论，二者都认为古典自由主义所强调的能够保持自知自觉和自我理性判断的“理性人”在现实中并不真实，真正的消费者往往会因为“强制、虚假信息、兴奋或冲动、推理能力不成熟或欠缺”反而作出不利于自己偏好的决定，因此对其实施必要的限制与干预不仅不是阻碍自治，反而是在保护和提升消费者的自治。

三、实现消费者社会责任的模式选择

有学者提出：“从消费者义务方面制定和颁布消费者责任条例，从法律方面即从消费者承担消费后果方面制定和颁布消费者责任法。”尽管确如学者所言，“有消费者权益保护法，没有消费者责任法，消费者权益保护法是很难真正落实到位的”，然而真正将呼吁落实到具体制度上，仍需要审慎的法律理性和科学的立法技术，因为具体选择和设计何种责任实现方式不仅取决于社会需求的紧迫性，更取决于对责任性质的认知、责任实现的路径及所需成本大小的权衡，甚至还涉及一国的政治制度传统等诸种要素。

四、再造消费者社会责任的具体路径

具体路径概括为三，路径一：实施反向规制，需要转变当前私法领域中的消费者形象。路径二：实施反向规制，需要将政府规制方式转为“支援性”或柔性规制方式。路径三：实施反向规制，需要补充和完善消费者教育体系。

基于利益相关者和企业社会责任的经济伦理建构

黄孟芳　张再林，《河北学刊》2014 年第 3 期。

现实社会中的经济伦理问题也引起了哲学界和管理学界研究者的重视，很多学者开始把研究协调企业与利益相关者冲突的伦理问题放到首要位置。经济伦理作为一种应用伦理学，所研究的是以企业为伦理主体所构成的社会伦理关系和伦理规范，用以规范工商企业内部员工及利益相关者的关系。

一、经济伦理研究的基本发展

围绕利益相关者和社会责任形成的经济伦理，其存在的价值从一开始就受到质疑。在经济伦理的存在价值形成主流意识后，经济伦理的理论发展成为研究热点，学术争鸣一直不断。

1. 经济伦理对伦理学原则的超越

经济伦理学家狄乔治认为，经济伦理源自三个基础，即“商业活动中的伦理应用”“企业社会责任观的形成”“伦理哲学的发展”。他认为，必须以康德主义代替个人主义和自由主义，以伦理与社会契约相结合的价值转变思想构建起经济活动中的伦理关系及原则规范，从而确定了超越传统经济理论和伦理范畴的经济伦理的基本内容。

2. “问题之争”

20 世纪 80 年代后，在强调实践主义的管理学领域的经济伦理学家与经典伦理哲学领域的经济伦理学家之间对经济伦理的解释持续存在着分歧，出现了不同流派之间的争论，这主要体现为“问题之争”。

3. 基于济伦理讨论“规范性哲学”和“实证主义哲学”的经济伦理讨论

管理学家卓维诺和韦沃认为经济伦理之争其实源自于“规范性哲学”和“实证主义哲学”之争。他们认为，在上述两个哲学基础上产生的经济伦理都具有五个特征：（1）所依据的学术基础；（2）与语言分析和解释有关；（3）具有自己的道德主体假说；（4）存在特定的理论目的及应用范围；（5）有着各自采用的理论基础和评价标准。

4. 经济伦理的学派讨论

（1）并行学派。该学派的代表人物为韦伯和休谟，主张规范性研究和实证主义研究相互分离及独立。（2）共生学派。坚持这一理论的是弗里曼和吉尔伯特，认为规范性经济伦理研究和实证主义经济伦理研究具有显著的“相异”特征，其理论体系相互独立，但两者之间又是协同发展的关系。（3）融合学派。该学派认为，两种哲学发展的最高境界就是通过概念构建起理论框架，将经验论和规范论结合在一起，使两个理论之间呈相互依存关系。

二、以利益相关者为基础的经济伦理企业主体性认知

1. 利益相关者概念的出现改变了企业管理与伦理认知结构

现代商业伦理与传统个人伦理的最大不同之处就是道德主体的变化，即企业被视作是道德主体，同时明确了企业的道德义务。企业管理的核心理念不再是使股东利益最大化的“股东至上主义”，而是考虑到各个利益相关者利益的“利益相关者关系论”。

2. 利益相关者理论确认了企业在经济伦理中的主体地位

当利益相关者关系被引入现代企业管理之中后，企业关注“利益相关者关系”成为其管理活动的重要内容，可见，利益相关者理论为经济伦理道德主体身份的确立奠定了坚实基础，从这个意义上讲，企业经营者是特殊的利益相关者，必然承担着企业所应履行的社会责任。

3. 整合的社会契约论界定了企业中经济伦理的理论原则

现代社会是契约社会，企业与社会结成契约，同时与各个利益相关者结成契约而存在和发展。康德以思辨的方式深刻阐明“社会契约”，并将其作为评判国家和社会合理性的价值标准和道德标准。罗尔斯的“社会契约论”由实质理性向工具理性转换的趋势，体现了法律对程序正义的重视。

三、以企业社会责任为核心的经济伦理建构

1. 企业社会责任的界定

关于企业社会责任的研究，两种观点颇具代表性：一是弗里德曼和卡罗的观点。弗里德曼认为，企业承担社会责任，尤其是将其社会责任泛化的结果，将导致人们形成“利润的追求是邪恶的、不道德的”的理解，因此，必须由外部力量对企业活动和行为加以约束和控制，但在卡罗看来，企业社会责任概念之所以受到重视是对社会环境的日益关注和社会契约的变化的结果。

2. 利益相关者理论中的企业社会责任观

工具性观点认为，虽然对所有利益相关者负责可能不是企业所有者的最佳利益，却是企业的最佳利益。规范性观点认为，企业对所有利益相关者负有伦理和道德义务。正如利益相关者曾以自己的方式回应企业的需求，企业也应回应各种利益相关者的需求和利益。

3. 企业社会责任决定了经济伦理的核心内容

卡罗认为，企业的社会责任包括经济责任、法律责任、伦理责任。企

业的经济责任是第一位的社会责任，企业的最基本责任来源于社会经济制度，企业承担着为社会生产必要的财富和服务，通过销售获得利益的责任。企业的法律责任是指企业的经营活动要在社会制定的法律法规的基本规则中开展，在法律允许的范围内进行经济活动。企业的伦理责任涉及与尊重和保护利益相关者的伦理权利相一致的社会准则。

总之，利益相关者理论吸收了整合的社会契约论的相关内容，企业与利益相关者的权利和义务都是整合的社会契约论的产物。对于处于转型期的中国社会而言，对于建构中国特色经济伦理，具有一定的理论指导意义和借鉴价值。

论经济伦理实现的主体机制

龚天平，《上海财经大学学报》（哲学社会科学版）2014 年第 3 期。

经济伦理如何真正得到实现或者说经济主体到底如何践履经济伦理，是目前经济伦理学研究的前沿课题。经济伦理实现的主体机制主要包括价值牵引机制、宣教机制、道德自律机制、校正机制。

一、关于主体机制的“主体”

所谓经济伦理实现的主体机制，是指经济主体自身的内部调控机制，即主体内部各种影响因素之间相互联系、相互作用的关系及其调节形式。经济伦理实现的主体机制中的主体就是指经济主体，而从事市场经济活动的主体并不是个人，而是企业、公司或其他以谋利为目的的组织，即企业、公司、集团、具有盈利性质的行业协会或团体等。

二、价值牵引机制

价值牵引机制是指经济主体以经济伦理价值观来指导自己的经济活动、驱动经济行为，以使自身经济行为合乎伦理价值的机制。它有以下两层规定：其一，价值牵引机制中的“价值”与经济伦理紧密相连；其二，实施牵引的经济伦理价值观是经济主体即组织的价值观。

价值牵引机制主要包括以下环节：价值群化环节、准则制定环节。

三、宣教机制

经济伦理实现的主体机制的宣教机制是指经济主体为把组织核心价值观传播给组织成员而构建的宣传、沟通、教育、培训机制。

宣教机制对于组织成员道德素质的培养和提高具有极为重要的作用，组织只有通过建构这种宣教机制并开展宣教活动，才能使成员对实践经济伦理的行动产生基本的认同，也才能使组织具有较高的道德水准和良好的道德风气，从而更好地实现组织的经济目标和道德目标。

宣教机制主要包括以下三个环节：宣传沟通环节、教育培训环节、领导示范环节。

四、自律机制

自律机制是指经济主体的道德自律机制，即经济主体自觉地以责任观念或经济良心来约束自己的经济活动的机制，它是经济主体的主体性的集中体现。

良心自律机制主要有如下三个环节：选择命令环节、引导监控环节、奖励惩罚环节。

五、校正机制

校正机制是指经济主体在践履经济伦理过程中对实施效果的检查、衡量，对实施错误的修正，对不适应实际的实施措施的更新等机制。校正机制是一种为了达到经济伦理目标的机制，它实质上是经济主体在经济伦理价值观的指导下，对经济伦理实践的目标、决策、践履方案实施的再认识过程，是经济主体运用一定的操作机制和操作手段，对经济伦理实施过程进行操纵和约束，使其不能任意活动或越出范围，而在预定轨道行进的过程。

校正机制主要包括以下两个环节：审查评估环节、修正更新环节。

论经济自由

龚天平，《华中科技大学学报》（社会科学版）2014 年第 3 期。

作为一种同社会主义制度内在结合在一起的经济形式，社会主义市场经济要获得完善和健康发展，也必须确立起经济自由这一伦理基础，从而凸显其市场经济性质。

一、自由一般与经济自由

从经济伦理学角度看，经济自由是市场经济的伦理基础，但它与自由一般是紧密联系的，前者不过是后者在经济活动中的体现和延伸。

第一，自由一般是指主体能够按自由意志自我决定、自主选择。所谓自由一般，是指人能够按自己的意愿行动，能够自我决定、自己做主，或者说，主体拥有在自由意志支配下，不受外在力量干涉地活动和选择的权利。人的具体行动有不同领域，自由也就有经济自由、政治自由、文化自由、职业自由，等等，而这些不同的自由也相应地具有不同含义和不同的限制条件。

第二，经济自由是指经济主体拥有按照自己意志自由从事经济活动的权利。经济主体能够按照自己的意志去从事经济活动，就是经济自由。经济自由是市场经济条件下经济主体的基本权利，其核心的内容就是能够自由地从事经济活动，而且这种权利的行使和运用是主体自己的事，任何他人、政府都不能干预或限制，否则就是对经济自由的侵犯和破坏。经济自由是经济主体的生产、分配、交换和消费的自由。

经济自由还包括财产权。财产权是经济活动自由的前提。经济主体只有能够真正拥有财产，能够自由支配、使用属于自己的财产，经济自由才有可能。

第三，经济自由包括消极自由和积极自由。从性质方面来看，同其他领域的自由一样，经济自由也表现在两方面：一是经济活动的消极自由。经济主体的行为必须存在一个不受干涉的领域、不被剥夺选择自己愿意选择的行为的权利。经济自由就意味着经济主体有不受非法干预地自由进出某一经济领域或部门的权利，即使是政府也不能强制干涉经济主体的合法的经济选择行为。二是经济活动的积极自由即经济主体行为自主。它意味着经济主体的经济活动权应该得到来自政府和其他经济主体的尊重和认可，意味着经济主体是自己的经济行为的作者，拥有独立地进行经济行为选择的权利，拥有自主地规划自身经济活动的同等机会。而这种行为选择权利和机会是他人不能替代的。

二、经济自由与经济社会发展

经济自由在自然经济和计划经济中都不能存在，那么市场经济呢？

第一，经济自由是出于市场资源优化配置的需要。在斯密那里，经济自由是引领他的所有经济论著的基本思想灵魂。通过他的论述，我们不难看出，要真正发展市场经济就必须尽可能减少政府干预，扩大经济自由。当然，他也不是在宣扬取消政府或无政府主义。经济自由是他赋予市场经济的基本价值精神。如此，市场经济才能正常运行。从这一意义上看，市场经济是构成经济自由的经济根据。

第二，经济自由反映了市场经济条件下经济主体的平等地位。这种平等包含两方面：一方面是地位平等，另一方面是规则平等。正是这种平等反映了经济主体正当权益特别是劳动所有权受到尊重。主体正当权益受到尊重又使经济发展获得内在动力。

第三，从经济自由与人类文明进步的关系来看，自由意味着人类从束缚中解放出来，从野蛮走向文明开化。因此，经济自由推动着人类文明的进步与发展。自由就意味着人类从无知走向有知，意味着探索、创新，它是人类在这个充满各种不确定性和风险的世界里继续生存、繁衍、发展、繁荣的保障，也是人类文明进步和寻求新的辉煌的动因。

三、社会主义市场经济条件下的经济自由

社会主义市场经济条件下的经济自由具有如下属性：第一，以责任伦理为预设前提；第二，保障经济主体对于财产的所有权；第三，坚持按劳分配；第四，以社会主义制度为保障。

企业惩戒制度研究——以德、法、日三国为鉴

黎建飞　董泽华，《天津师范大学学报》（社会科学版）2014 年第 3 期。

一、我国企业惩戒制度的现状

所谓企业惩戒，是指企业为了维持企业的秩序和利益，对劳动者所施加的不利益制裁。但在缺乏企业惩戒理论基础的情况下，这些规定不能够很好地规范现实中的企业惩戒现象，这些缺陷有以下表现。

第一，各地对惩戒手段、惩戒事由以及如何对惩戒进行限制等方面都缺乏统一的指导。

第二，在审判实践方面，出现了法院轻易认可企业制定的劳动纪律的倾向。

第三，在惩戒实施的过程中不给予劳动者相应的抗辩权利，劳动者缺乏投诉的渠道，导致矛盾激化，而矛盾往往升级到劳动者被解雇或者采取其他手段维权的程度。

二、德、法、日三国企业惩戒制度的发展模式

（一）德国的共同决定模式

在德国，正式对企业惩戒进行规制的法律是 1891 年被称为劳动者保护法的《营业法》（修正）。从《营业法》的规定来看，德国已经开始对企业惩戒从实体和程序两方面进行规制。德国企业惩戒制度的特征是：企业惩戒由雇主和企业委员会共同制定、实施，并且以法治国原则为基础，引申出劳动惩戒的形式和程序要件，为劳动者提供完善的保护。

（二）法国的单方决定模式

法国对企业惩戒的干预始于 1932 年，最早也是将就业规则和罚金作为规制的对象。在法国，法律承认雇主单方制定的惩戒措施，尽管在司法实践与理论上都承认雇主可以单方行使惩戒权，但是也正因为认识到雇主与劳动者之间存在的这种不对等的地位，所以在立法上并没有放任这种单方的惩戒权。1982 年法案最主要的强制性规定是有关惩戒程序方面的设计，保障劳动者的辩解权、惩戒处分的通知及理由的开示。

（三）日本的单方决定模式

日本的惩戒制度既不同于德国，也不同于法国。尽管日本初期是学习德国的《营业法》，但是没有采取共同决定的方式；尽管在就业规则的问题上与法国相似，但是并没有对程序事项进行强制性规定。

从上述各国对企业惩戒进行规制的发展情况来看，各国都有将企业惩戒制度进行整体规制的特征，德、法、日三国的企业惩戒法律制度都是在市场经济条件下，通过不断的争论与实践发展起来的。

三、完善我国企业惩戒基础理论应注意的问题

（一）可以从企业惩戒权的角度对企业惩戒制度进行构建

我国目前有关企业惩戒的法律制度主要是围绕劳动规章制度的相关规定构建的，理论上所关心的问题也主要集中于劳动规章制度的制定与生效方面，并且将企业惩戒视为违反劳动纪律的必然后果。

（二）惩戒权的性质应当为私法性质的权益

企业惩戒权应当是一种私法上的权利或者权限。我国在计划经济时代，企业处分具有行政处分的性质，但是随着体制改革，企业处分已经不再是公法上的措施，但是也要注意不要同国外的“权力”说相混淆，在我国并没有将团体法说作为普遍的学说，因此，惩戒权在我国还是一种私法上或者说是劳动合同中的一种权限，具有形成权的性质。

（三）惩戒权限的法的根据及其意义

惩戒权的法的根据学说，主要是各国理论对各自国家现实法律状况的一种法律解释，是一种法律技术手段。随着诚信原则、附随义务等理论的发展，契约说与非契约说的对立呈现出缓和的趋势，是否适用契约说并非问题的关键。

（四）引入类刑罚的保护措施

各国在涉及企业惩戒程序中的劳动者保护措施时，往往关注企业惩戒类刑罚的特征，并在惩戒程序中类推适用刑事政策上的保护措施。将企业惩戒看作刑罚的观点，因为不符合现代劳动合同当事人地位平等的观念，已经不被提倡，但是在比喻的意义上，或者从类推适用以及更高层次的宪法保障方面，仍能够将刑事政策的一些保护性原则运用到企业惩戒程序当中，这是各国目前普遍存在的做法。诚然，劳动者与雇主之间在法律上的地位是平等的，但在事实上，劳动者在劳动惩戒中处于弱势，而刑事法律政策的目的，也正是为了保障在程序中处于劣势一方当事人能够采取合理的防御措施，因此，在这一点上，如果能够将刑事原则类推适用到惩戒程序中，将会很好地保障劳动者的合法权益。

企业社会责任再定义

戴艳军　李伟侠，《伦理学研究》2014 年第 3 期。

一、引言

作为企业与社会领域的核心概念，企业社会责任至今还没有公认的定义。该文通过对现代企业社会责任（Corporate Social Responsibility，以下简称 CSR）研究现状和成果进行考察和梳理，提出企业价值决策的伦理基础是制约企业社会责任理论发展的核心难题。在分析了义务论、功利主义和美德伦理作为企业价值决策的伦理基础的功过利弊之后，基于实用主义道德哲学将 CSR 定义为“企业与利益相关者共同进行的价值决策过程”，这一新的定义对于重新认识和理解 CSR 将是有意义的尝试。

二、CSR 研究现状

目前研究所关注的 CSR 问题可以划分为“规范研究”“描述研究”及“整合研究”三种进路。规范研究主要关注 CSR 的价值评估和判断，即企业在社会责任方面“应该做什么”。描述研究不再将 CSR 研究局限在哲学范畴之内，而将研究转向管理领域，把企业与社会领域的研究提升到一个新的、更现实的高度，更加紧密地融合到企业的管理实践中。整合研究是学者将规范研究和描述研究整合，提出了一个新的概念——“企业社会绩效”，这一概念成为建立企业与社会关系领域研究范式的新起点。

三、一般的伦理理论及其作为企业价值决策依据的局限性

义务论。义务论是思考伦理问题和达成有效行动的一种有价值的方式。但义务论作为企业价值决策的伦理基础主要存在三个问题：第一，企

业价值决策是一个交往实践过程，因此从道德法则的来源来看，抽象的、自律的义务论不能作为企业价值决策的完整的道德依据；第二，企业价值决策是由内在动机决定从而给企业和利益相关者带来价值的过程，而义务论并不能对决策的结果给予关注；第三，义务论要求人们在面临道德难题时遵循道德法则而不是依据具体的道德情景进行道德判断，因此，其作为企业价值决策的伦理基础还不够充分。

功利主义。功利主义用行动的量化结果为评价行动的道德性提供了一个具体的标准，但如果将它作为企业价值决策的伦理基础的不足在于，功利主义忽视个人的基本权利，用价格来替代所有的价值，导致对价值评估的任意化和主观化。

美德伦理。美德伦理关注具有美德的人做好的事情而不是服从一系列规则，但是在企业价值决策中难以指导决策者在具体的决策情境中作出负责任的选择。

四、基于实用主义道德哲学的 CSR 定义

实用主义道德哲学较传统理论更适宜作为企业价值决策的合理性、可行性伦理基础，具体表现在三方面：第一，从玄虚抽象的理想王国转向现实的道德生活，满足了企业价值决策的现实需要；第二，从封闭道德体系转向道德过程，为企业价值决策提供认识论基础；第三，从关注伦理原则转向关注道德方法，为解决企业价值决策中出现的冲突提供有效的途径。基于实用主义道德哲学，我们将企业社会责任界定为企业与利益相关者共同进行的价值决策过程。

五、结论

企业价值决策的伦理基础是影响和制约企业社会责任理论发展的核心难题，义务论、功利论和美德论为企业价值决策提供了一般的伦理原则，但是无法适应全球化、多元化、风险化的决策环境，实用主义道德哲学从走向现实的道德生活、面向开放的道德过程、采用切实可行的道德方法三方面超越了传统伦理理论所存在的困境。依据实用主义道德哲学，该文将企业社会责任界定为企业与相关利益者共同进行的价值决策过程。这一新定义既解决了 CSR 的规范基础，又解决了 CSR 的操作性的问题，它为管理者指出了企业价值决策的具体方法和途径。

马克思恩格斯的经济公正观及其现实价值

许洋毓 马书琴，《北方论丛》2014 年第 6 期。

马克思恩格斯的经济公正观是马恩思想的有机组成部分，都是以人类社会的生产利益关系为基础，在探索人类发展和社会物质生产方式发展过程中，逐步建立和阐释的马克思主义意义上的经济公正观思想体系。马克思、恩格斯从现实的人这一角度出发，在探索现实社会物质生活关系中，建构了经济公正观：以公有制建立为基本实现途径、以人的自由而全面发展为价值目标、以平等自由为核心理念。当代中国社会的发展要以唯物史观为统领，研究公正问题，追求共同富裕；要正确处理平等和自由的关系，确保公民基本权利，实现人本质的发展；要正确处理机会公正与结果公正的关系，实践以人为本，加强社会调剂。

一、马克思恩格斯经济公正观的内涵

马克思、恩格斯运用马克思主义基本原理对资本主义现存社会秩序进行批判，在此过程中，逐步探索阐释公正与社会物质生产方式与人类社会的生产利益之间的联系，进而形成的具有社会历史性的经济公正观。马克思、恩格斯经济公正观揭示出物质生产方式是社会公正实现的关键性力量，指出只有在经济上消灭私有制，消灭剥削，消灭不平等的经济基础，建立生产资料公有制，才是实现社会经济公正的根本出路。因此，对马恩经济公正观的基本内涵进行简要梳理和理解，研究其理论内容和价值导向，对于当前建设中国特色社会主义和深化经济体制改革，具有重要的理论和实践价值。第一，马克思恩格斯经济公正观的前提。第二，马克思恩格斯经济公正观的基本途径。第三，马克思恩格斯经济公正观的核心。

二、马克思恩格斯经济公正观的价值目标

马克思恩格斯认为，经济生活世界是一个充满价值约束和人文关怀的世界，在这里，经济公正观的终极目的不是为了经济而经济，而是去实现人的全面而自由的发展。他们还认为，只有在批判资本主义不公正现象和生产方式的基础上，才能构建起来正确的经济公正观，才能正确认识人的本质，实现人的解放，消解价值观上的限度，实现人的自由全面发展的最高公正价值诉求。第一，“人的全面而自由的发展”是经济公正观的价值目标。第二，“人的全面而自由的发展”是经济公正观实现发展的最终产物。

三、马恩经济公正观在中国发展的现实价值

思想体系的指导是行动是否成功的关键，也是正确行动价值的保障。马克思恩格斯经济公正观作为一种思想体系，是随着社会生产力发展而产生的，是以实现人自身的发展和人性的完善为主题的。在世界范围内，马恩经济公正观的传播和实现是一个渐进的过程，在此过程中，我们需要根据不同的国家制度和不同的社会公正需求，来逐步的建立和深化马恩经济公正思想。我国作为发展中国家，要对人的生活实践做出正确判断，就必须以马恩的经济公正观为指导，解决现实社会问题，加快实践社会公正价值的步伐。第一，必须以唯物史观为指导，研究公正问题，追求共同富裕。第二，正确处理平等和自由之间的关系，确保公民基本权利，实现人本质的发展。第三，正确处理机会公正与结果公正之间的关系，实践以人为本，加强社会调剂。

人格利用中的经济利益与尊严利益辨析

邢玉霞，《东岳论丛》2014 年第 6 期。

在私权自治的权利时代，一方面权利主体有权通过对自己人格利益的利用实现自己的人格权，另一方面这种利用有时也挑战了人格的尊严。权利主体在利用人格中的经济利益时，不应该把这种具有财产属性的经济利益类同于财产权，无论是自己利用还是授权他人利用，都以不毁损人格中的尊严利益为前提。无论是人格中的经济利益还是尊严利益，都不能继承转移。

一、人格利用的基础

首先，人的伦理价值外在化。现代法律在调整人与社会之间的关系时，以人为主体，通过“权利”将“人”与“人所拥有的东西”进行表现，“人”是权利的享有者和支配者，支配的对象是“人所拥有的东西”。为了保证“人”的主体地位和法律面前的人人平等，“人”不能与“人所拥有的东西”混同，也就是说，“人”不能成为“人所拥有的东西”，“人所拥有的东西”必须来源于“人”之外。这样，人的主体价值从法律上得以确定和保障，从而实现了人与物之间的支配关系。其次，人格的经济利益。人格的经济利益是社会交易的客观需要，这是人格利用的条件。随着身份地位的解除，人类从对自身的禁锢逐渐走向对自身的支配，犹如对所有财产的支配一样，对自身具有特定价值的人格要素也进行支配，例如

姓名、名誉、隐私、肖像等。

二、人格利用与尊严利益之间的关系

美国法的模式是将经济利益与尊严利益分别权利，分开保护。德国法的模式是将经济利益与尊严利益统一权利，一同保护。比较两大立法模式，不难看出二者都认可了人格中的经济利益，对人格中的经济利益也从各自的法律体系上创设了一系列的保护制度，虽然表现方式不同，但“公开权”和“人格权的财产部分”不同表述方式下调整的对象基本相同，都是对人格中的经济利益的调整，这是二者的相同点。无论是“公开权”保护还是“人格权的财产部分”保护模式，都只是保护手段的不同，手段不同因人而异，无可厚非。关键的问题是，必须建立在人格尊严利益对经济利益制约的基础上，进行人格经济利益利用的保护，虽然经济利益和尊严利益都是本人私权自治范畴，但尊严利益如果和经济利益不一致时，尊严利益必须优先于经济利益，这是人格经济利用的原则。

三、人格尊严利益对经济利益利用的制约

人格尊严利益防止人格经济利用偏离人的伦理价值航线——为了“钱夹子”丧失“尊严价值”。尊严利益对经济利益的制约，体现在人格经济利益利用的过程中，法律还需要做出如下具体规范：首先，人格经济利益的自我利用；其次，人格经济利益的许可他人利用；再次，人格经济利益的死后利用。

我国市场主体的伦理素质

严　炜，《湖北社会科学》2014 年第 6 期。

市场主体是市场经济的重要组成部分，是市场经济发展的前提。市场主体在市场中通过交换商品互相交换劳动、交换商品所有权。商品是市场经济的细胞，但“商品不可能自己到市场上去，不可能自己去交换。因此我们必须找寻它的监护人，商品所有者”。市场经济内在的利益刺激性能激发市场主体的创新性、功利性、扩张性，使市场主体伦理素质容易异化、失范。管理学家哈罗德·孔茨认为，所有的人无论是在工商企业、政府部门、大学或其他事业单位中工作，都同伦理有关。马克斯·韦伯指出，伦理素质对社会政治经济的发展是一种重要的“支持性资源”，资本主义企业家具备确定不移且高度发展的伦理品质，使他们赢得信任和成功。

我国在构建和谐社会的进程中，出现市场主体伦理素质急剧下降、道德明显滑坡现象，与经济社会发展形成强烈反差。社会主义和谐社会应该是民主法治、公平正义、诚信友爱、充满活力、安定有序、人与自然和谐相处的社会，但目前我国社会遭遇伦理困境及道德危机，导致道德秩序混乱、道德评价体系错位，严重阻碍社会经济发展进程，明显与和谐社会要求不符。因此，提高市场主体伦理素质，重塑全民族道德根基，重建道德秩序，重振民族精神，是一场不容忽视的伦理范式转换，也是当下中国民众的普遍精神诉求，更是我国构建资源节约型、环境友好型社会的应然之举。

市场主体的伦理素质包含诚信、公正、理性等内容。我国市场主体伦理素质面临诚信缺失、公正失衡、理性匮乏困境，要弘扬人文精神和科学精神，加强道德建设，完善社会信用体系，强化法律保障体系，打造阳光政府，以提高我国市场主体的伦理素质。本文主要内容：首先，市场主体伦理素质的主要内容。第一，诚信是市场主体的首要伦理素质。第二，正义是市场主体的核心伦理素质。第三，理性是市场主体的重要伦理素质。其次，我国市场主体伦理素质困境。第一，诚信缺失。第二，公正失衡。第三，理性匮乏。最后，提升市场主体伦理素质的途径。第一，弘扬人文精神和科学精神。第二，加强道德建设。第三，完善社会信用体系。第四，强化法律保障体系。第五，打造阳光政府。

儒家伦理与廉政

张立文，《中州学刊》2014 年第 6 期。

首先，在经济全球化、科技一体化、网络普及化、地球村落化的情境下，伦理已超越狭隘的人际社会关系，而推至人与自然、社会、心灵、文明各领域的伦理关系，如自然生态伦理、社会人文伦理、人际道德伦理、心灵神精伦理、文明价值伦理。

1. 自然生态伦理

按和合学原理，一是“大地万物本吾一体”原理；二是“以他平他谓之和”原理。人类与天地万物，是他与他的关系，这种关系是平等的，人类应尊重他者（天地自然万物），平等地建立互利、互惠、互补、互鉴的伦理关系，以达到人类与天地自然万物之间融突而和合境域；三是天地合德的原理。

2. 社会人文伦理

协调、平衡、和谐其间的利益和需要，必须遵照以下原则：一是社会正义原则，即指一种公正的道理和价值取向。二是社会公平原则。三是社会仁爱原则。社会正义、公平原则的运行，除有赖于外在的法律、礼制的维护、协调、保障外，还需要内在仁爱之心的恕道的及人及物。

3. 人际道德伦理

道德是社会公共的道理规范，是主体对其的体认和实行。一是仁义礼智信原理，人要具有恻隐、羞恶、辞让、是非、诚信的心和行为，这是人之为人的基本准则，否则就是非人了。二是父慈子孝、君仁臣忠原理，孝悌是人的根本，为人孝悌，就不会做出冒犯的事。孔子说："孝慈则忠。"三是慎独自省原理，君子时时刻刻要注意修身养性，修身养性依靠自觉。

4. 心灵精神伦理

心灵精神伦理的认知活动的主客统一规则、实践规则、价值规则，情感活动的中和规则、仁慈规则、善恶规则，意志活动的自主规则、自律规则、自尊规则，使心灵伦理精神达至真、善、美的境界。

5. 文明价值伦理

自然生态、社会人文、人际道德、心灵精神、文明价值伦理，是中华民族的精神血脉，中华民族的先人贤哲，以其生命智慧和智能创造，使中华文明薪火传承，唯变所适，生生不息。

其次，倡导和践履中华优秀的廉耻伦理道德价值，建设一个公平正义、廉洁奉公、不贪不淫、诚信无欺的廉政而和谐的社会，是今天的当务之急。

1. 培育品行诚信的廉风

无诚便无信，无诚信就是虚伪。天不讲信，不能构成四季；地不讲信，草木不能长大；人不讲信，就会乱家乱国。领导讲信，国家安宁；官员讲信，社会和谐；个人行信，立身于世。

2. 坚守贫贱不移的廉志

在人欲横流、道德失落的尘世中，穷且不坠青云之志，"不戚戚于贫贱，不汲汲于富贵"。处贫贱而坦然自若，不屑于急切地追求富贵。如果坠入追求富贵的深渊，乃是自掘身败名裂的陷阱。

3. 尊重节操爱民的廉士

廉士之所以有崇高的节操，其源泉是有一颗爱民之心，爱民之心就是仁爱之心，“民之归仁也，犹水之就下”。仁作为众善之源，百行之本，是廉士所遵循的最重要的道德原则。

4. 坚持清白高洁的廉洁

廉士、廉吏、廉官都以不贪为戒。古人认为主贪必亡国，臣贪必亡身。贪是人犯罪的起始，万恶的渊薮。一有贪念，便染洁为污，塞智为昏，变恩为惨，变廉为贪，毁了一生。

5. 坚守廉明公正的廉正

历史上，清廉公正相辅相成，清廉方能保持公正，公正必是清正廉明，因此，古来公正和廉明并称。这就是说“正以处心，廉以律己”。只有心存公正而不偏私，即使是亲人朋友，也不存私心、偏心，而能秉公办理，并以廉洁、清廉约束自己，克己奉公。

6. 始终洁身谨慎的廉谨

修己以清心为要，为官以洁身为要。清心寡欲，不为私欲、私利牵累，而能诚意正心；诚意正心，而能不苟取、不贪，便能洁身自好，不同流合污。

7. 倡导谦逊知礼的廉让

廉风、廉志、廉士、廉洁、廉正、廉谨落实到行为上，与人交往活动中要廉让。礼的端始是辞让，礼作为四德、五常之一，四维之首，具有十分重要的价值和功能。

8. 培育清廉知耻的廉耻

廉耻于政治、经济、文化、军事具有重要价值，于个人、民众、社会、国家具有不可或缺的关系。在日常生活交往中，是体现人的道德情操、德性人格、生活作风、价值观念的标志或符号。

品行诚信的廉风，贫贱不移的廉志，节操爱民的廉士，清白高洁的廉洁，廉明公正的廉正，洁身谨慎的廉谨，廉逊知礼的廉让，清廉知耻的廉耻，是乃立身之本、立国之本、立世之本，本丧就无立身之地、立国之地、立世之地。治身、治家、治国、治世，唯有遵守上述八方面，才能成功；治政、治经、治文、治军，只有坚守此八方面，才获完善。

义利之间：苏州商会与慈善公益事业（1905—1930）

曾桂林，《南京社会科学》2014 年第 6 期。

随着新世纪以来社会史研究向纵深发展，以及对档案文献的深度利用，始有学人对商会慈善事业产生一些研究兴趣，但是，苏州商会作为近代中国颇具影响力的一个商会，其慈善活动却鲜有探究，仅一些著作中略有述及，亦囿于主旨未充分展开，且限于清末时段。而就作者所目及，苏州市档案馆所藏苏州商会档案涉及慈善公益方面的卷宗尚未公布的为数不少。由此来说，近代苏州商会与慈善公益这一问题还有展拓的空间，值得进一步审视。基于此，本文拟将苏州商会未刊档案与已出版文献二者综合起来，相互参用，试图对晚清及民国前期苏州商会参与慈善公益事业的情形作一全面系统的探讨。

一、近代以来，受战争、灾荒与经济结构变迁等因素影响，中国底层民众的生活日益困窘，涌现了大量灾民和失业游民。清末，官府亦坦承："现在饥民遍野，不下数百万人，若不设法安插，赈恤亦穷于筹措。"虽然清前中期各府州县设有养济院、普济堂、留养局、栖流所等善堂善会收养孤贫、安置灾民与流民，但此类慈善机构半多重养轻教或有养无教。贫民习艺所虽未能创设，苏州商会绅商救助贫民之心却未曾稍懈。除创设慈善组织开展济贫活动外，每逢灾害发生，苏州商会还积极进行赈灾救荒，甚至一度成为其要务。概观上述济贫救荒诸善举，苏州商会于其间无疑扮演了一个重要的角色。

二、在近代社会急剧转型、阶层日趋分化的大背景下，救济苏城贫民只是苏州商会所承担的慈善角色之一，伴随着城市的近代化进程，商会作为商界及其代言人在城市公共事务中的地位逐步提升，它在慈善公益领域也被赋予了更多的社会责任。具体来说，近代苏州商会还曾创设或协办救火龙社、济良所、时疫医院等多项慈善公益设施。社会公益事业的发展，是整个社会走向进步的表现。虽然，中国的近代化进程在清末时期还十分缓慢，但毕竟也存在着向前演进的社会趋向。诚如有论者指出："商会作为一个民间社团组织，在推动中国近代化的过程中，明显地发挥了重要作用。"从苏州商会在发展慈善公益事业的地位及其影响即可看出，它实际上已成为苏州城市近代化过程中所不可缺少的一支重要辅助力量，往往发挥了官府所力不能及的作用。

三、清末以来，各商会几乎无一例外地将“联络群情”列为自己义不容辞的职责，各地商会由此形成一张声气相通、群力相合的组织网络，它不单在联商情、开商智、兴实业方面发挥着举足轻重的作用，也成为开展全国性的灾害救济、筹募赈款一个重要的渠道。清朝末年，全国各地灾荒频发，连年不断。面对频仍的灾害，各省督抚除查明灾情电奏朝廷请予官赈外，多劝谕官绅协力捐助，以救眉急。苏州商会成立后，也屡屡收到各义赈团体的捐启及苏州府和长、元、吴三县等官衙为灾区劝募赈款的照会。对此，苏州商会尽管秉持“在商言商”的宗旨，但在大灾巨灾面前，绅商受传统儒家慈善思想的影响，或缘于官府敦促，也常以救灾恤邻为道义，尽可能进行劝捐协赈。

四、在传统社会，民间慈善活动大体不出县域范围，而近代通信技术与交通工具的发展大大改变了各地相隔绝的状态，慈善救助活动也不再局限于一隅。早在光绪初年，江南绅商就发起了大规模的晚清义赈，其足迹远及华北受灾各府县。及至清末民初，绅商们的视野更为宽广，以其为主体组成的商会除了赈济本地、本国灾民外，还从宇内走向海外，完全突破了领域观念。苏州商会救济 1923 年日本震灾就是典型一例。无论是从全国范围来看，还是仅就苏州一地而言，苏州商会发起的日本震灾赈济都可以说是近代中国民间组织进行的首次大规模国际人道主义救援活动。

五、重利轻义是中国传统儒家的义利观。从上面的分析中，我们看到，这种儒家的伦理道德观念在近代已发生某些变化。苏州素来人文昌盛，绅商亦涵泳于儒家典籍之中，由这群绅商发起并把持的苏州商会，在秉持“在商言商”的宗旨下，并不见利忘义，取利害义，也曾“在商言善”“在商行善”，常有疏财仗义、见善乐为之举，在义与利的角逐中尝试达到均衡，于义利之间找到一个恰当的平衡点。

市场经济条件下“经济人”的生态缺陷

路日亮，《山东社会科学》2014 年第 6 期。

“经济人”是市场经济的产物。在利益的驱动下，“经济人”的趋利行为有时会严重破坏生态环境。在社会主义初级阶段，坚持和完善社会主义市场经济体制是我国经济制度的要求。党的十八届三中全会通过的《关于全面深化改革若干重大问题的决定》一方面提出使市场在资源配置中起决定性作用，另一方面又提出建立系统完整的生态文明制度体系，用制度保护生态环境。这两个问题实际上涉及市场与政府在资源利用、环境保护中的关系问题，也涉及在市场经济条件下怎样限制“经济人”对生态环境的破坏问题。认真研究这些问题，既有利于社会主义市场经济的健康发展，也有利于生态文明的有序发展。

一、“经济人”假设及其环境失误

“经济人”假设具有两重性：一方面应该承认“经济人”假设发挥了积极的社会功能，因为它深刻揭示了市场经济的本质特征，从理论上论证了资产阶级利己主义价值观的合理性，鼓励处于上升时期的资产阶级奋发图强，从而促进了社会的发展；但另一方面也必须看到，“经济人”假设强调的是经济诱因对人的行为的影响，凸显了人性中的“恶性”与“被控制”的因素，而忽视了人的社会心理因素的作用，剥离了社会结构因素对主体行为的影响和作用，同时也否认行为主体的行动会对周围人产生种种影响和后果。然而，“经济人”假设主要存在以下重大理论缺陷：第一，抹杀了人性中的自然属性。第二，误读了人与自然的价值关系。第三，颠覆了人与自然的本真关系。

二、市场经济与“经济人”

“经济人”是市场经济的产物，市场经济是“经济人”依托的载体。市场经济为“经济人”提供了自由平等、法制完善的经济活动环境。同时，市场经济也离不开“经济人”的利益驱动，个人利益最大化的过程必然促进社会利益的最大化。但在市场经济条件下，经济理性与生态理性存在着尖锐的矛盾。“经济人”在促进经济迅速发展的同时，也破坏了生态环境，加剧了人与自然的紧张关系，造成严重不良后果。因此，正确认识和分析“经济人”的利弊就成为如何看待市场经济的必要前提。

三、社会主义市场经济条件下的“经济人”

我国在社会主义初级阶段实行的是社会主义市场经济，既然发展市场经济就离不开利益驱动，就要充分发挥“经济人”的作用。所以，如何全面认识和科学评价“经济人”是一个非常重要的问题，这不仅关系到能不能建设和怎样建设生态文明，而且关系到中国的经济制度及体制的选择。而同时抑制其消极方面，才是解决环境问题和社会良性发展的最佳方案。

首先，应该承认“经济人”追求利益最大化的正当性。其次，应该限制“经济人”的局限性。我们说市场不能公正有效地配置资源，不是说不要市场或市场不重要，而是说政府应该如何去正确地规范、引领和驾驭市场，使资源配置尽可能地公正有效。这就需要正确处理“看不见的手”（市场）与“看得见的手”（政府）的关系，科学设计市场与政府在资源配置上的合理搭配、组合与边界。一个负责任、强有力的政府不可能“任由市场配置资源”，我国是社会主义国家，建立、完善并繁荣市场经济的目的，就是为了满足人民群众日益增长的物质与文化的需要，就是为践行“以人为本”“权为民所用”“利为民所谋”“共同富裕”的国家方略。因此，发展经济不能违背这个大方向。为了保证方向的正确性，政府必须有所作为。

四、生态理性是对经济理性的扬弃

20 世纪中叶，人类精神世界最重要、最深刻、最有影响的变革就是人们生态意识的觉醒，或称之为生态觉悟。从遍及全球的绿色运动到世界各国乃至联合国制定的一系列保护环境的文件，从西方马克思主义到后现代主义理论，从日常生活的环保行为到生态文明的提出，这一切都在理论和实践的层面上充分显示了人类文明的生态觉悟。生态觉悟最直接的表现是生态理性思维模式的确立。生态理性是对工具理性和经济理性的扬弃，是人的精神世界对日益严重的生态危机反思的结果。生态理性具有以下显著特征：一是强调整体性，二是强调和谐性，三是坚持可持续性。

五、培育“理性生态人”是生态文明建设的需要。

生态理性仅仅是一种理念，要使其真正发挥作用，必须将这一理念落实到人们的实际行动中。随着生态危机的日益加重，生态文明呼唤生态人出场。所谓“生态人”或称“理性生态人”，是生态伦理学家提出的一种新的人类行为模式，是对“经济人”概念的批判和扬弃。理性生态人作为当代理想的人性假设，兼具“理性人”与“生态人”的双重属性。作为“生态人”，他具有一定的科学知识和生态伦理学素养；作为“理性人”，他能自觉尊重社会和生态发展规律，自觉运用自身的道德、智慧和知识，实现人与自然和谐共生，促进经济、社会、生态的可持续发展。具体而言，培育“理性生态人”必须从以下几个方面入手。第一，培育科学发展观。第二，培育正确的生态意识。第三，培育健康的生态人格。第四，培育科学的生态实践行为。

邓小平社会公正思想及其当代价值

颜　玲　孙　斌，《江西社会科学》2014 年第 6 期。

实现社会公平正义是人类社会发展的不懈追求，也是社会主义建设的目标。加快促进社会的公平正义，减少社会不和谐因素，已成为深化改革、凝聚共识的重大命题和迫切需要。深入研究邓小平的社会公正思想，对建设中国特色社会主义，全面建成小康社会，促进社会和谐，具有重要的理论意义和实践价值。

一、邓小平社会公正思想的理论维度

（一）物质维度：解放和发展生产力

马克思从唯物史观出发，鲜明地揭示出物质资料的生产是每个人生存发展的基础，邓小平汲取了马克思的这一思想精华，从国家、民族和个人发展的高度，阐明了物质资料生产的基础性地位，明确提出要通过解放和发展生产力来促进物质资料的生产。社会主义首先必须解决好发展生产力的问题，这不仅是解决社会主义发展的基本问题，而且是解决实现社会公平正义的物质基础问题，脱离了这一基础，社会主义就是无源之水，无本之木。

（二）政治维度：完善民主和法制

邓小平从“文化大革命”的惨痛教训中，深切体会到民主法制对社会公平正义的极端重要意义，民主与法制的水平影响着一个国家、一个党和一个民族的现代化程度，影响社会的公平正义。只有在政治上、法制上保证了人民当家作主，让人民享有充分的各项权利，才能实现社会公平正义中的权利保障。

（三）精神维度：实现人的现代化

邓小平十分重视人的现代化问题，他认为，只有通过加快建设社会主义的精神文明，才能使广大人民成为有理想、有道德、有文化、守纪律的现代人，人的现代化是实现社会现代化的决定力量，只有实现了人的现代化，才能发挥人民在社会公平正义中的决定性作用。

二、邓小平社会公平思想的逻辑超越

（一）由“统治阶级主导”转向“人民当家作主”

邓小平进一步阐述了马克思的思想，认为要实现社会主义社会的公平正义，必须建设社会主义民主，实现人民当家作主。邓小平的这些观点，坚持了马克思主义的唯物史观，使广大人民成为实现社会公平正义的主导力量，彻底扭转了统治阶级占主导力量的认识，实现了主导力量的历史性转变。

（二）由“重生产关系”转向“重生产力发展”

邓小平，深刻认识到生产力的发展、物质财富增长才是实现社会公平正义的基础，必须把解放和发展生产力作为社会主义的首要任务，只有生产力发展了，才能实现物质财富的增长，为实现社会主义的公平正义奠定物质基础。邓小平发展生产力的观点，从根本上改变了长期以来在实现社会主义公平正义的过程中重生产关系而轻生产力的观点，使实现社会主义公平正义有了坚实可靠的物质基础。

（三）由“重集体利益公正”转向“重个人利益公正”

在社会主义制度建立之后，我们把集体的公平正义看作是高于一切的公平正义，从而忽视甚至抹杀了个人的利益公平正义，形成了一种“平均主义”的社会公平正义思想。邓小平在深刻分析这种形势的基础上指出，要把个人的发展提高到整个改革事业高度来看待，认为个人的利益发展能促进集体和国家的利益发展，不但有利于解决个体的公平正义，也可以很好地解决整个社会的公平正义，使实现社会主义公平正义的思想内涵更加明确、更加清晰，显现出社会主义公平正义以人为本的价值取向。

三、邓小平社会公正思想的当代价值

（一）坚持一维主导、多维并进的发展格式，构建全面协调的发展格局

经过30多年的改革开放，我们的经济社会发展取得了巨大成就，综合国力大幅度提升。但是，社会矛盾明显增多，这些现象的存在，严重影响了社会的公平正义，制约着和谐社会的建设，因此，必须牢牢把握经济建设这个中心任务不动摇，创造更多的物质财富，奠定坚实的物质基础。

（二）坚持以健全民主法制为核心，完善制度体系建设，提供制度保障

一要加快社会主义民主政治建设，大力发扬社会主义民主；二要完善人的现代化制度，提升国民素质；三要健全社会主义法制体系；四是深化收入分配制度的改革，缩小贫富差距。

（三）坚持党的领导核心地位，发挥人民的主体作用，形成上下合力的协同机制

实现社会的公平正义，必须要有坚强的领导力量，始终坚持把党的领

导和坚持人民群众的主体地位有机结合起来。一是要全面加强党的自身建设，提高党的执政能力。二是要积极发展党内民主，增强党的创造活力。三是加大反腐力度。四是要坚持发挥人民群众在实现公平正义中的主体作用。

企业如何规避道德风险

岳　瑨，《哲学动态》2014 年第 7 期。

道德风险伴随着信任悖论，从伦理路径上谋划一种有利于“信任”的条件，是企业规避道德风险的有效方式。

一、企业“道德风险”的六种表现

企业由于受到内部价值认同和外部制度环境的双重制约，使得企业主与职业经理人的互信合作面临严峻的道德风险之累积。第一，代理失灵具体地放大了道德风险。职业经理人与企业家之间的互信合作，是企业融合社会资本的前提。第二，法律失信隐蔽地前置了道德风险。第三，市场失范逐步地积累了道德风险。第四，监管失职潜在地诱发了道德风险。第五，中介失信公开地预告了道德风险。第六，专家失真普遍地表征了道德风险。以上列举的道德风险的六种表现，与信任悖论的类型相关，实际指明了企业成长面临的信任难题及其瓶颈所在。对于中国企业来说，规避道德风险存在两大契机：第一，遵循“信任逻辑”，防范道德风险之累积；第二，遵循“忠诚法则”，化解道德风险之扩散。

二、企业对道德风险的防范与化解

作者认为三大任务界定了企业规避道德风险的机制构建：即如何运用“信任”融合社会资本；如何诉诸“忠诚”提升企业伦理凝聚力；如何焕发企业家精神并葆有其伦理纯粹性。企业从依靠随机性的创造或情感承诺获得创业机遇和发展动力，到选择融合社会资本寻求扩张，面临从制度层面寻找防范与化解道德风险的机制构建之任务。如果企业实行了职业化管理，那就转变成为真正意义上的以“信”为“用”的现代企业。这通常要有一个比较长的过程。企业发展的伦理路径依赖，必须从以下三个方面筹划有利于“信任”的条件，构建防范与化解“道德风险”的机制。首先，企业家运用“信任”融合社会资本，构成了企业规避道德风险的伦理动力机制。其次，企业家诉诸“忠诚”提升企业的伦理凝聚力，构成了企业规避道德风险的伦理组织机制。最后，焕发企业家精神，葆有其伦理纯粹性，构成了企业规避道德风险的伦理存在机制。

三、承担道德风险：伦理路径上的谋划

从伦理路径上谋划一种有利于“信任”的条件，将使企业在承担道德风险的实践中，有足够强大的自信和可靠的路径依赖，规避道德风险的过度累积。这里内涵两个问题：以承担道德风险的方式来防范和化解道德风险，是否意味着企业对外部环境中变得日益严峻的道德风险无能为力？如何看待中国企业在伦理路径上的谋划所具有的积极意义？对于第一个问题，作者认为，企业不可能脱离环境而独善其身，环境中累积的道德风险最终会转化为企业必须承担的风险。因此，防范和化解道德风险的任务，要求企业在伦理路径上的筹划，从一种义务原理出发寻求环境之改善。对于第二个问题，作者认为，今日中国社会对企业承担道德风险的担忧，实质上是由于不理解中国企业在伦理路径上的谋划所具有的历史意义。企业融合社会资本、提升伦理凝聚力，以及焕发企业家精神并葆有其伦理纯粹性，是使得企业成长壮大以承担道德风险的伦理路径上的基本谋划。它遵循义务原理以回应风险社会的责任难题，介入环境之改善；它遵循意愿法则以构建动力、组织和存在方面的机制，有效防范和化解道德风险。换个角度看，伦理路径上的谋划，标示出中国企业在规避道德风险方面潜在的积极作为。

对金融危机的哲学反思——以金融的价值及其价值观为线索

赵　凯，《武汉金融》2014 年第 7 期。

我们对 2008 年始于美国的金融危机所做的反思大多集中在危机爆发的浅层次原因及其表象上，而金融价值观的扭曲才是这次全球金融危机产生的深层根源。重塑正确的金融伦理，让金融彰显其本来价值才能最终根除危机。

金融的表现形式和最终成果可以归结为实现价值的跨时空交换，对其效果好坏的评判标准则在于是否实现了社会整体福利的改善。金融作为一种“交换”活动，其内在的前提是平等；而金融活动中参与各方在法律、法规的框架下达成双方都愿意接受的契约，则体现其自由性；与此同时，金融活动促进社会整体福利的改善将有利于每个参与其中的人获得比以往更多的发展机会。金融遵循的平等、自由、发展的理念，正契合了人的价值所在。

“二战”结束后的几十年里，西方金融业完成了由实体化转为虚拟化的重大转型。金融作为一个独立的产业，原本“产业服务”的利他取向已经被全面的“金融交易”的自利取向所取代。表面上看，金融危机源自金融创新，而真正出问题的还是人。归根结底是资本的逐利性造就了金融危机，是人性的贪婪与自私主导了原本应该彰显利他与互利精神的金融市场。

新中国成立后直到改革开放前，我国金融系统是以社会效益最大化为价值取向的，遵循的是“发展经济、保障供给”的原则，改革开放后，政府主导了一系列金融改革，确定了金融机构“安全性、流动性、效益性”的经营原则。而原本可以做出社会效益和经济效益两方面解释的“效益性”被主管部门直接定义为了“盈利性”，这进一步表明了主管部门对金融业把追求利润最大化作为经营原则和经营目的的肯定。金融业偏离了利他与互利的正确发展轨迹，其促进社会总体福利增加和个人境遇的改善的功能受到了遏制。

从金融的发展状况及其价值取向的角度来看，个人逐利与整体福利改善、生产与消费、实体经济与虚拟经济等方面的关系出现了偏差才是当前最突出的经济、社会矛盾，金融伦理的缺失才是金融危机的核心问题。

第一，金融业过度、畸形的膨胀对实体经济的挤压与破坏严重，必须为金融的发展找到一个合理定位，确立其与实体经济的良性互动的关系。

第二，全球金融危机却生动地说明，关于微观、中观、宏观三个层面的“理性人”假设、“股东财富最大化理论”和“有效市场假说”都暴露出重大缺陷：带有功利主义色彩的“理性人”假设简化了个体特征，忽略了人的多元性，无法解释个体的全部行为；“股东财富最大化理论”忽视了对企业其他利益相关者的关注，包括债权人、管理层、雇员、社会公众等，无视存在于市场中的社会化因素对其经营发展的影响。假设在维护股东福利的同时，却损害了客户、投资人或者社会公众的福利，有违公平、公正的市场道德准则，显然不是一种“善”的行为；而在现实生活中，金融市场的严重信息不对称，也极大动摇了“有效市场假说”的立论前提。

第三，从哲学角度看，金融危机还折射出劳动异化和消费异化的深层次问题。

我们必须认识到，金融的背后是一个个鲜活、具体的人，金融关系的本质还是人与人的关系，而人的行为主要是靠伦理而不是靠法律来规范。

在个人层面，要协调统一经济人的“自利”与道德人的“利他”关系。在机构层面，要统筹兼顾公司治理架构的完善与企业文化的建设。在市场层面，要充分发挥市场纪律与行业自律共同作用。

此外，在重建金融伦理框架时，要发挥监管者的重要作用，将金融伦理和金融道德纳入监管视野，探索将基本伦理要求以法律法规形式固定下来。要重视对金融消费者的保护，确保金融消费者在得到利益满足的同时，获得商业伙伴的尊重，受到公平公正的对待。

风险社会的信任危机

伍　麟，《社会科学报》2014 年 7 月 3 日。

普遍的风险意识影响社会信任的心态

随着时代的发展，人类社会中风险的“现代性”特征越来越明显，并且深刻地影响着人们对于风险的体验。现代性将世俗理想和理性主义完美结合，唤起人们征服自然的欲望，引发人们进行思维模式的转变，追求无止境的技术突破和物质繁荣，完成一场人类前所未有的发展事业。与此同时，就制度和个体而言，风险和不确定性却大量涌现。一方面，科学和技术的进步促进了物质的丰富，繁荣了人们的生活，变革了社会的样式，体现出科学和技术的积极力量与正面作用。但另一方面，科学和技术的进步也导致了一些难以预测、尚且未知和前所未有的风险。这些风险使得现代社会凸显出种种“脆弱性”，有时甚至比较频繁地造成对社会生活广泛的冲击和损害，人们感受到因无助、失控而引起的焦虑、恐惧。信任衰退是社会不确定性、复杂性和风险的特殊结果。

变换的社会归类冲击社会信任的秩序

社会归类是社会认同的重要内容之一，是个体将他人归属于特定类别的过程。社会类别具有鲜明的识别特征，能够起到“分离且清晰”的标识作用，体现出内群体的相似性和外群体的差异性。人们常常依据他人具有的社会归类的身份信息作出信任选择。具有显著社会归类的身份信息能够为未来信任形成提供认知决策上的选择便利。当社会归类变换及混乱时，信任秩序就会发生动摇。现代社会上行机会增多，但同时社会下行危险也增大。在去传统的社会变迁中，人们的社会归类呈现出去定位化、去整合化、去定向化的趋势。现代社会中传统约束力量不断弱化，个体身份变迁机会增多，身份转变迅速，定位与边界意识逐渐淡化，社会定位相对滞后，社会归类变得模糊多重，社会信任的固有秩序频繁受到冲击。

弱化的社会期待妨碍社会信任的形成

作为期待的信任，体现了信任的理性形式，可以分为两类情况：指向“义务”的期待和指向“道德”的期待。指向“义务”的期待植根于一种特定的观念，即社会交换模式。推动人们持续进行交往的动力是资源收益的最大化和损失的最小化。为了实现这些目的，人们需要估计他人如何应对自己的行为，关心他人的未来可能行为，以便基于此而策略性地进行活动，最大程度获取期望的资源，将个人代价降到最低。在即使缺乏对角色承担者个人认识或者先前交往经验的情况下，人们对角色关系的期待仍然持有一种预定信任。然而现代社会中，角色、规则以及同一性面临着诸多威胁，这些威胁源自于因内在的规范、价值观、习俗和传统的坍塌而产生的风险。现代社会人们对于自己的人生轨迹和生活道路拥有了更多的自主性和发言权，外来的束缚力量越来越少，社会移动的机会越来越多。至高无上的旧有权威不复存在，僵硬固定的秩序日渐化解消亡。人们不再被动地、受驱使性地进行社会生活。但是，人们所处的现实世界也表现出存在前所未有、无法预料、难以控制的全球性危险。安全感、稳定感日渐销蚀，隔离化、分裂化日渐增长。社会流行焦虑、不安、不确定和躁动的情绪，基于义务的社会期待时常显得非常脆弱。

缺失社会善意导致社会信任的虚化

基于社会善意的期待常常因为社会善意受到怀疑，进而导致信任的虚化。怀疑效应会造成两种类型的归因结果：一种是保守主义归因，即引发个体怀疑的信息可能导致个体提高接受行为信息的阈值。第二种是复杂性归因，由于消极事件降低信任的程度超过积极事件增加信任的程度，引发个体怀疑的信息可能导致个体对他人行为的潜在动机和原因进行反复、仔细的考虑。无论怀疑效应造成何种类型的归因结果，“负性偏差”现象经常存在。不信任一旦形成，就趋向于强化和永久保持。不信任倾向表现出主动抑制那些潜在可能克服不信任的人际交往和社会经验。由于抑制这些人际交往和社会经验，本已稀缺的社会善意更加受到遮蔽，造成不信任氛围的弥漫。

经济人信念破坏信任

刘国芳　辛自强，《社会科学报》2014 年 7 月 3 日。

社会和谐和经济发展均是我们国家努力追求的目标，在经济飞速发展的背景下，社会信任水平却出现了下降，这显然是我们不愿意看到的。为什么会出现这个问题呢？研究者提出了社会转型、制度不完善、价值观变迁等多种解释。我们认为，其中重要的原因之一就是在大力发展经济的同时，社会上逐渐认同了经济活动的规则，也是经济学的基本人性观——经济人信念，这导致了信任的下降。

1776 年，苏格兰经济学家、哲学家亚当·斯密出版了《国富论》一书，这本书成为西方经济学的“圣经”，同时标志着经济学成为一门独立的学科。在该书中，斯密提出“利己是经济活动，乃至所有社会活动的根本动机”，“人在一定程度上都成为了商人，整个社会也变成了商业社会”。这个观点逐渐演变为经济人假设或经济人信念，成为经济学最核心和最基本的人性假设。经济人信念包含两层基本内容：第一，经济决策主体是充满理智的，是精于判断和计算的，其行为是理性的；第二，在经济活动中，个体所追求的唯一目标是自身利益最大化，每一个从事经济活动的人都是利己的。尽管有学者批评经济人信念没有考虑同情心等利他动机，也有学者检验了人类在决策中与经济人信念所预测的行为的系统偏差，但这些对经济人信念的批评和修正只是为这一人性假设附加了诸多约束条件，并未逃脱“人是自私的”这一核心前提，经济人信念依然是经济学中最为普遍认同的人性假设。

经济学学习对亲社会行为的消极影响

作为经济学的基本人性假设，经济人信念能够影响与之密切接触者的行为。不断有研究者揭示经济学学习对亲社会行为的消极影响。例如，研究者发现经济学教授捐款的额度相对较少；经济学专业的学生也更不愿意捐款做公益，当其他专业的学生在选修经济学课程后，捐款比例也有明显下降。还有研究者发现，让大学生假想自己是一个公司的雇主，相对于其他专业的学生，经济类专业的学生总是将利润最大化置于员工福利之前。这些研究显示了经济学学习会破坏亲社会行为。辛自强等 2013 年在《心理科学进展》发表的文章考察了经济学学习与信任之间的关系，发现经济学专业的大学三年级学生的信任水平要显著低于大学一年级学生，而其他专业的学生中并没有这种差异。由于经济人信念是经济学中最核心和最基本的人性假设，因而，这些研究结论都指向了经济人信念与信任等亲社会行为之间的负向关系。可以推论，经济学学习使得经济学专业的学生和教师内化了经济人信念，使他们更倾向于认为人的行为都是基于自私和功利的目的，最终破坏了他们的人际信任以及其他的亲社会行为。

重视公民道德建设

尽管上述这些研究都证明了经济人信念或经济学学习与信任等亲社会行为间的负向关系，但这只是一种相关关系，并不能说明一定是经济人信念破坏了信任。为了检验经济人信念和信任之间可能的因果关系，笔者开展了一系列实验，该实验实际上模拟了对经济学的课堂学习破坏人际信任的过程；但是在实际生活中，人们往往不会直接接触经济人信念的描述性知识，而只是暴露于各种经济活动中，那么，经济活动是否会激活经济人信念并破坏信任呢？结果发现，实验组被试更加认同经济人信念，他们的信任水平也更低，这说明暴露于经济活动中会激活人们的经济人信念并破坏其信任。至此，可以得出结论，无论是直接学习还是暴露于经济活动中，都会激活人们的经济人信念并降低其信任水平。

经济人信念会破坏包括信任在内的亲社会行为，这与我们所追求的社会和谐的目标是相悖的。斯密的《国富论》奠定了西方经济学的基础，但他在更早时期还出版了《道德情操论》，强调同情、仁慈、正义等情感对社会和谐的作用。然而，在很长的一段时期内，《道德情操论》并没有得到同等的重视。而在美国、俄罗斯、波兰，包括我国台湾地区等都曾出现过伴随着经济发展的信任下降。这就提示我们，在努力追求经济发展的同时，必须重视公民道德建设，提高公民信任水平，如此才能达至社会和谐和经济繁荣的双重目标。

良心政治，而非利益政治和原则政治——由阅读《原则政治，而非利益政治》而起

马永翔，《道德与文明》2014 年第 4 期。

一、技术主义政治玄学的窠臼

在作者看来，布坎南（J. M. Buchanan）——西方宪政经济学和公共选择学派的主要代表，1986 年诺贝尔经济学奖得主，他和罗尔斯相互都有较深的影响——和康格尔顿（R. D. Congleton）的这本《原则政治，而

非利益政治》大体上也可以归入所谓技术主义政治玄学的窠臼。此外，罗尔斯的《正义论》受到共同体主义阵营的诸多批评大多也可以用来批评这本著作。

二、普遍主义的弊病、政治社会的现实和原则政治的局限

这本书的普遍主义思路认为，一种普遍性的政治原则要“平等”适用于一个政治社会的“所有”成员，任何区别对待或歧视性原则都会导向“利益政治”。相反，政治要用普遍性原则加以约束，这样的政治就是“原则政治”。然而，基于普遍主义的原则政治不可能真正实现该书作者的“普遍”“平等”诉求，不可能真正把那些普遍政治原则无一例外地应用于“所有”人/群体。在现实的政治治理中，原则政治也不过是多数和少数之间的博弈，有时甚至会成为政治强制和压迫的工具。

三、政治治理的实质和 negative 的思维方式

政治治理的实质是在变动不居的多数（地位、利益）和少数（地位、利益）之间寻求中道和平衡（这需要政治智慧），使政治社会不致趋于极端而倾覆，在相对的稳定中实现长治久安，为大多数社会成员追求幸福营造相对自由、和平的环境和条件。这样的政治治理容许适度的差别和不平等，尽可能消除显见的不义和不公。政治治理理应遵循这种 negative 的思维方式，而尽可能避免 positive 的思维方式（即主动积极地实践平等、正义、自由、权利等）。前者更利于维护社会的稳定和长治久安，后者更容易导致人为的政治祸害乃至灾难。

四、良心政治，而非利益政治和原则政治

利益政治以利益为主导，不仅会无视原则，而且会泯灭良心。所谓良心，它在简化意义上就是是非之心，由此可以推论：所谓良心政治意味着，政治治理的首要义旨在于明辨政治事务之是非，在明辨是非的基础上平衡政治博弈各方（通常体现为相对变动的多数和少数）的利益，而普遍原则——如果存在的话——的适用也需要良心发挥作用，否则就打不中靶子。

五、民主政制的缺陷和民主迷信

民主政制的缺陷是其在一些最重要的政治事务上受制于大众（包括选民及其代表）的意见，而大众通常为利益而不是良心所左右，而且缺乏足够的政治智慧。此外，民主政制还难以避免阴谋家或野心家当政，而这也决定了民主政制必然导向利益政治。在当今时代，可以说，整个世界都充斥着一种民主迷信，很少有人深入反思民主政制/政治内在的局限和弊病。这正是导致当今世界陷入利益纷争的根本观念原因（至少是其中之一）。

六、良心政治如何实践?

良心政治如何实践需要相应优良政制的支持，这种优良政制必得要容许这样一个群体在政治社会中存在，并在政治生活中发挥作用，有时是关键作用：这个群体独立、自主、自由（尤良心自由）、自足、高贵（不是因为出身，而是因为才德）、稳定，拥有良心、良品和良能，有社会责任感和正义感，拥有政治智慧和经验，不畏强权，不被利益熏心，不随波逐流，也无须谄媚大众，仅凭自己的良心和良知来判断政治事务之是非，并参与政治生活，在有些关键的政治事务中甚至发挥举足轻重的作用。

七、优良政制和良心政治的基本标志

优良政制和良心政治的基本标志有三点：一是，必得维护社会成员拥有基本的言论自由；二是，在优良政制和良心政治的实践中必得有司法独立；三是，一种优良政制，无论其具体的内容如何，在一般的形式上一定是宪政制度。总之，在现今时代，我们有理由且亟待放宽政治哲学的视野，不囿于民主迷信和政治意识形态，也不满足于利益政治和原则政治，积极探究可能的优良/更好政制和良心政治。这是未来政治哲学的可能方向和路径。

论商帮资源型文化产业及其在我国的实践

王俊霞　焦斌龙，《东南学术》2014 年第 4 期。

一、商帮与商帮资源型文化产业

在我国丰富的自然资源和人文资源存量中，商帮资源是一个巨大的集合，因而发展商帮资源型文化产业就成为我国文化产业发展的重要内容。通过将现代科技手段和创意理念植于商帮资源的开发中，商帮资源型文化产业还可以拓宽和延伸至文化餐饮、广告设计、文化物流等其他文化衍生产业中，形成泛商帮资源型文化产业。

二、商帮资源型文化产业发展类型及其实践

（一）以商帮资源为题材发展的影视文化产业

以商帮资源为题材发展的影视文化产业是目前全国范围内，商帮资源型文化产业发展最为成功的方面，《胡雪岩》《新安家族》《龙票》《走西口》《西秦大贾》《陕商》等。山西省对晋商资源充分利用而成功推出的电视剧《乔家大院》，立刻引起较大的社会反响，不仅掀起了对其本身的收视热潮，带动了祁县旅游业的发展。

（二）以商帮特色建筑为题材发展的文化旅游产业

依托商帮特色建筑，借文化旅游之势，增设展现民俗、民风的重大演出项目，打造有影响的明清影视基地，投资建设影视主题公园，甚至形成极具商帮文化特色的影视文化产业园区，已成为我国商帮资源型文化旅游产业发展的必然趋势。

（三）以商帮老字号商品为品牌发展的文博会展业

明清时期，各地商帮都有其主营商品，如晋商的经营项目以盐、铁、布、茶、酒、杂货为主，江右商则以粮、瓷、药、麻、竹木、纸张、书籍为主。而上述商帮主营商品，部分已经成为著名的老字号，部分仍是当地的主要品牌，通过挖掘商帮老字号商品的文化符号，植入创意，发展以商帮老字号商品为品牌文博会展业，也是目前商帮资源型文化产业的重要类型。

（四）以商帮非物质资源为题材发展的其他文化产业业态

以各地对商帮非物质资源的寻根、整理、阐发、挖掘而发展的各种新型文化产业业态为主要代表。除此外，对于那些已经衰落或消亡的品牌商品，同样可以借助商帮资源的比较优势，挖掘其历史文化内涵，发展相关文化产品生产和制造，此外，通过整合利用其他与商帮相关的非物质资源，还可以带动商帮资源型图书出版业、文化创意产业的发展。

三、我国商帮资源型文化产业发展的现实问题

（一）现有商帮资源型文化产业的开发缺乏对资源存量的有效利用

关于商帮资源存量的有效利用，就成为商帮资源型文化产业发展的前提。但现实是，大量储藏于全国各地的商帮资源存量却没有被深入挖掘出来，商帮资源存量存在严重的浪费现象。

（二）现有商帮资源型文化产业的开发缺乏对文化内涵的深度挖掘

众所周知，文化产业的最大特点是要针对不同文化消费者的差异性需求，进行文化产品的创意性设计。

（三）我国商帮资源型文化产业的跨省域开发模式尚未成型

对于这些延伸于一定区域的商帮资源，最好能在区域范围内形成合作开发的模式，以发挥文化产业发展中资源整合的关键作用。但上述对商帮资源进行跨省联合开发的实践正处在探索阶段，其具体开发模式也尚未成型。

四、发展商帮资源型文化产业之政策建议

（一）强化各类商帮资源存量的分类统计

第一，要以与文化产业各业态结合为方向，地毯式地对全国范围内的商帮物质资源和非物质资源进行盘点、分类，以确定各地商帮资源的数量、类型和分布特点。第二，要建立全国性商帮资源数据库，具体统计各类商帮资源的开发价值、开发状态、开发程度等内容。

（二）深入挖掘各类商帮资源的文化内涵

第一，要对商帮资源的历史内涵、特点及其进行文化产业开发时的亮点加以系统论证。第二，要以商帮资源型文化产业各区域之间特色鲜明、个性突出、非重复建设、梯度发展为目标"倒逼"对商帮资源文化内涵的挖掘。第三，要以商帮资源型文化产业向美术、摄影、动漫、游戏、音乐、设计等创意型文化产业发展为方向，带动商帮资源文化内涵的深入挖掘。

（三）构建商帮资源型文化产业跨省域开发模式

第一，通过文化产业园区建设，构建商帮资源型文化产业跨省域集群发展模式。第二，要以现有大型文化企业为主体，在省际甚至全国范围内建设商帮资源型文化产业大品牌，构建跨省区商帮资源型文化产业品牌发展模式。第三，要打破区域、部门、行业限制，发展商帮资源型文化产业的跨区域、跨部门、跨行业、跨所有制等联合开发模式。

儒家价值观对消费者 CSR 行为意向影响研究

王德胜，《山东大学学报》（哲学社会科学版）2014 年第 4 期。

一、引言

企业社会责任（CSR）这一学术概念最早是由 H. R. Bowen（1953）提出，他认为企业社会责任就是"商人有义务按照社会所期望的目标和价值来制定政策、进行决策或采取某些行动"。儒家思想在中国文化中一直占据着主流地位，对消费者的价值取向与行为选择都有着重要的影响。因此，消费者的儒家价值观念与企业社会责任响应之间会存在着某种关系，本文尝试在此方面做些研究努力。

二、理论基础与研究假设

（一）儒家价值观

儒学产生于春秋晚期，其精髓已经深深融入中华民族的血脉之中，形成了一套完备的思想体系。其五常——仁、义、礼、智、信，既是我国传统道德的一个基本范畴，也是一种基本道德规范。

1. “仁”是孔子学说的核心，也是孔学其他理论之基础。“仁”是做人的基本伦理，是人际关系的基本准则，有了仁爱之心，人世间的和谐相处就有了基础。

2. “义”在儒家思想中往往是与“利”的比较中获得其中要义。儒家主张的“义以为上”、见利思义与取之有道相统一的义利观，彰显了对义利价值的主体选择，同时也是实现企业使命、提升境界的必然要求。

3. “礼”，一是指具体的礼仪、礼节，也指行为规范；二是指“为国以礼”，治理国家的一种制度。

4. “智”的最高境界是“智者不惑”，发现并顺应天下大道，清楚自己的位置，明确自己的使命。

5. “信”在春秋时期经过儒家的倡导，基本内涵就是指真实不妄、恪守信用，其基本要求就是言合其意与“言必信，行必果”。

（二）消费者的企业社会责任行为意向

诸多研究发现，近年来消费者开始越来越关注企业的具体社会责任行为，越来越多的消费者认为企业应该承担相应的社会责任。在这种现象出现的同时，消费者对企业社会责任行为的感知与其购买意愿之间的关系受到学者们广泛关注，很多学者针对这个问题展开了细致的研究。

（三）消费者的企业社会责任体验

消费者的企业社会责任体验是消费者对企业社会责任响应的关键变量之一，消费者对企业社会责任支持度越高，消费者就越能感知到自身与企业之间的一致性。

（四）企业社会责任—企业能力信念

Sen & Bhattacharya（2001）首次提出了“企业社会责任—企业能力信念”这一新的构念，主要反映了消费者对企业社会责任与企业能力二者关系的观点。研究发现，与持相互对立观点的消费者相比，持相互促进观念的消费者的购买意向要高很多。

（五）研究模型与研究假设

本文认为消费者儒家价值观、CSR 消费体验、消费者 CSR 行为意向与 CSR-CA 之间存在如以下模型所描述的关系。

三、研究方法与数据分析

（一）研究对象；

（二）测量量表；

（三）数据分析和结果。

四、研究结论及启示

儒家价值观中的五常——仁、义、礼、智、信，作为中国传统文化和民族道德的因子都对消费者的 CSR 行为意向产生显著影响。这说明社会各界进一步启发消费者的儒家思想和根植于儒家的“五常”价值观，营造和倡导社会的“正能量”，将有助于消费者依企业对社会责任履行好坏的评价而产生“货币选票”，从而驱使企业产生强大的企业社会责任履践动力。研究结果表明，消费者的 CSR 体验对儒家价值观中的仁、信与消费者的 CSR 行为意向之间的关系产生完全中介效应，而对儒家价值观中的义、礼、智与消费者的 CSR 行为意向之间的关系产生部分中介效应。消费者的 CSR-CA 信念与消费者 CSR 体验的交互效应对消费者的 CSR 行为意向产生显著影响。除此之外，我们还认为，在今天这样一个“互联互通”的时代，要增强消费者的 CSR-CA 信念，一个企业不仅要修炼好自身履行社会责任的内功，而且要重视自身在社会责任方面与消费者的沟通交流。

商业的目的和更大的善：私人财富和公共财富的结合

［美］乔治·恩德勒，张志丹译，《江苏社会科学》2014 年第 4 期。

一直以来，商业的目的被认为只是利润最大化，以谋求狭隘的私人财富的增长为圭臬。实际上，只有私人财富和公共财富的有机结合和和谐共生，才是更大的善。

一、作为经济系统一部分的商业

只要经济系统看起来大体运转顺畅，就没有拷问系统和审视它的基本成分和功能的压力。然而，一旦经济系统似乎面临挑战和威胁之时，我们就有充分的理由反思它。这种情况在资本主义历史上一再出现，在某种程度上在社会主义历史上也是如此。今天，如果美国公司打算在中国经营，他们需要考虑中国的经济制度，同时必须学会在一个与美国十分不同的政治、经济和社会文化系统中运营。当以“商业”、“私营部门”和“市场”等概念代替整个经济之时，就会出现其他令人误解的“捷径”，混淆部分和整体的情形。这种综合性的商品和服务概念，对理解经济在所有权和决策的基本机制、信息和协调以及它的必要的利己性和利他性的动机，具有深远的影响。

二、经济和商业的目的是创造财富

我们首先集中研究“一国财富”的含义。当问什么是“一国财富”时，那就难以否认财富应该包含私人产品和公共产品这一点。我们可以把“一国财富”规定为经济上相关的私人和公共财产的总量，不仅包括金融资本，也包括物质的（即自然的和被生产的）、人力（在健康和教育水平方面）的和“社会的”资本。通过财富“创造”概念我们想说明什么？尽管似乎显而易见，但仍然值得强调的是，财富生产不只是占有和获取财富并构成一种增加财富的特殊形式，它是一种不断追求改进的创新活动，不仅是因为它受到竞争的驱使，而且首先是为了更好地服务人民和环境。财富是由物质的、金融的、人力的和社会的资本构成。它包含私人和公共财富，两者的创造是相互依赖的。

三、作为私人和公共财富结合的财富

一国财富不只由私人财富构成，也包括其他种类的财富。它们可以是公共产品或有益品，或者源自于公共产品或有益品，同时能够成为“产品”（即财产）或者“害品”（即债务）。如何理解所谓私人和公共财富“结合”的一国（或者另一个大的实体）财富？首先，结合的财富既包含私人财富又包含公共财富，因此，它不仅拒斥了关于财富的完全的个人主义概念，而且拒斥了关于财富的完全的集体主义概念。其次，私人财富和公共财富的结合可以通过增加或增值的方式进行，这依赖于个人财富和公共财富更明确的形式以及各自的范围。第三，尽管可能的结合具有巨大的多样性，私人财富和公共财富的相互独立需要得到强调。

四、作为私人和公共财富结合的财富之深远含义

把财富理解为私人财富和公共财富结合，对于财富创造所要求的多种类型的制度和动机来说，具有深远的含义。在经济学中关于公共产品的探讨已经使得市场机制的力量和局限性凸显出来，与此相反，公共产品不会通过定价来调节供求关系。因为它们的消费是非竞争性的（就是说，没

有人能够被排除在外)，价格系统不起作用。公共产品可以被无偿消费(即所谓搭便车的问题)，同时公害品不能以低价方式而被减少或避免。因此，根据定义，市场机制无法生产公共产品。把财富设想为私人和公共财富结合的财富的第三个深远含义在于，它关注不同类型的动机，公共产品的生产是建立在人的关联性的基础上的，需要诸如对接受的礼物的感谢之情、企业家精神以及服务他人等关心他人的动机。

五、作为公共产品的企业人权责任

建议特别关注人权是由于几个原因。在全球化过程中，经济和商业已经远远超越国界，无论国际的还是全球的联系都与日俱增，公共产品的两个标准可以很容易地得以运用于人权问题上，非排他性意味着没有人应该被排除在任何人权之外。换言之，所有的人应该享有所有的人权。超越负面影响的排除，我们可以证明，独自享有或者任何人享有任何人权，相对于享有其他人权来说可以保持中立。

六、结语

在探讨关于“商业和更大善”问题的过程中，我们已经按照几个步骤走了下来。“商业”不应该与整个“社会”完全相联：它不过是经济的一部分，因此，需要将其置于经济系统中来理解。我们建议把经济系统以及商业的目的界定为广义上的财富创造。为了给公共产品概念提供一些实质性的东西，我们建议把人权定义为伦理上要求的公共产品，体现了非竞争性和非排他性的特征。

西方企业伦理决策研究的新动态

刘英为　刘可风，《伦理学研究》2014 年第 4 期。

西方学者对企业伦理决策理论和方法的研究起步较早，对于这一领域的研究取得了丰硕的成果。本文依次评介西方企业伦理决策的概念、影响因素及研究方法。试从伦理问题的强度、个人因素及组织因素三个维度对西方企业伦理决策的最新动态进行梳理，拓展本理论的研究视野，以期为中国企业伦理决策框架构建提供启示，为中国企业的可持续性发展提供指导。

一、企业伦理决策概念的新诠释

目前，西方学界和企业界大部分认同企业中的决策并不都与伦理相关的观点。伦理决策解决的只是企业决策行为涉及价值判断的部分，伦理指标应该与经济、技术、政治、社会共同发挥作用。企业伦理决策行为的主体在决策过程中对别人产生影响的抉择，其抉择涉及平等、正义和权利等有关伦理问题。伦理决策不仅需要满足条件，同时，决策的主体必须为决策行为负责。当然，伦理决策的过程体现为内心活动和实践活动两种方式。目前，学界的伦理决策过程模型也分为两类：一类是分析个人伦理决策过程的影响因素；一类强调伦理指标在企业决策过程中的过滤器作用。但中西方学者大都基本认可前一类。伦理决策作为决策中一种特殊的形式，也有情报、设计、抉择与审察四个阶段的活动，只不过各阶段的名称有差别，即伦理决策的四个阶段为：伦理感知，伦理判断，伦理意图，伦理行为。它们之间相互影响。

二、企业伦理决策理论研究的新动向

作者就20世纪末21世纪初的西方研究成果，综合考量企业伦理决策的影响因素。首先，伦理问题的强度（道德强度）。它指的是后果严重程度、社会共识、后果发生的可能性、后果的直接性、与受害人的关系及后果的集中度六个维度，它们对伦理决策的四个阶段都发生作用。道德强度作为企业伦理决策的影响因素已被学界认可。其次，个人因素，包括个人基本状况对伦理决策的影响、个人遵循道德哲学及价值观对伦理决策的影响以及个人道德发展阶段理论对伦理决策的影响。但作者认为，个人价值观应该作为前因变量引起足够重视。另外，在跨文化变迁的背景下，不同国度的价值观判断，值得学界进行进一步的研究。最后，组织因素。作者本文将组织因素细分为四个部分：伦理准则、组织文化、组织结构对伦理决策有着重要的影响作用以及影响伦理决策的领导者风格基于情感智商——有效自我管理与沟通的能力。不管是个人因素还是组织因素对企业伦理决策的影响，究其实质是个人价值观与组织价值观的冲突与协调。

三、企业伦理决策研究的新方法

西方企业伦理决策影响因素理论的研究多建立在规范研究与实证研究结合的基础上。首先，实证研究样本的选择。主要包括学生样本和企业样本两类。但作者认为，学生样本仅适用于作为前因变量的道德发展阶段研究，对于企业伦理决策的测量仍应以企业样本为主。其次，企业伦理决策调研的方式多以情景模拟实验法及问卷调查为主。这有利于学者控制环境因素，从而操控变量。但是它不能确定模拟的结果是否为受访者的真实态度。而且，在进行问卷设计时也应注意情景模拟问题的数量。第三，伦理决策测量表的使用。从 1992 年后，学界对于价值观的研究开始了规范研究与实证研究的结合。EPQ 在各种研究的应用中都表现了良好的信度和效度。最后，针对个人伦理判断研究时还常使用 DIT、MEC 这两个量表。DIT 称作确定问题测量，它的基本方法是设定道德两难的场景，然后将各阶段的观点用问题的形式体现出来，供受访者选择，并对这些观点的重要程度进行排序，然后根据累计的分值判定受访者所处的道德认知发展阶段。但 DIT 有其缺陷。所以，有了 MES，即多维道德量表，多用于跨文化背景下对受访者伦理意图、伦理评估与判断的差异进行测量。

四、结语：对中国企业伦理决策的启示

在我国，改革开放前，企业为道德性组织。改革开放伊始，我国的企业管理与决策盲目地崇拜西方企业制度，经济指标至上、拜金主义盛行，导致目前中国企业出现了企业的非道德性神话，企业的败德行为屡见不鲜，社会遭受的代价惨重。市场机制的不完善、法律的不健全、企业的社会责任驱动了我国学者对企业伦理决策理论的研究工作。西方企业伦理决策理论为我国学者的研究及企业的实践提供了启示，但真正建立起适合我国企业伦理决策的践行机制则任重而道远。

儒家伦理是利他主义吗——兼与王海明教授商榷

孙海燕，《道德与文明》2014 年第 4 期。

王海明教授在《新伦理学》一书中，构建了以“为己利他”为核心原则的“科学伦理学”体系，并借此猛烈批判了儒家伦理。本文将从反思利他主义概念出发，继之援引儒家代表人物尤其是孔、孟的相关言论，论证儒家伦理并非以“目的利他”为本质的利他主义，而是一种超越了利己利他二元对立的、以正面的人性情感为价值本位的“仁本主义”。进而指出，王先生所标榜的“为己利他”或“新功利主义”伦理观与儒家的“立己立人”伦理观本质上尽管并不完全对立，但后者的内涵实远比前者丰富而深刻得多。

一、对利他主义概念的人性论反思

“利他主义”这一概念只有在相对而非绝对意义上才能成立。这一问题的症结在于人性本身的复杂性。利他与害他可能是一件事情的两面。这一经常出现的难题是不能将利他主义绝对化的理由之一。另一方面，人作为生命个体，事实上无法彻底摆脱自我意识的支配，完全没有“利己”

的行为是不可能的。利他主义概念在相对意义上又是可以成立的。其成立的一个核心标准就是“目的利他”，即从别人占主导地位的欲求出发，做出促成他者增进“幸福”的行为。王海明先生的利他主义概念也无疑是建立在这一意义上的。

二、儒家道德总原则并非利他主义

儒家伦理是偏重于追求精神满足的价值论，这与利他主义是有根本区别的。儒家极强调修身，极重视义利之辨和道德人格的成就，但绝不把“义”“利”截然二分，而是努力在个人与他人、社会间寻求一种良性的平衡。在《新伦理学》中，王先生将“仁”定义成为义务而义务的“无私利他”，恰表明他对儒家真精神缺乏深入的体认。儒家伦理的最大特征乃在于追求人性中正面情感的满足，即基于内在心灵体验的内向超越。这一特征使儒家伦理学总体上既非侧重于满足生理欲望的功利主义，也非侧重于实践道德理则的义务论，更非王先生所谓的“无私利他”式利他主义，而是一种超越了利己利他二元对立的、以正面的人性情感为价值本位的“仁本主义”。

三、“立己立人”远比“为己利他”深刻丰富

在《新伦理学》中，王先生将人之伦理行为归纳为无私利他、为己利他、单纯利己三大善原则以及纯粹害己、损人利己和纯粹害他三大恶原则。对比分析之后，他认为“无私利他”是最恶劣的道德原则，“为己利他”是最为优良的道德原则。在《新伦理学》一书中，我们除了看到王先生通过各类学说、推理、公式来论证“为己利他”如何比“无私利他”更科学高明之类的论说外，看不到其所标榜的“为己利他”道德原则在现实生活中究竟有何具体的落实方法和实践智慧。儒家“立己立人”的道德原则或许才真正是基于人性幸福的“为己利他”。与王先生的“为己利他”相比，儒家的“立己立人”理论本身也有着多重优越性。正是由于儒家伦理有着极其丰厚的人文内涵和实践智慧，才成为几千年来中国人道德生活中最有力量的价值系统，成为中华民族自强不息、安身立命的精神动力。

本文对王海明先生的儒家道德是利他主义的观点作了批驳，并阐释了儒家“立己立人”伦理观的优越性。当然，这并不意味着作者将儒家伦理视为可以包治当今社会百病的万能药，或认为儒家伦理不应该接受现代文明的洗礼和批判，更没有认为每个中国人都应该无条件地接受这一伦理样态。事实上，儒家伦理确存在诸多不足，在某些方面，儒家伦理的优点或许也恰恰是其缺点，但我们同时也应该看到，世界上至今尚没有完美无缺、举世公认的伦理体系。最后必须指出，与振兴经济不同，伦理的重建必须充分考虑历史渊源和民族心理等因素。在这方面，旧中之新，有历史、有渊源的新，才是真正的新。

论分配公平中的收入差距问题

杜帮云，《伦理学研究》2014 年第 4 期。

分配公平包括分配公正和分配平等。分配公正的要义是贡献与获得相称，分配平等的要义是分配结果相对平等。公正分配必然产生收入差距，但作者认为这样的收入差距有存在的合理性和必要性。那么，在分配公平视域中，收入差距是怎样产生的？是否需要进行调控？如何进行调控？

一、公正分配无法避免收入差距

收入的获取和分配均要公正。如果不公正就会破坏分配公平，并且直接导致收入差距。公正获取是公正分配的前提。也就是说，公正获取后便是公正分配。这至少包括三个方面：第一，分配原则公正；第二，分配程序公正；第三，分配过程公正。但即使完全做到了获取公正、分配公正，也会产生收入差距。在此单就个人难以克服的收入差距至少有三种：第一，因个人天赋、智能、体力等差异而形成的收入差距。在市场竞争中，天赋高的人、聪明的人、有特殊才能的人取得更多的收入。第二，因社会条件和家庭出身不同而形成的收入差距。社会条件、家庭出身好的，相对取得更多的收入。第三，因机会、运气不同而形成的收入差距。不同的人做同样的事，可能纯粹由于时点不同而结果大相径庭。但是依据公正分配原则产生的收入差距有存在的合理性和必要性。因为以“贡献”为尺度的公正分配是一种激励机制，以“贡献”为尺度的公正分配所产生的收入差距能提高生产效率，促进生产力的快速发展，提升整个社会的福利水平。

二、平等分配要求控制收入差距

经济上的平等指全体社会成员在收入分配中受到平等对待。共产主义社会实现的平等分配是物质产品极大丰富、人们各尽所能前提下的按需分配。现阶段的平等分配要以承认收入差距为前提。但是承认收入差距并不意味着可以无视差距、任凭差距无限扩大。过大的收入差距，尤其是贫富两极分化，是典型的经济不平等，这会损害政治平等、法律平等和道德平等。平等分配要求控制收入差距，哪怕公正分配前提下产生的收入差距。这不仅是由“收入差距过大会影响社会平等和生产效率”的后果决定的，而且是由“贡献”尺度的伦理局限性决定的。在社会主义社会，最主要的贡献是包括技术和管理在内的广义的劳动，按劳分配产生的争议最少，因此也是最公正的。除了“劳动贡献”，我国现阶段，土地、资本等非劳动生产要素的投入也是有利于社会经济发展的重大“贡献”，但前提是非劳动要素参与分配应该坚持按劳分配为主体。

三、分配公平之关键在于动态调控收入差距以至“适度”

维护、实现和发展分配公平，使分配公正和分配平等保持一定的张力并和谐向前推进，关键在于调控收入差距使其“适度”。收入差距适度就是在把握公正分配和平等分配对立差别的前提下，保持这两个对立面统一的公正分配。它的依据是衡量分配公平的社会尺度和主体尺度的统一。只有收入差距适度，社会才能和谐进步，每个人的自由全面发展才有可能。收入差距之“度”是发展变化的。所以，作者认为确定收入差距之“度”，第一，要避免两极分化。第二，遵循社会规律，避免平均分配。第三，灵活调整公平分配的具体政策。而且，在作者看来，调控收入差距以至“适度”具体体现在初次分配前公平分配资源，保证收入的创造和获取公正；初次分配中要切实做到按贡献分配；再分配是由政府在初次分配结果的基础上，通过税收和社会保障支出这一收一支的方式来进行的分配；第三次分配中，政府要为慈善事业的发展营造良好的氛围和环境。在收入差距调控的各个阶段都涉及公正和平等，但侧重点并不相同。初次分配前和初次分配中主要强调公正，再分配和第三次分配主要体现平等。

从“以身发财”到“以财发身”——张謇创业的人力资本与社会效应

李　玉，《江苏社会科学》2014 年第 4 期。

一、序论

《大学》有言：“仁者以财发身，不仁者以身发财。”对此，不同的注经著述有着大同小异的诠释，将之作为儒家义利观的重要内容之一。“以身发财”和“以财发身”实际上是“重利”与“重义”，或曰“以利制义”与“以义制利”的重要区分。传统意义上的“以身发财”是贬义，是指“不仁者”只知聚财致富，不顾其社会效应。传统经典关于“发财”与“发身”的评价与臧否固属精到，但亦不无可议之处，因为不能“发财”，则没有“以财发身”的基础，说明适度的“发财”从逻辑上讲也是必要的。尤其是在新式企业发生与发展过程中，需要一个资本积累与经营拓展的阶段，对于创业者而言，这就是一个“以身发财”的过程。随着近代企业精神与产业伦理的出现，对于“以身发财”的价值评判已与传统有异。在近代事业发展加快、商业竞争加剧的语境中，“以身发财”反映的正是企业家艰苦创业与开拓经营的历程。在这方面，著名实业家张謇就可作为一个典型的案例。评价张謇创业方面的“以身发财”，已不能用传统的“不仁”思想，相反，张謇创业本身恰具有较高的国家与区域关怀目标，具有“仁”的意旨。我们之所以袭用“以身发财”的说法，也是为了更好的理解张謇创业的曲折历程、社会效应与历史借鉴。

二、张謇创业的“身份资本”

中国是一个注重名望、身份与地位的社会，时在晚清，社会等级严格，身份标示明确。张謇很早就成为东南名士，不过，当时的张謇毕竟只是一个著名的幕僚文人，虽然结交过吴长庆、袁世凯、沈葆桢等人，但社会地位有限，在中国政坛上基本上处于一个从属地位，不具备独立进行“社会投资”的条件。他的“身份资本”无疑是在他高中状元之后达到最高值。“身份资本”可以用于各方面的投资，诸如行政、文教等领域，这也是金榜题名者的常规选择，但张謇别具创意，决心另辟蹊径，创办实业。

三、张謇“身份资本”的实业投资收益

张謇以新科状元身份转向创办实业，又得到诸多大僚的提携，自然可获得一些独特的收益。除了直接的资金扶持外，一些地位较高的官员还主动为张謇的企业劝股。为了方便公司经营，张謇还可以像地方官提出行政“配套”问题，这也在一定程度上说明张謇身份与地位的特殊性，是其“身份资本”的效用体现。但是社会“身份资本”的特点之一在于其衰减性，张謇的“身份资本”效应从长时间看也是如此。因为在这一时期的地方政治已不同于前，张謇的个人魅力已大不如前，而看透了中国黑暗的政治的他，也有意远离官场，这些无疑又使其传统的“身份资本”不断流失，对实业投资的“资助”作用也越来越小。

四、张謇创业的“身心资本”投入

所谓“身心资本”，在本文是指为了获得某种报酬而在体力与心智方面的付出。张謇创办大生纱厂之际，所付出的“身心资本”是巨大的。他虽然贵为状元，但因偏离了“状元”可以发挥最大效用的行政轨道，而转向创办实业，面临着“投资转向”的巨大风险。虽然同官场联系密切，但要获得其资助也并非易事。对于企业组织，张謇也在不断探索，除了纱厂之外，张謇所创办企业尚涉及银行、交通、榨油、垦牧、盐业、火柴、照明等行业，每一行业均需要具备专业知识，张謇在这些方面措置裕如，可见之学识之广、能力之强。这也反映了张謇不断学习的进取精神及其超高的学习效率，无疑凝结了张謇为创办实业而付出的“心智资本”。

五、张謇对于“以财发身”的追求

所谓“以财发身”就是指张謇利用企业利润，创办社会事业，以使更多人受益。换句话说，“以身发财”就是考察张謇如何赚钱，“以财发身”就是在研究张謇如何花钱，事实上，张謇的“发财”过程就是他“发身”的过程。张謇创办实业的最终目的是教育，张謇创办的通州师范学校被称为中国近代师范教育的开端，除了教育之外，张謇本人及大生纱厂还担负不少社会慈善及救助费用，在公益事业方面，张謇及大生集团也多有作为。将实业利润用于兴办教育、捐助慈善与公益事业，并不能囊括张謇对于“以财发身”理念的追求及其成效。事实上，张謇对地方经济、社会、文化与教育事业的进步，发挥了巨大的推动作用。

六、结语

张謇登临科举之路的顶峰，本可享受孜孜向学换来的荣耀，沿着学而优则仕的道路前行，他却毅然转向投身实业。张謇创业的本意不是为了追求利润最大化，他之所以努力赚钱，“以身发财”，是因为要用钱办更大的事情。从这点来看，张謇是成功的。

考论马克思正义思想的当代意义

李佃来，《吉林大学社会科学学报》2014 年第 4 期。

“马克思与正义”问题近几年在中国学术界的彰显，虽然与西方正义理论的刺激及广义政治哲学学术语境的烘托不无相关，但与中国社会改革对公平、正义的呼唤更是密不可分。正因为如此，如何理解马克思正义思想的当代意义，成为“马克思与正义”问题域中的一个无法回避的核心议题。

一、马克思是在与近代自由主义的对峙中来贴近政治哲学的，虽然从思想史的维度来看，他与后者也多有衔接和相承之处。严格说来，正义凸显为一个焦点性政治哲学论题，是20世纪中后期尤其是罗尔斯《正义论》发表以来的事情，而在近代政治哲学史上，直接以“正义”为话题的研究几乎从未占据政治哲学的潮头，相反从当代诸种正义理论的核心思想来看，近代自由主义却实质已指涉到正义问题。总体上说，近代自由主义的政治哲学是大异于古典政治哲学的一种理论形态，而其之所以与后者存在重大差异，是因为，近代自由主义是在一种完全不同于古代公民城邦社会的现代市民社会结构下来讨论政治问题的，现代市民社会的形成而凸显出来的价值要求和政治原则，相较于古代社会来说都是一些前所未有的新事物。从理论旨趣上看，市民社会正义主要指涉到两方面的问题：对个体权利和自由的辩护；对相互冲突的利益的调和。所以，辨析马克思正义思想的当代意义，关键要切入到人类社会正义的范式当中，深度把握此一正义的结构、内涵及思想实质。

二、在当前中国理论界，最强势的正义话语显然不是来自马克思主义，而是来自西方新自由主义，尤其是来自罗尔斯。出现这种情况，不仅是因为马克思并未像罗尔斯那样构建系统的正义理论，从而影响了人们对其思想资源的发掘与吸取，同时更是因为在现实诉求上，以罗尔斯为代表的当代新自由主义的正义观点更符合人们的经验直觉。这样来看，马克思批判权利、自由，只是将矛头指向了自由主义在私有制的限度内对这些价值的言说方式，而这些价值本身却被马克思内化到其政治哲学当中。马克思的上述思想，几乎贯穿于他对市民社会施以政治批判一直到施以经济批判的始终。马克思指出现代市民社会的形成也就标志着政治解放的完成，即人从旧的封建主义的政治依附性中摆脱出来，获得了现代意义上的人权。

马克思的人类社会正义是一个既批判又涵盖市民社会正义的概念，那么我们自然有理由认为，以权利、自由等现代性价值为参照系，马克思的正义思想与中国当下及未来的实践诉求是相融通的。

三、既然人类社会正义总体上是一个以批判市民社会正义为前提厘定的高位概念，那么，除了在权利、自由等现代性价值上与市民社会正义相会通，人类社会正义又在内涵上大大超越了后者。一个极其重要的方面是，马克思在其正义理论中，既凸显了对个体价值的基本尊重，又强调了对共同体利益的基本守护，而这种理解正义的方式，从价值取向上看，有利于我们从“社会性”的角度来拓深对中国公正问题的思考。马克思的正义思想恰恰是难以与中国的正义之思形成对接的，因为市场经济取代计划经济，也就标志着个体利益优先在整体上取代了过去的集体利益优先，这时，再去强调“人类”概念及社会普遍价值，可能既不符合事实性的社会取向，也与主流的价值观念相违背，有些倒行逆施的意味。

四、正义既可以被理解为一种财富的分配法则，也可以被诠释为一种优良的、有精神品格的政治。柏拉图、亚里士多德虽也谈到权利与应得之正义，但这却并不具有任何现代的含义，而完全是以个人德性和目的的实现为宗旨的。马克思自然同样重视人的财产所有权，但与此同时，他也指出这还不足以保证人的自由个性的实现，甚至在他看来，完全被财产和财富所驾驭的现代人是远离自由个性的。马克思的上述观点使他在阐发正义问题时上升到一个更高层面，这也表征着人类社会正义的最高层次，即正义不仅仅涉及人们之间的物质分配规则，而且应将这种分配规则推递到人的自由个性这一具有超越性的高级界面，使人成为物质财富的主人，而不是相反；使德性和心性自由成为正义的终极旨归，而不是停留在物权范式上静止不前。

本文论述表明：与自由主义的市民社会正义相比，马克思厘定的人类社会正义是一个包含多个层次、内涵极其丰厚的立体概念。这决定了他的正义思想不仅是有其独特的当代性价值的，而且这种价值会在多个面向上得以昭显。

“新教伦理”与“资本主义精神”的理性关系

易　畅　安素霞，《山西师大学报》（社会科学版）2014 年第 4 期。

韦伯悲观地认为，资本主义的财富将“变成一只铁的牢笼”，担忧“专家没有灵魂，纵欲者没有心肝”。虽然他并没有明言新教伦理是资本主义工业发展的直接原因，但也没有明晰二者的完全相隔性。事实上，宗教改革后以禁欲主义为主要特征的新教伦理精神和资本主义的胜利分别是欧洲中世纪后期，尤其是 16 世纪以后社会发展中的两个不存在直接因果关系的社会行动，是从欧洲文化和价值观的背景中相对独立发展而又相互影响的两个方面。随着时间的推移，新教伦理和经济伦理必然出现背离，也许会出现新的宗教伦理和新的经济伦理的契合。

一、禁欲主义新教伦理中的理性

禁欲主义新教伦理的主要内容是路德和加尔文主义的宗教观念，以及由其所设立的为日常经济活动所遵循的基本准则。

（一）“天职”观念中的理性。对个人履行世俗事务的义务进行评价是其道德活动所能采取的最高形式。

（二）预定论中的理性。信徒为了证明自己的“蒙恩”，必须实施一种逻辑一致的、有条理的、针对他的整个生活的组织活动。其在现世的实践生活进程被彻底理性化了，这一理性化表现为一种独特的禁欲特征。

（三）入世禁欲主义的理性。在一项天职中要不懈地、持之以恒地、有条不紊地工作并获得财富，被看作是对上帝的荣耀。这样一种宗教价值被定义为信徒证明他们选民资格的所有禁欲方法中绝对重要的方法。

二、资本主义精神的理性特征

不管是富兰克林的箴言，还是桑巴特的资本的逐利性，都包含着一种理性。箴言中体现的是一种实质合理性，资本的贪婪和逐利体现的是一种形式合理性。资本主义精神是包含着双重理性的精神气质，其诸多的精神特征中包含着一种理性的实质，即实质合理性或者价值合理性，也就是说资本主义是由价值合理性的理念行动所推动的形式合理性行动。

三、二者关系的重构

正是由于理性的存在与作用，新教伦理与资本主义精神之间存在明显的亲和性，但这种“亲和”不是“重合”，而是各自保持着自己的独立性。从唯物史观的角度看，“新教伦理”和“资本主义精神”的契合一定会成为历史。随着历史的发展，特别是资本主义的空前繁荣，资本主义制度本身会产生与其相应的伦理而不再需要宗教伦理的支撑，原有的新教伦理也会表现出与资本主义伦理这样或那样的不适应，其中对奢侈品的消费就违背了禁欲主义的新教伦理。

随着以科技、新科技以及金融衍生品推动的现代文明的发展，曾经的“经济计算的合理性”也正在丧失其合理性，因为以这种理性为基础的生产力已经积累到可怕的地步，似乎越来越摆脱人类自身的控制，生态灾难、核武器等使人类直接面临着生存威胁，金融危机的爆发使经济发展陷入重重危机之中。而如何克服工业文明工具理性的膨胀，重建社会的人文精神和终极关怀，已成为人类社会的共同课题。

劳动视域下马克思正义思想解析

赵云伟，《山西师大学报》（社会科学版）2014 年第 4 期。

马克思把劳动看作人的类本质，劳动把人与动物区别开来成为人本质的显现。正义观念来源于人类生产方式之中，显像于人本质的体现和人性的复归。社会中公平或不公平，只能用一种科学来断定，那就是研究生产和交换的物质事实的政治经济学。因此，马克思从劳动入手解析正义，把正义与人的劳动和自由发展联系起来，把劳动作为正义的衡量标准和批判资本主义非正义的理论武器；并提出正义的最终目标是自由劳动，正义实现的必由之路是从异化劳动到自由劳动。

一、马克思正义思想的逻辑起点——劳动

（一）人类的本质——劳动。劳动是人的本质，劳动是人生命基本的存在方式，劳动是人自我创造和本质体现的统一。劳动作为人的“自由的生命活动”和“生活的乐趣”，是人的内在需要。所以说，解析正义要从人的本质——劳动出发，同时落脚于人的本质——劳动。

（二）衡量正义的标准——劳动。人的自身拥有的劳动能力是有限的，生命的力量不能积聚，人的生命只有一次且生存时间有限，所以依靠劳动获得财富的机会大体相当且持平。以劳动为衡量尺度，相对来说造成的贫富差距相对较小且能被社会所容忍和认可。

（三）批判资本主义非正义思想的武器——劳动。人的劳动本应展现人的本质，但却展现的是动物的特质，这种秩序颠倒的劳动活动不可能是正义的。劳动者并不能在劳动中获得快乐，更谈不上在劳动中弹出“人性复归”的优美旋律。马克思宣言：“生产资料的集中和劳动的社会化，达到了同它们的资本主义外壳不能相容的地步。这个外壳就要炸毁了。资本主义私有制的丧钟就要响了。剥夺者就要被剥夺了。”

二、正义实现之路——从异化劳动到自由劳动

马克思通过进一步揭示人类历史就是建立在现实的异化劳动基础上的历史，进一步说明真正实现正义就必然要从现实的异化劳动中找到现实依据。所以马克思提出的正义实现之路，即是解除异化劳动对人的强制和摧残、奴役和束缚，使劳动上升为自由劳动之路：消除异化劳动，消灭生产资料私有制，重建“社会的个人的所有制”，实现人性的复归，实现人的自由劳动。

马克思把劳动作为探究正义问题的基础和出发点抓住了问题的本质，从劳动的视角来阐明正义思想是符合辩证唯物主义的分析方式的。作为人之为人的劳动是一个历史过程，蕴含着人自由创造的本质和全面发展的要求。作为正义的最高价值目标，劳动的自由全面发展是人类社会发展的价值取向——自由劳动的复归。

利他的本义与市场经济

闻新国，《武汉理工大学学报》（社会科学版）2014 年第 4 期。

中国改革走过三十余年，当改革直指关键性的自我革命时，改革显得困难重重，这既有利益之争，亦有观念之争，民众观念的传统误导始终是一个原因，从个人理性角度进行国民改革意识启发应该有利于改革的深入推进。结合我国社会发生的大转型，我们有必要进行启蒙性反思。其中，如果我们对利他的本义有一个清晰的理解，就能为市场化转型扫除积压的思想障碍，就不至于把需要改革的积弊根源奉为圭臬，更不至于以对西方的成见，又将世界文明成果弃如敝屣。因此，应对利他本义展开必要的逻辑推理，分析利他与市场经济的相容性。

一、利他的逻辑推理

利他首先是驱动我者行为的规范要求，但利他的作用对象是他者。我们把利他作为行为动机考察时，不便再进一步追问利他的动机又从何而来，所以本文将利他作为既存的原初动机对待，而且这种动机对每一个我者来说是自律性且自娱性的，是相当自愿的，而不具有他律性，否则它违背了个体自由选择的假设，所以利他并不是教化者倡导的利他。真正的利他，就是要首先承认他者的利益。仅仅把“认为自己的行为有利于他者的利益”当作利他是不够的，而且在这样的认识上做出相应的行为也常常是有害的。所以利他要求以我者的身份满足他者的利己之心，从这种逻辑看，我者的利他行为应该不排除他者的自利行为。所以真正的利他与利己并不矛盾，利他与利己只是从不同的角度看问题罢了，唯一的区别就是利他者承认他者的自利，而且不过多考虑我者的自利罢了，或者至少是要有利于我者的同时也要有利于他者，而利己则倾向于从我者自身利益考虑问题，也有可能实现正面性质的推己及人的反思。利他与利己并非完全对立，两者是人类从自然状态到社会状态的过程中自然发展的推己于人的两种心理倾向。只是两种心理倾向对同一主体来说，在同一时间不完全对称，也就是说不同的个体不同时间会持不同的倾向，虽然利他与利己存在某种本质上的认同和一致性。

二、市场经济与利他本义的相容性

市场经济与利他本义的相容性主要表现在三个方面：一是利他本义所反映的与利己相容性的一面决定了其与市场经济的相容性。二是市场在诸多方面带来的客观利他结果，事实上强化印证了利他本义中关照利己的必要意义和互利性的良好结果。三是市场经济在以理性利己为基础的同时，更以自由权利为基础，而自由权利是真正利他的着眼点；同时自由权利并非仅仅局限于市场交换时的物权方面，还包括人们思想等方面的自由权利，在各种自由权利的作用下市场经济社会整体中还会诱发诸如慈善事业等比较完备的利他机制，甚至在单纯的市场环境之外人们同样会回归到自然而然的慈善状态，这些都说明市场经济与利他本义是真正相容的，而非冲突的。

三、利他及市场经济人性基础的扩展

市场经济发展出一种重要的他律机制维系社会正常的秩序，他律与自律的结合共同构成社会约束合作的条件，正是环环相扣的他律机制，才将人类从人与人的斗争中解脱出来以共同认可的机制加以规范，在尊重个体利益基础上的利他才有了比较完善的制度基础。另外，总体来说，从自我与他者的互利到敬重他人的慈悲之怀，从“以人为本”到“以自然为根”，崇敬自然的利他之心的油然生发既是基于个人修炼的较高境界，也是市场经济发展到一定阶段的反馈要求，即是现代市场经济中处理人与人、人与自然关系，以确保经济社会持续发展的一种必需的社会心理基础。

统筹城乡居民社会养老保险制度的伦理审视

凌文豪，《道德与文明》2014 年第 4 期。

一、城乡居保是伦理道德的助推器

（一）城乡居保制度促进了政府公正伦理观的发展

新农保首次明确了政府在农村居民养老保障中的责任，城居保明确了政府在城镇居民养老保障中的责任。同时城乡居保也明确了中央和地方财政的投入趋向：一是中央财政保证最低限度的基础养老金；二是地方财政对农村居民和城镇居民的养老金缴费进行适当的补贴。

（二）城乡居保继承了“老有所养”的尊老传统

“未富先老”“人口老龄化”加剧以及跳跃式不平衡发展，已成为我国目前凸显的社会问题。随着城镇化和市场化的快速推进，以及我国家庭结构“四二一”现象的更多呈现，我国传统的家庭保障和土地保障受到前所未有的冲击。在我国，对老年人的生活给予较多关注是人道主义的应有之义，城乡居保强调政府的社会服务意识，将广大老年农民和城镇居民纳入社会保障范围，是人道主义精神的集中体现，体现出绝大多数人对共同利益的关心以及人与人之间的相互尊重，城乡居保制度正是它的充分体现。

（三）城乡居保体现了“权利—义务”对等的伦理价值

现阶段，我国收入分配的差距不仅存在于城乡居民与公务员、事业单位职工和城镇企业职工之间，而且农村居民和城镇居民内部也存在收入差距。国家制定城乡居保是农村与城镇居民国民权利平等的一种价值体现，是社会发展的实质性飞跃。

二、城乡居保发展中的伦理偏差分析

城乡居保在发展过程中会出现公平性、可持续性、协调性与保障效果等方面的偏差。

（一）城乡居保公平性的伦理审视

我国城乡居保的公平性体现为内部公平与外部公平两个方面。目前我国城乡居保的外部不公平现象表现为：一是城乡居民与城镇职工的社会养老保障水平差距比较大；二是城乡居民与城镇职工的社会养老资源分配不均；三是城乡居民与城镇职工的收入水平差异比较大。城乡居保也存在内部的不公平：一是城乡居民养老基本生活需求费用标准存在差异；二是城乡居民养老金费用来源存在差异。

（二）城乡居保内部可持续性的伦理审视

城乡居保的健康发展关键在于其财务的可持续性。第一，城乡居保制度注重强化政府责任。第二，城乡居保基金未能做到保值增值。如何保持城乡居保的可持续增值事关我国社会保障体系建设的成败。

（三）城乡居保与相关制度衔接协调性的伦理审视

城乡居保与国家机关、事业单位以及城镇企业职工养老保险制度不仅在保障水平、保障方式等方面存在较大差异，而且在其转移接续方面也存在不能有效衔接的问题。在我们推行城乡居保时需考虑与其他制度之间的协调性，否则很难达到应有的效果。

（四）城乡居保保障效果的伦理审视

对于城乡居民而言，仅靠基本的养老金是满足不了基本生活需要的。对于城镇居民来说，城乡居保仅是其基本生活需求的较少一部分，他们的基本生活来源主要依靠亲情维系的家庭保障来支撑；对于农村居民而言，农村传统家庭养老保障仍占有举足轻重的地位。但是，新形势下传统的家庭保障已远不能满足城乡居民对社会保障的需求。因此，在我国城乡居保体系的设计方面，应该形成传统家庭养老保险、基本社会养老保险、商业保险和个人账户储蓄型养老保险相结合的多层次、多渠道社会养老保险体系，从根本上提高城乡居民抵御风险的能力。

三、城乡居保的伦理准则及完善策略

（一）城乡居保的伦理准则。第一，坚持政府负担为主和基本公共服务均等化的原则。第二，坚持统一性和差异性相结合的原则。第三，坚持城乡社会养老保险统筹相衔接的原则。

（二）城乡居保伦理准则实施的完善策略。首先，渐进实现城镇职工与城乡居保的制度整合。其次，制定科学化的城乡居保基金管理制度。再次，强化政府责任主体，加快城乡居保养老社会化扶持力度。最后，发展多层次、多形式的城乡居民养老保险制度。

论马克思的劳动辩证法及其伦理旨归

黄云明　高新文，《河北大学学报》（哲学社会科学版）2014 年第 4 期。

改革开放以后，马克思主义哲学研究取得了突破性进展，其标志是“走进马克思”（走近马克思）或者叫作“回归原生态的马克思”口号的提出，其代表性的成果是明确马克思主义哲学的本体不是物质，而是实践，或者更准确地说是劳动，马克思主义哲学是实践唯物主义，是实践本体论，或者叫劳动本体论。不仅要在哲学本体论上回归原生态的马克思，在哲学方法论上，也应该回归原生态的马克思。原生态的马克思的辩证法不是唯物辩证法，而是实践辩证法，更准确地说是劳动辩证法。研究马克思的辩证法要回归原生态的马克思辩证法。马克思的辩证法不是在费尔巴哈唯物主义哲学和黑格尔辩证法基础上发展起来的唯物辩证法，而是在劳动哲学中通过对黑格尔的劳动理论和辩证法扬弃确立的劳动辩证法。劳动辩证法是通过对劳动的哲学研究体现出来的。劳动辩证法强调主客体、人与自然、人与社会的对立统一，真理与价值、历史和逻辑的对立统一。劳动辩证法的主体是劳动者，劳动辩证法的伦理旨归是为劳动者提供方法论，其目的是维护劳动者的利益，为劳动者创造全面自由发展的社会环境。

马克思哲学是一个以劳动为核心的哲学体系，这个体系由劳动本体论、劳动辩证法、劳动历史观以及劳动人道主义构成。宫敬才教授在《马克思向未来社会过渡的三种图式论纲》中说："马克思不得不一再宣示自己'合乎人类本性'的价值立场。我们把这一价值立场统称为劳动人道主义。这种人道主义不是孤立存在，而是与劳动哲学本体论和劳动者主权论有本质和必然的联系。"劳动本体论、劳动辩证法、劳动历史观以及劳动人道主义彼此有本质和必然的联系。劳动本体论是劳动辩证法、劳动历史观以及劳动人道主义的世界观，劳动辩证法是劳动本体论、劳动历史观以及劳动人道主义的方法论，劳动本体论和劳动辩证法是马克思通过对社会历史问题研究发明的，而劳动人道主义是劳动本体论、劳动辩证法、劳动历史观的价值目的。总之，推翻资本主义社会，建立劳动人道主义的社会主义社会，为劳动者创造自由、全面发展的环境是劳动辩证法的根本伦理旨归。

"波斯纳定理"的道德缺陷

黄光顺，《伦理学研究》2014 年第 4 期。

波斯纳在"科斯定理"的基础上，发展出"波斯纳定理"。该理论以"效率"为导向，在一定范围内有助于改进法律制度，实现财富的最大化。但该理论也存在道德缺陷：忽视人的尊严，难以保护人伦关系，违背分配正义。作者认为应确立以人为本的理念，确立人权的制度保障，把"波斯纳定理"关进道德的笼子里。

一、从科斯定理到波斯纳定理

在科斯之前，经济学界利用税收政策来弥补私人成本和社会成本之间的差距。科斯打破传统，提出了"交易成本"理论。科斯认为，可以通过法律作出权利归属的规定，让交易成本降到最低，以使资源配置最优化。他的这一思想被波斯纳发展为"财富最大化"原则，从而提出"波斯纳定理"。而选择"财富"作为衡量标准，是因为财富可以计数，通过比较各种创造财富的方法，选择有效率的方法，从而提高效率。“波斯纳定理”是以效率为单一维度的，他认为效率就是要避免资源的浪费，以最小的投入换得最大的产出。“波斯纳定理”就是要配置权利，通过法律的权利配置不产生交易成本，使社会总财富最大化。而且，波斯纳认为这一定理具有道德上的优越性，认为“财富最大化”原则是比功利主义等其他道德原则更优越的一个道德原则。原因在于“财富最大化”原则能提高效率，解决社会生产性的问题，这在道德上具有正当性。此外，波斯纳认为能够使“财富最大化”的分配也是一种分配上的正义。

二、“波斯纳定理”为什么不能成为道德定理？

“波斯纳定理”并非受到一致赞同，其理论存在道德缺陷。其一，忽视人的尊严。对波斯纳而言，尊严是由市场价值决定的，而不是自己主观认知。这是与我们的道德共识相违背的。人的尊严根源于人类每一个存在者作为其共同体的成员资格，任何一个人来到这个世界上，都对人类共同体的存在起着基础性的建构作用，他们应享有最基本的尊严。其二，难以保护人伦关系。波斯纳把“财富最大化”原则凌驾一切准则，只要使社会总财富增加，不考虑人伦关系。但人伦关系是人与人之间的关系与秩序，其中的很多价值是无法用金钱来衡量的，它满足了人们精神生活方面的需要。而“波斯纳定理”完全漠视这些。其三，违背了分配正义。波斯纳自认“财富最大化”原则可以处理“分配正义”问题。就如何分配初始权利，波斯纳认为，为了避免交易成本，把初始权利赋予最珍视它的使用者，从而使社会财富最大化。但这是一种带有歧视性、不平等的主张。他没有认真看待人们之间的差异性，只是在社会总财富增加的前提下，展开“谁最能创造财富就给谁权利”的计算，而不管谁增加谁减少，所以远没有其标榜的那样具有道德优越性，不能成为一个道德定理。

三、“波斯纳定理”关进道德的笼子里

“波斯纳定理”不是万能的。“经济学进路”也该有效率的合理定位，应该有道德的边界，否则必然会失去其存在的正当性。因此，作者认为要把“波斯纳定理”关进道德的笼子里。第一，确立以人为本的理念。要把人文精神作为我们的法律精神，主要是用人文精神来评判我们现代的法治，把我们现代法治当中的不符合“以人为本”的那样一些负面的东西诊断出来，加以改正，让社会更加公平正义，让每一个人在社会公正的制度范围内得到权利和发展，促进人的全面发展。而且，确立以人为本的理念，就得维系人的尊严，这是最高的价值选择。第二，确立人权的制度保障。在法的价值体系中，人权居于最高层次，是法的核心价值。要做到保障人权，首先，衡量标准是也只能是“不得损害他人”这一最基本的道德规范。其次，假如一个人的行为没有“损害他人”，政府在制定法律、配置资源时，要尊重并切实维护这种具有正当性的利益、自由或行为。当然，在分配权利时，应该绝对平等地分配基本的权利，比例平等地分配非基本的权利。甚至，有时我们应该采取从弱者出发的原则，做到优胜劣不汰。这样，这个共同体就会让人觉得有“人味”，这样的社会就会更加的和谐稳定。

禁奢崇俭的道德价值探析

黄　燕　田贵平，《道德与文明》2014 年第 4 期。

禁奢崇俭即厉行节约制止奢侈浪费行为，不仅对于坚持和发扬艰苦奋斗、勤俭节约的优良传统和作风，对于加强党和政府同人民群众的血肉联系，促进党政机关的廉政建设，推动我国改革开放和社会主义现代化建设事业的顺利进行具有十分重要的意义，而且对公民个体的道德理念、道德习惯养成、道德行为选择具有重要价值，有利于在全社会形成良好的消费观念，营造和谐的社会环境，推动社会主义市场经济良性发展，对培育和践行社会主义核心价值观意义深远。

一、禁奢崇俭的道德内涵

禁奢崇俭的道德价值在于抑恶扬善。“禁奢”不是反对消费，而是反对奢侈浪费，反对无节制地消耗物质财富。“节俭”不是赞成一味地吝惜物质财富，而是用而有度，属于道德中“善”的范畴。在不同的历史时期、不同阶段的社会生产力条件下，人们对一种消费行为是奢侈还是节俭的判断标准不同，建立在不同标准下的善恶道德评价及行为选择也就不尽相同，其关键在于把握好“度”。禁奢崇俭的道德运用重在实践，也难在实践。适度消费的“度”，是一个动态的概念，会随着生产力的进步、社会的发展和人们观念的变化而变化。因而，相对于不断变化的消费实践而言，禁奢崇俭似乎更强调的是一种合理的、适宜的生活态度。

二、禁奢崇俭的道德价值

禁奢崇俭对于个体的道德价值，体现在对个体的善与恶、好与坏、是与非、荣与辱等基本道德理念、道德习惯养成、道德行为选择上。从执政者角度看，中华民族自古以来就把节俭作为统治者治国安邦方略的基本要求。

禁奢崇俭的社会道德价值体现为：一是倡导全体社会成员杜绝浪费和奢靡，秉持节俭朴素的观念和行为，以健康、合理的消费促进和谐有序的社会发展；二是培育和践行社会主义核心价值观；三是端正党风、纯洁党的队伍；四是对市场经济的能动作用上。

三、坚持禁奢崇俭，努力培养俭朴风尚

第一，积极倡导禁奢崇俭，培养公民良好的道德习惯。首先，从教育入手，提高道德认知水平。其次，培育健康的消费文化，引导正确的消费行为。最后，结合公民日常生活，从细微处培养俭朴意识。第二，以制度建设为根本，提高禁奢崇俭的自律能力。首先，实施法制监督。其次，健全政府监督、审计。最后，重视舆论监督和发动群众参与。第三，发挥党员带头作用，干部要争做禁奢崇俭的楷模。首先，加强党内监督。其次，要提升党员干部的道德水平，把禁奢崇俭作为一种基本的道德约束和行为规范。最后，党员干部应时刻检查自己的言行，牢记为人民服务的宗旨，把自己的一切活动置于人民群众的监督之下，保持“吃苦在前，享受在后”的光荣传统。

社会共识与经济伦理

龚天平，《齐鲁学刊》2014 年第 4 期。

经济伦理从理论走向现实，从价值观到实际行动，必须通过相应的桥梁或中介即经济伦理实现机制，而社会共识是这一机制的重要构成。社会共识实际上是经济伦理得以实现的现实起点。

一、社会共识：内涵与形成

所谓社会共识，就是生活于一定时代、一定地理环境中的共同体（包括群体、政府组织）中的人们通过理性协商而共同享有的一系列价值观念、规范及形成这些共识的基本程序。社会共识一般包括两个种类：其一，价值共识；其二，程序共识。

社会共识形成于人与人的相互交往活动。人在本质上是社会关系的动物，交往的动物。交往是人的本性，而人的交往是冲突与合作并存的，其中冲突代表了人的本性中利己性的一面，合作代表了人的本性中利他性的一面。人是利己与利他的统一体，其本性则是集冲突与合作于一身。因而社会共识必然出现。

首先，冲突是社会共识出现的必要条件；其次，合作是社会共识出现的可能条件。社会共识一旦形成，就把人们的行动凝聚起来。

二、社会共识对经济伦理实现的支持

按照人们的活动领域，我们可以把社会共识分为经济共识、政治共识、道德共识等，关于经济伦理方面的社会共识是由经济共识和道德共识相互交叉、融合后形成的。这种共识包括程序共识和价值共识两个方面。程序共识主要是指社会成员对经济伦理及经济主体践履经济伦理的行动的共同认可和普遍接受。社会共识的达成，对于经济伦理实现来说，具有极为重要的意义。第一，为经济伦理实现提供精神滋养；第二，为经济伦理实现提供价值牵引；第三，为经济伦理实现提供舆论支持；第四，为经济伦理实现提供对话平台。

三、社会主义市场经济条件下关于经济伦理的社会共识

关于经济伦理的社会共识还包括价值共识，即人们对经济伦理观念或经济伦理规范的共识，也就是一些具体的经济伦理原则和规范。那么，我国社会主义市场经济条件下，这种价值共识应该有哪些呢？

（一）经济与伦理辩证统一的社会共识

经济伦理的基本矛盾是经济与伦理的关系，这一关系包括两个方面：一是伦理与经济是否一致；二是伦理与经济何者优先。经济与伦理的关系并不是简单的一致或不一致，也不是简单的谁优先谁靠后的选择问题。两者之间应该是一种辩证统一的关系。

（二）围绕经济伦理基本矛盾之子矛盾的社会共识

围绕经济伦理基本矛盾，还有四大子矛盾，因而社会还必须相应达成以下社会共识。第一，自由与责任相统一；第二，权利与义务相统一；第三，公平与效率相统一；第四，利己与利他相统一。

利他还是利己——破解斯密之谜

覃杏花，《广西师范大学学报》（哲学社会科学版）2014 年第 4 期。

在探讨市场经济理论时，亚当·斯密是一位不可跨越的人物。在人性问题上，他坚持人类的两种本性学说，即人性的自私（利己）与同情（利他）。在《道德情操论》中，他认为同情之心是基本人性，但在《国富论》中却将人的行为动机归结为自私。自私与同情这两种相互分裂的人性统一在一起，这契合西方一直流传的人性观点——人一半是天使，一半是野兽。这一看似矛盾的观点便是著名的“斯密之谜”。其实，亚当·斯密的上述观点并不矛盾，我们完全可以从其道德观中找到破解“斯密之谜”的钥匙。亚当·斯密的自私（利己）与同情（利他）两种人性观的辩证统一，其实就是一只“看不见的手”，是一种在自然和社会领域自发的力量，是蕴藏在人的自然本性、自然界、人类社会中的一种内在的自然伦理秩序。在社会道德领域，它调节着人与人之间的利益关系；在社会经济领域，它诱导全社会利益秩序，自发调节人与人之间、人与社会之间的利益分配。自私（利己）与同情（利他）两种人性观的辩证统一是亚当·斯密哲学的精髓，也是市场经济得以持续发展的前提。亚当·斯密的自私（利己）与同情（利他）两种人性观的辩证统一，其实就是一只“看不见的手”，是一种在自然和社会领域自发的力量，是蕴藏在人的自然本性、自然界、人类社会中一种内在的自然伦理秩序。在社会道德领域，它调节着人与人之间的利益关系；在社会经济领域，它引导着全社会利益秩序，自发调节人与人之间、人与社会之间的利益分配。自私（利己）与同情（利他）两种人性观的辩证统一是亚当·斯密哲学的精髓，也是市场经济得以持续发展的前提。因为它揭示了人类社会赖以维系、和谐发展的基础，以及人的行为应该遵守的一般道德准则。这只“看不见的手”其实就是一种社会秩序。正是这只“看不见的手”有力地推动了市场经济的健康良性运作，最终促进社会的和谐发展。因为有了它的存在，社会经济秩序才能有条不紊。亚当·斯密人性观中所蕴含的经济伦理思想是现代市场经济的金规。

媒体在企业社会责任建设中的角色担当

李新颖，《学术交流》2014 年第 8 期。

媒体是推动企业承担社会责任的重要外部力量，在企业社会责任建设中发挥着举足轻重的作用。具体来说，媒体在企业社会责任建设中的角色担当体现在五个方面：企业社会责任的倡导者，通过对企业社会责任的传播，引导企业朝着良性化方向发展；企业社会责任信息的披露者，通过对先进企业的典型宣传、问题企业的披露以及对履行社会责任状况的评估排名，成为引导公众舆论、影响公众行为的重要力量；企业行为的监督者，其舆论监督有利于加强企业经营者的责任意识和道德意识，成为其严于自律的推进器；企业与社会的沟通者，其崭新的传播方式和丰富的沟通渠道，推动企业与社会之间的良性互动，密切了彼此联系；企业社会责任的践行者，作为企业组织之一，它走在社会责任建设前列，为其他行业的企业起到表率作用。

一、媒体是企业社会责任的倡导者

作为企业社会责任的倡导者，媒体以大量的篇幅对企业社会责任的概念、内容、理论基础等问题进行了详尽的介绍，企业社会责任在线和企业社会责任中国网、中国企业公民网等网络媒体，中国社科院企业社会责任研究中心、企业社会责任资源中心等机构也通过其网站为中国企业社会责任的传播与推广做出了积极的贡献。在对企业社会责任的宣传和传播上，媒体的力量得到充分的彰显和运用，媒体不只是为我国引进了企业社会责任的概念，更为这一概念的具体落实做了许多工作，引导中国企业朝着良性化的方向发展。

二、媒体是企业社会责任信息的披露者

企业社会责任信息披露的内容主要有环境方面（污染防治、环境恢复、节约能源、废物回收等）、员工方面（职业健康、安全生产、就业安置、工资及福利等）、消费者方面（产品质量、消费者知情权、选择权等）、社会公益方面（慈善、捐赠等），基本涵盖了经济、环境和社会三个方面。在披露企业社会责任信息时，媒体主要采取了以下两种方式：一种是以新闻的形式对企业的社会责任表现进行报道；另一种是对企业履行社会责任状况进行评估排名。

三、媒体是企业行为的监督者

媒体的监督职能对包括企业在内的整个社会组织都发挥着重要的作用，新闻媒体的舆论监督在企业社会责任建设过程中是必不可少的。媒体监督职能的发挥主要是通过对国家事务和社会生活中出现的违反公共道德或法律、法规的行为进行揭露和批判，借助舆论压力使这些问题得到及时的纠正和解决，促使涉事各方更好地履行其社会职责，促进整个社会的和谐与发展。媒体具有强大的舆论引导与监督功能，对企业树立高度的社会责任意识和积极履行社会责任有很重要的影响作用。因此，在企业社会责任建设中应充分发挥媒体的舆论监督机制，加强外部的驱动力，推动企业积极承担社会责任，鼓励企业增强守法意识、人文意识、环保意识，遵纪守法，文明经商，营造良好的经营环境和生存环境。

四、媒体是企业与社会的沟通者

一方面，企业任何重要内容的发布，都需要借助媒体这个平台。另一方面，企业对社会问题的感知与回应，同样需要借助媒体平台。

五、媒体是企业社会责任的践行者

在现实生活中，媒体所肩负的社会责任是多方面的，包含了经济、政治、文化、生态等多个层面。为此，首先，媒体应具有强烈的责任感与使命感，将社会效益放在第一位，构筑适应时代需要的社会主义核心价值体系，做好把关人，对自身所传播内容可能引发的社会影响负责。其次，媒体也应积极履行经济责任，在合法经营、公平竞争的前提下获得经济利益，增强自身的市场竞争能力，将媒体做大做强。

经济伦理学：回应当代“义利之辨”

张清俐　吴　楠，《中国社会科学报》2014 年 8 月 8 日。

进入 21 世纪，经济全球化浪潮波及各国，不同程度的金融危机时有发生；近年来，随着我国市场经济体制改革日益走向深水区，经济领域诸如食品安全、非法融资、生态污染等问题屡屡曝光，牵动着亿万民众的神经。这是否是经济发展必须付出的代价？如何规避这些风险？经济伦理学对这一当代“义利之辨”进行了深刻反思，由此涌现的大量研究成果也促使诞生于当代市场经济探索中的这一交叉学科走向成熟。

现状：经济伦理学成长为“显学”

经济领域中的伦理问题自古有之。河海大学马克思主义学院院长余达淮告诉记者，学科意义上的经济伦理学产生之前，人类思想史上对经济与伦理关系有着不同路径的探讨，如中国传统的“义利”问题、西方古典经济学的“经济人”和“道德人”问题等。遗憾的是，那时这些富有真知灼见的探讨没有完全发挥其应有的理论力量。20 世纪 70 年代中期，由美国堪萨斯大学发起召开的第一届经济伦理学讨论会标志着经济伦理学作为一门独立的学科正式诞生。80 年代以后，这门新兴学科在日本、欧洲等国家和地区获得了长足发展。南京师范大学公共管理学院王小锡教授在接受采访时说，改革开放后至 90 年代初，随着我国社会主义市场经济的发展，国内学界再次将目光投向经济的伦理道德问题。90 年代中期前后，与经济伦理学相关的论著开始产生，中国经济伦理学学科进入初创阶段。

发展：呈现与多学科交叉发展态势

自经济伦理学作为一门独立学科诞生之初，其交叉学科的性质便使研究者对其学科属性和研究方法感到困扰。王小锡认为，经济伦理学应从哲学高度审视社会经济行为的伦理道德蕴含。在余达淮看来，经济伦理学必须从经济现象本身出发去寻找道德问题，而不是把道德哲学的一般原理机械地移植过来用以解释经济现象；同时，也必须从道德现象本身出发去寻找经济根源，而不是把经济学的一般原理机械地挪过来解释道德现象。上海社会科学院经济伦理研究中心主任陆晓禾介绍说，一方面，近代以来的主流经济学回避了规范分析，忽略了人类复杂多样的伦理考虑；另一方面，伦理学也存在不承认规范伦理学的倾向，而仅仅满足于元伦理学的分析和描述。经济伦理学的出现，倡导的是一种对伦理学开放的广义经济学框架，一种能够认识和证明伦理价值和行为准则是有道理的规范伦理学，从而能够从交叉学科的视角，为公共政策、企业决策提供宽阔的理论基础和方法论工具，经济伦理学的出现，不仅将经济学与伦理学融为一体，构成公共政策和企业决策的基础，而且也促进了伦理学和经济学自身的发展。这一学科体系的发展壮大在我国学术界得到了显著体现。湖南师范大学道德文化研究中心教授王泽应介绍说，我国经济伦理学的发展体现出与多门学科交叉发展的态势，有望形成生态经济伦理学、政治经济伦理学、信息经济伦理学、文化产业伦理学、旅游经济伦理学等新兴学科。这些学科将某些独特的经济学二级学科与伦理学结合起来，构筑三位一体的理论体系。

未来：回应转型时期现实问题

经济伦理学的发展与时代的进步息息相关。未来，经济伦理学如何在已有成果基础上深化研究？王小锡认为，应对不同的研究方法给予包容，特别注意运用社会学、统计学、心理学等多种研究方法，开展广泛的调查研究，并注重个案分析和综合概括、理论研究和实证研究相结合。“要创建符合时代经济特征的经济伦理学，研究者必须深入经济活动之中，开展广泛的调查研究；在深入经济建设实践、开展实验研究的基础上，进行哲学论证，展示伦理道德发挥作用的基本操作程序和模式。”王小锡提出，在从宏观上揭示人类经济伦理观念及其理论模式的同时，还要从微观上探究人的经济伦理情感和经济伦理观念的形成过程及其规律。陆晓禾认为，现在我们面临和亟待解决的是市场经济在中国特定环境中发生的伦理问题，如诚信问题、环境问题、唯 GDP 问题及制度伦理问题等。经济伦理学研究者应肩负其时代使命，对转型期出现的一系列现实问题，作出理论回应。

消费伦理：引导树立可持续消费观

郝日虹　张清俐，《中国社会科学报》2014 年 8 月 15 日。

改革开放以来，我国经济驶入增长快车道，消费品市场极大丰富。但与此同时，非理性消费不断增长，尤其是在西方消费主义文化和资本扩张欲望的影响下，盲目消费、挥霍浪费乃至通过“炫富”博取关注等现象的蔓延已不可忽视。消费如何影响当代人的生活方式？如何趋消费之“利”而避消费主义之“害”？许多学者表示，当前亟待构建科学、可持续的消费观，这是事关国计民生的重要问题。

过度消费主义欲望正在滋生

“近年来持续激增的消费动力背后是消费主义的欲望形态，它呈现为消费欲望的不断膨胀和无休止状态。”中山大学社会学与人类学学院副院长王宁解释说，人们不但不对欲望进行自我抑制，反而任其“摆布”，导致欲壑难填。中国社会科学院社会学研究所副研究员陈昕给出了他针对消费主义倾向的一组调研数据（从京、津两地选取样本）：从消费主义指标的“0”端（“非消费主义”）到消费主义指标的最高端“82”（“消费主义”），具有非消费主义倾向的有 127 人，占 22.7%；而具有消费主义倾向的人数高达 433 人，占 77.3%。人们通过消费塑造身份认同或进行社会区分，继而相互攀比，在这种心态驱使下，消费欲罢不能。武汉大学社会学系副教授张杨波介绍说。在大众传媒发达的今天，消费主义的“触角”已深入广大农村地区。

过度消费主义违背可持续发展理念

在马克思主义看来，消费是推动世界历史的重要力量，“人从出现在地球舞台上的第一天起，每天都要消费，不管在他开始生产以前和在生产期间都是一样”。但马克思坚决反对以奢侈浪费为主要形式的过度消费，认为过度消费是一种否定人的异化行为。马克思说：“仅仅供享乐的、不活动的和挥霍的财富的规定在于：享受这种财富的人，一方面，仅仅作为短暂的、恣意放纵的个人而行动，并且把别人的奴隶劳动、人的血汗看作自己的贪欲的虏获物，因而把人本身——因而也把他本身——看作毫无价值的牺牲品。”（《1844 年经济学哲学手稿》）

消费，作为一种经济行为，是人基于自身的需要对物的消耗。它本身并不是哲学批判需关注的领域。清华大学哲学系副教授夏莹介绍说，从20世纪30年代开始，哲学与社会学学界悄然开始了关于消费主义的反思。从稀缺社会到丰盛社会，以鲍德里亚为代表的学者基于不同的社会境遇延续着马克思的批判话语，展开了对消费主义的批判。目前学术界对消费主义的反思，更多是从社会哲学和政治经济学等视角展开。张杨波说，消费主义重视商品符号价值塑造个人身份的作用，而忽略了一些与个人本身相关的重要社会联系。此外，消费主义夸大了消费在解决个人生活困境中的作用，转移了人们解决社会问题的注意力。

构建可持续的合理消费观

"在经济学视野中，消费常常被理解为纯粹的物质消耗过程。然而，现实中的消费是一种内涵着道德理念、伦理关系、精神境界的行为方式和生活方式。"南京师范大学公共管理学院教授王小锡表示，西方消费主义影响下产生的过度消费、身份消费、奢侈消费、高碳消费等的背后，是伦理的缺失。王宁提出，当前我国正处在复杂的社会转型时期，对于去道德化行为的制裁弱化或缺位，使金钱或财富几乎成为个人社会地位评价的唯一标准，于是，"炫富"及以竞争性或挑战性为特征的炫耀性消费就变得越来越没有道德顾忌。夏莹认为，消费伦理是抵抗消费主义的一条路径。消费伦理主张构建一套规范体系，使消费具有消费的道德正当性和经济合理性，但就已有研究来看，消费的经济合理性所诉求的适中消费标准很难界定，也难以在符号消费与物质消费之间作有效的区分以判断消费的道德正当性。

有学者提出，目前已有的大多数研究往往重视对消费主义做道德上的批判，但忽略细致的调查研究；侧重介绍消费主义的现象状况，却忽略了原因分析；多在一般层面上讲述，没有注意到对不同群体的实际影响其实各有不同。应提倡可持续消费，并形成可持续消费模式占主流的消费理念。

发展循环经济的三大理念

乔法容，《人民日报》2014年9月19日。

发展循环经济，是对大量消耗资源、严重污染环境和破坏生态的传统粗放型经济发展方式的一场革命。发展循环经济应树立三大理念：和谐发展、可持续发展、公正发展。这三大理念是经济发展观念的深刻变革与提升。

和谐发展理念。循环经济发展模式以系统论、生态学为理论基础，遵循减量化、再利用、资源化的原则，构建经济—生态—社会和谐发展的链条。和谐发展理念把经济视作地球大系统中的一个开放子系统，它既具有相对独立性，又与社会、生态环境以及地球大系统相互作用、相互制约，经济发展必须与地球大系统实现和谐。传统经济发展模式秉持经济增长第一的价值观，缺乏经济行为必须与自然资源、生态环境相和谐的观念，形成了当今经济发展与自然资源、生态环境相冲突的局面。面对发展困局，美国经济学家鲍尔丁于 20 世纪 60 年代提出循环经济概念，并提出建设“生态经济学”学科。

和谐发展理念不仅弥补了先前人类对环境和自然资源价值的认知不足，而且突破了生态与经济的界限。它要求经济发展必须尊重自然规律，经济子系统必须与生态大系统相协调。和谐发展理念彰显了追求经济、社会、环境和人类自身协调发展的精神，倡导的是经济价值、生态价值与人类自身价值相统一的系统发展观。当前，人类必须摒弃仅仅关注经济效率与增长速度的单向度发展观，更加关注资源与环境的承载力，更加重视生态环境的价值和人类自身的价值。循环经济发展模式的核心要求，就是考虑经济活动对资源、环境、社会的影响，把和谐发展放在首位。

可持续发展理念。经济系统与社会系统、生态系统和谐发展，是实现可持续发展的前提。人类选择循环经济发展模式，直接动因是化解经济发展所带来的日益严重的环境污染、生态破坏、资源枯竭矛盾，解决经济社会发展不可持续问题。

可持续发展的要义，是通过清洁生产、减少排污、节约资源、循环利用实现经济增长，既满足当代人的需求，又不损害后代人满足其需求的能力，实现经济发展可持续与人类社会可持续、自然生态可持续相统一。而传统线性经济发展方式，加之片面追求国内生产总值的偏好，暴露出越来越明显的缺陷，如忽视经济增长的质量和效益，忽视经济增长导致的生态环境损害，忽视人的发展需求与社会福祉的全面提升，是不可持续的。循环经济发展模式在资源投入、企业生产、产品消费及废弃物排放的全过程中，把传统线性发展转变为资源循环利用的环路发展，为实现可持续发展提供了战略性发展范式，能够缓解长期以来经济发展与资源、环境之间的尖锐矛盾，实现经济效益、社会效益与生态效益相统一。

公正发展理念。公正是处理各种利益关系的一个基本准则，是衡量经济社会进步与否的重要尺度。发展循环经济的公正理念，是融经济公正、社会公正、生态公正于一体的综合公正观。

综合公正观要求人类在开发利用自然资源、发展经济时，既考虑自身和当代人的利益，又不危及他人和后代人的利益，体现代内公正、代际公正和人地公正。代内公正是指当代人在利用自然资源满足自身利益的过程中，要体现机会平等、责任共担、合理补偿的原则，强调公正地享有自然资源；代际公正要求当代人在满足自身需求时不损害后代人满足其需求的能力，在消耗自然资源时为子孙后代保留满足其需求的自然条件；人地公正是指人类在满足自身需求时，以基于生态学的自然观和价值观去看待自然，从而公正地对待自然，实现经济社会、自然环境的可持续发展。公正发展理念贯彻于循环经济中，要求人类把开发利用自然资源的权利和保护自然环境的义务统一起来，在进行经济活动时，尽量减少和避免对自然生态环境的损害，并对生态权益受损者给予补偿，使不同地区和人群都有利用自然资源、享有良好生态环境的机会。

阿玛蒂亚·森论“理性的同情”

王　嘉，《道德与文明》2014 年第 5 期。

在西方主流经济学理论中，只有明确地从自身利益出发进行的选择，才被认为是理性的选择。而为他人利益着想的心理或行为，如同情心理或行为，则因其与自利不相容而被认为是非理性的。利己与利他、理性与情感通常被对立起来。然而阿玛蒂亚·森（Amartya Sen）通过分析同情心理或行为中的利己主义因素，反驳了将理性仅限于自利心理或行为的狭隘认识，为经济学以及伦理学理论在利己与利他、经济理性与道德情感上的问题提供了新的视野，为弥合社会科学领域的“斯密问题”提供了理论支持。本文将从森的上述观点出发，来对利己与利他、理性与同情之间的相关问题进行分析。

一、利己主义理性观的狭隘性

（一）对“理性选择理论”（简称 RCT）的批判

这个理论将选择的理性仅仅描绘成对于自身利益的最大化。在以理性选择理论为代表的西方主流社会科学看来，只有那种以自身利益最大化为目的的选择或行为，才是理性的。如果不是以自身利益最大化为目标，而有其他的动机（即为他人利益考虑的动机），那就是非理性的。

（二）对亚当·斯密“经济人”假设的误读

“经济人”假设的核心观点是人类行为的目的是追求自身利益最大化，但这并非是斯密思想的全部内容，除了“爱自己”（self-love），还有同情、慷慨大方、热心公益的精神。因此，森认为，“人仅仅追求自身利益”的观点实际上是人们以偏概全地扣在斯密头上的。

二、同情中的利己因素

为了克服理性选择理论对理性的狭隘理解，森认为可以对利己主义的内涵进行拓展，他认为如果对他人的同情或关注他人的利益达到了提升自身福利的目的，那么就没有理由将同情视为与自利相对立的心理或行为形式，它也可以被纳入自利的范畴。

三、完全排除利己因素的利他行为：献身

森在广义的同情之上，区分出了“献身”，将献身作为独立于自利因素之外的“纯利他”动机形式。作者认为这是森在利己与利他的相容问题上表现出的不彻底性。首先，森所谓的不能用利己主义来解释的“献身”心理或行为，实际上归根到底仍然可以与利己主义相容。其次，森对于所“献身”之对象的规定，倾向于社会、民族和社群之类的团体或整体对象，而不是倾向于个体对象。

四、利己与利他、理性与情感的相容

虽然在笔者看来，森对利他心理或行为所包含的利己因素分析得并不彻底，但是这并不影响森的理论在利己与利他、理性与同情关系问题上的贡献。森的思想让我们看到利己与利他、理性与同情并非是有你没我的对立关系，它们之间并非不相容。在此基础上，我们对同情之类的利他心理或行为在社会科学理论中应该具有的地位的认识将大大发展，并有助于克服主流社会科学理论重视理性和利己而忽视同情和利他的局限性。

综上所述，森为我们提供的从利己角度解释同情之类的利他心理或行为的思路，让我们认识到，所谓利己与利他、经济理性与道德情感之间的“斯密问题”，其实并不是一个不合逻辑的“怪现象”。利己本能与同情本能都是普遍存在的人类“实然”本性，它们之间是能够相容的。在以人类心理、行为为对象的社会科学理论中，不应只重视或只肯定其中的一个方面。我们既没有必要像某些伦理学家那样，认为只要是出于利己动机的就是不道德的，也不应该像西方主流经济学那样在理论出发点上忽视利他、同情偏好。森在这些问题上的创见，为经济学和伦理学在相应问题上的相互融通提供了理论支持。

员工感知到的企业伦理对其态度与行为影响的实证研究

白少君　安立仁，《伦理学研究》2014 年第 5 期。

企业的伦理行为与其道德责任一直是管理理论和实践关注的焦点之一。在进入现代信息化社会后，企业的伦理行为更多地进入了公众的视线，处于众多力量的监督之下。不仅如此，企业伦理对于企业的重要性不仅表现为企业对外部各利益相关者的伦理行为会影响对应的利益相关者与企业的关系，而且表现在企业对各利益相关者的伦理行为同样对内部员工的态度和行为会产生重要的影响。因为，在现代的市场经济形势下，员工是企业最为重要的资源，员工在组织中的态度和行为对企业诸多产出和绩效都至关重要。因此本文关注员工感知到的企业伦理行为对员工态度和行为产生积极的影响，尝试揭示其中的影响机制，从保持和激发企业员工的内部角度探讨提高企业的竞争能力。

首先，企业伦理与组织认同。组织认同是员工与组织情感联系的一种状态，员工将自己作为组织成员的身份纳入到自我概念中的一部分并根据其所在的组织的特征来定义自己，表达了自己属于某一个组织的感知。个体倾向认同那些他们感知到具有良好声望的组织，因为是某个声望很好的组织成员的身份能够提升自尊和满足自我提升的需求。同时，员工感知到组织的声望和组织对员工的尊重能够从认知上整合员工的自我身份和自我价值与组织的特征和地位，从而增加员工对组织的认同。由此，提出本研究的假设 1：员工感知到的企业伦理对其组织认同有积极影响。

其次，企业伦理、情感承诺与组织认同。情感承诺反映了员工对组织一种情感或情绪上的依赖。组织中的不同个体对组织的感情基础存在差异，因此他们对组织的承诺程度也不相同。本研究将研究焦点投向情感承诺，研究企业伦理对其的影响。因为员工以组织的身份定义自己，将组织身份纳入到自我概念的一部分，在员工组织关系中两者的一体感很强，在此基础上员工更可能发展对组织的情感依附。因为这种很强的内在联系，员工更可能产生对组织的承诺。由此，提出本研究的假设 2：员工感知到的企业伦理对其情感承诺有积极影响，以及假设 3：组织认同在企业伦理对组织承诺的影响间起中介作用。

再者，组织认同、情感承诺与员工产出。员工对组织具有较高的情感承诺，更可能考虑组织的利益，而组织公民行为虽然是没有明确的规定和要求，也没有相应的报酬，但却是对组织非常有益的行为，能够为组织的长期发展作出很大的贡献。因此员工对组织高的情感承诺会对其工作绩效具有积极的影响。在企业中通常是缺乏组织承诺的员工可能更具有更强的离职倾向和意愿。由此，本研究提出假设4—7。假设4：员工的情感承诺对其组织公民行为有积极影响。假设5：员工的情感承诺对其工作绩效有积极影响。假设6：员工的情感承诺对其离职意愿有负向影响。假设7：情感承诺在员工组织认同与员工产出间起到中介作用；假设7a：情感承诺在员工组织认同与组织公民行为间起到中介作用；假设7b：情感承诺在员工组织认同与工作绩效间起到中介作用；假设7c：情感承诺在员工组织认同与离职意愿间起到中介作用。

在上述文献综述与假设的前提下，本文采用测量量表（主要采用了翻译—回译的方法）和研究样本（主要来自西安的各类企业）的实证研究方法，在所采集的333个企业员工样本基础上，从个体层面考察了员工感知到的企业伦理行为对其自身的态度和行为的影响，深入地探索了员工感知到的企业对各利益相关者的伦理行为通过组织认同和情感承诺等心理机制影响员工的组织公民行为、工作绩效和离职意愿的机制。具体得出：(1)员工感知到的企业对各利益相关者的伦理正向影响员工对组织的认同与其情感承诺；(2)员工的组织认同能够中介其感知到的企业伦理对情感承诺的影响；(3)员工的情感承诺对其组织公民行为、工作绩效有积极影响并能够降低员工的离职意愿；(4)员工的情感承诺在组织认同对员工的组织公民行为、工作绩效和离职意愿的影响间起到中介作用。

效率与公平并重视角下的企业工资决定模型

刘　娜　欧定余，《湘潭大学学报》（哲学社会科学）2014年第5期。

一、引言

效率，指生产效率、经济效率。公平，指个人收入分配的公平。效率与公平都是由相同特定社会经济制度决定的，是生产力与生产关系、经济基础与上层建筑间辩证统一关系的体现。在处理效率与公平的关系上，从党的十四届四中全会到党的十六大，我们一直坚持“效率优先，兼顾公平”，这一行事原则使社会经济得到长足发展，同时却因过分追求效率、缺乏公平而引发了道德问题，甚至社会稳定问题。本文基于“公平工资—努力”为核心的效率工资理论，对企业内部“公平—效率工资”决定进行模型分析，以期推进效率与公平并重视角下的企业工资决定理论研究，亦为企业科学确定工资水平提供参考。全文余下部分安排如下：第二部分为理论基础与分析框架；第三部分是企业“公平—效率工资”的决定；第四部分为跨国因素对企业“公平—效率工资”决定的影响；最后是结论及政策建议。

二、理论基础与分析框架

（一）公平理论与工资决定

收入分配是否公平是人们对其收入与所处地位、所做贡献，以及所担责任与义务是否相符的一种判断。从纯粹经济意义上看，收入分配公平原则实质是对“等量贡献获取等量报酬”的诉求。

（二）以“公平工资—努力”为核心的效率工资理论

20 世纪 90 年代，Akerlof 和 Yellen 在讨论失业问题时基于 Stiglitz 效率工资理论并融合 Adams 公平理论及 Kahneman 等的“公平工资”概念提出了以“公平工资—努力”为核心的效率工资理论。他们认为，在“公平工资—努力”假设前提下，员工之间具有互惠公平感。相较于实际工资水平，员工努力程度更受到互惠公平感的公平工资的影响。

（三）分析框架

本文将秉承以“公平工资—努力”为核心的效率工资理论思想对企业工资决定进行模型分析。在员工工资由其努力程度内生决定的前提下，我们将尝试基于均等化投入产出比的公平性假设设置员工总体工资—努力函数，以高于市场出清水平的效率工资保障企业生产高效率。因此，企业向员工支付的遵循均等化投入产出比、高于市场出清水平的劳动报酬即为“公平—效率工资”。本文强调结果公平，重点关注企业员工努力程度与其所得是否实现对称。需要特别说明的是，出于对效率的保障，企业内部必然出现一定程度的收入差异，但存在收入差距并不等于收入分配不公。

三、效率与公平并重的企业“公平—效率工资”决定

设企业员工努力程度为 e，员工工资所得为 w。与人力资本市场出清工资水平 w'不同，w 为企业员工“公平—效率工资”且有 $w > w'$。为简化分析，本文假设某企业有且仅有 A 与 B 两位员工。立足于对立的利益出发点，企业所有者与员工必然存在博弈：企业所有者希望以较少工资成

本换取员工更多努力，而员工则期望以较少努力获得更多工资收入。为直观描述这种利益冲突，我们借助 e/w 直线描述员工努力程度与工资水平间的关系。

四、跨国因素对企业“公平—效率工资”决定的影响

（一）跨国公司全球化薪酬策略下企业“公平—效率工资”的确定

全球化薪酬策略下，母公司与子公司员工工资水平均以同一国家工资水平（多为母国员工工资水平）参照设定。

（二）跨国公司本土化薪酬策略下企业“公平—效率工资”的确定

本土化薪酬策略下，跨国公司将按子公司所在国人力资本市场情况确定员工工资水平。因存在地区差异，我们尝试在保有每位企业员工初始 e ＝e（w）函数基础上通过均值处理（体现为函数图像的平移）来寻求确定“公平—效率工资”的参考值，进而最终确定跨国公司企业员工“公平—效率工资”水平。

五、结论及政策建议

本模型分析从理论层而对效率与公平并重的企业工资决定进行了深入研究，是在保障生产效率与“构建和谐劳动关系”双重口标下对企业内部工资分配机制的全新探索。基于上述研究结论，我们可知：第一，企业工资决定中对效率与公平的兼顾完全可以通过“公平—效率工资”实现；第二，构建和谐劳动关系必须充分尊重劳动者对互惠公平的诉求，具体表现为企业内部“公平—效率工资”的全面实施；第三，考虑了互惠公平感的“公平—效率工资”依然满足企业保障高效生产的要求，是企业最佳工资水平；第四，“公平—效率工资”的实施应尊重企业在不同国家、地区面临的现实差异，合理的工资差距与收入公平是并行不悖的。本模型分析为宏观分配效果提供了微观分析基础，为政府制定和出台企业工资水平指导意见提供了参考。若进一步探索获得“工资—努力函数”具体形式，还可利用宏、微观数据详细推导“公平—效率工资”的量化结果，这亦是我们未来的研究方向。

相称原则：电子商务隐私保护的伦理原则

李　伦　李　军，《伦理学研究》2014 年第 5 期。

个性化和定向性是大数据时代电子商务的两大核心理念。实现这两大理念，关键在于消费者个人信息的收集和挖掘。这些信息对电子商务公司

进行个性化服务和定向营销极为重要，可以极大地提高锁定目标消费者的准确度，大大提高电子商务广告的效率。然而，消费者个人隐私权是人类极为珍视的权利。因此，如何协调电子商务的发展与消费者个人隐私权的保护，就成为大数据时代电子商务实践的重要问题。

消费者个人隐私具有不同的商业价值和不同的敏感度。因此，消费者隐私的保护程度与电子商务公司收集个人信息的方式、个人信息的商业价值、敏感度密切相关。个人信息的商业价值和敏感度是确立消费者隐私保护伦理原则的事实基础，但是个人信息的商业价值和敏感度与个人信息的类型和用途等密切相关。一般而言，电子商务公司获得的消费者个人信息主要包括：第一，交易信息。第二，跟踪信息。第三，归档信息。这三类信息的商业价值和敏感度不尽相同，商业价值意味着隐私之于电子商务公司的可能利益；敏感度则描述了泄露隐私对消费者造成不良影响或伤害的可能程度。二者的关系可以部分反映电子商务公司商业利益与消费者个人权利的关系。促进电子商务公司的商业利益，有效保护消费者个人隐私，是社会和企业应有的责任，但二者常常容易发生冲突。要妥善处理二者之间的冲突，就不可避免地要面对二者之间的平衡问题。根据隐私保护的不同渊源，隐私可分为自然隐私和规范性隐私。电子商务隐私保护主要是针对规范性隐私。对电子商务而言，隐私保护依赖于规范性的伦理原则。因此，确立隐私保护的伦理原则，就成为电子商务隐私保护的基础问题。作者认为，相称原则是处理这些关系的基础性伦理原则。

相称原则是指隐私保护的广度和强度与隐私的敏感度或侵犯隐私导致的伤害之间保持相称。具体而言，相称原则包含三个方面的含义。第一，电子商务公司要求消费者提供个人信息的范围应当与电子交易的目的相称，不能任意扩大信息的收集范围。根据相称原则，电子商务公司要求消费者提供信息的范围应当是有限度的，以不超出“完成电子商务之必需”为限。超出这个范围收集个人信息，就属于滥用电子商务特权，违反了相称原则，属于侵犯消费者隐私的行为。第二，隐私保护的力度应当与隐私的敏感度相称，防止消费者个人隐私得不到应有的保护或导致没必要的过强保护。个人隐私信息的使用有一次使用和二次使用之别，根据相称原则应区别对待这些使用。即使是个人隐私信息的二次使用，也应根据情境的不同区别对待。关于消费者隐私的二次使用目前有“默认拒绝”和“默认同意”等策略，那么，采取哪种策略更合理呢？作者认为不能一概而论，应根据相称原则，对于敏感度不同的信息，宜区别对待。对于敏感度高的隐私信息，或在隐私权易遭到侵犯的情境，应采取相对严格的默认拒绝策略；对敏感度低的隐私信息，可以采取相对宽松的默认同意策略。第三，泄露或侵犯消费者隐私导致的伤害与阻止泄露或侵犯消费者隐私导致的伤害相称。隐私权是初始权利，这意味着在一般情境中，必须切实保护隐私权，但在特定情境中，会出现例外情况，即泄露或侵犯隐私比保护隐私造成的伤害更小。根据相称原则，在这种情境中，泄露或侵犯隐私是可以接受的。

综上所述，在电子商务实践中，为了合理地处理消费者个人权益与公司利益、社会利益之间的关系，电子商务公司要求消费者提供信息的范围应当与电子交易的目的相称，而且隐私保护政策的力度应当与隐私的敏感度相称。当且仅当泄露或侵犯隐私造成的伤害远小于阻止泄露或侵犯隐私造成的伤害，泄露或侵犯隐私是正当的。

幸福感视角下的企业社会责任研究

吴艾莉　贲海霞，《湖南社会科学》2014 年第 5 期。

20 世纪 90 年代以来，企业社会责任越来越被西方各国政府和国际组织所关注，一轮企业社会责任运动浪潮由此形成。2006 年我国颁布了《深圳证券交易所上市公司社会责任指引》，该指引标志着我国正式启动了企业社会责任机制。虽取得初步成效，但不可否认，现阶段我国企业社会责任缺失现象比较严重。企业承担社会责任与否，会在经济、社会与环境的全面、协调和可持续发展方面影响巨大，对公民幸福感产生深远影响。另一方面，提升公民幸福感，需要经济、社会、环境等多维度的协同。在这一协同过程中，企业作为社会经济中的核心载体，将发挥不可替代的重要作用，成为提升公民幸福感的制造者。因此，研究公民幸福感与企业社会责任之间的关系，对倡导企业在追求自身价值的同时，积极承担社会责任具有重要意义，亦是落实科学发展观、构建和谐社会的客观要求。可以说，幸福感已经成为企业社会责任的新标杆。

什么是幸福感？幸福感就是对生活满意度和个体情绪状态的一种综合评价，它反映出人们对自身生存质量的关注与感受。根据马斯洛的需求理论，成就和实现自我是人的最高需求，故而对幸福的不懈追求是人类的重要生存动机之一。在心理学中，幸福被看作主观幸福感，心理学家倾向于直接测度主观幸福感，在经济学中，幸福被定义为效用，经济学家将收入当作决定效应的唯一变量。而对幸福的研究则给了企业社会责任一个崭新的视角，它丰富了企业社会责任的研究范畴。因此，本文把幸福感引入企业社会责任研究范畴，研究中国情境下企业社会责任与幸福感之间的关系。

本文所提出的幸福感，是指面向企业所在地区所有的利益相关者(如管理者、股东、员工、社区等)。本文拟根据利益相关者理论、效用理论等对幸福感与企业社会责任之间的关系进行理论分析；同时从国泰君安 CSMAR 数据库中选取 2010—2012 年沪深两市的上市公司，剔除金融类上市公司，采用因子分析、logistic 回归分析等方法，对幸福感与企业社会责任之间的关系进行实证检验，通过因子分析法，量化企业社会责任承担程度，并建立起企业社会责任与幸福感之间的关系模型，以检验两者之间的关系。研究发现，企业社会责任与公民幸福感呈正相关关系。本研究对进一步完善我国上市公司社会责任履行机制，构建和谐社会、幸福社会具有一定指导意义。

权利个人主义与道德个人主义辨析——兼论当代中国的个人主义现状和趋势

陈 强，《道德与文明》2014 年第 5 期。

一、17 世纪至 18 世纪欧洲的权利个人主义和道德个人主义

（一）权利个人主义的诞生

15 世纪至 16 世纪的文艺复兴运动催生了现代西方社会的思想种子，到了 17、18 世纪，西方政治哲学家们提出的社会契约论具体化了主权思想和现代国家的理念，即把国家主权建立在订立契约、得到人们的普遍同意、尊重和保障人权的基础之上。霍布斯首开先河、洛克加以完善的权利个人主义在西方乃至全世界产生了深远的影响。

（二）道德个人主义的诞生

康德认为，人拥有天赋的自由和平等，而自由是“人由于自己的人性而拥有的唯一的、原初的权利”。人性是人类所共有的，绝非某个人的私有物品。人权首先意味着自由，而人的义务意味着人的责任。康德强调理性在人的道德人格建构中的关键作用——理性能使人自主、自律。理性赋予所有的人平等的自由和自主，这种自主的普遍性超越了人的独立的特殊性。由于现代性是从人的理性的复苏和个人的解放开始的，所以个人的独立和自主成了现代性的必然要求。

（三）道德个人主义对权利个人主义的超越

个人主义具有两面性，存在两种不同的面貌。第一种权利个人主义是感性的，它强调个人获取和占有财产、追求幸福的权利以及得到个人安全的权利。第二种道德个人主义主要由康德建立。在康德的笔下，个人上升到了道德人格的层面，他超越了欲望满足阶段，在内心中给自己制定了道德法。共同的理性使得每个人制定的道德法是相通的。

二、当代中国的个人主义现状

20世纪70年代末之前的中国社会属于整体主义社会，国家的地位和利益远远高于个人的地位和利益，个人的地位和利益微不足道，提倡个人的地位、利益和权利的思想和观点往往被等同于自私自利，遭到严厉的打压。另一方面，各种各样的思想流派教育人们舍己为人、舍己为国、公而忘私并非从人的理性选择、人的自由、人的独立性、人的自主性出发，从而沦为空洞的说教。

（一）权利个人主义在当代中国大行其道

随着改革开放帷幕的拉开，国家工作重心从阶级斗争转到经济建设，中国社会逐渐从整体主义社会转变为“政治领域保持整体主义，经济领域、社会生活领域和私人生活领域越来越个体主义化的半整体半个体主义社会”。在经济领域，人们获得了经济自由，在社会生活领域，人们有了越来越多的选择权利。权利个人主义已经在当代中国大行其道，产生越来越广泛的影响。

（二）道德个人主义在当代中国“芳踪难觅”

在道德层面，当代中国的道德总体表现呈下滑和无序状态。一方面，传统道德观念赖以存在的经济基础以及社会基础已不复存在，市场经济和权利个人主义对传统道德观念的诸多内容发起挑战和围剿，使其处境十分艰难。另一方面，当代中国处于转型期，与市场经济和现代社会相适应的现代道德观念体系还远未在中国落地和生根。大部分当代中国人的道德准则要么来自传统，要么来自官方制定的道德标准。道德个人主义在当代中国“芳踪难觅”。

三、当代中国的个人主义趋势

从整体主义发展到权利个人主义和道德个人主义，其政治基础是政治转型，即从传统专制和集权政治转向以宪政、民主、法治为基本特征的现代政治。中国政治体制改革势在必行，刻不容缓。可以想象，随着中国政治体制改革的深入进行，中国政治的民主化和法治化程度将日益提高，“中国有宪法无宪政”的局面将成为过去，中国将出现一个崭新的公民社会。公民社会是由许许多多具有公民精神的个人组成的。公民精神意味着个人具有理性，能独立自主，追求自由平等，有社会责任感和道德意识，关心他人、社会和国家，主动参与国家和社会管理，积极行使公民权利，履行公民义务。具有公民精神的中国人将同时坚持权利个人主义和道德个人主义，并使两者达到某种平衡。

强迫、剥削的不正义性与全球资本主义剥削体系的未来

林育川，《中国人民大学学报》2014 年第 5 期。

在英美分析马克思主义者对于马克思剥削概念的研究中，以约翰·罗默为代表的学者试图将强迫的内涵从剥削概念中剥离出去，从而拓展剥削概念在当代的适用范围。这一理论努力引发了学术界的一场争论——工人受到强迫是否成为判定马克思意义上的剥削成立及其不正义性的必要条件。对这一争论的剖析有助于我们厘清马克思剥削概念的真正内涵，并呈现出马克思剥削概念的当代解释力。

一、强迫作为剥削的必要条件

在南希·霍姆斯特姆对于剥削的经典界定中，剥削被认为具有以下的特征，即剥削是“强迫的、剩余的、无酬的劳动，其产品不在其生产者的控制之下”。罗默和柯亨反对将强迫作为剥削的必要条件的观点遭到了雷曼的批评。雷曼认为应该区分两种剥削：一种是广义的剥削，即不公正地或非互惠地从别人那里获取利益；另一种是马克思主义意义上的剥削。就后一种剥削而言，雷曼赞同霍姆斯特姆对于剥削的界定，即剥削的一个最明显的特征在于它必然包含强迫，因为自愿的不平等交换并非马克思主义意义上的剥削。在强迫与剥削的关系问题上，作者认同雷曼关于强迫是剥削的必要条件的判断。然而，作者对于强迫与剥削的关联性持有更为坚定的信念，并因而反对雷曼关于某些被强迫的非付酬劳动是公正的、从而不是剥削的观点。

二、强迫与剥削之不正义性

在作者看来，强迫不仅是剥削的必要条件，而且是剥削之不正义性的必要条件。然而，分析马克思主义的代表人物艾伦·伍德却认为剥削是正

义的。如何看待伍德关于优势剥削并非不正义的论证呢？就第一个层次而言，我们同意伍德的观点，即这种优势剥削并非不正义的，因为这种类型的剥削中几乎不存在强迫。在第二个层次中，伍德意指资本家利用工人之弱点的情况。这种情况比较接近于工人遭到强迫的情况，因为工人相较于资本家的最大弱点就在于对生产资料的占有处于绝对的劣势，而这一点常常导致工人选择出卖其劳动力。可见，伍德在新著中的两种策略，即通过否认剥削的强迫性质来否认剥削的不正义性和论证以利用别人的弱点（可视为较弱意义上的强迫）为特征的剥削的正义性，都没有取得成功。在笔者看来，与非互惠的交换相比，强迫在剥削之不正义性质的判定中扮演着更为重要的角色。

三、强迫的程度与剥削之不正义程度

埃尔斯特对强迫的不同程度的区分，为我们提供了一个从经验层面解释当今世界范围内的资本主义剥削的不正义程度的初步框架。埃尔斯特列举了三种工人受到强迫的情形：第一种情形是工人在出卖劳动力与饿死之间选择；第二种情形是存在别的可选方案，但除了出卖劳动力之外，别的方案都不值得考虑；第三种情形是尽管有别的不错的选择，但出卖劳动力仍是最佳选择。埃尔斯特所界定的第一种强迫而言，作者觉得他过于轻率地判定马克思所谈的强迫不包括那种工人只能选择出卖劳动力或者饿死的情形。第二种强迫指向存在替代方案的情况。在第三种强迫，这些精英可以选择的替代方案明显高于临界水平，在这种情况下，他们接受雇佣劳动就不再是真正的被强迫的行为了，而成为追逐高工资的自愿行为。总的来说，落后的第三世界工人仍然在遭受最为不正义的剥削；发达的自由主义经济国家的工人遭受的剥削的不正义程度次之；福利国家工人遭受的剥削的不正义程度最弱；少数工人阶级精英并没有遭受严格意义上的剥削。

四、全球资本主义剥削体系的未来

全球范围资本主义剥削体系的维系，取决于发达国家与落后国家之间不同强度的强迫与剥削所形成的均衡。一般而言，发达国家工人反对资本主义剥削的意识和机制比较明确和完善，所以他们能够争得较好的工资和福利待遇。落后国家的工人则缺乏反对资本的阶级意识以及有效机制，相应地遭受较为严重的强迫与更为不正义的剥削。然而，这种互补所形成的均衡是暂时的，这是因为落后国家的工人在工业化进程中会形成阶级意识，进而采取阶级行动反抗资本的统治，从而打破上述均衡，破坏资本主义在全球的剥削体系的稳定性。马克思主义的经典剥削理论明白无误地揭示出，以强迫和不正义的剥削为特征的全球资本主义剥削体系并没有像雷曼所宣称的那种可预的未来。

伦理之“手”：协调管理价值难题的根本选择

岳　瑨，《江海学刊》2014年第5期。

“看得见的手”：用伦理方式调解管理的价值难题

宏观企业史的研究，通常注重研究社会经济背景中那些相对重要的管理革命得以发生的伦理条件。由这种关注视角上看，不同文化体系中的企业从传统形态向现代形态的转变，会或多或少经历某种程度上的管理革命。与市场这只“看不见的手”相比，企业史视野中的管理革命，主要是由“管理”和“伦理”这两种协调形式完成的。两者对于单个企业而言，并非某种不可见的幽灵之手，而是能够遵循并可提供路径依赖的“看得见的手”。比管理之“手”更为根本，也更为“柔性”的，是“伦理”的协调方式，这就是我们所说的伦理之“手”。

“看得见的手”除了类比一种基本的管理功能而外，它还隐喻一种基本的伦理关系：它表达了一种超越家族制管理的合作方式，一种互信合作、彼此忠诚的管理伦理文化的出现。管理学家一直在探索：这两只不同的“手”如何“握”在一起，达成“1+1”大于“2”的“帕累托最优”。事实上，这已经不是一个仅只限于传统企业组织中的管理伦理问题了，它对于现代企业通过管理创新的杠杆获取经济绩效而言，亦具有普遍的意义。

信任领先与忠诚领先：调解价值冲突的伦理路径依赖

企业最能反映文化差异、伦理和价值观特质所产生的经济溢值。企业的成长总是与特定的地方知识、文化传统、伦理气质和信念结构紧密联系在一起。如果没有基于伦理认同产生的忠诚和信任，企业便无法获得强有力的伦理团结和社会资本。同时，企业又最倾向于在与国家、文化、社会、社区、雇员以及顾客之间的互动共生中获取方向感和价值观愿景。从个体出发的伦理，我们称之为个体主义伦理。它要求七大价值难题的协调方式依次是：规则的普遍性（法律和秩序的不可动摇）；由工具理性的分析或选择得来的判断（不可撼动的事实或让数字说话）；个人权利与责任的明确；强调内部导向的自我判断或独立不倚；依流程、程序行动（依序处理）的时间观；通过个人努力获取地位的工作伦理；强调机会均等的平等价值观。从个体主义伦理所给出的七种价值选择看，它依循的选择路径是：普遍主义→工具主义→个人主义→内部导向（自我判断）→程序优先→自我奋斗→机会均。

与个体主义伦理相对或者相反的，是从整体或实体出发的伦理，我们称之为整体主义或者实体主义伦理。整体主义伦理，要求价值协调的方式依次是：例外情况的差别对待（从整体出发的伦理，要求认可例外）；以全局为重的整合主义（从整体出发的伦理，要求擅长整合局部关系、顾全大局）；集体主义的利益观；强调外部导向的总体规范，强调和谐一致、含蓄内敛的行动观；强调协调而同步地处理事情的重要性，因而优先强调一种步调一致的时间观；通过对企业有重要意义的特征，由代表集团意志的权力赋予地位的权力本位；强调管理阶层的判断与职权之重要性的人际互动。上述一组价值协调的方式遵循的价值推理或价值协调原则是：特殊主义→集团整合主义→集体主义→外部导向（整体和谐）→协调优先（步调一致）→权力中心→团体至上。

从“信任流”与“忠诚流”看中国企业的道德前景

从两种伦理路径依赖的辩证中，我们看到了伦理之“手”在不同文化体系中的形态特质及其形态差异。尽管如此，信任与忠诚这两大价值在企业管理中是流动的，而不是凝固不动的。“忠诚流”和“信任流”只是一个形象的说法。这两个概念是否有解释力还取决于来自管理实践的实证调查数据的支持。而事实上，如果假定，一种基于“流向”和“流量”对企业中的“忠诚流”和“信任流”的量化测定在技术上是可行的，那么“忠诚流”和“信任流”的相互关联的实证研究就会变得非常有吸引力。

中国企业的成长，既不具备特征明显的类似于美国普遍主义的基于“信任流”的价值协调机制，也不具备特征明显的类似于日本特殊主义的基于“忠诚流”的价值协调机制。中国企业的管理革命及其道德前景在于，如何运用伦理之“手”协调管理的价值难题。这一问题的关键在于，企业在进行管理协调并推进到伦理协调的过程中，能否通过重建忠诚与信任而展开一场管理的伦理运动，形成合理地利用“信任”和“忠诚”创造财富增值的中国模式和中国道路。

组织忠诚对企业伦理认同的构建

岳　瑨，《学海》2014 年第 5 期。

组织忠诚的研究，大致根据内容区分为“态度”（如组织承诺）与“行为”（如组织公民行为）两个方面。本文从组织忠诚的意义上看待“忠诚”的价值，将之视为构建组织文化的伦理普遍性并进而是形成伦理认同的核心价值，是企业员工之间、员工与领导人之间、员工与组织之间进行行为互动或观念交流时可预期且可预见的行为规范。

一、组织忠诚的结构形态与伦理认同

在企业管理中，组织忠诚是指个人将企业作为一个有生命并负载使命或梦想的整体，而对之付出的忠诚。它不同于个人对个人的忠诚，也不同于个人作为某类角色之担当所遵循的忠诚，它既是一种有着普遍约束力的组织化的群体规范和理性自觉，又是一种与符号象征体系和文化心理结构融为一体的情感价值皈依和感性显现。从企业的管理实践和管理智慧来看，组织忠诚是企业在处理异常复杂的内外部关系时制定和遵循的游戏规则，是企业管理者设置和践行的基准道德。从一般企业组织的形态学的意义上看，组织忠诚在总的结构形态上由组织意识和组织意志两个方面构成。作为一种意识现象，组织忠诚表现为从低到高的意向性承诺、组织承认、组织认同和组织效忠的观念体系。企业管理中的组织忠诚，特别关注行动承诺，即企业内部员工为了解决行动与态度的不一致而产生的合理化反应，这种合理化的反应可以用来维持行为的一致性并由此界定员工与组织的联结关系。

二、企业伦理认同的核心问题

对于企业而言，由“忠诚”构筑伦理认同，既是企业初创时期最为重要的组织建构，又是企业演进发展过程中必须不断进行调整和应对的管理难题。从这一意义上，我们将围绕组织忠诚所进行的管理理念、管理制度、管理机制之创新，以及由此所形成的管理传统，称之为“企业伦理认同之道”。一般而言，企业创始人和领导人在企业组织的基本理念构建中往往发挥着举足轻重的关键作用。企业制度体系的建立则为企业团队为组织付出忠诚提供了两种可能：其一，对企业领导人的忠诚；其二，对企业价值观的忠诚。企业团队的组织伦理意识，大体上分为四种类型的忠诚。第一，与家长权威型企业相关的是“秘书式忠诚”。第二，与兄弟合

作型企业相关的是“橡皮图章式忠诚”。第三，与夫妻结合型企业相关的是“导师式忠诚”。第四，与混合协调型企业相关的是“监督式忠诚”。通常情况是：企业在发展壮大后，由于新一代企业团队必须适应制度化变革的要求而对其组织忠诚进行新的诠释，这就使得企业元老们抱怨“企业不再像从前那样有人情味和凝聚力了”。

三、组织忠诚与企业管理

我们从企业伦理认同面临的核心问题中看到，观念体系和制度体系对于企业领导人的组织忠诚和团队的组织忠诚之构建起到了决定性的作用。而对于企业中的普通员工而言，他们在企业中的组织意识与组织意志，则主要与组织承诺相关。由此，本文得出两点结论：第一，源自情感认同的“组织承诺”是构建企业伦理认同的“阿基米德点”；第二，源自制度激励的企业的“组织公民行为”，是企业制度化转型后必定倡导的组织忠诚，是与企业的组织承诺互为表里、相辅相成的企业伦理认同的构建动力。以上论述表明，企业管理对组织忠诚的强调，在企业组织文化或管理创新、口标认同、决策效率、制度供给、灵活性以及对环境的适应和代理成本等方面都表现出明显的优势。由于“忠诚”总是由“忠诚”来激励和保障，这种关系主义偏好就形成了“排外”和“人治”的双重管理困境。

消费文化场域中大学生消费行为的道德反思与重建

孟静雅，《道德与文明》2014 年第 5 期。

一、当前大学生消费文化中存在的问题

（一）消费结构无序化

当代大学生的消费结构并不合理，无序化的趋向越来越明显。比如，在校期间有明确消费计划的大学生只占极小比例，具有理财意识、通过有偿劳动积攒钱财的大学生越来越少，有相当比例的大学生出于各种各样的原因存在超支的现象，靠借钱甚至“高利贷”度日。这种现象的出现实际上充分印证了大学生群体消费的无序化结构。

（二）消费观念物质化

一方面，我国大力发展文化产业，通过重塑社会主义价值观，丰富人们的精神生活，满足其精神诉求；另一方面，物质化的社会风气却对文化和精神进行打压，物质追求超过精神追求。当代大学生对于“精神化”

商品的支出并未随消费总额的增加而增加，其消费方式与消费观念已经逐渐趋向实际，物质化和“功利化”的势头正盛。

（三）消费行为社会化

大学生社会化的进程明显加快，高校对社会领域中价值观和世界观的过滤效果逐渐降低，大学生越来越趋向于“成熟”。这种成熟具有两面性：一方面，大学生的社会化使其能够更直接地接触社会，为其将来工作和成长奠定基础；另一方面，部分社会化的大学生在消费行为方面也表现出一定的“功利色彩”。

二、消费文化场域中当代大学生消费行为的道德反思

（一）当代大学生异化的消费行为印证了其道德偏离的事实

一是，在“物化”的过程中失去方向。二是，在崇尚消费的意识里放弃理想。三是，在追求个性的同时迷失自我。

（二）当代大学生消费行为的影响因素

第一，学校因素。高校在人才培养方面也存在着一些漏洞，过分强调大学生的成才教育，对成长教育重视程度较低，未能对其施以有效的教化与规制。第二，自身因素。首先，人人都有社会价值补偿心理，每个人又总是有自身的局限；其次，人人都有攀比和虚荣心理；最后，大学生的消费习惯、消费认知度不稳定，往往受到社会上消费时尚的影响。第三，历史和社会因素。中国社会经过几千年的发展，积淀下了某些的文化要素进入新的时代，就表现出了一定的不适应。以人情关系为基础构建起来的人情消费就是其中之一。

三、消费文化场域中大学生消费行为的德育重建

（一）强化大学生成才与成长的理想信念

德育工作的实施，能够解除部分大学生的困惑，使其能够正确看待不同家庭经济状况之间的差异，不攀比、不自卑，能够正确看待就业和工作，不消极、不排斥；引导他们坚定信念，树立信心，在追求思想上进和成长成才的过程中形成正确的消费观。

（二）倡导节俭，构建节约型校园文化

高校的思想政治教育工作者们要在德育过程中努力构建节约型的校园文化。教育大学生在内心深处拒绝浪费；或者突破传统德育的“窄口教育”，充分利用人才资源优势，借助多形式、高品位的校园文化活动，使节约文化深入到大学生的思想意识之中，使其能够主动接受节约、崇尚节约、推动节约型校园的创建。

（三）强化大学生世界观、人生观、价值观教育

在高校德育工作中强化大学生的世界观、人生观教育，使之能够知晓幸福的含义，了解荣与辱的区别，明确苦与乐的辩证关系等。在教育的过程中，要把握好世界观和人生观的关系问题，通过德育工作最大限度地提高大学生的思想觉悟和对客观事物的正确认识，树立良好的消费倾向。

我国已进入社会转型的关键时期，利益格局不断变化，各类文化相继登场。这种源自文化或者利益的冲击同样也进入到了消费领域，大众消费文化的社会化、物质化特征逐渐显现，并渗透到当代大学生的生活、学习之中，对该群体的消费行为产生了负面影响。因此，需要借助高校的德育工作，了解和关注大学生的消费意识和消费选择，针对其表现出来的思想观念和价值取向进行引导，使其世界观、人生观、价值观回归正常轨迹，在为社会的进步贡献力量的同时，实现自身的全面发展。

企业社会责任对企业竞争力的影响研究——基于利益相关者的角度

寇小萱　孙艳丽　赵　畔，《湖南社会科学》2014 年第 5 期。

企业社会责任与企业竞争力的关系是 20 世纪 50 年代中期以来西方经济学界和管理学领域讨论的热点问题之一，对于它们的关系存在两种截然相反的观点。一种观点认为，企业承担社会责任将削弱企业的竞争力，另一种观点占主流，认为企业承担社会责任有助于企业竞争力的提升。随着利益相关者理论的发展，社会各界更加关注企业社会责任问题，企业不仅要追求股东利益最大化，也要维护其他利益相关者的利益。承担社会责任在短时间内虽然会增加营运的成本，但多数学者认为企业对利益相关者承担社会责任，将提升企业绩效和竞争力，对企业的长期发展贡献显著。本文以后一种主流观点作为分析的基础，提出考察与评价企业社会责任应从渠道、资源、能力和社会四个维度进行分析的思路。基于四个分析维度，构建出企业社会责任对企业竞争力关系模型。企业应针对不同的利益相关者承担有区别的社会责任方案，以达到提升企业竞争力的目的。此外，本文还提出基于利益相关者角度，通过提高承担社

会责任水平，达到提升企业竞争力目标的实现，还需要满足相关约束条件的要求。

一、理论回顾

（一）企业社会责任

对于企业社会责任的内涵，学术界并没有取得统一的认识，学者们根据自己的研究方向和研究重点有着不同的界定。企业社会责任评价的研究一般分为两个方面。一方面依据企业对其能够影响和解决的社会问题的态度和贡献程度评价企业社会责任水平，如道琼斯社会指数（DJSI）、KLD指标、财富50+评估指标等。另一方面如Clarkson（1999）等从利益相关者的角度来评价企业社会责任，通过企业利益相关者的满意度来评价企业的社会责任水平。

（二）企业竞争力分析

企业竞争力是进行企业未来发展潜力判断的一个重要指标。胡大立认为，企业竞争力是企业竞争优势的外在表现，提出并构建了环境、资源、能力和知识四个维度的企业竞争优势模型。周南把企业竞争力分解为四层，建立了一个竞争力四层模型，认为影响竞争力的主要因素为关系、资源、能力和企业文化。金碚认为，评价企业竞争力的指标分为测评指标和分析指标。测评指标主要包括销售收入、利润总额、净资产、总资产贡献率等，分析指标包括公众评价、财经记者评价、行业分析师等。张金昌基于利润建立了企业竞争力评价指标体系，竞争力评价指标为利润，其决定因素为质量、营销、规模、技术、消耗等。分析指标包括公众评价、财经记者评价、行业分析师等。

二、企业社会责任对企业竞争力的影响模型

（一）模型构建基础

第一，本文认为利益相关者主要包括员工、顾客、供应商、股东、债权人、政府和社区七个方面。第二，在借鉴胡大立的企业竞争优势模型的基础上，认为企业竞争力由渠道、资源、能力和社会四个维度构成。第三，从长期来看，企业承担更多社会责任对提升企业竞争力有积极的影响，并通过利益相关者行为来发挥作用。第四，企业社会责任影响企业竞争力依赖的限制条件是：利益相关者敏感度、制度条件、监督机制和企业社会责任战略。

（二）企业社会责任对企业竞争力影响模型

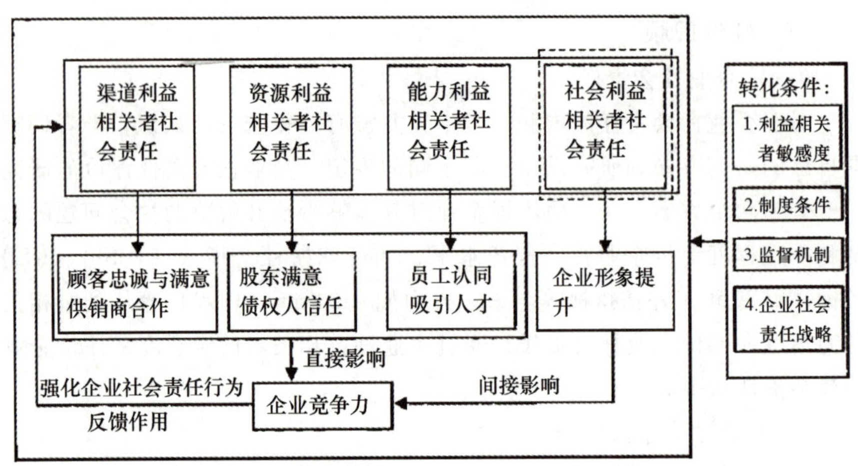

（三）模型分析

1. 承担对渠道利益相关者社会责任对企业竞争力的影响

渠道利益相关者包括供应商、消费者两个方面，是影响企业竞争力的市场要素，能够明显地影响企业市场行为的效率，并由此影响企业的盈利水平和竞争优势的创造与维持，对企业竞争力的提升有着重要的作用。企业通过承担对渠道利益相关者的责任，可以发展和改善与渠道成员的关系，为提升企业竞争力创造良好的条件。

2. 承担对资源利益相关者社会责任对企业竞争力的影响

资源利益相关者包括股东和债权人。资源是由企业拥有或控制并使企业能够在市场中运营的资产。一个企业的资源状况直接决定着企业竞争力的大小。企业履行对投资者责任，保证投资者的资金安全和收益，会提高投资者的信任，从而优化企业的资金结构，支持企业发展。

三、企业社会责任影响竞争力的制约要素分析

第一，利益相关者敏感度；第二，制度条件；第三，监督机制；第四，企业社会责任战略。

效用主义与分配正义

谢宝贵，《道德与文明》2014 年第 5 期。

作为一种分配模式，效用主义的目标就是尽可能地在分配活动中贯彻它的核心原则——效用原则。从效用主义的角度来看，判断一种分配方式是否正确或正义，就是要看它相对而言是否促进了最大幸福或者最大多数人的最大幸福。

一

首先，幸福这个概念是极其模糊的。其次，“最大多数人”的表述也不是很清晰。按照对“最大多数人”这一表述的不同理解，效用主义就会得出不同的分配结果。效用原则中的“更大的人数”和“更大的总效用”这两个因素是不一致的。效用主义对平等是漠不关心的。强调人均效用和更多的人获得更多的效用的效用原则，即以牺牲少数人的效用来成全多数人的效用就成了一种难以容忍的缺陷，如何保护弱势群体就成为效用主义的一个难题。

二

要申明的一点是，以上对效用主义分配模式的各种分析都是局限于分配方式所带来的当下的内部效用，即只考虑分配行为给直接的分配对象带来的当下可以确定的效用。这种人为的限定使得所讨论的问题相对简化了。但是为了让这种分析更加贴近现实，我们必须让问题的一个复杂面向凸显出来。这一面向就是，在依照效用原则计算效用的时候，分配方式对直接分配对象及其之外的其他人在未来可能产生的确定的和不确定的潜在效用也包括进来。实际上，这也是效用主义作为一种伦理理论的应有之义。效用主义是属于后果论，它并不关注所有的后果，只关注那些能直接或接近地带来快乐（正效用）和痛苦（负效用）的后果。然而，在现实生活中许多行为的后果并不是预先就可以确定的，而只能对它们做某种可能性的判断。就效用主义的分配模式来说，光考虑它对分配对象当下所产生的效用是远远不够的，它在未来可能给其他人带来的效用也是不容忽视的。当我们把眼光投向未来，各种各样的可能性向我们敞开着，我们往往无法确定哪一种可能性必定胜出，将会成为未来的走向。

三

在正义问题上，效用主义的要害在于把正义还原为效用（利益），然而，效用不是一切，效用和正义是两回事，正义具有某种不可还原的性质。效用主义在分配正义的问题上始终都面临着难以应付的困境。相比之下，效用主义在说明个人为了实现效用最大化而对自己各种欲望的满足进行配置方面，看起来似乎更加合理。然而，一旦把这种观点引申到社会中来，就容易受到质疑。因此，效用主义的这种分配行为不但无法以社会效用的名义得到辩护，反而应该被认为是不正义的。

效用主义的这种重大缺陷与它对分配正义的错误理解有关。分配正义的概念是复杂的，它与诸多因素相联系，效用只是其中之一。除此之外，平等、需要、应得等因素都与这一概念密切相关。为了恰当地理解分配正义，我们必须尽可能地把与分配正义相关的因素都考虑进去，并尽力在它们之间寻找平衡点。在多数情况下，分配正义的主导性因素是相同的，即平等。这样说，一方面，平等既有外在价值，也有内在价值，另一方面，分配正义的其他因素如需要、应得，在某种意义上都暗含着某种平等。

竞争伦理、发展伦理与利益伦理——大学生择业伦理建构的三个基本维度

冉昆玉，《广西社会科学》2014 年第 11 期。

竞争伦理、发展伦理和利益伦理构成大学生择业伦理的三个基本维度。其中，竞争伦理的价值原则是诚信与公正，发展伦理的价值原则是体面与和谐，利益伦理的价值原则是效率与公平。

一、竞争伦理：公正与诚信

诚信是市场的通行证，也是作为市场主体人的安身立命之根本。择业的过程缺少诚信理性的看守，就会带来功利主义的泛滥，诱发择业者产生“非现实性就业期望”和对就业机会的“无止境的搜寻”。造成公正和诚信精神缺失的主要原因，是在“自主择业”活动中崇尚功能主义，缺乏理性选择。这种理性，体现为竞争伦理，就是择业者对合乎真实、善良、信用、道德以及人的全面自由发展和社会和谐进步的价值追求，体现为择业者通过诚信和制度化的方式搜寻和选择就业岗位的价值理性。

秉持公正与诚信的原则构建大学生竞争伦理，重要的是道德规范的调适和责权利界限的维持，应明晰大学生求职择业的权利、义务和责任，明确内容和边界，建立权利、义务和责任相一致、相统一的道德规范和价值标准。在强化制度的刚性约束的同时，还要加强思想道德教育，引导毕业生通过公平竞争，诚信择业。

二、发展伦理：体面与和谐

择业手段和择业目的是择业行为选择的两个重要因素。择业是就业的起始，就业是择业的结果，并非择业的绝对目标。择业、就业本身均为手

段，并非目的，对“美好生活”的追求是择业、就业的终极目的。大学生择业者在择业求职时，必须审慎考虑未来的就业和发展能否实现“体面”的伦理价值追求。要实现体面就业、体面发展，作为择业者的大学生在求职择业时应把握三条择业原则：一是兴趣原则，所选择的工作应与自己的兴趣、性格相吻合，以使自己热爱所从事的工作；二是匹配原则，所选择的工作应与自己的综合素质相匹配，以使自己适应这一工作；三是价值原则，所选择的工作应体现自己的价值追求，以充分施展自己的“本质力量”。

作为青年大学生，在择业时也应摆脱物欲化情状，冲破阶层固化观念，更多地从自身的专业、能力、兴趣、个性与工作的匹配性出发，规划自己的未来，更好地发挥其才智学识和激情活力，这不但有利于青年人的全面发展，最终还有利于国家和社会的和谐发展。

三、利益伦理：效率与公平

效率与公平是市场经济中最基本的两个价值原则。大学生在就业市场上的自主择业活动，本质上属于一种市场配置人才资源的行为，因而也必须坚持效率与公平这两种基本价值尺度。公平的范畴之于大学生择业这项社会活动，意为公正而平等。大学生公平择业的伦理形态包括机会公平、待遇公平和指向公平。公平择业的伦理实现，依靠择业者对公私善恶的知性辨别与合乎理性的道德行为选择，更依靠择业就业市场管理主体通过制定政策、完善体制机制、营造良好环境等方式，促使各利益主体自觉产生公平价值主张和价值追求。

效率与公平的统一是社会主义道德建设的重要目标，在大学生择业过程中，各利益主体同样面临公平和效率的矛盾问题。利益伦理的本质精神是坚持公平和效率的统一，倡导的是有效率的公平和公平的效率。从公平层面上讲，每个人都应找到最适合自己的工作，但从效率层面上讲，这未必能够做到。因此，大学生在求职择业过程中，应遵循“有限理性”的实在，在坚持公平和效率相统一的伦理精神指引下进行择业就业行为决策。

中国社会转型中的财富分配与风险分配

冯志宏，《探索与争鸣》2014 年第 11 期。

中国社会转型中财富生产和分配与风险生产和分配问题并存。要正确处理，必须强化全民风险意识，提高风险感知能力；树立和谐发展理念，实现发展成果共享、发展风险共担；恪守分配正义原则，正确处理财富分配与风险分配关系；构建风险分配管理系统，实现风险承担主体多元化；搞好社会保障。

第一，财富分配与风险分配：现代化的两种逻辑。财富是人类社会存在和发展的前提，财富生产与风险生产相伴。财富与风险生产必然会引致财富分配与风险分配问题。财富分配是生产成果的分配，风险分配是生产成本的分配。财富分配与风险分配在整个现代化过程中与人的发展同在，但是其表现不尽相同。财富分配是早期现代化的主导逻辑，风险分配是反思现代化的主导逻辑。

第二，充分认识社会转型期的财富分配与风险分配。一方面，认识当代中国社会转型期的财富生产与风险生产。在当前社会现代化建设过程中，人们的物质生活满足问题依然是需要解决的首要问题。只有在不断满足物质生活需要基础上，政治生活、文化生活才能得到进一步提升，生活质量才能不断优化。因此，我国当前社会发展中的首要问题依然是财富生产问题。当前，必须转变经济发展方式，不断提高科技进步对经济增长的贡献率，在物质产品不断丰富的基础上，全面提高人民生活水平。另一方面，认识当代中国社会转型中的财富分配与风险分配。财富分配方式是由一定社会的生产方式及其所有制形式决定。我国当前的财富分配是以社会主义初级阶段所有制结构为基础，实行按劳分配为主体，多种分配方式并存的分配机制。但是，由于当前中国财富生产中存在政策制定的倾向性、竞争机制的不完善性、生产手段的差异性等问题，使财富初次分配中产生巨大的收入差距，使低收入群体容易产生仇富心理，对社会的不满情绪增加，生产积极性降低。这既不利于经济的正常发展，也不利于人们生活水平的提高，更不利于社会的和谐稳定。

第三，正确处理当代中国社会转型中的财富分配与风险分配。首先，强化全民风险意识，提高风险感知能力。其次，树立和谐发展理念，实现发展成果共享、发展风险共担。再次，恪守分配正义原则，正确处理财富分配与风险分配关系。然后，构建风险分配管理系统，实现风险承担主体多元化。最后，搞好社会保障，化解风险危害。

经济学能超越价值判断吗——基于弗里德曼"价值中立"观点的分析

孙春晨，《中州学刊》2014年第11期。

弗里德曼（F. Fridman）是西方自由主义经济学家的典型代表，在经济学与价值判断关系问题上，他坚持"价值中立"的理论立场，认为经济学不能也不应当涉及价值判断，但他在对此观点进行论证的过程中，却时常陷入前后不一、无法自圆其说的矛盾境地。弗里德曼的经济学"价值中立"观，集中体现在他针对肯尼思·鲍尔丁教授的一篇文章发表的专题评论——《经济学中的价值判断》中。尽管弗里德曼不否认"经济学的确涉及价值判断问题"，而且认为"经济学家的价值判断无疑会影响到他所从事的研究课题，也许还会时常影响到他所得出的结论"，但是，即便抱有这样的认识，弗里德曼依然不愿意改变自己的基本学术态度，坚持宣称经济学中不存在价值判断。

弗里德曼的第一个辩护理由是：经济学以"价值中立"来设定研究目标，不存在"好坏"与"善恶"的价值判断。弗里德曼认为，从原则上讲，经济学作为一种特殊的学科，其所关注的是环境变动对事件发展进程的影响，以及对社会经济发展的预测与分析，这些方面的内容并不涉及价值判断或道德评价。经济学研究的问题主要是：某些特定的目标是否可以实现，如果可以实现的话，应当如何实现。而在经济学研究某些特定的目标"可以实现"和"如何实现"的过程中，并不讨论经济发展目标的"好坏"与"善恶"问题，因而也就不存在价值判断或道德评价。

弗里德曼的第二个辩护理由是：经济政策的分歧不是一种道德性分歧，价值判断容易被作为掩盖经济政策分歧的借口和遁词。弗里德曼说："在关于经济政策问题的许多争论中，关于美国经济政策的大多数分歧反映的并不是价值判断方面的分歧，而是实证经济分析方面的分歧。"他列举了"最低工资率"问题，并对此论断予以说明。弗里德曼的结论是，假使反对和赞成最低工资法的人能够通过经济学实证分析证据消除观点上的分歧，从而在减少贫困人口这一结果上达成一致意见，那么，他们也就能够在经济政策问题上达成一致意见。所以，对"最低工资率"可能带来的结果的分歧不是一种道德性分歧，而是一种经济学实证分析上的分歧，原则上可以凭借经济学的科学论证予以解决。

弗里德曼的第三个辩护理由是：市场机制本身具有发展价值判断的功能，经济学研究不必越俎代庖。他强调，要使市场中的交换得以发生和实现，参与者的价值观必须是不同的。交换的本质就是不同价值观的协调一致。在弗里德曼看来，人类社会能够拥有自由的经济生活和习惯的消费方式，不是某个人或某个组织的功劳，而是市场自发作用的结果。而在市场自发作用的过程中，市场主体之间的自愿交易是最根本的因素。弗里德曼断言："凡达到过繁荣和自由的社会，其主要组织形式都必然是自愿交易。"虽然自愿交易并不是达到繁荣和自由的充足条件，许多以自愿交易为主要方式组织起来的社会并没有达到繁荣或自由，"但自愿交易却是繁荣和自由的必要条件"。因此，市场本身因参与者的交换行为而体现出价值判断的特征，市场的价值判断既包括参与者满足各自利益需求的相对交换价值的判断，也包括道德的或伦理的价值判断，例如，不同的市场主体能够自愿达成合作行为所依赖的权利、责任和信任等道德价值观念，就是市场经济发展中不可或缺的道德文化要素。

通过对弗里德曼的三个辩护理由的分析，可以明确地看到，经济学不可能做到"价值中立"。在现实的市场经济机制下，无价值判断立场的经济学家和超越价值判断与道德判断的经济学研究都是不存在的。

社会责任、幸福感与企业价值机理研究

吴艾莉，《社会科学家》2014 年第 11 期。

幸福感是社会学、心理学和经济学领域关注的热点问题。文章拟把幸福感引入企业社会责任、企业价值研究范畴，在对幸福感与企业社会责任、企业价值理论分析的基础上，探究三者间的相关关系。研究发现，社会责任、幸福感与企业价值之间存在一种良性循环关系。从而为进一步促进企业积极承担社会责任、完善企业价值驱动机制提供理论依据，亦对构建和谐社会、幸福社会具有一定意义。

一、幸福感内涵界定及对利益相关者理论的拓展

幸福感的研究主要包括主观幸福感、心理幸福感和社会幸福感。前两者均以个体为中心，而社会幸福感强调个体与社会什么是幸福感。而企业和公民都是社会的重要组成部分，故本文提出的幸福感，是指面向企业所在地区所有的利益相关者（如股东、债权人、员工、管理者、供应商、政府、社区等），即指不同地区所有物质性财富与非物质性财富的总和给

该地区公众所带来的积极正面的情感和认知评价。

企业社会责任的一个重要理论是利益相关者理论。由于利益相关者作为企业的直接或间接参与者，向企业投入了资源，并与企业存在着合理合法的契约关系，故而他们有权通过特定的形式从企业获取收益，以使自己的投入得到合理回报，即企业应该对这些利益相关者承担一定的社会责任。利益相关者理论强调了企业对契约各方的回报，却没有从理论和实践上论证企业承担社会责任的后果。表面上看，在现实生活中，企业对社会承担责任，虽然名声好听，却似乎会成为一种额外的负担。但其实企业通过承担社会责任，在回报契约各方的同时，也润滑了契约各方与企业的关系，促进其幸福感的提升，实现契约各方与企业主体之间的良性互动，通过构建和谐的社区关系、客户关系、政商关系、银企关系，契约各方也会反哺企业，给企业回报，进而进一步提升企业的价值。

二、幸福感与企业社会责任机理分析

一方面，企业承担社会责任有利于公民幸福感的提升。企业作为社会经济的主体，不仅担负着创造社会财富的重任，还应增进其他社会利益，包括消费者利益、员工利益、环境利益和社会公共利益等。故企业承担社会责任，不仅可以增加利益相关者的物质财富，同时可以改善社区环境、为公益事业贡献力量。因此，公民幸福感提升的程度和状况离不开企业社会责任的承担。另一方面，公民幸福感的提升有利于企业获得更好地发展，从而进一步促进企业承担社会责任。幸福感是一种积极正面的情绪和态度，是一种内在驱动力。公民幸福感水平的提升改善了企业的生产经营和投资的外部环境，而这种外部环境的优化将潜移默化地影响企业的方方面面。

三、幸福感与企业价值机理分析

根据幸福感理论，货币性收入的增加，以及个人健康、家庭生活、职业发展、社会地位、个人名誉、生存环境等方面的改善，将有助于提高幸福感水平。依据前文论述，经济学家通常运用效用来表示幸福，并认为效用由收入水平决定。其实幸福感水平的提升既需要物质性财富的增加，也需要非物质性财富的增加。田国强、杨立岩研究发现，虽然个体的效用会随着收入的增加而增加，但收入对于效用的决定性作用是存在一个范围的。但是，一旦达到或者超过这个收入的临界水平时，收入的增加反而会导致幸福感水平的下降，从而导致帕累托无效的配置结果。因此，如果已无法通过提高个人收入水平来提升幸福感时，可以通过增加非物质性财富来提升幸福感水平。导致幸福感水平改善的这些因素与影响企业价值的内外部因素有着相似之处，幸福感水平的提高显然会改善企业经营所处的外部环境，还可以通过影响企业员工、管理者等进而优化企业的内部环境。因而，企业价值也会伴随着内外部环境的改善而有所增加，会随着地区幸福感的提高而增加。幸福感水平的提升将为企业价值的增加以及企业长远发展保驾护航。

四、研究结论及启示

理论上，将“幸福感”引入企业社会责任、企业价值的研究范畴之中，有利于增进福利社会学和社会心理学在公司治理层面的研究积累，为进一步完善企业社会责任履行机制、企业价值驱动机制和企业外部治理机制提供崭新视角。实践上，对处于发展关键时期的中国，探究企业如何在保持可持续发展的同时，又适应企业社会责任活动，提升企业价值，有着一定的实践意义；并为政府部门关于国民幸福总值的指标制定提供一定理论支持和决策依据，对当前构建和谐社会、幸福社会具有一定意义。

企业承担社会责任，就是强调在市场经济条件下，企业不仅要为社会创造物质性财富，提供物质产品，实现自身的价值；还应当以一定的道德标准来约束自身的行为，维护社会公益。具体措施可从以下几个方面着手：第一，企业要重视环保及公益事业，履行对所在社区的社会责任；第二，企业要提升收入水平，加强工作保障；第三，企业要加强创新，走质量效益型的集约发展，提升产品质量和盈利水平。

国家治理现代化中企业伦理的转向

陈进华　欧文辉，《哲学研究》2014 年第 11 期。

国家治理体系和治理能力现代化的总目标给企业发展带来新的机遇和挑战的同时，也赋予了企业伦理新的内涵及其价值向度。传统的企业伦理是一种专注于企业内部、自上而下、管理为核心价值的效率型伦理。这种效率型伦理有效提高了企业利润和财富增长，但也容易遭遇体系固化、社会责任匮乏和可持续发展瓶颈等问题。当国家、社会由管理走向治理时，企业作为驾驭市场在资源配置中起决定性作用的主体，如何重新认知和定位其主体身份、责任使命与行动规则，以实现企业伦理的“治理”转向，将构成国家治理体系现代化语境中企业身份公民性再造的时代新课题。

一、从管理主体到治理主体：企业伦理的主体转型

传统意义上的企业伦理主体是指企业自身，是单一的管理主体，企业伦理即以企业为中心的伦理关系。传统企业伦理中的管理伦理是一种“过程伦理”，企业一方面成为国家治理现代化的一极主体参与到社会治理中去，另一方面则是企业内部从单一主体的管理模式走向多元主体的治理趋向。国家治理现代化赋予企业作为治理主体的身份，企业与其他治理主体间的关系变成了平等关系，企业从经济社会单元走向企业公民。企业伦理主体价值从效率至上到公平正义，本质上使企业伦理实现从“利润”到“价值”的转向。

二、从社会责任到责任治理：企业伦理的责任转型

从社会责任到责任治理是企业应对国家治理现代化的责任伦理转型。传统企业伦理认为，企业的社会责任是为企业的长远发展服务的，通过企业履行社会责任以使企业实现更好的发展。但是这样的价值取向，一方面由于市场在资源配置中的决定性作用使企业有更大的自由裁量，从而使部分缺乏社会发展意识的企业更不愿意履行社会责任，企业社会责任的监管也因此出现了严重问题；另一方面资本的逐利性逻辑无论在资本主义国家还是在社会主义中国都有所体现，资本的无限逐利与资源有限性、环境问题的严峻性的矛盾日益凸显。这两方面的困境使我们不得不在国家治理现代化的语境中反思现代企业责任治理问题，即企业伦理的责任转型问题。而企业伦理中的责任治理既是对企业社会责任的吸收与扬弃，也综合了责任自治、他治与共治，以主动的责任担当为特征的协同系统责任模式。作为治理主体的企业公民，通过责任他治走向自治与共治以实现企业责任机制的转型，从而建构企业责任的自治、他治与共治相结合的协同型伦理模式。

三、从博弈竞争到协同共治：企业伦理的规则转型

如果说企业伦理从社会责任到责任治理的转型是一种德性伦理转型，那么，企业伦理从博弈竞争到协同共治则属于规则伦理范畴。传统企业伦理以博弈竞争为伦理规则，这种伦理规则为企业生存与发展提供了规则保障与伦理导向，推动着企业的快速发展。然而，国家治理现代化给企业带来的新的机遇和挑战，使得企业不能只从博弈竞争中谋求发展，而更重要的是从协同共治中达到多赢与共享。在国家治理现代化的背景下，企业伦理的“治理”转型，是基于企业被动规制基础上建构起来的主动协同的规则，使企业最大限度地参与到社会协同治理中去，以实现其“治理”价值，回应并助推国家治理现代化进程。企业伦理的“治理”转向，将成就企业为财富创造主体与社会治理主体有机统一的“现代企业公民”。

九论道德资本——企业道德资本类型及其评估指标体系

王小锡，《道德与文明》2014 年第 6 期。

企业道德资本是指作为企业文化和企业精神的无形资本或精神资本中体现为企业及其员工道德觉悟和德行、道德性制度、“物化德性”等生产性道德资源。

企业道德资本的特点：第一，相对于企业其他货币和实物等有形资本，企业道德资本是无形的；第二，道德作为企业及其员工道德觉悟和德行、道德性制度、“物化德性”等，只要生产活动启动，其资本作用及其特性就已生成；第三，道德资本在企业经营过程中始终起着积极的促进作用，不存在撤出的问题；第四，道德资本不能独立存在，它只有依附于实物资本才能发挥其精神资本作用，并由此促进道德性物质资本的形成；第五，道德资本需要在具体的行动中实现，“行动是道德资本的基础货币”。

企业道德资本评估指标可以从以下四方面确认：一是，企业道德理念，即企业对企业道德在思想观念上的认识和把握程度；二是，企业道德制度，即企业道德转化为包括利益相关者在内的所有有关企业关心和尊重人的制度、清洁生产制度、诚信销售和服务制度等；三是，企业主体的道德觉悟，即企业领导、员工及企业外合作者体现为忠诚、关爱、诚信等的道德觉悟；四是，企业生产经营的道德诉求，即企业在生产经营过程中面向用户的道德责任、道德要求和道德目的。

根据以上对道德资本的确认原则，结合我国企业的实际道德建设状况，可以把道德资本分解为以下八种类型（即一级指标）：企业道德理念与道德原则；道德性制度；道德环境；道德忠诚；产品道德涵量；道德性销售；社会道德责任；道德领导与领导道德。在这八类企业道德资本评估的一级指标中，道德理念和道德原则是贯通其他 7 项指标的核心内容。此外，企业道德资本评估的八类一级指标中，又可分解成 100 项具有应用和操作性的二级指标，由此可以制定出企业道德资本评估指标表。

需要指出的是，企业类型多样，涉及的具体企业状况又是千差万别，因此，道德资本评估指标会有差别。此处以生产性企业为主所设计的道德资本一级评估指标，在基本理念上和范围上适用于所有企业，在道德资本二级评估指标上，只是在内容和表征表达方式上因企业不同而不同。要强调的是，不管什么企业，尽管其道德资本评估指标的内容和表征表达方式因企业不同而不同，但其道德资本评估的主旨理念是一致的。

美国工商职业伦理规范与实践机制

王正平，《上海师范大学学报》（哲学社会科学版）2014 年第 6 期。

工商职业伦理，又称工商职业道德，是指工商从业人员在从事生产、经营和管理活动过程中应该遵守的基本伦理原则和行为准则。本文拟比较全面、深入地介绍美国工商职业伦理规范和实践机制建设的一些基本情况，以期对有效建立与中国社会主义市场经济相适应的工商职业伦理规范体系提供有益的借鉴。

一、美国工商职业伦理规范制定的几种形式

一般而言，美国工商职业伦理形式可以分为三类：价值理念声明、公司信条和道德规范。

（一）价值理念声明

在美国，许多公司以价值理念声明的方式，系统地阐述企业的价值理念和伦理追求，涉及产品质量、顾客和一系列的员工问题。价值理念声明经常源于公司使命，同时又指引公司使命、激励公司发展而进入组织管理的血液之中。价值理念声明通常用来阐述公司的指导原则，也为伦理争端与经营原则怎样融合提供了一种视角。

（二）公司信条

公司信条通常阐述公司对其利益相关者的伦理责任。它在篇幅上经常要比价值理念声明稍长，往往采用分段的形式。大多数公司信条提到的利益相关者是顾客、员工、股东、社区和环境。对于渴求建立充满凝聚力的企业文化的公司，公司信条可以发挥基础性的作用。

（三）道德规范

企业道德规范是对公司的伦理政策做更加具体的论述。为了预防不良行为以避免公司员工与他们特定业务相关的风险，一些美国公司制定了足够详细、适于企业自身实际的道德规范，并针对日常事务中面临的影响最重大的伦理问题，将其纳入规范。

二、美国工商业职业伦理的具体行为规范和准则

道德规范和准则是商业伦理的准绳，它是判断一个行为是否合乎道德的基础。作为行为评价的尺度，它为一种行为的道德价值进行辩护，或揭示某个决策道德败坏的性质。通常包括五方面内容：

第一，企业与员工之间的行为规范和准则；

第二，企业与顾客之间的行为规范和准则；

第三，企业与供应商之间的行为规范与准则；

第四，企业与竞争者之间的行为规范与准则；

第五，企业与政府、社区之间的行为规范和准则。

三、美国工商职业伦理的实践机制

任何有效的职业伦理规范体系，必须借助一套行之有效的道德激励和监督管理机制，来保证伦理道德要求从价值观念形态转化为行为实践。

（一）推动工商企业组织道德管理机制的完善

一是内部设立的负有伦理使命的特殊机构。

二是外部设立伦理委员会机构，形式分离于权力等级之外，独立承担责任。

三是组织体系的调整，使其有利于揭示伦理问题。

（二）发挥行业协会职业伦理规范的引导作用

美国行业协会的职业伦理准则或规范，是行业从业人员从事职业活动时应当遵守的行为准则。美国行业协会的职业伦理准则或规范根植于美国文化传统之中。

（三）制度性支持职业伦理规范和法规的制定

（四）借助以宗教为基础的工商职业伦理功能

美国工商业的发展与其以宗教为基础的商业伦理的贡献密不可分，资本主义精神与新教伦理的有机结合形成了美国独特的工商业文化体系。

（五）参与全球性工商职业伦理运动

美国工商伦理的实践机制，一直坚持“考克斯原则”和“全球契约”，强调社会、组织和个人共同发展。

（六）推动企业道德伦理职业资格认证

据美国《CSR 报》报道，从 2006 年 9 月开始，职业道德伦理行业的专业人士能够在企业遵守道德方面证明他们的知识和才能。企业遵守职业道德社会组织（简称 SCCE）为从事道德伦理的工作者（包括遵守科学道德与个人遵守职业道德等）提供专业的资格证书。目前，道德伦理职业已成为当今美国十大最热门的职业之一。

工商职业伦理是市场经济有效运作的支持性资源。美国工商职业伦理是美国工商事业繁荣和发展的重要精神保障。“他山之石，可以攻玉。”当前，我国工商职业伦理建设正面临严峻的挑战，经济领域的不道德行为严重侵蚀着改革开放的发展成果，工商职业伦理规范的制度性缺失阻碍了社会经济可持续发展。美国是当前世界工商职业伦理规范建设最为发达的国家之一，道德规范的制定十分具体和专业，具有很强的针对性和可操作性，其工商职业伦理实践机制既重视“自律”，又重视“他律”，着眼于合力推动，可以为中国的工商职业伦理建设提供有益的借鉴。

伦理与社会责任——来自企业层面的实证分析

王　菁　徐小琴，《伦理学研究》2014 年第 6 期。

一、引言

企业伦理道德是社会伦理道德的重要组成部分。而随着企业的发展，其伦理道德问题也日益凸显。开展企业层面的伦理和社会责任研究对实现更加美好的社会有积极的现实意义，但是目前国内关于伦理和社会责任在企业层面的研究极少。

二、理论基础和研究假设

（一）伦理型领导与企业社会责任

关于伦理型领导的界定，哲学家最早从规范的视角回答“什么是伦理型领导”，特别是伦理型领导应该如何行为。Enderle 指出领导行为应该包括：感知、解释并创造现实，考虑自己决策对他人的影响，并且对企业目标负责等。Kanungo 等人认为，领导者对所有的利益相关者（消费者、员工、政府等）负有伦理责任。相比较之下，Trevino 等人则是通过科学的方法对伦理型领导进行描述，确定其形成的原因以及影响效果。

“企业社会责任”的概念，自 20 世纪初期在美国提出以来，出现了各种不同的定义。然而最普遍的观点认为，社会责任行为包括超越企业自身，自愿性质。我们采用 McWilliams 和 Siegel 的定义，企业社会责任（CSR）是指那些旨在增进或者超越了企业自身利益和法律要求的社会福利行为。

基于上述讨论，我们提出下述假设：H1：伦理型领导行为对企业社会责任行为具有正向的影响。

（二）组织伦理气氛的中介作用

组织伦理气氛是否形成要看组织成员是否对于组织内部伦理特性形成一致性的认知，而组织伦理气氛的塑造则是要找出影响组织成员伦理认知的因素并加以强化，进而达到优化与改善个人与组织的伦理行为的目的。伦理领导自身的行为和品质，会通过与下属之间的交流互动而传递。

基于上述讨论，我们提出下述假设：H2：伦理型领导行为对塑造良好的组织伦理气氛具有正向的影响。

伦理气氛对组织有重要影响，包括管理行为合法化、信任度和组织承诺提升、产品质量标准一致性、组织文化强化。正面的伦理气氛和不道德组织行为负相关。关怀型气氛、制度型气氛会降低员工偷窃、撒谎行为。良好的组织伦理气氛下，员工和管理者之间的关系融洽。

基于上述讨论，我们提出下述假设：H3：组织伦理气氛在伦理型领导行为与企业社会责任行为之间的关系中起到中介的作用。

三、研究方法

（一）研究对象

本文以国内企业中基层管理人员为调查对象，数据主要采集自浙江移动、上海中兴通讯、盛大游戏、浙江烟草、大冶特钢、湖北美尔雅、华新水泥、阿里巴巴、中国平安、顺丰物流、中外运、创维集团等多家企业。企业分布涉及浙江省、上海市、江苏省、湖北省、安徽省、陕西省、广东省等地区。

（二）研究工具

本研究包括的变量有：伦理型领导、组织伦理气氛、企业社会责任。

1. 伦理型领导

采用 Brown 开发的 10 个题项的单因子结构量表，伦理型领导量表（ELS）。题目包括“倾听下属的心声”“惩罚违背伦理标准的下属”“以合乎伦理的方式引导自己的个人生活”等。

2. 组织伦理气氛

采用 Cullen 开发的 36 个题项的组织伦理气氛量表（ECQ），题项包括“在组织内，主要考虑的是组织全体成员的集体利益最大化”“在组织内，组织严格要求每个员工都恪守组织的规章制度”等。

3. 企业社会责任行为

使用 Turker 的 42 题项的初始量表，题项包括："管理过程中首先考虑员工的需求和期望""企业生产的产品符合国家及国际标准""企业向慈善捐赠大量资金"等。

四、数据分析和结果

为了检验假设 H1，我们进行了潜变量路径分析，结果可见：伦理型领导对制度导向伦理气氛、关爱导向伦理气氛有显著的正影响。因此，假设 H2 得到了验证。伦理型领导对员工责任的影响有直接效应；对企业社会责任其他维度影响完全是通过中介变量 CCC 制度导向的伦理气氛和关爱导向的伦理气氛而产生的。

五、讨论

伦理型领导对企业社会责任产生正向影响效应，该正向效应之所以发生，可从社会认同理论找到解释。伦理型领导通过其重视利益相关者和社会的需求的价值观，能有效地形成集体认同。伦理型领导的利他、公正、模范榜样作用，受到下属的尊敬和信赖，因而能形成良好的组织伦理气氛，提高企业社会责任水平。

垄断性企业道德建设的缺失及其矫治

刘思强　叶　泽　杨伟文，《伦理学研究》2014 年第 6 期。

自 21 世纪以来，中国经济正处于转型和快速发展时期，垄断经营滋生的非道德行为的现象频繁发生，已引起消费者和社会的强烈不满和广泛关注。本文对垄断滋生企业非道德行为的原因开展分析，并通过实证研究来探讨垄断感知对于企业道德水平感知的影响，揭示垄断程度与企业道德之间的关系，为矫治垄断性市场中道德缺失的弊害和消除不利影响提供借鉴作用。

一、垄断企业道德建设缺失的表现及原因分析

垄断作为一种独自（或少数几家企业）控制资源的经济制度和独占的市场结构形式，企业存在利用垄断势力榨取或侵占消费者利益的便利，如果企业道德建设缺失，企业德性和德行不足，就可能"行恶"，容易导致影响广泛的不道德行为。

（一）垄断容易导致企业经营的诚信缺失

垄断企业道德建设缺失，容易导致企业经营不诚信的行为主要有三种表现：一是垄断市场往往存在信息不对称，企业容易产生败德行为，欺诈消费者；二是存在欺诈行为；三是不积极履约和兑现承诺。

（二）垄断容易导致交易价格的公道性缺失

对垄断性企业来说，由于掌握了资源的定价权和市场支配权，当企业道德建设缺失时，往往存在价格不公道的问题，其主要表现有四种形式：一是利用市场势力制定垄断价格或形成价格同盟；二是捆绑销售（或搭售）；三是实施歧视价格；四是实施两部制定价策略。

（三）垄断容易导致交易缺失公平性

在垄断市场上，导致交易不公，最主要的非道德行为，是霸王条款和格式合同。霸王条款和格式合同多见于银行服务、电信服务、电力销售、保险等垄断行业中，通常以通知、声明、告示、行业惯例的形式出现。霸王条款和格式合同，明显违背了自愿、公平、诚信、正义的商业道德基本原则。比如：电信与联通公司互联网接入与价格垄断，使得网络费用明显偏高，与此同时，也剥夺了消费者选择服务商的权力。

（四）垄断容易使企业缺失社会责任

垄断企业尤其是自然垄断企业和政策性垄断企业，由于一家独大（或几家独大），对国民经济的影响深远，在政府决策方面拥有的话语权较大，企业通常不顾及消费者的反应，社会责任缺失，容易我行我素。垄断性企业缺失社会责任性的主要表现为：在内部责任上普遍存在同工不同酬的现象，如电力企业的农电工利益长期得不到保障；在外部责任上，企业为了自身利益，而不顾公众利益，危害环境，如中石油和中石化长期不使用新标准，从而导致雾霾事件频发，危及公众健康。

二、垄断程度感知与企业道德水平感知互为影响关系的实证研究

垄断体制下确立的企业与消费者的经济关系存在明显的不平等性，在这种经济关系下，垄断性企业与消费者的道德关系又如何呢？当垄断性企业道德建设缺失时，消费者的反应又如何呢？下面从垄断程度感知、企业道德水平感知两个构念的影响关系出发，对此问题开展实证研究。

（一）构念与假设

唐凯麟在其书《伦理学》中认为，道德是由一定的社会关系决定的，依靠社会舆论、传统习惯和信念来维持，表现为善与恶相互对立的心理意识、原则规范和行为行动。道德是一种非强制性的社会力量，从企业经营角度来看是一种“利他行为”。

因此，基于以上概念及分析，做出如下假设：垄断程度感知对企业道德水平感知存在相互的负向影响，即消费者对企业垄断性程度感知越高，对企业道德水平的判断就越低；对企业道德水平感知越低，对企业垄断性程度感知越强。

（二）模型检验与数据分析

从检验结果可以看出，垄断程度感知具有扩大的负效应，即由于消费者对垄断认知的消极情绪的存在，会降低对企业道德水平的判断。垄断作为一种诱发企业非道德行为的体制因素，消费者往往会对垄断性企业有更苛刻的道德判断，因此垄断性企业要提升消费者的道德水平感知，就需要消除垄断的负影响。

三、矫治对策

从前面的分析可以看出，一方面垄断性企业道德建设缺失时，容易滋生企业不道德行为，导致消费者利益受损，消费者对企业的垄断程度感知会趋强。另一方面，垄断会导致消费者形成对企业更苛刻的道德判断和要求，导致社会的反垄断情绪，危及企业与消费者之间的客户关系，并为政府和社会所不容。本文对后者的矫治建议如下：

第一，垄断性企业要加强道德建设，形成企业道德。作为垄断性企业，从企业自身发展的考虑，应该注重企业道德建设，形成道德自律。

第二，垄断性企业需要降低垄断感知强度，提升企业的道德水平。

第三，垄断监管机构要建立科学的企业道德外部评价体系，及时发布企业的道德信息。

马克思主义就业理论及其现实意义

李　云，《广东社会科学》2014 年第 6 期。

一、问题的提出

就业是民生之本，是关乎经济发展、社会和谐、政治稳定的重大问题。近年来，随着经济结构的战略性调整，城镇化进程的加快，就业问题显得格外重要。改革开放以来，随着国有体制改革、产业结构调整、城市化进程的进一步加快以及农村剩余劳动力的转移，我国就业的严峻形势进一步凸显。通过进一步深入学习马克思的《资本论》，可以使我们对马克思关于资本主义就业理论有更进一步的认识，马克思虽然没有以专著形式专门论述就业问题，但他在有关“创造劳动价值论”“剩余价值论”“资本积累理论”及“再生产理论”的阐述时，在揭示“社会化大生产一般规律”和“资本主义发生、发展、灭亡规律”的过程中，均有对资本主义就业问题的论述。

二、马克思对资本主义就业问题的相关论述

（一）资本主义相对过剩人口产生的原因

资本主义生产关系发挥作用的一种结果的具体表现就是资本主义相对过剩人口。在资本主义社会，资本有机构成提高的同时，也促进了劳动生产率的不断提高，但同时对就业也带来了深刻的影响，即使得资本对劳动的需求相对减少，从而产生了相对过剩人口。

（二）资本主义相对过剩人口的存在形式与特征

在资本主义社会，相对过剩人口具有周期性和结构性特征，马克思所阐述的资本主义社会的经济周期的典型特征之一，是生产的相对过剩与人口的相对过剩同时并存，因此，马克思把产生这种周期性危机的原因归结为是由于生产的社会化与资本主义的私人占有之间的矛盾，及其由此决定的经济运行过程中存在的诸多矛盾之缘故。

三、马克思主义就业理论的现实指导意义

探讨对马克思相对过剩人口理论的新理解，有助于对市场经济条件下失业规律的认识，对解决当前社会主义市场经济中的就业问题具有现实指导意义。在坚持这个长远目标的同时，也要制定相应的短期发展方案，以减少社会的不稳定因素，以短期的某些易于实行的措施来解决严峻的失业问题，使社会经济发展有一个稳定的社会环境，并确保产业升级和转变经济发展方式的顺利进行。具体来说应在以下几方面做好相关工作：

（一）确立以促进经济发展带动就业岗位增加的积极就业战略

市场经济是在自由竞争的前提下通过市场机制配置资源的经济，在市场经济条件下，无论是就业人口还是失业人口都是市场经济作用的结果，失业问题在市场经济中发生，也只能在市场经济中解决。因此，我们必须重视市场经济体制的培养和发展，只有经济发展了，才可能为劳动者提供更多的就业岗位。

（二）大力发展第三产业特别是现代服务业，鼓励中小企业和私营经济的发展以发挥其吸纳就业的积极作用

在转变经济发展方式和大力推进产业转型升级过程中，应重视发展高新技术产业，用高新技术提升第一产业、第二产业，并带动第三产业的发

展。与此同时，应重视个体私营经济的发展，发展私营经济和中小企业是一个问题的两个方面。多种所有制经济的共同发展，可以拓宽就业的渠道，其中个体经济和私营经济应成为增加城镇就业的重要途径。

（三）加快城镇化发展进程，促进农村剩余劳动力的城镇化转移

加快我国城镇化进程，明确了发展要求和目标，对促进农村剩余劳动力转移已然成为可能，而其中城镇就业是决定新型城镇化速度、城镇规模的重要支撑条件。与此同时，我国的新型城镇化发展需要转型。目前，我国的城镇化进程明显滞后，不能适应经济社会发展的要求，而第二、第三产业的发展离不开城镇化这个大前提。

（四）加强职业教育和职业培训，提高劳动力大军的整体素质，缓解结构性失业问题

教育是发展之本，就业是民生之本，关系到千千万万家庭的福祉。稳增长是为了保就业，随着我国进入结构调整阵痛期、增长速度换挡期，经济增长由高速到中高速转变，建立教育—就业间的积极促进关系尤为重要。

（五）加强政府的公共服务职能，完善社会保障体系

就业和社会保障是现代社会的两个基本问题，而且两者之间互相联系、相互影响甚至相互制约，社会保障制度是社会稳定的重要机制，目前我国的社会保障制度虽已初步建立起来，但社会保障制度还有待进一步完善。可以说，完善的社会保障制度具有社会稳定和增加就业的双重效应。

休谟对利己论的认识及其道德目的设定

李伟斌　张李娜，《道德与文明》2014 年第 6 期。

休谟在其道德理论中拒绝利己，却在政治科学的建构中将其作为一个基本的人性假设。这一矛盾其实是实现正义的不同策略。

一、休谟在道德哲学中对利己理论的拒绝

首先，利己主义理论认为人的行为的根本动机都可以归结为对个人利益的计算，即行动之前，主体会计算能够最大化其利益的最佳途径。作为回应，休谟认为先于行动的道德判断不能被解释为单纯的私利计算。

其次，利己主义理论宣称关于道德判断的客观标准是一种幻觉，它最终只是强权人物以私利为目的的阴谋，所以道德标准在任何时候都毫无客观权威性，而只是自利的人在某一具体历史情境中的产物。对此的回应构

成了休谟对利己主义理论批判的第二部分。

二、休谟在政治哲学中对利己理论的接纳

休谟通过共有的道德感（仁爱和同情）来确定道德判断标准的客观性，进而反对利己主义理论。休谟通过对人类社会起源的三种形态的推论来深化这一问题的讨论。第一种社会形态是家庭，产生于两性间自然的吸引力，依靠有限仁爱（自然美德）维护其稳固。第二种社会形态是古代城邦，在这里，通过教育和开明理性的影响，激情虽无管制却仍遵从正义规则。接着，人类进入第三种社会形态，即伴有一个巨大的市场经济体的庞大的现代民族国家。在这一阶段，趣味与激情开始急剧分化。趣味仍坚持将正义作为道德责任，而激情在国家变得越来越庞大时却越来越少地以正义原则来推动我们的行为了。在一个庞大的现代国家，自然美德越来越与政治要求无关。由于社会形态由简单到复杂的演化，休谟对以有限仁爱这一自然美德为内容的激情的态度发生了根本的转变：在简单社会，有限仁爱的激情可以维持凝聚力，个人可以主动维护和同情所有其他成员；在复杂社会，开明的利己将人们联结成一个有机群体；在更复杂的社会，善于反思的趣味已经不能够说服激情为了社会公益而舍近求远，结果激情开始与趣味、正义对立起来，变得无视法律并善于逃脱惩罚。也就是说，在简单社会维持凝聚力的激情在复杂社会却侵蚀了凝聚力。

三、休谟道德哲学的目的

休谟在利己人性问题上的矛盾态度体现在对西方自近代之后在人性问题上，尤其是利己和利他历史争论的一次集中折射。在政治哲学中，休谟将利己作为基本甚至是唯一的人性假设，所以强调法制和权力的相互监督、制约以将社会中每个人和每个等级或机构的私利强制导向国家整体利益的繁荣。休谟指出，政治的根本问题是协调人群的利益并导向正义。在论述完政治机构的正义目的之后，休谟指出，道德的全部目的就在于在法制的基础上使社会民众在日常生活中对正义形成一种价值认同——全体民众在后天宣传和教化中对正义产生一种自然的情感，将是否增进社会公益和整体正义作为道德判断的标准。道德由习惯而来，道德的发生点就是习惯。习惯在法制的强制力之外对利己人性进行扩展和提升，在全社会传播一种公共价值观，以一种柔性力量确保正义实现。休谟认为，道德的建立是要为全社会做出一种合理的价值引导，将狭隘的利己引向对他人和社会全体利益的关注。社会提供适宜的价值引导——对休谟来说，道德哲学其

价值层面的意义远远大于其事实层面的意义。

对利己主义理论的矛盾态度成为休谟人性理论中的一个基本矛盾，这一矛盾深刻影响了他的政治哲学和道德哲学建构，或者说正是因为政治和道德属于人类生活的不同领域，从而需要休谟做出关于利己人性的不同假设。然而，休谟对利己的矛盾态度及其政治和道德理论建构的最终目的都是正义。可以说，出于正义，休谟才对利己采取不同的态度并对政治和道德理论进行不同的建构。

企业社会责任的综合价值创造机理研究

肖红军　郑若娟　李伟阳，《中国社会科学院研究生院学报》2014 年第 6 期。

企业社会责任实践旨在促进综合价值最大化。综合价值这一概念克服传统价值认知单一维度的局限性，实现对传统价值范畴的拓展；基于综合价值创造的企业社会责任模式在价值创造目的、范畴和方式等方面有别于传统的企业社会责任实践模式，具备开放性、自组织性和合作性的特点；同时，在基于综合价值创造的企业社会责任实践模式中，以企业为核心、由利益相关方所构成的网络成为价值创造的主体；而综合价值的来源是由于生产边界的扩大、协同效应和耦合效应共同发生作用，并通过企业与利益相关方之间的合作而实现的，其结果是企业和利益相关方共享价值。文章提出以综合价值创造为基础的新的企业社会责任实践模式。首先，传统企业社会责任实践模式的价值创造功能分析，有工具型企业和公民型企业。其次，基于综合价值创造的企业社会责任实践模式，主要有三个明显属性：其一，基于综合价值创造的企业社会责任实践模式赖于运行的是一个复杂开放的系统；其二，基于综合价值创造的企业社会责任实践模式必然形成一个价值创造的自组织机制；其三，基于综合价值创造的企业社会责任实践模式将形成广泛的合作关系。

文章还探讨了以企业为核心的网络型价值创造主体的综合价值创造主体。其一，超越线性思维认识综合价值创造主体。其二，界定综合价值创造网络中的利益相关方。价值来源问题是分析价值创造机理的核心问题。从综合价值创造来说，它不仅依托于传统价值创造的来源，即要素投入、要素结合方式、制度安排，同时又对传统价值创造来源进行了拓展。

伦理学视域下颜李学派与斯密之理想社会理论比较

吴雅思，《天津社会科学》2014 年第 6 期。

同处大变革时代，颜李学派提出“经世致用”，亚当·斯密提出“富国裕民”。他们生活在相近的历史年代。颜李学派和斯密是中西方探索理想社会体系的典型代表，然而两者学术命运迥异：颜李学派兴盛一时，虽是当时实学思潮中最具革命精神的代表，却渐为清廷搁置，直至清末民初再度兴起，成为官学；而斯密的学术理论在英国、欧洲大陆及全球掀起热潮。此后，英国和中国的国家命运也发生迥异变化：英国迅速进入工业化时代，开始建立市场经济体系；中国国力逐渐落后，直至沦为半殖民地半封建社会。反思相似理论的迥异命运，对现今建立理想社会具有参考价值。

《道德情操论》是斯密学说立论的基础，《国富论》则是对商业社会经济秩序的思考，也是对市民社会秩序的深化与发展。两者的统一是比较的前提。

一、复杂人性与合理利益：理想社会理论的基础

就思想的主旨而言，颜李学派和斯密都在反思当时的社会，且试图建立理想社会。两者提出了相似的人性及义利观点，这成为他们理想社会理论的基础。颜李学派和斯密的理想社会理论都以人性为研究起点。前者认为人性是气质之性，天然本善，但外因影响导致人性复杂；后者认为人性天生复杂，因具有同情共感的能力，形成爱己和爱他的本性，爱己为先，但两者并行不悖。颜李学派和斯密在人性论和义利观上有着相似的论证视角。其一，肯定了在人性中天生存在“善”的因素，但人性复杂。其二，认为个人利益具有合理性和必要性。

二、劳动、商业及制度：构建理想社会的要素

建立理想社会，无论是“经世致用”还是“富国裕民”，都包含了对社会物质文明和精神文明发展的双重要求。换言之，要求在良好道德秩序下发展物质文明。而其中，有三个要素发挥了重要功效，即劳动的价值、商业的地位和制度的作用。

（一）理想社会中劳动的价值

相较而言，颜李学派和斯密的劳动概念略有差异。颜李学派所处的明末清初时期，资本主义经济早熟却不成熟。劳动是指以自然经济为主体的

社会中人们的一种习作行为，涉及农业生产劳作、商业行为及与道德修养相关的活动。反观斯密，劳动是指在市场经济活动过程中所付出的劳作行为，这种劳作创造社会财富，更是承担新道德的力量。所以，颜李学派偏重“动”的行为本身，斯密偏重商业活动，尤其是分工。但两者殊途同归，最后都回归至关注劳动对道德的促进关系上。

（二）理想社会中商业的地位

颜李学派反对重农抑商，在中国传统伦理思想史上较为鲜见。在《平书订》中，该学派提出理想的社会除了鼓励劳动的合理所得，还要发展商业。人的分类理论，既能够满足商人对于社会地位的渴望，同时也能够将商人这一群体固定在其职业领域，客观上促进了国家工商业的发展。这是理想社会中商业应有的地位。相较中国的抑商政策，同时期的英国则大相径庭。虽然人们对于商业还不能够完全接受，但重视商业的观念业已出现，渐渐成了资本主义市场经济发展的肥沃土壤。

（三）理想社会中制度的作用

颜李学派和斯密都反思现有制度，主张建立公正、自由的社会。在颜李学派的理想社会中，劳动的价值在于“动”，结合促进商业的理念，从而在制度上保障封建国家的秩序；在斯密的理想社会中，劳动的价值在于发展物质与道德，结合正确的商业经济增长源及有效制度，从而保障个人的合理权益。这几个因素占据不同的地位，最终导致了两种学说的迥异命运，以及两个国家不同的发展路径。

三、理论命运的异同及其缘由

颜李学派视野中的理想社会是儒家伦理的经世致用，最终是要通过经世达到致用，为封建君王所用；而斯密视野中的理想社会是富国裕民，最终通过富国达到裕民，为市民个体服务。颜李学派的思想在一定程度上反映了新兴市民阶层的利益和资本主义萌芽进一步发展的要求，他们的具体制度也触及了封建土地所有制，但其目的仍是维护封建国家利益。他们站在了历史的前端，却没有超出历史的局限。而斯密的理论给国家角色进行定位，更为资本主义市场经济的发展提供理论基础，且从表面上看，国富的目的也在一定程度上迎合了当时统治阶级的政治需要，使其能够为资产阶级的经济需求服务。

社会政治哲学传统中的马克思财产权批判理论

张守奎，《天津社会科学》2014 年第 6 期。

马克思的财产权批判理论内生于整个西方思想史尤其是近现代社会政治哲学的传统之中，但它的生成语境不是任何一种单一的“知性科学”。而是社会政治哲学或政治经济学批判。因此，要想切中其本质地理解它，就必须充分考虑它得以产生的语境，及其所归属的思想谱系，分析它与古典自由主义者和黑格尔在处理财产权问题上的继承、批判和超越关系。

一、财产权问题的现代性语境

现代社会政治哲学所关注的最核心的主题，就是国家与个人自由或个人自主选择的关系问题。换言之，关联于个人自由的社会政治制度的合理性边界，即国家权力的行使具有何种适当的范围和限度，是社会政治哲学思考的核心问题。近现代市民社会的这种经济建制不仅为“个体”的产生和发展提供了土壤，而且从存在论基础上为个体的自主和独立奠定了根基。当然，财产权本身并不是自足的，就现代社会政治哲学这一思想背景而言，它服从于一个更根本性的问题，即个体的自治和自由问题。黑格尔把现代性理解为具有内在“分裂”本性的人类进步趋势。这种分裂主要表现为原子化的“个人”与伦理共同体之“善”之间存在分裂和矛盾，同时也是私人领域与公共领域的完全隔离。黑格尔由于把时间性和历史性的维度纳入了考察的视角，因此，财产权在他那里就不像在洛克那里那样，是一种单纯的对财产权正当性的论证，同时也是对既往财产权理论的解释性说明和批判性反思。这两种论证财产权的进路都对后来马克思的财产权批判理论产生了直接性的影响。

二、马克思财产权批判理论的本质规定

马克思的财产权批判理论内生于整个西方社会政治哲学传统之中，但它相对于主流（自由主义传统）财产权理论而言又是一种“异数”。简言之，马克思不像自由主义者或黑格尔那样旨在“证成”私有财产权，而是力图“证否”或“证伪”它。这种差异，主要根源于他们对“私有财产”的本质之理解不同。马克思认为，在资本主义社会中，财产权本身就是反人格的，因为，资本家对私有财产的占有和掌控对无产阶级而言“是摧毁而不是培育了人格”。根据马克思的解释，作为私有财产之存在论根据的哲学范畴“异化劳动”之背后起支撑性作用的正是“社会生产

关系”。因此，政治经济学批判直接为“社会历史的批判”铺平了道路。对私有财产之本质理解的上述差异，实际上更与人格关联的个人自由的根据及其实现相关。就思想史的一致性而言，从洛克到黑格尔再到马克思，内在于他们思想当中的一条核心线索是，如何实现和保障个人自由。对马克思而言，私有财产不是人格和自由实现的“必要条件”，而是对它的“摧毁”和“妨碍”。在一定意义上，他甚至把“作为资本的私有财产”理解为资本主义下的主要之“恶”。有鉴于此，对马克思来说，私有财产权不是尚待被“证成”的东西，而是需要被“证否”或“证伪”的非正当存在。

三、马克思财产权批判理论的理论效应

通过对私有财产权的批判，马克思一方面颠覆和瓦解了国民经济学和自由主义法权哲学的前提和基础，揭示了它们基于资本主义私有财产制度上的自由、平等和正义的意识形态虚假性，深化了他对黑格尔法权哲学以及政治经济学的批判性理解；另一方面，对私有财产权的批判由于确证了私有财产权的历史性，破除了它的永恒性幻象，从而，在方法论上深化了马克思对黑格尔辩证法历史性和批判性的理解；同时，更为重要的是，它在存在论意义上确证了市民社会和社会经济生活的根源性，既引导“不是意识决定生活，而是生活决定意识”的唯物主义产生，又反过来在对私有财产权和政治经济学批判的过程中，强化了对历史唯物主义的理解；进而通过对私有财产权阶级本性和剥削性权力本质的揭示，把人类解放的目标之一定位于消灭和扬弃私有财产，从而赋予历史唯物主义以激进的革命解放传统和阶级斗争定向。马克思立足于存在论视域对私有财产的这种考察和批判进路，以及他所取得的理论成果，迄今依然具有深刻的现实意义。

儒家经济学思想之辨析及重建之原则

畅　钟，《深圳大学学报》（人文社会科学版）2014 年第 6 期。

随着儒学研究与复兴的持续发酵，建基于儒家哲学基础之上的儒家经济学需要重新进行审思，并应该与建立在“理性经济人”基础之上的西方经济学的逻辑发展以及学术逻辑进行行之有效的剖析与比勘。

一、儒家经济学的哲学基础

在讨论儒家经济学的哲学基础之前，需要首先确定儒家经济学的定义。那么，儒家经济学之哲学基础是什么？毫无疑问，要回答这个问题就要回到儒家之核心义理上来，即包括“仁”“义”“礼”等方面。

（一）关于“仁”的含义

孔子言“仁者爱人”，此种“爱人”乃植根于“仁心”，并通过血缘关系层层展开，由亲人到他人，到社会，到天下，但其中存在着前提，此种前提，正是因为对自我之感悟与热爱，孔子言“己所不欲，勿施于人”即是此理。

（二）儒家关于“义”之阐发

“义者，宜也”本质上是调节各种关系之处事原则，这里应该包含两层意思：一是现实利益之层面；二是道德修养之层面。从两个意义之解读出发，《中庸》更重视道德之修养，所以言“尊贤为人”。

（三）关于“礼”之解读

“礼”之含义，当然也可以从两个方面展开解读，朱熹言“礼者，理也”，正是礼的深刻写照。此种理，既包含天理，也包含人欲，更是蕴含于人欲中之天理，后世主流儒家着重强调其天理之一面，本文则强调其人欲之一面，此种人欲，从经济之角度则是“设于地财”。

二、儒家关于经济活动的表述及对经济规律之认识

要探讨儒家经济学，则必须了解儒家关于经济活动之表述，此种表述，主要体现在生产、消费、创造、分配等诸多方面。

其一，关于创造、生产及市场。

其二，关于分工。

其三，关于分配。

陈焕章通过儒家典籍中关于经济活动之表述以及经济规律之揭示，充分阐释了儒家经济学自成一体、完备无缺甚至已经发现了收益递减律。陈焕章针对儒家之论述，说明了儒家对收益递减律之高度认识。同时，陈焕章通过对儒家经济学思想在历史上的实践，重点讨论了市场经济与政府调控之一系列方法、策略，以及通过赋税制度所展开的财富分配问题。

三、儒家经济学思想之开创及后世之歧变

（一）儒家经济学之开创

传统观点以为，管子乃道家或法家之代表。作者认为，就经济学思想，管子是儒家经济学思想之开创及集大成者，因为从对儒家“仁”“义”“礼”的双重性之论述，我们已经知道，儒家尤其是原始儒家，同样肯定人之欲以及在此基础上对利益的追求。应该说，从历史的观点来看，管子已经清楚地认识到分工在经济生活中的重要性，因此，技能或经验尤为可贵。

（二）儒家经济学后世之歧变

这里所说的“儒家经济学思想”的歧变，不是指儒家经济学思想的变化，而是指儒家义理阐释之变化在儒家经济主张方面的变迁，或者可简单理解为儒家经济学思想之错误理解与应用，当然，是从历史的角度出发。任何一种学术思想，必然经过创立与发展的阶段。儒家思想从源头看，自然博大精深，后世之人，学派林立，但大都是就其中之一面进行阐述抑或改造，此种阐述、改造有其重大价值。种种学派之中，揭示其精义者则往往于士人者中得以认可传承，迎合帝王意志者则得到国家力量之扶持。客观上形成对此种学术思想之分裂或误解。

四、对西方经济学之梳理及理解之框架

要全面考察西方经济学，则必须考察其实践性之一面，而经济学之实践性则必须诉之于历史之逻辑。基于分析，作者提出理解经济学的结构框架，此种框架可分为两个层面：其一是核心理念层面，也就是认真分析其核心理念完整与矛盾之处，再通过逻辑推理得出其适用范围以及边界，并总结出不同学术流派之利弊得失；其二为应用层面，此种应用层面则必须以历史之眼光，分析其在过去、现在、未来的发展态势，即在对历史与现实深刻理解之上，探讨其存在及其未来之价值。

五、儒家经济学重建之原则

由于就儒家经济学之核心内容来看，即是“利者，义之和”中的“利”，而就其重建之原则，当有以下两个方面：其一，儒家所言“义”，是儒家经济学正当性之基石，此种原则，应当成为儒家经济学之边界之限定；其二，儒家所言“和”，即是儒家经济学之开放性。就未来之开放性而言，技术革命所带来的对整个社会的变革以及所带来的经济学从观念到方法到实践的一系列变化，此种变迁同样建基于对人性恒定与发展之深刻理解，当仁不让地也应该成为儒家经济学所要重点考察的对象以及研究内容。

资本的伦理内涵、结构与逻辑

赵苍丽　余达淮，《道德与文明》2014 年第 6 期。

一、资本概念的历史演变

首先，作为生产资本范畴而存在的样态。其次，作为信用关系的资本，一般指的是虚拟资本。资本概念在当代得到了充分扩展，主要表现为文化资本、人力资本、社会资本、智力资本等存在样态。在马克思那里，资本根本上是一种生产关系的反映。其一，尽管资本主义生产的发展在历史上有一定的进步作用，但是“资本不是物，而是一定的、社会的、属于一定历史社会形态的生产关系，后者体现在一个物上，并赋予这个物以独特的社会性质”。其二，载着一定社会生产关系的资本，在人类社会发展过程中终究只是一种暂时性的存在。其三，当马克思谈论资本主义发展生产力的时候，主要是将其作为人类和工人运动必须辩证克服的现实状况。其四，由资本主义制度孕育的主要思维模式，即马克思所谓的“资产阶级视角”让我们难以思考资本主义本身，我们必须从理解价值开始理解资本。

二、资本的伦理内涵

（一）资本作为生产关系，表现为一种剥削本质

资本的实质在于活劳动是替积累起来的劳动充当保存并增加其交换价值的手段。资本逻辑的总体性和内在性的分裂导致个人利益与全体利益的严重对立，人被剥削的状况在加剧，人的异化不断加深，人的被奴役状态几乎在不知不觉当中已经成为社会现实。

（二）资本不仅表现为关系样态，也体现为意识的、观念的样态

作为人格化的存在，资本家承载着资本，因此，在资本家的意识形态中，渗透着资本的存在形态。不仅如此，资本还通过资本家这一载体进入人们的社会意识当中。

（三）资本促进规则和秩序的培育，也推导出现代平等概念，但这不过是资产阶级意识形态的体现

资本主义经济没有任何具体的社会形式或目的，而造就了资本主义社会的规则、秩序以及平等、正义、自由。对马克思来说，应该用一种合乎辩证逻辑的方法谈论资本主义的“平等”“正义”，但是这种属于现代合法性的正义却被德性的力量移植成意识形态的绝对“正当形式”，即正义的平等形式和一般形式。

三、资本的伦理结构与逻辑生成

（一）资本的伦理结构

从层次上来看，资本伦理可以分为两个层次：一是处理人与资本之间关系的规范；二是处理人与人、人与自然及人与自身之间关系的规范。在

资本伦理的理论内部，第一层次以第二层次为基础，并以第二层次为价值指归，资本伦理的第一层次为第二层次提供具体内容和现实依据。从资本与伦理这两种不同概念之间的嫁接，就已经体现出资本伦理的独特定位。资本伦理是将哲学的形而上思考奠基于现实生活之上的当代哲学发展的新形态，是一种打通理性与经验、“形上”与“形下”两种思维运思屏障的伦理新概念，资本的伦理具有双重性特点。

（二）资本伦理的逻辑生成

首先，从发生学的角度考察，资本与伦理在人类的产生过程中就存在一种亲缘关系。在人类文明史上，资本的出现就蕴含着道德评价的因素，尽管这种评价有正面的也有反面的。其次，从人类终极追问视角考察。经济学与伦理学所做的工作只是对人性的不同行为的各自考量，他们最终仍然要服务于人。因此可以说，无论是“经济人”还是“道德人”，都无法代替人的终极性存在。最后，从社会对资本的现实要求的角度考察，资本发挥其伦理价值与功能是一种必然路径。任何资本都存在于现实世界中，这就要求资本在任何时候都要关注现实生活，为社会的发展与人的发展服务，而不能一味地凭其本性追求增值，否则必然会丧失其现实存在的合理性与合法性。以伦理的眼光审视资本的作用，把资本的积极作用限定于实现人民的幸福与国家的强大维度之上。这是资本和道德存在内在联系的更深层次的体现。

企业社会责任的理论基础研究：视角与贡献

赵德志，《辽宁大学学报》（哲学社会科学版）2014 年第 6 期。

自企业社会责任的概念提出以来，要求企业履行社会责任的呼声日高。然而，要说服企业积极主动地去承担社会责任，就必须给出企业应当承担社会责任的充足理由。换言之，企业社会责任，无论作为一种管理理论还是作为一种管理行为，必须有它的理论基础。过去几十年，管理学界对此展开了多方面的探讨，提出了诸多有价值的理论观点，为企业承担社会责任提供了重要的理论依据，与此同时，这些讨论也引致了一系列对企业性质、使命以及企业与社会关系的新认识。

一、系统理论：企业根植于环境中，必须对作用于企业系统的经济和非经济的力量做出积极反应

对企业为什么要承担社会责任，学界最早同时也最多是从系统论的角度提出论据的。根据一般系统论的关联性观点，系统与其子系统之间、系统内部各子系统之间和系统与环境之间，存在着相互作用、相互依存和相互交换的关系。系统论的这些观点，首先引发了学者们关于企业与环境之间关系的深入思考，进而成为论证企业应当承担社会责任的重要论据之一。企业无法独立于它所在的环境而存在，也无法主宰这一环境。当企业系统对于环境的影响是更为积极的而不是消极的时候，也就是说，当企业为环境所提供的收益大于它对环境所造成的成本时，企业所获得的支持也就更大。企业作为社会系统的一个子系统，其与社会之间，与其他子系统如社区、各种社会团体及政府之间存在着复杂的相互作用，强调环境的变化对企业成功与否具有重要影响，而企业的行为也深刻影响到环境，因此企业有责任与环境建立起良性的积极的关系。

二、社会契约理论：当企业行为有利于改善公众产品时，才被视为是合法的

社会契约论作为一种政治哲学，几个世纪以来主要被用来解释政府的起源及权力合法性的基础。尽管社会契约是一种理论上的假设，但它却强烈地表达了人们对各种有影响力的机构或社会组织如何行使权力的一种期待，对各种有影响力的机构形成了无形但却强有力的约束。人们对企业社会责任的期待反映的是一种社会契约式的要求，企业承担社会责任乃是履行社会契约的一种表现。总而言之，企业必须得到社会的许可，企业的合法性就在于它能够回应公众的要求，承担起社会责任，这就是从社会契约论所引申出的结论。“社会合约理论有力地说明了企业影响力的性质和局限。当其实施有利于改善公众产品时，企业影响力就被看作是合法的。”

三、企业伦理理论：今天的公司是道德代理机构，能够作出道德判断

对企业应否承担社会责任的判断，在很大程度上与人们对企业的性质及其使命的认识有关。一些现代经济学和管理学学者，特别是企业伦理学学者则认为企业具有类似人格的特性，有道德判断能力，因而应当并且能够主动承担社会责任。但并不是所有的企业伦理学学者都认为企业具有道德人格，但都不否认企业的行为可以从伦理的角度进行评价。还有一些学者，通过对相关法律变迁的考察，提出事实上法律早已将公司由虚幻性实体转变为真实的实体，将公司由最初人们所认为的非道德性机构转变为道德性人格，而这就表现在法律对社会责任的界定上。

四、企业公民理论：尊重公共利益，努力追求做一个负责任的公司公民，完全是公司理性的决定

有关“企业公民”的研究是目前国际管理学最前沿的课题之一。“企业公民”就是把公司看成是社会的公民，企业应具有公民意识、公民理念，像具备道德感、正义感并身体力行分享社会责任的公民一样，有独立的人格。企业公民理论认为：企业作为法人，既是获取商业利润的纯赢利机构，也是承担一定社会责任的企业公民主体。企业必须正确处理企业利益与社会利益的关系，实现企业法人和具有高度社会责任感的企业公民的结合。在企业公民理论看来，企业既有经济属性也有社会属性。与此相应，企业的使命应该是为社会创造价值，企业的目标应该将个体的利益相关者、企业组织和社会的利益统一协调起来，企业的中心目的应该是服务于社会或全体利益相关者。企业公民理论通过对企业属性和使命重新思考而赋予企业社会责任以新的理论基础。企业公民属性意味着企业、政府和社会的新的契约关系，意味着法律保障下的权利和义务，意味着企业能够理性的行动，自觉地回应社会责任方面的诉求，追求超越经济的更高的社会目标。

五、利益相关者理论：相关利益团体是“道德代表”，其所拥有的权利和利益必须予以考虑

利益相关者理论是当代企业管理学的一个重要分支。所谓利益相关者是指“企业能够通过行动、决策、政策、做法或目标而影响的任何人和群体。反过来说，这些个人和群体也能影响企业的行动、决策、政策、做法或目标”。与传统的股东至上主义不同，利益相关者理论认为，企业应追求利益相关者的整体利益，而不仅仅是某个主体的利益。在利益相关者理论所描述的企业与环境的关系中，企业是各种利益的中心。根据这一观点，很容易得出结论，能否处理好与利益相关者的关系，关乎企业的成败。忽视利益相关者的企业不可能实现价值最大化，更不能给社会带来福利。企业必须与利益相关者建立起一种良好的合作关系，在所有者与其他利益相关者之间求得利益的平衡，努力实现两者的双赢。其较好地回答了企业为什么要承担社会责任，以及承担社会责任对企业竞争力的影响等问题。

论企业道德责任边界公正的充要条件

胡　凯　胡骄平，《伦理学研究》2014 年第 6 期。

企业道德责任，实质上就是企业对社会负责；企业道德责任边界是关于企业道德责任的量的概念，即企业对社会负多大责任。企业道德责任边界公正的充要条件是：企业所有制形式公正；企业权利和义务分配公正；企业道德能力成熟。“企业所有制形式公正”解决的是企业生产资料归属是否公正的问题；“企业权利和义务分配公正”解决的是企业权利和义务是否对等的问题；“企业道德能力成熟”解决的是社会责任投资意愿和社会责任投资能力是否具备的问题。

一、所有制形式公正：企业道德责任边界公正的前提

（一）不同所有制形式的效率和效益

一个企业是采用集体所有制（公有制）形式好，还是采用私人所有制（私有制）形式好？要回答这个问题，显然首先要明确哪种所有制形式给企业和个人带来的效率和效益为最大，即以最小投入获得最大产出。目前，股份制企业所有制形式是一种可以集国家所有、集体所有和私人所有之优势，又避免其缺陷的新的所有制形式。当然，这并不是说股份制就可以避免私有制的一切缺陷。股份制虽然代表着当今企业所有制发展趋势，但它自身的缺陷是不容忽视的。显然，要解决这个缺陷就需要在公有制与私有制之间寻找到一种平衡。

（二）寻找公有制与私有制之间的平衡

当私有制和公有制以一定的量的比例同时存在于一个企业内，就可能形成一种制约机制：企业既不能不承担道德责任，也不能过多承担道德责任；私有制制约企业道德责任边界最大化趋向，而公有制又制约企业道德责任边界最小化倾向。由于这个制约机制的作用，使得企业在公有制和私有制之间达到量的平衡，并在这个平衡的基础上，对应形成企业道德责任边界的平衡。平衡的边界才是公正的边界。因而只有所有制形式公正，企业道德责任边界才是公正的。

二、权利和义务分配公正：企业道德责任边界公正的底线

（一）权利和义务分配公正之于企业道德责任边界公正的意义

权利和义务分配，关涉到国家、企业、个人等利益相关者的利益，关系到企业履行道德责任的实质内容，是企业道德责任边界公正的底线问

题。没有权利和义务分配公正，就没有企业道德责任边界公正。尽管权利和义务分配公正这个问题本身是一个难题，但对这个问题的探索，关涉企业道德责任边界公正的实质内容，具有重要意义。

（二）关于分配公正的理论

如上所述，公正的本质含义是指权利和义务的对等交换，任何利益相关者，既是权利主体，也是义务主体，任何权利的获得，都意味着义务的对等担当。那么，一般应如何担当义务，或者说应如何公正地分配权利呢？美国的费因伯格归结为五项原则：完全平等原则、需要原则、德才和成绩原则、贡献（或应得回报）原则、努力原则。美国的彼彻姆归结为六条原则：分配给每个人相等的份额；按照个人需要分配；根据个人权利分配；按照每个人的成果进行分配；根据每个人对社会的贡献进行分配；按照其劳动进行分配。我国的盛庆来归结为七条原则：平等、需求、能力、努力、贡献、社会效用以及供需关系。王海明在总结了以往公正原则理论观点后认为，应由四个原则构成：贡献原则、品德才能原则、需要原则、平等原则。

（三）企业道德责任边界公正与企业权利和义务

不难发现，企业道德责任边界公正与企业权利和义务分配公正是对等的。一方面，企业道德责任边界公正是权利和义务分配公正的量的标准，是企业权利与义务分配的基础；另一方面，权利和义务分配公正是企业道德责任边界公正的实质内容，是企业道德责任边界公正的保障。

三、企业道德能力成熟：企业道德责任边界公正的保障

（一）企业道德能力在企业营利过程中发展成熟

企业作为一个营利组织，在市场经济中，必须遵循“为己利他”原则，以争取利益最大化。“为己”与“利他”是辩证统一的：一方面需要为自己获取利润；另一方面需要以增进全社会或每个社会成员的利益为己任，担负起自己的社会责任。

（二）企业道德能力成熟集中体现为社会责任投资意愿和社会责任投资能力

企业道德能力成熟是指企业已经具备对社会履行应然责任的能力，集中体现为社会责任投资意愿和社会责任投资能力。这里，企业道德能力是就企业自身而言的；企业社会责任是就企业对于社会的“必然”和“应然”关系而言的，狭义的企业社会责任就是企业道德责任。企业道德责任边界公正，需要企业道德能力成熟做保障，也就是说，没有企业的社会责任投资意愿和社会责任投资能力，也就没有企业道德责任边界公正。

（三）企业道德能力成熟度评测

企业道德能力成熟度，就是社会责任投资意愿和社会责任投资能力的强度或大小。任何一个企业在面临一项重大决策时，必须把道德能力成熟度作为决策变量进行评测。这事实上是朝着“企业道德能力”可操作性方向所做出的努力，也就是把社会责任投资意愿和社会责任投资能力具体化。较高的企业道德能力成熟度，为确保企业道德责任边界公正创造了前提条件。

财富生产根本问题的马克思伦理之思

贺汉魂　许银英，《道德与文明》2014 年第 6 期。

财富生产总是一定主体出于一定动机、为了一定目的、经过一定过程、生产出一定财富的活动。所以财富生产根本问题无非包括：财富生产目的为何，动机何在，主体是谁，过程怎样，结果如何。这些问题，从伦理视角析之，大体可表述为：财富生产目的的伦理要求，动机的伦理评价，主体的伦理确定，过程的伦理规定，效率的伦理深究。这些问题均可以从马克思那里寻找到科学的答案。

马克思指出，人类为了实现一定需要进行财富生产活动，无使用价值或使用价值不真实，对人体直接有害的财富自然不应生产。但是幸福才是人生的根本目的，具有真实使用价值的财富未必应该无条件的生产。财富生产超越财富的“人学意义”，如劳动发展人，决定了生产劳动本身可能就是动机，而且财富生产者的动机总是为己，从目的看，则“为己”“为他”均有可能。从马克思所述可见，树立为人们真实需要而生产的财富生产动机是解决经济危机、假冒伪劣及有毒产品的彻底解决之道。

任何生产都得使用一定的生产资料，作为生产资料的财富合伦理规定自然是财富生产可以进行的根本道义基础。马克思指出，劳动工具因劳动而成为工具，劳动对象因劳动而成为对象，生产资料自然应由劳动者获取。马克思实际上还论述了人与自然共生，不同的人与不同的自然共生，与自然共生之人取得与其共生的天然财富本就自然。需要说明的是，马克思所指与自然共生之人是以群体存在的人，所以天然财富应以部落、家庭、民族为单位拥有。当劳动条件、劳动机会有限，愿意生产财富却不能生产者，实际上是为其他人贡献了财富可以生产的物质前提，他们因此获得一定的财富自然合伦理规定。

权利与义务的相关性从根本上决定了公正是处理财富生产权利与义务的根本原则。这一点恰是剥削阶级社会财富生产权利与义务分配的最大缺失。这种不公的后果往往是：劳动者履行财富生产义务极其消极，不断进行争取公平的斗争。不承担财富生产义务的主要是剥削阶级，因为他们凭借生产资料私人占有掌握了劳动者的财富生产能力，可见生产资料公有制是消灭剥削的根本前提。

合道德应该的财富生产只能是合道德原则判断的财富生产过程。在道德原则中，道德善与恶是总原则，但是作为判断行为的标准，有过于抽象的缺陷。所以在道德总原则之下，人们又确立了一些具体道德原则用于对具体行为进行道德判断。这些原则，人们常称其为基本道德原则，主要包括人道、自由、和谐、正义原则。人道、自由、和谐、正义是基本的道德原则，自然也是判断财富生产过程是否应该的基本价值原则。

在马克思看来财富生产效率并不是一种天然的、无条件的善。其一，生产效率从最深层次讲乃人的生命成本付出与人生幸福实现之比值，人类真正需要的效率是以最少生命成本付出促进更多人生幸福的效率。其二，幸福是每个人的人生最大追求，不能提升多数人人生幸福的效率是不应该的效率。其三，不具备相应主体素质者成为财富生产者，在一般情况下均不应该。由这些人提升劳动效率，自然不应该。其四，财富生产进行的天然条件应由劳动者共同体所有或使用，所以应在生产资料公有制基础上提升效率。其五，劳动应合人道、自由、和谐、正义原则，效率自然也应是合人道、自由、和谐正义原则要求的效率。其六，劳动超越财富的人学意义决定了生产劳动本身应成为财富生产的重要动机，为此可能要牺牲一些效率，更何况占有财富不等于拥有幸福。

利益平衡：管理思想中的伦理观念

徐大建，《上海财经大学学报》2014 年第 6 期。

在大陆目前的工商管理教育中，伦理道德和价值观是不受重视的。现有的工商管理核心课程，几乎全都专注于企业利润最大化导向的所谓科学管理方法而与伦理无关。潜藏在这种商科教育背后的理论基础，是当今流传甚广的主流经济学思想：现实中的经济活动参与者都是追求自我利益最大化的理性人，指望他们讲伦理道德是不现实的。其更为精致的表达是：在经济活动中，尽管由于信息不对称总会发生机会主义行为，但克服机会主义行为所需要的是法律所规范的市场机制或公平竞争，而不是伦理道德；唯有利润才是衡量企业为顾客创造价值的唯一标准。

这样的商科教育并不符合管理的本质。所谓管理，简要地说就是行使某些职能，以便有效地获得、分配和利用组织内外的各种资源来实现一些具体目标和任务；因此管理从来都是对组织或人的管理。由于组织的本质是分工协作，管理的核心便必然是协调。协调必然包含三个基本要素：(1) 协作的任务，即组织的具体目标和任务；(2) 协作的方式，主要有组织的权威和信息交流系统；(3) 协作的意愿，依赖于组织成员之间的利益平衡。在这三个要素中，前两个要素归根结底要围绕后一个要素展开。因此，组织成员之间的利益平衡便成为有效管理的最根本要素。管理无论表现为何种职能，其核心要素始终是表现为利益平衡的伦理和价值观，而不是科学方法，更不是反映了某些利益相关者利益的利润最大化原则。

管理思想的发展充分表明，管理虽然体现为各种职能和方法，但其核心却始终是协调和利益平衡。在古典管理理论阶段，这种利益平衡伦理观念表现为劳资双方的经济利益共赢，在人际关系—行为科学理论阶段，劳资双方的利益共赢观念从经济利益发展为保护员工的其他利益，而到了当代西方管理理论阶段，这种共赢观念又发展为企业内外所有利益相关者的利益共赢。从管理思想的发展我们能够看到，管理虽然往往表现为各种各样的职能、方法、政策和措施，但它们本身都不是目的而仅仅是手段，都要围绕着目的展开，而管理的目的，归根结底是效率和公平，脱离了效率和公平，管理就只不过是一些盲目的技巧，甚至会变成各种损人的手段。真正的管理学大师，无不认为组织管理的根本目的是效率。泰罗所说的劳动生产力、德鲁克所说的经济绩效等企业管理目的，都不过是效率的表现。

主流经济学家往往认为，作为营利组织的企业的目的应该是利润最大化。他们应当明白，效率与利润最大化是不同的概念。效率是表示生产的概念，与分配无关，而利润却是分配的结果；利润可以通过提高效率增加，也可以通过改变分配增加而与效率无关。因此效率是一个表示社会利益的概念，而利润只代表了厂商或企业家的利益。在充满了利益冲突的现实条件下，厂商利润最大化与社会效率是不一致的，代表厂商利益不代表社会利益的利润最大化就不能作为衡量效率的标准。他们还应明白，所谓的产权并非上帝制定的不变万灵药，而是为了保护某些人的利益人为制定的法律，是不断变动的，其合理性取决于是否照顾到了大多数人的利益从而能够提高效率。如果认为经济的发展主要要依靠企业家的能力而将产权制度的落脚点放到保护企业家的利益之上，那么这样的产权制度就仍然不过是代表了企业家的利益而不代表社会利益。只要把利润最大化作为企业的根本目的，那么，无论是赤裸裸的利润最大化追求还是披上了产权保护外衣的利润最大化追求，都仅仅代表着厂商的利益，引发企业主或企业家与其他利益相关者的利益冲突，从而破坏效率。

论政府在控制经济危机中的道德责任

彭定光　冯建波，《伦理学研究》2014 年第 6 期。

实践证明，政府不仅在平时需要对经济进行必要的干预，而且在发生经济危机时更要进行积极的干预，不应该做经济危机的旁观者，而应该自觉地履行应对经济危机的道德责任。政府的这种道德责任可以分为经济危机爆发之前和之后的道德责任两种，前者是政府预防经济危机爆发的道德责任，后者是政府对已经爆发的经济危机进行控制的道德责任。政府在控制经济危机中的道德责任主要表现以下几个方面。

一、反对贸易保护主义

采取不正当的贸易保护政策的理念和措施，往往被称作贸易保护主义。贸易保护主义不仅违反国际公平贸易的基本原则，而且给各国经济和全球贸易的发展造成严重恶果，因而遭到了很多国家政府和国际组织的谴责和反对。反对贸易保护主义是政府在控制经济危机中所应该承担的一项道德责任。

二、控制通货膨胀

通货膨胀实质是一种货币现象，是指流通中的纸币供应量超过流通中所需的金属货币量，从而导致纸币贬值、物价上涨的现象。经济全球化背景下，一国通货膨胀将通过国际贸易和国际金融传导机制，输出给其他国家，引发连锁反应，出现区域性甚至全球性的通货膨胀，并因此导致全球性的经济危机。

三、禁止企业转嫁灾难

经济危机对企业的生产经营带来严重的冲击。为了摆脱困境，不少企业不惜采取损害其他市场主体利益的举措来谋求自身的利益，转嫁灾难就是一种常用的办法。企业转嫁灾难的行为不是其影响只局限于个体的行为，而是一种社会性的行为，无论哪种转嫁灾难的行为，最终都是全社会为之买单。

政府作为市场经济的“守夜人”，有保护整个社会财产的道德责任，政府作为市场规则的制定者，更有监管市场主体遵守规则、维护市场秩序的道德责任。在经济危机过程中，一些企业生产经营困难甚至破产倒闭，这是市场优胜劣汰机制发挥作用的正常现象。政府应该禁止企业转嫁灾难行为的发生，决不能对企业的这种行为听之任之，唯其如此才能控制经济危机的扩大和蔓延。

四、注重改善民生

人与人既是平等的，又是不平等的。一方面，人人都应该受到平等的对待，平等地拥有人类社会经济、政治、文化等各种基本权利，平等地享有发展的机会；另一方面，人与人又具有天然的差别，如智力、体力、健康等自然禀赋的差别、家庭条件的差别等，这些条件的不同造成了人与人之间的差别，市场经济则扩大了这种差别尤其是财富方面的差距。要缩短人与人之间在财富方面的差距，依靠具有自利性的“经济人”和以效率为原则的市场机制是不可能的，只有基于合理道德立场的政府才能解决好这一问题。经济危机的控制中，政府采取改善民生的举措，既是政府道德责任的要求，也是应对危机的手段。首先，对困难群体的救助能保证社会的稳定。其次，改善民生的举措，使政府的开支适度增加，对全社会的投资产生“乘数效应”，不仅能增加社会就业，改善居民收入，而且能提高社会有效需求。再次，政府在危机期间大举改善民生的举动，也影响到公众的社会预期，提振企业和民众走出危机的信心。

当然，在经济危机期间，政府改善民生的开支也并非越多越好，必须要把握量力而行的适度原则，适度增加改善民生的资金投入，解决人与人之间的利益矛盾，以控制经济危机。

五、慎重采取“救市”举措

“救市”是指在经济危机出现苗头或爆发之后，政府运用市场和行政手段，实施相应的经济刺激政策，其目的是防止出现企业倒闭的多米诺骨牌效应，减缓经济衰退，恢复经济增长。

首先，从道德责任的角度，各国政府不能任凭危机恶化而不理，不能坐视企业倒闭、工人失业而不管，应该采取相应的“救市”措施。

其次，从政府“救市”的实际效果看，有些“救市”举措确实收到了实效，但有的“救市”举措则收效甚微。因此，“救市”是政府在控制经济危机时的必然选项，但政府所采取的“救市”举措必须慎重。即政府应该综合考虑经济危机的影响范围和严重程度、社会的承受度等因素，在充分发挥市场机制作用的前提下，尽可能地避免因“救市”所致的道德风险和通货膨胀风险，采取有效措施，控制经济危机。

哲学伦理视角下的宋代义利之辩

蒋　伟　文美玉，《湖南科技大学学报》（社会科学版）2014年第6期。

义利问题是中国传统伦理学中的一个重大问题，从整体上来说，中国古代的义利之辩在不同的阶段受具体的历史条件的影响而表现出不同的特征，但以儒家为主导的强调“义以为上”的德性主义观点占据着主流地位。宋代由于积贫积弱局势的相对严重、商品经济的长足发展、理学伦理本身理论建构的需要和与事功学派之间的论争等具体历史条件的极为复杂，使得此时期的义利之辩显得更为凸显和复杂，呈现出了不同于先前义利之辩的诸多特点。作者试从当时占主导地位的伦理思想——理学伦理思想的视角对此问题进行探讨，以期对整个宋代的主导义利之辩有一整体和明晰的把握。

一、宋代义利之辩的伦理聚焦点

总共有三点。其一，义利之辩的基础，情欲问题。理学家群体在最基本的人之情欲、自然需求之利上并不是断然否定和反对，而是区别的对待，只是那种违背性、天理、义的情欲才是他们反对和否定的对象，可以说情欲问题是整个理学伦理展开义利讨论的基础。事功思潮和事功学派的理论也建立在这一基础上，只不过在道德的最终评价标准上和理学伦理出现了不一致：理学伦理侧重道德评价标准的动机，而事功学派则更多侧重动机与效果相统一的社会现实。其二，义利之辩的理论深化，理欲问题。义利问题和理欲问题从本质上来说都是指道德与物质利益的关系的问题，指以道德来调节物质利益，以道德调节人的不合理欲求。但是二者绝不能等同，可以说理欲问题是对义利问题的进一步理论追寻，将义利问题进一步深化。对于理欲之辩，出于理学伦理天理主体地位确立的需要，宋儒整体上是持天理人欲对立的观点，他们在区分公欲私欲的基础上，肯定了一般的物质利益的满足，认为天理与人欲的对立主要体现在天理与私欲的对立上，从而表达了理欲观上的整体价值取向。其三，义利之辩的落脚点——公私问题。宋儒讲义利之辩，最后的落脚点便是公私之辩。正如将欲分为公欲私欲一样，在利上就同样有公利私利之分。张载的“义公天下之利”一句话就将义利关系中的义的要旨道出。而所谓的私利就是指损人以利己的私利，不顾公利的私利。也就是理学家所反对的私欲之利。在一般的合符人之需求的利益上，理学家同样秉持了先前儒家的观点，给予了肯定，坚持利欲可言。正如先前儒家那样坚持在义利取舍时坚持“先义后利”“义以为上”的观点一样，宋儒在这一点上也坚持了公利在前、义在前的道义论价值指向。程颐说：“义与利，只是个公与私也”，“义利云者，公与私之异也。”综上所述，“义”就是反映或维护地主阶级整体利益的名教“义理”，就是公；“利”就是个人不符合公利要求、义的要求的利欲，也就是私。义利之辩在这里也就是公私之辩。

二、宋代义利之辩的伦理特征

一方面，从本体论的角度重新辩护论证了儒家“义以为上”的主导价值导向。另一方面，功利思想的发展大大推动了义利之辩的发展。

“义利之辨”及其政治转向——兼论二程对义利之辨的再思考

敦　鹏，《河南师范大学学报》（哲学社会科学版）2014 年第 6 期。

义利之辨是中国古代思想家长期论辩的主题之一，也是历代儒家哲学一个重要的哲学命题。按照通常的理解，义利之辨构成了伦理学最核心、最基本的问题，成为考察历史和现实道德生活的观念表达。道德是人们共同生活的准则和规范，如果从道德层面审视义利关系对人的生存所彰显的重要意义，这大概不会有什么争论。但义利问题之架构的多维性和丰富性注定了不能只限于看到它的伦理维度，更应在不同的时代和思想环境中理解和认识它的特殊含义。就宋代理学而言，义利之辨同样被视为儒学范阈的重要议题，朱熹说：“义利之说，乃儒者第一义。”（《与李延平先生书》，《晦安先生朱文公文集》卷二十四）问题是，宋儒对义利思想的聚焦与早期儒家的义利观发生了明显的差别，而造成这一差别的契机，用余英时先生的话说，乃是当时的“政治生态”所决定的。以政治的视角重新审视古老的义利问题，可以说是宋代儒学的一个创造性发展，但这种对义利之辨的政治诠释，既不是来自朱熹，也不是来自陈亮，而是来自二程，或者说在二程那里，对义利关系的讨论已经带有明显的政治自觉了。就宋代儒学尤其是二程而言，对义利问题的把握与以往思想家的不同之处在于，一方面以超越性的“天理”为终极价值尺度，在更高思维水平上反思和阐述了义利之间的内在关系和道德依据，另一方面，针对北宋政局所出现的一系列矛盾，以二程为代表的旧党以学术上的“义利之辨”作为评判历史的起点，对如何改造现实社会、实施变法与王安石为代表的新党展开了热烈的争论，在现实政治分歧中，原本学术道德与经世致用的政见之争，蜕变为不同政治阵营中无休止的党派倾轧，也由此引发了这一命题的政治化走向。义理之辨不仅是如何成为一个符合道德的人的问题，而且这一问题更多地集中在社会政治方面，即什么样的政治才是符合“天理”的政治。本文从二程对传统义利之辨的思想内涵讨论出发，结合思想传统和历史过程两个角度，围绕当时政治生态而凸显的“义利之辨”，来探讨这一命题所蕴含的若干政治问题以及普遍意义。

论诚信之“诚”与“信”的市场实践意义

强以华，《武汉科技大学学报》2014 年第 6 期。

在当前中国的市场经济道德建设中，伦理学界若是能更好地把对于企业内在的道德要求与外在的道德约束有效地结合起来，或许效果更好。本文将从“诚信”这一概念之“诚”“信”拆分的角度出发，探讨如何把对企业的内在道德要求与外在道德约束结合起来，以求达到提升企业道德水平的目的。论文分为三个部分。

首先，对诚信之“诚”与“信”的解读。尽管我们可以在不太严格的意义上用“诚信”来笼统地表示“诚实不欺、信守承诺”的意思，但是细究起来，“诚”和“信”的内涵有着两个明显的区别。其一，内在与外在以及德性与规范的区别。“诚”作为诚实不欺，它是一种内在的心理状态，它所表明的是人的内在的道德品格；“信”作为信守承诺则是一种外在的行为表现，它必须通过信守承诺的行为表现出来。此外，“诚”作为人的内在的道德品格，它应该就是德性；“信”作为人的外在行为表现，它所遵循的义务应该就是规范。其二，高级与低级以及提升与普及的区别。“诚”是心灵的一种自觉活动，它不带有任何其他的目的，也不需要任何外在的强制，因此，“诚”作为一种道德品格是一种纯粹的道德品格；“信”可能由“诚”而产生，也可能由其他的外在约束甚至可能由某种不合道德的外在诱惑而产生，因此，“信”作为一种道德行为并不像“诚”那么纯粹。就此而言，“诚”要比“信”处于更高的道德水准之上。但是另一方面，“诚”，正是由于它是更高道德水准上的更为高级的道德概念，所以，它比单纯的“信”也更难达到，它仅仅是一个“提升”性的理想；对于单纯的“信”的实现虽然要求会低于“诚”，但它相对地更有可能普遍实现，就此而言，在道德建设上，它是一个能够“普及”的概念。

其次，由“信”到“诚”的市场经济道德建设路径。这一路径是在企业不愿意接受“诚”的教育，并且不愿意建立内在的“诚”的道德品格，从而不接受由“诚”到“信”的道德建设路径时采用的反向操作路径，它通过“信”的道德建设来先行确保企业具有“信”的行为，然后再通过“信”的行为倒逼出“诚”来。在更好地使用道德的外在约束力量来迫使企业“守信”方面，征信制度是一个很好的示范。对于我们所探讨的问题来说，它至少具有两点借鉴作用：其一，它主要是一种道德的征信；其二，它主要是通过外在约束的方式来确保个人和企业遵循道德规范（守信）。因此，在当前的市场经济中，社会应以征信制度为示范，建立广泛的社会道德征信制度，把企业违背道德的典型事件，都纳入社会道德征信系统，以期通过公众的“舆论谴责”“集体抵制”等外在的道德制裁方式让那些违背道德的企业受到实际的道德打击，迫使它们“信守承诺”。当外在的道德约束力量（社会道德征信制度）和法律监督力量配合起来从而迫使企业为了自身的利益不得不守信之后，作为外在行为的“信”和作为内在心理状态的“诚”就有可能发生良性互动，也就是说，外在的“信”就有可能转化成为内在的“诚”。

最后，由“诚”到“信”的市场经济道德建设路径。虽然由“信”到“诚”的市场经济道德建设路径可以帮助企业实现信守承诺，但是，由于制度失灵等原因，我们还是不能放弃由“诚”到“信”的市场经济道德建设路径，并且由“信”到“诚”的路径对于人性中的向善因素的培育也为企业由“诚”到“信”的市场经济道德建设路径提供了可能。

所以，在经由“信”建立了“诚”的基础上，我们可以再进一步通过“诚”来强化“信”，从另外一个角度实现“诚”和“信”的良性互动，从而达到“诚”与“信”的统一，最终在当前中国市场经济的道德建设中，使企业遵循市场道德规范（守信）的行为成为一种内在（德性）与外在（规范），以及低级（普及）与高级（提升）有机结合的行为。

企业以人为本的重新诠释

强以华，《湖湘论坛》2014 年第 6 期。

尽管“企业以人为本”的问题是一个老生常谈的问题，然而，它却是一个长期谈而未透的问题。我们认为，若要把企业的以人为本落到实处，必须重新探讨“企业以人为本”之现象背后的实质，重新诠释“企业的以人为本”。

企业的以人为本是一般意义上的以人为本在一个特殊领域即企业领域的特别应用，因此，若要重新诠释企业的以人为本，首先必须重新诠释一般意义上的以人为本。为此，需要分析“什么人”以“什么人”为本的问题，这一问题还内在地还包含了什么人“如何才能”以什么人为本的问题。归纳起来，以人为本包含了两个方面的含义：其一，所有的人以所有的人为本，当把以人为本理解成为所有的人以所有的人为本时，内在地会包含“如何”才能实现以人为本的问题，即：所有的人都是以人为本的享有者也是以人为本的贡献者；其二，它所说的人是具体的人，它强调以人为本的第一方面的含义必须应用到具体的人亦即具体的场合或事件中才有操作意义。根据以人为本的第二方面的含义，企业的以人为本就是一般意义上的以人为本在企业人身上的具体贯彻。在企业中，理解“企业性质”应是理解企业以人为本之含义以及实现企业以人为本的首要前提。企业的性质具有双重含义。从性质上说，企业不仅是一个赢利性的经济组织，它还是一个社会组织。企业既然既是经济组织又是社会组织，那么，它就不仅应该承担经济责任也还应该承担社会责任。

关于以人为本一般意义的理解和企业的双重性质的理解为我们把一般意义上的以人为本贯穿到企业领域、重新诠释企业的以人为本奠定了基础。既然一般意义上的以人为本的第二方面的含义就是它在具体领域（具体的人、具体的场合或事件）中的应用，并且我们现在已经把它应用到了企业这一具体的领域，所以，我们现在所需要做的就是进一步思考一般意义上的以人为本的第一方面的含义如何应用到企业这一特殊领域之中。首先，一般意义上的“以人为本”的第一方面含义就是所有的人以所有的人为本，但是，它在应用到具体的企业领域中时，就会表现为“一些人”以另外“一些人”为本。“一些人”指的是企业人，另外“一些人”则指企业以人为本的具体对象：在直接层次上，他们是企业利益的直接相关者，包括企业的股东、内部员工、外部顾客（消费者）等；在间接层次上，他们是那些与企业相关但非利益交换的其他社会组织以及全体社会大众。其次，一般意义上的“以人为本”的第一方面的含义内在地包含了所有的人都是以人为本的目的和手段的思想。这里，当我们把这一思想应用到企业这一特殊领域（企业人、企业场合或企业事件）中时，它要解决的问题在于：企业的以人为本应在把自己的以人为本的对象看成是最终目的的基础之上，也把他们看成是目的（服务对象）与（创造效益的）手段的统一。从企业以人为本的直接对象看，对于股东而言，它应该准确地向股东披露信息，并给股东的投资以合理的回报，与此同时，它也应该把股东看成是企业的投资者；对于员工而言，它应该尊重员工，尽量满足员工的物质需要和精神需要，与此同时，它也应该把员工看成是企业利润的创造者；对于顾客而言，它应该努力向顾客提供价廉物美的产品和服务，与此同时，它也应该把顾客看成是企业盈利的来源，如此等等。从企业以人为本的间接对象看，企业不仅要服务于社会大众，包括纳税、从事慈善事业，等等，而且还要防止伤害社会大众，例如不做任何损害自然环境的事情，与此同时，它也应该把社会大众看成是企业生存的支持者和服务者。

聚焦《21世纪资本论》分配正义

孔智键　张　亮，《中国社会科学报》2014年12月22日。

2014年，国内马克思主义哲学研究呈现蓬勃发展之态势，其中《21世纪资本论》的哲学效应、分配正义问题的再讨论尤其值得关注。

一、《21世纪资本论》与《资本论》关系之争

法国学者托马斯·皮凯蒂的《21世纪资本论》英文版和中文版在2014年问世，一时间成为学界畅销书。作者对自18世纪工业革命至今的财富分配数据进行分析，揭示了资本积累收益高于经济增长收益的现象，表明了资本主义发展过程始终伴随着财富不平等的加剧和贫富差距不断恶

化的历史趋势，重磅回击和驳斥了新自由主义及主流经济学的错误信条，在全球范围内产生重大反响。

我国哲学界对此保持广泛关注。有学者对这一著作的理论价值给予高度肯定，认为其有力回击了新自由主义的信念，揭示了资本主义财富分配不平等的内在原因，破除了现代经济学的资本立场和形而上学方法，“是经济学回到马克思立场的一场革命”。基于此，一些学者认为，这一著作延续了马克思《资本论》的内在主题，是“当代的《资本论》”。

针对这一观点，一些学者提出不同意见，认为虽然二者书名上有某种相似性，但在核心思想和政治立场上存在天壤之别：一方面，皮凯蒂错误地将资本理解为“物”，掩盖了资本的本质属性，因而没有从根本上揭示资本主义财富分配不平等的内在根源，陷入分配决定论的窠臼之中；另一方面，在政治立场上，皮凯蒂虽反对新自由主义，但在本质上与前者殊途同归，他既不反对资本主义民主，也不反对资本主义制度本身，而是寄希望于改良主义，建构一个更加公正的社会秩序。从这个角度而言，皮凯蒂绝不会是马克思的“同路人”，《21 世纪资本论》也无法取代马克思《资本论》成为新时期人们理解当代资本主义的指导范式。

二、分配正义之争

分配正义问题随着我国社会主义市场经济的不断发展和深入也逐渐成为哲学界关注和讨论的焦点。姚大志与段忠桥两位学者对分配原则、平等与应得等问题进行了多番争论，并得到其他学者的回应。姚大志指出，分配正义的“平等”原则是一种比较性的概念且具有内在价值指向，即平等是好的，不平等是坏的。与平均主义的拉平论相比，着眼于提高弱势群体福利水平的优先论更有利于实现消除不平等的正义目标。段忠桥《何为分配正义？——与姚大志教授商榷》（《哲学研究》2014 年第 7 期）一文认为，分配正义中关于平等原则的意见分歧是两人争论未果的症结所在。他质疑姚大志在从平等主义原则肯定和否定两方面定义分配正义时采取双重标准，混淆概念本身。在他看来，姚大志提出的以“所有相关者都接受的方案就是正义”作为判断标准在现实当中往往是理性个人多方面权衡利弊的结果，而非正义的分配方案。

王立对平等作为分配正义原则的合法性作了反思。他考察了平等原则的历史与理论来源后指出，段忠桥和姚大志以平等作为原则讨论分配正义实际上受到当代政治学平等主义强势话语的影响。这种话语扎根于西方立宪制民主和市场经济体制现实之中，并非古而有之，也非放之四海皆准。理论须经得起实践检验。基于当下中国市场经济不够成熟、体制仍需完善的基本现实，以应得作为分配正义在实践层面上的原则，才能在不影响生产效率的前提下实现最大可行性的分配正义。“应得是一种初次正义分配原则，而平等是再分配原则”，平等的意义只有应得充分实践后才能彰显。

马克思国际贸易思想的生态蕴含及其现实意义

李繁荣　韩克勇，《福建论坛》（人文社会科学版）2014 年第 12 期。

国际贸易的发展对当今世界每一个国家经济社会的发展发挥了重要作用。基于马克思国际贸易生态可持续发展视角对贸易理论和贸易实践发展两方面进行反思，对于各国尤其是发展中国家理性发展对外经济贸易有重要意义。

一、马克思国际贸易思想的生态蕴含

（一）关于对外贸易产生和发展的原因

1. 一国人口的增加是对外贸易发展的原因之一

人口增加而国内生产无法满足需求是对外贸易产生的原因之一。

2. 交通、工业的发展对建立世界市场的影响

在地理大发现和交通运输技术提高的基础上，最先发展起来的资本主义国家以殖民掠夺的方式进行着自己的资本原始积累，同时又用积累起来的资本进一步通过国际贸易的方式掠夺别国的财富。而工业的发展则在一定程度上与世界市场的形成和发展互相推进着。

3. 资本集中与世界市场

资本集中使单个资本迅速增大，并且促进了单个资本的积累。增大了的单个资本能够在更大规模上进行资本的再生产。当国内投资市场不能提供足够的原料和产品销售市场的时候，资本追求剩余价值的本质要求资本家向海外市场扩展，寻找更加有利的投资场所。

（二）关于对外贸易发展的影响

1. 对外贸易对国外市场的影响

对外贸易使一国经济社会发展面临更大的市场，也使一国经济社会发展的结果在更大范围内产生影响。

2. 对外贸易中的运输环节所造成的浪费

对外贸易活动不仅在生产和消费环节会在更大范围内表现出其在国内

市场上已经出现的破坏作用，对外贸易活动也使远距离运输成为商品流通的重要环节。而远距离运输的增加，就会从运输工具、包装等方面增加商品流通环节的成本，增加对资源的耗费。

（三）马克思对自由贸易和贸易保护的看法

马克思的国际贸易政策观包含两个部分，一是自由贸易政策观；一是保护贸易政策观。马克思认为，所谓的自由贸易，其实就是资本的自由。

二、当前国际贸易活动对生态环境的影响

（一）商品贸易的生态影响

1. 商品贸易的规模效应对一国生态环境产生的影响

对外贸易的发展使一国能够扩大经济活动规模，实现外需拉动下的经济增长，这对于国家宏观经济的发展是有利的。但经济活动规模的扩大也会加重一国自然生态环境的负担。

2. 商品贸易的结构效应对一国生态环境产生的影响

国际贸易导致分工在全球范围内进行，贸易所带来的经济利益驱使各国都倾向于生产和出口自己有比较优势的产品和劳务，从而引起一国产业结构受对外贸易商品流的影响而有所调整，由此可能带来或正或负的生态环境效益。

3. 商品贸易的技术效应对一国生态环境产生的影响

国际贸易是国家与国家之间技术转移和扩散的一条重要渠道。总的来说，对外贸易的发展具有正的技术效应，对于保护和改善一国生态环境有促进作用。

（二）外商直接投资的生态环境影响

第一，外商直接投资的污染转移效应。

第二，外商直接投资对一国环境标准的影响。

（三）外贸商品消费的生态环境影响

1. 贸易商品消费对出口国的生态影响

贸易商品消费对出口国的生态影响是通过贸易商品的生产发生作用的。

2. 贸易商品消费对进口国的生态影响

贸易商品消费对进口国的生态影响，一方面表现在贸易商品对进口国该类商品的生产产生影响从而影响进口国的生态环境；另一方面表现在贸易商品本身可能会带来的污染转移。

三、中国对外贸易的生态可持续发展取向

（一）贸易的生态可持续发展概念界定

对外贸易的生态可持续发展，即一国对外贸易活动对本国生产和消费所产生的影响是在本国自然生态系统的承载力范围内进行的，即对外贸易活动的进行为一国带来生态资源的节约和环境质量的改善；或者对外贸易活动的进行虽然损害了自然环境，但这种损害尚且在自然生态系统可以自我修复的范围内。

（二）我国对外贸易生态可持续发展的政策取向

第一，制定维护或改善本国生态环境的对外贸易环境标准。

第二，生态保护下的贸易政策选择。

从生态环境变化的视角来看，自由贸易给发达国家带来的好处远远大于给发展中国家带来的好处。因此，一定程度的贸易保护对发展中国家是必要的。当然，这里的贸易保护不是封闭经济，不是限制对外贸易，而是要通过国际贸易生态环境标准的制定和贸易政策的指导，实现对外贸易的生态可持续发展。

富强：历久弥新的价值追求

张忠家　梅珍生，《人民日报》2014 年 12 月 21 日。

富强是我们的重要奋斗目标，是社会主义核心价值观的内涵之一。富强作为一种价值追求，不仅为当代中国社会所普遍认同，而且深深积淀在中华传统文化中，堪称历久弥新。

一、中华传统文化关于富强的思想

我国古代典籍中关于富强的论述十分丰富，既有对富强内涵的阐释，又有对如何达到富强的主张，还有对富强之后应当如何处理人与人、国与国关系的看法。从《尚书》开始，我国古代典籍中关于养民、裕民、惠民、富民的论述不绝如缕。前贤先哲追求的富强包含物质与精神两方面内容，可以概括为“义利并举”。从某种意义上说，儒家更看重义的价值和意义，强调“不宝金玉，而忠信以为宝；不祈土地，立义以为土地；不祈多积，多文以为富”。我国古人认为，忠信、仁义是比金玉、土地、积蓄更为稀缺的资源。在我国古人尤其是儒家看来，富而不骄、富而好礼是富强的题中应有之义。中华传统文化中蕴含着爱好和平的基因，在人与人交往中提倡温、良、恭、俭、让，力求以德服人；在国与国交往中主张

“远人不服，则修文德以来之”，反对恃强凌弱、穷兵黩武，追求“甲兵不劳而天下服”“协和万邦”的境界。

千百年来，中华民族矢志追求富强，历史上我国在经济实力和综合国力方面曾长期处在世界前列，出现过文景之治、贞观之治、康乾盛世等繁荣景象。但近代以后，由于西方列强的侵略掠夺，由于封建统治者的昏聩无能，中国渐渐落后了，陷入半殖民地半封建社会的深渊，国力衰微，民不聊生。也正因为如此，中华民族对富强的追求更为强烈，魏源探寻“师夷长技以制夷”、严复推崇《国富论》、梁启超呼唤“少年中国”、孙中山求索“共和”等，都是这一追求的反映和体现。

（二）作为社会主义核心价值观内涵之一的富强

当前，培育和弘扬社会主义核心价值观，坚持富强这一基本价值取向，需要我们把握好以下几个方面：

坚持以人为本，促进共同富裕。坚持以人为本、增进人民福祉，是社会主义建设、改革、发展的出发点和落脚点。共同富裕是社会主义的本质属性，也是社会主义制度优越性的重要体现。社会主义之所以区别和优越于资本主义，就是能够大力发展生产力，创造出更多物质财富，促进共同富裕。所谓“两极分化也不是社会主义”，必然意味着社会主义最终要消灭与消除资本主义社会中存在的剥削与两极分化，促进全体人民共同富裕。

坚持科技兴国，推进自主创新。科学技术是第一生产力，是推动经济持续健康发展、创造丰裕物质财富的根本动力。在当代中国实现国强民富，必须坚持科技兴国，大力推进自主创新。只有努力占据世界科技发展前沿和自主创新制高点，当代中国社会生产力才能实现跨越式发展，中华民族才能以富强的姿态屹立于世界民族之林，实现伟大复兴。

坚持去甚去泰，倡导勤俭节约。在初步“富起来”的形势下如何对待财富与消费，考量着人们能否科学践行社会主义富强观。为此，我们应深刻理解“去甚去泰，身乃无害”的古训，大力弘扬富而不骄、富而好礼的传统美德，反对挥霍无度、穷奢极欲等“甚”与“泰”的生活方式；坚持勤以修身、俭以养德，将勤俭节约作为一种责任义务、一种精神追求、一种生活方式。

坚持美美与共，建设和谐世界。和平、发展、合作、共赢是当今时代的主题。我国作为最大的发展中国家，让广大人民群众过上美好生活，离不开和谐世界的大环境。为此，我们应坚持与邻为善、以邻为伴，与世界各国积极合作，维护和发展相互尊重、互利共赢的伙伴关系，促进各美其美、美美与共。同时，应坚决反对和破除“国强必霸”的旧逻辑与弱肉强食的丛林法则，倡导与促进建立国际经济、政治、文化新秩序。

食品安全治理的理念变革与机制创新

易开刚　范琳琳，《学术月刊》2014 年第 12 期。

“民以食为天，食以安为先”，食品安全是与全民健康和幸福息息相关的重要问题，关系到国家的经济建设和社会稳定。由此可见，食品安全问题已经渗透到日常生活的各方面，深切拷问着人们的内心良知，解决食品安全问题刻不容缓。

一、食品安全问题的表现及本质探寻

随着食品安全问题的不断出现，社会各界纷纷展开了对食品安全问题的讨论。为了解决食品安全问题，社会各界也做出了不懈的努力。食品从研发、生产、销售到消费，环节之多、过程之复杂一定程度上增加了食品安全问题的出现概率。安全问题频出、治理效果差是受多重因素综合影响的结果，其中，时代背景影响下参与主体间各自为政的管理治理方式在很大程度上制约了治理效果。由此可见，时代背景是形成食品安全问题的环境原因，全供给主体各自为政、缺乏有效整合是导致食品安全问题频发的主要诱因。

时代背景：食品安全问题的环境原因。其一，经济环境失调；其二，生态环境恶化。

政府层面：相关监督管理力量缺失或缺位。其一，法律体系不完善；其二，监督管理不力；其三，奖惩机制不合理。

企业层面：食品企业自身安全意识与能力缺失。其一，企业诚信失范；其二，企业心态失衡；其三，企业能力不足。

其他层面：消费者安全知识薄弱，媒体监督模式落后。

二、基于全面责任管理的食品安全治理的理念变革

基于全面责任管理的食品安全治理不同于以往治理的单一性，强调的是多主体、多手段、多环节、多过程的立体式治理，其治理理念需要全面创新与变革。

治理目的变革：食品安全治理目的应由“短期治理”转向“长期治理”、由“表面治理”转向“根源治理”。

治理主体变革：食品安全治理主体应由“政府主导”转向“企业主导”、由政府“一元垄断”转向“多元参与”。

治理时机变革：食品安全治理时机应由“事后处理”转向“事前预防”、“后期管理”转向“前期监督”。

治理方式变革：食品安全治理方式应由“违法受罚”转向“守法有奖”，由“被动抵触”转向“主动合作”。

治理环节变革：食品安全治理环节应由“单一环节”转向“多个环节”，由“后链治理”转向“全链治理”。

三、基于全面责任管理的食品安全治理的机制创新

基于全面责任管理的食品安全问题治理涉及全过程、全方位、全主体的立体式治理方式，监督管理覆盖从研发到消费每一环节；治理内容涉及食品问题的方方面面；参与主体包含企业、政府、消费者及媒体等。因此，在全面责任管理理念指导下，食品安全问题的治理机制需要创新。传统治理机制是参与主体各自为政、缺乏沟通的单向静态治理，主要体现在两个方面：第一，信息沟通效率低下；第二，单向的食品安全治理方向。此外，双向动态机制还强调治理的循环，首先是治理责任的循环，在每一个治理循环中，各参与主体通过相互沟通与协作，解决现有的食品安全问题，预防潜在食品安全问题，还未解决的问题进入下一个循环过程，打破治理的短期化格局；其次是治理带来利益的循环，食品安全治理是参与主体协同开展，所以治理带来的效益也要在参与主体间合理分配，打破单一参与主体独享成果的格局。

供应商：建立安全供应系统，解决食品安全源头问题。

食品企业：建立内部自检系统，解决食品安全治理中心问题。

消费者：建立外部参与系统，解决食品安全末端问题。

政府：建立全面监管系统，解决食品安全治理环境问题。

媒体：建立高效传播系统，解决食品安全治理监督问题。

协同：建立责任追溯系统，解决食品安全治理问责问题。

力争做到在食品安全问题出现后，能以最快的速度明确问题的根源所在，在严厉处罚相应责任人的同时提出合理的解决办法，做到从农田到企业、从企业到餐桌的食品流通过程的每一环节都有从农户到经营者、从经营者到消费者的相应负责人，让网络治理当中的每一主体思想上不想、机制上不能、体制上不敢违反食品安全的底线，实现从内到外、从前到后的食品安全的动态、开放式治理。

试析当代中国企业家社会责任缺失的现状及成因

贾雪丽，《消费导刊》2014 年第 12 期。

改革开放 30 多年来，伴随经济社会的发展和民主法制的推进，我国企业家的社会责任感不断加强，企业家群体的道德素质也得到了大幅提升。但是，我国依然存在很多社会责任感严重缺失的所谓的企业家，也出现了一系列由于企业家单纯追求利润，从而忽视社会责任所带来的诸多问题。

一、当代中国企业家社会责任缺失概况

企业既是经济主体，又是道德主体。它们在开展活动时应该遵守广泛接受的伦理原则，努力做合格的企业公民，履行应尽的社会责任。企业家是企业的灵魂和主导者，企业履行社会责任的程度取决于企业家对于社会责任的认识程度，但由于工业化、城市化的快速推进以及我国经济长期粗放式发展，导致许多企业家及其企业片面追求企业效益，社会责任缺失严重。

我国三种主要类型的企业即国有企业、民营企业和外资企业，不仅在承担法律责任方面有着诸多不足，同时在道德责任履行方面也存在欠缺。近年来发生的一系列丑闻事件，或危及到了人们的生命安全，或违反了市场规则，或打破了公众对企业家的心理期望，其根源都在于企业家没有深刻地意识到作为一个企业家的社会责任，特别是伦理道德责任。

二、当代中国企业家法律责任缺失及成因

企业以及企业家法律责任的履行是市场经济正常、健康运行的前提。社会主义市场经济的实践表明，我国三种主要类型的企业，即国有企业、民营企业和外资企业，在履行法律责任方面都存在不同程度的缺失。

首先，国有企业占据大量与国计民生有关的资源，在吸收就业、缴纳利税方面有着举足轻重的作用。国有企业的社会责任问题既是新课题，也是政府从政策、立法到道德建设等方面发展市场经济的新方式。其次，民营企业是社会主义市场经济的良好补充。但一些民营企业只顾追求自身的经济利益，法律意识淡漠。最后，伴随中国改革开放程度的不断加强，外

资在华企业已经成为当代中国企业重要组成部分。有一些跨国公司进入中国后，逃避社会责任，甚至做出违背跨国公司社会责任理念和道德准则的事情，其原因就在于企业法律责任的缺失。

三、当代中国企业家道德责任的淡漠

综观我国经济建设实践，企业家及企业不履行道德责任的行为主要体现为：制造与销售假冒伪劣产品、忽视员工生命安全与健康、发布虚假广告欺骗消费者、拖欠或压榨员工工资、不正当竞争、污染环境、商业贿赂等。

企业家个人的思想与决策驱动着企业行为，而这些不良企业行为与企业经营者的素质低下有着密切的联系，尤其是在物质利益的诱惑下，企业家容易出现社会良心与责任的背叛。

总之，当代中国需要真正的企业家，企业经营者还需要进一步加强社会责任意识。真正的企业家能够超越局部或小群体的利益局限去追求更大的社会价值。真正的企业家能够认识到自身肩负的社会使命，把企业发展与国家、社会的发展结合起来，承担起社会责任，成为真正受公众尊敬的优秀企业家。

论先秦道家节俭思想

曹卫国　孟　晨　唐　琦，《学术交流》2014 年第 12 期。

先秦道家节俭思想对中华民族精神产生了重要影响。先秦道家节俭思想产生的时代背景为：上层社会奢侈之风盛行；生产力有所发展但仍不足，社会产品供不应求，必须丰年节俭以保障荒年的生存；诸侯国为了争霸和保障国家维持战争的财政需求，必须开源节流并用。先秦道家节俭思想从个人修养、社会物质生活、国家治理三个方面展开，倡导个人寡欲净心、不为杂念所动，社会生活节俭不费财、减少对外界有形事物的需求和索取，统治者克制己欲、无为而治。节俭能起到广财、止战、安民的作用。先秦道家节俭思想的理论内涵包括循道逍遥的核心思想、齐观物论的价值观念、辩证柔胜的思维方式等。先秦道家提出通过杜绝欲望、知足知止、无为不争、天人合一的方法践行节俭思想，以恢复人类无私无欲的本性。

春秋战国时期的经济在夏商西周基础上有了很大进步，但是靠天吃饭的农业文明还远不能抵抗自然灾害，保障年年收成。其时经济状况为：生产力有所发展，带来社会财富的增长和集中，上层社会奢侈之风盛行；生产力水平仍不足，社会产品供不应求，必须丰年节俭以保障荒年的生存。一方面，奢侈之风严重影响民众的生活、生存，导致人口减少，动摇统治根基；另一方面，统治阶级将国家财政大肆浪费、挪用自利，也存在着统治地位削弱、丧失的危险。在这种时代背景下，先秦道家在借鉴上古三代节俭道德的基础上，在与其他学派交流争鸣的过程中，形成了以返还寡欲本性为目的，以绝欲、无为、顺道作为实现方法的节俭思想，希望通过无为恢复远古和平共处的社会，回归远古和平清净的生活状态。

先秦道家节俭思想形成于两千多年前的春秋战国时期，基于特殊的经济条件、政治时局与思想渊源等，形成了崇俭黜奢的消费观念，对其后中华民族的价值观念以及修身齐家治国理念产生了重要影响，使节俭成为中华道德体系的重要组成部分。时至今日，先秦道家节俭思想尽管存在一些不合时宜的内容，但总体而言，作为反对奢侈浪费的理性消费价值观念，其对于树立合理的节俭消费观念、构建社会主义节俭道德环境、开展节俭养德全民节约行动、建设实干廉洁的节俭型党政机关，以及构建社会主义生态文明、建设节约型社会，仍有一定的借鉴意义。

资本的道德二重性与资本权力化

靳凤林，《哲学研究》2014 年第 12 期。

现代性问题无疑是当代学术关注的重要问题，现代性问题作为一簇价值观念，涉及市场经济、民主政治、科技理性、多元文化等诸多方面。其中位于根基处并居于主导地位的核心点是市场经济制度的确立，它是我们探讨与现代性相关的各种其他问题的前提和基础，而市场经济制度得以运转的轴心是资本及其资本的人格化代表——资本阶层。因此，如何评价资本及其资本阶层的道德作用，就成为思想理论界众说纷纭、莫衷一是的话题，有人对之批判鞭挞，有人对之讴歌赞美。在这种判若云泥的价值评判背后，隐含着资本及资本阶层本性中固有的两股力量纠缠难分和相互制约的二元张力结构。因此，只有将之还原到其赖以生成的历史背景中，对其实际发挥出的正反两种社会作用作出本真性剖析，进而对资本俘获权力的具体步骤及资本自身的权力化过程予以正确评述，才能真正洞悉资本的本质属性及其现代特征，并从经济伦理或政治伦理的视角获取其完整的道德基因图谱。

一、资本及其资本阶层的道德二重性

资本及其资本阶层本质特性中所包含的正反两种因素，在历史和现实中既发挥出巨大的道德否弃作用，又彰显出罕见的道德重建功能，作者将其道德否弃作用概括为以下三点：第一，贪婪性。马克思认为，资本家作为资本的人格化，其本性就是为生产而生产，为发财而发财，绝对的致富欲支配他的一切思想感情和言论行动，在道德观上则表现为极端的利己主义。第二，奢侈性。资本贪婪他人劳动和财富的目的是为了自身的奢侈。奢侈性既构成了资本及其资本阶层的内在本性，同时也是推动市场经济发展的动力因素之一。第三，世俗性。资本的贪婪性和奢侈性主要通过其世俗性生活方式表现出来，当然，贪婪性、奢侈性、世俗性只是反映了资本及资本阶层本性的一个方面，它们除了具备这种消极性道德否弃因素外，还禀有某种积极的道德重建功能，只有深入揭示这两种力量纠缠难分和彼此制约的本真面相，才能透彻分析资本及资本阶层道德生活的完整图像。

作者将后者归纳为三点：一是对主体自由与创新的不懈追求；二是对社会平等与公正的永恒向往；三是对宗教自律与博爱的道德担当。

二、资本阶层俘获权力阶层的基本步骤

资本阶层无论是要满足其贪婪性、奢侈性、世俗性的本能要求，还是要实现其自由与创新、平等与公正、自律与博爱的理想愿景，都会受到权力阶层的影响与制约，必然引发资本阶层与权力阶层的利益博弈与矛盾冲突，资本阶层要想使政府政策及法律法规的制定、出台、执行等各个环节符合自身的利益要求，就必然会千方百计地去俘获权力阶层，使其为之服务。从历史经验和现实状况看，资本阶层俘获权力阶层的基本步骤包括以下四个阶段：首先，资本阶层对权力阶层价值观的扭曲蜕变。其次，资本阶层对权力阶层生活方式的重新改塑。再次，资本阶层对权力阶层的直接性金钱腐蚀。最后，资本阶层对权力阶层决策过程的深度干预。

三、资本阶层自身的权力化诉求

资本及其资本阶层的道德二重性会驱使资本在追逐权力的过程中，呈现出两种相辅相成的特征：一方面它会千方百计地去俘获政治权力，使其为之服务；另一方面，资本阶层在其力所能及的范围内，也会努力实现自身的权力化诉求。这种权力化诉求主要表现为以下两种形式：一是牢固掌

控企业的经营管理过程，力争实现垄断经营，充分彰显自己在经济王国中的权力光环。二是努力进入政治权力的外围或中心，积极参与公共决策，驱使政治权力按资本意图运作。

第四篇

著作简介

经济伦理学

王露璐　汪洁等，人民出版社 2014 年版。

20 世纪 80 年代初期，经济伦理问题在我国开始受到关注。伴随着市场经济的发展，我国经济伦理学的研究领域日益拓展，研究成果愈加丰富，研究队伍不断壮大，逐渐成长为一门相对独立的学科。迄今为止，国内已正式出版了十余部经济伦理学教材，学者们在构建经济伦理学的理论体系和学科体系方面进行了一些尝试和努力。但是，总体上说，我国经济伦理学尚未形成一个较为完善的理论体系和学科体系，这已经成为当前经济伦理学研究和学科建设中的一个“瓶颈”。

除导论外，全书共分四篇十五章。导论主要对经济伦理学的学科定义、性质、研究对象、研究方法、产生发展及当前热点进行了概述。第一篇介绍了经济伦理学的理论资源，梳理了马克思主义经典作家的经济伦理思想、中国传统经济伦理思想和西方经济伦理思想的主要内容、发展脉络及当代价值。第二篇探讨了经济伦理的三个基本问题：经济与道德的关系问题，义与利，公平与效率。第三篇从经济活动的四个环节，分别探讨了生产伦理、交换伦理、分配伦理和消费伦理的内涵、主要内容和核心问题。第四篇主要从当前经济伦理的实践面向，考察和分析了企业伦理、财富伦理、广告伦理、电子商务伦理、国际商务伦理等热点问题和对策。

该书在经济伦理学的学科体系构建方面提出了一个较为完整且具有新意的框架，其特色主要表现在：

第一，系统完整的体系框架。除导论外，全书共分四篇十五章，分别涉及经济伦理学的理论资源、基本问题、主要内容和实践应用四个大的板块，形成了一个较为系统完整的经济伦理学的学科体系。

第二，最高、最新的信息平台。该书在撰写过程中，充分汲取了国内外经济伦理研究的权威成果和最新成果，并力图构建经济伦理学学习和研究的最高、最新的资料平台。

第三，独具创新的研究内容。该书是一本专著型教材，在各章的具体内容上，作者注重提出独创性的观点。同时，该书特别注重对近年来经济伦理研究中的一些新问题，如财富伦理、广告伦理、电子商务伦理等问题给予阐释和分析。

第四，理论与实践相结合的研究方法。经济伦理学是一门面向实践的学科，该书既重理论层面的梳理和阐释，又重实践层面的分析和应用，在整个框架和各章的具体内容中，充分体现了经济伦理学“面向实践，回到实践”的基本路向。

近20年来，南京师范大学的经济伦理学研究已形成了自己的优势和特色，在经济伦理学基本原理、企业伦理、中国传统经济伦理、乡村经济伦理及马克思主义经济伦理研究等方面取得了丰硕的研究成果，同时形成了包括中国经济伦理学年鉴、中国经济伦理思想通史、经济伦理学教材系列、经济伦理学研究丛书在内的一整套研究及出版计划。该书是江苏省优势学科建设工程项目成果，既可作为本科生和研究生学习经济伦理学的教材，也可作为经济伦理研究的参考资料。

义与利的自觉——温商伦理研究

方立明，上海三联书店2014年版。

方立明，1963年7月出生，浙江东阳人，法学博士。温州日报报业集团党委书记、社长，中国报业协会全媒体发展研究中心主任，中国报业党建工作研究会副会长，浙江省报业协会副会长。旨趣在于对温州文化、温州商人、温州模式等内容进行一些思考和研究，先后主持浙江省社科规划课题2项、温州市社科规划课题6项，在《人民日报》《道德与文明》《中国记者》等报刊上发表学术论文40余篇。主要论文有《略论城市文明与市民道德素质》《新秩序：治乱与建构》《温州模式：内涵、特征、价值》《以先进文化引领民营企业转型升级》《开掘党报品牌　提升媒体价值》等，其中多篇论文获国家、省级优秀论文奖。合著出版有《互动管理与区域发展——温州模式研究的几个问题》《移民与区域发展——温州移民社会研究》《在政府与企业之间——以温州商会为研究对象》《城市社区建设研究——温州模式的一个新视角》《温州文化——存在的记忆》等。

温州以商闻名，温商以吃苦耐劳、敢闯敢试、抱团经营而著称，被世人誉为“东方犹太人”。他们传承着经世致用、通商惠工的文化基因，沐浴着改革开放的春风，怀抱着对美好生活的向往，从农村小田地，自东向西，由南向北，走向创业创新创富大舞台，打造出无数蜚声中外的温州店、温州街、温州村、温州城。在这个过程中，他们从一穷二白、四顾茫然的乡村苦工，蜕变成物质富裕、精神富有、气质儒雅的商业奇迹先行者。作为一个个性鲜明的群体，温商不仅商行天下、智行天下，更善行天下。在《义与利的自觉——温商伦理研究》中，作者尝试从伦理学的视角，结合哲学、经济学、社会学等多学科的理论和方法，探寻传统温商伦理的功能和局限，探讨温商在义利抉择上从自发到自觉的过程与意义，探索重构温商伦理的原则、模式和路径，富而好学，富而好德，富而好进，为温商形象提升展现和温商伦理乃至商业理论的发展提供有益的启迪。

该书共有八章：第一章绪论，主要介绍了温商伦理概况，简述了温商伦理研究的理论背景和现状，并解释了温商伦理研究的目标和意义，指出了该书的主要创新点和思路结构。第二章温商伦理产生的基础，主要介绍了温商伦理生成的思想基础和区域文化基础。第三章和第四章是对早期温商伦理观的评析。作者以温商的“抱团现象”为切入点探析温商伦理观，一方面，通过对“抱团现象”形成的动因、组织形式、基本特征等进行深入研究，分析了“抱团现象”所蕴含的一系列积极伦理价值。另一方面又提出了“抱团现象”所体现的伦理局限性及其带来的消极影响。第五章重构现代温商伦理，阐述了重构现代温商伦理的现实依据和理论依据，提出了重构温商伦理的三个基本原则：功利原则、权利原则、公正原则。最后还描述了重构温商伦理的理想范式即“义利兼顾”。第六章重构现代温商伦理的基本路径，提出要通过提高商人道德素质、加强制度建设、发挥商会组织的作用来重构现代温商伦理。第七章温商伦理建设对思想政治教育的启示，指出思想政治教育要具有人文精神，要做到自我价值和社会价值统一，要提倡义利兼顾，要突出培养道德主体的独立意识和创新精神。第八章结论与讨论，总结了本书的主要研究成果及结论，并提出了对温商伦理进一步研究的展望。

社会转型时期中小企业伦理建设研究

宋　伟，清华大学出版社 2014 年版。

宋伟，1982 年 7 月生，黑龙江哈尔滨人，北京科技大学廉政研究中心讲师，清华大学公共管理学院博士后。主要从事政治体制改革、廉政与治理方面的研究。主持中国博士后科学基金等项目，在《经济社会体制比较》《中国行政管理》等刊物上发表论文20余篇。

在全球化进程不断加快的背景下，中国社会转型的速度、深度和广度也进入了一个变化更加剧烈的时期，影响并推动着社会发展的方方面面。这个过程中也出现了很多与社会发展不协调的现象，特别是由于企业伦理失范引起的企业不良行为成为社会关注的焦点，中小企业伦理失范问题更为严重。本书分析了社会转型时期中小企业伦理建设的必然性及价值目标，构建了社会转型时期中小企业伦理规范系统，对社会转型时期中小企业伦理失范的主要问题进行了研究，并从宏观和微观两个层面分析了中小企业伦理失范的原因，进而提出社会转型时期中小企业伦理建设的对策，具体包括建设的总体要求、宏观环境的优化对策以及微观途径。

该书共六章。第一章，导论。介绍了研究背景，研究综述以及研究框架和方法。第二章，社会转型时期中小企业伦理建设的理论依据及价值目标。介绍了社会转型相关理论，社会转型时期的界说及现实表征，指出了中小企业的内涵以及企业伦理的内涵，提出了社会转型时期与中小企业行为的内在关联及社会转型时期中小企业伦理建设的必然趋势，还讨论了社会转型时期中小企业伦理建设的价值目标。第三章，社会转型时期中小企业伦理规范的系统建构。介绍了社会转型时期中小企业伦理规范系统的界说和建构原则，阐述了社会转型时期中小企业的外部伦理规范系统和内部伦理规范系统，并对社会转型时期中小企业伦理规范系统的复杂性进行了分析。第四章，社会转型时期中小企业伦理失范的主要问题及原因分析。介绍了社会转型时期中小企业伦理概况，提出了社会转型时期中小企业伦理失范的主要问题，包括严重破坏生态环境、不正当竞争行为广泛存在、诚信缺失问题极为严重、偷税漏税现象较为普遍、面对风险的冷漠表现、对员工采取的非人本化管理、安全生产事故频繁发生等几个方面。还分析了社会转型时期中小企业伦理失范的宏观原因和微观原因，并对社会转型时期中小企业伦理失范原因进行了耦合分析。第五章，社会转型时期中小企业伦理建设的对策。提出了社会转型时期中小企业伦理建设的总体要求，并倡导创造有利于社会转型时期中小企业伦理建设的宏观环境，还提出了一些社会转型时期中小企业伦理建设的微观途径。第六章，社会转型时期中小企业伦理建设水平评价。提出了构建社会转型时期中小企业伦理建设水平评价指标体系的原则和方法以及构建社会转型时期中小企业伦理建设水平评价模型的原理和方法。最后一部分介绍了最终取得的研究结论：1. 企业伦理与社会科学发展是唯物史观视野下的辩证统一体。2. 当代企业伦理是基于企业伦理本质和社会转型时期特征影响的与时俱进的演化。3. 中小企业的企业伦理是构建中国特色社会主义和谐社会的重要有机因子。4. 中小企业伦理是精神文明建设和先进文化前进方向的微观标志和活性载体。5. 社会转型时期中小企业伦理建设是一项螺旋式系统工程。

伦理学与经济学

［印度］阿马蒂亚·森著，王宇、王文玉译，商务印书馆2014年版。

该书是1998年诺贝尔经济学奖获得者阿马蒂亚·森的代表作之一。在这部著作中，作者通过对人的本能与理性的分析，用伦理学说明了人类的经济行为；用经济学阐释了社会的道德规范，进而揭示了伦理学、经济学及其社会福利之间的关系。该书是阿马蒂亚·森根据他1986年在加利福尼亚大学伯克利分校洛尔讲座的讲稿写成的。

全书分为三个部分，第一部分题目为“经济行为与道德情操”。在该部分中作者一共讲了六个方面的问题。第一，两个根源。作者认为经济学有两个根源，即伦理学与工程学，并指出就经济学的本质而言经济学的伦理学根源和工程学根源都有其自身的合理成分。而由“伦理相关的动机观”和“伦理相关的社会成就动机观”所提出的深层问题应该在现代经济学中占有一席重要地位。第二，成就与缺陷。作者提出，随着现代经济学与伦理学之间隔阂的不断加深，现代经济学已经出现了严重的贫困化现象。第三，经济行为与理性。作者指出以“理性行为”这一概念作为媒介来解决实际行为预测问题具有争议性。第四，作为一致性的理性。作者认为在主流经济学中，定义理性行为的方法主要有两种：第一种方法是把理性视为选择的内部一致性；第二种方法是把理性等同于自利最大化。第五，自利与理性行为。作者从定义理性行为的第二种方法——自利最大化谈理性行为。第六，亚当·斯密与自利。作者认为，在现代经济学的发展中，对亚当·斯密关于人类行为动机与市场复杂性的曲解，以及他关于道德情操与行为伦理分析的忽视，恰好与在现代经济学发展中所出现的经济学与伦理学之间的分离相吻合。第二部分题目为“经济判断与道德哲学”，这部分主要围绕福利经济学的一些问题进行了探讨，其中包括以下十个问题：第一，个人之间的效用比较；第二，帕累托与经济效率；第三，效用、帕累托最优与福利主义；第四，福利与主观能动；第五，评价与价值标准；第六，主观能动和福利：区别与相互依赖；第七，效用与福利；第八，成就、自由与权力；第九，自利与福利经济学；第十，权力与自由。第三部分题目是“自由与结果”。该部分继续探讨了功利主义概念的三个缺陷，指出了三个缺陷的本质以及如何克服它们的方法。主要包括九个方面的内容：第一，福利、主观能动和自由；第二，多元性与评价；第三，不完备性与过度完备性；第四，冲突和僵局；第五，权力和结果；第六，结果评价与义务；第七，伦理学与经济学；第八，福利、目标与选择；第九，行为、伦理学与经济学。

消费伦理研究：基础理论与中国实证

赵宝春，中国人民大学出版社 2014 年版。

从商业实践看，非伦理消费行为所导致的后果已对市场经济秩序产生了严重冲击。从理论研究现状看，消费伦理已是西方理论研究的重要问题，尤其自 20 世纪 90 年代初开始，消费伦理实证研究在西方市场呈现了爆炸性增长。在中国，与西方截然不同的典型东方文化必然赋予其消费伦理以强烈的本土化特征，但遗憾的是，中国市场上的消费伦理问题并未得到系统研究。作者 2006 年开始将全部精力集中于消费伦理这一研究主题，致力于立足中国国情开展本土化研究，以揭示具有中国特色的消费伦理规律。

该书分为五编，共十四章。第一编理论定位：理性理论与消费伦理，包括第一章经济理性：弊端、改进及替换，第二章规范理性及二元理性模型，第三章消费伦理理论的理性本质；第二编实证基础：研究现状与实证工具，包括第四章消费伦理研究现状述评和第五章消费伦理的实证研究工具：M-V 量表；第三编实证之一：消费伦理现状调查，包括第六章基于普通样本的伦理现状调查和第七章基于学生样本的伦理现状调查；第四编实证之二：消费伦理的影响因子，包括第八章文化元素对消费伦理的影响，第九章社会奖惩对消费伦理的影响，第十章道德哲学变量对消费伦理的影响和第十一章出生地对消费伦理的影响；第五编实证之三：消费伦理应用研究，包括第十二章善因营销响应与消费伦理，第十三章消费伦理视角下的网上偷菜，第十四章结论与展望。

作者围绕消费伦理这个中心，将理性理论、善因营销、计划行为理论、社会奖惩等与消费伦理密切相关的主题结合起来，从基础理论和中国实证等不同层面系统揭示消费伦理规律。基础理论研究发现，开放的理性概念理应是对特定条件下行为合理性的解释，且需要同特定的局域性前提结合，任何试图将某种单一的理性概念推广到解释社会生活的方方面面的企图都将因为理论本身的缺陷而失败。规范理性即是理性理论同社会规范理论结合的产物。本书在系统梳理理性决策理论的基础上对规范理性作了详细界定，并提出了包含经济理性和规范理性维度的二元理性模型。随后，重点分析了消费伦理理论同理性理论的关联，并系统阐述了消费伦理理论的理性本质。

该书的理论贡献包含两个方面。第一，基础理论研究重新界定了规范理性的概念，并提出了用于解释消费者行为决策特点的二元理性模型，随后将消费伦理同二元理性模型结合起来系统剖析消费伦理的理性本质，这些内容均是对理性理论和消费伦理理论的有效拓展。第二，在实证研究中，针对消费伦理信念现状所开展的调查是消费者伦理状态研究在中国市场上的拓展；揭示四大影响因子（文化元素、社会奖惩、道德哲学变量、出生地）对消费伦理的影响是对现有成果的有效补充，而将消费伦理理论用于解释商业实践中的其他伦理问题则是全新尝试。尤其是针对集体主义文化背景下的社会奖惩机制、中国城乡二元社会背景下的出生地等特色变量，网络虚拟平台快速发展背景下的全民偷菜等特色现象所开展的实证研究，是试图揭示消费伦理领域中国特色的全新探索。研究结论不仅为深入理解中国市场上的消费行为特点提供了全新视角，也为全面开辟中国市场消费伦理本土化研究的新局面提供了成果基础，还可为改善与中国市场和中国消费者相关的管理实践提供启示。

中德跨文化经济交往的伦理问题初探

姚　燕，知识产权出版社 2014 年版。

姚燕，1990 年就读于北京外国语大学德语系，1994 年获学士学位；1997 年获硕士学位（翻译专业）；2007 年获博士学位（跨文化研究专业）；2008 年获对外经济贸易大学工商管理硕士学位。现任北京外国语大学德语系副教授、硕士生导师，主要研究方向为跨文化交往和翻译理论与实践。

全书包括导言、上篇和下篇。

导言部分首先指出本书是从跨文化的角度对全球化背景下的经济交往及其伦理进行研究的。其次，作者对交往伦理与中德跨文化经济交往的现状作了介绍。最后，阐述了本书研究的具体问题、研究的理论价值及现实意义，还表明了本书的研究思路与方法并概括了全书结构。

上篇包括第一、二、三章，第一章从跨文化视角——看待跨文化交往问题的基本立足点，介绍了作为交往产物的文化和跨文化交往，对跨文化交往中的跨文化性作了解读，还分析了跨文化能力和跨文化态度。第二章从中德跨文化经济交往史看跨文化经济交往伦理研究的必要性和多层面的一体性，本章首先把中德经济交往的历史分三个阶段作了简单介绍，然后对中德跨文化经济交往史中的交往伦理进行了反思，还提出了在全球化背景下确立合理的中德跨文化经济交往伦理的必要性。第三章中德跨文化经济交往伦理的理论建构——跨文化交往视角与经济伦理视角的必要融合，首先介绍了中、德文化中的经济与伦理，又为建构中德跨文化经济交往伦理作了理论尝试，提出了一些可供借鉴的思想和伦理原则，并从三个层面解释了中德跨文化经济交往的伦理原则的含义。

下篇包括第四、五、六章，分别从中德跨文化经济交往的宏观层面、中观层面、微观层面对中德跨文化经济交往中的伦理问题进行了探究。第四章中德跨文化经济交往的宏观层面，在对中德两国的宏观经济体制的伦理内涵进行分析的基础上，对中、德两种市场经济交往作了伦理评析。第五章中德跨文化经济交往的中观层面，研究了跨国公司特别是德国跨国公司在中国的现状，对中德中观层面跨文化经济交往进行了理论评析。第六章中德跨文化经济交往的微观层面，通过对个人交往的伦理基础进行分析，研究了德国在华跨国公司中个人层面的交往与跨文化管理，并指出了作为组织学习的跨文化培训对个人层面跨文化交往的重要作用。

该书的学术价值、实践意义和创新尝试主要体现在以下方面。(1) 综合跨文化研究、伦理学、语言学、经济学和管理学的知识，对重要现实问题作跨学科研究的尝试。(2) 从跨文化研究的视角探讨中德经济交往的伦理问题，将宏观层面上中德两国的经济体制的沟通、中观层面上的德国在华跨国公司的跨文化经营活动和微观层面上的中、德员工的人际交往都置于跨文化交往伦理的视域中进行考察，并在此基础上提出了中、德跨文化经济交往的伦理原则。(3) 通过实证性调查研究的结果来考察跨国公司中、德员工人际交往中语言沟通、跨文化理解和基本伦理价值观的现状，这是研究跨文化伦理管理的重要方面。

第五篇

伦理学前沿

论文简介

道德法则、规范性与自由——就康德伦理学的几个问题访艾伦·伍德教授

亓学太，《哲学动态》2014 年第 1 期。

该文以对话的方式，围绕康德的《道德形而上学基础》（但不局限于这一著作），就康德伦理学的几个问题展开讨论，以期对准确理解康德伦理学有所助益。

亓学太（以下简称“亓”）：康德伦理学中一个最核心的概念是“道德法则”。再后来，康德又提出了意志的自我立法，试图基于这一原则确立起必然的、普遍的道德法则。但问题在于，在康德那里，到底是什么构成了行动规范性要求的来源？是规范性的道德法则本身还是人类的意志？我个人认为是前者。

伍德（以下简称“伍”）：许多学者认为康德将意志本身作为道德法则规范性的来源，提出人为自身立法，正如同在神学伦理学中上帝是道德法则的创造者。这是一种非常流行的诠释，但我认为是错误的。在我看来，道德法则的规范性在意志中找不到来源。

亓：康德谈论道德法则时经常与自然法则相比较，至少两者都具有必然和客观的属性。自然法则的必然性正是归因于自然世界中存在的因果关系。因此，康德应当是一个道德法则的实在论者，而非建构主义者。因此，道德法则是主体彼此建构的结果，而非规范的实在。

伍：尽管康德认为我们可以把上帝作为道德法则的制定者，但这绝不意味着康德的伦理学是一种神意理论。至于康德建构主义，我不确信它到

底指的是什么，我发现从那些宣称自己是康德建构主义者那里很难找到一个一致性的立场。康德建构主义是很难接受的一种理论立场和对康德的诠释。

亓：说到自主选择，这就涉及康德的意志自律理论，康德将道德法则等同于行动的实践必然性。然而，据我所知，只有为数很少的学者愿意把康德视为一个道德法则的实在论者。包括罗尔斯、奥尼尔（Onora O'Neill）、科斯佳（Christine Korsgaard）在内的学者都把康德理解为一位道德建构主义者。然而，我对康德建构主义的合理性是持怀疑态度的，我认为它顶多是一个不完备的理论。原因在于，如果建构主义者认为道德法则是对人类所面临实际问题的一个正确或最优的解决方案，而这个预设无疑是一个规范实在论的立场。

伍：我完全赞同你所说的观点。从最早开始，康德的自律概念就被类似建构主义的观点所诠释，我想费希特或许应当对此负责（费希特是我最近在研究的一位道德哲学家）。另外，如果我们的意志是道德法则的来源，那么就能够把道德和自然主义的世界观有机融合起来。建构主义认为，康德的自律概念以拒斥神意道德的方式拒斥了道德实在论。康德建构主义者陷入了一个窘迫的境地，因为一方面他们主张我们是道德法则的创作者和立法人，但另一方面又认为道德法则始于理性，其本身的内容以及我们服从它的动机都无法为我们的意志所随意取消或更改。这事实上就已经承认了道德事实（或价值事实或实践理由）是独立于我们的意志的，这个事实构成了我们意志的规范性，即它对我们的自主选择具有规范性的权威。

亓：让我们进一步澄清康德的道德法则内涵及其来源。康德提供了道德法则（绝对命令）的三个公式：普遍法则公式、人之价值（目的）公式以及自律公式。然而，康德又迅速指出了自然法则表征的因果和道德法则表征的因果之间的不同。

伍：关于绝对命令的三个公式，康德事实上从来没有确认也没有否认它们是对等的，尽管一个普遍的看法认为康德将它们视为对等。我想强调的是，康德认为道德法则的有效性在于其自身，属于事物的本性。此外，在我看来，每一位理性的个体都属于目的王国，并且不会因为非道德的行动而让自己脱离这个王国。

亓：康德的自由概念体现在意志的自律概念之中。一个很自然的疑问是，作为道德实在论者的康德使用这样的表述是否会陷入自相矛盾。

伍：康德并没有说意志“事实上”对自身立法或者“事实上”是道德法则的创作者，他只说“必须”要这样“认为”或这样去考虑。鉴于此，理解康德“意志自我立法”表述的最佳方式是能够解释为什么意志必须把道德法则视为自身的立法。

亓：对康德来说，到底什么是一个理性和自由的个体？

伍：一个理性的个体是能够把握并且按理性原则行动的个体。对康德来说，自由是指依据理性原则而行动的一种能力。我认为一种依据理性而行动的能力同时也是一种能够不依据理性而行动的能力，因为理性从来不会强制，他们常常驱使，但不会约束（莱布尼兹语）。这样看来，康德的神圣意志概念就是一个矛盾的概念。

亓：对康德来说，自由是能够依据理性原则而行动的能力，而正是这一能力使行动的个体能够摆脱自然机制的束缚而获得自由。这同时也是康德将理性和自由概念几乎对等的一个原因。

伍：在康德那里，一个自由的个体从来不会在其做出选择时受到自然机制的约束。我个人不愿意把“从自然中升华”理解为一个形而上学的概念，因为这样理解的话就好像道德中包含一种超自然的形而上学自由。我们无法掌握一个与自然世界相融合的自由概念，但我们也无法将其置于一个超自然的物自体王国之中。因此，如果说自由和道德的尊严是“高于自然”的，那么这里的“自然”就不应当给予形而上学式的理解，而应当以其他的方式来理解。

论社会公正重建的内在逻辑与实践进路

张　彦，《哲学研究》2014 年第 1 期。

当前，由于社会发展的不均衡，中国的社会公正状况面临着贫富差距扩大、社会阶层分化、特权集团滋生、教育民生失衡、道德文化弱化、公民维权艰难等多种严重问题。为了解决这些问题，我们必须思考社会公正重建的内在逻辑和实践进路，改变资本逻辑至上、道德逻辑式微的现状，使绝大多数人能够享受社会改革和进步带来的红利，实现“真实的成长”；同时，关注公平与效率、利益与责任、市场与政府这三对范畴在社会公正重建中的作用，激发绝大多数人的潜能，使他们能够按照各自的贡献得到有所差别的回报，实现社会的稳定团结与和谐发展。

一、当代中国社会公正的价值失序

首先，社会发展的不均衡导致贫富差距扩大，社会阶层日益分化。其次，社会发展的不均衡导致特权集团滋生。再次，社会发展的不均衡反映到民生领域中，就是公共资源的分配严重失衡。最后，社会发展的不均衡导致道德价值弱化，公民道德建设面临危机。

二、社会公正的二重逻辑失衡

社会公正有两个基本的价值目标：其一是让共同体内的全体成员享有社会发展的成果，体现共享共赢的价值理想；其二是保证共同体成员自由发展的空间和权利，体现独立自由的价值理想。然而，当前的社会环境却是："共享"的缺位导致社会公正失序，贫富差距扩大；"自由"的缺位导致社会公正失源，社会失去活力变成死水。

可以说，资本逻辑占主导的资本主义展现了令世人惊叹的创造力，建构了庞大的世界市场，也给予了每个人极大的能动性。但是，资本逻辑的极度扩张在产生巨大创造力的同时，也带来了令人恐惧的破坏力，在建构市场的同时，也将市场与道德良心的冲突扩张至极致，在给予个体能动性的同时，也使他们异化成为市场和资本冲动的畸形主体，造成了对现代社会价值秩序的根本性颠倒。

与此同时，道德逻辑对人类社会的影响却日渐式微。资本逻辑的扩张影响了道德评判的尺度，甚至按自己的逻辑建立起了自己的道德评判尺度。因为资本是一种异化的、非人的主体，它有主动建立秩序的能力，这种能力使得人类所具有的自由的、决定的主体能力被剥夺了。因此，建基在人的主体性之上的道德力量由此失落了。

三、"公正"的价值序位与社会培育

公正要真正得到实现，首先离不开人之自由主体和自由精神。"自由"这一价值原则和行为取向是现代文明的重要标志，也是现代意义上的社会公正的重要支撑理念。那么，何为自由？自由不是"他律"，而是"自律"的表现，这就需要承担道德责任。公正是一种价值关系的体现，更强调的是应当、责任与道德，这将自由概念控制在一个合理的空间范围内。同时，公正也强调合理与均衡，这要求价值主体对自由有一个度的把握，明确对自由内含的必然性的认知，从而将自由控制在一个合理的空间内，达到利、真、善、美的统一。

公正与平等在很多领域被当作同义词使用，两者存在着密不可分的关系。平等体现了人之为人的基本尊严，确认了每个成员的基本权利和发展机会，可以说是社会公正的基础内容和底线要求。但仔细分析，公正与平等还是有不同之处。公正是利害相交换的平等，公正从属于平等，是一种特殊的平等。

公正是法治精神和法治实践的基本价值内涵，作为一项价值原则，它是实现法治的一个重要因素。其中，“权力、权利和义务得到合理配置”正是公正价值的核心体现。可见，公正是法治理念的价值主导原则与价值目标。

四、重建社会公正的实践进路

首先，社会公正重建的实践进路应着眼于处理效率与公平之间的矛盾。公平与效率的问题归根到底涉及的是利益与责任的问题，这也是资本逻辑和道德逻辑的现实反映。因此，我们必须要确立一个整合性的目标，以目标制约手段，达到效率与公平的融合，以调动人的积极性从而提高效率，以扩大的效益保证公平的实现。其次，在社会主义市场经济中，市场与政府作为现代社会中两个不可或缺的因素，在促进经济增长和社会进步方面发挥着重要的作用，对社会公平的重建也有着巨大的影响。

什么是伦理学？——从康德的视角看

李怡轩　张传有，《哲学动态》2014 年第 1 期。

虽然出现了各种不同的伦理学派，如契约论伦理学、情感主义伦理学、幸福论伦理学，以及义务论伦理学，但一直到康德之前，人们对什么是伦理学的界定始终是不明朗的。

一、伦理学是考察自由的法则的科学

在康德自己的伦理学说中，他把对自由的考察放到最为重要的地位，甚至认为自由是他的哲学理论的拱心石。在康德看来，自然界的东西依据自然的规律而运行，它们完全为自然规律所支配。而作为理性的人，其最为重要的特征就是具有自由意志，具有自主选择和抉择的能力。康德把人在实践活动中的自由分为消极自由与积极自由，消极自由又称为任意的自由，即人的理性能够在多种选项中进行自主的选择。积极自由则是意志选择正当的行为原则的自由，这种正当的行为原则即道德法则，又是由行为者自己赋予自己的，是自身立法的结果。

二、伦理学是对人类行为进行规范的科学

康德认为，如果一个行为者的理性能够完全地支配意志，那么他的行为就总是合乎道德法则的，是自律的。然而，这种行为者只能是神，因为只有神才具有这种完满性。人是不完满的理性存在者，其理性不可能完全地支配其意志，因此，人的意志与道德法则之间就不是完全一致的关系。伦理学的任务就在于追求这种意志与道德法则的一致性，而对这种一致性的要求就成为伦理道德对人的一种规范。康德论述了什么是义务，以及作为义务之根据的道德法则。从“应当”也就是命令这一点出发，他阐述了唯一的道德法则——定言命令，以及这一法则的质料表现形式——“人是目的”，综合表现形式——“自律”这两条诫命。

三、伦理学是培养理想的人类行为和品质的学说

康德认为，伦理学的规范不能以现实中这件或那件事是否发生为根据，而是要以这件或那件事是否“应当”发生为根据，以根据理性该事是否应当发生为准。在现实生活中，我们可能很难找到那种完全从义务出发的行为，我们看到的更多的可能是从“自爱”或欲望、利益、兴趣出发的行为，但是，这些不能成为我们行动的标准，更不能成为我们行动的目标。如果不能认识到这一点，伦理学也就失去了其存在的价值。

四、伦理学不是谋求幸福的学说，而是使人配享幸福的学说

康德的道德学说提出以意志所遵循的原则来作为行为道德价值的标准。他认为，伦理学不是用来谋求幸福的，而是用来提升人的道德品质，使人真正成为人的。在他看来，奉行这种学说的行为者也可能做出某些符合道德法则的行为，但这只是偶尔为之的结果，因为它并不具有行为的必然性。而且大多数从自爱出发的行为，更多的是那种不道德的行为。它们不是理性规定意志的行为，不是一个理性存在者“应当”如此的必然性行为，它们的规范性命题不是“应当”的必然的诫命，而是明智的劝导。伦理学不研究这种仅具有偶然性的行为，伦理学研究的是具有必然性的意志“应当”如此的行为。

五、对康德的伦理学界定的反思

康德对伦理学的界定和描述，相对于我们现有的伦理学教材中对伦理学的界定而言，笔者以为起码有以下几点值得重视。首先，康德在对伦理学的论述中注意到作为一种实践科学，伦理学是和人的意志及理性相关的，是建立在人的意志自由的基础上的。其次，康德意识到，伦理学作为

一门学科，它所研究的不是一般的道德现象，而是规律，是意志的自由规律。再次，康德在关于伦理学的论述中突显了伦理学与理想之间的关联，伦理学是一门关于人类行为的理想状态的科学，是关于“应当”而不是“是”的科学。最后，康德的伦理学观强调了伦理学的目的是提升人们的道德水准，而不是提升人们的幸福水准。

周辅成先生与人道主义大讨论

赵修义，《探索与争鸣》2014 年第 1 期。

周辅成先生所编的《文艺复兴至 19 世纪哲学家、政治思想家关于人性论人道主义言论集》一书，是高层为了批判修正主义而布置的一项任务。对于周辅成先生这样一位 1949 年之后一直在接受思想改造的学者，领受这样的任务是一件未曾料想到的事情。当时正在开展对修正主义的大批判，受命编撰的又是一本只供内部发行、仅供批判用的人道主义言论集，周先生的心情想必是非常复杂的。

在分别叙述文艺复兴、17 至 18 世纪（即启蒙时期）和 19 世纪到 20 世纪初三个历史阶段人道主义的（尤其是前两个阶段）演进时，周辅成先生用的基本的分析框架是：把人道主义置于劳动人民与封建统治阶级的思想斗争之中，认为在文艺复兴时期的新旧思想的对立中，封建统治阶级一方的旧思想是以上帝为主，属于神道主义，人民则处于从属地位，而人道主义作为一种新思想则是“力争以人为主，以人民为主”。周先生在此肯定了人道主义的诉求是 20 世纪的大趋势。

在 1982 年人道主义讨论的高潮中写下、1983 年收入北京大学出版社出版的《马克思主义与人》一书中的《论人和人的解放》，以及发表在《世界历史期刊》1983 年第 3 期上的《谈关于人道主义讨论中的问题》，这两篇文章可以视为周先生在这场讨论中的现身。周先生并不是把“人性论”或“人道主义”作为一种特殊时代的思想派别来看待，而是当作一个古已有之的学术问题和学术思潮来看待的。与此同时，周先生还针对后来舆论界对人道主义批判中出现的一些观点，着重讨论了两个问题。第一，人道主义与利己主义的关系问题；第二，人道主义与社会主义的关系。在此基础上，周先生针对过往讨论中提出的阶级论与人性论的关系阐明了自己的见解。至于要不要把人道主义作为今天的奋斗目标，周先生非常谨慎地表示了异议。总的来看，周先生的见解确实不同于当时激辩的双方，相当独到，非常值得玩味。在一定程度上对社会的演进中可能发生的问题，也颇具预见性。

在大争论经由官方作出结论之后，周先生对人性和人道主义的问题还在继续思考，最集中讨论与人道主义相关的问题有两篇，一篇是 1993 年为《人学大辞典》一书所作的序言——“关于西方的‘人学’、‘人论’的看法”。另一篇是编入 1998 年四川人民出版社出版的杂文集《自由交谈》（第二集）中的“论人道主义和个人主义——答客问”。

“关于西方的‘人学’、‘人论’的看法”一文，开宗明义提出的一个问题是，“人学”到底起始于何时？接下来周先生用思想史的事实来加以佐证。在基于一定历史背景的分析之后，周先生对于新的人论给予了充分的肯定，文章的末尾提出了对待西方人论的态度问题。周先生提出的口号是，“第一，是研究；第二，还是研究；第三，才是批判”。

关于人道主义与个人主义关系的短文，写于 1996 年。文章是用“请循其本”的概念史的考证方法切入主题的。关于“个人主义”这一概念，文章的考证指出，在启蒙时代，卢梭等核心人物并没有用个人主义一词，首先采用这个词语的是法国的托克维尔。那么自 19 世纪后半期流传至今的个人主义主要的主张是什么呢？周先生认为，“多半明白主张‘整体依个体而得到理解’，‘一切社会生活方式，都是其中的个人所创造，都只能被视为达到个人目的的手段’。”在 1998 年发表此文的时候周先生又加了一段附言，对社会上流行的某种做法提出批评。

这两篇晚年的文章，言简意赅，振聋发聩，也许可以帮助我们理解周先生在 20 世纪 80 年代那场大争论中现身时所发表的言论的深意。从中也可窥见屡屡遭受批判的老一代学人在这场意识形态的大争论中的真实心态。周先生在二三十年前发表的这些论说，至今发人深省。梳理周辅成先生在人道主义大讨论前后的言说，使人深受教益。

老一代学人敬畏学术，事事“请循其本”，从真不从风的高尚品格，感人至深。正是他们依靠丰厚的学养和严谨的学风，才留给我们许多经得起时间检验的学术遗产。

严复中国传统文化观的转折——以中国传统道德观为重心

柴文华，《哲学动态》2014 年第 1 期。

严复以中国传统道德观为重心的中国传统文化观前后期有着明显的转

折，总体上表现为以批判为主转向以弘扬为主。其转折的原因与他个人的生活经历、世界大战的刺激、早期思想的导引以及对中国传统文化的自信等有着密切的关系。

一、对中国传统道德的态度

严复前期对中国传统道德主要持批判态度，后期则以弘扬为主。其一，严复前期对中国传统道德的批评主要体现在孝和女性伦理方面。严复揭露了在男性中心主义氛围下女性所遭到的歧视和压制，认为中国的女性并非天生不如男子，而是人为所致。其二，严复后期对中国传统道德主要持肯定态度，重点弘扬了忠孝节义等传统价值理念。在严复看来，政治制度可以变，但人伦纲常不可以变。此外，严复前期主张男女平权，婚恋自由，后期则有所收敛，强调了古代礼法的重要。

二、中西比较的视域

严复的中国传统道德观是在中西比较的视域中展开的，早期以西学为重，晚期对西学多有批判。在中西文化的关系上，严复早期主张体用一致，积极学习西学，并从中西比较的视域探讨了中国传统文化尤其是传统道德的特点。严复批判“中体西用”论是为了强调西学的重要性，拓展学习西学的空间。在中西比较的视域中，严复概括了中国传统文化尤其是传统道德的特色。严复晚期较多地关注到西方文化的负面。严复受世界大战的刺激转而对西方近代文化进行反省，尖锐指出其负面作用，从而回归于孔孟。

三、中国传统文化的语境

严复前期对中国传统文化主要持批判态度，晚期则大力提倡尊孔读经。其一，前期的严复对中国传统的政治、学术进行了深刻批判。在传统政治方面，揭露了君主欺夺天下的历史事实。严复对中国传统文化的反省和批判无疑是尖锐的，对于人们深入认识中国传统文化的负面、推进近代的思想文化变革具有重要意义。其二，严复晚期对中国传统文化尤其是儒家经典和传统道德明显持肯定态度。中国传统道德的载体是儒家的经典，所以严复晚期大力提倡尊孔读经。

四、转折的主要原因

严复以中国传统道德观为重心的中国传统文化观前后期的确发生了重要的转折，这与他个人的生活经历、世界大战的刺激、早期思想的导引、对传统文化生命力的自信均有关系。一方面，严复前期对中国传统文化尤其是陆王学、清代汉学和宋学的批判包含有情感因素、激进元素，不甚成熟，而严复晚期对以中国传统道德为重心的中国传统文化合理性的认知较为深入，相对成熟；另一方面，严复早期的批判在当时的历史情境中对于人们反省中国传统文化的负面元素、推进思想解放具有积极意义，而晚期对孔教和儒家经典的弘扬具有原教旨主义的色彩。如果和严复晚期的政治活动相关联，我们只能说严复的转折是由积极到消极、由进步到保守。

自由概念与道德相对主义

翟振明　陈　纯，《哲学研究》2014 年第 1 期。

一、自由与“道德制高点”

在中国，不仅一部分以“自由派”自命的知识分子，还有很多人文社科经济等领域的学者，都把“自由”“公正”“人权”等概念当作非道德概念，而把“道德”当成“传统观念”“偏见”“官方话语”等的代名词。“道德权利”的来源问题在摆脱了自然法传统的束缚以后，在康德式的“人是目的”那里应该能找到更可靠的支撑。道德原则是每个人在回答“我应当做什么不应当做什么”这个问题时所根据的总原则。现在许多人并没有从这个最根本的意义上理解自由主义，而是只以政治的或经济的视角来宣扬它或贬斥它，以至于使自由主义的观念显得好像与道德话语不相容。人们对道德概念使用的不一致，常常给人造成自由主义可以与任何道德原则相分离的错误印象。此外，很多人错把社会科学研究中应该坚持的“价值中立”原则，混同于人文理性中应该坚持的“意识形态中立”原则。“法律是道德的底线”意味着“一个道德的人起码要守法”，这样的观点也是错误的。部分自由主义者对道德“制高点”的拒斥，还源于对“德治”概念进行批判的需求。其实，许多自以为摒弃或悬搁了“道德”的“自由派”，是选择了“道德相对主义”作为与他们的自由主义相伴随的信条。

二、自由主义—道德相对主义论题

假设“道德”指的是“所有理性人按理性行事都会遵循的行为准则”，那么自由主义本身就属于“道德”的一个子集。自由主义本身也是一套适用于所有理性人的行为准则。而“道德相对主义”，就其一般意义上说，是一种反规范性的学说，它说的是“所有道德判断的真假或其证成，都不是普适的，而是相对于个人、群体或不同社会而言的”。既然自由主义是“普适道德”的一个子集，而道德相对主义认为不存在“普适”意义上的道德，那么在逻辑上，自由主义就不可能和相对主义共容，更别说可被其证成了。不管是“自由主义—描述性的道德相对主义论题”，还是“自由主义—元伦理学的道德相对主义论题”，都无法挽救“自由主义—道德相对主义论题”。

三、自由主义宽容原则的道德整合

自由主义可被道德相对主义证成的提出者认为每个人都具有一些不可让渡的基本权利的同时，要求我们对持有不同信念（包括不同的善观念、宗教信仰和道德体系）的人加以宽容和尊重。有的人认为“自由主义”本身就同时具有这两种蕴含，但由于自由主义这个名目下的立场琳琅满目，我们并不能不经论证地肯定这种说法。有两种方式可以把这两个蕴含都包括进去。第一种整合方式是把自由主义和“宽容”这个价值联合起来。这种方式的缺陷在于，宽容变成一种无根之木、无源之水，它和一个规范信念体系中的其他部分如自由主义原则，还有行动者自身的道德体系，没有什么直接的关系。第二种整合方式以一种核心价值比如“自主性”或“对人的尊重”，来同时证成自由主义原则和宽容原则。当然，这种整合方式也有人提出其弱点。这两种整合方式都有各自的利弊，我们目前无法下一个确切的结论说哪一种整合方式更为可行；但可以肯定，无论是其中的哪一种方式，都比任何版本的“自由主义—道德相对主义论题”更融贯，更忠实于该论题提出者的原初意图。

四、结论

无伤害意图和后果的行为，一定与道德无关。这条原则是自由主义必然服从道德的一个最坚实的基点。以上讨论的“整合”方式，有了这条原则的保障，尽管仍然存在细节问题，但大方向不会偏离。这样，道德判断的“伤害原则”就非常直截了当地与所谓的“文化相对性”分离开来。有了这种理解，康德式的“人是目的”的原则也就得到了进一步的充实。当然，我们所说的“伤害”包括所有理论上的潜在的未来的“伤害”，但要排除一个行为和任何一种后果的偶然关联。舆论领域中之所以会产生自由主义与道德相对主义的联合，某种程度上也在于“道德”概念的界定不清。一些传统上被认为是“堕落”的行为，却不一定属于道德管辖的范围，那些坚信在政治领域中人的自由、人的权利之重要性的人，非但没有理由拒斥道德话语，反而应该坚决拒斥道德相对主义的谬误。

论中国梦对当代大学生道德教育的启示

贾雪丽，《学校党建与思想教育》2014 年第 2 期。

当代大学生是我国广大青年群体中重要组成部分，是国家宝贵的人才资源，肩负着人民的重托、历史的责任，是社会风气的引领者，是实现中国梦的中坚力量。同时，大学阶段是人生发展的重要时期，是世界观、人生观、价值观形成的关键时期。习近平总书记对“中国梦”的阐释，一定程度上指明了当代大学生道德教育的方向，明确了当代大学生道德教育的内容，提出了当代大学生道德教育的方法和路径，对我们进行当代大学生的道德教育有着重要的启示性意义。

一、“中国梦”指明了当代大学生道德教育的方向

道德是提高人的精神境界、促进人的自我完善、推动人的全面发展的内在动力。对大学生进行道德教育的目的就是要提高大学生的道德认知，培养道德情感，锻炼道德意志，确立道德信念，从而养成良好的道德习惯，为社会发展服务。

“中国梦”为我们在中国特色社会主义建设新阶段，为我们在社会变革期，积极进行当代大学生的道德教育指明了方向。第一，“中国梦”要求我们在进行道德教育的过程中，培养大学生正确的道德认知，即以思想政治理论课为主阵地，加强共产主义理想信念，社会主义世界观、人生观、价值观以及中国传统美德等方面的教育。第二，“中国梦”要求我们在进行道德教育的过程中，强调主体道德修养的重要性，鼓励大学生进行自觉的道德养成。第三，“中国梦”要求我们在进行道德教育的过程中，充分重视道德践履的重要意义，鼓励大学生进行积极的道德实践。

二、“中国梦”明确了当代大学生道德教育的内容

实现中国梦就是实现中华民族的伟大复兴，就是建立一个国家富强、人民幸福、文化繁荣、社会和谐、环境优美的社会主义强国，就是要实现中国人民的总体价值目标和价值追求，就是要实现整个中华民族普遍认同的理想前景。可见，“中国梦”一定程度上明确了当代大学生道德教育的基本内容，即坚持理想信念的教育，正确的世界观、人生观、价值观教育，以及集体主义原则指导下的社会公德、职业道德和家庭美德教育。

三、“中国梦”提出了当代大学生道德教育的方法和路径

“中国梦”为当代大学生进行道德教育提出了方法和路径。一是充分发挥高校思想政治理论课作为道德教育主渠道和主阵地的功能。二是积极营造良好的校园道德环境，发挥青年道德模范的榜样作用。道德的社会作用是通过端正社会舆论、树立道德榜样、塑造道德人格、培养内心信念，形成公民良好的道德行为习惯及社会风尚等方式，为社会发展和进步服务。三是鼓励大学生积极参与道德实践活动。当代大学生中出现的很多道德问题，很大程度上来说，其原因就在于缺乏对社会的了解和认识。组织大学生积极参与道德实践，有助于学生进一步了解社会、认识社会，有助于学生正确认识自身的优势和不足，进而明确自己肩负的社会责任和历史使命。

纳米技术伦理问题研究的几种进路

王国豫　李　磊，《东南大学学报》（哲学社会科学版）2014 年第 1 期。

有关纳米技术伦理问题的争论异常激烈，主要集中在纳米材料的安全问题、纳米器件与个人隐私、生物纳米技术中的人类增强、纳米技术利益与风险的公正分配等问题。从方法论和理论背景角度看，大致有四种研究进路。这四种研究进路在很大程度上也是当下高科技伦理研究的基本方法。

一、“恐惧的启示”

对纳米技术的伦理学反思起源于人们对纳米技术风险的恐惧和担忧。1986 年德雷克斯勒发表了《创造的发动机》一书，在书中他提出了自我复制组装机这一贯穿全书的核心概念。分子组装机是一个可以运用程序从简单化学成分中建造任何分子结构或器件的分子机器。这个纳米尺度的组装机可以将分子以任意方式摆放，构建任何化学上稳定的结构，并且能够由程序设定来创造他们自己的复制品，启动自我复制将可能导致一个已有组装机的指数增长，进而可以构造某个宏观尺度的物体。然而，德雷克斯勒也清楚地看到了这个矛盾的结果，“运用组装机我们将能够再造或毁灭我们的世界”，“创造的发动机”也可能是人类“毁灭的发动机”。人们之所以拒绝纳米技术，是因为对其可能带来的危险后果的恐惧。由于纳米技术本身的不确定性、纳米技术后果的不确定性，人们对其评估只能是基于自己的直觉、情感等作出的判断。这也就是汉斯·尤纳斯所说的“恐惧

的启示”。

二、后果主义的利弊分析

对纳米技术的利益和风险的争论往往在很大程度上被还原到对其可能后果的推测，甚至带有过多的“未来主义色彩”。对纳米技术伦理问题的争论不知不觉地陷入了后果主义论证的窠臼，而后果主义论证在很大程度上是难以避免的。目前，对纳米技术伦理问题的研究，后果主义立场都占据主导地位。在这里，伦理问题起于纳米技术的可能应用，且往往等同于可能的伦理后果。后果主义的风险评估框架面临的首要困难是它涉及对科学和技术发展作预测。这种预测不但要面对未来的推理中的认知不足，而且还要面对其可能后果的不确定性对纳米技术的伦理评估和风险评估都难以摆脱后果主义的影响，而对于纳米技术来说，其后果的不确定性使得无论是伦理评估还是风险评估都更难以发挥作用。这种后果主义的评估不但面临认知上的不足，而且对纳米技术的发展也很难产生积极影响。

三、基于语境主义的审慎

对纳米技术的伦理反思必须超出对其后果的考量，将其放在特定的语境中，关注其发展的条件和背景、过程和方式等，只有这样才可能把握住纳米技术提出的挑战的丰富意义。鉴于纳米技术的不确定性和对它的认知局限，伦理学可以作为审慎的复杂形式发挥作用。基于语境主义的审慎主要是从 STS 的技术研究视角揭示纳米技术的发展与社会之间的关系，从而期望为纳米技术的发展指明道路。然而，这种对待技术发展的审慎并没有把握住技术冲突的道德内涵，也即往往停留在对其作静态的描述性努力，而缺少必要的规范性反思。进而，伦理学的反思在应对纳米技术冲突中没有发挥其应有的作用。

四、面向可行性的引导框架

基于中国哲学中关于行与可行性的思考，我们认为对纳米技术的伦理问题研究要想走出所面临的知识困境和道德两难，必须从可能性出发，寻找和探索可行性——可能性实现——的边界条件，从而构建一个切实可行的伦理框架，引领纳米技术的发展走向我们可以接受的方向。在对纳米技术进行可行性分析时还要把握具体化、即时性、动态性、整体性等战略性原则；最后，还要在可行性研究中引入公众的可接受性，因为公众的可接受性能够反映技术冲突中的规范性维度，展现技术活动的文化的、伦理的边界条件。

五、结论

目前已有的方法对于纳米技术的不确定性或者无能为力，或者不能把握其丰富意义。这一方面是由于高科技的不确定性带来的动态特征，另一方面是应用伦理学本身的定位存在问题，它从不去适应这个动态特征。因此，未来的技术伦理学应该主动参与到技术活动的社会建构中去，关注技术发展的动态性和过程性，兼具灵活性和连贯性；同时发挥规范性的价值引导和程序性的制度保障作用。当务之急是构建一个动态的、具有可行性的行动框架。基于可接受性同时面向可行性的行动框架有望满足上述要求，但也还需要具体内容和步骤上的论证和细化。

中国道德的底线

邓晓芒，《华中科技大学学报》（社会科学版）2014 年第 1 期。

一、解题

笔者这里讲的中国道德，是指中国传统道德。其次，所谓中国道德的底线，是指中国人在什么情况下还认为自己是具有起码的道德的，而在什么情况下就认为自己不道德了，这个线画在哪里。所谓底线，就是做坏事的底线。道德底线就是道德的最低标准。

二、中国道德的内涵

我们着重要探讨的是“三纲”“五常”“五伦”和“六纪”。三纲：董仲舒表述为“君为臣纲，父为子纲，夫为妻纲”；五常：董仲舒表述为“仁、义、礼、智、信”；五伦：孟子表述为“父子有亲，君臣有义，夫妇有别，长幼有序，朋友有信”；六纪：指“诸父、兄弟、族人、诸舅、师长、朋友”。一般来说，上述行为规范就是中国人的道德规范，也是上至士大夫、下至布衣百姓所共同认可的道德标准。

三、中国道德的等级

在上述“三纲五常”“五伦”和“六纪”中，讲了几个方面的道德，但这些德目之间显然还是有区别的。主要的区别在于，它们的排列方式基本上是固定的，是不可打乱的。中国人道德中最重要的是孝，其次是悌。总的看来，中国人的道德基础是建立在家庭血缘关系之上的，它可以扩展到朋友或师生关系上，通过“推恩”推广到其他人身上，但是有一个致命的缺陷，就是很难扩展到陌生人身上，更不用说扩展到敌人身上了。对陌生人我们中国人一般不知道如何遵守道德规范，将其称作“路人”。

四、中国人的道德底线

所谓道德底线就是最起码的道德规范。一个人可以在别的方面做得很差，但如果在某个重要的方面还做得不错，人们就会评价这个人还有点良心，还没有突破道德底线。而这一方面主要的就是孝道。21 世纪，不再有任何君王或准君王，也不以阶级划分了，全民开始进入一个真正陌生人的社会，这些陌生人都被排除在“五伦”之外，这样一来，中国人的道德滑坡就开始降到谷底。但从观念上说，这种滑坡主要在陌生人社会中发生，而在熟人之中人们仍然还在坚持传统的五伦标准。与此同时，在现代中国人的日常道德特别是官场道德中，当传统的君臣关系转变为上下级关系时，沿袭了那种“忠”的道德规范，以前忠君就是忠于国家，现在忠于上级就是忠于国家。

五、如何提升中国人的道德底线

中国人的道德底线亟待提升，否则现有的道德也将不可抗拒地走向沦亡。实际上，妨碍中国人提升自己的道德底线的，是“自我感觉良好”，是自以为“诚”。所以，要提升中国人的道德底线，首先要破除的就是这种自以为“诚”的过分自信。其次，要找到中国传统道德的盲区，对之进行深入到本质的文化批判。我们应当建立和逐渐形成与陌生人甚至与目前的敌人打交道的一套游戏规则，这就是公平正义的“普世价值”原则，也就是我们新的道德底线。我们把一切家庭之外的人暗地里都当作自己的敌人，不赢则输，你死我活，连一个班的小朋友都“不要输在起跑线上”，时常采用不正当、不公平、见不得人的手段来获取一己之私利，还为暂时的得手沾沾自喜。正是这样的道德水平使中国人在世界上被别人瞧不起，因为我们一直还停留在幼儿阶段，不会运用自己的理性。

六、结论

中国传统道德从正面弘扬的道理来看，显得道义凛然，天下归仁；但是如果从道德底线这一负面角度来看，则可以看出明显的漏洞，就是它只是适应于传统社会自然经济条件下的静止不变的家族血缘关系，而极不适应于今天在一个扩大了的、动荡交流中陌生化了的社会关系、人际关系和国际关系。在这些关系领域中，我们缺乏传统道德的资源，这种缺乏正是我们今天全社会道德滑坡的根本症结所在。传统道德资源失去了有效作用的范围，而在现实生活领域中又没有道德底线的制约，中国人在今天显得特别无奈和无所适从。要改变这一状况，只有从思想上和文化上进行更加深入的启蒙和反思，用更广泛更普遍的人道原则来覆盖和提升传统道德的层次。这是今天中国知识界首先要做的最重要的理论工作。

社会管理创新与公民道德发展

孙春晨，《唐都学刊》2014 年第 1 期。

公民道德的发展有赖于一定的社会环境。人类文明发展史表明，一个和谐、有序、安定和公平的社会环境，必然有助于公民道德品性的培育和整个社会优良道德风尚的形成。公民道德的发展需要公民自身持之以恒的道德修炼，但为公民道德的发展塑造一个优良的社会环境也是非常必要的外部支持条件。

一、我国公民道德发展面临的社会环境

从我国社会生活的现实状况看，当下的社会环境不利于公民主动地、自觉地践行道德行为。首先，人们对社会不公平的怨气较为深重。社会财富的分配不公是人们对当前社会环境最为突出的怨气之一。其次，社会生活中弥漫着互不信任的社会心理。人们对社会生活多个领域的不信任，进一步扩展为对所有人的不信任。最后，某些政府官员的道德败坏产生了恶劣的社会影响。对社会不公平的怨气、互不信任的社会心理和某些政府官员的道德败坏是影响我国公民道德发展的最为突出的三方面社会环境问题，这些问题的产生，与社会管理有着紧密的联系，因此，必须从社会管理创新入手，为公民道德的发展营造和谐有序的社会环境。

二、以伦理为导向的社会管理创新

社会管理工作千头万绪，但归根到底是处理公民生活中的各种问题和困难、维护社会秩序的稳定与和谐、追求经济社会发展的公平正义。从这个意义上说，社会管理的过程就是一个不断推进社会伦理关系由无序向有序发展、激励公民道德水平不断提升的过程。社会管理工作包含着诸多的道德要素，例如，社会管理的目标之一是构建和谐的社会秩序，而和谐社会秩序的形成与完善，仅仅依靠法律强制是不够的，还需要诉诸公民的道德自觉，当人们能够自由地、自愿地遵守社会道德规范时，真正和谐的社会伦理秩序才能产生。构建充满道德温馨氛围的和谐社会，需要公民以道德主体的身份积极参与到社会建设和社会管理之中，社会建设和社会管理是公民道德发展的实践舞台。

三、切实改善民生是公民道德发展的根基

社会管理创新应围绕保障和改善民生这个中心环节展开，这是公民道德发展的根本基础。以人为本是社会管理创新的核心价值理念，社会管理必须关心老百姓生活中的疾苦、帮助他们解决生活中的难题。一个负责任的服务型政府不能以各种理由放任这些问题的蔓延，而应该想一切办法予以解决。只有将以人为本的理念彻底贯穿于社会管理创新中，体现在维护老百姓生存和发展等基本权利的细微之处，不断满足老百姓日益增长的物质生活和精神生活需求，为他们提供和创造更多的接受教育、享受社会保障和医疗卫生服务以及就业的机会，不断提升他们的基本公共服务购买力，实现公民之间的权利公平、机会公平和规则公平，才能形成有利于公民道德建设的和谐氛围，增强公民履行道德义务、培育个人道德品性的自觉性和主动性，积极地参与公民道德建设。

四、以社会管理创新推进公民道德发展的有效方式

社会管理创新不是一句口号，不能仅仅停留在理念层面，而应落实到切实的行动之中。在我国，社会管理创新主要由政府推动和实施，作为社会管理主体的政府及官员必须在行动上真正做到以人为本，充分体现行政伦理精神，为公民道德发展塑造诚信友善的社会环境、为普通公民做出道德表率。同时，还要充分发挥其他社会管理主体在推进公民道德发展中的积极功能。首先，政府应成为社会诚信的标杆。社会管理创新要求政府不断提升诚信水平，以赢得老百姓的信任。其次，官员应做公民道德实践的表率。社会管理创新的具体行为主体是政府官员，他们的道德形象对公民的道德发展具有重要的示范意义。最后，发挥民间社会组织的道德自治功能。充分利用民间社会组织的自治功能是社会管理创新的一个重要方面。

善心、善举、善功三者统一——论中国传统慈善伦理文化

朱贻庭　段江波，《上海师范大学学报》（哲学社会科学版）2014 年第 1 期。

一、慈善：善心、善举、善功的三者统一

何为“慈善”？这是研究“慈善”的首要问题。仅从词义上来解释“慈善”，是指仁慈、善良、富有同情心的意思。将“慈善”作观念层面上的解读，不能把握“慈善”的全部内涵。纵考人类慈善的全部历史，

所谓“慈善”还包括“善举”和“善功”。“善举”就是慈善的各种行为和组织；“善功”是指慈善行动所取得的社会功效、功绩。慈善不仅仅停留在爱心层面，而应是自愿的仁慈，即善心和善举、善功的统一。可以认为，作为一种伦理文化，无论中西，慈善包括不忍人之心的道德意识、不求回报的道德品性及扶贫济困的道德行为和实际效果，即善心、善举、善功的三者统一。正是这三者的统一，构成了完整的慈善概念。

二、中国古代的慈善形式

中国古代的慈善形式以施善主体为据分类，大致有政府（官方）行政形式和非官方的民间形式两大类，后者又包括家族主导的民间慈善形式与宗教团体主导的民间慈善形式。（1）政府作为“仁政”德治形式之一的行政慈善。慈善作为政府“仁政”德治的一种形式，主要表现为国家的赈灾济困的惠民行为。这一形式最早出于西周的“敬德保民”的治国理念，具体体现为行政的德政措施。（2）民间为主体的慈善形式。民间为主体的慈善形式包括两种类型，一种以家族为施善主体的慈善形式，主要实行于宗族乡里的熟人之间，是中国传统美德的重要构成。在中国古代慈善的民间形式中，佛教寺院的慈善方式，即“布施”，也是一种十分重要的构成。布施是“六度”之一，包括财施和法施。

三、传统慈善的动力机制

古代中国的慈善，无论是官方的慈善还是非官方的慈善，施善主体各有其特有的慈善动机，它们是善心的特殊体现，既是慈善义举的精神根源，又是慈善行为延续的保证。为官方的慈善形式，施善主体为国家政府，其慈善动力源于“民为邦本”的仁政理念，以安定社会为目的。民间慈善形式主要有非宗教和宗教两种类型。前者主要是以亲缘、族缘、乡缘为纽带的人际亲情。宗教类型的民间慈善形式，佛教和道教都有相当的影响，佛教尤甚。佛教的布施慈善、普度众生是基于众生皆有佛性的“佛缘”。客观地说，宗教的慈善动机似乎并非那么纯粹，要么出于修行，要么为了成仙。但慈善行为本身却并非希望受惠者回报于己。就此而言，此种慈善动机并非主体现实的功利目的，而是源自对超验力量的敬畏。

四、传统慈善伦理文化的本质特征

尽管我们区分了官方的和民间的两种传统慈善形式，但可以认为，慈善事业主要体现于民间，是一种通过非官方的个人和组织以非营利的方式扶助社会困难群体的公益事业。慈善的伦理本质是出于仁慈、爱心的善行、善举。慈善者的扶贫济困行为是“分外”的义务，即“不完全的责任”；是不求回报即无主体功利性的高尚品行，是不以权利为前提的一种美德。我们所要弘扬的传统慈善文化，不仅仅是指传统慈善文化的好的形式和做法，更重要的是内含在传统慈善文化中的慈善伦理本质——慈善的最高价值在于尊重人的生命价值和维护做人尊严。因而，慈善是出之爱心而不求回报的崇高美德；慈善事业是人类崇高的事业。

五、从传统走向现代：构建现代慈善伦理

无论是企业出于自身发展目的进行的战略性慈善行为，还是陈光标式的高调慈善举动，甚至是出于赎罪忏悔的富豪慈善之举，都需要在伦理上得到正当的辩护。对慈善主体的慈善行为的价值评价，就不能仅仅从动机上考虑其是功利还是非功利，而是要考察其是否存在事实上的慈善行为（善举）以及这些慈善举动是否真正做到了对社会贫困群体的生命价值和做人尊严的尊重（善功）。总之，所谓“慈善伦理”，以尊重人的生命价值和尊严为最高目的，是主体基于德性良知的善心、善举和善功的统一；在伦理学理论类型上，慈善伦理是对德性论、道义论、功利论的超越，是德性、道义、功效的三者统一。有鉴于此，可以认为，建立一门以慈善伦理为研究对象的“慈善伦理学”是可行的，也是十分必要的。

论对道德态度的测量——实证道德态度的设想

李建华　谢文凤，《吉首大学学报》（社会科学版）2014 年第 1 期。

科学与道德的关系一直是备受关注的，科学可能引起新的道德问题，科学也可能在某种程度上促进道德研究的发展。如何提高我们研究道德态度的科学性与准确性，让道德研究不再是一门纯经验性、纯理论性的学科，或许可以从科学的实证研究方法中找到答案。

一、科学与道德态度的相关性

拉契科夫曾总结过科学与道德的关系无非就是以下几种：相分离说、相对立说、道德为主说、科学为主说、两者平等说。主张科学与伦理无关的学者主要是基于以下分析：其一，科学与伦理学的研究对象与研究领域完全不同；其二，科学与伦理学的研究方法不同。

科学不能推导出道德规范是否科学，那并不是说科学对道德的研究一无是处。历史研究表明，道德研究要有更大的进步，在更大的程度上经得起质疑与论证，就应该顺应人类认识水平的发展，避免将伦理学与自然科

学、实证科学对立起来，而应该以开放的姿态运用现代科学技术来研究与解决我们的道德问题。实证科学之所以可以作为研究道德态度的手段，与道德态度的自身特征也有着不可分割的关系。

（一）道德态度是可以产生外显反应的概念

道德态度是由一个人的道德认知、道德情感与道德行为倾向共同构成的一种稳定的心理状态，是一种存在于个体内心的无法直接观察与研究的心理活动。我们可以用反推研究法，通过研究个体对道德事件的道德认知、偏好、意见、行为倾向这些可见反应来反向研究与测量个体具体的道德态度。这种测量主要分为对道德态度的方向性测量与强度性测量，如对一种道德价值是肯定或否定、对道德事件的喜欢或排斥程度。

（二）道德态度所产生的外显反应可以转化为可操作化、可测量化的定义

道德态度是一个抽象的概念，不管我们用多高级先进的科学技术都不可能去测量抽象的概念。但是，我们可以将抽象的概念通过技术转化为可操作化的定义，然后对这个定义进行技术上的观察与测量就是完全可能并且重要的事情。

二、测量道德态度的实证方法

道德态度的构成特征决定了个体对道德事件的反应可以分为三类，即认知反应（同意与否）、情感的反应（喜欢与否）、行为倾向反应（支持与否），对道德态度的实证性测量主要是从这三个方面着手，大致可分为量表法、行为观察法、自由反应法。

（一）量表法

如果从测量的精确程度与易统计分析的程度来说，社会心理学里的量表法毫无疑问是测量道德态度的首选方法。量表的方式有多种，包括瑟斯顿的等距测量法、利克特的累加评定法、格特曼的量表解析法、语义分化法（SD 法）等。

（二）行为观察法

人们对不同的外界情境会有不同的反应，这会透露出人们不同的道德态度。行为观察就是通过观察被测试对象在不同的特定情境下的行为举止反应作为态度的客观指标。

（三）自由反应法

自由反应法测量是不向被试提供选择，而是向被试提出开放式的问题

或刺激，让被试自己完成答案。比较常见的就是访谈法，访谈法采取针对某一要研究目准备一系列开放式问题，让被访谈的对象可以充分陈述自己的观点。

三、减少测量偏差的方法

第一个有效的方法就是科学设计量表与问卷。我们在设计问卷量表问题或是问卷问题时要采取从不同的表述方式来提问的方法，对同一个目标问题一半的表述为积极内容，赞同这些项目就是持肯定态度；另一半则设计为消极内容，赞同这些项目就是持否定态度。第二个方法就是利用“假通道技术”。在“假通道技术”里，研究人员告诉被试者，他们可以通过仪器准确地知道被试的回答是不是真实的，而实际上并没有这种仪器。

以上这些方法为我们用实证方法研究道德态度提供了技术可能，但我们很遗憾地表示，并不能简单地说通过这几个方法我们就能精确无比地测量我们的道德态度，这只是我们通往用实证方法进行道德态度研究的一个尝试，其中还有许多的不足需要大家进行探索研究。

“礼义之邦”的礼义精神重建

肖群忠，《江海学刊》2014 年第 1 期。

任何时代、社会、国家都离不开社会教化与核心价值观的确立与弘扬，这是整合社会秩序、培养公民素养的必要措施。在探讨建立当代中国核心价值观、进行公民道德建设的过程中，我们要吸取人类文明的一切优秀成果，其中自然包括中华民族的优良传统。在中华民族伟大复兴之际，在努力弘扬传统文化、重建当代中国核心价值观与中国精神之时，非常有必要重建礼义精神，重树“礼义之邦”的国家形象，以彰显“文明之邦”的风采。

“礼仪之邦”与“礼义之邦”

“礼仪”是仪式、礼节的形式规定，指人在一定场景下的进退揖让，语词应答、程式次序、手足举措皆须按礼仪举止的规定而行，显示出发达的行为形式化的特色。而“礼义”则是贯彻于礼之细节规定的核心价值和伦理原则。二者之间可能是起点与终点、外在与内在、行动与思想、表现与实质等既相互联系又相互促进的关系。首先，“礼仪”是“礼义”的起点，“礼义”是“礼仪”的完成。其次，二者是文饰与实质的关系。礼仪是“文”，礼义是“质”。如果我们将这里的“质”解释为礼的内在本质，“文”为礼的外在文饰，那么，“礼义”与“礼仪”就是这种内在实质与外在表现的关系。再次，在某种意义上也可以说，礼仪与礼义是一种行动与思想的关系。因为从实质内容的角度看，“礼仪”包含了人际与社会交往中的“礼仪”甚至是一些社会公德的内容，也包含了个人的文明礼貌、素质、修养等，这些大都要通过一定的固定化甚至形式化的行动表现出来；而“礼义”则是人内在的更为深刻的道德价值理念与原则，这虽然最终也要化为行动，但在更多的意义上则体现为人内心的价值信念等思想形态。最后，礼仪与礼义是礼教不可分离的两个方面。没有礼义之内在基础，就难有礼仪的外在表现，外在表现正好证明了内在基础的存在。因此，我们经常说我国自古以来就是“礼义之邦”，在某种意义上说就是文明之邦。当代中国，欲成为文明大国而不仅是经济强国，就必须再塑“礼义之邦”之文明风范，弘扬“礼义”国之精魂，使中华民族能以“文明之邦”的形象屹立于世界民族之林。

“邦”之精神与“人”之精神

一个民族的精神，可能会表现为“邦”之精神，即国家或社会所提倡的核心价值观及对国民的根本道德要求，这主要是解决“世道”的问题；当然还包括民族成员或国民的主体精神和德性，这主要解决“人心”的问题，或者说解决民众的安身立命问题。前者主要诉诸人的理性，后者则主要依靠人的情感。邦国精神与人的精神是相互联系的，邦国所倡导的国家精神最终还要落实到民众的品性与行为上，变成一种民族精神和国民性。因此，礼义在传统中国不仅是邦国社会所倡导的价值观，最终也形成了国民的品德和群体人格。

“礼义”仍应为当代之教

“礼义”连属，作为一个词组，表示的含义就有“礼义廉耻”“礼义教化”“隆礼贵义”“以礼治国”等，“礼义”是治国安邦要提倡的核心价值观，是社会文明秩序的集中体现，是国民或公民在社会公共生活中应该履行的基本道德义务，是社会教化的重要内容。礼义是传统中国社会所倡导的核心价值观与伦理精神，是因为礼义精神具有现代性与民族性。建构中国当代的核心价值观，不能脱离和抛弃中国的优良传统，应坚持吸取古今中外的一切合理因素，“要把中国梦所代表的主流意识形态，与中国的传统文化及世界一切先进文化资源结合起来”。

礼义精神的当代重建

通过对礼义精神实质的分析，我们认为要重建礼义精神，必须在价值观与道德观上坚持如下两个结合：第一，坚持等差伦理与平等伦理的统一；第二，弘扬礼让精神，抑制过分竞争。在当前社会条件下，我们在正确提倡竞争价值观的基础上，应该吸取和弘扬中华核心价值观的恭敬和辞让精神，这样才会使我们的社会更加和谐，人民的道德更加高尚。

社会主义核心价值体系的公民认同和道德建构研究

唐凯麟　张　静，《伦理学研究》2014 年第 1 期。

党的十六届六中全会首次提出“建设社会主义核心价值体系”的重大命题，社会主义核心价值体系只有在被大众普遍认同后，才能利于我国从社会主义核心价值体系入手建构社会公民道德，真正提高公民的道德素质，保证有中国特色社会主义的发展方向。

一、社会主义核心价值体系实现公民认同的基础剖析

社会主义核心价值体系的合法性源于得到公民普遍认同，而实现这一认同的逻辑前提是，它是科学的价值共识，并与人的内在道德需求相契合。因此社会主义核心价值体系天然地具有实现公民认同的理论基础和现实基础。

1. 社会主义核心价值体系是价值观多元时代科学的价值共识

当代中国正处在社会转型时期，即农业社会向现代工业社会、工业社会向后工业社会的转型，经济体制、利益格局、社会结构发生巨大的变化。这一方面使得中国人思想空前活跃，变得更为独立、自主，生活更具活力和生机；另一方面也使得人们的价值观更加多变，差异性明显增强，面对形形色色、千差万别的价值取向，找不到人生的目标，迷失前进的方向。这就需要具有维系社会和谐存在的通约性的、得到社会绝大部分人认可并达成一定共识的科学的社会核心价值体系，而社会主义核心价值体系也正是顺应历史和时代的要求应运而生。

2. 社会主义核心价值体系根植于公民道德生活的内在需求

道德需求是个人在生活实践中形成的对道德知识的获得、道德意识的建构和道德修养提升的需求，是一种更高层次的心理认同和精神渴望。人们往往以道德生活的内在需求来判断自身观念的正确性、行为的正当性、情感的合理性。社会主义核心价值体系之所以能够得到公民认同，就因为它以社会主义荣辱观为价值体系的基础，根植于公民道德生活的内在需求，体现了社会规定性和人自身内在需要的统一。

首先，社会主义荣辱观源于生活，立足于生活，服务于生活，具有鲜明的实践性和操作性。胡锦涛同志提出的“八荣八耻”言简意赅、通俗易懂、旗帜鲜明地表明了社会主义市场经济条件下，公民道德生活中应当提倡什么，反对什么，坚持什么，抵制什么。其次，社会主义荣辱观与个人内在的“荣”和“辱”情感体验有效结合，激发了公民道德行为的积极实践和有效调节。

二、从社会主义核心价值体系入手建构公民道德

社会主义核心价值体系具有得到公民认同的理论和现实、内在和外在的基础，并且它一旦被公民所广泛认同，便会对公民道德建构产生巨大的影响和作用，因此可以从社会主义核心价值体系入手，通过以下几个方面来建构公民道德。

1. 培养敏锐的道德判断能力、理性的道德选择能力

人们的生活不可能一成不变、波澜不惊，它总是复杂而多维的，充满着各种价值冲突。这些冲突既是人们前进的动力，又是挑战。当社会提供无限可选择的道德境况时，人们只有借助自己的道德标准和由此生发的情感思维模式作敏锐的判断和理性的选择，才能实现自身的发展。

2. 提高道德自觉，增强主体意识和责任意识

道德的本性是“自律”，公民道德建设的关键任务是提高道德主体的自觉性。因此在公民的道德建构中，社会主义核心价值体系在对全体公民进行道德知识和理论的灌输的同时，以最广大人民的利益为出发点和落脚点，让每个公民道德生活的秩序都有自己的话语权，增强公民在道德建构中的权利感、责任感和自信心，使每个公民都成为道德建设成果的最终受益者。

3. 树立道德信仰，构建完满公民道德人格

社会主义核心价值体系通过责任和利益的统一、继承和创新的统一、规范和理想的统一，以现实的社会道德规范为立足点，树立公民的道德信仰。社会主义核心价值体系中奉行以人为本，实现广大人民利益和共同富裕的宗旨，承认了公民追求和维护个人利益的合理性和正当性，肯定了公民利益为坚定持久责任感的产生提供了正当而有效的动力。因此，社会主义核心价值体系实现了责任和权益的辩证统一，为道德信仰的树立提供了

坚实的物质和精神基础。道德信仰的树立最终使公民形成自尊、自爱、自律、自强的完满道德人格，使公民道德与国家、民族的道德规范价值取向相一致，从而筑就坚强的精神堡垒。

道德空间的拆除与重建——鲍曼后现代道德社会学思想探析

龚长宇　郑杭生，《河北学刊》2014 年第 1 期。

一、道德空间

道德空间是社会空间的构成要素，是通过“感觉到的假定的责任的不平均分配建构起来的”，它不同于客观的物理空间，是“非客观的”、“人造的”。其概念包含以下三种规定。第一，道德空间的客体是我们为之存在的“他者”，道德责任是建造道德空间的唯一资源。第二，道德空间配置了“亲密和匿名”“陌生和熟悉”以及“封闭和开放”等不同状态。第三，道德空间与认知的、美学的空间既泾渭分明又相互交叠，三者都是人为创造的，其相互作用的过程和产品共同构成社会空间。认知空间是通过知识的获得和分配在智力上被建构的；美学空间是通过由好奇引导的关注和对经验强度的探索在情感上进行划分的。认知空间的客体是我们“与之共存”的他者，遵循理性及求真原则；美学空间的客体是作为审美存在的他者，遵循娱乐及审美原则；道德空间的客体是我们“为之存在”的他者，遵循非理性及至善原则。在后现代进程中，三个空间曾经建立起来的稳固的衔接分割崩溃了，取而代之的是三个空间的冲突与不和谐的全面爆发。

二、道德空间的拆除：伦理时代的终结

现代堪称“伦理的时代”，道德思想和现代性的实践一直被一种信念所激励，这种信念就是相信一种无矛盾的、非先验的伦理学法典存在的可能性。认知空间强调理性与客观性，它创造了距离；而道德空间遵循的是善良意志，往往会侵蚀规则的至上性和距离的客观性；美学空间遵循娱乐和审美原则，新颖、令人惊奇，甚至神秘和恐怖是该空间得以维系的力量，道德原则及立场和责任却是一种持久的沉淀物，这种持久相对于美学空间的流动与漂移来说恰恰是格格不入的，甚至说娱乐价值在原则上就是道德责任的敌人，反过来道德责任也是娱乐价值的敌人。当然，“敌人”偶尔也可以和平相处，甚至可以互相协作、互相支援并使对方重新振作起来，但只有其中一方付出放弃的代价才可能实现协作。道德空间的主体道

德人不能打破二元矛盾，只能学会与之共存并对其结果承担责任。可见，做一个道德人并不是一件轻松的事。如何缓解道德人的这种压力，有人尝试用“市场”和“国家”作为道德代理人的办法来面对。

三、道德空间的重建：无伦理的道德自治

在鲍曼看来，后现代并不是仅仅在现代性终结或者逐渐消退时，作为现代性的替代物意义上时间的延展，也不是当后现代盛行以后致使现代的观点成为不可能的彻底否定，而是在以结论或者预示形式方面暗示意义上的伸延和建构。现代性规划和企望的破碎，社会化调整以及社会公众个体行为一致化幻觉的消退，使人们能比以往更加清楚地洞悉道德的本相。后现代新图景的变化，已经或者正在唤醒人们对道德、道德生活的纯正理解。

只有规则可以是普遍化的，但道德却是要由个体来承担的。道德主体的道德不具备能够使其普遍化的特性，这些特性主要包括：其一，道德不具有目的性和被保障性。如果道德是普遍的，那么就必须具备这样两种属性。目的性和被保障性体现的是理性立场，有目的并且是自我保全、自我保存，使个体或团体得以永恒。道德行为就是达到此目的的手段，所以人们才选择道德行为。其二，道德不具有互惠性。所有对互惠的期望都与动机紧密相连，只要是这种情况，那么就与道德的根源不同。其三，道德不具有签约性。如果道德是普遍化的，那么要有签约的特点。签约是在行动之前，对参加者履行义务的约定，参加约定有一个明确的目的，即为了保证各自的利益。

当代伦理学前沿检视

万俊人，《哲学动态》2014 年第 2 期。

该文试图对当代伦理学的前沿作一次尝试性的检视，以供参考和批评。

一、视角、视域、路径

作者以为，所谓合理有效的学理方式，至少包括三个方面，即：视角选择、视域定位和用以切入问题视域的路径。我们可以选择的理论视角应当是着眼并聚焦当代社会道德问题的前沿意义。这种前沿意义包含两个基本层面：其一是问题本身的前沿性和时代感，着眼点是问题本身之“新”；其二是问题探究的前沿状态，也就是老问题的新开发，着眼点是问题研究之“新”。比选择和确定视角更困难的是视域（horizon）界定。故此，作者想明确以下三个边界：（1）我们所谓的伦理学前沿问题是以伦理学问题本身的前沿属性来确定的；（2）我们所谓的伦理学前沿问题是在国际和国内两个语境中确定的；（3）中国语境的限制意味着，我们所谓的伦理学前沿性问题无须囊括某些已然成为时尚和焦点的，特别是在一些欧美国家和地区已然凸显为前沿重大问题的那些伦理学问题。明乎视角和视域，进路便不难择定。进路的选择依据在于视角和视域的预制。我们将根据伦理学前沿问题的不同性质或类型，来选择不同的研究进路，以较为切近和恰当的方式切入问题、分析问题，并寻求对问题本身作出较为充分合理的解释，甚或解决。

二、前沿问题及其初步分析

基于上述理论备述，我们将伦理学的前沿问题归结为以下两大类，即伦理学基本理论的前沿问题和应用伦理学的前沿问题。

1. 伦理学基本理论的前沿问题

总体来看，近十多年来的伦理学基本理论研究并无大的进展，基本知识状况仍然是20世纪末叶的延续，缺少重大突破和重要的新理论、新学派和新观点。其一，关于当代规范伦理学重建主题。广义上说，所谓规范伦理学实际是伦理学的代名词，因为探究、证成并确立合理的道德规范体系自古以来便是伦理学的当然主题，在此意义上，伦理学亦可看作关于道德规范的学问。但狭义地说，规范伦理学只是多种伦理学类型或层次之一种，是同所谓美德伦理学、分析伦理学或元伦理学相对而言的一种伦理学类型。当代规范伦理学的重建是直接相对于20世纪的元伦理学而言的。其二，关于当代美德伦理学的复兴。在当代中国伦理学语境中，虽然规范伦理学始终是新中国建立以来的基本伦理学范式，但美德伦理学从来就不缺少其深厚的文化资源和广阔的生长空间。其三，关于当代元伦理学的前沿进展。所谓元伦理学，是肇始于20世纪英美分析哲学的一种分析类型或逻辑理论化的道德哲学理论。它注重伦理学的逻辑分析或逻辑实证、道德语言分析和道德推理，意在为道德研究或伦理学理论提供一种知识合法性证明，从而构建一种足以超越传统规范伦理学和美德伦理学的“科学的伦理学”。

2. 当代应用伦理学的前沿问题

当代应用伦理学的前沿议题有许多，比较突出的有以下七个方面。

其一，经济伦理。经济伦理的突显与经济学的现代强势发展直接关联。当代经济伦理的前沿正呈现出主题多样、议题细化、问题深化和解题复杂化的趋势，经济伦理构成了当代应用伦理学研究的热点、重点和难点，其势方兴未艾，是最具思想活力和理论创新前景的应用伦理学前沿领域之一。其二，政治（公共）伦理。政治与道德从来就是一对相互交织、相互竞力的“孪生兄弟”。政治伦理是一种以公共政治生活为基本对象的应用伦理研究，是一种最为典型、最具约束力的公共规范伦理。其三，生态（环境）伦理。与经济伦理和政治伦理相比，生态（环境）伦理（学）是一门崭新的应用伦理学前沿分支，而且与经典的伦理学概念理解不同，生态（环境）伦理不再囿于人类道德生活世界，而是将伦理思考的范围扩展到人与自然环境的关系领域。其四，生命（医学）伦理。广义的生命伦理包括医学伦理、生物科技伦理。其五，网络（信息）伦理。网络（信息）伦理是应当代信息社会之运而生的道德文化产物，是基于以当代计算机科学为动力和基础发展而来的信息网络技术及其应用中的道德伦理问题探究。其六，女性（主义）伦理。女性主义伦理学是随着20世纪中后期西方女性主义思潮一道兴起的新型伦理学思潮。其七，全球伦理。所谓全球伦理，是以整体性的道德价值观来思考整个人类世界事务的伦理学探究。

三、余绪：我们的道德生活世界和我们的伦理学

上述两大类共七个方面的概述，并不足以囊括我们时代和我们道德生活世界的前沿和伦理学前沿，肯定还有许多堪称前沿的伦理学理论、学派、学说未能一一涉及。比如，后现代主义伦理学、工程技术伦理、公益慈善伦理、道德心理学，等等。这其中，有一些是限于作者的学识而无意遗漏的，工程技术伦理、道德心理学当属此类；另一些则是出于笔者的学术理解而有意搁置的，比如后现代主义伦理学。应当说，当代伦理学和伦理学人已经竭尽其心力和能量，尽管依旧难以充分回应当代社会和当代人所遭遇的道德困境和伦理学挑战。不是我们的伦理学理论过于苍白，更不是我们时代的伦理学人过于懒惰或笨拙，而是因为我们的时代和我们的道德生活世界之复杂多变史无前例，难以把握，甚至不易理解。

自主性与道德

王晓梅　丛杭青，《哲学研究》2014 年第 2 期。

一、超越道德的自主

在讨论自主时，当代学者以及新康德主义者都将个体自主与道德自主严格区分开来。一方面，这种主张源自对早期浪漫主义思想的传承。另一方面，这种主张把自主作为追求的理想，企图为“按照自己的意愿追求美好生活”提供有利的辩护。个体自主一般被理解为个人根据自己的推理和动机掌控自己生活的能力，而这些推理和动机都以“不受外来力量的操控”为前提。

二、超越道德的自主的实践困境

超越道德的自主，或者说“祛道德”自主理念采取的是一种程序论的取向，程序论者强调过程独立和内容中立。在现实生活中，自主的人做出不道德的自主行为是常见的。具有这种“自主”信念的人，即便他们事实上并没有塑造出这种利己的性格，但原则上他们也会因为执着于这种信念而看重自己作为个体的存在，并因此轻视群体性的发展，也难以全心接纳群体的价值。除上面观点之外，也有些学者力图指出自主与道德之间的关系。罗尔斯等人所主张的自主概念，似乎都以道德为前提。遗憾的是，无论罗尔斯还是其他学者，都没有进一步澄清自主与道德之间的确切的关系。

三、心理诚实性与道德责任

无论是内容中立理论（程序论），还是实体论自主理论，都围绕“诚实性”“全心全意”或者“高阶意愿对低阶欲望的认同”等核心概念展开。自愿是判断道德责任的基本条件，是道德责任的必要但非充分的判断标准。但人和动物的自愿行为是有区别的。动物是根据欲望和本能行事，而人有追求善的意识。一个人所持有的善的概念应该包括那些有利用价值的东西。善的概念应该是主体自身的，是由主体推理得出的。因此，理性欲望是主体判断的产物，并非与生俱来。正是这种推理使得具备理性欲望的主体能掌控自己的所欲所为。这是人与动物的关键区别，也是我们对自愿行动进行道德责任判定的基础。动物的自愿行为不承担责任。人需要为自己的自愿行为承担责任。只有当我们肯定一个行为是“自愿”的时候，我们才会进一步对其是否道德作出评价。

四、自我驾驭与道德品质

动物拥有非理性欲望，并且在不受外力的控制下能够按自己的欲望行事，但是它们无法驾驭自己的欲望。人则因其善念而不同，这是历经教养和推理过程的产物。人对自己的欲望有驾驭的能力，推理在人形成善念的过程中起到了这种作用，所以人必须为他的所作所为负责。根据主体控制欲望的能力不同，亚里士多德描述了四种广义上的品质类型，即有德行的主体、自我控制的主体、意志薄弱的主体和恶毒的主体。按亚里士多德的逻辑，当一个有道德的个体实施自愿的行为时，他是在展示他的品质并且能够为他的行为承担道义责任，即个体的理性对欲望的控制强度决定了他的道德品质，这些品质在个体实施的自愿行为中表现出来。一个自主的主体必须具备道德品质，且有道德品质的人应该是一个自主的人。

五、自我完善与德行义务

自我自然禀赋的完善和对他人的慈善都是由客观原因所驱动的行为。自我自然禀赋的完善和对他人实践的爱以善为目的。这个目的无论是对我们自己还是对他人，都是纯粹实践理性的最高目标。这些义务为道德生活提供了结构性的原则。这些都源于我们自己的自主能力，并且有助于纠正审慎推理的盲目性和他律性。首先，这两种义务都允许主观推理发挥相当大的作用。康德的“德行义务”并不是“最大化主义的”，它并不要求道德主体牺牲自身纯主观的目的去完善自身或帮助他人。自我完善和对他人的慈善的不完全义务是纯粹实践理性的产物：只要是不符合这两类义务的道德原则都无法“普世化”，因为它们必将导致意志冲突，从而违背了定言令的第一法则。它要求我们遵从我们的自由意志。其次，除了考虑如何履行以及履行多少义务外，我们还必须设计一些至少在最低程度上能适应这些义务的计划。因此道德不是个体自主的羁绊，道德是自主的产物。基于对亚里士多德和康德经典文本的解读，我们或许可以把道德和自主之间的复杂而微妙的关系概括如下。(1) 心理诚实性（自愿）是判断道德责任的基本条件，自愿是道德责任的必要但非充分的判断标准。(2) 主体的理性对欲望的控制强度即自主能力构成了不同层次的道德品质。(3) 主体的道德品质通过主体的自愿行动表现出来。(4) 评价主体自主的依据就是主体具备道德品质的依据。这种对于道德与自主关系的新解读，或许会给自主理论的研究打开一个新的视域，给各门社会科学对自主概念的应用带来一些新的启发。

幸福与德性：启蒙传统的现代价值意涵

王　葎，《哲学研究》2014 年第 2 期。

启蒙时代的主流伦理学将“偶然的人性”确立为人的“自然本性”，而自然的本性被认为是唯一“真实的人性”。所有的物种在本性上都倾向于自我肯定，自保本能。尽管洛克们用以论证“自我保存”本性的整体逻辑早已溃散，但是人类的这种本能欲望却从此以简单直白的事实得以公然裸露、无以复加地被强调，并被理直气壮地认作最值得的追求。启蒙平反从而解放了欲望。权利概念的确立和确认，一方面构成了“自由”的基础；另一方面，它构成了现代正义的概念。“自利”与“正义”联为一体，不仅使“自利”这个历来鄙俗、邪恶的东西获得了从未有过的道义形象和道义内容，同时，也使得“正义”这个古老、神圣然而过于玄虚的概念，获得了可计量的、程序稳定、结果可以预期的实在性。启蒙功利主义伦理学更多地是以其平实浅近和凡俗，单维度地使用甚至滥用它的关于人性和善的直觉。

人类的自然本质，在其作为物种的自我肯定意义上，自有其善好的性质和正面的价值。卢梭的人性观也许更接近于人类习得于自己历史的道德直觉和情感，也更接近于“人”作为一个全称概念所具有的、有别于所有动物的特性。在启蒙现代性解放欲望之事业如日中天的时候，卢梭以一种极端的方式挑战启蒙幸福和高尚的神话：物质进步和文明昌盛并不能增进我们的德性，而且可能相反，败坏着我们的纯朴、善良和仁爱。在传统德性论将道德依赖于他律的地方，卢梭显示了自己真正的启蒙特征：道德获得了自由的本质。同样由于启蒙自由原则的彻底化，使得卢梭与启蒙主流的功利主义道德观最终分道扬镳。然而，正是基于这种本原性洞见，卢梭在对启蒙功利主义的道德基础进行了完全恰当的批评后，又回到了古老的二元对立的立场上，继续着千百年来灵魂对肉体的鄙弃和倾轧。

作为卢梭在启蒙运动中唯一的精神知音，康德不仅以最卓越的智慧和谨严系统地创构了卢梭开其端绪的自律性道德哲学，而且试图弥合幸福和道德之间长久的分裂和冲突。然而，康德式的道德自律理想从一个相反的角度反证了道德自主性的不完全。道德内容本身并不能完全由自我的实践理性自身提供，它或多或少来自传统和历史。其中的偏好成分也未必都经得起严格的普遍化检验，某种程度上依赖于教化的传承，并不能任由自己

"自由"地"制造"。与以往所有试图使德福统一的"分析的方式"不同，康德否认道德和幸福可以从一方推导、分析出另一方。康德第一次成功界分了道德和幸福这两种各自独立、不能相互取代的价值，但在至善的综合概念下整合德福价值的努力却似乎并不成功。在康德的预想里，必须依赖于、也寄托于三个著名的"悬设"。首先，康德的首要旨趣当然是德性，幸福只是作为有德的人配享的结果而出现的；其次，假设"灵魂不朽"；最后，悬设"上帝存在"。三个悬设，实际上宣告了德福一致的彼岸性，而此岸生活仍然留给德福之间无尽的分裂和冲突。德福一致是人类生活及其价值追求的整全目标，启蒙思想的两极提供的实际上是互补的启示，但是要真正实现这种互补，却不是简单地把这两极相加就能奏效的。

那么，启蒙传统的既有经验能暗示给我们什么？（一）启蒙通过巨大的社会变革、制度安排和现代教育，给予了人类及其价值努力许多仅仅是现代才可能有的珍贵赠礼。（二）所谓扬弃，就是不能把启蒙和现代价值追求的所有前提和成果当作纯粹的营养，不容置疑、原封不动地接纳。（三）当代的道德努力，要想获得真实的可能性，还必须在现代自我的自律理想和广义的"他者视野"之间实现辩证的联结。当代价值努力试图造就的健全的个人和公民，也许是这样一种在个人活动及其与共同体的联系方式中展现出来的值得追求的面貌：以各个人自由发展为一切人自由发展的条件的联合体。

社会排斥与报复性特恶道德问题及其治理

龙静云，《哲学动态》2014 年第 2 期。

从社会排斥的视角分析我国频繁发生的报复性特恶道德行为产生的根源，提出解决这一问题的治理之道，是当前我国社会的紧迫任务。

一、社会排斥释义

笔者以为，社会排斥是指一个国家或社会的一部分人、一部分家庭或某些社群由于缺乏机会或权利参与社会普遍认同的关键性活动，从而被社会边缘化或被隔离于关键性社会活动之外的系统性过程。社会排斥主要表现在以下领域。一是经济排斥，指某些社会成员被排斥于工作机会之外，由此导致经济上的贫困和被排斥在主要经济活动之外的过程。二是政治排斥，指人们在政治权利上遭受排斥，缺乏充分的政治表达权和参与权。三是文化排斥，指群体的部分成员被排斥在主导文化活动的过程之外，在涉及主导文化的符号、意义和仪式等资源方面被边缘化。四是社会排斥，指一部分社会成员由于社会关系纽带的断裂而无法参与到正常的生活中。

二、社会排斥与报复性特恶道德问题的产生及其危害

改革开放以来，中国取得了举世瞩目的成就，综合国力和国际地位明显提升，人民生活水平发生了翻天覆地的变化。而市场经济体制的建立使社会流动日益加快，社会的异质性不断增加，经济社会发展活力空前。然而，与之紧密相随的是，社会生活中的阻隔、门槛、壁垒等日渐凸显。诚然，市场经济是竞争经济，竞争又必须遵循游戏规则。社会排斥的存在，使一部分人被剥夺了获得体面工作、好的住房、充足的医疗保健、良好的教育、安全而有保障的生活条件等各种机会和权利，他们往往处在贫困、疾病和疏远、孤独的状态之中。社会排斥的存在，既堵塞了一部分社会成员流动和上升的渠道，也损害了社会公平正义，同时也使受排斥者产生严重的心理失衡，由此对排斥他们的群体或社会产生敌视或仇恨。可以这样说，社会排斥现象的存在，是导致报复性特恶道德问题产生的社会原因之一。

三、报复性特恶道德问题的治理之道

1. 注重对报复性特恶道德行为的法律严惩和对实施者的道德拯救

由社会排斥所产生的报复心理，及其所实施的特恶犯罪和道德问题，一般来说性质十分恶劣，后果非常严重，必须依法进行严厉处罚。然而，严刑峻法并不是维护健康社会秩序的唯一要件，杜绝此类事件还需回归到人的良知和道德。通过加强社会道德教育，加大对弱势者的社会伦理关怀和道德拯救，使人们树立对自然、生命和社会规则的敬畏之心，是解决问题的不可或缺之道。

2. 以共享式增长保障弱势者的社会权利

一般来说，增长都会导致财富的增加，但假如增长仅仅使一部分人受益，而大部分人并没有享受增长所带来的好处，甚至某些群体受到社会排斥，那么，这种增长并不是真正的增长。增长的本质在于，当财富不断增加时，所有的社会成员都能够公平地分享到增长的成果。这就需要转变发展方式，由传统的 GDP 增长转变为共享式增长。

3. 在政策层面和具体措施层面有效实现社会融合

首先，要通过不断完善社会保障体系，保障贫困群体过一种有人格尊严的生活的权利。其次，要从制度和规则层面保障公平，扫除种种由于区域差别、城乡差距、金钱、权力等造成的现实障碍，构筑平等发展、公平竞技的社会舞台。再次，进一步构筑健全的利益表达机制，尤其要保障弱势者利益表达的权利。最后，要建构社会安全阀，让人们的不满情绪及时得到宣泄。

4. 通过教育提升弱势者的发展能力并培养他们的健全心智

如果弱势者通过接受教育提升了自己的素质和发展能力，那么，他们获得向上流动的机会就会增多，摆脱弱势地位的可能性也会加大，融入社会的机会也会增加。通过基础教育和继续教育以及更广泛意义上的公民教育，以提升弱势者的发展能力和向上流动的空间，提高公民的社会认知水平和培养公民的健全心智，是当前中国社会的一项重要任务。

西方生命伦理学自主原则“自主”之涵义辨析——从比彻姆、德沃金和奥尼尔的观点看

庄晓平，《哲学研究》2014 年第 2 期。

一、何谓“自主”？

“自主”是什么？它是由“自我”及“律法”两部分组成的。康德说人是道德的行动者，是自主且理性的人，有能力进行理性的生活，有能力对行为进行理性思考，作出符合理性的选择，并能够对行动的后果承担责任。在密尔功利主义中，自主就是能增加社会最大功利的个性。个性本身就具有内在的价值，因此只有鼓励个性自由发展，才能保证人类在智性和德性上的成就。自由应给予个性以充分、多样的发展，而个性的发展促进了社会的进步。但个性不等同于个人的任性，个性的实质在于给每人本性任何公平的发展机会和容许不同的人过不同的生活。因此生命伦理学的自主必须到每个个案中去考虑处境的特殊性，关注每个病人、每种处境，因为每个人都有单个的价值，每种人与人之间的关系都需考察到，才能找到真理。同时，第二层面上，不能轻信每一个个案的特殊性，以免把问题弱化，因为人同时是具有普遍意义的存在。

二、西方生命伦理学自主涵义之争辩

考察西方生命伦理学家们对自主原则的理解，他们主要集中在“什么是自主”的概念上进行讨论，并形成三种观点：第一种以德沃金为代表，他认为自主就是自主的人，只有具有反思能力的人才是自主的人；第二种以比彻姆等为代表，他不否定个人的自主，但不同意将自主放在

对自主的人的特征的关注上，并认为自主就是“自主的行为”，而不是自主的人；第三种以奥尼尔为代表，她认为自主不是个人的自主，而是“原则的自主”“理性的自主”，自主是对原则的执行和对义务的践履。

三、生命伦理学“自主”涵义之分析

生命伦理学中自主的涵义至少表达了以下三个方面的涵义：第一，自主理论要求紧扣“尊重自主原则”来考虑；第二，自主是相对于某些关系中的自主；第三，自主是与能力密切联系的。

值得注意的是，在生命伦理学范畴内的“自主”涵义的探讨中，呈现了其作为检验医疗临床上或研究上的某一道德标准，它的产生与发展具有浓厚的西方社会人文色彩的一面。因此，在适用自主原则的医疗实践中，尤其在迥异的中西方社会文化背景下，接着追问“自主原则”涵义的“普世性”与特殊性是必要的。可以在十分普遍的和抽象的道德约束内承认道德多元论，为实质上不同的、内容丰富的生命伦理学和卫生政策的探讨留下余地，包括对生命伦理学的亚洲探讨法。

仁爱与正义：当代中国社会伦理的“中和之道”

常　江，《哲学研究》2014 年第 2 期。

一、现代人缘何如此倚重正义？

现代人选择正义，并非是人类历史中一个独立的、偶然的社会伦理事件。与体现“人对人的依赖性”的传统社会不同，现代社会是随着以“交换价值”为目的的生产发展而生成的，是以“物的依赖性为基础”的“自由市场化”社会或体现“人的独立性”的社会。首先，现代性与纯粹理性的至上和近代的自我肯定相关联。其次，从经济层面来看，随着“市民社会”这一“现代世界的创造物”（黑格尔语）的全面生成，传统秩序受到了“创新经济方式”的真正挑战。最后，从资本主义伦理精神方面揭示现代人倚重正义及其缘由的，则主要归功于马克斯·韦伯的重要理论贡献。

二、缺失仁爱的正义美德将意味着什么？

如果说“正义”有资质担当现代伦理世界中心词的话，那么，“实质性伦理传统”（即仍旧葆有人类“轴心时期”以来道德文脉的伦理精神）的内核实属“（仁）爱”。既然“传统”蕴含着一个社会创造与再创造自

身的“文化密码”，并内在地赋予人类生活以根基、秩序、意义和方向，那么缺失（仁）爱的现代正义论伦理建构与实践会面临什么？我们以为，在一定意义上，现代正义论正在或将要遭受无根化、脆弱化和虚无化的危机。首先，当（仁）爱付之阙如，现代道德将无法回避“无根化”的困境。其次，“仁爱”本无意更无须僭越“正义”，但出离仁爱的现代正义将会变得异常脆弱。最后，对仁爱美德的忽视或漠然，在一定程度上加剧了现代“道德虚无主义”危机。

三、仁爱而正义：复调思路、整全生活

实际上，现代社会伦理构建内在地蕴含着价值批判的实践品格。作为个人生活方式的社会是人们交互作用的产物，个体的内在德性、美德良知理应参与并外化为社会的行为规范和制度安排，至少可以说，缺少个体美德协力或滋养的社会必定只具有“部分正义”的性质，而不管这个社会形态是情理型的还是法理型的，熟人型的抑或陌生人型的。“仁爱与正义”中道和合的现代社会伦理建构需要道德“返乡”，回归显现“无蔽真理”的地方，那里有人们所钟爱的社会价值的凝聚和构建合理社会伦理之道的泉源。“返乡”意识中的“仁爱”，是人之为人的心性化的“生生之情”，它旨在筹划、扩充一种对“他者”承认和尊重的人际理想与心意状态；“正义”则包含个体正义和社会正义双重指向，在本质上，它是人所获得的并不断丰富、完善的发展性准则。正义与仁爱以其各自所特有的生发机制、价值诉求构成人类道德实践的双重内涵。西方社会伦理学发挥的是理性精神善于向外求索（法权），中国道德哲学传统发扬的是心性智慧长于向内生成（做人）。人不但需要外治，更需要内治。所以中西两种不同的理论思维和实践逻辑，如果能够真正结合起来，这对于完善人的生命是更有好处的。我们倡导“仁爱而正义”的“中和”之道，它并非是两种伦理类型的简单叠合，而毋宁是两种伦理思路的圆融贯通，进而意味着人值得过的“整全生活”的建构：即要自觉寻求伦理精神信仰的和合转化，伦理生活传统的和合创新，伦理制度结构的和合建制，以及伦理实践品性的和合塑造，从而积极营造“自律”与“他律”协同共契、“人际”与“心际”畅然流通的当代中国伦理生活气象，全面提升人们的伦理意识、生活品位和人生境界。

道德能力论

黄显中，《哲学动态》2014 年第 2 期。

本文试图从多维度剖析“道德能力”这个概念，以对道德能力的认知与实践提供资鉴。

一、基于自然的精神能力

道德能力作为“基于自然的精神能力”，说明道德能力基于人的“自然”，但并非就是或等同于人的“自然”，相反，是对人的“自然”的调控。道德能力作为精神能力，由于对人的“自然”进行调控，道德也就超越于“自然”，道德能力也可以说是超越“自然”的能力，从而使人高于动物。动物作为本能的、直接的自然存在，完全由动物本能驱使着活动。道德能力作为精神能力，之所以能够在调控“自然”中超越“自然”，缘于它具有自我意识的主体性能力。“基于自然的精神能力”，尽管超越于“自然”，但并非隔绝于“自然”。然而，道德能力不隔绝于“自然”，同样不意味着它以“自然”为根据。

二、基于情景的行为能力

道德能力不脱离行为情景，直接地在于道德能力处于情景之中。行为情景并非仅仅是行为的存在论世界，也并非所高扬的本体论事实，它逼迫行动者运用道德能力，使特定情景中的行为得到正确处理。道德能力当然处于情景之中，但并非只是“情景中的道德能力”，而应该准确地将其理解为“基于情景的道德能力”。“基于情景的道德能力”，集中体现在中国传统的经权之辨中。“基于情景的道德能力”，如果抛弃道德原则和向善信念，就会变成“根据情景的道德能力”。与实用主义强调“根据情景的道德能力”一样，萨特的存在主义同样将个体的存在境遇提到了突出地位。矫正道德能力根据情景的道德选择，有必要将道德能力建立在道德知识之上。

三、基于知识的实践能力

道德能力作为“基于知识的实践能力”，使道德能力基于知识而对行为作出道德认知，而非“只在知上讨分晓”的圣贤之学。道德评价与道德认知并不相同，但建立在道德认知基础之上；脱离道德认知的道德评价，只会沦为丧失道德的主观臆测。道德能力作为“基于知识的实践能力”，在实践上涉及知行关系问题。这个问题的核心在于“知”如何转化为“行”，关键在于“知”何以能够转化为“行”。这就需要在道德能力作为“基于知识的实践能力”中，进一步探讨知行关系中的“知”的问题。知行关系中的“知”作为道德知识，倘若缺少理论知识、事实知识和行为知识的装备，必然缺乏进行道德实践的主观条件。退而言之，道德知识也必须转化为“观念”形态，才可能激发行动者去发动道德行为。

四、基于做事的做人能力

做人与做事皆关涉道德能力问题，道德能力可称为“基于做事的做人能力”。事情通过做而改变其现存状态，才可能达到当事人所预期的目标。我们不但说做事，而且说做人。做人指做得像一个人，因而也是一种能力，称之为“做人能力”。做人尽管与做事不同，但并非与做事悬隔，相反总是以做事为基础。做人虽然以做事为基础，但又非仅仅是做事。因此，做人构成做事的伦理根据，做事不应满足于成功，而应以做人为根本。在做事中不仅应遵循做事的规矩，更应坚守做人之道。这样的人在做事中做人，涵养“基于做事的做人能力”，成为具体的、实践着的道德能动者。

道德：自明性与知识性——兼论知识性在应用伦理学中的地位

强以华，《哲学动态》2014年第2期。

道德的自明性与知识性问题其实就是这样一个问题，即道德（道德选择）究竟是一种自明行为，还是一种必须借助于知识方能获得的行为。那么，道德究竟是自明的，还是必须借助知识的？厘清这一问题具有重要的理论意义与现实意义。

一、从康德的道德自明性说起

康德在自己的伦理学中论证并且捍卫了道德自明性理论。康德把道德看成主观的个人行为准则符合客观的普遍道德法则。为了深入分析康德的道德自明性理论，我们必须先行分析满足道德自明性的一般条件。道德的自明性意味着把知识排除在道德（道德选择）之外。我们认为，与道德选择相关的知识其实应该包含两个大类，即理智知识和道德知识。康德的道德自明性首先是排除理智知识的道德自明性。康德所谓的道德知识就是道德法则，以及由道德法则作为基础而演绎出来的一切其他知识。严格地说，康德的道德自明性仅仅是针对理智知识的自明性。问题在于，康德的观点究竟是否正确？换句话说，道德究竟是否需要知识；如若需要，它应在何种意义上需要知识。

二、道德是否需要知识

康德继承了休谟把事实判断和道德判断区分开来的做法，他不仅通过自己的整个哲学体系［即把形而上学区分为自然形而上学（亦即认识论）和道德形而上学（亦即伦理学）］来证明知识不是美德，而且通过自己的道德自明性理论直接宣称道德无须知识。我们认为，康德的正确之处在于说明了美德和知识（理智知识）并非一回事情。因此，康德纠正了西方哲学长期以来误把美德等同于知识的错误，但却不适当地夸大了美德与知识之间的界限。其实，完全离开知识（理智知识）的道德自明性应是十分有限的理论。人们的道德选择的实际发生过程表明：尽管美德不是（理智）知识，但是，完整的道德选择过程通常总是包含了知识，知识与道德（美德）有着非常紧密的“间接”联系，它通常是正确的道德选择必不可少的环节。任何道德选择都必须事先具有道德知识，针对道德知识而言，道德远非自明（除非道德知识真的是天赋知识）。

三、道德知识性问题的当代地位

以上分析表明：针对理智知识的道德自明性理论的真正适用范围就是道德理论中的唯动机论理论；若是针对道德知识而言，道德从来就没有自明性。因此，尽管康德正确地把美德与知识分开，但是，他的道德自明性理论的有效性十分有限。道德不仅必须与道德知识直接相关，它也应该与理智知识间接相关。在当代社会中，随着应用伦理学所面对的“应用伦理问题”的大量涌现，“知识”（道德知识和理智知识）在道德选择中的作用越来越重要。第一，应用伦理问题的“公共性”和“复杂性”特征大大提升了理智知识在道德（道德选择）中的作用；第二，应用伦理问题的“公共性”和“复杂性”特征也大大提升了道德知识在道德（道德选择）中的作用。

爱国：公民最基本的价值准则

陈 瑛，《人民日报》2014 年 2 月 17 日。

爱国是人们对祖国的一种深厚的依恋、爱护，以及与此相应的实际行动。爱国是每个公民应当遵循的最基本的价值观念和道德准则，也是中华民族的光荣传统。几千年来，中华儿女一直高举爱国旗帜，涌现出无数爱国英雄、仁人志士，传诵着数不清的爱国诗篇，爱国主义精神早已深入亿万人民的心里。作为中华民族精神的核心，爱国主义精神始终是各民族、各阶层团结一致的强大动力，支撑着中华民族团结奋斗、发展繁荣的伟大实践。

在中华民族成长和发展的历史实践中，我们深深地懂得国家的重要和爱国的必要，懂得个人命运与国家和民族命运在根本上是一致的：没有国，就没有家，也就没有个人的自由和幸福，甚至没有个人的生命和安全；只有国家独立富强，个人才能自由、富裕与幸福。正是从这种个人与国家的密切关系中，以及对这种关系的深刻认识中，中国人民产生了对祖国浓厚强烈的道德情感，并把这种强烈的爱国情感转化为行动和实践。

爱国就要热爱人民。我们要尊敬我们的先辈，是他们创造了中国的今天；爱同自己一样生长在中华大地上的父老乡亲、师长朋友，他们与我们血肉相连，共同支撑和发展着今天的社会。我们要怀着一颗感恩之心，为人民服务，努力回报祖国、回报社会、回报人民，让人民生活得更富裕、更美好。爱国爱民应从孝老爱亲做起，尤其要关心爱护鳏寡孤独等特殊社会群体，热心帮助那些处于困境之中的人。特别是当国家发生突发事件和巨大灾害之时，一定要高度关注，挺身而出，不畏艰险，不计报酬，尽力贡献；坚决反对国内外一切敌对势力对我们的分裂瓦解，同一切损害祖国利益和荣誉的行为进行坚决斗争。

爱国就要热爱祖国的每一寸土地，爱惜人民的辛勤劳动和创新创造。中华民族自古以来就认识到自然环境的重要性，强调“天人合一”“民胞物与”，注意爱护生态；中华传统文化一直强调“一粥一饭，当思来之不易；半丝半缕，恒念物力维艰”。这些远见卓识，已被今天世界的人口膨胀和工业化所带来的环境危机、雾霾和水系污染所证实。保护环境再也不能等待，再也无法推脱。

爱国就要热爱中华民族优秀传统文化。中华民族优秀传统文化是一座丰富的宝库，既有文史哲学，又有科技艺术，尤其值得珍视的是蕴含其中的“自强不息、厚德载物”精神，“独立自主、奋发图强”精神，“崇德向善、团结友爱”精神等，这些都是我们民族的根和魂。中华民族优秀传统文化是中国特色社会主义事业的文化根基和思想支撑，对于增强我们的道路自信、理论自信、制度自信，不断开创中国特色社会主义事业新局面具有重要意义。

爱国最重要的就是要热爱中国特色社会主义。是社会主义救了中国，是中国特色社会主义发展了中国。进入近代以来，中华民族曾经一度陷入被人任意欺凌践踏的半殖民地半封建境地，但是她又迅速崛起。经过几十年的不懈努力，中国人民在中国共产党的领导下，高举爱国主义旗帜，以马克思主义为指导，实现了历史性的飞跃：实现民族独立和人民解放，建立了人民当家作主的新中国，确立了社会主义基本制度；实行改革开放，建设中国特色社会主义，逐步实现从温饱到小康的历史性跨越。

培育和践行爱国这一价值准则，首先需要我们认真学习、努力工作，特别是把个人的前途命运同祖国发展繁荣、同人民幸福安康结合起来，为祖国取得的每一个进步和成绩而喜悦，为祖国面临的困难和挑战而担忧，为增进民生幸福而努力。更重要的是把这种强烈的爱国主义情感转化为实际行动，落实到每一个祖国需要的时刻，贯彻在平凡的工作岗位和日常生活中。当爱国成为每一个中国人的最高价值准则，社会主义核心价值观的作用就会发挥得更充分，中华民族就会更加同心同德，创造出新的辉煌。

发展主义与片面发展的代价

卢　风，《南京林业大学学报》（人文社会科学版）2014 年第 1 期。

改革开放以来，最深入人心的观念便是“发展”的观念。发展主义（developmentalism）是主流意识形态中深得各阶层人们之衷心拥护的观念。如今的发展主义蕴含经济主义。而经济主义认为，人的一切活动归根结底是经济活动，经济（基础）决定政治、道德和文化，经济增长可推动社会的全面进步，科技进步可保障经济的无限增长（虽然有周期性的波动）。坚信发展主义的人们有时承认，不断追求发展会导致种种社会问题（如贫富分化、阶级冲突等）和环境污染，但他们坚信，解决问题的根本途径绝不是停止发展，而是更加坚定地谋求发展，各种问题（包括环境污染和气候变化）都能够且只能够在进一步的发展中得以解决。

在发展主义的影响之下，经济被认为是最重要的，政治、道德、文化都是由经济决定的。无止境地追求物质财富的增长被认为是人的本性。于是，我们片面地甚至不顾一切地谋求发展。人生幸福并不等同于不断增长的物质财富，人是追求无限的有限存在者。追求无限就是追求人生意义。一个人只要坚定地认为自己所做的事情（事业）是有意义的，那么，即使他身处困境，也会觉得充实、幸福。对人生根本意义的理解是多种多样的，物质主义只是多种意义理解中的一种。中国古代的儒家、道家以及由印度传入中国的佛教都把人的这种倾向看作贪婪，看作一种危险的心态。儒家把这种倾向视作该时时加以防范的“人欲”，是对“天理”的背离。发展主义完全反过来了，它把人的贪欲视作发展的动力，创新的源泉，激励人们以无限贪求物质财富的方式追求人生意义，即把人的原本有限的物质需要无限放大了，实则是把被传统文化视为洪水猛兽的贪欲合法化、道德化、美化了。

独断理性主义者（即科技万能论者）认为，如果整个国家乃至国际社会的各种制度，能把污染权和环境保护责任明晰起来，让个人和企业能以保护环境和节能减排的方式赚钱，则自然环境和生态健康就能得到卓有成效的保护。

我们当然不能一概否定这一办法的有效性，即不能一概否定市场和科技创新的重要性。但如果认为“市场+科技”就能一举解决环境污染和生态破坏问题，那就太天真了。发展主义所指引的发展是不可持续的。为了能够卓有成效地保护环境、节能减排、维护生态健康，必须根本改变我们的发展观。我们必须改变这一概念的内涵。迄今为止的发展主义不仅蕴含经济主义，还蕴含物质主义，即预设发展的明显标志甚至根本标志就是物质财富的增长，预设一个国家或社会的物质财富没有增长就不能被称之为发展了的国家或社会。如果我们仍然坚持这样的发展观，那么便根本不可能真正有效地保护环境、节能减排。

发展主义者似乎认为，“发展”意味着改善，即一个国家得到了发展，就意味着这个国家人民的生活得到了改善，所谓生活改善，即生活得越来越好。如今我们已清楚地看出，并非物质财富增长了，人们的生活就得到全面改善了。社会的全面改善必须包括人的基本素质的提高、人际关系的改善、公共道德水平的提高、民主法治的健全和自然生态状况的改善，仅有物质财富增长绝不意味着社会的改善。

生态学或全球性的生态危机都表明，地球生态系统不支持几十亿人的贪婪追求，以物质贪婪促发展的文明是不可持续的。中国九百六十万平方公里的土地不支持十几亿中国人的贪婪追求，十几亿中国人的合法贪婪极可能导致全国性的生态崩溃。以全国雾霾为明显症候的严重环境污染和生态破坏就是大自然向中华民族发出的警告。摈弃发展主义，扭转发展方向，建设生态文明，才是中华民族伟大复兴的根本出路。

“道义论约束”与“行动者中心”进路

张　曦，《哲学动态》2014年第3期。

在当代道义论理论中，很多道义论者试图采取“行动者中心”进路来满足这项论证任务。在他们看来，对一个行动的开展来说，决定其道德上正确或错误的主要根据，完全可以通过行动者方面的因素来说明。在这篇文章中，作者将逐一考察这两种论证思路的成败，说明为什么“行动者中心”进路不是理解“道义论约束”的恰当思路。

一、能动性的意图观点

能动性的意图观点认为，在我们的道德思维中占据重要性地位的，实际上是行动者在计划或开展一个行动时的意图。内格尔的思想表明：第一，能动性的意向功能一旦与规范功能相背，就会导致道德上不可允许的道德行动的发生；第二，行动者本人拥有“相当的权威”，以至于能够界定到底什么才算作对他自己所犯下的邪恶；第三，如果行动者意图开展一项他认为会导致自己“朝向邪恶”的行动，“避免邪恶”这一规范功能的存在就为行动者不去开展这项行动提供了充分的辩护依据。但是，内格尔此处的论证并不真正有助于在“行动者中心”进路的角度上建立起“道义论约束”的辩护基础。因为就像威廉·费兹帕特里克所说的：“真正充分辩护一个行动的不可允许性的，是‘决不能将牺牲者的死当作一个手段’这一点。在错综复杂的道德问题中，真正决定一个类型行动的（不）可允许性的，正是这一点。”因此，当我们接受费兹帕特里克的建议，认为在品格评价和行动评价之间存在混淆不是能动性的意图观点的真正问题时，我们也恰恰就得出了一个与能动性的意图观点的支持者们相反的观点：“道义论约束”的辩护基础无法纯粹地从行动者的视角中获得说明。

二、能动性的行动观点

“做”（doing）和“允许”（allowing）的区分（the distinction of doing/allowing，简写为DDA）是能动性的行动观点的立论基础。DDA的要害是希望经由承担正面责任和承担负面责任的道德严重性之间的不对称，来说明在“不可允许性/可允许性”的区分和“能动性的首要发挥/次要发挥”的区分之间存在对应关系，从而最终说明“道义论约束”的辩护基础。不过，问题的关键在于，就算如DDA所宣称的，在承担负面责任和承担正面责任的道德严肃性之间确实存在不对称，这种不对称对于决定行动的不可允许性到底有什么样的含义，甚至说，这种不对称对于决定行动的不可允许性来说是不是有意义的，并不十分清楚。就像这个异议所表明的，DDA 向我们提出了任何一个有关人类道德的理论都必须加以严肃考虑和认真对待的问题：在一个真实的世界，如何去划分每个行动者所应当承担的道德责任。然而，这是否意味着 DDA 为“道义论约束”提供了辩护依据了呢？答案是否定的。因为，为了真正从能动性的行动特征上为“道义论约束”提供辩护依据，理论家们所必须探寻的真正问题，并不是“责任划分的恰当性是否会敏感于能动性的发挥”这一问题，而是“这种敏感性能否唯一地为理解道义论理由的约束性品格提供辩护基础”的问题。然而，就像上面那个例子已经表明的，“他人的存在”对于理解道德不可允许性来说，是一个不可或缺的因素。就像一些哲学家已经建议的，为了最终达到论证在“不可允许性/可允许性”的区分和“能动性的首要发挥/次要发挥”的区分之间存在着一种对应关系，DDA 的支持者必须转而采取“正面权利/负面权利”的区分：因为只有通过权利的概念，诉诸责任的语言所无法摆脱的那种“自我聚焦”性才能被驱散，“他人存在”的重要性才能被顺利地引入到 DDA 的理论框架当中去。

结语

我们已经看到，为了获得“道义论约束”的辩护基础，采取“行动者中心”进路的理论家们或从“能动性的意图观点”或从“能动性的行动观点”出发，提供了一些论证。但是，通过分析这些论证，我们发现，“道义论约束”恰恰无法仅仅通过纯粹的行动者视角来获得说明和理解。无论是“能动性的意图观点”还是“能动性的行动观点”都向我们表明，为了真正辩护“道义论约束”，我们需要跨越“行动者中心”进路，着眼于“他人的重要性”，并从中找出道德不可允许性的根据。

伦理生活与道德实践

杨国荣，《学术月刊》2014 年第 3 期。

宽泛而言，作为人存在的重要方面，伦理生活可以视为人在伦理意义上的“在”世形态和过程。从本源的层面看，“伦理”关乎人伦关系以及内含于其中的一般原则，具有伦理意义的生活（伦理生活）一方面使人成为伦理之域的存在，另一方面又从一个层面担保了人伦秩序的建构。人不同于动物的重要之点，在于具有理性的品格，这一品格赋予伦理生活以自觉的形态。与之相联系的，是伦理生活的认知之维。作为伦理生活的构成，认知主要涉及知识层面上对相关对象（包括人自身）的把握。在伦理生活中的认知问题首先指向作为伦理生活主体的人自身。人作为现实的存在，有其感性之维，后者既体现于人所内含的感知能力，也以感性的需要为表现形式。同时，人又有理性的品格，能够自觉地展开逻辑的思维，辨别真、假、善、恶等。人的理性之维，更内在地体现于精神层面的追求。概而言之所涉及三个问题：与认知相联系的是“谁活着”，与评价相联系的是“为什么活着”，与规范相联系的是“如何活着”。“谁活着”“为什么活着”与“如何活着”具有逻辑上的相关性。然而，对于一个具体的伦理生活主体来说，在追问和反思以上问题之后，总是进而面临如下问题：“活得怎么样?”每一个现实的个体对自己的生活都会有不同的体验和感受，“活得怎么样”这一问题所关涉的，便是个体所具有的生活感受，这种感受以哲学化的概念来表述，也就是“生存感”；通常所说的“幸福感”，即可视为生存感的表现形式之一。伦理生活的主体是一个个的具体个体，对具体的个体来说，生活过程中总是会形成各种真切的感受，这种感受并非抽象而不可捉摸，而是以综合的形态存在于每一个人身上。总之，多重精神向度凝聚为一，并以真切的形态内在于现实的个体，这是“感”的重要特点。

从伦理生活的角度看，生存感本身究竟具有什么样的意义？这一问题所涉及的，是生存感在伦理生活中的现实作用。具体地考察生存感与伦理生活的关系，便不难注意到，生存感的意义首先在于把伦理生活引向个体，使之进入个体的存在过程。在这里，生存感呈现二重意义：一方面，它本身内在于伦理生活，并具体表现为个体在伦理生活展开过程中的自我体验和感受；另一方面，它又通过在观念层面接纳、趋近、召唤伦理生活而成为伦理生活所以可能的前提。在伦理之域，生存感对个体之所以重要，主要便在于它使伦理生活对个体具有切己性或切身性，只有在这样的形态之下，伦理生活才可能从与人疏离走向与人相关，并进一步获得现实的品格，成为个体自身的真实生活。

伦理生活本质上是实践的，从而，谈伦理生活无法与道德实践相分离。就现实的形态而言，人的存在展开于多重向度，伦理生活所体现的，是人多向度存在中的一个方面。然而，从伦理生活本身看，其存在形态又非限于一端，而是具有总体性的品格。这种总体性的特征可以从两个角度加以理解。首先，伦理生活包含二重性：它既是人的多重存在向度的一个方面，又具有自身的多重面向，后者体现于生活的各个方面。从现实的形态看，道德实践又以人伦关系的存在为前提：如果世界上只有一个孤立的行为主体而没有人与人的多方面关系（广义的人伦），那就不会有道德实践。宽泛地看，道德领域中的事实或道德事实包含两个方面：其一，客观层面的现象；其二，相对于一定的价值原则，这种现象所具有的意义。纯粹客观层面的现象只是类似自然之域的事实，并不构成道德事实；纯粹的道德原则或规范则主要呈现观念的意义，也不构成具有客观性的事实。只有在二者通过伦理判断而相互交融的条件下，才形成道德事实。

作为人的存在方式，伦理生活与道德实践包含不同的方面，如果说，认知之维赋予其自觉的品格，评价之维使其获得价值的内涵，普遍规范制约其有序发展，那么，以意义确认为核心的生存感则使伦理生活对个体具有相关性和切己性，以义务认同为核心的道德感进而使伦理观念成为个体实有诸己的真实存在，二者分别为伦理生活与道德实践的现实展开提供了内在的担保。综合地看，以上方面相互作用，同时构成了伦理生活与道德实践所以可能的前提和条件。

马克思对“伦理的正义”概念的批判

张文喜，《中国社会科学》2014 年第 3 期。

在学术界，关于伦理、正义和马克思哲学的争论，已然推动了对马克思批判现代社会结构的思想根基的广泛讨论。我们认为，这种讨论从一开始就应当说明马克思的理论建构过程中的某些预设：关于马克思是否在其现代社会批判当中援引伦理准则的问题，是可以通过对马克思的著作的重新释义来作出否定的回答的；正是在马克思对伦理立场的基础性批判中，绽露了现代主流的合法性正义仅仅是最低层次的“正义”，但它却被现代道德—政治哲学张扬为正义的一般形式，唯有此种批判，马克思的政治经济学批判才不可能萎落为无批判的实证主义。

一、“马克思哲学”与“伦理学”：两种思维间的歧异

正义究竟是一个伦理概念还是一个法权概念，这取决于人们判断该概念的视角。但人们对正义问题的追究往往很难超出伦理和政治法律的范围。马克思的正义观却不同，它并未独立分析具体的正义问题，而是在对以往各种视角的比较和超越中，据以形成以共产主义为视角的正义论。

罗尔斯立足于道德概念来解释某种类型的正义原则。他认为，马克思

的正义概念可以概括性地统合到道德概念。因此，“伦理的正义”的连结是必要的，因为它终止了两者间的撕扯和冲突。然而，这样的连结在理论上有可能模糊“规范”与“秩序”两种不同的思维，在实践上混淆正义自有的规范、领域与道德自有的地盘。由此，伦理化的马克思正义概念将陷入无法解决的混乱和矛盾。

立足于20世纪的美国社会，有学者企图为马克思的正义概念设置或寻求伦理基础。在此类的比较讨论视野中，根本的主张在于抬高伦理道德在马克思哲学中的作用，甚至排除一切其他可能的价值关联方式。由此导致的结果是，马克思伦理道德批判的焦点被模糊化。

19世纪末以来，关于马克思正义观的解释便始终隐藏着阐释定向上的自相矛盾。情况是否真如他们所说的那样？从根本上讲，这些并不是对马克思哲学敬重的阐释方式，反倒暴露了阐释者自己的立场。对马克思来说，若要触及伦理或正义规范证成的根本，唯有依据“对象世界是由于我们的活动之参与而被构成的，而不是现成被给予的”立场之改变。

二、马克思对现代伦理学始基的批判

对马克思来说，现代伦理学的基础（自然或理性）以及正义作为奠基于这个基础上调整人际关系之规范的基础或最终根据都是成问题的。马克思清醒地看到，所有观念的神话都渐渐地溜进伪造历史事实的狭隘天地，但却无意地泄露了无产者的现实境遇：“他连他那些和大家一样的需要都不能满足；他每天必须像牛马一样工作十四小时；竞争使他降为物品，降为买卖的对象”。所有这一切，根本在于目的与手段的分裂，并形成资产阶级拜物教的日常意识。马克思目睹了上述所有这一切的分裂。可以肯定地说，如今在道德形而上学正在公开遭到不信任的时候，迫使马克思哲学向一种伦理的正义观点作出让步的倾向，尤其值得忧思。因此，如果我们不根据马克思在经济的优先性基础上的现实分析层面上所阐发的具体界定，去审察以上产生于论战性表述层面的赞语和谴责，便有可能遮蔽业已表露出的马克思的主张。

三、马克思正义观的基础和原则

诚如上述，正义的问题不能奠基于伦理学之一域，而应该奠基于实践是有关存在的现实性以及人的现实存在之基本原则。实际上，在对资本主义的某种“非道德”评价的同时，马克思也始终将革命者的道德复仇和正义愤懑挤兑掉。唯其如此，我们才能理解马克思所说的诸如“每个人的自由发展是一切人的自由发展的条件”的规范与规则，并非源自道德的律令，而是源自感性的活动，即人类存在本身。由此，它才能够使唯物史观的理论基础奠基于实践。在此境域中，正义的概念将不是被理解成超历史的正义的假定，而是被看作一个“实践”的概念。在此种地平线上，正义，就是通过世界历史进程与德性之间的争夺来赢取其衡量尺度的。

马克思正义思想的三重意蕴

李佃来，《中国社会科学》2014 年第 3 期。

学术界关于社会正义问题的讨论是中国所面临的现实问题在理论和观念上的反映，也是学术研究中的难点。在全面深化改革的历史时期，面对理论和现实的重大问题，从人民的利益出发，开掘马克思思想资源中的社会正义思想，彰显马克思主义的时代性与在场性，具有重要的理论和现实意义。

一、个人所有权及其许可

在近代以来的西方政治哲学中，正义与市民社会以及以财产所有权为核心的权利体系始终处在一种相互关联、融贯、支撑的关系中。这使权利原则直接成为正义理论的一条基本规则，决定着正义讨论的基本方位和旨趣。即此种讨论至少要在理论层面为合法权利提出辩护。马克思针对权利的那些批判性话语，最终通向的恰恰是对权利之社会和历史基础的深度揭示，这是其政治经济学研究的根本问题意识之一。正是在政治经济学研究和对权利基础的揭示中，马克思站在无产阶级的立场上，肯定了与正义息息相关的个人所有权原则，既为批判资本主义剥削关系提供了一个重要的理论支点，又彰示出其正义思想的基础性意蕴。洛克式的所有权原则虽然开启了个体主义，并由之造成了特殊价值与普遍规范的日渐分裂，但如果将其放置于一种并非强调制度差异的普遍的现代性语境中，则不能不说这是一个伟大的理论创见，包含了不少积极的东西。对于马克思而言，一方面要批判洛克以来的政治哲学家所确立的权利概念，另一方面洛克式的所有权原则中的积极成分，也以一种独有的方式接入到其哲学和经济学的研究中，从而形成了他同样强调个人对自己的劳动和劳动成果的支配权利，但又由之衍推出批判雇佣劳动关系和剩余价值生产基本尺度的“个人所有权”原则。在诺齐克伦理主义的语境中，“自我所有权”是一个为不平等作辩护的概念，而马克思则是在反对不平等上做得最为彻底的哲学家。

这个概念错位的使用，导致柯亨将上述逻辑矛盾强加给了马克思。

二、分配正义的可能性论域

马克思的正义观是在不同层面和不同位阶上得以呈现的。他经常以高标准正义原则来审视低标准正义原则，这是在处理正义问题上与众不同的重要手法。只要洞察到马克思正义观的这种思想特质以及他处理正义问题的此种手法，人们就不会匆匆得出马克思完全没有分配正义的定论。马克思始终告诫人们不要把目光总投放在分配上，应重点关注生产。在他看来，“消费资料的任何一种分配，都不过是生产条件本身分配的结果；而生产条件的分配则表现生产方式本身的性质。”马克思的告诫看似是对分配正义的否决，其实完全不然。正像柯亨所理解的马克思为了让人注意到“生产”而蔑视“分配”时，实质是把“分配”当成“消费资料的分配”之缩写。他不会宣称生产方式比任何类型的分配更根本，因为生产方式也要依赖某种分配。人们头脑和智力的差别不应引起胃和肉体需要的差别，而劳动上的差别也不应引起在占有和消费方面的任何不平等，正是这种彻底的平等主义取向，使马克思在批判雇佣劳动关系时，接受了以高标准来看并不正确的“按能力计报酬”即“贡献”原则，因为在“按需分配”尚无法实现的历史条件下，“贡献”原则无疑最能体现平等精神的分配标准。这应当是马克思在分配正义问题上的真实想法，由此可以看到，对“贡献”原则的批评及其彻底的平等主义追求，恰恰是马克思分配正义的一个隐在的思想和逻辑起点。

三、人的自我实现与超越性的正义

马克思所看重的不仅仅是人的基本物质生存条件，更是“建立在个人全面发展和他们共同的、社会的生产能力成为从属于他们的社会财富这一基础上的自由个性”，即“人的自我实现”。这是马克思政治哲学最高层面的价值，它实现了由“物权”向“人权”、由“物本”向“人本”的转换。可问题在于，将“人的自我实现”认定为马克思的一个高位政治价值，从马克思诸多著述来看，应当是没有疑问的，但将之认定为其正义观的一个内在范畴，这是否合法？答案是肯定的。依马克思之见，摆脱强制性劳动并享用自由活动时间，有赖于社会劳动的平均分配。无可争辩的事实是，马克思是运用了分配正义的原则来说明“人的自我实现”，由此可推出的结论是，在资本主义社会中，劳动没有在有劳动能力的成员之间平均分配，因而这是不正义的，也就违背了“人的自我实现”的规范。

由此可见，在马克思那里，“人的自我实现”就是一个高位阶的范畴。

总体而言，马克思正义思想的层次，即个人所有权、分配正义与人的自我实现，尽管处在不同的位阶上，内容各有分殊，但其本身却不是互为他者、相互隔绝的，而是有一种会通、包容、推递、提升、助长的内在关系。这就使马克思的正义思想成为一个由多重意蕴有机组合而成的立体结构，其内涵丰富而又不失辩证的张力。从这一点来看，马克思虽未像他之前的休谟和之后的罗尔斯那样构建起系统的正义理论，但其正义思想却已达到了比自由主义更高的界面上，更具有理论的解释力和穿透力，具有当代更加不可估量的实践价值。在当代中国政治哲学界，似乎已经出现了以西方主流正义话语作为标准来判断和裁剪马克思的正义观的问题，这不仅严重遮蔽了马克思真实的正义思想及其在正义理论史上的独特贡献，而且必然会影响对马克思政治哲学当代性思想资源的开发。有鉴于此，我们以为，当前的正义研究特别是马克思主义正义理论研究，只有走出西方人所划定的理论图谱，真切地回到马克思的语境中，解读其关于正义的基本观点，并在此基础上思考如何以马克思主义理论为坐标，才能真正构建当代中国正义理论的学术话语，观照中国新一轮改革中所遭遇到的诸种问题，为实现中华民族的伟大复兴提供学理支撑。

马克思对正义观的制度前提批判

谌　林，《中国社会科学》2014 年第 3 期。

建基于对资本主义应得正义的制度前提批判，落实为对共产主义完全正义的图景构画，马克思在其全部著述的批判性话语和建构性话语中阐述了自己的正义思想。本文认为，整体性原则应该是对待马克思正义思想的一个基本的方法论立场。在整体性原则观照之下，我们将看到，马克思不仅揭露和批判了资本主义的不正义及其制度前提，而且建构和彰显了共产主义的正义图景，其批判性正义话语和建构性正义话语既是逻辑相连的，也是历史相续的，二者互证互文，共同构成了马克思正义思想的整体面相。

一、作为研究方法进路的整体性原则

在对马克思正义思想的理解中，整体性这一原则根植于准确把握马克思全部思想理论的根本旨趣的内在要求之中。坚持整体性原则必须反对“寻章摘句”和“断章取义”这两种碎片化研究方法。就寻章摘句而言，

研究中援引文献是自然而然的，但如果离开对一种思想的整体把握，而陷入机械刻板的语义学搜寻之中，那就不能不说是误入歧途。断章取义更是一种“恶”的方法，这种“恶”的方法彻底拒绝了整体性原则。简言之，对待马克思的正义观，依靠“寻章摘句”或“断章取义”不仅是不够的，甚至是危险的。因为这既可能使我们遗忘马克思真正重要的思想洞见，更可能使我们曲解马克思，造成马克思不同意自己是马克思主义者那种可笑的局面。

二、积极扬弃私有制前提下的正义观

马克思的正义思想主要表现在对资本主义正义观的制度前提批判之中，并正是通过这种批判才建构和彰显了共产主义的正义性。

（一）解除“普遍的不公正”就是“这个世界制度的解体”

对私有制贯彻一生的批判是马克思的思想标识之一。他所向往的理想社会即共产主义社会的首要特征，就是“对私有财产即人的自我异化的积极的扬弃”。而无产阶级“自己本身的存在的秘密”就是消灭资本主义私有制这个“世界制度”。马克思对正义的分析实际地包含了无产阶级解放的过程。不同于资产阶级持有的以私有制为立论前提的应得正义观，马克思提出了奠基于公有制基础上的人类解放和自我实现正义观。这一正义观以批判私有制为前提，拷问私有制本身的正义性，从而彻底颠覆了“应得正义论”。

（二）资本主义制度是一种剥削的不公正的社会制度

“现代的资产阶级私有制是建立在阶级对立上面、建立在一些人对另一些人的剥削上面”的不公正的社会制度。所谓“公平交易”，乃是建立在资本家对工人的先天不平等权利之基础上的，资产阶级凭其统治地位已经预先合法地取得了剥削无产阶级的权利。马克思认为，资产阶级的财富在逻辑和事实上都只能是“通过剥削雇佣劳动”得来的。即使“原初所得”确实只是依靠了勤俭，将之用于剥削行为仍是不正义的。何况资本主义剥削这块巨大的顽石，作为一种制度安排，已经将人间正义砸得粉碎了。

（三）资本主义制度“暂时的历史正当性”

马克思对资本主义私有制和资本剥削的彻底否定，并不意味着他是一位非历史的空想社会主义者。相反，马克思肯定历史有它明显的阶段划分，承认资本主义相对于封建主义的先进性，他并不否定在资本主义法权范围之内“应得正义”的现实合理，甚至并不否定资本剥削的历史进步意义。事实上，马克思是在承认资本主义的合理性的基础上，断言了资本主义制度的“暂时性”。

三、作为共产主义本质属性的正义观

马克思对共产主义社会的本质属性所作的规定，可以概括为：其一，共产主义消灭了私有制，因而也就消除了人的异化和异化产生的条件；其二，共产主义解决了人和自然界之间的矛盾，是“完成了的自然主义”；其三，共产主义真正解决了人和人之间的矛盾，因而是“完成了的人道主义”。

共产主义为何是完全正义的、值得向往的？其一，共产主义是物质财富极大丰富的社会，物资短缺和匮乏已永久消失，“集体财富的一切源泉都充分涌流”担保了这一点。其二，共产主义是消灭了强制分工的社会，作为谋生手段的劳动，不论体力劳动或脑力劳动，都已消失无踪了。其三，只有“按需分配”才是共产主义最引人瞩目、最值得期待的特征！按需分配不再斤斤计较于每个人“得其所应得”，而是让每个人“得其所欲得”，即欲求的无障碍实现，也就是绝对的自由王国。

当下中国的社会还处于社会主义初级阶段，还不具有马克思预言的共产主义社会人类彻底解放的完全正义特征，一方面，我们理应坚定信念，遥望马克思的共产主义完全正义，并以这种高远的人类理想自我励志，不断前行；另一方面，更为重要的是，我们必须立足当下，承继马克思的现实关怀和批判精神，努力建设中国特色社会主义正义体系，使我们身处其中的这个社会具有日益丰富和高尚的正义品格。

也说家教家风

万俊人，《光明日报》2014 年 3 月 3 日。

家、家族既是文明人类自我生产和繁衍的母体，也是社会组织结构的基本“细胞”，还是人类生命个体与社会组织生活之间的关键“链接”，因而有着无可替代的地位。有鉴于此，我国古代围绕家和家族产生了家谱、家训、家教、家学、家风，甚至“家政”（朱熹语）诸义，西方则有政治家族、军人家族、家族企业诸种。可是，由于长期困扰于两种似是而非的俗见，使得近代以来的中国家庭认识一直模糊不清甚至大谬不然。一种见解是，因中国传统社会的“家国同构”特征而使家和家族成了中国现代化的历史包袱，仿佛不超脱其外则无以致中国之现代化。另一种与之关联的俗见是，家庭家族因其自然血亲的生命亲缘关系和特殊的群集属性而必与现代社会的公共化趋势相悖，非但无益于现代社会的制度秩序建构，而且有碍于现代社会的公共组织和发展。据此，有人甚至把“家庭本位”与“社会本位”视为古中与今西之文明文化的根本区别之一。可惜这两种观点都失之偏颇：前者既未真正理解中国传统社会，也误解了家庭和国家之间的复杂关系；后者不仅误解了家和传统社会，也未能全面了解现代社会公共化的丰富内涵。

作为人类自我生产繁衍的核心单元，家、家族确乎难免其自然血亲的属性，但人类的自我生产繁衍决非纯粹自然的生命事件，它关乎人性、人道、人伦；而作为“社会细胞”，家庭也决非仅仅是社会组织的开端，更是社会文明教养、德行培育和文化传承的第一驿站。故此，家教、家风、家学才具有优先、初始、前提预制的特殊文明暨文化意义。顾名思义，所谓家教即家庭教育或教养。所谓家风即作为伦理亲缘共同体的家庭（家族）在长期的家庭生活传承中，逐渐形成和积淀下来的日常生活方式、家庭文化风范和道德伦理品格。

无论中西古今，家教都是人类教育和教化的重要组成部分，而且是最初始、最基本、最具内在价值体认和内在认同连贯性的教育和教化。与普通的知识教育不同，家教更注重人文礼俗和道德伦理的教养，是一种真正纯粹的德行生命养育。《说文解字》云：“育，养子使之善也。”家教是家风形成的基础，家风是家教效应即家庭或家族道德伦理风范和文明教养水准的外在显现，家训则是维护家风的基本规范体系。各家自有各家的规矩训诫，各家的家教方式、程度和效果亦有不同，故而各家的家风也会相互见异。但家教家风的内涵却互有重叠。一般来说，勤俭治家、诚实为人、宽厚处事、崇学尊礼、温良恭让、善良宽容等等，当是诸家治持教养、光耀门庭的基本美德伦理。家学在传统社会虽未普及，但对于一些殷实富裕且崇文重学的家庭和家族来说，家学不仅可以形成传统，并且对家教之醇和家风之正大有助益。

家教家风与整个社会教育和社会风气有着密切关联。毋庸赘述传统社会家教之于民智开启（比如蒙学）和民风淳化的历史经验，仅就现代社会而言，家教不单依旧是整个社会教育体系的第一环节，更是现代公民道德教育的德行奠基。所以，人们常把家教看作是养成人格美德的摇篮，将家风视为民风国风的风向标。一个缺乏基本家教而能成为合格甚至优秀社会公民的现代人是难以想象的，一如现代教育低下却能进入现代化先进行列的国家不可想象一样。历史和现实的经验教训还告诉我们，当一个社会或国家遭遇道德文化挑战，民智待开、民风待举之时，家教和家风的地位和作用便更为凸显，更值得社会关注、激励、期待。易言之，作为“社会细胞”的家庭之家教家风的改进强化，必定大大改善和强健整个社会肌体的活力。即使在社会转型、国家巨变、民族遭遇危机的宏大进程和关键时刻，家教家风亦能发挥其铺石以开大道、培林以挽狂澜的巨大作用。满门忠烈的杨家将之于风雨飘摇的宋朝江山当是显证。

20 世纪以降，中国家学式微，家族家谱渐消，家教则逐渐被社会政治道德教化所替代，因而家风也慢慢淡出现代社会文化评价视野。这固然是现代文化挤压的后果，需要认真反思。事实上，现代社会的公共化程度越高，家教家风愈显珍贵。现代社会的公共化秩序不单单是宏观制度系统的强化和成熟，更根本的还需要公民美德的内在支撑。当代美国伦理学家麦金泰尔看得深刻：对于一个缺少正义美德的人来说，普遍的正义规范约束效果等于零。社会公共性确实具有其宏观结构的外在普遍性特征，但人格典范、道德先进和品格卓越同样是公共文化价值的精神根基，更是引领公共社会的内在价值力量。就此而言，家庭教养依然不可或缺，一如历史之于现代社会的理解不可缺少一样。

伦理道德问题影响意识形态安全

樊和平，《中国教育报》2014 年 3 月 14 日。

伦理道德正由多元向二元聚集

调查数据表明，当前我国思想道德已经不是简单的多元多变，而是由多元向二元积聚形成的“二元体制”，其表现是两种相反的认知和判断截然对峙。

调查发现，当前我国社会大众的伦理道德由四种基本元素构成：市场经济道德占 40.3%、西方道德影响占 11.7%、意识形态提倡的社会主义道德占 25.2%、中国传统道德占 20.8%，四元素大致构成一个梯形结构。其中，市场经济道德和西方道德是改革开放以来新的精神元素，两项之和占 52%，而作为社会主义道德和中国传统道德可以归于改革开放中相对不变的元素，两项之和占 46%。这一数据表明，在现代中国伦理道德的结构形态中，“变”与“不变”的元素大致相当，伦理道德领域已经从“多元多样多变”逐步发展到“变”与“不变”的二元聚集。

二元聚集的特质在关于道德与幸福的关系、义利关系、发展与幸福的关系、正义优先与德性优先等一系列兼具意识形态与伦理道德双重意义的问题上也得到体现，其中最突出的是对伦理道德状况的判断。在“你对当今中国社会的伦理道德状况满意吗”的多项选择中，75%的受访者表示对道德状况满意或基本满意，满意的理由是道德自由，或“虽不尽如人意，但正变得越来越好”；但另一方面，超过73%的受访者对伦理关系或人际关系的状况不满意。道德上基本满意，伦理上不满意，两种选择截然对峙，出现“伦理—道德悖论”。

“变”与“不变”的共存，带来我国伦理道德领域最大也是最深刻的“中国问题”，是“道德走向现代、伦理守望传统”的反向运动。“你认为目前中国社会最重要的道德规范是哪些?”被选择的“新五常”排序是：爱、诚信、责任、正义、宽容。“你认为目前中国社会最重要的伦理关系是哪些?”被选择的“新五伦”排序是：父子、夫妻、兄弟姐妹、同事同学、朋友。在道德规范方面，与仁义礼智信的传统“五常”相比，“新五常”中除爱、诚信两个德目勉强可与“仁”“信”相通外，其余三个德目都已经明显具有现代性特征，变化率达60%。但从伦理来看，与父子、君臣、夫妇、兄弟、朋友的传统“五伦”相比，“新五伦”的变化率只有20%，其中高居前三位的都是家庭伦理关系，夫妇关系上升到第二位，唯一变化的是“君臣”所表征的个人与国家的关系被置换为同事（同学）的社会关系。

伦理道德问题正在向意识形态危机演化

调查发现，当前我国社会的伦理道德问题，已经演化为大众意识形态问题。演进的轨迹是：道德问题通过伦理信任和伦理信心，影响国家意识形态安全。

“你在伦理道德方面对什么人最不满意?”江苏、广西、新疆三省（区）两次共2400份问卷抽样的结果表明，多项选择的数据排序竟然完全相同：75%不满意政府官员、49%不满意演艺娱乐圈、34%不满意企业家，其中对政府官员不满意高居榜首。这组数据的严峻性在于，在政治、文化、经济上分别掌握话语权力的三大群体，恰恰是伦理道德上最不被满意的群体，其后果便是伦理信任和道德信用的丧失。

面对社会的信任危机，社会大众将希望的目光投向谁？在“对你思想行为影响最大的群体是什么”这一问题上，三省（区）、六大群体的选择依次是：选择知识精英的为48%、选择党政官员的为25.2%、选择工商界精英的为17.4%。其中，知识精英在三省（区）都高居榜首。然而，另一信息却再次让公众失望，知识精英“不了解现实”，也没有充当思想领袖的担当和抱负。于是，不可避免的结果便是思想领袖的缺场。

伦理信任的丧失、思想领袖的缺场，最终导致主流意识形态面临严重的信任危机。在“当我们的宣传与国外思潮发生矛盾时，你相信哪个正确”这一问题上，64%的企业群体、61%的公务员、44%的农民，选择“相信国外正确”。可见，情势之严峻已经可能影响国家的意识形态安全，这无疑是对主流意识形态的严峻挑战。

启示与战略建议

当前我国伦理道德和大众意识形态领域的二元聚集与互动轨迹表明，价值共识的生成已经走到十字路口，价值共识的质量互变点出现，国家意识形态干预的敏感期和战略机遇期到来。

第一，强化意识形态安全的理念，建立“伦理道德—国家意识形态安全”的一体化视野和一体化战略，从意识形态安全的高度来看待伦理道德问题。个体道德生活的危机必将演化为社会关系中的伦理信任和伦理安全的危机，日益蔓延的信任危机既是“精神”危机，也是社会危机，并最终导致国家意识形态安全危机。

第二，“十字路口”的机遇意识和机遇战略。二元聚集的“十字路口”是国家意识形态战略的敏感期，也是最佳的干预期。当前我国大众意识形态领域已经逐渐形成三大基本共识，即理念共识、政治共识、问题共识，具体表现于意识形态态度、对改革开放的高度认同以及对于“两极分化”和“腐败难以根治”的“问题共识”，在此基础上可以培育和生成其他社会共识，建构核心价值观。

第三，“中国问题”意识。当前我国社会大众的伦理道德四元素中，市场经济道德占40.3%，西方道德仅占11.7%，这说明现代中国伦理道德发展所遭遇的问题根本上是内生的，将“中国问题”一味归于西方文化影响或所谓“全球化”的冲击，不利于问题的解决，简单地用西方理论或西方经验解决中国问题，只能是“西方人生病，中国人跟着吃药”。

第四，建立“政治精英—知识精英战略联盟”，共同捍卫国家意识形态安全。调查显示，在全社会信任危机的背景下，知识精英成为思想行为的第一影响力群体，但同样的调查表明，知识精英并不具备充当大众意识形态领域思想领袖的条件和自觉。根据当代意识形态发展的新规律、西方意识形态的新动向以及中国社会思想领袖缺场的新特点，必须建立“政治精英—知识精英”的意识形态战略联盟，在理论、话语和意识形态方式诸方面长远地谋划中国意识形态发展的理念与战略，共同捍卫国家意识形态安全。

政务诚信促进公民道德素质提升

朱金瑞，《中国社会科学报》2014 年 3 月 24 日。

政务诚信是指作为政务主体的政府及公务人员在公务活动中履约践诺的状态和行为。既包括政府责、权、能的统一，言与行的统一及政策的前后一致，具体体现为制度供给、履约、政务人员依法履职的诚信等，也包括社会公众对政务主体行为道德诚信的评价。公民道德素质是指公民在调整自己与他人和社会之间的相互关系中，所表现出来的符合社会要求的良好的品质和行为。公民道德素质是国家软实力的重要组成部分。政务诚信是政府公信力和执政力的重要表现，政务诚信的示范、导向等功能，对公民道德素质的提升有着重要的引导表率作用。

人的道德素质的养成本质上具有社会性。个人社会化是由人所处的社会关系决定的。社会环境（包括经济、政治、法律、道德及各种性质的社会关系等人为环境）作为人类赖以生存和发展的各种外部条件的总和，通过人际交往、群体活动等社会实践形式逐步渗透到人的意识和行为中，使其形成相对稳定的心理特征、思想倾向和行为习惯。

在影响公民道德养成的社会环境系统中，制度规定、法律环境和教育等起着基础性作用。但对一个社会的运行来说，制度是最基本的规则。制度安排是否适度是其他所有社会规则是否适度的前提。政府的主要职责是提供和保障公共物品的供给，不仅包括有形公共产品，也包括制度、诚信、正义等在内的无形产品。作为个体的公民，社会生活是其不可避免的生活方式，对社群的依赖和对社会制度规定的遵守是其基本的也是根本的要求。政府制度中的诚信指向和运行状况具有强大的导向、示范和辐射作用，影响整个社会的诚信风尚，并在一定程度上决定着公民个体诚信意识的养成和道德理想的确立。

良好社会道德风尚的形成源于政治、法律、经济、道德等所构成的有机调控体系，而其中最核心的要素是政府，正所谓“其身正，不令而行；其身不正，虽令不从”。只有法制、规则等被政府及公务人员所信仰，才能产生强大的凝聚力、向心力、号召力和感染力，才会被民众所恪守。即只有先有诚信的政府，才会有诚信的社会。因此，政府作为社会的管理者，只有在法律制度的基础上成为社会诚信道德的践行者和示范者，才有可能为社会诚信风尚提供良好的政治生态。

“人而无信，不知其可也。”诚信是做人的基本准则。在市场经济条件下，诚信是一种资格、能力，也是一种无形资产；纵观历史，横看世界，没有人因无信而长久立足，没有企业因无信而不断发展，没有国家因无信而兴旺发达，正可谓“政无信不立”。政府的职能主要集中在经济调节、市场监管、社会管理和公共服务四个方面，其各种职能的履行都反映着政府道德水准。公民正是从和自己相关的利益中认识政府和理解政府的政策，并判断其是否值得信赖并为此作出贡献。如果一些公务人员利用手中掌握的公共权力进行寻租，以权谋私，倾心于追名逐利、投机钻营等，并对社会公众广泛关注的民生等问题表现冷漠，那么就会降低政府的公信力，削弱其影响力，败坏社会风气，成为公民道德素质提升的障碍。因此，公务员群体作为政府公共权力履行者的特殊职业群体，不仅要做公民道德建设的积极倡导者、精心组织者，更要做公民道德建设的大力推动者和道德行为的示范者。

总之，公民道德素质的提高有赖于政务诚信的强化与示范：不仅需要有善的价值引导与精神塑造，更需要有合理的社会结构及其在整个社会尤其是公共领域，建立公正有效的社会行为规范，在制度中体现责任意识和诚信精神。同时，强化政府执政的诚信行为、不断提高公务员的诚信意识和诚信践行能力也不可或缺。

提倡伦理，消极的和积极的都要顾到

盛庆琜，《社会科学报》2014 年 3 月 27 日。

消极伦理东西方都有

对于我们该如何理解消极伦理，作者认为：所谓的消极伦理，即是制约。负面的关于不该做的事、原则、规则多于正面的、积极的、应该做的原则、规则。其实这种情况，不限于中国哲学，西方哲学也是如此。例如基督教的“十诫”中，就有八诫是消极的，只有“二诫”是积极的。至于消极的原则和规则多于积极的原因，并不是人们喜欢消极的原则、规则甚于积极的，而是因为积极的原则比消极的难于规定。关于这种现象，作者称之为道德之灵活性。

消极伦理的主要来源

作者认为，消极伦理的主要来源是积极伦理难以列出的原则和规则。现举例说明如下：兹以捐款为例，某大学希望毕业校友捐款 10 亿元以建造一所新的图书馆。校友 A 为一家大企业老板，其资产总数约有 100 亿元。他有能力捐 100 万到 10 亿间的任何一个数目，甚至于图书馆的全部造价 10 亿元。但是他只捐了 100 万元，没有人会说他的做法不对。对于这样的情况，没办法也不宜定出一条积极规则来规定 A 应该捐多少。作者称这种情况为连续性的（continues）情况。我们希望 A 多捐，但是定不出一条规则来。至于负面的情况，则只有一种情况，即是不捐。这种情况，称之为离散性（discrete）情况，即捐款可以随捐款者之意有很多种情形，但不捐则只有这一种情况。因此，消极的都是明确的，而积极的规则倒是因为难于确定而成为模糊的了。

“攘羊”之例不宜用来讨论消极伦理

梅勒以论语的“攘羊”为例，认为孔子的“父为子隐，子为父隐”是偏向于“消极伦理”的。但在作者看来，“攘羊”这样一个例子，不适宜作为讨论消极伦理的例子，因为“子为父隐”与“父为子隐”并不是两种对称的关系。“子为父隐”在某些情况下我们认为是可以的，因为儿子没有权力和办法管教父亲，但是孝顺的儿子可以婉转地规劝父亲不要“攘羊”而不必告发。至于儿子“攘羊”，如果子女尚未成年，父亲有管教子女的责任，则父亲不但不可隐，而且还应该连带负责。一般人常有为了面子问题而隐瞒真相，其实这是错误的处理办法。做错了事而失去面子，这是对于做错事的道德谴责或惩罚，为了面子而隐瞒真相，是错上加错，是加大错误的程度。因此，梅勒用“攘羊”的例子来说明中国哲学之消极性，其实不妥。因为错误有大小轻重之分。不同大小轻重的错误，有时可能需要用不同的办法来处理。错误的大小或轻重随事件而定。轻的错误，例如在花园中攀折花木，原则上是不可以的，但是若有人犯了此种错误，不论是父犯、子犯，或是别人犯，都可以隐而不必告发。但是严重的错误，则不论是父犯、子犯，或是别人犯，都是不可隐的。也许人们慑于权势，不敢告发，但至少是不必也不应该隐的。

道德的不相干

作者认为除了为父隐之外，如果别人“攘羊”，也是可以容许隐的。因为不为人隐，甚至将其告发，自己可能被“攘羊”者伤害。不论中国人或西洋人，都会为了保护自己而为人隐。对于“道德的不相干”，可以简单说明如下：社会上可能发生若干不好的事，例如有穷人当乞丐，有盗窃绑票，有谋财害命。如果你出钱出力去减少这些坏事，当然很好，但是你如果专心于自己的工作，无暇也无意去做救济的事，作者认为只要这些坏事不是你所造成的，你就不一定需要做好事去弥补。这种理论，他称之为“道德之不相干”，因为你在道德上并不亏欠别人，这种状态为参考状态（reference state）。根据“道德的不相干”，子不但可为父隐，每个人都可以为别人隐。至于究竟隐或不隐，则应看坏事之严重程度而定，并不是非隐不可。

“伦理”的异域与世界主义的民族伦理观

田海平　张轶瑶，《社会科学辑刊》2014 年第 2 期。

一、伦理的异域与“世界主义—民族主义”的理想模型

每一种伦理，都离不开特定的问题场域。首先是世界主义伦理。其强调人“在世界之中”的世界场域。在伦理观上，有两种达到这一场域的路径：其一，是从民族向外扩展伦理边界，从全球性或国际化进入国家和人类的伦理视域；其二，是从“民族”的伦理认同中退回到家庭或个人，再进入“普世主义”的伦理视域。其次是民族主义伦理。民族主义总是基于民族伦理之认同，他们坚持认为：没有民族，就没有我们共同的世界或共同的未来。在伦理观上，民族主义者的到场路径，也相应地分为两种：一是从国家或人类的伦理同一性中融入并回归民族的伦理认同；其二是超越个人或家庭的伦理实体，将伦理的边界扩展到民族之场域。世界主义伦理与民族主义伦理表现为“去民族中心”和“以民族为中心”两种相互对立的普遍性预置，越是民族的越是世界的逻辑，同样适用于伦理世界。真正的世界主义者，必定是真正的民族主义者；而真正的民族主义者，同样也必定是真正的世界主义者。在其间的伦理“中道”上存在着建立在“在……之中”的同一场域基础上的世界主义与民族主义相互转化的理想模型。

二、世界主义伦理之隐忧：最大伦理与无根的想象

世界主义对价值普遍性的诉求，往往预设了“在世界之中”的一种基于“特殊—普遍”二分深度上的世界场域。这使得世界主义伦理的传统形态不可避免地要设想一种“将一切存在者收纳或归属自身的作为根据之存在的存在”，此即所谓“存在之存在”。世界主义传统形态的两种典型是西方的基督教“普世主义”和中国儒家的“天下”说。它表现为如下三大特点：第一，根源于某种民族伦理的世界性或人类性的诉求；第二，遵循的是一种由“我”出发的同一性逻辑；第三，寻求某种具有超验普遍性的伦理本质。从世界主义的现代性形态来看，康德的世界公民理论被视为现代世界主义思想的理论来源。世界主义伦理的现代性谋划在康德的引领下基本上遵循的是一种追随论证方式。无论是其传统伦理形态还是现代性伦理形态，世界主义伦理遵循的都是一种抽象化、形式化、程序化的逻辑，它最终会形成某种具有“普世意义”的原则式道德金律。

三、民族主义伦理之遮蔽：伦理的实体与人之区隔

民族伦理以民族为伦理本位，对内展开为“个体—民族”关系，对外呈现为“民族—世界”关系。所有的民族主义理论都是将民族设定为真实伦理实体和最终道德关怀单位的。现代性民族主义者将民族作为“文化—政治”伦理实体的这种轮廓勾画，必然要求将成员对共同体的忠诚置于道德的优先地位。首先，对于一个民族的稳定性来说，一种构建起来的文化信念一旦遭遇外来的侵蚀或者内部成员的拒绝，整个民族将面临文化自我解构的命运。其次，将民族国家作为客观的伦理实体则意味着，“每个民族的国家制度总是取决于该民族的自我意识的性质和形成”。基于这些特征的现代性民族主义所导致的一个必然结果便是对人性的抹杀，在人之区隔的背后，实际上潜藏着民族主义伦理中所缺失的社会正义和个体自由维度。

四、一种世界主义的民族伦理观

民族自我意识的确立，是将某一特定群体定义为民族而非族群或其他群体的内部核心因素。一个民族的形成对外来讲是建立在差异的基础之上，对内来说则意味着民族内部共性意识的形成、强化以及由此产生的认同需求。由此看来，认为现代性民族在本质上已经从一种“原生共同体”演变为一种“文化共同体”的观点是并不为过的。伦理的异域就是在现

实和历史中呈现出来的寻求普遍性、统治权和核心利益的各种相互纷争的相异的伦理场域，“伦理之争”也就是伦理场域的异化：异化为“话语”“权力”和“利益”之争。如果伦理场域总是以话语、权力和利益的异化形式呈现出来，那么我们实际上是无法摆脱伦理之异域的。那么，真实地面对现实的伦理之斗争，并从此视域出发，审查并揭示世界主义伦理之隐忧和民族主义伦理之遮蔽，应当是我们思考世界主义的民族伦理观的一种切近理想模型的方式。

托马斯·阿奎那论德性

江　畅，《华中师范大学学报》（人文社会科学版）2014 年第 2 期。

一、引言

托马斯是西方古代几乎可以与亚里士多德齐名的最伟大的德性伦理学家，他的德性思想像亚里士多德的德性思想一样，是一种典型的德性伦理学。不过，他的德性伦理学大量吸收了奥古斯丁的德性思想。在一定意义上可以说，他的德性伦理学是根据奥古斯丁神学德性思想对亚里士多德德性伦理学进行系统改造所形成的基督教神学德性伦理学体系。

二、习惯与德性的本质

托马斯所说的习惯是一种性质。托马斯肯定，习惯是与行为直接关联的，是行为的习惯。习惯具有必然性。在托马斯看来，德性就是一种习惯。他分析说，德性表示一种能力的某种完善。一个事物的完善主要是就其目的考虑的，而能力的目的是行为。从“德性”这个词的真正本性来看，它隐含着能力的某种完善，而能力有两种类型，即涉及存在的能力和涉及行为的能力。托马斯认为，这两种能力的完善都被称为德性。但是，涉及存在的能力代表作为潜在存在的物质。托马斯认为，“这个德性定义完全包含德性的整体本质概念”，因为任何东西的完善本质概念都汇聚了它的所有原因，而这个德性定义的确包含了它的所有原因。德性的目的是操作活动，但必须注意到，有些操作活动的习惯总涉及恶，是恶性习惯；其他的操作活动有时涉及善，有时涉及恶。德性是一种总是涉及善的习惯，所以德性与其他总是涉及恶的习惯相区别，可以用“我们据以正直地生活”这句话来表达。在托马斯看来，德性是灵魂的一种能力。关于德性的主体是理智还是意志的问题。理智就其从属于意志而言，能成为德性的主体。托马斯并不否认理解的内在感性能力中存在某些习惯，但人使用记忆和在其他的理解的感性能力中获得的东西，不适合称为习惯，即使在这样的能力中存在习惯，它们也不能成为德性。既然习惯使与行为相关的能力完善，那么，当能力自身的适当本性不足以达到目的时，能力就需要一种习惯使它完善直至正当地行事。这种习惯就是德性。

三、德性的类型

托马斯首先讨论理智德性。他根据理智或理性可划分为思辨的和实践的，而将理智德性划分为思辨理智德性和实践理智德性两个方面，并认为理智德性包括理解、智慧、科学、技艺、明慎五种德性，其中前三种德性属于思辨理智德性，后两种德性属于实践理智德性。

四、德性的原因和性质

关于德性的原因，托马斯首先讨论了德性是不是由于本性而存在于我们身上的。人的德性在与善的关系中使人完善。那么，通过养成习惯获得的德性与灌输的德性是不是同一个种呢？托马斯分析说，习惯之间有两种具体的差异。第一种差异产生于它们的对象的具体形式方面。每一德性的对象都被看作那个德性的适当物质中的善。另一种特别的差异在于那些被指引的事物。关于德性的性质，托马斯讨论了四个问题：（1）德性的中道，（2）德性之间的联系，（3）德性的平等性，（4）德性的持续性。

五、结语

托马斯的德性思想虽然是对亚里士多德和奥古斯丁德性思想的综合，但有创新性，成一家之言，具有独特的价值和意义。托马斯的德性思想是利用亚里士多德德性思想资源和方法对奥古斯丁德性思想的改造、完善和提升。应该说，完全属于他个人独创的观点并不多，但是，他适应时代需要并针对此前基督教神学体系本身的缺陷，将其与世俗的德性思想体系更紧密地融为一体，从而使基督教神学体系达到了一个新的理论高度。这是他德性思想和宗教思想的独特贡献和价值之所在。这里只指出特别值得注意的以下三点。其一，他更自觉将德性与人的目的、行为及其能力联系起来，从与它们之间内在关联的角度考虑德性。这种角度是新的，而且也比亚里士多德单纯从人的功能角度解释德性更有说服力。其二，他不仅将亚里士多德对德性的分类与奥古斯丁的分类糅合到一起，而且对三类德性进行了细致的分疏和相当恰当的定位。这方面的成果迄今为止似乎还未有人超越。其三，他将德性与法有机地关联起来，将它们分别看作人的自觉行为的内在本原和外在本原，从而克服了亚里士多德等古希腊思想家只注重德性对幸福的意义，而忽视其他因素的缺陷。

“亲亲相隐”的伦理教化意义

龚建平，《华南师范大学学报》（社会科学版）2014 年第 2 期。

一、从讨论所涉主要文献看“亲亲相隐”

近年对儒家伦理的批判主要涉及三条材料。第一条出自《论语·子路》：“叶公语孔子曰：‘吾党有直躬者，其父攘羊，而子证之。’孔子曰：‘吾党之直者异于是：父为子隐，子为父隐，直在其中矣。’”第二条则出自《孟子·尽心上》：“桃应问曰：‘舜为天子，皋陶为士，瞽瞍杀人，则如之何？’孟子曰：‘执之而已矣。’‘然则舜不禁与？’曰：‘夫舜恶得而禁之，夫有所受之也。’‘然则舜如之何？’曰：‘舜视天下犹弃敝蹝也。窃父而逃，遵海滨而处，终身䜣然，乐而忘天下。’”第三条材料更引起今人的非议。据《孟子·万章上》记载：“万章问曰：‘象日以杀舜为事，立为天子则放之，何也？’孟子曰：‘封之也。或曰放焉。’万章曰：‘舜流共工于幽州，放驩兜于崇山，杀三苗于三危，殛鲧于羽山，四罪而天下咸服，诛不仁也。象至不仁，封之有庳。有庳之人奚罪焉？仁人固如是乎？在他人则诛之，在弟则封之。’曰：‘仁人之于弟也，不藏怒焉，不宿怨焉，亲爱之而已矣。亲之欲其贵也，爱之欲其富也。封之有庳，富贵之也。身为天子，弟为匹夫，可谓亲爱之乎？敢问或曰放者，何谓也？’曰：‘象不得有为于其国，天子使吏治其国，而纳其贡税焉，故谓之放。岂得暴彼民哉！虽然，欲常常而见之，故源源而来，不及贡，以政接于有庳，此之谓也。’”以上三条材料往往被概括为“亲亲相隐”。然而，这三条材料并不能导致对儒家伦理的根本否定。

二、“亲亲相隐”与“有犯而无隐”

既然儒家主张亲亲伦理可以向社会上扩充，那么，在社会公德特别是政治伦理中，是否可以将“亲亲相隐”推向社会乃至政治领域，得出“君臣相隐”的结论呢？这当然不能，恩（仁）与义属于不同的领域，孝与忠自然也就是不同的。换言之，家族或家庭伦理不同于政治伦理。伦理政治的基础是伦理，但政治本身有其伦理。作为有限的存在者，在道德上需要完善，服从道德原则。政治从业人员作为有限的存在者，需要专门的机构设置来防止其缺陷因政治权力而被放大。“亲亲相隐”是以伦理社会为背景的，其所要解决的是特殊情况下人情与公德、伦理与法律出现两难时不得已的选择。“亲亲”可以延伸到亲有过或有罪（有瑕疵）时采取的伦理底线，其存在显然是有条件的。这个条件不仅有公私不同领域之限制，而且有亲疏如宗法规定的丧服制度的限制。只有亲子关系或推之亲属关系中有“隐”，它是在极小范围内的特殊情况下出现两难困境时的无奈选择，并非儒家宣扬或表彰的行为。

三、传统亲情伦理的教化意义

儒家就是将父子等亲属关系当作天然的社会性设施，从中发掘出自然人如何走向文明、走向社会和世界的途径。这就是深深根植于人心中的仁爱、恻隐之心。从家庭伦理走向社区伦理，要承认其间的扞格而需适当转化。但即使承认家庭伦理的过分放大存在着负面，也不能否认“亲亲相隐”的积极意义。因为，亲情伦理在今天仍有一定的教化作用。第一，对未成年人，如果没有品德教育和伦理道德教育，或这种教育落不到实处，单纯的职业教育和法律教育无疑是远远不够的。第二，在今日工商业社会，仍然还需要作为社会组织之一的家庭、社区发挥相应的教育功能。第三，家庭伦理是人格成长的必要条件。

对于彻底人文主义的儒家而言，不同情景中的具体伦理原则之间的适应和冲突难免，故“亲亲相隐”的家庭伦理虽不一定能再成为政治伦理的基础，但其教化上的意义仍不可否认。

构建合理的科研诚信观

解本远，《道德与文明》2014 年第 2 期。

一、基于科学契约论的科研诚信观

此种观点认为：科学研究应当保持其自主性，避免受到其他因素特别是政治的干涉。科研共同体和公共机构之间达成契约，公共机构向科研共同体提供资助，科研共同体通过负责任的研究行为实现科研目标。基于这样一种契约，公共机构不能干涉科研人员的研究行为，包括科研人员是否实行了诚信研究。

二、基于委托代理理论的科研诚信观

此种观点认为，作为资助方的公共机构和作为受助方的科研人员之间是一种委托代理关系，公共机构是委托人，负责向科研人员提供研究所需要的资金，而科研人员是受托人，利用公共机构所提供的科研资金进行科学研究，实现委托目标。为了确保委托目标的实现，公共机构需要对科研诚信进行监督。

三、利益相关者视角的科研诚信观

公众、公共机构、科研共同体之间是一种利益相关者关系，科研诚信建设应当正确处理科研诚信各利益相关方的利益关系。科学研究的目的就是为了增进人类福利，而科研不端行为正是因为最终会损害人类福利才受到谴责。围绕科研活动产生各种各样的利益关系和利益冲突，科研诚信建设就是要处理好这些利益关系和利益冲突，以确保科学研究的顺利进展，并最终造福人类社会。

四、利益相关者视角下的科研诚信建设

在制度构建上，作为法律和政策制定者的公共机构需要通过制定科研诚信相关法律和法规，为科研诚信的外部监督提供法律依据。在组织保障上，应当建立符合科研诚信各利益相关方利益的科研诚信组织机构。在教育模式上，利益相关者视角要求我们建设包括法律教育、道德教育和信念教育在内的三位一体教育模式。

德育实效的考察维度、现实状况与提升策略

杜时忠　杨炎轩，《中国德育》2014 年第 7 期。

实效问题涉及的是人类活动的效应评价问题，它有三个维度：其一，活动的结果在多大程度上实现了目标——效果评价；其二，活动的产出与投入的关系——效率评价；其三，活动目标的达成度（效果）对于更高一层活动目标或者说其他活动目标的影响——效益评价。

学校德育活动属于人类社会实践活动的一种特殊形式，因而，我们可以运用效应范畴（包括效果、效率与效益）来进行反思或分析。德育实效实则有三种含义：第一，德育实效指德育效果，即学校德育是否实现了既定的德育目标；第二，德育实效指德育效率，即学校德育投入与产出的关系；第三，德育实效指德育效益，即学校德育对更高层次的目标如全面发展教育目标的影响，以及对其他活动目标如智育目标、美育目标等的影响。

纵观已有的研究，虽然有研究分析或罗列了德育实效低的种种表现，但存在不足：第一，对德育实效低的判断，缺乏系统的实证调查和访谈研究，停留于现象层面；第二，对“谁”在抱怨德育实效低这一问题，现有的研究只是以成人的眼光和立场来讨论德育实效，而未见到德育工作的

对象同时也是德育主体——学生的意见与看法。有鉴于此，我们有必要以实证研究的方法来考察德育实效的状况。我们编制了五套调查问卷，包括小学生卷、初中生卷、高中生卷、家长卷和教师卷，在多地中小学展开了调查。我们重点了解三个方面的情况：一是效率维度的德育实效，即学生、教师和家长对中小学德育工作的看法与评价；二是效果维度的德育实效，即学生、教师和家长对中小学生思想品德的看法与评价；三是效益维度的德育实效，即学生、教师和家长对德育工作和中小学生思想品德的社会适应性和个体满足性的看法与评价。通过第一方面，我们可以了解学校是“怎样做”德育工作的；通过第二和第三方面，我们可以了解学校德育“做得怎样”。

学生眼中的德育实效：从小学到高中，德育从未占据“首位”；而且年级越高，学校越不重视德育工作；随着学生独立意识越来越强，学校德育的影响越来越小；照本宣科、为考试而教越来越不受学生欢迎，德育课的教学方法亟待更新。家长眼中的德育实效：学生在所有的品行发展的积极指标（爱国、爱人民等）上表现良好，学生在所有的消极指标（如懒惰、不思进取等）上存在着不尽如人意的地方。从教师对“学生品行发展”状况的反映来看，被调查的中小学教师总体上对中小学生的品行发展水平表示肯定，只是对学生品行发展的某些方面持否定态度，并且呈现出这样一种特征：肯定的方面多、否定的方面少；肯定的比例高，否定的比例低；肯定的方面比较一致，否定的方面则存在较大的分歧。

德育实效具有鲜明的社会历史性，即在不同的社会历史时期，社会发展的要求和个人发展的需要是不同的，因而德育实效的根本追求也是不一样的。这就有必要从效益范畴出发对德育实效进行探索性研究。从这一点出发，我们要对社会转型时期适合社会发展要求和个人发展需要的德育特征，如人性化的德育指导思想与模式、合格公民的德育目标、丰富的德育内容体系、开放的道德教育方式等，进行研究以提升德育实效。

德育实效属于结果的范畴，其提升离不开德育实效的各影响因素的完善，这就有必要从效果范畴出发对影响德育实效的一些新的因素进行补充性研究。从这一点出发，我们要对以往德育实效研究中关注较少的影响因素及其作用，如社会风气的优化、学校制度文化的构建、学科德育的完善、学校所有教职员工实施德育或实践道德生活积极性的调动等，将这些作为提升德育实效的策略。

影响德育实效的各因素，并不是单一地起作用的，也不是平行地起作用的，而是结合起来起综合作用的，是某些条件下某些因素起典型作用的，所以有必要从效率范畴出发对影响德育实效各因素的综合作用和典型作用进行创新性研究。就综合作用来说，我们要从管理学和系统论的角度对学校管理和德育系统进行研究；就典型作用来说，我们要从人性论和政策学的角度对加强制度建设和完善学校德育制度进行研究。

马克思正义理论的四重辩护

王新生，《中国社会科学》2014 年第 4 期。

本文将从四个方面为马克思所具有的正义理论进行辩护。

一、马克思正义理论的批判性前提

马克思的正义理论与其他正义理论的区别，首先不在于正义观念的具体表达，而在于其立论前提及其所依托的理论框架的特殊性。自柏拉图至罗尔斯，“应得”均被理解为正义的基本含义。因此，从根本上讲，应得正义理论本是以私有制为前提，来为社会的公平分配进行辩护的，它要说明的只是在私有财产不平等的前提下为什么不平等的分配是公平的。马克思主义理论的最高目标是消灭私有制。马克思通过否定私有制和私有财产，颠覆了应得正义理论的立论前提，也就从根本上否定了私有者与私有财产之间的应得关系的正义性。许多人认为马克思没有正义理论，其中一个重要根据就是马克思没有像亚里士多德或罗尔斯那样系统讨论过政治正义问题，而是将主要精力集中于经济学研究。实际上，马克思关于正义问题的讨论只能是通过批判“国民经济学”完成，这是由他的理论任务所规定的。如果我们想要研究马克思的正义理论的话，就必须将他对私有制或私有财产的批判作为出发点。在马克思看来，只要仍然立足于这些理论所设定的理论前提（即将私有财产和私有制当作讨论问题的前提），无论是将共产主义看作德国式的自我意识异化的克服，还是将其理解为法国式的政治平等，或是将其理解为英国式的实际需要的实现，都是一样的，都只能将政治权利上的平等当作平等的最终形式，从而将正义看作市民社会中个人政治权利的实现。马克思的正义理论需要一个完全不同的前提和立足点。

二、马克思立足于“人类社会”的正义观念

马克思从对古典政治经济学的批判出发对整个资产阶级意识形态的批

判，在两个不同层面上展开。马克思立足于“人类社会或社会化的人类”对“市民社会”进行批判，其依据是“人类社会或社会化的人类”所要求的正义准则；马克思立足于“市民社会”自身对“市民社会”进行批判，其依据是“市民社会”自身的正义准则。马克思关于“人类社会”与“市民社会”的区分，经典表述是《关于费尔巴哈的提纲》第十条：“旧唯物主义的立脚点是‘市民’社会；新唯物主义的立脚点则是人类社会或社会化的人类。”马克思所说的“人类社会”是一种超越“市民社会”的理想社会，是“市民社会”的替代物。马克思立足于“人类社会”对“市民社会”的批判，是他正义理论的一个重要层面，表达了他关于正义的终极理解。同时，马克思对正义的这一理解已经超越了通常意义上的正义，即“应得正义”概念的含义，需要在更为宽泛的理论中加以说明。

三、马克思正义理论的双层结构

马克思的正义理论是一个具有双层结构的理论：超越性正义理论和应得正义理论。依照马克思的历史主义原则，共产主义是对市民社会的扬弃，因此，它不仅内含着市民社会全部的发展成果，而且也肯定市民社会在其历史范围内的合理性，肯定适用于它的正义原则在特定历史范围内的合理性，否则它便如同否定了自己的童年机体一样否定了自己当下的机体。马克思反对以个人权利为基础的应得正义原则，并不是因为人们不应当或者不值得获得这些权利，而是因为在现有的制度下无法获得它们。对于马克思来说，在社会主义尚未实际出现的情况下，为这种社会的正义原则进行规划和辩护并不是一个直接现实的理论任务，因此他也没有必要对其进行系统的理论说明。从这个双层结构出发，当马克思站在“人类社会”的立足点上批判国民经济学时，他表达了对私有制和市民社会的否定。在许多情况下，马克思不主张将工人运动引向对分配问题的关注，强调不要因为关注眼前的目标而忘记了根本目标。但他不是说在现实条件下对分配正义的追求是没有意义的，更不是说在资本主义条件下资本家剥削工人是正义的。

四、马克思的高阶正义概念

通过考察马克思正义价值的这种特殊地位，我们便可揭示他的正义概念与其他政治哲学的正义概念之间的差异，进而说明他正义理论的特殊性。从概念形式上看，马克思的正义概念与自由主义等政治哲学正义概念之间的区别是位阶上的，自由主义等当代政治哲学的正义概念是一个低阶概念，而马克思的正义概念则是一个含义更广的高阶概念。当然，强调高阶正义概念与低阶正义概念的区别，并不是为了说明依据高阶概念而建构的正义理论比依据低阶概念建构的正义理论更为精致和严密，相反，低阶正义概念的合理使用恰恰是正义理论更为深化的表现。将马克思的正义概念理解为一个高阶概念，意味着在这个高阶概念下包含着可以进一步区分的不同层面。只有在马克思的这一理论框架下，正义原则才能既超出权利原则的自我限制，同时又避免在方法论上走入直觉主义和相对主义的困境。

五、结语

在当代中国正义理论的建构过程中，马克思主义不可能仅仅充当批判者的角色，而是必须担负起为现实生活提供规范的理论责任。在当今历史条件下建构马克思主义正义理论，并不是简单回到经典马克思主义的超越性理想，而是必须立足于当下中国社会主义市场经济的现实，从马克思考察问题的基本原则和方法出发，建构一种能够为社会主义市场经济以及以其为基础的全部社会生活提供合理性辩护的正义理论。为了达到这一目标，第一步的任务就是要辨明马克思正义理论的立论前提、根本关切以及他的正义概念的基本含义。

人造生命的哲学反思

任　丑，《哲学研究》2014 年第 4 期。

美国科学家文特尔及其研究小组在《科学》杂志上报道了首例人造细胞“辛西娅”的诞生。作为人造生命技术的突破性标志，“辛西娅”直接把人造生命可能引发的哲学问题推上了哲学研究的前沿。“辛西娅”尚不能称为真正意义上的人造生命。然而哲学不必也不应该等到相关科技的完全成熟及其带来的问题充分暴露时再去反思，相反，应该也必须以其深刻的思考走在相关科技发展的前面。这样才能彰显哲学的理性反思、价值判断和实践引领功能，避免哲学研究落后于自然科学研究的消极被动的倾向。科学生命论的具体定义极其繁多，这些定义可大致归为两类：一是理论生物学视阈的定义，即把生命规定为个体的自我维系和一系列同类实体的无限进化过程；二是心理或环境视阈的定义，它否定生命的进化，把生命归结为心灵或环境的产物。二者的共同之处是：都把生命看作自然事实存在——自然产物。只有在反思以往的科学生命论以及它断然否定的古典生命目的论的基础上，深入探究“何为生命”及其哲学意义，才能借此把握人造生命引发的哲学问题的真谛，并选择相应的哲学研究路径。

古典生命目的论具有悠久的哲学传统，其中最为著名、最能体现其内在逻辑的三种学说是：亚里士多德式的万物有灵论或泛灵论、笛卡尔式的机械论以及康德式的有机体论。泛灵论以灵魂作为诠释生命的普遍形式或基本原则；机械论否定泛灵论的形式原则，致力于从质料的角度考察生命的本质；有机体论则试图在批判二者的基础上，综合形式和质料，探究形而上的生命终极目的。

如果说生命目的论探求的自由意志、上帝、灵魂等生命目的缺少强有力的实证证据，科学生命观则囿于自然科学的实证藩篱，有意无意地拒斥或忽视了生命的目的和价值。人造生命正是在否定并超越生命目的论和科学生命论的历程中，引发并彰显出了“何为生命”及其所带来的哲学问题的深刻意义。（一）人造生命对生命目的论的超越，（二）人造生命对科学生命论的超越，（三）新生命观以及相应哲学问题的实质。至此，人造生命引发的哲学问题的本质就很清楚了：它是自然生命和人造生命相互否定所出现的矛盾冲突带来的存在问题。其全面深刻的含义具有五个基本层面。（1）自然生命观获得了新的意义：人造生命作为一种不同于自然生命的人工生命，既为以往的科学生命论注入了目的论要素，又为生命目的论注入了实证性要素。自然生命被人造生命赋予新的元素而获得了新的意义，因而不再是原来意义上的自然生命。（2）人造生命的根据：自然生命观囿于自然生命的视阈，没有也不可能从人造生命和自然生命并存的新生命观的视阈诠释人造生命的创造性本质，人造生命因而在自然生命观视阈中不能获得存在的合法根据。（3）自然生命和人造生命的矛盾冲突，内在地潜藏着新生命观的浴火重生。生命目的论与科学生命论、自然生命与人造生命之间并非水火不容；相反，它们都是新生命观不可或缺的要素。在新生命观的视阈中，生命不再是孤零零的自然生命或人造生命，而是二者相依并存的充满创造活力的存在。（4）人造生命引发的哲学问题其实是存在的创造性问题：自然生命和人造生命的相互否定遮蔽了生命存在的本真内蕴——“创造”，呈现出“生命虚无”的表象。新生命观通过人造生命对生命虚无的去蔽，彰显出生命的创造性潜质：所谓的生命虚无其实既是人造生命和自然生命的相互否定，更是生命自我提升为新生命观的一个环节。“创造”在否定“虚无”环节的基础上，确证了（自然生命和人造生命并存的）新生命观的存在。就是说，哲学并没有失去生命的依托，反而获得了新生命观的根据。（5）人造生命引发的哲学问题（“存在即无”）并非哲学之困境，而是哲学摆脱传统桎梏、焕发创造活力之契机，即哲学转向“存在即创造”的契机。哲学是探究自然和生命的创造性本质的自由学科。哲学家在直面人造生命之时，应当把人造生命看作一种研究哲学的全新途径，而不能把它仅仅作为运用当下哲学方法予以关注的新的研究对象。

证据与信念的伦理学

舒 卓 朱 菁，《哲学研究》2014 年第 4 期。

人们相信 2 + 2 = 4，相信地球是圆的，相信所有的人都会死，这些心理状态被称为信念。用当代分析哲学的术语来说，信念是一种命题态度，即对于某个命题而言，认知主体认为该命题为真，而有别于怀疑、忧虑、盼望等其他类型的态度。在现实生活中，影响人们形成和持有各种信念的因素有很多。证据主义主张人们关于某个命题的信念只应当建立在相关证据的基础之上。本文将在证据主义的视域下重新审视发生在克利福德与詹姆斯之间的这场论战。

一、证据主义与信念的伦理学

克利福德提出了信念所特有的伦理学，即信念的伦理学。克利福德认为，信念的伦理学所要考察的对象不是信念的内容，也不是信念所造成的后果，而是信念是怎么得来的。由此，克利福德提出了一条著名的原则：无论何时，无论何地，任何人在不充分证据的基础上相信任何事情，都是错误的。

克利福德所提出的正是证据主义的基本主张。那么什么是证据呢？1. 证据与真的关系。完全根据证据去形成信念，这是获得真信念、避免假信念的最佳途径。2. 证据与辩护的关系。证据主义者主张，认识论理由就是证据。只要信念与现有的证据相符合，即使它有可能是错的，也是合理的。

二、詹姆斯论相信的意志

威廉·詹姆斯提出我们相信什么实际上并不总是取决于证据。詹姆斯认为，在面对“真正的选择”时，我们不见得必须恪守克利福德的原则，这种坚持并不恰当，有时甚至是荒谬的。那么，什么是“真正的选择”呢？詹姆斯给出了如下三个条件：(1)“真正的选择”必须是活生生的，而不是已死的，可供选择的所有选项对于主体而言都是有可能选择的。(2)“真正的选择”必须是受迫的或不可避免的，必须在赞成与反对之间做出选择，而不能予以搁置。(3)“真正的选择”必须是重要的，而不是琐碎的。

为什么面对“真正的选择”，我们可以不遵守克利福德原则呢？按詹姆斯的说法就是：我们无法公然违背逻辑法则，也做不到不相信任何命题。我们需要在目标的两个方面保持平衡，不可偏废。相应地，我们就有以下两种策略：策略Ⅰ：把避免错误放在首位，获得真理放在第二位；策略Ⅱ：把获得真理放在首位，避免错误放在第二位。

按照策略Ⅰ，我们对命题的默认态度就是暂停判断，除非有压倒性的证据表明命题是真的或假的，我们才去相信或不相信。按照策略Ⅱ，我们对命题的默认态度就是相信。

我们究竟应该采取哪种策略呢？克利福德原则其实主张，任何人无论何时何地都应该采取策略I，没有充足证据就不去相信。詹姆斯对此进行了激烈的反驳，他认为我们应该采取哪种策略，不是一个能够先天地得到回答的问题，必须结合具体的实际情况。

那么，我们采取哪种策略是受什么因素支配呢？詹姆斯认为我们在做“真正的选择”时，究竟采取哪种策略，怎样在认识论目标的两个方面取得平衡，这归根结底反映的是我们的激情本性。对詹姆斯来说，对真理的渴望要远远超过对错误的恐惧。因此，他理所当然地选择策略II，冒着犯错的风险去勇敢地追求真理。

三、走向广义证据主义

我们的信念大体上可以分为以下两类：1. 基本上已确信的，得到决定性证据支持的，不大可能被将来出现的新证据所推翻的信念。2. 不是绝对相信的，尚没有决定性证据的支持，有可能会被将来出现的新证据所推翻或修正的信念。因此，当我们在判断一个命题是真是假，要不要去相信它的时候，就不应该把将来可能出现的新证据完全排除在外。从而得到下面这个广义的证据主义原则：任何人S，在任意时刻t，对任意命题P，如果S在t时刻对P持有某种认识论态度，那么这种态度应该符合S在t时刻所拥有的关于P的证据，以及S对关于P的t时刻之后可能出现的新证据的合理评估。广义证据主义并不拒斥激情和情绪等非证据因素对于信念的影响，而是要求激情和情绪应当是基于证据或是以寻求新的证据为导向。

相比于狭义证据主义，广义证据主义要求一种更为厚重的信念伦理学。它坚持证据主义的基本主张，强调证据依然是人们形成认识论态度的根本依据，各种非证据因素，诸如意志、激情和情绪，只有当它们是基于证据或者指向证据时，才能被纳入认识活动的合法范围内。但广义证据主义要求以一种更为开放的胸襟看待证据，充分肯定人类求知探索的认知能动性，允许人类求真的激情和动机在认识论规范中具有合法地位，对智识德性的养成和运用也提出了更高的要求。

如何过正确的生活

黄小寒　张新若，《社会科学报》2014 年 4 月 10 日。

目前，道德哲学中存在的问题，仍然如阿多尔诺所提出的，是观念伦理学和责任伦理学之间的关系问题。在今天，是否可以建立一个像康德倡导的普遍的道德准则，或者根本不存在这样的道德标尺，只能导致道德相对主义？

政治问题与道德范围紧密结合

“在今天也许还能叫道德的东西已经过渡到有关世界建构的问题，人们可以说，有关正确生活的问题将是有关正确政治的问题。”“政治问题是与道德范围紧密结合在一起的。”对道德现象的理解，“应该从一个社会的迷失方向及其结构去予以反思”。我们应该在现实机制的混乱中找出合适的道德标准，以此来批判现存的机制和实践在体现普遍公认价值中的缺陷和不完善。也就是说，在道德建设上，不能简单地确立一种道德的应然状态，还要关注已存在的社会现实所具有的道德实践潜力。只有在这种道德实践潜力中，普遍价值才能存在。只有那些既是规范性准则，同时也是既定社会再生产条件的价值和理想，才能作为一种道德的基准点。正在发生事情的合法性和应当发生事情的合法性是有区别的。今天，我们的价值体系也要反映当下中国的社会制度及其发展趋势。

文化应该反映共同的规范信念

从康德的道德哲学来说，价值这个概念是没有地位的，价值是他律的，可以不承担义务。实际上，社会需要有自己的核心价值体系，社会发展是需要他律的，甚至还需要法律。一个国家绝对的没有法规，同时也就是绝对的不自由。除此之外，社会必须具有机制化了的教育目的，使社会内部每个人的人生道路都按照设置的方向进行规划。虽然，不可能有人会通过上课或开会就变得大公无私，因为世界观根本就不是这样灌输出来的，身教重于言教，但是即使如此，社会也必须进行教育。这是因为，在现代错综复杂的生活中，道德绝对不是自明的，而是存在着无数、非自明性的情形。人们反复落入其中的原因是：在这种情况下，人们需要反思，不是为了听从"无上命令"，而是想做一个过得去的正经人。道德价值通过文化体系影响社会成员的行动取向，造就社会实践的结构。所有的社会秩序都无例外地通过道德的价值、通过值得追求的理想而与合法性的前提相联接。文化应该反映那些共同的规范信念，而不是其他。这给我国社会主义的文化建设提出了重要的任务。

人是要有一点精神的

康德反对广义的感官欲望的他律，反对神学。他"把道德主体的内在性看作是唯一的裁决机构"。他提倡自律意识。康德在目的与手段中寻求对现实的修正。他寻找一个与所有趋向于单纯手段的倾向相对抗的目的。人不应该总是在改善生活福利的层面上去寻找理性的规定。这就提到他所说的意志。在意志这个概念中，本能力量、本能冲动以及对它们的合理控制是相互交织在一起的。意志是被纯粹理性所控制的欲求力，意志本身就是善；恶就是无意志，就是完全受欲望和统治的机构所驱使。理性本身具有与意志的亲和性。实践理性优先于理论理性。只要理性本身只是意志，这种优先性就在更广的范围生效。人是要有一点精神的。

正确的生活就存在于对某种错误生活的诸形式的反抗之中

观念伦理学和责任伦理学的关系是难以解决的。这是指："在错误的生活里不存在正确的生活。"那么，目前，什么是正确的生活？其一，在今天，正确的生活就存在于对某种错误生活的诸形式的反抗之中。所谓反抗，一方面是要对自己的错误意识自省，另一方面是要对他律的具体形态反抗。其二，"当人们被要求必须立即克服某种在精神上不舒服的东西的时候，而人们在这时停下来并首先向克服的要求索要通行证时，这时，人们就已经在错误的生活里过着一部分正确的生活"。

在西方马克思主义者中，阿多尔诺是对道德哲学作过专门研究并提出道德辩证法的人。他在 40 多年前对道德哲学的反思和道德实践的审视，对我国当前的道德建设具有重要的方法论意义。

信念伦理与伦理信念

陶　涛，《光明日报》2014 年 4 月 16 日。

“信念伦理”源于马克斯·韦伯的论述。在他看来，指导行为的准则可以是“信念伦理”，也可以是“责任伦理”。前者意味着行为者只考虑善的动机，导致的后果只是上帝的安排，即宗教意义上的“基督徒行公正，让上帝管结果”；后者意味着行为者必须顾及自己行为的可能后果。与“信念伦理”不同，“伦理信念”是指人们对伦理文化的信奉与坚持，或相信伦理习俗与道德规范对于人类发展的积极作用。

我国改革开放至今，伦理信念的缺失已经在不同层面上带来了消极的影响。具体而言，在个人层面，伦理信念的缺失体现在个人对物质财富的过度追求，以及为寻求自我利益而无视社会法律制约和伦理约束，甚至损害他人利益与公共利益；也体现为个体精神世界的空虚、烦躁、焦虑和不安等状态，以及精神境界的不断沉降和庸俗化。在社会层面，伦理信念的危机则直接导致包括人际信任、政府公信、法律威信等在内的社会普遍信任的下降，加上社会各方利益暂时无法得到公平分配和有效协调，从而直接或间接地对社会秩序稳定和社会和谐发展造成较大的消极影响。因而，在社会改革与转型期内，强调“伦理信念”对于当代中国社会道德文化和核心价值体系建构有着重大且紧迫的意义。以下着重阐述三个方面。

首先，伦理信念强调在单一的社会发展之经济目标以外还存在着更高的社会价值理想目标。伦理信念危机的根本问题主要表现在理想与现实，亦即文化理想与经济现实之间的冲突与矛盾。对个人而言，应当合理合法地追求财富与利益，并将其与更高的价值理想目标关联起来，才有真正的道德价值意义。对于社会而言，公平正义具有“社会制度第一美德”（罗尔斯语）的意义，具有无可替代的优先性。社会公共秩序的正义规范不但是维护社会良序运作的基本要求，更体现出人类追寻美德或更高善的价值理想。

其次，伦理信念强调公民道德意识与社会责任的重要性，倡导在追求个人合理权益的同时关爱他人，回报社会。只有基于人与人、人与社会的关系视角，寻求个人利益、他人利益和社会利益的有机统一，方能为

“人”与“社会”之存在和发展提供最为根本的伦理基础。事实上，即便是基于趋乐避苦的人性论假设，也不得不承认人的同情心以及由此而产生的各种珍贵的道德情感，诸如仁慈、善良、爱，等等。对这些道德情感、道德秩序与道德实践规范的基本认同，已然成为人类社会得以有效运行的基本前提。然而必须注意的是，所有道德认同都必须以一定的伦理信念为基本前提。没有基本的伦理信念支持，人们很难达成普遍而持久的道德共识，更难以共同遵循普遍合理的伦理规范。

最后，伦理信念强调以追求真善美为人类终极道德价值目标。在现代社会里，文化的多样性和人们价值取向的多元化已然成为社会文化精神生长的正常状态。然而，无论人们在具体价值行为取向上有多大的差异，也无论社会文化生态呈现多大的差别，人类对真、善、美的追求目标不应改变，求真、向善、爱美的价值目的终究是人类文明生活和幸福生活所共同追求的根本目标和理想，人类社会对这一根本价值目标或理想的信念和信心必须得到坚持，否则，就会要么陷入道德相对主义而无法自拔，要么落入道德怀疑主义而无所适从。

综上所述，我们就不难理解社会与个人对伦理信念的坚持是多么重要。假若一个国家或民族不再相信价值理想与精神信仰，其文化必定是不健全的甚至是病态的，更不足以为其发展和强大提供有力的精神支持；同样，一个不相信梦想和精神价值追求的人，也不可能获得真正的人生幸福，更不可能实现崇高伟大的人生价值。正是在这一意义上，重新找回人们的伦理信念可以纠正社会的伦理失范行为，也为我们每一个人重新确立、矫正我们的人生理想和价值目标提供了强大的精神支撑。

学哲学就是学做人

卢　风，《社会科学报》2014 年 4 月 17 日。

哲学到底有什么用?

对于学哲学的人们来讲，最尴尬的问题或许是：哲学到底有什么用?答案可大致归纳为两类。一类是：哲学和大学课程中的其他学科，如物理学、化学、生物学、经济学、社会学等实证科学一样，提供一种专业知识。另一类是：哲学的功能不在发现实证知识，而在培养人格、德行和内在精神，简言之，在于教人学会做人，学哲学就是学做人。

哲学教育应该根本改变其方向

哲学应该直面现实，应该以其特有的批判性思维去省思渗入制度和时尚的自然观、知识论、价值观、人生观、幸福观，而不是仅仅作从这本书到那本书的研究。哲学永远是具有时代性的，是根植于生活世界的。作者认为，我们这个时代的哲学的核心问题应该是人生意义问题，而不是语言意义问题。哲学教育应该根本改变其方向。杜威说："如果我们把教育理解为面对自然和我们的同胞而培养基本理智和情感倾向的过程，那么哲学或可定义为一般的教育理论（the general theory of education）。"但作者认为，哲学教育的中心任务不是传授哲学知识，而是启发学生省思人生意义问题，以根本改变个人乃至集体的生活方式。

物质主义的渗透

在物质主义、消费主义、经济主义已渗透社会制度和生活时尚的今日中国，批判物质主义和消费主义价值观、人生观、幸福观，帮助青年一代超越物质主义、消费主义，启发他们去追求真正值得过的生活，才是哲学教育的中心任务。当代不少宗教，不是被物质主义腐蚀了，就是向物质主义投降了。功利地看，宗教对许多"信徒"而言，不过是缓解职场、市场竞争而造成的压力的心理安慰。在物质主义大化流行的今天，主流生产—生活方式就是"大量生产、大量消费、大量排放"的生产—生活方式。但生态学理论和全球性环境污染、生态破坏、气候变化的事实都表明，这种生产—生活方式是不可持续的。

现代性的核心是独断理性主义。独断理性主义者所说的理性就是科技理性。他们相信，随着科技的进步，人类知识将日益逼近对自然奥秘的完全把握；知识就是力量，随着科技的日益进步，人类将越来越能随心所欲地制造物品、创造财富、控制环境、征服自然，从而将越来越自由、自主，凭借征服性科技的进步，人类将能建成一个人间天堂。他们认为，物质主义可以获得理性的辩护，科技进步能确保人类无限追求物质财富的增长和物质生活条件的改善。独断理性主义仍占据主导性的思想地位。信仰独断理性主义的人们总认为生态主义者大惊小怪、危言耸听。在他们看来，所谓的全球性环境污染、生态破坏和气候变化只不过是人类发展过程中遇到的暂时困难，这些困难统统可以通过科技创新而得以克服。但问题决不像独断理性主义者想象的那么简单。如果我们不反省自己的基本信念、基本制度和科技发展方向，就会陷入万劫不复的毁灭的深渊。

当代哲学教育的特殊任务

针对现代性哲学的根本错误，当代哲学教育的特殊任务是，向年轻一代证明独断理性主义是错误的。当代哲学教育的另一项具体任务就是向年轻一代表明，物质主义不仅是庸俗的，而且是危险的。物质主义者古来有之，但在前现代社会，主导性意识形态总是反对物质主义的，社会基本制度也总是抑制物质贪婪的。少数人信仰物质主义无关宏旨，但多数人信仰物质主义就会导致毁灭性的灾难。现代主流意识形态蕴含物质主义，现代制度激励物质主义，现代媒体传播物质主义，这是非常危险的。作为生活方式的哲学的基本要求是知行合一。一个合格的哲学教师不能只是口头上说要超越物质主义，他必须在自己的生活中超越物质主义。行胜于言，才能影响学生。哲学家不可能成为技术创新、管理创新、营销创新、广告创新的先锋，但可以成为生活方式创新的先锋。如苏格拉底所言：未经省识的生活是不值得过的！哲学教育应启发学生去省识人生，帮助他们超越现代生活的老套，去追求真正值得过的人生。

哲学的使命就是促进人的存在

谢地坤，《社会科学报》2014 年 4 月 17 日。

哲学不只是艰深晦涩、让人皓首穷经的玄学，不只是教人安邦定国、经世致用的谋略。哲学更关乎我们的人生，涉及我们日常生活的方方面面。尽管不同的哲学家对“何为哲学”这个问题的回答会有不同，尽管东西方哲学的发展途径不同，但绝大多数哲学家都同意哲学是关于人的学问，哲学的使命就是促进人的存在。

哲学作为一门学科，对我们中国人来说是“舶来品”，但中国历史上却有丰富的哲学思想，以儒家为代表的中国传统哲学关注的核心乃是“仁、义、礼、智、信”，强调敬天法祖，注重对人的道德、情感、行为方式、价值取向的教化，注重家庭和社会伦理纲常，对中国的政治制度、社会风气、人生修养曾经发生过十分重要的作用。即使今天的中国文化已经发生很大变化，但儒学作为中国传统文化的精神核心和价值基础，在一定程度上仍然是中国人赖以安身立命的精神家园。

如果以全球视野来看这个问题，在这方面的体会或许会更深刻、更全面一些。

历史上曾经有一些大思想家视哲学为“屠龙之术”，好像哲学家都可以去当治国安邦的“哲学王”。然而，几大世界宗教的确立和科学的进步都大大动摇了哲学原本似乎至高无上的地位，哲学家不但没有成为“王”，就连哲学本身在中世纪也降为神学的“婢女”。尤其是到了当代，市场经济势不可挡，已然使世人开始放弃求真爱智，却又显得有些虚无缥缈的哲学，把追逐现实利益当成现代人合情合理的当然之举。于是，哲学的地位越发岌岌可危。但是，假如我们看看历史上那些伟大哲人的所作所为，或许更能看到哲学在关心人的存在、促进人类发展方面所起的作用。

先哲苏格拉底毕生以哲学为使命，安贫乐道。他告诉世人，现存的不一定是合理的；他教导世人，要学会怀疑，独立思考，辨别善恶，反抗世俗偏见，听从理性律令。他虽然开罪于权势，但却给人类带来真理之光。古希腊晚期的伊壁鸠鲁不仅承认感官享受是幸福生活的目标，而且更试图解答“怎样才能快乐”的问题。在他看来，哲学的任务就是帮助人们诊断痛苦和欲望的脉象，制定出摆脱精神苦难、谋求快乐人生的方案。人们由此知道，富甲天下并不一定会增加快乐，快乐的真谛在于思想的自由和心灵的沟通。斯多亚派哲学家塞内加出身豪门，却命运多舛，但即使一生坎坷，屡遭挫折，他仍能处变不惊，泰然应对。他的哲学告诉人们世事无常，不仅自然灾害、生老病死不可预知，就是人世间的勾心斗角、相互残杀也是防不胜防。但怨天尤人于事无补，“哲学教给我们顺应全方位的现实，从而使我们纵使不能免遭挫折，也至少能免于因情绪激动而遭受挫折带来的全部毒害”。16 世纪的法国哲学家蒙田常常关注那些不为哲人所注意的琐碎小事。他的哲学大谈“君子不为”的人间琐事，因为他已经看到，哲学的深刻并不等于晦涩，哲学家不能眼望苍穹冥思苦想，却忘记脚底下的事情。哲学要让世人努力寻求智慧，远离愚昧，要学会如何去过健康而快乐、平凡而善良的生活。哲学有此成就足矣！19 世纪德国哲学家叔本华在感叹“人的存在是一种错误”的同时，并未自暴自弃，而是天才地说出，人与其他动物一样服从“生命意志”，但人又是万物之灵，人通过哲学和艺术表达自己的感受和体验，勾画生存的条件，因此，只有人才能自我解惑，只有人才能认识自身。

由此可以说，哲学不只是艰深晦涩、让人皓首穷经的玄学，不只是教人安邦定国、经世致用的谋略。哲学更关乎我们的人生，涉及我们日常生活的方方面面。不仅如此，哲学还教会我们如何逃避和减轻人生痛苦，如何应对和战胜常人不可克服的苦难。我们由此还可以进一步说，人生虽然充满苦难，但哲学给我们慰藉，哲学让我们超越升华。作为“王者统治之术”的哲学可能会有危机，但慰藉我们人生、教给我们智慧和真理的哲学却是永恒的。

从道德维度看社会治理能力的提升

郭建新，《光明日报》2014 年 4 月 30 日。

党的十八届三中全会提出了提升社会治理能力的要求，这是我国现时代社会治理的战略方针和战术理路。然而，提升社会治理能力是一项系统工程，它包括创制社会运行的科学制度、完善公共服务体系、化解社会各类矛盾、净化网络虚拟社会，等等。在提升社会治理能力这项系统工程中，具备应有的道德境界是其基础和核心条件。

创制社会运行科学制度需要实现制度道德化

提升社会治理能力，应该体现在创制社会运行制度的科学性上。在社会运行过程中，制度既起着引导行为的准绳作用，又起着对行为的约束作用，还起着统摄行为的协调作用。然而，任何制度并不是凭空产生的，没有依据的制度必定会是不科学的制度。而要创制社会运行的科学制度，须具备适应现时代的科学的道德理念，在社会治理过程中唯有明确道德视角下的“应该”，制度的制定才有针对性和可行性，制度的落实也才有刚性基础。

为此，创制社会运行的科学制度，一要弄清楚社会、社区或居住小区在运行过程中需要建立什么样的制度，以及制度的相关者的共同诉求及其普遍行为准则是什么；二要弄清楚有利于利益相关者和利益共同体和谐共存的道德规范是什么；三要弄清楚作为社会治理主体的管理者和辖内成员的德性要求是什么，等等。在此基础上，依据普遍行为准则、道德规范、德性要求制定社会运行制度。同时，制度制定充分考虑人性、人的尊严、人际和谐等要求，并有利于社会治理的顺畅、高效及祥和社会的形成，这也就实现了所谓的制度道德化。

完善公共服务体系需要人本精神

社会治理能力的提升，应该体现在公共服务体系不断完善上，而完善公共服务体系，人本精神是灵魂。在社会运行过程中，公共服务体系是涉及生产、生活方方面面的庞大社会运行系统，它包括社会福利体系、教育体系、公共卫生和医疗保障体系、公共文化服务体系，等等。可以说，公共服务体系的完善过程最能体现社会治理能力的高低，关乎良好的社会治理目标的实现。然而，公共服务体系的不断完善需要坚持人本至上。公共服务体系的建设和完善，要以人本为基本建设理念，这是提升社会治理能力的重要理念。尤其要把被保障主体放在社会保障体系的首要位置来思考，有效解决该解决的问题，人们的心里踏实了，客观上就稳定了人心，和谐了社会。

化解各类社会矛盾需要公正、正气与和气

社会治理能力的提升，很大程度上要看化解各类社会矛盾的基本能力。然而，在处理社会问题和化解矛盾过程中，唯有具备相应的道德理念和道德能力，才能更好、更有效地提升社会治理能力。一是要让人们有尊严地工作和生活，真正实现人格平等且人格均被尊重。这是化解矛盾之最根本的手段。假如人的尊严和人格不被尊重，甚至遭到践踏，那么，社会治理将会困难重重。二是要坚持公正，实现均衡利益分配。公正乃社会各类利益分配之第一要义，唯有公正才能服人，唯有公正才能治理好社会，因此，在一定意义上说，社会治理能力的提升，在于坚持社会公正能力的提升。三是平等执法。社会是复杂的，矛盾也是难以避免的，有些矛盾需要法制干预，必须坚持法律面前人人平等，切实扬善抑恶，树正气，压邪气，以利于社会各类矛盾顺利解决。

净化网络虚拟社会需要特有的道德理念

社会治理不能不包括网络虚拟社会，忽视了网络虚拟社会的治理，现实社会治理将会形成严重的“短板”，网络虚拟社会的某些乱象一定会影响现实社会秩序。而且，事实已经越来越清楚地表明，网络虚拟社会治理不好，它会以特有的腐蚀力和影响力来干扰甚至破坏现实社会的治理。

网络虚拟社会的治理跟现实社会治理一样，是一项系统工程。在治理网络虚拟社会过程中，不仅需要有适应现实社会的各种手段，更需要有适应网络虚拟社会的道德理念和道德手段。一是倡导道德责任和道德权利。真正从哲学层面弄清楚网络虚拟社会中的主体与现实社会中的主体以及主体与主体之间关系的本质特征及其异同。二是提倡慎独和仁爱之心。尽管人们在网络虚拟社会的行为是隐秘的，但是，要通过教育和引导，让人们知道坚持慎独和仁爱之心，既维护和保护了他人的利益，同时，也维护和保护了自己的利益。三是加强荣誉感和羞耻心教育。网络虚拟社会的行为比现实社会行为的自由度更高，因而，行为者更应该恪守道德底线、承担道德责任。四是发挥道德正能量的作用。要在全社会宣传社会主义道德观，把社会主义核心价值观内化于心，形成稳定的道德品质、道德人格；外化于行，培育个体品德和公民美德。充分发挥社会主义道德的正能量作用，用道德规范人们的网络行为，促进网络虚拟社会的和谐发展。

现象学的元伦理学的基础——舍勒对“什么是善”的思考

张任之，《哲学研究》2014 年第 5 期。

该文所尝试面对的主要问题就在于，在建构其作为“科学伦理学”的现象学的质料价值伦理学时，舍勒是如何回答“什么是善”这一问题的，这种回答又如何可能避免“自然主义谬误”。

一、作为“伦常价值”的“善”

舍勒首先将“善”与“恶”视为“一种特别类型的清楚可感受的质料价值”，同时这种特别的质料价值也与其他同样是质料的非伦常价值处在一种本质性的关联之中。就前一点而言，如果说善和恶也是一种可感受的质料价值，那么同一切质料价值一样，它必定会在一种特定类型的现象学的直观或经验中自身被给予。这种行为在舍勒这里就是指一种“伦常认识”或“伦常明察”。而在后一点上，人们仍会追问，这种作为“伦常价值”的“善”（或“恶”）与非伦常价值之间的本质性关联何在？

首先，所有善和恶都必然地被束缚在实现的行为上，而永远不会成为某个实现着的行为的质料。其次，舍勒区分了绝对意义上的善和恶与相对意义上的善和恶。第三，从价值载体的立场出发，善和恶原初就是“人格”价值。概而言之，舍勒对善（或恶）这种伦常价值的规定实际上是“二阶”的“形式性”的规定，它总是在其他“一阶”的非伦常价值实现的“背上”显示出来。然而，只有人们能够确定哪些非伦常价值“较高”，哪些非伦常价值“较低”，才有可能在那些“较高”（或“较低”）价值的实现的“背上”把握到“善”（或“恶”）。但是，究竟人们如何来规定非伦常价值的“较高”或“较低”？如何来把握非伦常价值之间的等级秩序？

二、“善”与价值高度的“标记”

舍勒为人们描画了价值高度或价值更高状态的“标记”，这借以“标记”价值高度的五个方面是：（1）价值越能延续、越具有持久性，它们也就“越高”；（2）价值越是“不可分”，它们也就越高；（3）某一价值被其他价值“奠基得”越少，它们也就越高；（4）与对价值之感受相联结的“满足”越深，它们也就越高；（5）对价值的感受在“感受”与“偏好”的特定本质载体设定上所具有的相对性越少，它们也就越高。

究竟如何来看待这几个问题重重的标记？我们认为，问题的关键就在舍勒所使用的“标记”这个术语上。实际上，舍勒在开始谈论这些标记之前，已经指出价值之间存在着先天的级序，而且不能被演绎或推导，这里的“标记”仅仅是对这些已经存在并且已经被给予的价值级序在“个体生活经验”上的进一步说明而已。那么，根本的问题就在于，价值的更高或更低状态是如何被给予的，先天的价值级序本身又是如何被把握到的？

三、“价值的更高状态”与“偏好”

就像在现象学的价值感受中，价值质性自身被给予，这种“更高”或“更低”也是在一种特殊的现象学的价值认识行为中被给予的。跟随布伦塔诺，舍勒将这种特殊的价值认识行为称作“偏好”和“偏恶”。与价值本身相关的偏好行为被舍勒称为“先天的偏好”，而与善业相关的则是“经验性的偏好”。这里将把目光主要集中在“先天的偏好”上，从三个方面去谈论它的现象学本质。

首先，先天的偏好属于意向的情感行为。其次，先天的偏好指向一个价值，或一个更高的价值或价值的更高状态，因此它本身是一个“原发的”行为，而绝非“次生的”行为。最后，对舍勒来说，存在着“偏好的欺罔”，同时也可能存在偏好规则的变更。问题是，如果“偏好”与“偏恶”行为如同“价值感受”行为一样，也是无关“善”和“恶”这样的伦常价值的，那么，在舍勒的现象学的质料价值伦理学中，“善”和“恶”究竟是如何自身被给予的呢？

四、“伦常认识”与“善”

简单地说，绝对的、不变的价值级序是在伦常认识中自身被给予的，进而通过一种“本质直观的功能化”而成为其他价值认识的前提。在我们看来，通过其他非伦常价值之间的等级秩序来界定伦常价值善与恶，是舍勒现象学的伦理学最重要的原创性思考之一。

摩尔曾经强调：“怎样给‘善的’下定义这个问题，是全部伦理学中最根本的问题。”在舍勒这里，一方面，他将善视为一种价值，而将之与“善业”或“价值事物”明确地区别开来，因此这种价值本身就既非自然的实在也非超自然的实在，根本上是一种“行为相对性的存在”，是在现象学的直观或经验中可以自身被给予的、作为“原现象”的质料先天。另一方面，舍勒对善的规定实际上是“二阶”的规定，即它总是在其他非伦常价值实现的“背上”显示出来，因此可以看作是一种“形式化”的规定，可以避免“定义”的谬误，同时，他最终将善归为人格价值，又使得善本身可以具有丰富的内涵，从而避免了对善的纯粹空洞的无规定性。

道德想象力：含义、价值与培育途径

杨慧民　王　前，《哲学研究》2014 年第 5 期。

“道德想象力”是当代伦理学研究中一个非常重要的实践理性概念，这一点尚未引起国内学界的足够关注。作者关注的是，什么是道德想象力？道德想象力有什么价值？为什么许多人缺乏道德想象力？如何培育和发展道德想象力？

“道德想象力”是在道德心理学分析的经验和理论研究中衍生出来的。由于“道德”范畴和想象力自身的复杂性，很多学者从不同角度对“道德想象力”进行阐发。“道德想象力”究竟是“关乎道德”的想象力，还是“道德想象”的能力？如果是前者，“道德”就应被视为一个限定词，它的对立面是“不关乎道德”的想象力。如果是后者，“道德想象”成为一个整体，其对立面应该是“不道德想象”的能力，其侧重点显然不在情感和心理因素方面，这同目前学术界关于“道德想象力”的大多数理解和运用相悖。

道德想象力的价值突出表现为两个方面。一方面，它是现代人的生存方式之一，尤为现代人的精神生活所必需。另一方面，它是一种间接性、替代性和预测性的活动方式。这种行为方式同以非确定性为主要特征的现代人生存境遇相契合。这两方面价值通过道德想象力的实际作用具体地体现出来，主要有以下几点：一是推进伦理原则的解释和现实应用，提升道德认知；二是帮助人们从不同角度看待道德情境，缓解现代社会的道德冷漠；三是帮助人们超越传统视域的限制而创造性地思考问题，回应后现代行为责任不确定性的挑战。

随着现代社会专业分工的高度发展，出现了远非传统伦理学所能克服的道德认知困难。在这种情况下，一是需要具体地把握不确定情境的主要特征，有选择性地突出情境中的某些细节，并竭力把握情境的整体意义；二是需要尝试改变旧有习惯的临界条件，以便把握住尚未揭示的机会，创造一种崭新的处理问题的方式；三是帮助人们避免过早地对貌似无法解决的伦理难题下定论，作出更为恰当的道德判断。

丰富的道德想象力不仅有助于人们突破墨守成规的思路、超越现有显而易见的方案，还能帮助人们更为准确地作出道德判断，甚至使道德判断呈现出一定的韧性和涵括性。原因有二。一是道德想象力并非拘泥于某种特定或单一的道德判断方式，它能够把道德和创造性结合起来，超越传统的规则驱动型道德判断方式，帮助人们根据不同道德情境条件自由切换，灵活地选择不同的道德判断方式。二是道德想象力所揭示的可能性具有整体特性，把什么是应该去做的与对错、善恶、正负两方面影响关联起来，提供了一种多元化视角的系统分析。

道德想象力的价值和实际作用如此重要，但在人们最需要道德想象力的时候，往往是道德想象力普遍缺乏的时候。其症结主要可以从三个角度来分析：第一，工具理性和利己主义对现代社会秩序的侵蚀，阻碍了道德想象力的生长；第二，现代社会分工的精细化和社会管理的科层化引发的“去道德化”，也阻碍了道德想象力的生长；第三，现代科技的最新发展以及技术活动的专业性和后果的不确定性，在很大程度上限制了道德想象力的生长。

由此带来的后果是，一方面，唯有具有道德想象力这一实践理性，才能避免具有不可逆转后果的行为，在有限的条件下回溯过去、聚焦现在和预知未来；另一方面，人类行为可能结果的规模已经超出了行为者的道德想象力，道德的正确性越来越取决于对长远未来的责任性。这种道德认知性困难，使得人们极易对道德想象力的原初意义及其实际价值产生质疑。

道德想象力的缺失是现代社会生活中的一个严重问题。培育道德想象力，需要从以下几个方面人手。首先，要以培养活跃的“共情能力”为基础。所谓“共情能力”是指道德敏感性和情感感受的能力（主要指同情心、移情心）。其次，要以不断激活实践中的理智自觉为着力点。再次，要通过社会制度安排来推动道德想象力的培育。最后，要通过道德教育的叙事途径的创新来促进道德想象力的发展。

儒学创新与人权——关于中国道德史的一点思考

陈泽环，《哲学动态》2014 年第 5 期。

儒学实现了哪些具有根本性意义的创新和转化呢？为澄清这一问题，基于“儒学创新与人权”的视角，从以下三个方面作一初步的探讨。

一、儒学伦理道德特质的形成与人权

儒学传统，简略地说，就是儒家思想及其建构的生活方式。就儒学伦理道德特质的形成与西方人权思想的关系而言，应该考虑到中国古代思想从西周以来就形成了一个伟大的宽容性的观念基础：人（民）皆天之所生，在自然（“天”）的意义上，人在人性和人格上是没有区别的。必须指出的是，关于儒学伦理道德特质与西方人权思想的关系问题，在人权问题上，以伦理道德为特质的儒学不仅在中国古代社会有其伟大贡献和固有缺弱，而且在当今“走向权利的时代”，通过汲取西方人权思想的精华，也会反过来对其发生一种补益和超越功能。

二、梁启超《新民说》的现代转化

至于就儒学创新与人权的关系而言，梁启超发表于 1902—1906 年的《新民说》可以说是其中的时代性成就。在以《论公德》为代表的《新民说》前期论文中，梁启超主要引进以“人权”或“权利思想”为标志的西方公德。具体说来，就突破传统儒学的藩篱和对西方人权或权利思想的引进而言，《新民说》虽然也使用过“人权”概念，但主要使用的还是“权利”“民权”等范畴，以至于专辟一节“论权利思想”。我们不能忽略，在充分引进西方权利思想的同时，梁启超特别强调无论在社会制度还是在个人行为方面，都应该实现权利与义务之间的对等即平衡。从《新民说》的相关论述来看，在引进西方人权或权利思想的同时，梁启超对儒学采取了一种比较审慎与合理的态度。一方面，他指出了儒学经典“于养成私人之资格，庶乎备矣”，但“不足为完全人格”的局限，并强调“夫孔教之良固也，虽然，必强一国人之思想使出于一途，其害于进化也莫大”；另一方面，他对孔孟和《论语》《孟子》等儒学经典，仍然抱一种敬畏的态度，其批判的矛头主要指向“专制政体”“儒教之流失”和“曲士贱儒”之缘饰、利用和诬罔孔教，而不是儒学本身。

三、社会主义核心价值观的当代突破

社会主义核心价值观的提出和确立，首先是中国特色社会主义理论的重大突破和成果。从国家、政府（社会）与公民的权利和义务关系的视角来看，在国家核心价值的高度首次纳入和表达了权利导向的基本观念，必将极大地促进中国民主法制建设的进步，有利于保障公民的权利和自由的充分实现。至于对公民个人的要求，努力提高自身的义务意识和德性品质，更自觉地履行法定义务、社会责任、家庭责任，形成劳动光荣、创造伟大的社会氛围和知荣辱、讲正气、作奉献、促和谐的良好风尚。为使社会主义核心价值观从执政党的倡导真正转化为亿万公民的自觉意识和自愿行为，除了经济、政治和社会等制度和发展方面的条件之外，还需要文化上的特殊条件，包括文化生态、文化传统、文化心理和文化语言等。

劳动关系伦理的提出及其价值旨归

夏明月，《哲学研究》2014 年第 5 期。

制度规范（尤其是法律制度规范）与道德规范是当今社会对个体行为的基本约制手段。社会中的个体无论作为经济个体、政治个体、法律个体以及道德个体等，都要受到特定社会规范的制约和调节，从而确保社会在一定张力范围内完成既定的社会规划和社会目标。本文即从道德规范的角度探讨劳动过程中劳动关系的伦理之维，从市场经济条件下劳动关系的内在本性入手，对劳动关系提出价值评价和道德规范要求，以期对我国现有社会主义市场经济条件下的劳动关系进行伦理反思，对劳动关系调整以及和谐劳动关系的构建提供理论观照。

一、劳动关系的伦理规约是一种“道德共识”

人是关系的存在物。劳动关系作为人与人之间的一种最基本的社会关系，不仅是一种经济关系、法律关系，同时也是一种伦理关系。劳动关系伦理就是在劳动关系中体现的伦理道德，它是在劳动关系领域，主要以劳动关系双方内心信念为基础，调整劳动关系双方相互关系的行为准则和规范。劳动关系的伦理规约是一般伦理道德观念在劳动关系系统中的具体体现，它的形成是基于各相关劳动关系双方通过协商而达成的“道德共识”。劳动关系伦理一旦形成，就会对劳动过程起到引导和规范作用。由于劳动关系伦理不是超越于社会之上的特殊伦理道德，所以，它的状况直接与社会整体的伦理道德状况密切相关。

二、劳动关系伦理是寻求符合现实需要的合理劳动关系模式

劳动关系伦理有着深厚的学理基础。一方面，现代市场经济条件下劳

动关系伦理的分析逻辑经历了由主观逻辑到客观逻辑、异化反思逻辑到实践革命逻辑的转变。另一方面，劳动关系伦理的提出是基于经济学与伦理学结合的知识合法性预设。可见，在市场经济条件下，劳动关系伦理不是建构符合理性设计的理想劳动关系模式，而是寻求符合现实需要的合理劳动关系，目的是为了真正体现对劳动者的劳动权利的尊重，从而保证经济的良性发展。

三、积极探索构建和谐劳动关系的有效途径

劳动关系伦理建设是一个长期持续的过程。现阶段，我国劳动关系伦理建设还处于初创阶段，建立和谐劳动关系应遵循法制保障原则、民主协商原则、互利共赢原则。

鉴于我国目前劳动关系的实际状况，构建和谐劳动关系的途径主要有三。第一，政府的有效监管。在社会主义市场经济条件下，政府始终代表的是人民的根本利益，要为人民谋福利。为了实现政府的监管职能，政府应实现从 GDP（Gross Domestic Product）崇拜到 GNH（Gross National Happiness）关怀的角色转变。第二，合理构建企业劳动关系。在和谐劳动关系构建中，企业是直接当事者，负有不可推卸的责任。企业自觉履行社会责任和义务，做到以人为本、依法立约、有效沟通、相互尊重和争议调解。第三，充分发挥工会的协调作用。把维护职工合法权益放在突出位置，着力解决涉及职工群众切身利益的矛盾和问题，使工会在劳动关系制度中的法律地位进一步得到尊重和认可。

总之，建立和谐劳动关系既是劳动伦理研究的重点，也是和谐社会的基础。只有建立起和谐劳动关系，才能在社会的各个层面上建立起各种和谐的社会关系，从而推进我国的社会发展和进步。

董仲舒的人性论是性朴论吗?

黄开国，《哲学研究》2014 年第 5 期。

在中国哲学史的研究中，董仲舒的人性论无疑是异说最多的问题。近年来，在董仲舒的人性论研究上，新说不断。周炽成教授的《董仲舒对荀子性朴论的继承与拓展》一文，就提出了一个前所未有的“新说”，将董仲舒的人性论定性为是对荀子性朴论的发展与拓展。但是，该文结论的得出，依据的只是董仲舒人性论的极少部分论述，而忽略董仲舒人性论中其他诸多的相关资料，更缺乏对董仲舒人性论的全面准确认识。为了证实

《性恶》为西汉后期之作，周教授还提出一个论据："也许有人看到董仲舒对孟子性善论的批评太温和，不够过，于是用更猛烈的言辞、更极端的立场来批评之，这人或这些人就是《性恶》的作者。"这个论据完全出于猜想，既然周教授所说的温和、猛烈区分根本不存在，所谓《性恶》是有鉴于董仲舒的温和批评而作，也就根本站不住脚了。中国人性论有一条从荀子性朴论到董仲舒的性朴论，再到《性恶》出现的发展线索，只能是一种没有根据的虚构。

周教授关于董仲舒是性朴论所依据的史料，主要是《实性》的几句话。而周教授将这段话作为董仲舒是性朴论的主要根据，更是片面的误读。实际上是用董仲舒的中民之性与荀子所言的人人皆具之性作比较，其前提本身就不对称。即使周教授的论证是正确的，也得不出董仲舒的人性论是性朴论，而只能得出董仲舒所言中民之性是荀子性朴论的继承与拓展的结论。董仲舒以天质之朴、自然之资等言性，是包含有善恶之质的，而不是无善无恶的朴素之资。周教授以不以善恶言性为性朴论的本质规定，以此而论，董仲舒的中民之性怎么能说是性朴论呢？董仲舒的人性论不是为论人性而讨论人性的学究式论证，而是为王教的合法性、合理性作说明的。所以，尽管他以天生中民之性有善有恶，但更强调的是区分性与善的不同，以为王教成善作人性的论证。"无其质，则王教不能化；无王教，则质朴不能善。"解读董仲舒的这两句话，必须既看到联系，又不能忽略区别。周教授在解读董仲舒这两句话时，就只注意到了性与善的区别、善需王教而成这一个方面，只看到董仲舒对孟子性善论的批判，强调王教，与荀子的"文理隆盛"的相同之处，而根本不提性与善相联系这一方面。

而要解决董仲舒人性论的历史地位，必须要有对儒学人性论发展逻辑的把握。从董仲舒的人性论处于儒学性同一说向性品级说转变的历史关节点上看，董仲舒人性论就既有性同一说的内容，也有性品级说的内容。由于董仲舒本人没有意识到自己的人性论所言之性，有性同一说之性与性品级说之性这两方面的内容，而不自觉地常常将中民之性与人人同一之性混淆在一起，还有名性以中、不以上下之类的费解之说，人们又不知董仲舒人性论两种性概念的差异，以致对董仲舒名性以中的混淆一直不得其解，这也是董仲舒人性论异说纷纭的一个原因。董仲舒人性论不必要的异说不断出现，说明了哲学史问题的研究一定要引起对方法论的重视。一定要注意把握研究问题的发展逻辑，才能高屋建瓴地对所研究的问题作出既合于发展逻辑，也合于哲学家本身实际的结论。

当代青年价值观透视：并非“自我中心”的一代

葛晨虹，《人民日报》2014 年 5 月 11 日。

习近平同志在“五四”重要讲话中指出，人类社会发展的历史表明，对一个民族、一个国家来说，最持久、最深层的力量是全社会共同认可的核心价值观。我国历经 30 多年改革发展，社会转型全面展开，人们的价值观也在变化。此间青年价值观完成了由单一到多样、由传统到现代、由困惑到自觉、由解构走向整合的转变。回顾透析这一变化进程，对于更好地培育和弘扬社会主义核心价值观来说，非常必要。总体看，青年价值观变化有如下几大特征。

价值取向日趋多样

1978 年的“真理标准”大讨论标示了社会思想的解放。伴随着改革开放，价值取向也日渐务实开放并多样化。在传统与当代、中国与西方之间，多样价值观给人们更多选择，也带给那个时期青年人诸多人生观矛盾、分化和价值困惑。随着社会主义核心价值体系的构建，青年人的价值观由多样、分化走向主流整合，民主、法制、文明、和谐、责任、公平等成为当代青年认同的价值理念。与此同时，青年人生活方式缤纷，信息时代的快速到来，使“时尚消费”“网言网语”“微观点”等青年文化现象层出不穷，青年人凭借信息技术，把他们的价值选择和自我文化在新媒介世界表达得淋漓尽致。这种局面不仅反映了价值取向的多样变化，也折射出转型中的我国社会越来越开放包容。

价值主体性与自我意识凸显

1980 年关于“潘晓来信”的社会大讨论，表明那一代青年人对人生意义的重新思考。社会开始“讲述老百姓自己的故事”，青年人开始主张“跟着感觉走”。一切都表明，中国青年的主体意识随着社会发展在觉醒和升发。不独是经济利益，其他社会利益的权利意识，如政治参与和精神追求也都逐步显现。主体意识和自我诉求增多的同时，青年一代的“读书热”“成才热”也日渐兴起，就业观念由等待分配转向自主择业，发展自我、崇尚自主成为青年人的人生观念。

追求物质改善的同时，注重精神意义的追寻

30 多年来，人们的义利观发生了变化。传统“重义轻利”的价值取向，在社会变革中解构转变了，社会充满了对义利观的“再思考”。一些青年人更多向生存、发展和自我成才努力，在现实主义和理想主义之间，多了些现实实惠的选择。但也有更多的青年人在追求个人利益的同时，注意到他人利益实现的合理与平等，在追求物质改善的同时，注重精神意义的追寻。

责任感增强，创新与进取精神在升发

当代青年的主体性与自我意识很强，但并非如人所言是“自我中心”的一代，他们在关注自我利益和价值实现的同时，也对他人、国家和社会担当责任。对自我的责任表现为在学习、择业、爱情问题上，青年人具有了更多的独立思考和自主选择；多数青年人无论对父母家庭还是对自己的小家，都具有充分的情感和责任准备。党的十一届三中全会重新确立了实事求是的思想路线，青年人的思想观念也从封闭和束缚中走出来，形成了求真务实、进取创新的精神取向。尤其是在改革开放环境中成长起来的80后，效率观念、竞争及创新意识都深深影响了他们的思维，因此具有更强的进取意识和公平竞争意识。

“成长”中也存在价值迷惑

社会转型期利益与价值取向的多样化，新旧、中西价值观的碰撞，以及价值标准多层次和多样化的趋势，会不同程度地导致社会上出现一些是非模糊、善恶不明、荣辱错位的问题。一些青年人生活和行动的重心不再是对超越性意义的追求，而是生命当下的快感和实用主义，调侃人生意义、“游戏”人生成了一些青年人的人生态度。这种价值虚无和感性娱乐文化的蔓延，会导致对传统价值和道德责任的淡化。

总之，价值观变迁是社会变革的折射，青年作为社会变革中最新锐而敏感的群体，也作为最有理想、有担当的社会力量，其价值观变化最能反映社会变化，也最能影响社会发展进程。习近平同志指出，“历史和现实都告诉我们，青年一代有理想、有担当，国家就有前途，民族就有希望。”中华民族伟大复兴的中国梦，也将在当代青年的努力中变为现实。

核心价值观就是一种德

李建华，《中国教育报》2014 年 5 月 26 日。

核心价值观是国家、民族文化自觉的必然结果，深深根植于我国优秀传统文化之中，表达了国家、社会和个人最本质的价值诉求，体现了我们社会评判是非的价值标准。

核心价值观作为一种德是中华文化之传统

中华文化博大精深，道德文化源远流长，在传统社会中发挥着举足轻重的重要作用，并逐渐成为人们理解人伦关系的基础和政治生活的合理性来源。早在商代，人们就提出了“敬德配天”“修德配命”的命题，将道德视为通达天地、获取政治正当性的基本前提。在我国传统文化占据主导地位的儒家更是系统构建了以“仁”为核心的道德价值体系。国家层面的社会主义核心价值观“富强、民主、文明、和谐”，是对传统国家价值观的高度凝练，充分展示了以“仁”为核心的传统政治道德的深刻内涵。

在社会层面，社会主义核心价值观是我国传统社会治理观念的结晶。我国传统社会推崇“仁”“礼”结合统一的伦理模式。仁是道德本质，礼是外在规范，两者并举才能达到理想的社会状态。正义是传统社会道德的重要内容，基于“仁”“礼”的正义包括两个方面：一是作为参与社会事务道德资格的正义，二是社会规则的正义。“自由、平等、公正、法治”价值观无疑是对上述中国传统社会道德价值的浓缩与继承，传递了我国传统社会伦理模式所承载的仁爱精神。在个人层面，“爱国、敬业、诚信、友善”价值观是对我国传统理想道德人格的现代表达。在我国传统文化中，“君子”代表了人格的完美状态，而要成为君子，就必须修身以具仁德。对于个人而言，在不同的领域、不同的社会角色中，“仁”显现出不同的意义，孝、恭、宽、信、敏、惠、忠、敬都是对于“仁”的具体表述。社会主义核心价值观不是无本之木、无水之源，而是在我国传统文化的沃土中萌发、形成的。或者说，核心价值观作为道德，本身就是中华文化之传统。

国家、社会、公民三德之关系

社会主义核心价值观融合了国家道德、社会道德、公民道德，三者互相支撑、互为前提。国家核心价值观承载了中华民族的理想和希望，代表了全体华夏同胞对于国家的理解，集中表达了中国人民的本质诉求，从根本上回答了国家如何建设、如何发展的战略问题。国家核心价值观对于社会和个人核心价值观而言具有兼容性。富强、民主、文明、和谐的国家必然拥有政治文明和公共道德高度发达的社会和具备完满公民道德的社会成员。同时，满足国家核心价值观的道德要求也是社会道德和公民道德不断完善的先决条件。只有在富强、民主、文明、和谐的国家，人们才能够在社会生活中享有自由、平等的权利，法治社会、正义社会才有实现的可能。也唯有在这样的国家，个人才能充分地信任和热爱国家，并且安居乐业，在道德生活中实现自我价值。

立德树人乃大学教育之本

“大学之道，在明明德，在亲民，在止于至善”。如果核心价值观就是一种德，那么，大学就应当成为培育和践行社会主义核心价值观的主阵地、先行者和推动者；如果说大学之道在“明德”，那么，培育和践行社会主义核心价值观就是大学之“大道”。从德的视角培育和践行社会主义核心价值观，关键要在知、行、情上下功夫。作者认为：必须注重宣传教育，把社会主义核心价值观“三进”摆在首位。必须注重实践育人，引导大学生在参与社会实践中积极培育和践行社会主义核心价值观。必须注重情感认同，让大学生真正从内心上认同社会主义核心价值观，并内化于心，外显于行。

系统工程视角下的我国公民道德建设

王小锡，《江苏社会科学》2014 年第 3 期。

1. 加强道德理论自觉

（1）需要明确现时我国的道德主张。要在坚持爱国主义、集体主义、社会主义的前提下倡导富强、民主、文明、和谐，自由、平等、公正、法治，爱国、敬业、诚信、友善。（2）需要清晰道德建设的目的。（3）需要明辨理论是非。（4）需要懂得道德理论的实践指导作用。

2. “四位一体”整体推进

（1）社会公德尤其是社会公共生活领域的道德是社会道德水准的风向标，它在一定意义上是公民道德建设工程的基础工程，公德意识和公德觉悟不仅直接体现公民个人的品德，而且直接制约着职业道德和家庭美德的建设成效。（2）职业道德是公民道德成熟的标志，职业道德不仅能完善职业活动，促进职业活动的效益，而且在提升职业工作者道德境界的同时不断完善社会公德、家庭美德的理念。（3）家庭美德最能衡量人们的道德水准，一个在家庭的亲情关系中不能履行道德责任的人，其亲情冷漠症必定影响到社会公共生活和职业生活，并造成“自我中心”“特立独行”的孤僻品性。（4）个人品德的培养和提升是公民道德建设的根本，没有个人品德的培养和提升，公民道德建设将会是一句空话。

3. 创制道德实践体系

（1）按照“时年道德”来设计道德实践模式。（2）按照“场合道德”来设计道德实践模式。（3）按照集体性道德主体来设计道德实践模式。

4. 治理突出道德问题

（1）应该加强道德教育活动，尤其要加强道德责任和荣辱观教育，真正让人们弄清楚在生活和工作的领域什么是应该的、什么是不应该的，不断增强道德责任心和抵制腐朽道德的能力。（2）应该认真研究形成我国突出道德问题的共性和个性原因，有针对性地制定科学且强有力的对策举措，以促进社会突出道德问题有效地遏制在萌芽状态，直至彻底铲除滋生突出道德问题的社会土壤。（3）应该德、法并举，以法为绳，以德为本。解决突出道德问题要以教育和引导为主，只有思想和境界提升了，才可能从根本上解决问题，仅靠强力压制甚至打击永远不能真正解决该解决的社会道德问题。

5. 关注“特群道德”

“特群道德”是指社会特殊群体的道德。（1）就官员道德来说，其特殊的身份决定了官员在工作中应该恪守民本、廉政、服务群众、忠于国家等的道德要求，这不仅能提高工作效率，而且能引领社会道德的发展方向，更能增强民众对经济社会发展的信心。（2）就知识精英道德来说，其特殊社会角色和社会地位决定了知识精英应该是先进道德的传播者和忠实履行者，应该恪守爱国家、求真理、促发展等道德要求，并以此树立社会道德标杆，引领和改善社会道德风尚。（3）就企业家道德来说，其特殊的“经济人”角色决定了必须要有“道德人”的内涵才能获取更多的效益和利润，应该恪守诚信、人本、公平交易、友善合作等道德要求，血管中要“流淌着道德的血液”，唯此也才能以特殊的行业道德推动公民道德建设的进步。（4）就青少年道德来说，其作为未来国家建设和发展的生力军，应该恪守认真学习、刻苦求真、艰苦奋斗、克勤克俭、坚守公德等道德要求，唯此才能使得公民道德在不断出现的新一代人身上获得广泛认同，道德作用也将在新生代得到普遍的展示。（5）就“弱势群体道德”来说，他们首先需要被关怀，让他们在社会给予的温暖中体验到人的尊严和价值。

6. 切实规避道德风险

形成道德风险的原因：(1) 私利至上主义；(2) 社会生产或生活信息的不对称；(3) 文化认知发展落后于经济的发展，以致道德觉悟不尽理想；(4) 道德教育尤其是羞耻心教育的力度不够。

为避免道德风险，当前的策略是要从战略和战术上作有针对性的思索。(1) 要加快经济和文化认知的发展。(2) 要在加强道德教育的同时，实现道德制度化和制度道德化。

7. 借鉴“他山之石”

(1) “以人本为基准、国家理念为核心”展开道德教育内容的规划设计。(2) 全社会参与，发挥各领域的独特功能。(3) 寓教于日常活动。(4) 依托法制建设。(5) 利用宗教活动展开公民道德教育是西方国家共同选择的路径，且正面效果也比较明显。

共同体中的个人自由和自我实现——马克思正义理论的新理解

王晓升，《道德与文明》2014 年第 3 期。

在对马克思正义理论的研究中，人们关注的中心是分配的正义。而在对分配正义的研究中罗尔斯的成果最为突出，于是按照罗尔斯的思路来解读马克思的正义理论就风行起来。罗尔斯的正义理论又是按照康德的自由主义范式来进行的。然而人们却忽视了一个基本的事实：马克思是从黑格尔的法哲学批判开始进行自己的政治哲学研究的，他的正义理论受到了黑格尔政治哲学的影响。因此，从康德—罗尔斯的思路来理解马克思的正义理论是走偏了道路，只有按照黑格尔的法哲学的思路来探讨马克思的正义理论才是正确的思路。

一、马克思的正义理论超越了分配正义

在现代社会，社会财富的分配是建立在对个人平等权利的确认基础上的。因此，按照康德—罗尔斯的思路来探讨马克思的正义观所面临的第一个问题是马克思如何看待“权利”。显然，在马克思看来，罗尔斯等人所强调的这种平等权利的观念是有缺陷的，只是在一定的条件下才能被看作是正义的，而实质上，这种平等权利应该被扬弃。按照马克思的共产主义理论的构想，一旦生产资料公有制实现了，就不存在依照生产资料所有权所进行的财富分配，而要进行按劳分配以及更高阶段的按需分配。于是，我们认为，在马克思的共产主义理论中不存在权利的问题，也不存在财富

的平等分配的问题。如果说马克思的共产主义理论是一种正义制度的设计，那么在这种正义制度的设计中，财富分配的问题不是其中的核心问题。而马克思的这一正义制度的设计受到了黑格尔法哲学的重大影响。

二、马克思对黑格尔法哲学的批判和继承

黑格尔的法哲学中所体现出来的正义理论为马克思对于社会正义的思考提供了最为重要的思想资源。在一定程度上我们可以说，马克思的正义理论是在批判地改造黑格尔的法哲学的思想框架中展开的。在马克思看来，正义制度的实现不仅仅依靠精神意义上的理性的自我反思，而且依靠生产力的发展以及人们对于社会制度的变革。从正义理论的视角来看，共产主义作为一种正义制度，是从经济基础和上层建筑之间的矛盾的发展中诞生的。当然，我们还可以借助于其他论述来更具体地说明马克思对于黑格尔的正义理论的继承和发展。不把握这种联系就不能把握马克思的历史唯物主义思想的核心，也就无法真正地理解马克思的正义理论。

三、马克思的多维的正义理论

既然在马克思那里政治哲学和历史哲学是结合在一起的，那么正义问题总是从一个历史的维度被思考的。在马克思看来，凡是与生产方式相一致的法律、道德和伦理都是正义的。马克思在这里所说的正义是指它们在一定的历史阶段中都是合理的，具有正当性的，但是随着生产力的发展，这种正义的东西就会变成不正义的了。不存在一种永恒的、普适的正义观。马克思的多维正义观不仅在于马克思强调正义制度、正义观念的历史性，而且在于他从不同角度上理解正义。第一，公平的财富分配是正义社会的经济特征。第二，消灭阶级差别，消除人的阶级身份是正义社会的政治标准。第三，人的尊严和人格得到保证是正义社会的道德特征。第四，人的个性自由和人的全面发展的条件得到保证，是正义社会的根本标志。

四、正义概念的核心：保障个人自由和自我实现的条件

在马克思看来，只有自由人联合体共同控制了生产资料，人的自由发展和自我实现才能得到保障。这种人格和身份是在共同体中形成的，是在共同体中被塑造起来的。马克思强调人的自由不是抽象地强调人的平等自由，而是强调每个人的自由。马克思的这个思想在现代社会也具有一定的现实意义。在现代资本主义社会，社会阶层在一定程度上固化了，社会缺乏流动性了，许多人在结构性的控制中失去了自我实现的条件。虽然实现共产主义仍然是一个遥远的过程，但是我们是不是可以逐步拆除那些阻碍

人的自由和自我实现的壁垒，逐步减少人们受歧视、被排斥的状况，为建构一个正义社会而努力呢?

制度：公民道德发展的重要“自变量”

尹明涛，《江苏社会科学》2014 年第 3 期。

一、经济发展不是公民道德发展的唯一“自变量”

任何一个系统都是由各种变量构成的，而这些变量按照影响的主动关系分为自变量和因变量。当我们以世界当中的事物为特定研究对象，在分析这些系统时，选择研究其中一些变量对另一些变量的影响，那么选择的这些变量就称为自变量，而被影响的量就被称为因变量。在推进公民道德发展的过程中，公民道德发展即是因变量，而自身变化能够引起公民道德变化的因子则是“自变量”。

按照马克思主义的观点，经济利益是人们进行社会活动的物质动因。也就是说，有什么样的物质利益，也就有什么样的道德。但是，这种“经济关系决定道德”决不像庸俗唯物主义所理解的胆囊分泌胆汁那样，道德规范直接由经济关系分泌而来。道德与生产力发展是一致的，但并不意味着生产力发展水平越高，公民道德水平就必然越高。事实上，物质利益仅仅是它产生、形成和发展的最直接的根源，而道德作为上层建筑(意识形态)，又具有自身相对的独立性。人类社会是一个有机的整体，公民道德的发展还受到社会政治结构、制度安排和文化传承及其他各种“变量”的共同影响和制约。

二、制度是推进公民道德发展的重要“自变量”

一个社会的公民道德状况如何，在很大程度上取决于社会为此而建立的制度。良好的制度环境会鼓励人们自觉地“抑恶从善”，而不良的或不完善的制度则为“从恶”提供方便，甚至会在一定程度上抑制“行善”的愿望和动机。

1. 制度是推进公民道德发展的“必要量”

公民道德发展中存在的问题，已经不再仅仅是单纯个体的道德问题，实质上可能是某种制度安排的缺失。也就是说，在人民生活水平日益提高、已经满足基本的物质生活的今天，制度在推进公民道德发展过程中的作用越来越“凸显”，已经成为一个不可或缺的“必要量”。(1) 制度是形成良好的社会道德秩序的坚实保障。一个社会只有建立起赏罚分明、扬善惩恶的利益调节制度和机制，才能使人们在道德实践中明确自我行为的界限，最终形成良好的社会道德秩序。(2) 制度是培养和形成个体道德的有效载体。任何一项制度都承载着特定的道德价值，它的设计、建立、完善、运作和推行的过程，不仅是接受一定的伦理价值体系指导的过程，同时，也是其自身彰显、强化和实践道德价值的过程。(3) 制度是强化公民道德自律的有力途径。在社会道德转化成为社会个体道德，成为个体道德的自觉需要时，道德才具有真正的现实性。

2. 制度质量直接影响公民道德发展的水平

制度直接影响着公民道德发展水平的方向、速度和效果。(1) 制度伦理是否“正义”。制度的正义性问题，即是制度的合道德性问题。它是制定公民道德制度规范的最基本的原则，也是衡量公民道德的制度规范是否科学的首要价值尺度。(2) 制度安排是否“合理”。充分运用奖惩手段进行合理的制度设计和安排，是保障制度行之有效的必要前提。(3) 制度执行是否“严格”。好的制度本身并不能自动生成守制局面，良好的制度必须要有相应的执法，方能达到维系社会道德秩序的目的。

三、制度创新：新加坡推进公民道德发展的成功实践

放眼当今世界，凡是在推进公民道德发展上做得比较好的地区和国家，都非常重视制度奖惩机制的约束和引导功能。一些颇具特色的做法对我国有重要的启发意义。(1) 严厉的法律熏陶公民养成道德习惯；(2) 合理的政策引导公民道德理性发展；(3) 充分的保障措施确保各项制度有效施行。

公民道德建设中的成就与不足——郑州市公民道德状况调查(2008—2012)

朱金瑞　王　莹，《道德与文明》2014 年第 3 期。

郑州市作为河南省省会，也是我国中部重要的城市之一，公民道德的状况对河南全省甚至中原地区都起着重要作用。2001 年《公民道德建设实施纲要》颁布以来，郑州市政府高度重视，在公民道德建设的制度设计、载体、途径等方面进行许多的探索。2007 年我们在郑州市委宣传部和市社科联的支持下对公民道德素质进行了调查。五年多来，作为中原经济区核心城市之一的郑州市为推动中原经济区建设在公民道德建设方面采取了一系列的新的举措，包括运用网络平台向市民提示公民遵守道德规范，举办“好邻居节”、道德专项教育与治理等活动。为准确把握郑州市公民道德的现状，总结公民道德建设的成效和不足，为公民道德建设提供参考和决策资料，我们对郑州市的公民道德建设情况进行了跟踪调查。

1. 对公民道德现状的基本判断

一是对“公民道德”概念的了解度。从调查数据看，经过十多年的宣传和建设，公民道德概念已家喻户晓。“非常了解”的占32.9%，“知道一点”的占60.4%，两者加起来占到了总数的93.3%。二是对当前社会道德状况的判断，认为“比较好”和“非常好”的占总数的40.4%，认为“一般”的占43.6%，二者所占比例基本相当。而认为“比较差”和“非常差”的只占总数的15.5%，说不清楚的占0.5%。应该说，社会公众对道德状况具有一定的信心。三是关于造成目前存在的道德问题的主要原因。经过SPSS多重相应处理，占前三位的主要原因分别是：社会环境的影响（20.8%）、经济发展的影响（13.6%）和官员腐败的恶劣影响（10.3%）。其他原因则依次为制度不健全占9.3%，整个社会的道德标准和价值观念发生了变化占8.9%，国家对道德建设重视不够、道德教育没跟上占7.9%，网络、电视、报纸等传媒的错误导向占7.8%，传统文化的丧失占6.2%，西方观念的影响占5.8%，道德对人的约束力下降占5.4%，人们普遍不注意个人修养占3.8%，其他0.2%。四是与改革开放初期公民道德的状况比较，结果显示，“提高了很多”和“提高了一些”的合计占总数的63.4%，认为“没有变化”的占8%，而认为“降低了一些”和“降低了很多”的总计占25.4%，也有约3.1%的人选择了“说不清楚”。同时，分别对社会公德、职业道德和家庭美德进行了对比分析。

2. 进一步提升公民道德素质的建议

（1）完善制度建设，强化刚性规定的引领和约束。公民道德素质的养成与提升，经济、政治、法律、道德及各种性质的社会关系等社会生态因素不可或缺，但制度规定作为最基本的也是基础的规则具有规范、约束和引领等功能。我们的调查也表明，社会环境和制度分别排在失德原因的第一位和第四位。因此，有效的制度引领和约束十分必要。近年来，郑州市把公民道德建设内容具体化、量化，纳入各级部门工作考核，实施责任追究制，奖掖先进，责罚落后，有力地推进了公民道德建设。

（2）通过多种途径，强化道德领域里的专项治理。道德治理相对于法律与制度治理的刚性，更强调的是非正式制度安排，主要通过社会舆论、风俗习惯、内心信念来引导和激励人们明是非、辨善恶、知美丑。调查中我们发现，一些人基本道德价值判断模糊，如，对婚外恋现象的容忍和接受；公民偏好性明显，如，对自己、家人、同事和朋友在公德、职业和家庭道德等方面的评价高于对社会道德的总体判断等。因此，提升公民的道德素质，必须强化道德治理。具体说来，一是全民道德教育要长抓不懈；二是要通过报纸杂志、电台、电视台等传统媒体和网络、手机短信、微信及飞信等新兴媒介，既大力宣传道德模范、时代楷模、身边好人的感人事迹，同时对失德行为进行舆论监督，营造浓厚的道德氛围，使公民在参与中养成和不断提升自己的道德水平；三是针对群众反映强烈的诚信尤其是企业诚信问题，建立诚信信息查询网络平台，包括诚信企业及个人信息、失信企业及个人不良记录，并向社会公布失信企业的“黑名单”，同时，运用地方立法或行政规章有效惩治失信行为。

（3）加强政务诚信，强化公务人员的道德表率。政务诚信决定着公民的道德理想，引领公民诚信风尚，是公民道德素质提升的基础和关键。同时，政府的各项政策归根到底要通过国家公务员的具体服务体现出来。“教者，效也，上为之，下效之”。公务人员的道德水平和行政机关的服务水平对公民道德具有强烈的导向、示范作用。调查表明：党政机关领导干部和行政办事人员对行政机关的服务水平认同度高于其他群体。作为人民群众的服务机关和公仆应该为谁服务？公务人员的服务意识和服务水平关系着党和政府的公信力。

道德心理学视域下俭德的传承与发展

李建华　谢文凤，《湖南社会科学》2014 年第 3 期。

一、俭德传统与传承

“俭”最早的意思是约束自己，在人前人后言行一致，在生活上保持节约，自我约束不放纵。中华民族向来崇尚俭德，最早在商代初期就出现了对俭德这一德性的要求。当时对俭德的追求并不是由于平民大众迫于生存的压力而发起与提倡的，而是君主为了国家的长久发展与更好地维护自己的统治。近代以来，我国领导人也十分推崇俭德的养成，毛泽东同志一直要求全党和人民坚持朴素、俭省的作风。俭德作为我国政府的治国之本、人民幸福之根是不能放弃的，反而更应该引起重视并在新的环境与挑战中发扬光大。

随着社会的进步与现代人创造能力的极大提升，生活资料日益丰富，俭德这一优良道德在其延续与发展中也遇到了一定的困境。社会生产资料与消费资料的大量浪费，各种大自然的不可再生资源被过度开发，造成当今世界必须面对的各种危机。

二、当代俭德危机的道德心理学解释

从道德心理学的领域来分析俭德，应该着重探究其在个体道德心理层面的“是”与“应当”，应该研究当代俭德弱化的社会个体心理变化这个深层的决定性根源。

1. 道德人格的异化。弗洛伊德将人格分为三个层次，处于最下层的是本我，其次依次为自我、超我。人类道德人格的发展就是一个不断从处于潜意识中的只关注基本生理需要满足的本我，逐渐向同时关注本我的需要又遵守社会道德规范的自我发展，最终目的是达到将社会道德规范内化为自己的道德良知的超我，即达到个体道德人格与道德发展的最高阶段。但当外界社会的物质刺激超过了道德人格的承受力时，道德人格就会发生异化。道德人格的异化就是个体的道德人格独立性减小甚至消失，从而成为本来是受控对象的物的控制物。就道德节俭德性来说，在过去是由个人自己掌控的道德人格，现在变成由外界的物质环境掌控。

2. 被尊重感的缺失。尊重的需要分为自我尊重与得到他人的尊重两类。自尊需要的满足会使人觉得自信并且在世界上有存在的价值。而如果这种需要得不到满足，则会使人失去信心，从而希望在别的地方寻求补偿。道德节俭出现的危机很大程度上是因为人们想通过显示自己的物质消费能力与对物质的占有来吸引他人的尊重以弥补自己缺失的自尊感。被重视的需要在物质上的占有方面则表现为经常会出现在我们周围的“炫耀性消费”。这种主体被尊重感的缺失造成主体总是去消费非必需品、讲排场，而渐渐忘记了中国传统俭德。

3. 对道德节俭缺乏正确的道德认知。当今社会我们经常会看到富有阶层对稀缺社会资源的极大浪费，可以看到人们对自然资源无节制地大肆开发与使用，其根本原因就是对道德节俭缺乏正确的道德认知。当代关于俭德的道德认知的偏差与错误，首先表现为认知对象错误，就是对自己的财富与社会集体财富、集体资源的关系存在不合适的道德认知；其次表现为对道德节俭本质的认知错误，人们总是容易认为道德节俭就是对金钱与物质的节省，从而在丰富的物质面前觉得没有必要再推行俭德，甚至认为节俭会阻碍我们社会的进步。

三、从道德心理上培养俭德

必须关注人们的精神世界与心理内容，才能找到支撑道德节俭德性与道德节俭行为的强有力的理由。

1. 加强道德节俭认知教育。对俭德的道德认知应该从儿童时期就开始施加教育。儿童时期通过直观的游戏、父母的行动来对儿童进行道德节俭德性的教育，长大后则通过在社会上树立起更多践行俭德的道德榜样与权威影响，来促进道德节俭德性的教育。

2. 培养健康的道德人格。健康的道德人格有助于道德主体抵抗外界物质的冲击，俭德并不单单是指对物质资料与资源的节省，在其心理本质上包括了对外在他物的尊重与爱惜，要培养具有道德仁爱特质的道德人格。健康的道德人格能促进人与人、人与自然的和谐共处与发展，更好地尊重自然，能使人们更坚定地践行俭德来寻求心灵与自然的契合。

3. 培养适度的俭德。俭德在当代的践行并不是指不消费任何生活资料或是自然资源，过着连基本需要都得不到满足的生活，现代俭德追求的是节俭与生理、心理需求相平衡，追求“有节制的自由”。在当今对俭德的践行中，我们要做到对待财物、资源保持中庸态度，做到在物质面前既节俭又满足自己的合理需要，从而达到心理世界的平衡。

非对称伦理学与世界公民主义宽容悖论

［美］埃里克·S. 尼尔森，李大强译，《吉林大学社会科学学报》2014 年第 3 期。

一、导论：世界公民主义宽容悖论

宽容经常被视为现代自由社会的基本美德，和普遍的世界公民主义道德法律秩序的本质成分。本文将探索自由主义和新自由主义宽容概念中的混乱和悖论，试图寻找潜在的批判性的替代理论，从而考察重述宽容概念的可能性。这种重述基于早期法兰克福学派在社会批判理论中表述的意识形态和权力批判的语境，以及列维纳斯和德里达的强调他人的选择权和优先性的非对称伦理学的语境。

二、世界公民主义宽容的历史同谋

关于世界公民主义的讨论，一方面经常与康德的“自由主义”和

“国际主义”相比照，另一方面经常与黑格尔的“社群主义”和“民族主义”相比照。然而，如果我们对于诸如个人自由、公民社会、宽容等范畴的研究更加仔细，这种区分是成问题的。康德的世界公民主义就其普遍性而言，从实用主义的角度看过分弱，而从道德主义的角度看又过分强。黑格尔在辩护健全的个体的民族—国家时论证道，只有这种国家才能有效地无视、管理和“宽容异己”。黑格尔在质疑自由主义的世界公民主义的无边界的宽容时，把宽容态度联系于成熟和温和的判断力的实用品质，联系于国家权力。宽容内嵌于具体的社会配置和实际的生活方式中，从这个角度说，宽容要求民族—国家的边界和法律，要求一个共同体的繁荣所必需的精神上的弹性和灵活性。这种实践的、制度化的宽容不可能有效地建基于漠不关心的、无差异的、中立的、抽象的、外在的、普遍性的伦理原则之上。由于规范伦理学和政治学理论的历史困难和意识形态复杂性，世界公民主义和宽容的意识形态用法值得关注。诉诸世界公民主义的伦理学模型无法取代对世界公民主义的概念的实际应用的分析，这些伦理学模型脱离了从多民族的帝国主义的世界公民主义传统帝国（如禁欲主义的罗马和儒家中国）到自由主义和新自由主义的对市场的权力和利益不设边界的国际主义的历史事实。

三、世界公民主义宽容与非对称伦理学

列维纳斯和德里达展开了质疑世界公民主义和宽容的另一条线索，与阿多诺的分析相协调，引入了不同的考量。他们对于差异性（他人性）及其伦理含义的反思不发生在批判社会理论的框架内。考虑到宽容在法国启蒙运动和法国共和主义思想中的重要地位，“宽容”这个词在晚近法国思想中极少出现是令人惊异的。世界公民主义是依据世界公民权利界定的，它预设了一种特殊的、也许无法普遍化的世界概念和政治概念。经典的自由主义宽容概念作为一种工具行使着不宽容的功能，正如世界公民主义可以充当全球化的普遍化的帝国和全球统驭的意识形态。在列维纳斯的著作中，宽容占有一席之地，然而，替换占有更重要的伦理地位。宽容仅仅被视为一种否定性的限制，或者一种不干预他者的中立性。在某些场合列维纳斯把“替换”这个词换为“爱”，他认为宽容所要求的这种爱是不可通约的。

四、结论：他人的世界公民主义

在列维纳斯的思想中，有一种针对他人的胜于单纯的宽容的关切，有一种比世界公民主义更基本的欢迎的好客和慷慨。在自我和他人的相遇中，独特性与独特性相碰撞和交涉，而非作为隶属于某种普遍性的法律或秩序之下的特殊性的呈现。新自由主义秩序是进取的个人主义形而上学的核心，也是抽象的国际主义和社群主义的爱国主义的有矛盾的源头。由于其自身的悖论，这种国际主义体系必将破坏和贬低自由、正义和宽容的价值，而这些正是新自由主义所树立的最高理念。面对这种格局，面对在全球化进程中统一起来的当代世界，我们需要在自我的非身份的视角中，在与他者的非对称性的世界中，重新审视世界公民主义和宽容。

“德福一致”从天国到人间的复归——生态文明建设的目的合理性

曹孟勤　黄翠新，《天津社会科学》2014年第3期。

一、康德“至善”之可能与不可能

康德的“至善”指的是最高的善和完整的善。最高的善是道德的善，它是无上的善，在自身之外不再有条件。但道德的善不是至善，至善不仅包括最高的道德善，同时也包括配享相应比例的幸福。“至善”包括两种元素，即德与福，然而这两种元素的地位却有不同：德是“至善”的第一要素，是最高的善；福是“至善”的第二要素，以德为前提，是配享的。人们希望得到的幸福应该有其科学性和道德性，合理的幸福以德性为前提，又因为只有在道德实践领域才能体现人之自由，才能实现人之为人的价值，故人之至善，首要在于道德上的善。康德说，至上的善作为至善的第一个条件构成德性，反之幸福则虽然构成至善的第二个要素，但却是这样构成的，即它只是前者的那个以道德为条件的，但毕竟是必然的后果，只有在这种隶属关系中至善才是纯粹实践理性的全部客体。

“至善”是德与福的一致，然而，康德认为现实世界中德与福却是分裂的，二者之间存在着不可弥合的鸿沟，原因在于，道德只属于有理性的人，人才是目的，道德对象仅限于人的世界，人追求道德的完善在于排除感性的干扰，对自我的欲望进行限制，求德需要拒福；自然属于现象界，受自然法则的支配，按照自然规律演进，以其必然性而拒斥自由，人类面向自然没有道德可言，或者说人类对自然的开发和利用不存在道德的因素，仅仅是遵循自然规律而已，求福不需有德，可以无德，纵观现实世界，德与福的背离成为常态：有德无福，抑或有福无德。所以康德认为德与福是至善的两种完全相异的元素，在现实世界中没有必然的联系。如果在现实世界中把它们强行结合，就会造成二律背反。此外，由于人是感性与理性的双重存在，又常常是感性压倒理性，放纵物质欲望，拒弃德性，再加上人的生命是有限的，如此使人更缺乏动力去追求更高的德性，追求“至善”的生活。基于此，康德认为，德福一致的“至善”在现实世界中有应然性却没有实然性，不可能在现实的此岸世界实现。这个至善王国是和一切道德律相符合的世界，是实现了德福一致的“至善”世界，康德称之为一个道德的世界。然而，人的灵魂不朽和上帝存在都只不过是康德的设定，而非真实存在，依此构建的德福一致的“至善”王国仍仅仅是幻象。

二、德福分裂与生态危机

人作为感性存在物，作为自然之子在处，必然王国之中，从而必然受到自然规律的制约，必然地要追求欲望的满足即幸福，从而与其他物种一样得以生存和发展，由此人类也得以延续。毫无疑问人类向自然索取幸福具有合理性的一面。康德揭示了现代人贪求物质幸福而淡漠道德品格提升的一面，同时其论证的深刻性却又助长了功利主义伦理学，并为掠夺自然作了道德合理性辩护。因为强调现实生活中德与福具有不可弥合的鸿沟，揭示人更多的是求福而不是讲德的人性弱点，事实上就是承认了德福分裂的必然性的一面。

随着人类社会的发展，在人们物质财富愈益增多的同时，也越来越深陷惶恐与不安之中，物质欲望的满足并没有使我们的生活更美好，反而使我们处于不安全的生态危机之中，如环境污染、资源枯竭、生物多样性减少等。现代人重视物质欲望的满足而无视对自然的德性，致使人类的幸福是不完满的，不可持续的。因为这种幸福是以自然资源的存在为前提条件的，而自然资源总是有限的，有限的资源总是满足不了人类的无限的欲望。

三、德福一致与生态文明建设

康德认为，加工改造自然界的实践活动是人类的求福活动。但生态文明作为对工业文明的超越，作为对康德道德理论的超越，就在于其对加工改造自然界的求福活动提出了道德要求，即用道德的方式求福。生态文明不再认可加工改造自然界的实践活动是一种单纯的求福活动，更重视其求善的功能和求善的价值。生态文明之所以高于工业文明，能够引领人们进一步走向高阶文明，就在于它要求人们用善待自然的方式谋求个人的福利，彻底扬弃在人与自然关系领域中的野蛮行为。尊重自然，就是要人们认识到自然生生不息之本性，是人类赖以生存和发展的基本条件，认识到一切自然物均有其独特的价值，自然并不是任人宰割和征服的对象，而是我们应该尊重和敬畏的对象，这是人与自然和谐相处应有的根本态度。

总之，生态文明建设的目的在于弥合德与福的分裂与对立，生态文明建设是一种现实的活动，因而生态文明建设意味着康德所谓的“德福一致的至善”不再是可望而不可即的。

当代日本自由至上主义正义观及其评价

乔洪武　曹　希，《哲学动态》2014 年第 6 期。

自由主义在它的发展过程中形成了两种明显的倾向——自由至上主义和平等自由主义。该文试图对日本最具代表性的自由至上主义者森村进的主张及其正义观进行梳理总结，并结合高桥文彦、立岩真也、桥本努等日本学者对其自由至上主义正义观的批判，剖析当代日本自由至上主义正义论的特点和缺陷。

一、森村进的自由至上主义正义观

森村进师从于日本现代著名法学家碧海纯一，受哲学家卡尔·波普尔和德里克·帕菲特影响颇深，是日本自然权论自由至上主义的代表。森村进认为人拥有若干自然权利，包括生命权、自由权和财产权，森村进强调“基于自我所有权的自由非常重要，却也不能忽视‘要消灭因非自我责任而陷入极端悲惨境地的情况’这一人道主义的考虑”，认可为保障最低生活的财富再分配，并认为“可以冠之以‘分配正义’之名”。对森村进自由至上主义的正义观可以从“自我所有的正义”和“再分配的正义”两个方面进行考察。（1）自我所有的正义。自我所有亦称自我所有权或自我所有原则，是自由至上主义的核心概念之一。它主张个人拥有对自己的身体和能力的最高控制权利，并免受他人和政府的支配。（2）再分配的正义。森村进一方面肯定身体自我所有权的绝对性，认为政府没有充分补偿地强制占有人们正当的交易和劳动所得是一种剥削，另一方面又明确指出广义的自我所有权由于其本身范围的不明确性，以及出于对最低限度生存权的人道主义考虑，在一定程度上是受到制约的。森村进的正义观是一种多元的自由至上主义正义观，他继承了诺齐克的持有正义，肯定身体自我所有权的绝对性，用道德直觉的伦理学方法论证了身体自我所有和劳动自我所有的正义，并且汲取了洛克个人有“免于极端贫困的权利”的观点，从人道主义的角度支持保障最低生活的福利。同时，森村进也提出不能忽视结果主义的考量。

二、日本学者对森村进自由至上主义的批判

（1）高桥文彦：身体所有正义缺乏理论依据。他认为森村进的身体自我所有论缺乏自我支配权能理论的支撑，单凭道德的直觉不能证明其合理性。于是高桥文彦结合民法学上的所有权概念，主要对森村进身体自我所有从概念定义上进行了分析批判。（2）立岩真也：劳动所有干涉他人自由。立岩真也是日本平等主义的代表，他同意自由至上主义身体自我所有的观点，却反对个人对劳动成果享有绝对权利。（3）桥本努：成长论自由主义对自然权论自由至上主义的批判。桥本努认为柯亨等人对自我所有权的根本批判（对身体自我所有和财产自我所有的否认）仍然不够充分，因为这些批判“即便否定了自我所有权，也充分支持了主张政府不干预的结果主义型自由至上主义”。于是，桥本努在承认结果主义自由至上主义具有一定规范理论价值的同时，从不同于自由至上主义和平等主义的第三个角度，即成长论的自由主义的观点出发对自我所有权进行了批判。

三、评价

森村进正义观的缺陷主要体现在如下几个方面：第一，方法的局限性；第二，内容的局限性；第三，正义观的不一贯性。作者认为森村进的正义观多元化的原因可以从如下三个方面考虑：首先，从经济现状上来看，经济低迷的整体状态要求自由主义，收入差距的不断扩大又要求对底层人们的生活保障；其次，从传统习惯上来看，日本属于纵向集团社会，福利大多由家庭或企业集团承担；最后，从文化根源上来看，日本民族本身就具有很强的文化包容性。总之，森村进的自由至上主义正义观是在结合日本国情基础上对诺齐克观念的继承和发展，它遵循了西方传统的以洛克为代表的自然法和诺齐克的劳动财产权理论，坚持个人对身体和劳动财产的自我所有原则，并从中吸收了一定的再分配思想，主张最低生活保障的福利，一定程度上维护了人们生存权的平等，扩充了诺齐克最弱意义的国家功能，体现了日本经济现状对这一正义观的需要以及日本人的传统意识和文化特性。作为自然权论自由至上主义的代表，森村进的正义观对于我们了解当今日本自由至上主义正义观的特质具有重要价值。

论马克思自由观的生态意蕴

李志强，《哲学研究》2014 年第 6 期。

一、历史唯物主义基础上的自由观

马克思在历史唯物主义的世界观和方法论基础上，从现实的个人出发，全面而深刻地剖析了现实的社会性自由得以生成和发展的自然、社会以及思想观念等不同层面的条件。因此，要真切地把握人的自由，就必须全面而深入地分析这些客观的条件以及这些客观条件相互之间复杂的关系。作为一种现实的对象性存在，人是能动与受动的统一。从自然界获取一定的物质资料，是自由的首要条件。自由本质上是一个关系概念，它标志着人与外部自然关系以及人与人社会关系的和解程度。就人与自然关系而言，占有一定物质资料是自由成为可能的前提性条件，但不是自由本身。因为在资本主义条件下，资本的自我增殖变成了目的本身，而外部自然、生产、交换甚至人和人的生活本身都降格为资本增殖的手段。就人与人之间包含着利益、情感、精神等方面的关系而言，人的自由程度取决于与这些关系的和解程度。综上所述，马克思建立在历史唯物主义基础之上的自由观包含以下基本规定：第一，自由作为一种对象性的生命活动，需要有一定的物质资料作为其现实性的前提条件和物质基础；第二，现实自由的物质基础由社会生产历史性地提供，因而自由也就表现为一个历史性的实现与展开过程；第三，真正的自由是“自由自觉的活动”，亦即人的本质力量的对象化与确证，而不是对物的单纯占有或对他人的奴役，自由本质上是人与自然、人与人之间矛盾的解决与关系的和解；第四，人们对自由的抽象或错误理解根源于现实社会生活本身的抽象与矛盾，而不是理智的偶然迷误，社会生活的合理化与价值观念的合理化是辩证统一的。

二、马克思自由观的生态思想

首先，马克思是在人与自然相统一的前提下谈论人的自由，而人与自然的统一是理解生态环境问题最为基本的理论出发点。马克思不是在直观或常识的层面上，而是在哲学反思的层面上论证了自然相对于意识、精神的优先性和独立性，论证了人与自然的统一。但人不仅仅是自然存在物，人同时还是有意识的社会存在物，即马克思所说的“类存在物”。自然物不是以单纯的有用物与人照面，人与自然的物质交换不仅具有维持自身生存的意义，同时还具有享受的意义以及将自身的本质力量对象化的自由意义。其次，马克思将人与自然的统一放在社会历史过程中加以考察，从而为理解生态环境问题提供了方法论指导。生态环境问题的社会性表现在：第一，在社会生活中人的需要历史地发展起来了，从而使得人与自然之间的矛盾历史地产生和发展起来了；第二，由于人与自然的物质交换采取了社会生产的形式，因而人与自然的矛盾在现实形态上就表现为人与人之间的经济矛盾或物质利益矛盾；第三，人与自然以及人与人之间的经济矛盾促进生产力的发展和生产关系的相应变革，但一定历史阶段上的生产力和生产关系在解决这些矛盾的同时也可能加剧这些矛盾。

三、马克思生态思想的当代价值

首先，马克思的历史唯物主义在哲学反思层面上确立起自然相对于人尤其是相对于人的意识、精神、理性、意志等的优先性和独立性，破除了一切唯心主义的幻想，从而为思考生态环境问题提供了坚实的理论出发点。其次，马克思不仅在人属于自然、依赖于自然这一层面上谈人与自然的统一，而且还在更高层次上谈到人与自然的统一，即人与自然的自由交往，从而为生态文明确立起自由的价值理念。

荀子人性论辨证

赵法生，《哲学研究》2014 年第 6 期。

一、情性：对原始儒家性情论的承接

《荀子》中的情字有五种含义。一是情实，如“君子不下堂而海内之情举积此者，则操术然也”，其中的情是情实之意。二是真诚。其中的情是真诚的意思。三是指事物的属性，与“性”同义。这里的情是质性的意思，是说两种情的性质并不一样。四是指主观情感，如“不事而自然谓之性”。五是指欲望。性与情的用法表现为以下三种情形。首先，性与情在前后文中并列出现并相互诠释。《性恶》篇说：“从人之性，顺人之情，必出于争夺。”其次，以情代性而“性”“情”互用。再次，情与性直接组合为一个概念。以上有关性与情的关系表明，荀子的人性论同样是性情论，是性情论的发展，因为性与情的关系在这里达到了密不可分甚至等而同之的程度。荀子人性论与性情论的历史关系，不但体现在性与情这两个概念的密切联系上，还体现在有关情感的论述上。

二、欲性：对原始儒家人性论的转进

在《礼论》和《乐论》中，情是指人的感情尤其是与吉凶相关的哀乐之情；可是，在荀子的关于人性论的其他论说尤其是在系统阐述其人性观的《性恶》篇中，情已经不再是人的情感而是另外一种不同的情。这里的情，其实是欲的代名词。由于他将性的内涵看作是情，而情的内涵则是欲，于是，与此前的性情论相比，性的规定不可避免地发生了根本性变化，由此而导致了性恶论的诞生。荀子也不主张去欲而主张节欲。荀子在建构其人性论时，舍弃了情感而是以欲望作为人性的本质，并从顺从欲望必然导致纷争祸乱的经验出发，顺理成章地得出了性恶论，由此从性善论转向了性恶论。

三、知性：心知在道德形成中的作用及心性关系

荀子对于感官认识的可靠性抱有高度的警惕。正确认知的最终目的并非仅仅是客观知识，它与价值密切相关，这就引出了荀子认识论的另一个重点：认识的重点在于“知道”。荀子认为，以心合道乃是消除众蔽的有效法门，也是尽伦尽制的关键所在，所以说“心不可以不知道”。人心对于道的认知功能，对于荀子礼义之统的完成至关重要，它是化性起伪的前提：“心虑而能为之动谓之伪。”心的辨识选择功能，荀子又称之为“辨”。荀子在这里将“辨”提高到了人禽之辨的高度，作为人和动物区分之所在，辨的目的在于把握礼义，只有辨别把握了礼义，才能够践行礼义。但是，荀子的心不仅具有认识功能，它还有另一种重要功能即支配五官。人的知性功能不但足以知道，还能通过思虑进行选择和辨证。总之，荀子的知性既非道德良知，又非道德意志，其中并没有价值的源头，价值在于外在的圣王。尽管知能材性本身不是价值，但是，它对于价值的形成发挥了关键作用。

四、结论

只有将荀子关于人性定义所覆盖的内涵与其人性价值判断之间的差异揭示出来，才能对其人性论有一个客观和全面的把握，进而发现其人性思想不同面向之间的复杂关系。首先，荀子对此前原始儒家的性情论这一主流的人性论传统进行了有选择的吸收。其次，尽管荀子将欲望设定为人性的主要内涵，但他却不能不回答如下的问题：善是如何形成的？由于荀子同样高度推崇孔子的修身思想并坚信“涂之人可以为禹”（《性恶》），这使他将善的达成赋予了人的知性，即他所说的“天君”的功能；心不但能够分辨、认知和掌握圣人之道，而且能够控制和指引感官欲望，调整其运行方向，使之最终符合礼义的要求，完成化性起伪的目标。荀子对于欲性和知性的深入开掘是对先秦儒家思想史的独特贡献，遗憾的是这在过去儒家道统论的语境下是被忽视的。在今天儒家思想和中国社会面临新的转型的时代背景下，荀子的人性论或可为中国当代的政治现代化提供有益的思想资源。

社会主义自由的张力与限制

谭培文，《中国社会科学》2014 年第 6 期。

一、马克思主义自由思想的方法论变革

在马克思那里，研究自由与必然的这种方法论转换，已不再是什么新问题。如恩格斯在论述自由是对必然的认识时就指出："如果不谈所谓自由意志、人的责任能力、必然和自由的关系等问题，就不能很好地议论道德和法的问题。"一方面，从主体理解自由，自由是自由意志的自由。马克思指出，"自由的有意识的活动恰恰就是人的类特性"，因此，"人也按照美的规律来构造"。人的活动的这种特性正在于人的主体自由的、自觉的意志。人首先是一个具有自我意识的主体，因为他能够把自己的生命活动本身当作自己的意志和自己的对象。自由意志不可排除外在必然性的约束，但自由突出体现的是人不同于动物的主观能动性与创造个性。"自由意志"意味行为的自由选择。另一方面，从主体理解自由，自由意志的自由从属于支配人本身的"精神存在的规律"。虽然它不能脱离人本身肉体存在之规律而独立，但这并不否定它对于精神建设作为"规律"探索的极端重要性。马克思在阐述自己的新唯物主义时指出："从前的一切唯物主义——包括费尔巴哈的唯物主义——的主要缺点是：对对象、现实、感性，只是从客体的或者直观的形式去理解，而不是把它们当作人的感性活动，当作实践去理解，不是从主体方面去理解。"

二、多学科维度的自由及其与必然的联系

文中指涉的"多学科维度"侧重为哲学自由，其他学科的自由仅简略论之。

（一）哲学自由。哲学自由是标志精神与物质世界相互关系的哲学范畴。恩格斯论域的自由始终是认识论的自由。按照思维与存在的同一性问题来理解，自由就只能划分为可知论的自由与不可知论的自由，而不能简

单地看作是“唯物主义和唯心主义的对立”，或者是决定论的自由与非决定论的自由。

（二）政治自由。政治自由的真正含义是指人们在社会政治生活中应有和实有的人身、财产、行动和言论等权利的自由。国家是政治的核心，政治自由的基本问题是人们的政治生活与国家的关系问题。它既是国家建立的根据，也是规定政治自由含义的前提。如果自由与必然相联系，那么这里的必然就是国家。

（三）经济自由。经济自由的基本问题本应是人的经济活动与市场规律的关系问题，但自由主义却将其转换为经济人的活动与社会（政府）的关系问题。列宁曾说：“在从资本主义到共产主义的过渡时期，即在无产阶级专政时期，这个阶层中至少有一部分人必然会动摇而去追求无限制的贸易自由和无限制的使用私有权的自由。”这就是说，资本主义的所谓经济自由无非是个人占有财产与自由交换的自由。

（四）伦理自由。伦理的自由本是指人们具有自觉选择符合客观需要的社会行为规范，并将其转化为内在的道德信念以调整个人与社会关系的那种能力。但在西方伦理视域中的自由，实质是一种意志自由。

三、马克思主义语境中的自由张力与限制思想

（一）自由是目的自由与工具自由的统一。目的自由或人的主观能动性是人之为人最可珍贵的东西，而目的自由如停留于主观意志，目的自由就会失去其价值沦为空洞幻想。共产主义目的自由的实现，必须通过工具自由的对象化，在对象化的实践活动中实现自己的目的。

（二）自由是形式自由与实质自由的统一。形式与内容是马克思主义哲学的基本范畴。实质自由与形式自由的关系正如形式与内容的关系一样是辩证统一的。内容决定形式，形式表现内容，有内容无形式则玄，有形式无内容则空。

（三）自由是自发自由与自觉自由的统一。自发自由与自觉自由是认识前进运动的两个重要阶段。虽然自发自由只是一个认识发展的初始阶段，而不是认识和改造世界的最后目的与归宿，但是自觉自由不是天赋的，也不可能一蹴而就，而是经过自发自由的不断前进运动达致的认识境界。认识的使命就是通过实践、认识、再实践、再认识，最后将自发自由上升为自觉自由。

（四）自由是个人自由与社会自由的统一。自由是主体自主的自由。

这里的主体不只是个人，也包括社会、阶级和国家。正如个别与一般的关系，个人自由是一切人自由的存在基础。个人自由的实现必须以社会自由的实现为前提，即“每个人的自由发展是一切人的自由发展的条件”，而不是障碍。

四、现代西方自由的沉沦和异化

（一）目的自由被异化，工具自由成了唯一的统治者。工具自由虽然有重要的作用，但是，目的自由是人类自由的方向与价值目标。工具自由一旦背离了目的自由，工具、物反过来便成为对人的支配与统治者。

（二）形式自由得到张扬，却掩盖了实质的不自由。自由的确离不开形式，但是，把形式自由等于一切，甚至用形式自由去掩盖实质的不自由，那是十分荒谬的。一个社会是否是自由的，当然要有一定形式表现，不过，评价自由的最后标准不是形式自由，而是“该社会成员所享有的实质性自由”。

（三）自发自由被推向神坛，而极力歪曲与拒斥自觉自由。自发自由是走向自觉自由的一个必要阶段，但它不是人类的本质特征。马克思说：“自由的有意识的活动恰恰就是人的类特性。”

（四）个人自由是唯一动力，一切人自由的实现条件被悬置一边。在资本主义社会，个人自主自由被无限夸大。社会主义就是企图把他们从这种不自由的深渊中拯救出来，这就违反了少数资本家的个人自由是至高无上的原则。

五、中国道路自由张力与限制相统一的成功创新

（一）坚持以人为本的目的自由核心理念，实现工具自由的科学发展。中国道路的工具自由辩证地扬弃了资本主义的自由理念，突出了目的自由以人为本的核心理念，实现了工具自由的科学发展，从而坚持在目的自由的引领规范下，可持续性地健康地激发了工具自由的张力。

（二）坚持以实质自由为决定因素，发挥形式自由的能动作用。实质自由是自由的内容，实质自由决定形式自由的特征与性质。形式自由不是被动的，适合实质自由的形式自由可以能动地反作用于实质自由的发展。

（三）坚持尊重自发自由，强调自觉自由。中国道路的成功，实现了自发自由与自觉自由的辩证统一。但是，尊重自发的自由，决不是不要自觉的自由，中国社会主义的制度优势在实践中需要“使市场在资源配置中起决定性作用和更好发挥政府作用”。

（四）坚持通过制度安排保障每一个人自由张力的释放，加强法制建设以防止个别人的自由成为其他人自由发展的障碍。无论何种自由，最终都是主体的自由，主体包括个人与社会。只有每一个人的自由发展与社会一切人的自由实现相统一时，自由的张力才可以凝聚成推动社会进步的合力。这就要求，每一个人的自由发展是一切人自由发展的条件，而不是相反。

伦理，“存在”吗？

樊　浩，《哲学动态》2014 年第 6 期。

近代以来，由于多方面的影响，“中国问题”日益突显，所有的困境、怀疑和质疑集中指向一个追问：伦理，“存在”吗？笔者的追问将从两个维度展开：一是对生活世界中“伦理死了”“伦理退隐”的现实批判；二是伦理是否“存在”的道德哲学反思。批判与反思诉诸一个理念：“必须保卫伦理”！保卫伦理，就要保卫伦理存在；保卫伦理存在，道德哲学必须完成一个急迫的前沿课题：澄明伦理存在。

一、公民，“公”在哪里？

现代性“公民”概念的最大缺陷是“没精神”，如何走出“没精神”的现代性困境？“公民”伦理身份认同是破解难题的关键。公民是一种伦理存在，伦理与公民同在。现代道德哲学必须完成关于“公民”的两大理论推进。其一，由政治向伦理的推进；其二，由“概念”向“理念”的推进，将公民“概念”现实化为公民“理念”。哲学研究的对象是理念，理念是概念和它的定在即现实形态的统一。“公民”从抽象的政治概念现实化为具有伦理灵性和道德实践能力的“理念”，即政治意义上的“公民”是气质之性，伦理意义上的“公民”是天命之性，天命之性与气质之性、政治存在与伦理存在的同一，便诞生“单一物与普遍物统一”的“有精神”的“公民”。

二、伦理的“存在”条件：“公”“精神”

伦理是“伦”的“普遍物”（“公”）与“理”的“精神”的统一的既自在又自为的存在即所谓“伦理存在”。“伦”的“普遍物”或伦之“公”“理”的“精神”或“从实体性出发”的伦理认同，是伦理存在的两大条件；“伦”之“公”与“理”之“精神”的同一，是伦理的存在条件或伦理的存在方式。两大条件的共生互动，构成伦理存在神圣性与批判性、现存与现实统一的辩证本质。

三、伦理的“存在”形态及其“活的世界”

伦理存在有三种形态和三个发展阶段。家庭与民族是自然的伦理存在，财富与国家权力是自为的伦理存在，德性与风尚是自由的伦理存在；家庭与民族—财富与国家权力—德性与社会风尚，构成伦理存在的自在—自为—自由的辩证发展。

结语：“伦理存在”的概念与理念

现代道德哲学和道德生活，应当确立伦理存在的概念和理念，以弥补道德生活的缺陷，扬弃道德哲学对现实生活解释和解决的苍白无力。伦理存在既是伦理的现实形态，也是伦理的现象形态。伦理存在有三大现实形态和精神形态。伦理存在的诸形态是个体“单一物”与公共本质的“普遍物”的统一体；伦理存在的辩证运动是伦理与道德的统一，以伦理贯穿，自伦理（自然伦理）开始，到道德完成；伦理存在将“伦”与“理”、伦理与精神统一，使伦理与精神互为条件、相互诠释，成为二位一体的辩证结构，由此衍生另一个概念：“伦理精神”。“伦理存在”的概念内含并将展示其重大的理论与现实意义，关键在于，必须将“伦理存在”由概念向理念继续推进。伦理，已经存在；伦理，必须存在；伦理，应当存在。伦理存在，必将成为道德哲学和道德生活中的一轮日出！

道德问题的症候与治理

龙静云，《光明日报》2014 年 6 月 4 日。

当前我国社会道德问题的症候

改革开放以来，我国在取得举世瞩目的成就的同时，也产生了一系列突出道德问题，主要表现在如下几方面。

道德功能弱化和拜金主义流行。在市场经济发展过程中，道德的地位和功能正在发生变化。从一些人“良心多少钱一斤”的发问到物质主义、拜金主义、享乐主义的流行，说明道德对社会的规范和价值引导作用越来越小，整合力越来越弱，这已成为人们普遍感知的道德困境。

诚信缺失急增。中国社科院 2013 年 1 月发布的《社会心态蓝皮书》指出，我国社会总体信任指标进一步下降，低于 60 分的及格线。社会不信任导致社会冲突增加，又进一步强化了社会不信任，使社会陷入诚信缺失的恶性循环。

道德底线失守与道德冷漠呈上升趋势。所谓道德底线，就是守卫人最基本的尊严，使人不致沦落为禽兽的最后防线。人类文明共同的道德底线是尊重生命和公平正义。然而，近年来出现的食品安全问题、猎杀野生动物问题、官员腐败问题等，都是对道德底线的失守。与底线失守相联系的是一些人面对他人苦难和需要时出现的道德冷漠现象。道德冷漠实质上是对恶的纵容，因而是恶的帮凶。

导致我国社会产生突出道德问题的社会根源

相关制度安排欠缺。市场经济应该通过一系列的制度安排将利己与利他有机结合起来，塑造出合理追求个人利益又具有利他品格的人，这才是市场经济的人性基础和市场经济应该塑造的现实人格，但目前我们在这方面的制度安排还有一定的欠缺。

法治建设滞后。亚里士多德有一句名言："人在达到完美境界时，是最优秀的动物，然而一旦离开了法律和正义，他就是最恶劣的动物。"而法治则是使人趋向完美，成为"最优秀的动物"的最重要的前提。"法治应该包含两重意义：已成立的法律获得普遍的服从，而大家所服从的法律又应该本身是制定得良好的法律。"但从我国的现实来看，"有法必依，执法必严，违法必究"的法治原则还没有得到真正落实。

分配不公不能不说是导致不满情绪加剧的直接原因。收入差距扩大和贫富两极化，使贫困者产生焦虑、不满和怨气。当这些情绪转化为社会仇恨时，人们就会突破道德底线而肆无忌惮。

权力腐败是导致道德问题日渐加重的一个重要因素。当前，我国权力腐败现象如"四风"的盛行，给社会带来强烈的恶性示范，它不仅损害了社会公正，也损害了经济效率，同时还诱发了各种经济犯罪，毒化了社会风气，对国家和社会构成潜在威胁。

公共空间的发育不足是社会公德匮乏的深层原因。目前，造成国人公德淡漠的原因之一是社会结构中公共空间的发育不良，民间组织的生长比较缓慢，以民间组织为基础的公共意识和公民美德难以发育出来。社会公德实际上是一种公共关怀和公共精神，是超出个人界限去关怀公共领域的事情。而公共关怀的缺失恰恰是产生道德冷漠现象的深层原因。

道德问题有效治理的基本策略

通过良性制度安排推进道德问题治理。制度安排是指国家或某一经济或社会组织所制定的约束人们行为的一系列规则。制度安排的功能之一是：协调组织内外的利益冲突，防止机会主义或“搭便车”行为。推进对突出道德问题的治理离不开良性制度的安排。

完善社会赏罚体系。社会赏罚历来是治理国家的重要手段，它是指政府和各类组织根据特定行为的好坏与善恶对行为者实施奖励或惩罚。社会赏罚的目的是激发人们的知耻心、敬畏感和道德践行能力。只有这样，人们才能树立起对法律和道德的精神信仰，社会也因此走向和谐。

建构公平的利益分享机制。非理性社会心态是由利益表达不畅和利益分享不公造成的。利益表达的需求产生于利益失衡，利益表达渠道不畅，就会使利益表达行为以不可控的方式和力度发生。因此，建构畅通的民意表达机制和公平的利益分享机制以保障人民群众公平分享发展成果，才能逐渐抚平社会的非理性情绪，由此引发的非理性行为亦会随之消失。

提升权力的道德领导力。权力的“道德领导力”是指执政党与各级政府官员高尚的道德操守所形成的巨大影响力。提升党和政府的“道德领导力”要坚持：依法配权，即执政和行政的权力由宪法来配置，并严格接受法律的监督；以制制权，即建立一系列严格的制度，将权力限定在制度的框架内行使；以权限权，即以公民的权利来制约政府官员的权力；以新闻媒体监权，把权力腐败彻底暴露在阳光之下；以道德塑权，就是要按照社会主义核心价值观的要求培养出一支以德服众、德才兼备的领导干部队伍，给社会大众提供榜样和良好示范。

发挥民间组织的道德整合作用。民间组织通过服务性、公益性的活动引导和教育公民，有利于提升公民的公共意识，培养公民的健康心智，增强公民的责任认知和道德情操。要把政府不该管的事情让民间组织去做，由民间形成自律性公共规范管理约束公民，实现社会的道德整合。

我国道德实践体系的基本模式

高国希，《光明日报》2014 年 6 月 18 日。

道德实践是人类有目的进行的、具有道德含义的行为活动。内容大致有道德行为、道德评价、道德教育、道德修养等。道德实践一般是以个体行为和群体活动的方式进行，并形成其系统的活动方式，亦即道德实践体系。道德贯穿于社会生活的多个方面，社会生活领域一般分为公共生活、职业生活、家庭生活，而落脚于个人生活，因而道德实践模式包括社会公德、职业道德、家庭美德、个人品德的践行方式。

一、个体发展的内在需求，是个体道德实践的动力

在自主性越发强盛的今天，道德实践在动力、形式、途径、评价等方面，与以往有了很大的不同。当代的道德实践，更多地与个体的内在需求相联系，也就是与个体完善、丰富、发展自我密切相关，它需要基于每个人的自由全面发展，才会有持久的生命力。

个体的道德实践模式，通过遵从道德规范，践行道德要求，内化养成道德品德。个人的道德实践模式，具体形式包括但不限于以下几方面。

慎独：个体自由的恰当运用。道德实践的首要前提是个体的行动自由，由此而为自己的自由意志承担责任。品德培养：个体的自我完善。品德需要培育，化育而养成。品德是稳定的个性状态，品德、品性是后天获得的，需要在实践中养成。培育一种特质，需要有这一特质的品性的行为来养成。家庭教化：家庭承担起品德培养的最初任务。家庭教育不只包括智力的开发，也包括品德与审美素质的启蒙。榜样与道德模范：铸造道德人格的有效途径。榜样产生的是人格的感召力。榜样教育的理论基础是德性伦理。德性是在对现实状态的认识基础上体现的坚持不懈的理想追求，正是在稳定的、不变的状态下无怨无悔地践履品德，而没有丝毫的不情愿，并享受着这样的奉献。

二、个体的社会责任超越，是道德实践的意义所在

全面提高公民道德素质，是社会主义道德建设的基本任务。道德教育是道德实践体系的基本模式之一。培养这种社会责任意识与境界，需要社会道德的养成，需要靠教育和实践。在可操作性上，道德教育要更加贴近实际、贴近生活、贴近人们实现个人全面发展的内心需求。还要运用各种方式和途径，使道德宣传教育经常化、大众化、生活化。

三、共同体的价值，社会的理想，是道德实践持久推进的保障和凝聚力

公共领域因为有了制度规则，而极大地提高了人类共同体生活（活动）的空间和质量。推进个人品德建设，是我国道德实践的重要模式。品德的发展，是一个不仅影响到个人，而且也影响到社会的过程和关切。国家把个人品德建设与社会公德、职业道德、家庭美德建设并列，说明个人品德建设不仅是个体的事情，也需要通过社会、政府以及其他组织予以落实。

政府推动群众性的公民道德建设，是我国道德实践的重要模式。社会主义核心价值体系的建设、社会主义核心价值观的培育与践行，全方位地推进了我国的道德实践。以活动为载体，吸引群众普遍参与，多年来通过富有中国特色的“讲文明树新风”、文明单位、文明社区、文明城市、文明村镇、文明行业等活动，取得了明显的实效。

道德领域突出问题专项教育和治理，是道德实践的特定阶段的特定任务。在一些领域，在一些行业，出现了严重的道德失范问题，所以，需要对道德领域的突出问题进行专项教育与治理，需要综合治理，强化道德约束，规范社会行为，调节利益关系，协调社会关系，解决社会问题。

社会征信系统建设，推进政务诚信、商务诚信、社会诚信和司法公信建设，是目前道德实践的紧迫任务，也是当前最有效的标本兼治的模式。需要当代社会推进诚信系统的信息化建设，实现资源共享，真正做到一处失信、处处受制，处处守信、事事便利；需要清理、修改与社会诚信体系建设要求不相适应的政策法规，加快制定有关标准规范，在对失信行为的惩戒环节上建立失信惩戒机制。

寻求共性以形成现代的共同伦理

许嘉璐，《社会科学报》2014 年 6 月 19 日。

进入新世纪以来，人类前所未有地陷入广泛的、深刻的危机，生态、贫困、战争、经济衰退等，地球上的每个地区和国家几乎都无法幸免。当我们面对寻找危机中的人类出路这一极其复杂、艰难的问题时，世界的规范就变得更加必要。世界的规范就是人类的共同伦理。

建立不同信仰下的共同道德规范

联合国教科文组织的《章程》指出了问题的实质：战争起源于人之思想。美国过程哲学家斯蒂芬·劳尔教授曾说过，现代性最糟糕的部分是沉迷于物质主义的一己私利的道德疾病和对消费主义的过度迷恋，导致意识形态的僵化、不成熟，凡事都绝对化。这是对于人之思想的解读。现在最大的问题是高分贝地讴歌物质生活，而贬低精神生活，贬低我们的人性。许多学者指出，各个民族正在回归古老的传统，重新回忆和温习“轴心时代”伟人们的教诲，反思民族的既往，认清民族群体和自身所处的位置，思考建立现代的、不同信仰下的共同道德规范。但是，这需要全世界形成广泛的共识，尤其需要不同信仰、不同政治体制下的决策者们在相当程度上超越信仰、超越政治共识，找到异中之同，发挥他们特有的影响功能。

世界越拥挤，规范就变得越必要

研究人类危机的种种问题，需要重新思考如何解开人类在终极关怀问题上所存在的困惑，这涉及了自然科学、人文科学几乎所有学科。但是，在面对寻找危机中的人类出路这一极其复杂、艰难问题时，后者有着独特的伟大的职责。就像罗素所说，世界越拥挤，规范就变得越必要。用我们今天的话说，世界的规范就是人类的共同伦理。伦理的共性这一事实是客观存在的，既是由于人类的恐惧和困惑是相通的，也是因为人不例外地处在复杂的社会关系与自然关系的交叉点上。因而所有不同信仰的伦理之间天然地存在着相同或相通之处。

我们似乎看到一些堂兄弟的面孔

各个民族伦理有着同类型的源头：一个是宗教或信仰；一个是在宗教和环境双重影响和制约下所形成的习惯和风俗。罗素曾说过："如果世界要从目前濒临毁灭的状态脱颖而出，那么新的思考、新的希望、新的自由，以及对自由的新限制是必须要有的。"这一"新限制"就是我们在探求的人类新伦理。要达到这一目标，我们首先必须充分认识到，文明多元化的客观事实体现了文明的本质。多元，意味着各种文明始终处于平等的地位。阐明这个概念将拒斥被山胁直司称为"文化帝国主义"的观念：在多样文化中将一个预设为最优秀者而凌驾于其他文化之上。山胁直司就此还写道："事实上，不是文明，而是忽视文明引起了相互间的冲突。"的确，文明多元化起码包含着对任何文明都同样重视，彼此平等、承认、尊重、包容，进而了解、理解，从对方那里发现自己之所缺，于是欣赏之，学习之，进而充实改善自己，从而也丰富了世界。

中华文化正好可以补充现代性缺口

作者认为，今后我们可否相对聚焦于如何建构人类共同新伦理进行对话？这其中核心的问题是：人类共同新伦理包含的内容和标志性概念是什么？换言之，我们的对话将提供给人们一个另类的思考角度，不再以抽象的自由、人权、民主概念为标记，不再以国家和地区的 GDP，个人、家庭和族群所拥有的财富作为评价的主要或唯一的标准和指数，至少把社会内外部关系、人和自然环境的关系以及个体身与心的关系纳入衡量范围，而且这些项目的权重应该远远超过经济方面的指数。当然，不同国家和地区情况不一，标准和指数也相应有所不同。在构建人类共同新伦理的伟大事业中，中华文化将扮演重要的角色。这是因为，中国的天人合一的宇宙观、和而不同的社会观、仁以为己任和修身齐家治国平天下的价值观，符合大自然和人类生存发展的规律，正好可以补充现代性的缺口，改正现代化所带来的荒谬。

尊道贵德是中华民族的基本价值取向

王泽应，《中国教育报》2014 年 6 月 21 日。

习近平总书记在五四青年节与北京大学师生座谈时强调，“道德之于个人、之于社会，都具有基础性意义”，这一观点是对中华民族崇德传统的继承与发展，对于当代中国社会的发展和青年一代的成长，无疑具有极其重要的指导意义和现实价值。

中华民族是世界上崇尚道德、讲求伦理、善待他人的伟大民族，尊道贵德、志道据德是中国文化的优秀传统。叔孙豹关于“立德、立功、立言”的“三不朽”价值观念的提出，孔孟儒家关于仁义道德价值的阐说与论证和对仁政、德治、礼治等政治伦理思想的倡扬，以及在先秦时代就已形成的“以德为宝”“敬德保民”等传统，不断激励着人们的道德心灵，从而奠定了中华“伦理型”文化的基本格调和价值取向。

“做人做事第一位的是崇德修身”。中华文化之尊道贵德、志道据德的精神传统，首重个体的修身养性，重视个人德性的自我培养，注重气节与操守，把崇高的精神境界和完善的道德人格看得无比重要。落实到德与才的关系对待上，视“德”为第一位的或主导性的，是管方向和道路的；“才”是第二位的或从属性的。习近平总书记引蔡元培名言“若无德，则虽体魄智力发达，适足助其为恶”，说明有才无德只会贻误自我与他人，所以一个人“只有明大德、守公德、严私德，其才方能用得其所”。

中华道德文化是中华民族的宝贵财富。中华道德文化彰显了品格和美德的力量，并以尊道贵德的价值追求铸就了中华民族的伟大精神。它以对江山社稷的关注和对国家民族整体利益的关心（古代爱国主义）为核心，主张顾全大局、公而忘私，自觉地将个人的身家性命与江山社稷的发展维护、国家民族的繁荣兴旺有机地联系起来，主张进德不已，刚健有为，奋发进取，在社会上扶正扬善、恪守正义，崇尚和谐和睦的人际和群际关系，充满对和平的热爱，并在历史的发展中不断地拓展厚德载物的精神空间，使宽容、仁爱的道德规范不断内化为人们的道德品质。这种广大博厚、高明悠远的民族精神，构成了中华伦理文化的思想内核，使中华民族虽历经磨难而不衰，是中华民族世代相传的宝贵财富。

习近平总书记的五四讲话，让我们深深地认识到，道德是个人安身立命之本，也是国家长治久安之基。我们应当在推进中国特色社会主义现代化建设过程中，始终注意弘扬中华民族优秀的伦理文化传统，并将其与培育践行社会主义核心价值观有机地联系起来，只有这样，才能真正锻铸出中华民族伟大复兴的国魂和民魂，实现"两个一百年"的奋斗目标！

同步于时代的中国伦理学

王小锡，《中国社会科学报》2014 年 6 月 30 日。

中国伦理学学科强有力的发声，不断宣示着学科的进步和道德力量的增强，客观上强化了伦理学学科的声望和地位，增强了其生命力。

中国当代伦理学学科随着我国改革开放的步伐而不断发展与完善，并逐步成为哲学社会科学之显学，尤其近年来的发展态势更令人鼓舞。

颇多的理论建树，使当今伦理学理论体系日臻完备。马克思主义伦理思想研究形成了新的平台，产生了崭新的研究成果。中央马克思主义理论研究和建设工程重大项目"经典作家关于道德的基本观点研究"课题和《伦理学》教材编写以及学界关于马克思主义伦理思想研究、马克思恩格斯道德哲学研究等专题，促进了伦理学界一批学者集体攻关，创新成果不仅推动了伦理学理论体系建设，而且进一步增强了伦理学学科的地位。近年不断涌现的新颖理论观点，或弥补缺陷，或填补空白，或纠正错误，完善着伦理学的理论体系，使我国伦理学理论建设耳目一新。尽管有的观点不免有偏颇，但客观上促进了伦理学理论思维的调整与完善。同时，中外伦理思想史研究的学术境界也在提升，相关研究反对搬弄词汇、故弄玄虚，力避"炒冷饭""跟尾巴"，力求深究中华传统伦理道德思想之精华和外国伦理道德思想之合理成分，产生了公认的佳作，具有良好的学术影响。应用伦理学研究也独辟蹊径，为伦理学的社会认同作出了不可替代的贡献。诸如行政伦理学、政治伦理学中对新自由主义的批评和对政务诚信、公正、正义的现代诠释，经济伦理学的道德资本、道德生产力和道德经营等概念的提出，生态伦理学的伦理生态、道德生态的论证，网络（信息）伦理学对“鼠标道德”、虚拟关系伦理、网络道德准则等理念的关注，等等，不仅促进了应用伦理学理论和实践的发展，而且为经济社会的理性发展提供了难得的决策依据。

同时，伦理道德建设与实践由被动适应社会走向主动引领生活。实事求是地说，我国伦理学学科在初创乃至发展中的很长一段时间里，由于自身的基本理念和理论体系不成熟，对于许多重大或突发的社会现象疲于应付，学科对这些现象的解释能力也相对有限，以致于在道德反思、道德渗透与道德引导方面，基本上处于“慢一拍”，甚至失语的状态，更谈不上以特殊的学科能力引领经济社会的建设和发展。随着伦理学界同人的惊醒与努力，学科发展在努力适应经济社会发展的同时，也在尽量对此有所作为和贡献。例如，如何让人们在看似世风日下、人心不古的社会中，不被一叶障目，也看到道德的进步和社会的发展。从伦理学的视角可以看到人的主体性的加强、人际关系的协调、道德榜样号召力的增强等。又如，每次面对社会重大问题或事件，人们往往困惑、无所适从，学界的相关研究既引导了人们对社会重大问题或事件的正确认识，也提醒人们尤其是决策者、领导者要重视道德及其规范在制度建设中的重要导向作用。再如，社会的发展不能忽视弱势群体的利益诉求和愿景，这是建设和谐社会、凝聚经济社会建设力量的重要前提之一。可以说，伦理学学科多视角的分析和论证，为领导者决策和社会治理能力的提升提供了重要的理论依据。

上述局面说明，中国伦理学学科强有力的发声，不断宣示着学科的进步和道德力量的增强，客观上强化了伦理学学科的声望和地位，增强了其生命力。同时也揭示出，经济社会的快速发展，不能忽视伦理学学科的作用。

当然，伦理学也在不断克服自身的缺陷中与时代同步发展。当前，应注意阻碍伦理学学科发展的一些弊病。一是空谈理论，不接地气。学界有那么一种现象，即乐于把简单的问题复杂化，至于现实问题及其解决方案，则较少思考。其实，伦理学应解释或解决现实道德问题，而没有社会依据或根基的所谓学术，运用再深奥的语言来表述也无济于事。

二是伦理学学科的本质指向模糊。伦理学学科的生命力应该在于人的完善和人际关系的和谐，致力于成为引导人们如何做人、引导人际关系和谐的应用性学科，而“引导”的一个重要环节是建构系统的行为规范体系，让人们言有依据，行有规则。现在对规范的研讨和建构反而成了伦理学学科发展的“短板”，长此以往，人们将怀疑伦理学学科的存在理由。这些学术弊端，客观上将影响中国伦理学的进步，应引起学界认真的关注。

中国伦理学应坚持“顶天立地”的学术战略思想，真正体现中国话语、中国风格、中国特色、中国气派，才能成为中国哲学社会科学之显学。

意志自由的塑造

甘绍平，《哲学动态》2014 年第 7 期。

作为人类所特有的一种精神能力，意志自由本身并不是神经生物学的研究对象，而是哲学的一个中心课题。这种特殊的精神能力是人类在漫长的进化过程中，在社会调节、文化积累和教育传承等复杂的实践中逐步培养起来的。本文尝试进一步深入考察意志自由的结构塑造与运行机理。这里涉及两个问题。第一，在认可宇宙是一个由因果必然性所统治的封闭体系的强的决定论中，没有意志自由、自我决断的地位，故意志自由与强的决定论之间的关系是相互区分、彼此对立的。第二，作为意志自由的外化与实现，人的行为自由更是受制于社会文化因素的影响与左右。这里需要研究的是，一个社会通过怎样的组织方式与制度结构才能使人的行为自由得到最大程度的实现？这就关涉到“人的自由在社会中的具体运行”这样一个重大的实践问题。

所谓意志自由，按照莱布尼茨的说法，是指“能够乐意人们应当的东西”。基于意志自由这一概念的特性，高施克概括出意志自由的两项原则：一是“另种选择的可能性原则”，二是“主谋原则”。这两项原则并没有呈示出当事人能够决定的内容或对象究竟是什么，也就是说，莱布尼茨定义中的那个所谓“应当的东西”并没有体现出来。意志自由绝不是纯粹任意与偶发的想象，真实的意志自由总是逻辑地内含着一种行动设置。如何理解这种意志自由的结构，或者说意志自由究竟是怎样构成的呢？康德的自由思想是以理性作为演绎的基础或发端的。康德称这种独立于感性世界确定的原因、摆脱了自然因果必然性制约的自由为消极自由，并进而指出，所谓积极自由，就是一种能够出于理性而自己为自己立法的能力。意志自由是如何为自己立法的呢？这里有两个理据必须得到考量。第一，“由于所有的人在其由理性所给予的人的尊严方面都是平等的，所以就要求每个人在其自己的立法中把所有其他人也当作与自己一样来看待”。第二，意志自由所立的法，既要保障自己的自由，也要保障他人的自由。我们就可以看出意志自由所呈现出来的表面上似乎相互矛盾的双重性质。一方面，意志自由可以是任意的、自发的、开放的；另一方面，它的实际运行又受限于一种以对后果的理性考量为核心的条件框架。

谈到意志自由是不可能离开行动自由的，在意志与行动之间存在着连续性，也就是说意志自由总是逻辑地内含着一种行动设置。当然，这并不意味着两种自由已经完全融合为一体而毫无差别。从时间和逻辑顺序来看，意志自由总是先于行动自由。“自由只有在社会关系中才能实现，在此社会关系中对于每个人而言理性能够为自己立法：谁也不能仅仅作为外在目的的手段。但人们绝不可能在其大脑中发现这种自主性，人们必须只有通过政治方式把它作为社会状态产生出来”。意志自由由于其逻辑构造而大体上具有普遍性、一般性、相对稳定性和抽象性的特征，而行为自由则因主客观条件的差异而呈现出差别性、变化性和具体性的特点。在对人的行为自由的限制性因素中，除了行为主体本身无法确定的内容之外，还有一些内容是人为自设的，因而是可变更的。这里所指的就是社会文化因素。对于行为自由而言，社会文化因素的限制应当是越少越好，人们完全有能力也有责任在社会机制的层面作出相应的调整与改善。

意志自由是一种现实之物，也是一种人类奋斗和争取的对象。它真实地存在于人的自主意识之中，外化于人的行为之上。历史虽然已经翻开了新的一页，自由也业已成为当代人类社会的核心理念与生活意义，但有关对意志自由的反思与探索、守候与追求，毫无疑问仍然会持续地给未来的人类图景打下深刻而又永久的印记。

早期儒家的德目划分

匡　钊，《哲学研究》2014 年第 7 期。

早在春秋时代，士大夫中间对于各种德目的列举就很常见，已有论者就此列出过一个详细的包括仁、信、忠、孝等在内的春秋时代的德目表。从孔子开始，儒家在对以往德性观的继承上，开始建立一个自己的德目表。孔子列举的德性包括仁、智、孝、悌、忠、信、勇、敬等，在这些德性中，“仁”居于首要地位，其本身既是一德，也被视为其他各种德性的代表，还被视为所有德性整合后的结果或者说“全德”，其乃人之所以为人的根本规定。

一、理智德性与道德德性

如果在早期儒家思想中，从理性与情感区分的角度同样能区分理智德性与伦理德性，那么从工夫论的进路来看，“气”正是我们从中识别后一类德性发生机制的指标，相应地，“思”正是我们从中识别前一类德性发生机制的指标。但值得注意的是，儒家并未像亚里士多德那样，泾渭分明地划分理智德性与道德德性，而是将上述两方面内容部分地交织在一起。这个理智与情感的交汇之处，在《五行》中有直接的说明，这便是儒家的核心德目：“仁”——《五行》同时用“仁之思”与“仁气”两种说法来表述达成仁德的修炼工夫。作为各种优良品质之代表与对人之“应是”之规定的仁，从孔子对其“爱人”的定位来说，包含情感因素是自然而然的，但其达成，与理智思考同样不可分割，却并非显而易见。根本来讲，“没有实践智慧是不可能发展出道德德性的”。这种关系对于儒家而言，只能更为密切，甚至呈现出相互交织的态势，而心之思所标明的实践智慧对于成就仁之伦理德性，同样也是必不可少的。《五行》已经明确指出两种与德性培养机制有关的修炼对象：“气”与“思”，且大体可以认为前者与情感和道德德性相关，而后者与理智和理智德性相关。

二、“内”与“外”

“仁内义外”乃是早已为学界所熟知的出现在《孟子》中并遭到孟子严厉批评的说法，类似的异端邪说，还曾出现在《管子·戒篇》之中：“仁由中出，义由外作”。回顾孔子本人的态度，他将“仁”作为人自身之应是的根本规定，而所言“义”则主要与“君子之仕”，或者说政治问题有关，是指人对追求合乎理想的公共生活同样负有责任。可以认为，在孔子那里，仁主要是从人与自身的关系角度来理解的，而义则是从人与他人的关系角度来看待。孔子本人虽然对于仁义之德目的划分没有进一步的说明，但从人己之别的角度看，从他的思想中未尝不能推出“仁内义外”

的结论来。所谓“内”或者“中”往往指人心，那么为什么某些儒者会主张“义外”呢？这可能与“义”一开始便被设想为和关乎他人的社会政治问题相涉的特殊性有关。

三、结论

如上所述，早期儒家对于核心德目的选择与划分并不是任意的。在春秋时流行的各种对德性的理解当中，孔子最强调仁、智、勇，或许与他将德性划分为理智的与道德的两类有关。仅就孟子保留并强调的四德而言，他在指出这些内容均应是“内在”的并同时取消了“外在”之德性的类目之后，再未对其作出任何进一步的划分。在孟子的思想逐渐成为儒家主流的声音之后，后人都再无法清晰看出早期儒家中业已存在的那种德目类型划分。孟子的这种思路，大概正好表达了儒家哲学的实践性格较为发达，却较为缺乏纯粹的理论上的追求的特点，即既未能建立完善的知识论，也素来缺乏必要的理论思考的精细度。需要指出的是，“理论的”活动本身与以获得形式化的抽象知识为目标的“理论上的”活动是泾渭分明的。早期儒家真正缺少的乃是那种纯粹的“理论上的”活动，即完全形式化的理论建构。除此之外，早期儒家对于两类德性的划分，与亚里士多德的相通之处或许远超过以往的估计，只是这种知识在历史上曾长期处于被掩盖的状态。

海德格尔基础存在论中的友爱伦理

陈治国，《哲学动态》2014 年第 7 期。

该文聚焦于《存在与时间》及其之前的部分讲稿与谈话。首先，借助对此在、共在和言谈等概念及其相关性的深入分析，着力揭示友爱伦理在基础存在论中的可能空间；其次，通过对本真地存在、死亡与良知的召唤等论题的进一步考察，探究基础存在论为友爱伦理保留的空间中所可能呈现出来的友爱形态；最后，在与亚里士多德友爱哲学的部分性比较中，对于基础存在论中友爱的可能空间及其形态尝试给予进一步的分析和评论。

一、此在、共在与言谈：友爱的可能空间

在海德格尔看来，意识主体概念设定了一种错误的心灵观念，按照这种观念，我们首先乃是固封的、闭锁的、孤立的存在者，不能直接地、明见地感知和确认他人的存在，因而遭遇到“他人心灵”问题。根据海德格尔的分析，在现象学的视野中，我们作为此在总是卷入了某种周围环境世界。我们可以初步看出，至少就形式而言，海德格尔的基础存在论仍然为某种形式的友爱伦理提供了想象空间。首先，由于我们在本性上与他人共同存在、一起存在，甚至我们的此在与他人之在是相互规定、相互蕴含的。其次，由于言谈是一种语言方式，并且在言谈中我们就某种共同的事物进行言说。最后，言谈作为一种语言形式，也是此在的三种展开状态之一。而这三点，即相互性、善意和认知，在亚里士多德那里恰恰构成了任何类型友爱的三个最小条件。

二、本真地存在、死亡与良知的召唤：友爱的可能形态

此在在其本性上就是与他人共在。这个根本性的“共在”（mitsein）特征构成了友爱伦理的可能基础，不过，在海德格尔那里，它也被看作是此在之“非本真地存在”的源泉。根据海德格尔的现象学分析，此在总是向着各种可能性筹划自己，而死亡就是此在最极端的可能性，即作为全然不存在（not being）之可能性的存在可能性。在先行的向死存在中，海德格尔揭示了此在由非本真状态向本真状态过渡的可能性。在海德格尔的基础存在论中，某种形态的友爱伦理仍然是可以设想的：朋友双方或者已经，或者正在尝试按照某种本真性方式来过一种自我负责的个体性生活，他们互不隶属，也不能相互还原。

三、一种比较性的分析和评论

当初步勾画出海德格尔友爱伦理的可能空间与形态之后，我们将尝试在与亚里士多德友爱哲学的部分性比较中进一步分析和评论之。第一，对海德格尔来说，代替“幸福”概念的乃是“本真地存在”或后来的“适宜地栖居”（geeignet wohnen）。第二，在海德格尔那里，友爱伦理的基础也可被理解为某种“自爱”。第三，他比亚里士多德更加强调朋友间的差异性，相应地严重削弱了朋友间的实际互动性。第四，在海德格尔那里，存在问题几乎构成了哲学的唯一性问题，并且他人虽然在为存在问题而准备的此在之生存论阐释中具有一席之地，不过，总体来说，首要的仍然是个人与存在的关系，而不是个人与他人一起遭遇存在的关系。总之，海德格尔在很大程度上通过对亚里士多德伦理实践哲学之创造性解读发展而来的基础存在论，对于友爱伦理这一论题仍然提供了比较广阔的可能空间，并且具有某种可设想的特殊形态。

风险伦理中的应该与能够：认知局限与道德困境

郁　乐　孙道进，《哲学动态》2014 年第 7 期。

风险社会概念的提出，似乎意味着人类社会进入了风险爆炸的全新时代，现代文明正位于危险的火山口。风险伦理的内在根据、基本原则与制度建构，还遮蔽于复杂多变的道德情绪与理论话语之中，需要一个批判性的考察以廓清理论的地基。

一、技术时代的命运：知识与力量

现代社会的风险数量与危险程度是否确实增长，个体生活与人类文明是否面临更多的潜在威胁，还需要更为确凿的实证研究与量化比较。首先，科学技术帮助人类建造家园，为人类带来巨大福利。其次，现代社会的风险大多源自科学技术被大规模使用所产生的非预期后果。最后，在科学技术日益发达的现代社会，随着人们教育程度与科学素养的不断提升，认知风险的意识与能力有了极大提高，传播风险的信息技术与媒介机制也高度发展。

二、风险伦理与道德能力：应该与能够

在日常道德观念与话语中，“应该”与“能够”的关系并未得到清晰而明确的阐释。道德生活中的事实也很清楚：做应该做的事情，确实需要具备诸多能力要素，如上述“经验的可能性”与“技术的可能性”。因此，在讨论能否对发生的事情及其后果承担道德责任的时候，需要引入一个重要概念：道德能力。广义的道德能力应该包括决策、行动与承担等三种道德能力要素。在现代技术社会的风险情境之中，这三种道德能力要素面临更高要求而显得严重不足，甚至会导致行动主体在风险情境中的道德无能。首先，在现代风险情境中，人们的道德推理与决策能力存在严重不足的现象。其次，由于社会组织的复杂性、科学技术的专业性与以此为基础的高度分工，现代社会的行动主体与传统社会已经有了重大区别：人们在高度专业的分工环节中从事某种专业化活动，而缺乏类似传统社会中个体行动的自主性与控制权。最后，现代技术具备的不可逆性与深入物质和生命之基本结构的特点，使风险的损害后果超出任何个体与组织的责任承担能力。上述三种道德能力要素（认知、行动与承担能力）的相对不足，导致了人们在应对风险及其损害时的道德无能现象。

三、风险伦理的方法：价值的排序、通约与计算

风险源于知与无知的微妙关系：知道，但是不能确定地知道某种带有负面后果的事件发生。这种“知道”不同于确切地“知道”，也略微不同于苏格拉底的“自知其无知”，而是“自知其有知”，但这个“有知”却不完备，因此变成了“自知其知之不足”，从而让人充满疑惑与焦虑；倒还不如“不知”，这样还可以获得“无知者无畏”带来的内心平静。在传统道德思维方式中，人们认为大多数价值与权利是无法量化、转让与交易的。因此，误解、争论甚至对立的产生也就不难想象了。首先，在以概率为依据的风险决策中，对所影响的相关价值进行衡量与取舍，需要进行价值排序。其次，确定风险相关价值的排序与取舍，还需要进行价值的通约。所谓价值通约，就是将不同价值以某种方式换算成相同价值。最后，风险决策所影响的相关价值均具有不确定性，需要以概率的方式进行计算与比较。

四、风险伦理的规范和制度与发展的辩证法

现代风险源自现代社会运行的内在机制与技术座架，超越了人类的道德认知与决策能力；同时，风险及其损害后果的道德责任也超出了个体的承担能力。因此，需要在传统的关于道德责任追究与承担的概念、方法与制度体系之上，建立能够应对超出个体认知、行动与责任承担能力的现代风险及其损害后果的道德规范与制度架构，从整体上提高现代社会中的个体与组织应对现代风险的道德能力。首先，需要针对风险的不确定性特征制定相应的道德规范。其次，现代风险的损害后果可能超越任何个体与组织的认知与承担能力，如果仅仅立足于个体的道德承担能力，必然会遭遇道德认知与行动能力严重不足的困难。最后，在风险损害发生以后，当然必须追究相关决策与行为主体的责任；但是，更加重要的是如何使风险的损害后果不会发生。

刘宗周的“改过”说及其伦理启示

姚才刚，《哲学研究》2014 年第 7 期。

“改过”一词极其平常，妇孺皆知。不过，刘宗周的改过说因其详尽、周密并与其心学体系密切相连而具有了不一样的理论色彩。刘宗周的“改过”说首先是建构在对心性本体的探讨之上。他认为，一个人对心性本体的体认愈亲切，就愈能照察自己的过失，而改过的信心与动力也就愈大。相比于其他宋明理学家，刘宗周阐发心性本体的独特之处在于，他径直由

"独体"概念切入，向人们展示了一个应然的、理想的道德生命。刘宗周认为，"独体"是心体与性体的合一。人的心中有天道、天理，才能真正培养一种崇高的道德感，也才能有勇气面对自己的过失，知过改过，不断增益德性。探讨改过的道德形上根据，也不可回避人性善恶问题。刘宗周也认为，从心性本体的层面来看，人性无不善；从现实经验及修养工夫的层面来看，人性则善恶杂糅，甚或"通身都是罪过"。刘宗周说："无善而至善，心之体也。继之者善也，成之者性也。"为了进一步说明人何以会犯错，刘宗周还引入了"妄"这个概念。在人心至真至微之处，若有一丝"浮气"，"妄"就会从似是而非的状态逐步发生，进而表现于外，产生种种过、恶。因而，改过对人而言绝非可有可无之事，而是不可或缺的。

刘宗周在反思改过的道德形上根据的基础上，又立足于经验层面对人的过错作了非常细密的分类。刘宗周对人的过错的划分，大体上遵循着由微至著、由内至外的原则。在他看来，凡人之过大体上可分为微过、隐过、显过、大过、丛过、成过等六大类，每一大类之下又包含了若干小类。对如何改过也作了颇富创见的思考。刘宗周对人的内心活动与外在行为中的过错都作了深入细致的探讨。对于改过，刘宗周也提出了自己的见解。他主张对人的种种过错，尤其是对他人未见而自己独知之过，须加以痛改而不能放过。人改过的前提是知过。由知过到改过，是一种自然而然的过程，其间并无多少技巧可言，也无须刻意去做改过之功。他对改过的方法、途径有所探究。一是主张层层转进，彰显改过的工夫次第。二是极力倡导"讼过法"。刘宗周所谓的"讼过法"，即指通过静坐反思一己之过，进而改过自新的道德践履活动。三是主张"慎防其微"。

"改过"说是刘宗周修养工夫论的重要组成部分。对其本人而言，"改过"说绝非只是一种学术上的见解，而是自家切实受用之学。刘宗周忠实地践行着自己的学说。他向来以清苦、严毅而著称，笃行自律，砥砺品行。若有过失，则反躬自省，痛改己非。当代人虽不必如刘宗周那样做非常严苛的修身工夫，但仍可从其"改过"说中获得一些有益的借鉴与启示。(1) 正视人性的负面或阴暗面。刘宗周一方面对孟子的性善论深信不疑，另一方面又能够正视人之过错，正视人性的负面和阴暗面。刘宗周虽然是一位正统的理学家，但他对人性先天之善与后天之过、恶给予了同等的重视，这是非常难得的。(2) 树立终生改过的意识。刘宗周尝言："过无穷，因过改过亦无穷。"即是说，人的一生可能不断犯错，旧错已改，新错又犯；新错尚未彻底改正，旧错可能又重犯。既然如此，人之改过也不可能有终结。人改一次过，则多一份善，故刘宗周又说："善无穷，以善进善亦无穷。"

女性伦理发展的路径选择

倪愫襄，《哲学研究》2014 年第 7 期。

在女性伦理文化的现代发展中，女性伦理日渐从道德诉求走向权利要求，女性发展的制度安排就成为保障女性伦理权益的重要路径。同时，两性和谐关系的构建也是女性伦理发展的必由之路。

一、女性伦理的制度诉求

1. 从德性伦理到制度伦理的诉求。传统伦理文化主要是以个体的德性为主要约束对象，虽对女性个体的道德规范和修养的要求，对家庭和社会的稳定起到了应有的作用，但是对女性自身的利益却是极大地忽视。当今中国在某种程度上也留有德性伦理文化的影响，女性伦理很少关注个体特别是女性的权利，女性更多的是尽道德义务。从现代女性伦理的发展和要求来看，德性伦理的文化已经无法满足女性自身发展的需要，从德性伦理走向制度伦理是现代社会发展的必由之路。

2. 从道德诉求向法律权利的转换。女性现代发展的整体道德要求主要表现为对发展自由、男女平等等权利意识的诉求，而这种诉求要成为女性发展的现实权利，还必须上升为法律，以法律的方式有效地保障女性权利的实施。特别是在社会主义社会，我们已经完成了推翻剥削制度的任务，争取到了经济解放、政治解放的前提，我们现在的任务更多的就是要将女性的权利以制度、法制的方式确定下来。

二、女性伦理的制度安排

随着女性伦理要求由道德诉求向制度诉求的转换，女性伦理要求的具体制度安排就成为保障女性权益的重要路径。要实现女性权利的平等、自由、公正，必须要通过社会制度的安排才能实现。

1. 平等权利的制度安排。男女平等不是要消灭男人与女人之间的差别，而是指无论男人与女人之间的差别如何，都应该享有其应得的基本权利。男女平等的制度安排，不仅是指基本权利向公众开放、允许女性男性共同竞争，也需要尽量减少先天偶然因素和后天社会因素所造成的不平等的差距，保证男女两性基本权利的实现。

2. 女性自由权利的制度安排。现代社会对女性自由权利的保障主要是诉诸法律，法律自由就是把女性生活自由、人身自由等内容以法律的形式确定下来，使自由转化为法律的权利，即自由的权利。女性人身自由的保障是制度安排的首要任务，主要体现在法律保护妇女的人身自由不受侵犯；法律对于剥夺和限制女性人身自由的行为也给予相应的惩罚；恋爱自由、结婚自由和离婚自由等。

3. 女性公正权利的制度安排。公正是指社会阶层和公民的权利与义务在社会分配过程中的合理确认，在社会分配领域内对女性公正权利的制度保障，是女性权益得到最终确认的有效屏障。

三、女性伦理的道德选择

虽然通过制度的设定可以在女性的基本权利和特殊权利保障方面取得一定的成效，但是并不能够真正解决两性之间因为差异带来的各种实际问题。因此，在制度建设的基础上，从文化和道德上加强女性的伦理修养、尊重两性差异、促进两性和谐。

1. 女性伦理的修养。在现代女性伦理的建构中，女性意识的自我觉醒和自我修炼也是一个重要的环节。女性意识既包括传统美德的修养，也包括现代意识的养成。现代女性伦理意识的修炼则必须树立自尊意识、自信意识、自立意识和自强意识。

2. 尊重两性差异。两性差异特别是两性生理差异的存在是客观事实，由于自然原因造成的差异无法通过社会改革来加以改变，我们就必须实事求是地承认两性的差异，并尊重两性的差异。

3. 促进两性和谐。承认两性间的差异，不是要夸大和扩大差异，而是要了解差异，在尊重彼此的基础上，促进两性关系的和谐发展。

男女两性关系，是家庭、社会关系的基础，两性关系的和谐发展，是促进家庭、社会和谐的基石。女性伦理的发展是为了两性和谐，促进两性的和谐发展是促进社会和谐的首要任务。为此，通过制度安排、法律保障，加上道德进步等共同作用，相信女性伦理会实现自身的良好发展和转换，并为促进社会和谐作出自己的贡献。

陌生人社会的伦理风险及其化解机制

龚长宇，《哲学动态》2014 年第 7 期。

相对于熟人社会的水乳交融、守望相助，陌生人社会则更多地表现为人与人之间社会关系的冷漠、疏离与紧张，陌生人社会存在伦理风险。

一、陌生人社会的伦理风险

陌生人社会的伦理风险是指因他人价值认知与行为选择的不确定性而带来的潜在的危险或伤害。陌生人社会交往的匿名性、行动的不确定性和关系的非持续性，不仅使风险分析成为可能，而且具有一定程度的解释力。首先，弥漫于现代社会的信任危机是伦理风险最突出的表现。其次，纠结着每一个人的身份认同危机也是陌生人社会伦理风险的重要表现形式。最后，难以弥合的价值纷争也是陌生人社会伦理风险的一种表现形式。

二、个体化与个体道德空间封闭：陌生人社会伦理风险的致因

现代社会的个体化、单子化倾向日益明显，但“个体化”作为一种生活方式和生活境况其实并不是什么新的发明和创造，它只是埃利亚斯的文明进程意义上的某些主观性的个人生涯性方面的内容而已。与他人交往中的信任危机、个人无意义以及情感疏离等伦理风险便出现了，其内在机理体现在三个方面。首先，陌生人缺少共同的道德背景，无法实现行为预期。随着现代社会的来临，现代性的三大动力机制（即脱域机制、时空分离机制以及制度性反思）打碎了传统社会信任的基础条件，陌生人从既定的道德传统中脱出，在具体行为评价和行为选择中遵守不同的价值标准，并表现出不同的价值取向，在彼此的社会交往中无法实现行为预期，因此难以确立信任。其次，陌生人缺少共同的道德权威，无法实现道德认同与赏罚。无论是在经过了不断“祛魅化”过程的、宗教基础已经衰亡的西方现代社会，还是在冲破了封建礼制、摧毁了宗法社会结构的中国社会，维系社会秩序的传统道德权威都已经动摇，而新的权威又没有确立起来。那么如何实现道德认同？西方启蒙运动以来的道德工程也一直没有解决好这一问题。恩格尔哈特与麦金太尔一样认为，启蒙运动的道德工程是失败的，原因就在于人们需要一种实质性标准来证明或辩护一种道德学说，但无论是直觉主义，还是假设选择论、博弈论，每一种标准在本质上都是预先设定的，没有一种标准是由理性所证明了的。最后，陌生人缺少道德热情，无法实现责任担当。熟人社会中的那种相互关照、相互扶持的道德热情几近丧失。

三、化解陌生人社会伦理风险的途径

首先，依托超越性的伦理理念，规避陌生人社会的伦理风险。基于人类总体共同安全的考量，人们可以建立起共同的信任。其中最核心的理念是对现代社会制度的信任，也可以说制度信任是规避陌生人社会伦理风险的最重要机制。其次，通过“包容”和“允许”获得对陌生人行为的合理性理解和道德权威，化解陌生人社会的伦理风险。最后，重构责任理念，唤起陌生人之间的道德热情，使个体道德空间向社会和他人敞开。

“学之德”与“性之德”之辩：王夫之对道和德的再阐释

谭明冉，《哲学研究》2014 年第 7 期。

一、道和德的历史考察

从字源看，道的初始含义是道路，但是，至少在周朝早期，道已经具有了规则和秩序的含义。在老子和庄子看来，道的本质就是自然，包括宇宙整体的自然运行状态和规律。孔子的道的含义主要是仁义之道或君子之道。德的概念是伴随道而出现的。从道家和法家的理解来看，德是对道或自然规律的顺从而获得的功效。但是，儒家却将德的含义集中在对仁义的践行和实现上。

由以上考察可见，道、德的概念乃先秦各家所共有，只是各自所赋予的含义不同。张载的道首先是作为天道的太和与气化，这个道是自然之化育流行，是客观与无意识的，是“鼓万物而不与圣人同忧”的。朱熹试图用一个定义将天道（道家之道）和人道（儒家之道）统一起来，说：“道则是物我公共自然之理。”陆九渊将道直接等同于君子之道，知德就是知道此君子之道，那么德就是行此君子之道而有得于心。王阳明将道、性、命等同，道就是良知，为圣贤和常人所共有。作为一个集大成者，王夫之试图将道家的天道和儒家的仁道糅合为一，通过批判地接受其理学先驱的观点，形成其独特的道德学说。

二、王夫之的道

王夫之认为道首先是天道，是立天、立地、立人之道，是“物所众著而共由者也”。他将道与太极等同，认为道是成就万物、万理的总根源。王夫之讨论天道自然的目的是为了更好地服务于人类。在王夫之看来，道与天道皆源于同一个理或规律，但是各自有不同的功用。王夫之进一步以“命”和“性”来区分天道和人道。他将仁道等同于“性”，说：“人道须是圣人方尽得。”人道和天道只是同一规律在人和在天的不同体现。虽然王夫之认为天道是万物共同遵守和体现的规律，但是，在其赋予万物的过程中，因为万物各自的气质不同，万物各自的性和德也各不相同。除了道被具体化为天道和人道、命和性之外，王夫之也认为理是道的具体表现。他将理分为两种，说："凡言理者有二：一则天地万物已然之条理，一则健顺五常、天以命人而人受为性之至理。二者皆全乎天之事。"王夫之作出这个区分的目的在于倡导主动地培育自己的德性。

三、王夫之的德

王夫之继承了韩非对德的定义，认为德乃是道之功能，是道无分别地生成和养育万物，使它们都能够生存繁衍。王夫之认为，德虽是同一天道之被赋予万物，但是，在赋予过程中，万物之德（性）因各自气质之不同而不同。由于这个德是天道的直接赋予，是先天的获得，王夫之又称之为"性之德（得）"。王夫之认为还有一种通过人的认识和实践而获得的"学之德（得）"。首先，王夫之认为"性之德"为人人所具有，而且相同。要获得"性之德"，首先要注重静中存养，所存养的东西就是自己的仁或恻隐之心。通过反思，认识到自己心中无一毫私意，彻底将恻隐仁爱之心贯穿于天地万物，感到万物之处境好坏皆与我息息相关。其次，要辅以动中观察。

四、重视"性之德"，轻视"学之德"

在对"知德"的解释中，王夫之认为"性之德"优于"学之德"。相比较而言，如果一个人知道"性之德"，他就可以以仁爱恻隐之心贯通事事物物，付诸行事就自然无不中节。王夫之认为，将"性之德"付诸行动就是道。在王夫之看来，只有笃信自己之"性之德"，而不盲目地顺从外在之规范（不徒信夫道），才能够使自己之行为无往不符合于义和礼。在王夫之看来，这种根据外在规范而获得的德是外在的、后天的，不足以真正体会到内在的良知或仁。一旦一个人把握了自己的性之德，他就可以从容地应接天下所有事物，而其应接事物之措施自然就成为天下之"道"。他暗中重复了王阳明的良知说，而忽视了外在规范对德性的养成，但是整体上，他的成德学说已偏离张载和朱熹，而继承了明代以来的良知学说。

中国社会价值共识的意识形态期待

樊　浩，《中国社会科学》2014 年第 7 期。

一、"共"于何？期待一次"我"成为"我们"的伦理觉悟

如果说陈独秀的"最后觉悟之最后觉悟"是"现代伦理觉悟"；那

么，指向当今“中国问题”的伦理觉悟，则是“当代伦理觉悟”。无疑，“第二次觉悟”的核心任务已经不是伦理解放，而是经过市场经济、全球化，以及欧风美雨冲击或重创之后，重新“学会为伦理思考所支配”。

（一）伦理能为“价值共识”贡献什么

跨文化考察可以发现“伦理”内在的深刻意识形态意义，尤其对建构价值共识的意识形态意义。这种意义在中国文化的伦理理念及其传统中得到更为清晰和强烈的表达。“伦”“理”“伦—理”三元素及其所形成的哲学理念，便是人的个别性与普遍性统一，也是价值共识生成的最具基础意义的文明因子和意识形态。

（二）保卫伦理存在

调查表明，经过百年巨变，尤其是30多年来市场经济与全球化的激荡，中国今天的伦理觉悟有两大主题：一是在生活世界与精神世界中保卫伦理存在的觉悟；一是关于伦理的实体意识，关于人的普遍性追求的伦理再启蒙的觉悟。

1. 共识中的“问题共识”。调查发现，当前我国社会已经形成一些重要共识，突出表现在以下三方面：第一，意识形态观共识——主题词是“调整”和“多元包容”；第二，“改革开放”共识——对改革开放高度肯定；第三，“改革开放问题”共识——聚焦于两极分化与腐败严重。以上三大共识，传递了极为重要的信息：我国社会价值共识具有良好基础，但两极分化与腐败严重妨碍了价值共识由可能变为现实。

2. 必须保卫伦理。权力的公共性和财富的普遍性，是世俗生活或现实社会中伦理存在的确证。伦理存在丧失的文明后果是：社会因失去伦理同一性和价值凝聚力而涣散，“社会”能力瓦解，社会将不再“社会”；“家庭—社会—国家”的文明体系与人的精神构造因失去“社会”这种中介而断裂。因此，消除腐败与分配不公，根本上是一场伦理保卫战。建构价值共识，必须保卫伦理。

（三）伦理意识的再启蒙

1. 国家伦理意识的再启蒙。国家伦理意识的再启蒙，包括两个辩证的结构：其一，国家伦理自我意识的再启蒙，彰显和强化国家作为伦理存在或现实伦理实体的本性；其二，公民的国家伦理意识的再启蒙。

2. 家庭伦理意识的再启蒙。当代中国着实需要一场以重建婚姻能力、重建独生子女的伦理感和伦理能力、重建家庭的伦理同一性为主题的再启蒙。这场启蒙的意义，不仅是培育家庭的伦理共识和伦理素质，更深刻的是透过家庭伦理能力的培育为社会共识和社会的伦理同一性提供自然基础。

3. 集团伦理意识的再启蒙。对于集团行为造成的道德后果比个体更为严重，人们已经达成普遍的共识。调查显示，50.3%的受访者认为，与个人相比，集团行为不道德造成的危害更大；31.1%的受访者认为二者相同。因此，集团伦理意识的启蒙，已经成为当今中国最为重要但至今未被充分认识的伦理启蒙。

二、如何“识”？期待一场“单一物和普遍物的统一”的精神洗礼

（一）“永远只有两种观点可能”

“精神”与“理性”两种伦理观与伦理方式，不仅代表不同的文化传统，而且内在于个体生命发育史与人类文明发展史，构成伦理的两种逻辑与历史可能。

（二）“原子式地进行探讨”

现代中国社会“伦”之“理”的最深刻变化之一，就是“原子式地进行探讨”的“集合并列”，逐渐取代“从实体出发”的“单一物和普遍物的统一”。这种原子主义被表达为“利益博弈”“制度安排”等中国话语。于是，“没精神”，便成为“中国问题”的另一表征。而“理性”僭越“精神”所导致的“没精神”退变的集中表现便是日益发展的个人主义。

（三）“精神”洗礼

1. 权力与财富的“精神”本性。国家权力与财富是社会生活中伦理存在的现实形态，干部腐败与两极分化颠覆了生活世界中“伦”的“普遍物”的客观性，瓦解了价值共识的现实基础。于是，关于国家权力与社会财富的伦理回归，便是“精神”洗礼的第一幕。

2. 家庭“精神”。家庭作为“一个天然的伦理的共体或社会”，也以“精神”为基础和条件，而且“只有作为精神本质才是伦理的”。家庭关系、爱、婚姻，作为决定家庭存在的三元素，已经澄明家庭的这一精神本质。

3. 国家“精神”。在全球化和市场化的双重冲击下，国家尤其是国家意识必须经受“精神”的深刻洗礼，才能回归伦理实体的本性。“公民”“群众”“爱国心”等表达个体之于国家的自我意识的“精神”洗礼，是国家“精神”洗礼的首礼。

三、“价值”何以合法？期待一种“还家”的努力

（一）作为中国传统的“伦理”与“精神”。“精神”是代表中国文化传统的标志性概念。当今“民族精神”等理念的突显一定程度上标示着对这一传统的自觉和承续。以其言之，“精神”传统与“理性”传统的根本区别之一，是对“普遍物”的终极预设及其神圣性的承认，以及个体性人的“单一物”与“伦”的“普遍物”的灵通合一。

（二）价值共识生成的“元文化”或“元共识”。价值共识的文化载体，决不只是一个抽象的概念思辨，而是在大众价值取向和意识形态中已经存在的“元文化”或“元共识”。伦理是多元价值中的“元价值”，传统是多元文化中的“元文化”，它们分别成为具有多元凝聚力和历史绵延力的两大文化元素，是价值共识的纵横两轴，具有托载和化育价值共识的意识形态意义。

（三）谁引领“共识”。一方面，政府官员、演艺娱乐圈明星、企业家，尤其是政府官员，要通过自己的伦理道德努力，重建社会信任，也给社会以文化信心；另一方面，知识精英对自己的文明使命要有一种集体自觉，通过走近时代、走近社会，让自己有能力担当思想领袖的使命，以此回馈和响应社会厚望。

结语：“后意识形态时代”的“意识形态方式”

经过全球化的欧风美雨和市场经济的涤荡，中国社会大众已经形成以“坚持—调整—包容”为主题的意识形态观，意识形态不应该也不可能终结，是业已达成的基本价值共识。这一共识为当代中国大众意识形态建构提供了最重要的基础。

中国哲学需要“再创造”

成中英，《社会科学报》2014 年 7 月 17 日。

作者认为，今天我们在对中国哲学传统的反思中，显然可以看到中国哲学有起源、有发展、有内涵、有特点，对人类发展卓有贡献。作者从 20 世纪 80 年代就开始强调：中国哲学有自己的源头活水，而此一源头活水同时又提供了一个本体论、认知论、方法论与实践论的理性内在基础。故此源头既是历史性的又是理论性的。

我们不但认识到中国哲学具有的本根性、本体性的基础，还要认识到其发展出来的或发展中的体系。西方哲学之根源，在于追求对外在真实、超越真理的基本认识；中国哲学则强调从对自然宇宙之认识来掌握自我认识，复从自我认识来了解宇宙发生之终极真理，这一终极真理具有内在性之真实，而非只是外在之存在。中国哲学重视对自然宇宙的观察，也重视人在自然宇宙中的内在地位，重视人对自然宇宙的认识能力，从而发挥人的行为的能动性以实现宇宙的终极价值。这是一种内在的一体二元主义：天与人是一体的，天能生人，道能长人，人能知天，人能弘道，进而能达到天人合一的动态关系。

这两种哲学的动机，决定了中西哲学的不同。中国哲学及基于此而创建的中国文化，具有强烈的人文关怀、生命关怀、修持关怀、创造性关怀、整体发展关怀，代表了人文哲学、生命哲学、道德修持哲学、创造性发展哲学，也代表了自然与道德的相对一致，更代表了人类文化内在追求的多元和谐统一。

中国哲学的再创造，不但必须，而且自然可行，是人类发展自我实现的一个重要途径。之所以需要“再创造”，是因为人类正面临存在之困境。人类当前的存在之困境，是否全由人类造成，是否可以归纳为一个或几个原因，固无定论。但有一点极为重要：人类与自然的交互行为、人类与他人的交互行为、人类组合自身道德价值的自我规范行为，都会对此境况产生很大的影响。如果人类能更真诚地去思考、认知，去修持自己、改善自己、充实自己，必然能解决人类的生存危机问题。

必须指出：当前人类面临着五大危机：生态危机、经济危机、政治危机、知识危机、道德规范危机。生态危机最大的表现即是污染问题。我们不但造成了资源浪费，也造成了资源误用，造成了环境污染。这不应只被看成自然带来的灾害，而是人试图驾驭自然时带来的灾害。经济危机反映了人对自然资源的误用与误置，反映了人类在生产、分配、管理、竞争、开发等方面缺乏智慧的安排。经济原则一定要符合经济伦理，这既需要符合整体均衡，又要能将生产、分配加以循环发展。这不但需要无形的市场之手，也需要有形的政府调控之手，更需要一颗道德的关怀之心。政治危机。人类能否把权力道德化、合理化，能否以此促进社会和谐的发展，是人类面临的最大问题。知识危机。人类已发展出深刻而全面的科学知识体系，但我们还缺少更深刻的本体的知识，缺少将人之潜力导向创造性行为的知识。知识的整合在如今愈显重要。道德规范危机。我们缺少一种全球化的伦理体系。人类正处在一种各自以利益为中心的发展状态之中。如何建立基本的共同道德规范，建立基本的共同价值语言，通过沟通、对话和相互诠释，来达到一种共同认识、共同理解，这是绝对必要的，它也将是人类的繁荣发展的必然条件。

基于以上这些重要问题，中国哲学显然正面临“再创造”的重大历史使命的迫切呼唤。在“再创造”之前，我们当然要有新的觉醒：对危机的觉醒，对人之自我价值的觉醒，对中国哲学之重要价值、重要能力、重要方向的觉醒。“再觉醒”不但是中国哲学“再创造”的基础，也是人类跳出其危机的基础。人类必须要清醒地意识到：其危机乃是来源于人类的愚昧、傲慢与自以为是，也来源于对他人之偏见与缺乏关注，来源于对共同真理缺乏认识。“觉醒”代表一种事实追求与价值追求。中国哲学的发展，代表了人类觉醒的一种方式；中国哲学的再创造，也代表了人类对生命价值之再觉醒的自然需要。

国外伦理学研究前沿探析

龚　群，《人民日报》2014 年 7 月 18 日。

20 世纪 70 年代以来，国外伦理学研究的“显学”是规范伦理学。规范伦理学有三种主要形态：功利论伦理学、义务论伦理学、德性伦理学。除此之外，近年来国外应用伦理学研究在不断升温。以上四个方面的内容，大致代表了国外伦理学研究前沿。

功利论伦理学

当代西方功利论伦理学的发展成果是多方面的。其中一个值得注意的趋向，是将西方传统功利论伦理学中的后果论发展为后果主义。

后果主义主张从后果出发来评价行动和事态，分为行动功利主义与规则功利主义。行动功利主义主张从行动的直接后果来评价其善恶，因此又被称为直接后果主义。规则功利主义对行动的评价主要以履行什么规则能够给行动带来好的后果为标准，因而又被称为规则后果主义或间接后果主义。此外，还有学者以行动的后果能否满足个人主观欲望为标准对行动进行评价，因而又被称为满足论的后果主义。

义务论伦理学

当代西方义务论伦理学的主流形态是非自利契约论，代表人物有美国学者罗尔斯和斯坎伦等。

罗尔斯复兴了西方近代以来以洛克、卢梭和康德为代表的古典契约论。在他的名著《正义论》中，罗尔斯设置了所谓“原初状态”。在“原初状态”中，各方代表都处于“无知之幕”后，不知道自己的出身、地位、家庭经济状况，以及自己的受教育水平、天资、才能等。罗尔斯通过一系列程序设置和建构，得出只有公平正义原则能够得到“原初状态”下人们的一致同意，从而成为建构和评价社会基本制度以及指导和评价人们行为的最高原则。公平正义原则在社会制度意义上是政治观念或政治原则，在行为领域则是道德原则。把道德原则置于理论的核心地位，是义务论伦理学的基本特征。罗尔斯的公平正义论，引起当代西方伦理学界的激烈讨论和争鸣。

与罗尔斯把政治与伦理糅合在一起的契约论不同，斯坎伦提出了建立在共同体基础上的契约论。斯坎伦认为，生活在共同体中的人们，对于行为对错有着大致相同的标准和观点。反过来说，对行为对错持大致相同标准和观点的人们，构成了一种契约共同体或协议共同体。斯坎伦强调，契约论的基本精神在于知情、非自愿或非强迫性，而共同体中人们对道德原则的认同恰恰体现了这种契约精神。

德性伦理学

德性伦理学是自亚里士多德至近代西方规范伦理学的主要形态。当代西方德性伦理学研究的一个主要倾向是从亚里士多德那里汲取资源，其中心论题是人的德性品格或有德性的人。当代西方德性伦理学家认为，无论功利论伦理学还是义务论伦理学都忽视了伦理问题的根本，即人的德性品格或有德性的人。在他们看来，如果仅仅从行动出发，对道德的理解就是碎片化的，而不是完整的。美国伦理学家麦金太尔强调，如果脱离了对某一行动的背景和前后关联来理解行动，就不可能对行动的道德性质给予合理说明。

应用伦理学

与着眼于基础理论建构的规范伦理学不同，应用伦理学主要分析和处理社会实践领域里的具体伦理问题。

应用伦理学的研究领域有些是传统的，如经济（企业）等；有些是新兴的，如生命医学等。从整体上说，应用伦理学主要分析和处理现代社会和现代科技条件下出现的伦理问题，如工业化带来的生态环境问题，生殖技术发展带来的生殖伦理以及克隆人问题，等等。当前，在政治、行政、经济、商业（企业）、金融、生态环境、生命遗传、医学、网络信息等诸多领域，都有大量前人没有遇到的伦理问题需要分析和处理，应用伦理学的发展可谓方兴未艾。

应用伦理学与规范伦理学密切联系、彼此促进：应用伦理学的发展，需要规范伦理学提供思想基础和理论指导；应用伦理学所涉及的社会实践领域的伦理问题，又成为规范伦理学建构基础理论的源头活水，推动规范伦理学不断发展。

医疗差错的归因与治理：一个组织伦理的视角

张洪松　兰礼吉，《道德与文明》2014 年第 4 期。

医疗差错是当前危害医疗安全、制约医疗质量的最重要因素，其归因与治理是医疗机构保障患者安全并持续改进医疗服务质量的核心议程。不过，由于对医疗差错发生根源的系统性认知不足，在我国当前的医疗差错治理中往往将医疗差错归因于医务人员的责任心等主观方面，进而按照“谁出错、谁负责”的原则对相关的医务人员进行惩戒。作者认为，这种以个人负责为特征的归因模式，忽视了组织结构和社会环境等因素的伦理性，是对医疗差错的“误诊”。要真正治理医疗差错、保障患者安全，应当适时更新伦理观念，通过引入组织伦理的视角，更好地解释医疗差错发生的系统性根源，进而提出更具针对性的差错治理路径。

一、医疗差错的归因：个体还是系统？

由于医疗差错的治理必须建立在对差错原因的正确认知之上，因而在治理之前必须将引发该差错的“原因”从复杂的因果链条中识别、提取出来，不同的归因模式将直接导致治理路径的实质差异。对诱发医疗差错的系统性因素，可以从多个角度进行整理，本文主要立足于医务人员之间的相互联系，将医疗机构内部的系统性因素整理为医—医关系、医—护关系、医—技关系、医—药关系等四大类。

二、医学伦理的更新：从临床到组织？

1. 主观归因与临床伦理。当前，国内对医疗差错的治理更多地集中在医院管理层面，是对管理者的思想认识、医务人员的思想素质等传统伦理道德的管理，其措施主要是通过各种学习加强认识，通过对各种医疗差错的惩戒达到效果。因而习惯于将个人作为道德责任的主体，而组织则被看作是理性个人的工具，是与道德无关的中立因素，这就阻断了追问组织、系统和制度的结构是否合乎伦理的合法性，不仅造成了现代哲学理论的某种缺位，同时也妨碍了医疗差错的正确归因和治理。

2. 组织伦理与系统归因。不同的组织具有不同的组织目标、组织结构和组织文化，这使组织具有了不同于一般个体的功能，同时也使其具备了成为道德主体的可能。组织伦理与临床伦理的关系并不是非此即彼，为了确保医学伦理在组织任何水平上的协调发展，同时考虑多个层次的伦理通常是必要的。因此，要真正从临床语境转向组织的系统模式。

三、组织伦理视野下的医疗差错治理

在组织伦理的视野下，更重要的还是对诱发医疗差错的系统原因的搜索和治理。而要真正实现这一点，不仅要将关注的对象转向系统层面，同时在方法上也应当坚持一种系统的视角，通过构建一个综合性、多元化的解决方案，最终创造一个注重患者安全的伦理氛围。

1. 构建以患者安全为核心的组织文化。营造这样一种注重安全的文化氛围，可以作为一种意识形态和控制机制，引导和塑造医疗组织所有成员的态度和行为，同时为其他医疗安全管理机制提供支撑。

2. 更新医院伦理委员会的职能。在继续强调临床疑难案例咨询的同时强化其在教育培训和政策审查等方面的职能，同时更新其人员构成，将组织内有权力和地位的成员、知识渊博且受人尊重的成员或者在其他方面具有特殊才能的成员纳入其中，推动在组织的每一个水平的决策中引入伦理的考量因素。

3. 构建非惩戒性的医疗差错报告系统。为了真正从医疗差错的经验教训中学习，未来我国医疗差错报告系统的改良应当同时从两个方面入手：一方面，充分考虑医疗差错发生机理的复杂性和系统性；另一方面，更新患者安全工具，并通过重新设计流程或系统使相似不良事件再次发生的概率最小化。

4. 通过教育和评估推进医疗安全建设。教育和评估是治理医疗错误、推进医疗安全的重要工具。首先，组织将其推崇的伦理价值和希望成员遵守的道德规范灌输到组织成员的观念之中。其次，定期评估医疗机构为推进医疗安全采取的各项措施。最后，组织伦理虽然扩展了医疗差错归因和治理的分析层次，但对当前这个高度分化、复杂无比的医疗服务体系而言，这种分析仍然是不完全的。在此意义上，组织伦理亦非万能，唯有同时考虑更低层次的临床伦理和更高层次的社会伦理层面，并在不同层次的分析之间辗转往返，一种真正综合、多元的医疗差错治理路径方可期待。

自由、权利与美德——桑德尔公民共和主义的核心观念及其问题

李义天　朱慧玲，《吉林大学社会科学学报》2014 年第 4 期。

一、作为共享自治的自由

作为共和主义的核心理念，共享自治并不阻止人们选择或追求自己的目的或目标。然而，它更多意味着，在一个政治共同体中，公民将公开讨论和建设一些堪称“共同善”的东西以及共同体自身的伦理目的。也就是说，共享自治一方面蕴含着积极的公民参与的诉求，另一方面蕴含着积极的善的诉求。在现代社会，共享自治的道德诉求固然颇有魅力，但是，容许其奠基的现实空间却存在着明显的困难。尽管桑德尔强调共享自治，然而，如果深入解读便不难发现，他并没有就如何实行自治提出具体有效的途径。作为现代政治的学术精英，桑德尔不可能不认可并维护个人不受政府压制或强迫的自由，他会对来自政府力量的压迫危险持有一种现代人的直觉式警惕。

二、作为公共参与的权利

无论是按照来源把权利划分为自然权利与法律权利按照边界划分为要求权利或自由权利，还是按照指向划分为消极权利或积极权利作为政治哲学尤其是现代政治哲学的基本理念，权利总是充当了界定、捍卫和推进一定程度或一定内容的自由的政治框架，是人们为实现自己所需求且珍视的自主因素而通过政治、道德乃至宗教的方式规定下来的（类实体化的）载体与资格。如前所述，与共和主义相比，自由主义的自由理念更倾向于消极层面，亦即，在不被干涉和强迫的条件下满足个体的私人偏好，容许个人按照自己的理解在不干涉和强迫他人的条件下追求并实现自己的善观念与好生活。桑德尔不反对自由主义的基本权利，相反，他同样认为这些权利值得保护和尊重。但是，桑德尔用于解释和论证权利的起点和依据，即营造一种倡导和推进共同善的政治空间，建立一种让人的潜能得以“绽放”和实现的政治体系已经决定了，他不可能将自己的诉求停留于自由主义的清单。对此，桑德尔说：“如果你认为公民自由比消费者的自由更加重要，那么你要赋予优先权的那种个体权利就会是参与自治的权利、

言论自由的权利、意志自由的权利、宗教自由的权利以及享受某种教育的权利……这些是从公民自由中衍生出来的个体权利。”倡导公民参与的政治理想固然美好，但在实际操作中却面临诸多难题。无论桑德尔在多大程度上试图将公民共和主义的立场与古典共和主义或当代共同体主义区别开来，前者总不可避免地要以特定形式的政治共同体作为基础。公民参与的诉求并不承诺公民参与的过程，更不承诺公民参与的效果。一种鼓励并推动公民参与的热情和倾向性的政治哲学，除非对公民参与的方式给予详细规划，对公民参与的能力给予有效培养，否则，它并不意味着公民参与足以就共同善的问题达成共识。

三、作为自我实现的美德

自由主义不是不讨论美德，也不是没有自己的美德清单。在自由主义的论述中，为了捍卫个人的自由选择权、维持社会合作的正常进行与政治制度的稳定，公民应当具备基本的宽容、理性、尊重以及正义感等美德。而共和主义对美德的理解以及围绕美德而展开的政治抱负则要深入和复杂得多。桑德尔意识到，“没有德行，自由无法幸存；而德行总是倾向于腐化，因此共和政治所面对的挑战就是去形成或革新公民的道德品质、强化公民对共同善的归附。”

四、结语

政治哲学当然不等同于道德哲学，就像政治不等同于道德一样，但是，任何缺失了道德维度或规范维度的政治哲学都是不完整的，甚至难以配称政治哲学。如果政治哲学不再追问政治事务的本质及其规范性，不再在意政治要素的道德构成和道德重要性，那么，政治哲学将不仅无法区别于政治科学或一般的政治理论，更会丧失其针对政治现实的反思与批判力量。对无论自由主义还是共和主义，它们并不是要（也无法）剔除和消灭道德因素，而是要尽力把这种因素置于一种恰当的位置。不是承认道德因素的存在，而是承认道德因素对于政治哲学的本质意义与核心价值，才是公民共和主义与现代自由主义的最大区别。

“己所不欲，勿施于人”抑或“人所不欲，勿施于人”

杨伟清，《道德与文明》2014 年第 4 期。

赵汀阳先生认为传统金规则“己所不欲，勿施于人”不能适用于当今的价值多元社会，已经过时，需改造升级为“人所不欲，勿施于人”。但他对传统金规则的三点评论并不十分合理，而且，他所提出的新版金规则“人所不欲，勿施于人”也并不包含什么独特的理论优势。“己所不欲，勿施于人”作为传统智慧的结晶，很难被取代或超越，仍是处理人际关系的根本原则。我们所需要的是回归这一原则，真正践行它。

一、赵先生对儒家版本金规则的一系列评论合理吗

赵汀阳先生对儒家版本金规则“己所不欲，勿施于人”主要提出了三点评论：该版本无法适用于当今的价值多元主义时代，无力处理价值与文化的冲突问题；“己所不欲，勿施于人”表达的是公正理念；“己所不欲，勿施于人”忽视他人的观点，体现的是一种否定他者精神和思想的主体性暴力和霸权。

1. 先看第一点评论。在赵汀阳先生看来，“假如传统金规则是普遍有效的，它必须基于这样的基本假定：所有人（至少绝大多数人）具有价值共识，也就是所谓的‘人同此心，心同此理’。与这个基本的假定相配合，其方法论是‘推己及人’。”但问题在于，现代社会失去了价值共识，人们在想要的不想要的问题上不具有共同一致的价值观，因而使得传统金规则成立的基本假定失效，而与之相伴的金规则也必然出现问题。

2. 接下来我们讨论赵汀阳先生的第二点评论。在他看来，传统金规则表达的是人与人之间的公正关系，体现的是公正理念，因为金规则的根本精神是互相对待的对等性或相互关系的对称性，而关系的对称性或对等性正构成古典公正概念的核心。

3. 最后，我们进入赵汀阳先生的第三点评论。根据这一评论，“金规则‘己所不欲，勿施于人’表面上表达的是对他人的善意，其实隐藏的是主体观点的政治霸权，它的思维出发点是‘己’，它只考虑到我不想要的东西就不要强加于人，根本没有去想他人真正想要的是什么。”在赵先生看来，这种主体观点是对他人的不公，是一种否定他者精神和思想的暴力，是对他人存在的超越性和绝对性的消解。

二、考察一下他所提出的用来替代传统金规则的新方案，即“人所不欲，勿施于人”

1. 首先来看他对“人所不欲，勿施于人”之理论优势的阐述。根据他的说明，与传统金规则比，这一新版金规则有三个重要优势：第一，它

的运用不需要以价值共识作为前提条件，因此能够很好地适用于今天社会的价值多元状况；第二，它能满足严格意义上的普遍有效性要求；第三，它蕴含着彻底的公正，能真正解决我与他人的公正关系问题，因为它的方法论是“由人至人”，能包含所有可能的眼界，能尊重每个人的精神。

2. 在对新版金规则作了以上澄清后，下面进入对其理论优势的分析。第一点，在赵汀阳先生看来，新版金规则能更好地适用当今社会的价值多元状况，可以更有效地克服因价值多元而产生的文化冲突。新版金规则的第二点优势是它更具普遍性，能适用于更多的条件和状况，而传统金规则只有在存在价值共识的情况下才适用。第三点，新版金规则是对公正理念的完美体现，能彻底解决人与人之间的公正关系问题。

3. 新版金规则不仅不具备以上所说的独特理论优势，还存在一个明显的缺陷，即实际运用方面的缺陷。其一，当他人的欲望和意愿得到明确表露时，新版金规则的确能提供确切的指导；其二，当他人的所欲或不欲没有清晰地呈现时，新版金规则就注定会失去用武之地。

大数据时代与儒家伦理的复兴

陈代波，《周易研究》2014 年第 4 期。

对处于困境中的儒家伦理来说，如果能够抓住大数据带来的时代机遇，必将迎来复兴的契机。

一、儒家伦理的现代困境与传统熟人社会的消解

改革开放 30 多年来，中国在经济上的成就举世瞩目，但是，儒家伦理在中国大陆不仅未能获得在新加坡、韩国等地的肯定，反而陷入了更深的困境之中。

（一）形象负面化

近代以来，无论是意识形态儒学还是儒家伦理，都被视为中国积贫积弱的罪魁祸首受到猛烈批判。

（二）地位边缘化

以儒家伦理为主体的传统道德在当前中国的道德体系中仅仅排在第三位，而且仅占五分之一的份额，儒家伦理所代表的传统道德在今日之中国已经相当边缘化。

（三）内容含混化

未经系统梳理的儒家伦理显得含混不清、良莠并存，不仅给批判者以进一步批判的理由，也造成现代人认知和接受的困难，也让那些要继承和发扬儒家伦理者不知从何入手。

（四）知行分离化

我国公众在儒家伦理的践行上似乎并没有其认同的那样高，不少人对于儒家伦理的认同仅仅停留在承认其正确或者有价值的程度上，却没有转化为具体的伦理实践。

（五）主体虚无化

学者、官员和大学生这些原来儒家意义上的传道主体和作为践行主体的农民都不再以传承和践行儒家伦理为己任。

（六）儒家伦理受困的主要原因——传统熟人社会的消解

儒家传统伦理的调节范围是熟人社会，而现代社会是一个陌生人社会。

二、大数据时代的三大趋势与新型熟人社会的重建

大数据时代将呈现世界数据化、生活智能化和社会透明化三大趋势，实质上是重建一个范围更广、程度更深的新型熟人社会。

（一）一切皆可量化——大数据时代的世界数据化趋势

随着大数据存储和分析技术的发展，世界数据化的趋势将会越来越快，我们生活所及的一切都将被数据化。

（二）自动化服务将无处不在——大数据时代的生活智能化趋势

随着大数据技术和移动互联网的发展，物联网的发展将会进一步加速，自动化服务将惠及人类生活的方方面面——从衣食住行到医疗保健以及工作休闲等等，人类生活智能化将不再是一种可能，而是一个必然的趋势。

（三）即时分享与数据开放——大数据时代的社会透明化趋势

随着大数据技术的发展，无论是个人分享的信息，还是政府企业开放的数据，都将越来越多，整个社会的透明化趋势将不断加强。

（四）大数据时代的“数字圆形监狱”——中国人眼中的新型熟人社会

越来越多的西方学者担心，大数据会催生一个零隐私的“数字圆形监狱”，但是对于中国人而言，这一切似曾相识。在大数据时代的熟人社会将远远超出原有的乡土范畴，个体被熟悉的广度、深度、速度都是传统的熟人社会无法想象的，对中国人来说，一个范围更加广阔、熟悉程度更深的新型熟人社会正在降临。

三、儒家伦理在大数据时代的应用

哪些儒家伦理规范能够适用于大数据时代呢？

（一）修身与诚信——大数据时代的生存法则

发扬儒家伦理的修身精神，把无所不在的外在监督和内心真实的善意有机结合起来，才能达到“从心所欲不逾矩”的自由境界。同样，践行儒家伦理的诚信原则，固然是外在监督下的生存需要，但人与人之间坦诚相待、无须撒谎掩饰的生活更符合现代的心理健康原则，没有思想包袱的心理只会让人们的生活更加轻松愉快！

（二）“发乎情”与“止乎礼”——大数据时代的交往准则

无论全球性的交往伦理如何制定，“发乎情”与“止乎礼”有机结合都应当成为大数据时代人际交往的基本准则，对于有两千多年儒家传统的中国人来说就更是如此。

（三）忠恕之道与“亲亲互隐”——大数据时代的隐私伦理

儒家伦理的忠恕之道与“亲亲互隐”可以作为大数据时代的隐私保护伦理。尽管在大数据时代本质上没有绝对的隐私，但是尊重他人隐私，不威胁他人隐私安全、不滥用他人隐私是一种做人的基本准则。因此，儒家伦理的忠恕之道和“亲亲互隐”足以唤醒数据使用者对他人隐私的尊重，在应对大数据时代的隐私挑战中必将发挥应有的作用。

傻子困境与服从难题——博弈困境中的合作与服从问题的伦理学探究

费尚军，《道德与文明》2014 年第 4 期。

英国哲学家布雷斯韦特（R. B. Braithwaite）曾预言：博弈论将从根本上改变道德哲学。尽管这一预言迄今并没有完全成为理论现实，然而伦理学研究从这种“工程学”方法的使用中确实获得了一些有益的东西。经济学家肯·宾默尔就坚信：“从博弈论的角度对伦理问题进行研究可以使人得到很多领悟。”正因为如此，它不仅激起了博弈论在诠释合作演化机制上的兴趣，也在伦理学的讨论中占据着重要位置。它启示着人们对理性、自利与道德之间关系的再认识，进而去探究人类合作秩序生成的道德基础。而伦理学在分享“博弈玩具”这一分析利器的同时，其理论任务和难题就在于不仅需要去解释个体理性选择与道德规范的出现和持续力之间的关系，也面对这样一个理论症结：对一个自利最大化的“理性傻子”

而言，为什么要选择合作而“服从”道德的约束？

一、“一报还一报”与合作的出现：博弈实验的解释

1. 如果说，“对策论研究自私自利，但并不推崇它”，那么博弈论既证明了合作困境的存在，又以自身的理论逻辑和创造性发展为解决这一困境指明了路径。值得庆幸的是，有关博弈论的行为实验研究向我们传递了一个较为乐观的信息，在《合作的进化》这本被誉为值得取代《圣经》的“不平凡的书”中，阿克塞尔罗德对这一问题所作的创造性探索使我们在这种境遇中看到了合作出现的希望。正如他所追问的：“大家都知道人不是天使，他们往往首先关心自己的利益。然而，合作现象四处可见，它是文明的基础。那么，在每一个人都有自私动机的情况下，怎样才能产生合作呢？”

2. 阿氏征集了多种策略方案来进行计算机对弈，在这场博弈策略的实验竞赛中，最终“一报还一报”的策略胜出。因为“回报是比无条件合作更好的道德的基础”。“回报当然不是道德的一个好的基础，但它不只是自私自利者的道德。它确实不仅帮助自己，而且帮助了别人。”通过使剥削性策略难以生存的方式来帮助别人，也是“公平原则”的体现。“‘一报还一报’靠促进双方的利益而不是靠剥削对方的弱点来取得胜利。一个有道德的人也就不过如此了。”

3. 显然，“一报还一报”作为一种低阶的道德，它包含了“他人如何待你，你也如何待他人”的规则……与其放纵狭隘的私利而做出“傻子”式的行动，不如通过自我约束而更为成功、也更为有效地实现个体的利益。而实际上，当现代博弈论运用技术性手段来呈现这一主题时，伦理学思辨同样为两难境遇中的人们提供某种“道德约束”的原理。

二、博弈困境与协定正义：伦理学的努力

1. 与上述演化博弈的路径把道德规范的出现看作参与者重复互动的一种非意图的结果不同的是，伦理学的一种传统的解释路径就在于把道德看作是理性主体之间相互作用的有意图的结果。因而问题就在于：对处在两难困境中的理性主体而言，如何在他们之间达成一项“有约束力”的协约，并使其遵守和服从共同协定的道德（正义）原则。

2. 通过对类似于囚徒困境的“自然状态”这一哲学的理论“虚构”，霍布斯力图从自利的理性中推出道德（正义）原则。就如休谟所评价的：

“这应当被认为是一种无聊的虚构；可是也值得我们注意。”如果说，达成一致的协定是一回事，而执行契约又是另一回事，那么也就有在没有外在强制的条件下，如何去确保道德（正义）原则的稳定性，有效解决参与者的“服从”问题。

其所得出的结论就在于：如果说社会是一种为了相互利益的合作冒险，那么与其作为“直接的最大化者”而导致自利理性的失败，不如遵守共同协定的正义，作为一个“有约束的最大化者”而从合作预期中分享合作利益。

三、服从与正义的稳定性：合作秩序何以可能

1. 人类的繁荣需要社会合作，然而哲学家们早就认识到，这种社会合作的可能性却是一个令人困惑的难题。因此，“最好的”策略就在于追求徒有正义之名的假象，选择“伪装”而做一只“狡猾贪婪的狐狸”。这样即使同意订立正义的契约，却没有普遍遵守和服从的动机。

2. 在违反协议能获得更大的个人利益的前提下，为什么遵守协议是理性的？在高塞尔看来，“傻子”挑战的，“是对直接追求个人最大效用而言接受道德约束的合理性”，因为答案就在于：“不是把诚实作为一种策略，而是作为一种倾向。”当然，问题在于解释人们是基于何种兴趣去培养这样一种“倾向”，以抑制明显自私的动机。

3. 实际上，伦理学家们分享了“博弈玩具”的兴趣，在于其生动地展现了社会合作的可能性、搭便车以及集体行动的困境问题，也为探究道德与自利的相容性问题提供了一个典型的思考范例。合作秩序的实现就必然需要超越某种过分简化的人性观念。如果像阿克塞尔罗德所说，我们也需要培育“公民的偏好”，使之“不仅有他们自己个人的利益，还至少在某种程度上结合了他人的利益”，那么事实上，在什么“应该是”我们的策略问题上，现实合作体系中的人们也会考虑诸如社会认同和尊重的“伦理相关”的目标，有着对背信和不义的“反应性态度”，也就不仅仅是“理性傻子”抑或追求自利最大化的偏执狂。

马克思与正义：从罗尔斯的观点看

卞绍斌，《哲学研究》2014 年第 8 期。

一、重新解读马克思的正义思想

罗尔斯之所以分外关注马克思正义观，其理论背景在于，东欧剧变后，马克思主义在一些西方学者看来似乎已经无法再成为指引人类前进的重要思想力量。罗尔斯认为马克思对正义的批判与其批判整个资本主义体系紧密相关。罗尔斯看到了马克思对资本主义的压迫性权力关系的深刻揭示，从而也洞察到在这一关系中，自由和平等的权利诉求实质上受制于资产阶级的权力关系，“马克思把资本主义社会看作特定意义上的阶级社会”。罗尔斯紧接着指出，资本主义不同于以往社会体制的地方，就是引导这个社会的规范基础是独特的。它不像奴隶社会和封建社会那样，把赤裸裸的人身奴役和强制当作社会体制的外部特征，而是显现“自由”“平等”的表象。罗尔斯还分外关注马克思对资本主义社会异化、物化以及剥削的批判，从而深入阐释了马克思对资本主义非正义性的认定，同时阐明了马克思解决这些问题的方案。在马克思看来，消除这种异化乃是实现个人自由全面发展的必要条件，未来社会也因此才是值得追寻的。罗尔斯在很大程度上与马克思共享着某种平等主义观念。平等待人这个要求潜存于他对资本主义的批判和对共产主义的辩护之中。

二、回应马克思对自由主义的批判

首先，针对马克思关于基本自由和权利的批判，即认为这种现代人的个体权利是对资产阶级的市民社会中的利己主义公民权利的表达和保护。其次，针对马克思关于政治权利和宪政民主体制的批判，即认为它们都是纯粹形式的。再次，针对马克思关于私有财产权相关联的宪政体制的批判，罗尔斯的回应是，财产所有制民主这一背景体制，与机会公平平等和差异原则一道，给予公民诸多积极的自由。最后，针对马克思所批判的资本主义条件下的劳动分工问题，罗尔斯的回应是，通过建立并实现一个财产所有权民主体制，那种狭窄的、有损人格的分工应该可以被克服。显然，罗尔斯对马克思的尊重和认同是有限度的，并不认为自己的思想完全与马克思的一致。对于马克思未来理想社会形态以及有关正义地位的论断，罗尔斯认为，“一种所有人都能在其中获得他们完整善的社会，或一个没有任何冲突的要求、所有的需求都能不经强制地协调成为一种和谐活动计划的社会，在某种意义上可以说是超越了正义的社会。”社会主义和罗尔斯支持的产权所有民主制都应该以平等主义作为道德价值诉求。罗尔斯不同意马克思超越正义的观点，认为未来社会的资源稀缺性不可能消除利益的冲突和实施正义原则的必要性，而且还主张，未来社会的正义体制不会自动出现，而是依赖于公民的正义感等道德能力。

三、两种正义观的对话与融通

沃尔夫认为，罗尔斯仅仅关注分配问题而忽视了生产资料的所有权，认为他仅仅关注分配而不是生产问题，而忽视了分配的根源。马克思非常明确地批判了着眼于分配领域的正义观，而把革命和斗争的重点放在生产领域，也就是改变生产资料的所有权关系。一方面，罗尔斯的正义理论确实关注分配问题，这是不争的事实；另一方面，在如何实现“首要善”的分配问题上，罗尔斯的思想方案却并不局限于分配领域，而是试图从根本上解决生产资料的所有权来实现平等。因此，那种认为罗尔斯的正义观仅仅关注分配而不关注更为根本的生产问题的看法是不准确的，也是具有误导性的。退一步来说，即使罗尔斯更为关注分配正义而马克思更为关注变革生产方式，“为何把两者看作相互竞争而不是互补的正义观念呢?”如果把正义的关切和论证作为一种道德理想诉求也许更能扩展对话的空间。作为一种道德理想，无论是罗尔斯还是马克思所勾画的未来社会都吻合我们作为个体自由平等的存在方式。罗尔斯和马克思之间并不存在根本冲突。其中的关键在于区分作为抽象道德、法律层面的正义观念和作为寻求社会希望、哲学层面的正义观念，正是后者被德里达认为是“不可解构的东西”。“超越性”层面的正义观凸显了马克思作为思想家的使命和担当。

德性法理学视野下的道德治理

李　萍　童建军，《哲学研究》2014 年第 8 期。

西方德性法理学的思想萌芽可以追溯至古希腊的亚里士多德的伦理学、政治学及其自然法本质的构想中。但是，当代西方的德性法理学作为一种规范和解释的法律理论，直接受到了当代西方德性伦理学复兴所提供的思想资源的启发。它融合德性伦理学、德性认识论和德性政治学，力图对当代法律理论的重大问题作出更深刻的回答。美国乔治敦大学法学院教授索伦是当代西方德性法理学研究的首创者和重要人物，其研究成果为我们反思当代中国道德治理的理论困惑与实践疑难提供了有价值的思想资源。

一、道德治理中德性与规范间的圆融

“道德治理”包含两种基本的含义。第一种含义是利用道德去治理，发挥道德在社会实践中扬善抑恶的功能，道德是治理的手段。我们称之为

“德治”。第二种含义是针对道德的治理，是对社会实践中不道德现象的纠偏和矫治，道德是治理的对象。我们称之为“治德”。

该文探讨的不是作为“德治”的道德治理，而是作为“治德”的道德治理。作者认为，当代中国道德治理中德性与规范之间的合理关系是：从逻辑顺序而言，德性始于规范，规范止于德性；从价值序列而言，规范是德性的手段，德性是规范的目的。这就是德性与规范之间的一种圆融。任何成熟的道德理论都必须包括对德性和规范的说明。德性伦理使德性优先于规范，而规范伦理使德性从属于规范。德性理论是对德性的说明或者解释；德性伦理将德性评价作为伦理学的基础和伦理分析的核心概念，认为这种对人类品质的评价同行为正当性或行为后果价值的评价相比，更具根本性意义。正如规范伦理不排除德性的价值，德性伦理也认同规范的意义。

二、化德性为规范的德性法理学探索

人们德性养成的复杂性、长期性和系统性决定着任何单一的规范都无法承受住化育德性的重任。因此，化德性于道德、宗教和法律诸规范中，是我们推进道德治理时无可逃避的“路径依赖”。

德性法理学主张，法律的核心功能不是防止伤害他人的行为或者保护权利，而是“实现和维持使每位个体能够达成人类最高功能的社会条件”；反对将福利、效率、自决或平等作为法律哲学的基本概念，倡导将德性、卓越及人类繁荣作为法律哲学的中心概念。德性法理学通过对法官德性的聚焦，提出了以德性为中心的审判理论。其首要主题是，法官应当是有德性的，且应当作出有德的裁决；法官应当根据他们对审判德性的拥有或者潜在获得而选任。索伦认为，法官应当具有实践智慧，成为一个phronimos（明智者）。好的法官在其正当的法律目的与手段的选择中必须拥有实践智慧。但是，法官也应当拥有作为守法的正义（justice as lawfulness）的德性。卓越的法官必须拥有忠诚于法律及关注法律连贯性的德性，我们称之为“作为守法的正义”。

三、当代中国道德治理的反思

随着以市场为导向的经济改革的展开，中国社会的结构日益由封闭走向开放，个人利益在全民范围的道德建设中就得到了合理的辩护。但是，人追求利益的欲望一旦从过度压抑的状态中释放出来，而又预先缺乏相应的调整和规范手段，必定会成为席卷全社会的反道德潮流。因此，改革的社会需要开放的道德，而开放的道德需要道德治理，否则，就容易由开放滑向无序。那么，当代中国的道德治理之路在何方呢？

从德性法理学的角度看，我们在推进道德治理的进程中，有两个重要的支点需要引起格外关注。第一，我们的立法必须为德性的实践预留适当的空间。第二，我们的司法，从消极的层面来说，不能成为无德者的怂恿者；从积极的方面来说，应该成为有德者的支持者。

正义并不总是写在纸上，表现为制定的成文法。卓越的法官不仅要明晰法理，更要透彻事理和情理；不仅要恪守作为守法的正义，也要追求作为衡平的正义，运用实践智慧以达成法理、事理和情理的圆融。

论技术——道德耦合力场的解构与风险

汪天文，《哲学研究》2014 年第 8 期。

技术与道德之间的关系十分微妙而复杂，自古以来，就有科技中立论、道德万能论、道德无用论以及同一论、对立论等不同观点。作者尝试建立一个技术—道德耦合力场模型，作为一种文明发展的变量参数，用以剖析技术力量、道德力量构成的力场变化，阐释技术与道德之间的深层互动及其对人类文明发展的重要影响。

一、混沌缘起与耦合平衡

技术和道德看似分属不同领域，其实二者具有共同的缘起，都是与人类发展相伴生的文化形态。关于技术起源，归纳起来有技术神授论、技术人创论两种；对于道德起源，归纳起来主要有神启论、理念论、先天论、人性论、需要论、社会关系决定论等。

归纳技术与道德的起源问题，得出一个公因子：自然力，即技术和道德都是对自然力的学习和模仿，都是通过自然力来达到生存的目的，但前者侧重于对自然力的进取，后者则侧重于对自然力的守卫。为了便于理解，作者引进物理学的耦合力场概念，用以概括技术与道德之间的关系。技术力场是社会发展的动力，道德力场是社会稳定的静力，技术—道德耦合力场共同作用形成社会稳定与发展的必要张力。自然力在人类社会中同时产生的这两个不同的力场，相互耦合而成为人类文明发展的基本逻辑，二者的相对平衡构成了漫长的史前文明以及农牧文明的和谐构架。

二、对称破缺与结构分离

然而，技术—道德耦合力场不是永远平衡的。这个耦合力场本身具有不对称性：一方面是技术力场具有极大的自主性和自由性，另一方面，道德力场的审视和匡正作用存在时间滞后、空间错位的可能性。因此，这个耦合力场存在对称破缺的可能性，在某种诱发情况下，技术力场极易脱离耦合力场，飙升独大，破坏平衡。

三、科技革命下的三重风险

在科技革命的情况下，社会至少将进入三重风险之中。第一是技术副作用风险。这是技术自身附带的风险，即任何技术的应用后果都难免存在与技术应用相关联的弊端。第二是技术错位风险，即技术应用过程中，因使用者、使用对象及其目的、方式的不同或使用不当而存在的不确定风险。第三是道德风险，主要表现在道德失范和道德麻木方面。

四、耦合力场的重建

1. 技术能否自救？从大量事实可以得出以下逻辑推理。（1）资本的本性是无限扩张，而技术的本性是获取自然力。当资本与技术结合在一起时，就意味着欲望的无限扩张和对自然力的无限索取。（2）技术可以解决局部问题，但每一个问题的解决都可能会衍生出更多的新问题。（3）现代技术逐渐脱离道德力场的制约，飙升独大，技术并没有为我们找寻到天堂，却无意中释放了地狱之火。现代技术绑架了现代文明，控制着文明的走向。根据以上三点，可以得出结论：技术本身不具备自救的功能。

2. 道德本体论：最安全的发展模式。作者以为，道德本体论是解决当前危机的良方，即道德为体，技术为用。道德本体论的理念是：技术为人的自由提供物质手段，而道德为技术的自由确定规范与目的，两者统一在人的生活实践之中。

3. 道德仲裁的几个原则。第一是道德至上原则。即道德有权对现有技术进行审视和匡正，取其精华，去其糟粕，安全的留下，有风险的去掉。第二是宁缺毋滥原则。当技术创新超越道德视域的时候，当道德禁令不足以匡正技术偏差的时候，当技术风险难以评估的时候，应服从宁缺毋滥原则，即以社会安全为底线，限制或停止某项技术的开发和运用。第三是生态经济原则。即经济发展以不伤害生态环境为前提，在技术层面上重新考虑经济发展的模式问题，大力发展绿色经济。

假如技术是一匹骏马的话，那么道德就是驭马的缰绳。如今，这匹脱缰的野马在很大程度上已经绑架了人类文明的走向，而技术本身又缺乏自救的能力，因此，我们只有寄希望于道德力场的重建，重建技术—道德耦合力场的平衡与和谐，在生态文明建设的历史关头，实现技术文明与道德文明的和谐共进。

论西方社群主义对个人主义的批判

沈永福　马晓颖，《思想理论教育》2014 年第 8 期。

20 世纪七八十年代，西方个人主义的负面效应进一步突显，引发以麦金太尔、泰勒、桑德尔和沃尔泽等为代表的社群主义者严厉批评之声。

一、对个人主义危险的揭露

社群主义者认为个人主义今天已经发展得像癌症一样危险了。使现代生活既平庸又狭窄，使我们的生活更缺乏意义，更缺少对他人及社会的关心，出现了个人责任意识的减弱和人们道德观念的日益淡漠。社群生活的衰落，导致了社群精神的失落，也加速了西方社群组织或团体的松散，甚至瓦解，社会生活中的互惠行为出现了全面下滑。

二、对个人主义自我观的批判

社群主义认为个人主义错解了个人与社会的关系。他们认为个人是有所归属的，这种归属便是社群。任何个人必定生活在一定的社群之中。世界上不存在与这些社群相脱离的“我”。自然状态或“原初状态”中的人是抽离了任何社会特性、社会身份的人。正是社群构成了个人对自我的认同，个人不仅是社会的产物，也是历史地生成的。

三、对消极自由的批判

社群主义者认为消极自由只是“机会概念”，它强调的是不受限制，事实上，只有当一个人能够有效地控制自己并塑造自己的生活时，他才是自由的，而这种自由概念则是“操作概念”，也正是“积极自由”概念。自由与目标的重要性有密切的关联。公民有义务尽最大能力为共同体献计献策，培养美德，为共同利益效劳。这是确保任何程度的个人自由以追求既定目标的唯一手段。

四、对原子主义的批判

社群主义者首先批驳了原子主义人性学说，进一步揭示了权利优先论的内在矛盾，指出原子主义强调个人权利具有绝对的优先性，从而否认了个人对社会的从属关系和个人对社会的义务与个人权利具有同等的地位。

社群主义对个人主义的批判，可以视为对自由主义的批判和对资本主义文化的深刻反思。但社群主义就其主旨来说，仍然是“建设性的批判”。

挑战与选择：会聚技术立法的伦理反思

陈万求　杨华昭，《哲学动态》2014 年第 8 期。

会聚技术（NBIC）作为主导 21 世纪技术革命的新兴技术群，将揭开人类技术发展历史的新篇章，产生比以往任何一次技术革命都更为广泛而深远的影响，也必将给人类法律秩序带来前所未有的难题与挑战，我们不能无视，必须主动应对。

“会聚技术”是指由纳米技术、生物技术、信息技术和认知科学这四大科技前沿领域经重组后形成的一个全新的技术领域。高新技术的会聚和集成将会使人类在纳米的物质层面重新认识和改造世界以及人类本身，极大地提高人类的智力和体力，拓展人类认知和交流能力。在过去十年的时间里，国际媒体报道了大量会聚技术新的突破。

科学进步是一种悲喜交集的福音，会聚技术在提升人类能力、给人类带来无限希望的同时，也会对既有的社会秩序、伦理观念和法律制度等产生巨大挑战，引发人类“21 世纪的不安”。会聚技术对法律的挑战主要体现在法律价值、法律主体、法律权利和法律秩序上。最根本的挑战是对法律价值的挑战。

对会聚技术进行立法调控十分必要。第一，应对新型的社会关系的需要。会聚技术对法律的挑战不仅日益渗透到人们的生活中，而且对生态环境安全也会带来种种潜在的危险，必须采取积极立法以避险除害。第二，为会聚技术划定红线，遮蔽有害的技术，技术立法过程实质上是一种技术选择过程。一方面，法律对技术进行筛选时，一部分技术被凸显，另一部分被遮蔽（甚至被禁止）。法律对相关会聚技术从立项、设计、投产到产品化的全过程进行选择，一部分技术被选择集成，使有益的技术成为合法的形式，另一部分无益的技术即被禁止、舍弃，乃至遗忘。纳尔逊和温特提出了“自然轨道”中的“轨道”概念。第三，促进会聚技术良性发展的需要。会聚技术的负面影响非常复杂，法律必须同时扮演“刹车”的角色，从正反两方面控制其更完善和服务于人类社会。

确立立法的价值取向，才能厘清应该创设何种法律，应该通过何种途径实现；也只有首先确立立法的价值取向，才能有立法目的与任务的表达，才能有具体的法律规范对会聚技术进行预先的模式设置。第一，促进技术发展与科技以人为本相结合。会聚技术的立法既要以保障人类的根本利益为伦理价值取向，又要遵循科技自身发展规律，趋利避害，有效协调矛盾，最终实现促进技术发展与科技以人为本的统一。第二，正义与效益相结合。正义是法律的最高价值。在会聚技术的研发和应用中，由于高技术的复杂性和风险性，需要国家和社会资助才能完成。在一定时期内社会资源是有限的，这就要求政府进行立法设计要充分考虑正义与效益相结合的原则，区别对待，凸显一部分技术而遮蔽另一部分技术。第三，价值理性与工具理性相结合。

功利主义究竟表达了什么？——从罗尔斯对功利主义与正义论分歧的论述契入

徐大建　任俊萍，《哲学动态》2014 年第 8 期。

作者试图从罗尔斯论述功利主义与正义论的分歧着手，从基本观点、方法论和伦理学说的分类等三个方面，来弄清楚功利主义的实质和缺陷，澄清一些不必要的误解，以便更好地指导社会科学的理论和实践。

一、功利主义与正义论在基本观点上的分歧

罗尔斯在比较功利主义与正义论的分歧时，将“最大多数人的最大幸福”理解为社会利益或社会福利的总增长，并由此认为，两者在基本观点上的根本分歧在于：功利主义把社会利益或社会福利的总增长视为道德的根本，主张正义的常识性准则和自然权利的概念从属于社会利益；而正义论则把每个人的自然权利的不可侵犯性视为道德的根本，主张自由与权利优先于社会福利的总增长。功利主义与正义论之间的分歧，并不完全是罗尔斯所认为的那样：由于制度伦理的根本问题是正义，所以两者的分歧仅仅是在正义问题上效率与公平的分歧。实际上，从根本上说，这种分歧还包含着制度伦理“应当强调公平正义还是强调总体效率”的分歧。因此，就功利主义的评价来说，便需要考虑上述两方面的问题。由于构成社会根本利益的公平正义和总体效率并非同一个东西，两者不仅不能相互定义，其间的关系也不是一目了然、始终协调一致的，有时甚至还会发生严重的冲突。因此在制度伦理问题上，一方面会产生“社会利益究竟应当以公平正义为根本还是以总体效率为根本”的问题，另一方面，即便仅就正义问题来说，由于公平与效率彼此相关，也仍然存在着功利主义与正义论的分歧。

二、功利主义与正义论在方法论上的分歧

功利主义不仅在道德行为的基本观点上与正义论不同，而且在论证其观点的方法论上也与正义论存在着根本的分歧。在作者看来，罗尔斯关于功利主义方法论的分析的合理依据大致有两点：其一，由于功利主义将“最大多数人的最大幸福”定义为个人的利益加总，因此其行为评价的操作模式与利己主义相同；其二，古典功利主义的代表人物边沁和穆勒对功利主义“最大幸福原则”的论证的确存在着混淆利己主义与功利主义的问题。根据休谟的经验论功利主义论证，罗尔斯关于功利主义与正义论在方法论上的分析是十分片面的，罗尔斯本人可能也意识到了这一点，因此他在肯定休谟是功利主义者之后，又自相矛盾地说：“从休谟发端的那种功利主义理论并不适合我的目的，严格说来它不是功利主义。”

三、目的论与义务论的分歧

与一般的看法相似，罗尔斯也把功利主义归类为一种目的论，而把公平的正义理论归类为一种义务论或非目的论。不可否认，就深入阐发功利主义与正义论的基本观点与方法论的分歧来说，罗尔斯上述的分析无疑是富有启发性的。但是，这样的道德类型分析也的确存在着一些令人困惑的问题。在作者看来，为了消除有关目的论和义务论的这些道德类型问题上的困惑，关键在于区分不同类型的“善”与“正当”，而区分的基础则在于个人利益与社会利益的划分。必须认识到，社会利益并非个人利益的简单加总与增长。因此在“善”的概念问题上，不能将“善”仅仅视为满足个人需求的东西，由此把“善”限于个人利益，认为社会利益可以定义为“善”的加总与增长，而应当首先把“善”区分为两类：“个人利益”和“社会利益”。在此基础上，可以接着把行为的“正当”也区分为两类，其中一类是行为达到任何“善”目的的有效性，另一类是行为无害于或有利于作为社会利益的“善”的正当性。后一类行为的“是否正当”属于道德“正当”问题。作为手段的行为在道德上是否正当，在于其后果是否符合作为社会利益的“善”。根据这样的分析，在“善”与“正当”之间，尽管存在着作为个人利益的“善”与作为社会利益的“善”或“正当”的矛盾，却不存在一般的“善”与一般的“正当”的矛盾和冲突了，也就不存在目的论与义务论的区分了。

社会主义核心价值观认同路向研究

郭建新,《哲学动态》2014年第8期。

社会主义核心价值观要得到公众的认同，必须在理论上进行科学的建构和阐释，在现实性上说服公众，在实践中印证价值理念，在价值认同中实现“物质利益激励、优越制度推进、官员示范引领”三大机制齐头共进的作用。同时，在价值认同主客体互动的过程中，尤其要紧紧抓住“人”的因素，加强主体自身的美德培育，以公民德性内化和守望获得认同。

一、理论来源于生活，以说服力奠定认同的基础

如何使“倡导富强、民主、文明、和谐，倡导自由、平等、公正、法治，倡导爱国、敬业、诚信、友善”的社会主义核心价值观真正渗入公众大脑，被公众内化，并指导公众的实践，关乎社会主义核心价值观在现实中能否内化为主体的精神追求及其行为动力。要强化社会主义核心价值观的认同，首先必须对社会主义核心价值观认同方面存在的问题进行正本清源。第一，科学的要诀在于求真务实。第二，理论工作者要在深入研究和分析当今各种社会思潮的思想内容和表现形式，解剖社会思潮的基本观点、来源和实质的基础上，着力回答好社会主义核心价值观“三个倡导”之间的密切联系，从历史和现实、理论和实践的结合上，讲清楚社会主义核心价值观“是什么”，为什么“必须坚持”以及“怎样坚持”，从而使公众不仅“知其然”，更“知其所以然”。第三，社会主义核心价值观要想通过传播深入人心，就“再也不能像过去那样通过政治化、教条化的刻板说教方式让受众接受，而是在相当程度上必须适应市场机制的运行规律，考虑市场的需要，贴合大众的口味”。

二、现实印证理论，实践达成共识

要确保社会主义核心价值观在公众中引起共鸣，并达成最终的认同和共识，政府必须着眼于当前社会公众最关心、最直接、最现实的利益问题，“从维持经济繁荣、维护社会公平公正、确保官员清正廉洁”三方面入手，回应公众对政府和社会主义社会更多更高的期望，实现以物质利益激励认同，以优越制度推进认同，以示范引领认同。

三、理论超越现实，以公民德性内化和守望获得认同

从当前公众最关心、最直接、最现实的利益问题入手，通过强化公民

社会中的制度设计和治理模式，回应公众对政府和社会主义社会更多更高的期望，对于推进社会主义核心价值观认同固然非常重要，但是，人自身的因素也不容忽视。推进社会主义核心价值观认同，公民自身的“德性”培育尤其重要，社会的现代化首先是“人”自身的现代化。公民德性就是公民道德。第一，培育个人品德，促进核心价值外化于行。第二，培育公民美德，弥合核心价值认同裂痕。人格（私人）品德一般是指个人基于自身人生目的的道德修养和私人生活领域内的道义承诺，限于个人人格自我和自然人伦关系的道德伦理范畴。公民美德是在公民个体履行公民责任与义务中逐渐养成的适应公域的伦理品质，它是在公共领域中所展示的美德素养，是维护和促进公共利益、为公共利益效力的美德。公民美德对于人们正确认识现实和理想的差距，明晰自身对于社会的责任感和使命感，理性地参与公共事务，达成价值之间的共识，推动现实社会的和谐发展具有非常重要的意义。首先，理性与包容是理解现实和理想的差距、达成社会价值共识的基础。其次，正义感与责任感是维持社会共同体的重要因素。最后，爱国精神和公共参与是实现社会公共利益、形成核心价值观认同的有效途径。源于爱国精神的公共参与则要求公民从内心认同自己是国家或社会共同体的一部分，在参与社会公共生活时，对“共在他者”具有普遍的尊重、理解、善待、关怀、公正、奉献、责任等美好德性，能够在正视自己的个人正当利益的同时，超越一己之私，关怀他人，自觉维护公共利益和社会公共秩序，努力求得个人利益与公共利益协调一致，实现“个人善”与“公共善”的结合。

推动技术伦理创新

胡霁荣，《社会科学报》2014 年 8 月 28 日。

现代技术伦理的发展

关于技术伦理的本质问题，学者们认为现代科技发展和应用的趋势不可阻挡，不能因有负面性和风险的可能性就压制人类对科技进步的追求。因此，技术伦理必须发挥自身价值，回应技术发展中的伦理与社会争议，参与科技决策，并指导科技在现实社会中的发展。沈铭贤教授认为，伦理和人文对技术的介入的根本目的，就是要扬科技之利，抑科技之弊。陆晓禾认为，生命伦理学中的自主原则、不伤害原则、行善原则和公正原则也应成为技术伦理研究的原则，成为指导技术实践的价值尺度。

技术与伦理的关系

当下技术伦理研究存在着一个现实困境，即伦理学、哲学与科技之间的关系是不对等和不均衡的。目前世界上科学与哲学的对话或跨界发展体现为一种科学的强者模式，伦理学家或哲学家对技术发展的影响甚微。面对哲学立法者地位的丧失与外在于科学发展的问题，哲学应当回归立法者角色与身份的议题，要对科技发展与社会政策进行学理上的反思。要强化立法者的功能和位置，进而正确指导科技伦理的发展。伦理对技术的介入、伦理与技术的对话，应当从外在化模式走向内在化模式。对于基因技术的伦理规范并不是伦理学家的外在规范，而是基因技术本身的对人的发展的一种内在要求，要有政治和制度因素的介入。

当代伦理学的创新

新问题、新视角、新方法。学者认为，要从前沿技术的发展问题中，寻找和开辟伦理学的新问题和新领域。首先，伦理学者要关注前沿技术的发展状况，对于新技术从研发、应用到产生实际效果这一过程，要展开全面研究。张春美认为，要突破传统伦理学研究“善”与“恶”，人与人之间的关系，转向全方位思考人、社会和自然关系的伦理探讨。其次，需要形成跨学科的视角，推进研究方法创新，从不同角度和学科背景来认识和把握技术发展伦理问题，此外要着力培养复合型研究人才，这正是当下伦理学发展的必然要求。近年来，国际学界出现“技术伦理治理”转向，旨在解决技术决策过程中精英决策与公众参与的关系问题。张春美指出，关注技术决策中的公民参与，如何进行技术伦理治理，将是今后技术伦理发展的方向。对此，学者们表示，应用伦理学要对前沿技术发展中的问题予以理论上的回应，并在实践中推动技术伦理治理与制度创新。

我国技术伦理的发展前景

在中国社会转型的语境下，技术伦理问题有哪些特殊性？学界如何应对这些挑战？学者从以下四个方面阐述了各自的观点与看法。（1）技术伦理规范的普世性与中国特性。目前，国际上生命伦理研究仍然关注普世性的伦理规范问题，但这个普世性的伦理规范是否与中国文化语境中的伦理规范相适应，在多大程度上相适应的问题，是有待学者们进一步回答的问题。（2）技术伦理与中国传统文化。现代技术发展不可避免地受到中国传统文化的影响，存在一些忌讳，比如，临终关怀，包括对死亡的看法。沈铭贤提出，要把现代生命伦理与中国优秀传统文化有机地结合在一起，从而为科学技术进行辩护，推动技术伦理在中国的应用与发展。(3) 推动技术伦理规范与制度建构。从技术安全和技术风险的角度，建议我国应适时成立技术伦理委员会和国家技术安全小组等机构，对技术发布和应用进行伦理、风险评估，从制度上切实保障技术安全。沈铭贤主张，要让基因技术和辅助生殖技术为优生优育服务，尤其是在现有技术成熟的情况下，应当有效加以应用。(4) 学术话语的本土化与大众化。技术伦理研究不能照搬国外的话语或采用深奥的学术术语，因为国外的话语有其特殊性和片面性。

公平、公正、正义的政治哲学界定及其内在统一

万　斌　赵恩国，《哲学研究》2014 年第 9 期。

在汉语语境中，公平、公正、正义有着不同的指向和明确的含义区分，但在政治理论中常被混淆使用。具体来讲，公平、公正和正义都是人们对相互之间的恰当关系的追求。公平是对特定社会和历史时期的人们追求相互之间符合生产发展的交往关系的客观规定和概括；而公正则是人们对这种交往关系的主观反映，并成为社会和政治行为中的普遍标准，成为人们交往活动所遵循的各种原则；正义则是上述两者的结合，是客观的公平关系和主观的公正尺度的统一，凝结成特定群体所普遍追求的价值和理想。

一、公平

公平在本质上是一个社会性和历史性的概念，是人与人之间的相互关系在特定历史时期的概括，是关于社会全体成员之间恰当关系的最高规定。从客体角度讲，公平及其在社会中的实现程度总是同这个社会制度相联系，是社会经济基础的反映。从主体角度讲，人与人之间公平关系的发展以及人们的公平观念总是受制于人的自我意识的发展以及人的理性能力的提高程度。因此，公平以及公平理想由于主客体两方面的限制，其实质也不过“始终只是现存经济关系的或者反映其保守方面，或者反映其革命方面的观念化的神圣化的表现”。

二、公正

如果说公平是对人在特定社会历史时期的客观关系的概括，那么它要取得这一时代的普遍有效性就需要将自己限定在人们可接受的范围内，并且内化为人们对相互间恰当关系的追求。公正就是将人们所认可的公平关

系转化为一定时代和社会具有真理性和普遍性的规则和标准。人们以符合社会生产发展的公平关系指导社会实践，从而获得真理性认识。法律作为公正的外在象征，在任何社会群体中都是确认社会成员相互关系恰当性的基石。内在化的公正伦理标准则是人对自身的约束，以使公正成为人的行为原则，并使其所蕴含的恰当性关系真正符合人自身的发展要求。

三、正义

公平和公正使社会历史中的人与人之间的关系客观化和主体化，但人们所追求的相互之间的恰当关系远非仅仅停留在这个层面上，它还融合了人们对这种既定关系本身的善与美的追求。因此，正义是人们对相互之间恰当关系的客观和主观的内在统一。正义作为融合了主体和客体两方面的精神追求，表达了人希望能自由、自觉地支配自身关系这种最佳的恰当性。正义的现实基础正是特定的自我利益诉求和需要的满足。

正义的实现是关涉所有人的，是所有人都可以接受的。正义的精神价值内涵使其超越于现实的历史，成为特定社会中人们相互关系的最高要求，并且反过来成为评判一个时代是否文明进步的最高标尺。

四、公平、公正、正义的内在统一

通过对公平、公正和正义的概念分析和界定，我们发现他们之间的区分是明显的，但同时三者有着内在关联。首先，三者都是对人与人之间恰当关系的规定与评价。其次，三者都有着共同的客观基础，这个基础就是一定社会的生产方式。最后，三者共同构成人们对自身关系的真、善、美的追求，从而统一于社会历史发展的方向和人们的实践活动之中。

总的说来，公平、公正和正义在人们对相互之间恰当关系的安排中成为共同追求的理想。公平的客观关系是根据生产力的发展在主体发展的角度上表现为人的相互关系的三阶段跃进，即马克思所指出的人的依赖关系、以人的独立性为特征的全面关系和以自由个性为特征的个人全面发展关系。而公正则是将这种公平关系主观化和现实化为多元的标准，正义是以否定性的形式和超越性的内容表达着人与人交往关系中非私利性和类特性等恰当性的不断增长，以达到人的自由而全面的发展。

意识突现论与意志自由

王延光，《哲学动态》2014 年第 9 期。

意志自由可以定义为我们的选择最终取决于我们自己。在“意志是否自由”这一问题上，哲学界主要有两种不同的观点：一种是决定论，另一种是非决定论。在现实生活中，人们对意志自由的存在似乎是一种亲身感受，难以否定，因此力图通过多学科的方法去证明它的存在合理性。现代认知神经科学“意识突现论”的提出给意志自由的探讨带来了新的希望。

一、突现论

“突现”也译为“涌现”，指的是在复杂系统中，遵循简单规则的个体通过局部的相互作用构成一个整体的时候，一些新的属性或者规律就会突然一下子在系统的层面诞生而不能还原。与突现理论产生密切关联的是对由下至上的单向因果自然律和决定论的否定。科学研究已经发现，以往的由下至上的因果关系或自然律不是认识世界的唯一途径，世界万物不是确定的，自然界的生成发展并不遵循严格的决定论。突现论的新认识和新思想是人类认识宇宙、世界、自然、社会、自我及其相互关系的一大进步，也为思考哲学的自由意志问题提供了一个新的方向。突现论由于具有非还原性、非决定性等性质，在神经科学和神经伦理学领域，已被应用于对“人的意志自由是否存在”的研究中。

二、意识突现论

我们的意识体验就是这样在时空中迅速组装、匹配、处理起来的。这一处理过程主要由位于大脑左半球的神经“阐释模块”负责。神经“阐释模块”也被神经认知学家称为“解释器”，它能够根据自己所掌握的信息线索，对我们的感觉、记忆等不同方面之间构建的关系给予解释，找出当下一个合理的意识或自由意志状态。

三、意识突现论与意志自由

现代神经科学领域有关意识及意志自由的讨论由来已久。争论的焦点就在于意识和大脑生物物质的关系，以及如何阐释意志自由的发生机制。一些坚持宿命论或决定论的神经科学家经常表达这样的看法：我们的思想、意图和行为在还原和决定的意义上，都是已决定了的产物，我们遗传的天资以及我们成长的环境也是给定的，那么，我们就只能被动地活着。这也就意味着一切都是注定的而不能改变，我们不是自由的，我们在道德上没有责任。宿命论和决定论的理论基础是经典还原论。经典还原论的信念是：一旦运用分析方法确切知道了实体的各个组成部分，就可以通过综合的方法推知整体的性质。事物是因果决定的，一旦知道当下状况或初始条件，就可以推知将来任一时刻的情况。据此，任何行为动机的生发、决断的权衡经过，都由自然和神经活动发起和推动，意志自由便无从谈起。“意识突现论”阐释的神经生物物质与意识产生的全新关系，对某些神经科学家所谓的“认知神经科学和哲学的自由意志探究是两个不同领域”的观点给予了纠正，也引起了学界对传统哲学心身二元论的进一步思考。“意识突现论”绝不是心身一元论，但也不支持心身二元论；它对“精神和脑相互作用，精神是高于脑的东西；精神状态，包括有关事件的状态，不是脑，是脑状态”等这些与意志自由相关的认识提供了一些可借鉴的解释和说明。“意识突现论”没有完全否认自然、环境、社会等外在因素对自由意志形成的影响，从而不同于将意志自由绝对化的先验自由意志论者的观点。

目前，“意识突现论”这个有关意识和自由意志的理论或假说仍处于研究阶段，尤其是大脑意识的“自组织”过程和突现的特有规律尚未揭晓。这也是人类认识世界和认识自身的共同难题。但能够确定的是，这个理论整合了现代物理科学、认知神经科学的最新研究成果，将为现代认知神经科学、哲学对意志自由的探讨提供一个新的有生命力的方向。

约书亚·格林与道德判断的双重心理机制

王觅泉　姚新中，《哲学动态》2014 年第 9 期。

该文试图批判性地考察格林的研究以及相关争论，期望通过对这一标本性案例的梳理，管窥当代道德心理学与道德哲学的互动图景，揭示这一互动所面临的问题及其可能的贡献。

一、格林的创见

格林的工作由道德哲学中备受争论的“轨车困境”启发而来。他设想如下两个场景：转轨困境和天桥困境。大部分人在转轨困境中作出了具有后果主义特征的判断，而在天桥困境中作出了具有义务论特征的判断。格林的目标在于揭示人们是通过怎样的心理机制来达到这些判断的。格林首先需要对轨车困境中影响人们判断的因素及人们的反应方式作出一种解释，然后再通过心理学实验来观察和验证这种解释的有效性。格林认为，义务论判断是情感机制的结果，而后果主义判断是“认知”机制的结果，这就是他关于道德判断的双重机制理论。格林重要的理论创见在于设计了一系列心理学实验来验证他的上述理论。大量的心理学研究表明，人类不可抑制地要为自身的选择和行为作出解释和辩护，当人们不知道自己为什么那样选择和作出那种行为时，就编造出一些貌似像样的理由。那些根深蒂固的情感告诉我们，有些事情不能做，而有些事情必须做，同时我们又编造一套理由，来为我们必须或者禁止做这些事情提供辩护。格林的研究主要包括道德心理学和道德哲学这两方面。前者主要围绕轨车困境及类似情形下道德判断的心理学机制展开，后者则通过整合更多关于人类道德心理的经验知识，对义务论提出一种“拆穿论证”。这两方面研究当然是彼此相关的，前者构成了后者的起点，但是后者有其独立性，它在很大程度上是思辨而非实证的。因此，对这两方面研究的批评可以区别对待，即使前一方面研究对个案的细节把握并不准确，也不至于使后者完全失据，因为后者有其自身的理路以及值得批评的问题。

二、格林面临的批评

格林将虚拟道德困境付诸心理学实验研究，引发该领域的研究热潮，同时也遭到了全方位的批评。首先，用亲身伤害情节解释两种困境的差别并不充分。其次，即使我们承认亲身伤害情节构成了一个重要的区分因素，格林对人们作出判断的心理过程的分析也太过简单。最后，即使格林在实验中确实观察到后果主义和义务论道德判断分别关联着某种脑部活动类型，也并不一定能够说明两者之间存在着因果关系。但是，格林仍可辩称，第一，虽然亲身伤害不是唯一的影响因素，但确实是一个重要的影响因素。至于义务论者格外看重的双重效应区分，很可能也是通过影响情感而发生作用的。第二，虽然义务论判断可能是经过“认知”过程作出的，后果主义判断可能在本质上是一个情感过程的结果，但前者的内核和基础仍然是那种不置可否的警报式情感，这种情感同后果主义的可以商量的权衡式情感仍然具有本质的差异。第三，即使义务论判断是非直觉的，但它最后输出的仍然是情感的命令；即使后果主义判断是直觉性的，但我们仍然能够清楚地知道其缘由。

三、余论

格林的工作综合了脑神经科学、实验心理学、社会心理学以及演化伦理学等领域的研究，试图从心理机制上揭示后果主义和义务论判断乃至两种道德哲学的根源和本质，以为评价两者的规范效力提供更加精确的事实基础，并最终对义务论构成一个“拆穿论证”。从各方面的批评来看，这项工作目前还很难说是成功的，但这种多维互动的道德心理学研究仍然是一个值得期待的领域。这并不是说人们可以从关于道德心理的事实中得出应当或不应当的判断，而是说当我们知道更多的关于道德心理的事实、明白我们作出道德判断或者产生道德信念的缘由之后，就可以在一个更可靠的基础上理解和评价它们。在这个意义上，格林的工作有重要的学术价值。

由韦伯的“新教伦理”到“责任伦理”

叶响裙，《哲学研究》2014 年第 9 期。

韦伯对于伦理问题的论述，集中反映了他的终极关怀，表明了他对于身处现代性困境中的个人应该如何行动的基本主张。“新教伦理”是韦伯早期成名作《新教伦理与资本主义精神》（以下简称《新教》）中考察的核心概念，“责任伦理”则是他直至去世之前才在“以政治为生”的演讲中首次提及。可以说，韦伯对“新教伦理”富有开创性的探讨反映了他早期对于伦理的见解，而他对“责任伦理”的阐释包含了其基于毕生研究而生发的伦理取向。从“新教伦理”到“责任伦理”，这两个概念首尾呼应，反映了韦伯对于伦理问题的思考脉络及其核心的研究。

一、“新教伦理”对伦理价值的彰显

在《新教》中，韦伯致力于考察现代资本主义的起源。按照韦伯的看法，资本主义精神最具实质的意涵，就是一种把盈利赚钱当作终极目的来追求的合理性的观念。韦伯明确告诉读者，在《新教》中，他关心的问题是新教如何塑造了一种伦理意义上的生活风格，而正是这种生活风格标志资本主义在人的“灵魂”中的胜利。韦伯强调，清教徒对待劳动、财富和利润的极端理性取向，最终还是到俗世之外、在得救问题上确定了立足点。新教徒受到一套“具有内在约束力”的宗教价值观的激励，所有行为都和宗教救赎的目标联系在一起，他们唯一渴望的就是成为上帝的工具。正是基于这种渴望，所以他们才甘愿成为理性改造和控制尘世的有益工具。

二、世界“除魅”及伦理价值的衰微

在《新教》中，韦伯阐明在资本主义的早期阶段，新教伦理与资本主义精神及作为一种经济形态的资本主义之间是具有“亲和力”的。但是，一旦资本主义成为程式化的既定秩序，它就会舍弃激发其迅猛发展的伦理基础。在韦伯看来，宗教根基的萎缩，是世界“除魅”的应有之义。

韦伯进而客观分析世界“除魅”的完整意义：一方面，世界除魅的过程，也就是理智化和理性化增进的过程。从这个意义上看，世界除魅意味着人不再受神秘巫术的控制而求助神灵。“除魅”的结果，就是使人们理性地认识到：世界本质上是无意义的。世界除魅的双重意蕴，在理性的内在冲突与张力中充分显现。在韦伯看来，伦理价值观对人的尊严而言是至关重要的。人类尽管受制于自然法则，但能够通过遵行伦理价值而跃出“自然状态”。“只有价值观才能带来高贵和自尊感”，才能使人成为一个完整的人，而不是受到外在之物的控制。

三、“责任伦理”的秉承和价值的讨论

1917 年，韦伯修改了自己 1913 年在社会政策学会上发表的关于价值中立论争的致辞，提出了两个基本的伦理准则。第一，基督教道德主义者的准则：“基督徒只需按照正义行事，行动的后果可交付上帝”，即习惯称之为“纯粹意志”或“信念”的伦理。第二，考虑为行动的可预见的各种后果担当责任的准则。他指出，这两个准则处于永恒的冲突之中。但韦伯并没有停留于强调信念伦理与责任伦理这两种伦理取向的冲突，他晚期对伦理问题的论述还包含更重要的主张。

首先，韦伯认为，单方面坚持信念伦理，在现实中并不是一种负责任的取向。其次，韦伯肯定了责任伦理的取向。责任伦理的遵行者必须承担双重责任，即其行动需要同时满足信念价值和效果价值。第三，韦伯进一步将“责任伦理”落实到每个人富有意义的工作中。

然而，人们如何判断和抉择应该坚守的价值信念？韦伯进一步将价值的抉择交付价值讨论。韦伯提出，属于价值评判领域的实践性问题需要价值评判能够被交付讨论，甚至可以说需要被交付讨论。韦伯多次强调，观念只有在与其他观念的交锋当中，才能证明自身。因为使我们最为感动的最高理想，只有在与其他人的最高理想的斗争中才能实现和发展。而我们的价值之所以是有价值的，是因为它们能够支撑我们和别人的价值进行斗争。只有在这种斗争中，它们的真正价值才能体现出来。

老子对“德”观念的改造与重建

叶树勋，《哲学研究》2014 年第 9 期。

一、“德”观念的前老子形态

孔子继承了传统德思想所指涉的德政意义，老子则是走了截然不同的改造路向，针对传统的德观念他予以了深刻的反思与批判，提出了一种独特的老子式德论。从字源学的角度来看，“德”字在西周金文里已频频出现。“德”的字形构造已经在一定程度上告示了它的含义，即端正心思。通过“德”说明受天命的理由，这类说法在早期文献里频频可见，在这些语境中周人强调的是他们具有明德是以荣膺天命。作为统治者态度及行为的一种概括，“德”的面向除了天帝以外，民众百姓也是其间的重要面向。综合来看，在早期文献的多数语境中，“德”被用来描述统治者自身具备的某种品质或态度，具体表现为对待上天和百姓的相关行为。

二、“德”的价值重估与“王德”的新诉求

在老子思想里“德”的中性形象被保留，之所以如此，和老子对德观念的价值重估紧密相关。《老子》下经第一章开篇就很明确地告诉读者：那种对德念念不忘的人其实不可能有德，而真正有德的却是那些不会自许有德的人。在此，老子已通过上下的分野，暗示了他要在对“下德”的批判中重建他所认可的“上德”。周代统治者常用“明德”解释其政权的合法性，但老子似乎是有意地与之针锋相对，采用语义上与“明”相反的“玄”字来形容他所倡导的“上德”。在老子看来，“德”在他们的借用和标榜中早已丧失了原本应有的政治价值，只能是一种用以自我粉饰的“下德”。在老子看来，“上德”或“玄德”表现出来的并非通过所谓施德于民而对其占有宰控，而是以一种“不”的态度顺应百姓之自然。从直接意义上来说，老子对侯王的政治期待可以用“无为”来概括，而圣王之所以能够“无为”，乃是以其“德”为基础，“德”与“不”的微妙关联很好地反映了这一点。

三、“德”的形上追溯及其与“道”的关系

通过对本根化育万物的深邃体悟，老子在宇宙本源处安顿了“德”的新价值：“德”已经被置放在宇宙论的场景中，具有畜养万物的功能，表现出“形上化”的倾向。不过，老子并没有完全赋予“德”以化生、畜养万物的意义，而是说“道生之，德畜之”。老子又将其进一步抽象化，使“道”从“天”的限制中脱颖而出，用以指涉“周行而不殆”之本根。问题不在于生万物的是“道”、畜万物的是“德”，在根本上而言，生畜万物者都是“道”，也都是“德”，即都是世界之本源。“道”与“德”是同一个对象的不同称谓：就其周行化生而言谓之道，就其普施畜养而言谓之德。比起以前的“天道”观念，老子的“道”具有了前所未

有的涵容一切而又超越一切的意义。无论是从老子思想内部来看，还是从他对此前观念的改造来看，“道”的显赫程度都要高于“德”。

四、形而上、形而下的通贯性与“德”义的内在化

普遍畜养万物的形上之德，其义主要指涉本根化育万物的功能，而在另一方面，即便论至形下世界主要指涉圣人品格的“德”，老子关注的重点也不在于圣人的先天本性，而是更强调圣人如何通过后天的修为而具备一种良好的政治品格。在老子看来，本根世界的一切真理都需要经过圣王的体认和把握，转化为政治品格的“德”，从而推行于人世，解决当下的社会问题。“德”与“得”的联系有一个逐渐加强的过程，而老子之德对体认本根的关注在此过程中起到了很大的促成作用。其次，老子改造后的“德”虽隐含获得之义，但老子并没有直接地以“得”界定“德”，而是通过前述的一些动词来说明“德”在形而上、形而下之间的通贯意义。经由老子的重塑，这两种演变趋势实为一种，“德”在形而上、形而下之间的通贯意义既强化了“德”义的内在方面，同时也为后学以得言德提供了思想基础。

五、结语

老子仍保留了“德”用以指涉现实政治的主要功能，而对于形上世界，更多的乃是以“道”指称之，而这一观念的指涉功能则是他从当时的“天道”等资源中提炼而来的。由此思路，我们或许可以对老子哲学转换一下理解的方式。

一种超越责任原则的风险伦理

甘绍平，《哲学研究》2014 年第 9 期。

一、风险时代的责任原则

近两百年来科学技术的迅猛发展，呈现出对人类社会的强烈的控制力和对未来世界的渗透性的因果影响，使得未来人类置身于一种损害强度难以预估的风险之中。自此，约纳斯推出了他自己的责任原则。他反复强调他所提出的责任原则体现了一种新型的伦理学。这种伦理学之“新”可以通过一个词组来概括，即前瞻性的责任。这里又包含有两层含义：第一，这种伦理学是前瞻性的，其视角投射到辽远的未来世界人类生存的基本条件；第二，这种伦理学的核心是责任原则。前瞻性的责任原则，既体现了约纳斯伦理学的特点，也暴露了其弱点。从两个层面来分析。首先，约纳斯的前瞻性的责任是奠立于“父母关护子女”这一模式基础上的。父母对其子女的关护性责任为“非对等的关系”，即承担责任意味着对一位他者尽责而不要求回报。这里存在着一个无法逾越的逻辑鸿沟，就像我们可以出于情感的自发性怜爱自己的子女和其他近亲，但不可能通过简单的移情作用对所有遇到的陌生人都予以同等的关护与顾及。其次，约纳斯的前瞻性的责任体现为一种对当代人类整体的道德呼吁，即“要求人家行动，同时却并未作出任何一种细化或有限化”。因而从整体上来看，约纳斯的责任原则在具体实施上缺乏一种强有力的驱动效能。

二、风险伦理如何超越责任原则

按照风险伦理，一方面，当代人与后代人是平等公正的伙伴关系，在当代人与未来人的利益之间保持一种恰适的平衡；另一方面，我们不能像父母为子女作决定那样替后代做主。风险伦理理解的当代人与后代人之间平等公正的关系，不仅决定了我们当代人对于作为陌生人的未来世代所奉行的首要的行为规范，不可能像父母对待其子女那样的仁爱与关护，而是以不伤害和公平对待作为最低限度行为准则。而且还决定了当代人给后代人应当留下的并非是同等的福利水平，而是同等的选择机会。

风险伦理的这种致思理路不仅在理论上是论证严密和逻辑自恰的，而且在实践上也是承接底气和行之有效的，不会像责任原则那样陷于空泛乏力的窘境。正是在这个意义上，我们可以说，就如何对待未来人类这一问题而言，风险伦理所倡导的当代人与后代人之间平等公正的关系以及不伤害与公平对待的价值诉求和行为律令，是对责任原则体现的父母对子女的关护关系以及有关仁爱的泛泛的道德呼吁的一种超越。

三、风险伦理的三大准则及其价值意蕴

风险伦理视未来世代为我们当代人的平等伙伴，因而不伤害与公正便构成了当代人调节与未来人之间关系的首要的道德基点。风险伦理大体上以三大行为准则为核心内容。第一，“行为结果预期值最大化准则”。所谓价值最大的行为选项是“能使主体益处的预期值最大化的行为”。第二，“避免最大的恶之准则”。这一准则把所谓“消极伦理学”的概念推入当代伦理学学术研讨的视野之内，它首先强调的是不做（放弃），而做则是次要的，凸显了作为消极伦理学之核心诉求的“放弃之美德”的地位与重要性。第三，“审慎原则”。其核心内容是，基于有关行为风险的科学信息的变动性，本着并非追求零风险而是尽力降低风险的原则，来对

决策进行动态调控，以达到既避免最大的灾难又力争最大的社会效益的目的。

人类主体意识的觉醒，使得我们已经不可避免地进到了一个价值观念多元化的时代。当我们把未来人类不是看成自己的子女，而是视为与自己一样平等的伙伴的时候，我们应该依照一种超越约纳斯责任原则局限性的风险伦理的原理，致力于一种调节现代与未来人际关系的行为战略，从而为后人留下不亚于我们所拥有的尽可能大的行为空间与发展的可能性。同时，运用动态灵活的风险调控机制，力争人类的最大幸福与安康的实现，受惠者既延及未来世代，当然也涵盖我们自己。

选择是否为责任的要件——从举证任务看归责理论

刘晓飞，《哲学动态》2014 年第 9 期。

主流的西方道德责任理论认为，只有当一个行为是我们有意识选择的结果时，我们才对该行为负有责任。这是道德责任讨论中常提到的选择条款。近年来，不少学者对选择条款提出了质疑，本文将对这些质疑和其中的缺陷进行分析，并尝试从举证任务这一角度给出更有说服力的拒绝选择条款的理由。

一、争论的背景

自亚里士多德以来，哲学家们通常都认为道德归责需要满足两个基本条件："认知条件"和"控制力条件"。如果我们认可这两个归责的基本条件，那么我们似乎也应当认可选择条款。（1）反对者的理由。选择条款反对者的主要理由来自一系列归责的实践。反对者认为应当抛弃选择条款，去寻找替代的归责理论。（2）支持者的辩护。面对这些反例，支持者的答复是：例子仅仅证明对某行为负责不需要直接就该行为作出一个选择，但并没有证明归责不需要任何相关的选择。在支持者看来，仔细研究了这些看似未经选择的行为后，我们往往可以从"某个之前作出的选择里"找到归责的根据。那么，围绕选择条款争论的关键就在于行为者是否需要作出某个因果上相关的有意识的选择。支持者认为必须要有这样一个选择，反对者则认为不需要。（3）两种回应策略。第一种回应策略是试图举出一些无法从中找到任何过去相关选择的事例来回击支持者。第二种回应策略是试图去证明即便我们能找到某个因果上相关的过去的选择，这一选择仍然不能作为归责的依据，所以支持者通过诉诸过去的相关选择来解释道德责任的辩护是不成功的。

二、新的反驳策略

两种回应策略都没有成功，其中一个重要原因是这些策略让争论中的举证任务最后又落回到反驳者一方。意识到这一困境后，作者接下来尝试提出一种新的反驳策略。该策略将把举证任务转嫁给选择条款的支持方，从而使得反对方在这一争论中取得优势。新的策略将挑战“深层责任”这一理由中的一个基本前提：深层责任所必需的那种控制力只存在于有意识地“选择的”行为中。接下来，作者将证明：没有理由认为只有在自主行为中，行为者才拥有归责所需的控制力。(1) 自主行为和自动行为。如果归责所需的控制力真的只存在于自主行为中，那我们就应该只能在典型的自主行为的例子里找到，而在自动行为的例子里则无法找到它。但果真如此吗？要回答这个问题，我们首先要搞清楚什么是归责所需的控制力。(2) 控制力概念。哲学家们认为，真正的控制力必须存在于一种能更深刻地反映你的主体性的机制中。而这种机制必须要蕴含多种可能性——唯有在你选择时存在多种可能性，你最后的选择才能体现你作为一个主体对该行为的控制力。(3) 导向型控制力。费舍尔所说的“导向型控制力”的核心是一种他称之为“适中的理性回应机制”。一种思维机制是理性回应机制当且仅当它具有如下特征时：假设这一思维机制面临一个不同的理由，一个足以支持其他行为的理由，（在某些情况下）这一机制将会采纳这一新理由并因此作出其他行为。(4) 主宰型控制力：事件因果型。另一些哲学家认为，归责所需的那种控制力只能是“主宰型控制力”，即“择他能力”——在某一刻选择这一个行为或者那一个行为的双重（或多重）能力。只有当我们的选择是这种择他能力式的自由意志的产物时，我们才能说这个选择是我们自己的选择。(5) 主宰型控制力：自主因果型。另一些学者主张，我们需要一种更纯正的“主宰型控制力”理论，一种将意志活动与其他物理事件完全区分开来的理论。他们拒斥了主张“事件因果型”学者试图调和自由意志与现代科学的努力，转而诉诸古老的“心物二元”理论，把心灵（即意志）看成一种与物理实在截然不同的存在。

三、结语

通过对比典型的自主行为和典型的自动行为，我们仔细考察了不同理论家所提出的几种归责所必需的控制力模型。没有任何一种模型所描述的控制力是只存在于自主行为而不存在于自动行为中的。因此，没有理由相信道德归责一定要以有意识的选择为前提——一个反映我们下意识的判断、态度或信念同时又是经由某种理性机制所作出的自动行为，同样可以是归责的依据。于是，如果选择条款的支持者要坚持该条款的正确性，他们就必须给出新的证据——他们是需要举证的一方。

城市现代性的政治逻辑：历史转换与伦理趋向

陈　忠，《哲学研究》2014 年第 9 期。

现代性语境下，城市化在作为经济和社会过程的同时，也日益表现出政治性，具有政治效应、政治后果。那么，城市与政治之间是一种怎样的关系？从深层机理看，城市与政治的关系不是一种简单的二元线性关系，而是生成、转换于一定的社会与文化地理语境之中，并围绕城市权力相互关联。同时，对城市与政治的认识也总是自觉不自觉地围绕权力问题而展开，需要对城市与政治的互动机理进行更为具体的把握。

一、城市与政治：知识转换与基础确认

随着现代性的推进，特别是随着工业现代性向城市现代性的转换，城市与政治的关系日益紧密，人们对“城市—政治生态”的研究日益自觉。在马克思、恩格斯那里，城市问题在本质上是一个政治问题，城市问题从属于政治问题。马克思、恩格斯始终是从政治的角度来看待城市问题。

在列斐伏尔看来，“二战”以后的西方与东方，虽然在主流意识形态上具有深刻的差异，但在城市化这个问题上，都采取了一种政府干预或者说以政府为主导的城市化策略，国家（具体表现为政府）对城市化具有强大的主导与决定作用。城市化在全球的广泛而纵深推进使当代社会成为一种城市社会（urban society）。城市社会是空间生产的产物。在空间实践、空间的表达与表达的空间的统一中，当代城市发展、城市社会是一种新型的“城市—政治生态”。

在卡斯特尔看来，城市是一种特殊的消费领域，城市的本质是一种特定的“集体消费单元”。这种集体消费单元从属并服务于资本主义的生产方式，是总的资本系统中的一个子系统。也就是说，当代不断增大的城市，是一种把消费不断进行集中和聚集的城市。而这种消费的集中与聚集，其本质是劳动力的集中化再生产，而这种劳动力的集中化再生产之目

的是为了资本的不断再生产与增殖。也正是在这个意义上，城市问题成为政治问题。

在哈维看来，城市问题是一种“关于城市的问题，而不是属于城市的问题”。当代城市发展之所以成为政治问题，其重要原因正在于当代城市发展作为一种生产过程，存在严重的结构性的不公正、不正义。城市发展、空间生产由少数权力主体与社会精英所掌控，广大民众则完全被游离于城市发展实践之外，只能作为被掌控、被决定的城市发展的工具而存在。面对这种资本逻辑支配下的不公正的城市发展，其根本的改变路径就是进行以民众的城市权利为目标的城市反叛，以城市中心为空间场域的新型阶级斗争。而进行新型城市政治斗争的目标是重构城市生活，建构一种远离异化，人们可以主张、实现自身的内在意愿，具有正义底蕴的合理的城市生活。

二、城市与政治：权力转换与伦理走向

现代性日益成为一种城市现代性。城市的功能、使命日益多样、多元，城市制度、城市权力的结构、运行、功能等也发生着重要的变化。其一，从权力的来源与服务主体看，城市主体构成与需求的多元化、复杂化，对当代城市权力有根本影响。其二，从权力的价值底蕴看，面对功能、目标日益复杂的城市现代性，伦理化是城市权力转换的一个重要趋势。

城市现代性的纵深推进使“城市—政治生态”及其伦理基础发生了重要变化，如何建构同中国城市发展特殊性相符合、具有伦理底蕴的“城市—政治生态”，需要重点把握以下几点：其一，克服权力固化，建构以流动的差异性为特征的城市正义、城市权力结构；其二，培育城市个性，建构以多样共存为特征、具有个性活力的城市体系；其三，注重地域与文化差异，建构有中国特色的城市制度、城市权力。

当代现代性已经深刻地成为一种城市现代性，但这并不意味着只存在一种样态的城市现代性。对中国而言，一方面，需要自觉确定“城市—政治生态”的现代性方向，不断推进城市政治生态的民主化、合理化；另一方面，也需要充分认识“城市—政治生态”现代性的多样性，从具体历史条件出发，建构符合社会与文化地理条件的“城市—政治生态”。

如何学会讲道理?

邓晓芒,《社会科学报》2014年9月4日。

作者认为,不能只停留在到各种文献中去找何种道理能够拿来作为救世的药方,而必须结合中国现实国情(经济政治等)的巨大变化来考虑问题,才能把准中国当代的脉搏。“共识网”2014年2月17日上传了署名“祥明”的文章,针对我的文章《中国道德的底线》(载《华中科技大学学报》2014年第1期,转载于“共识网”2014年2月9日)作出了回应。祥明的文章开篇说:邓晓芒先生在《中国道德的底线》一文中,将杀人犯张君的行为看作是基本符合孔孟儒家的伦理思想,这真让人大吃一惊。

从这第一句话就可以看出,他之所以感到“吃惊”,是出于误解。因为只要是仔细读了文章的人,都会知道文中所谈的并不是中国道德(儒家道德)的那些与人为善、“做好事”的要求,而是中国人在“做坏事”的时候是否具有超出儒家道德规范之外的“底线”。这是文章一开始在“解题”中就着重交代了的。祥明接下来大谈见孺子落井的“恻隐之心”(孟子)、“仁者爱人”(孔子)、推恩等,说:“其实孔孟是相信一个人三纲六纪做好了,那他对所有人(能接触、交往的人)都会很有道义,而不是对三纲六纪之外的陌生人都可以滥杀无辜。”这些貌似对《中国道德的底线》的反驳,其实都已经偏离了主题。儒家道德主张出于恻隐之心和爱人之心为别人、哪怕是为陌生人做好事,这一点作者并没有否认,甚至觉得,中国人在这方面不但热情高涨(如汶川救灾),而且有时候做得有点过分了,也就是超出了“上线”。因为对人好也应该是有分寸的,超过分寸就让人感到“大忠似伪”。

的确,孔孟不曾主张“滥杀无辜”,其实任何一种文化和道德都是如此;但问题是,当整个社会流行的是弱肉强食的丛林法则时,谁是“无辜”?何谓“滥杀”?在今天,全社会几乎陷入“一切人对一切人的战争”,食品、空气、水源、土壤都成了杀人的毒药,害人者人亦害之,人们唯一认可的道德底线,就只剩下家庭关系和五伦中人了。而这正是张君之所以“理直气壮”的缘由。我们今天说这是一种“反社会人格”,其实是一种“反陌生人”的人格,这种人格可以被中国道德的上线所谴责,但无形中却被中国道德的底线所接受。

当然，祥明的文章算是温和的，他甚至承认孔孟也有“亲亲相隐”“愚孝”、忽视公平正义的“欠缺之处”。他的问题在于不太会讲理。除了上面讲的搞错了话题（偷换命题）之外，他还有一些不能自圆其说的地方。例如他认为，张君对陌生人滥杀无辜“只能是他个人的选择，怎么能怪孔孟呢？孔孟并没有告诉他不要‘推己及人’！”每个人做任何事当然都是他自己的“个人选择”，但个人不是悬空的，而是处于社会和文化之中，一个人滥杀无辜当然不能怪孔孟，但滥杀无辜还理直气壮，这就要追究一下他的“理”从何来了。孔孟的确主张推己及人，但那只是在完成家庭义务之后有余力做好事的附带目标，而当人己之间，尤其是陌生人和家庭（熟人）之间发生利害冲突的时候，推己及人就顾不上了，那时就连做坏事（如说谎、隐瞒真相，甚至杀人）也在所不惜了——这就触及了道德底线。而这个底线恰好就是孔孟制定的（亲亲相隐）。

所以作者认为，儒家道德有其缺位处或“盲区”，这并不是说儒家道德把中国人教坏了，而是说儒家道德在今天社会历史条件改变了的前提下已经无法把中国人教好，它本身需要引入西方基督教和近代人道主义普世原则，并借此重新调整其内部结构。而这层道理就不限于只是学理上，而且涉及对当代现实生活的感受了。祥明对社会风气的忧患意识值得钦佩，但恐怕不能只停留在到各种文献中去找何种道理能够拿来作为救世的药方，而必须结合中国现实国情的巨大变化来考虑问题，才能把准中国当代的脉搏。

德性知识论的争论与前瞻

米建国，《社会科学报》2014年9月18日。

德性知识论是一个新兴的知识论流派，成为时下国内外知识论界的理论热点之一。总体来说，德性知识论试图根据理智德性来解释信念和知识，从而以一种全新的视角去理解知识。

德性知识论出现不同派别

在当代所谓“德性的转向”这个趋势下，德性知识论所代表的含义主要有三项：首先，在当代知识论的发展中，德性知识论的出现把原先对于“证成理论”的讨论，转向为对于“德性理论”的讨论；其次，把知识论中以“知识本质”为焦点的讨论，转向为以“知识价值”为焦点的讨论；最后，把知识构成的基础条件问题，由“真信念”这个认知产物为导向的讨论，转向为以认知的“德性主体”为导向的讨论。在这个转向运动过程中，德性知识论内部引申出两个不同的主要派别：一个是以厄内斯特·索萨（Ernest Sosa）为首的“建立在卓越能力基础上之德性知识论”，另一个则是以扎格泽波斯基（Linda Zagzebski）为首的“建立在人格特性基础上之德性知识论”。

索萨最主要的关怀是知识的获得

索萨的德性知识论的出发点主要是对“知识”这个概念进行分析，并强调解决知识本质问题的重要性，但是在解决盖蒂尔难题的同时，索萨的“适切性信念”想法也解决了知识的价值难题。索萨解决知识的本质问题与价值问题的方式，主要在于避开了把“真信念”作为我们追求知识的唯一基本目标，而强调“适切信念”才是我们追求的主要目标。在追求适切信念这个目标之下，我们不仅需要获得真信念，还要具有智德来形成我们的真信念，最后更要求我们所获得的真信念是借由我们的智德所获得的结果。

扎格泽波斯基最主要的关怀是知识的价值

扎格泽波斯基虽然也重视获得知识的重要性，但是她最终着眼点并不在“知识”本身，而在于强调个人作为一个行动主体如何获得一个“美好（或幸福）的人生”。所以知识的价值而不是知识的本质是扎格泽波斯基的关怀重点。扎格泽波斯基所要宣称的是，为了生活在一个正常的生活世界之中，也为了要实现一种我们所关心的美好生活，我们必须具备“知态”的自我信赖，不仅信赖自己的感官知觉与认知官能，也必须信赖我们和这个世界互相联结的其他机制，也因为如此，我们必须信赖其他人。

未来德性知识论的发展

从20世纪60年代以来，在当代知识论的发展过程中，德性知识论的出现为许多传统以来的知识论难题铺陈出一条崭新的进路，并且也展现了很好的问题解决方案与能力。索萨的德性知识论作为一套“知识理论”，建立在“智能德性”这个基本概念之上，为后盖蒂尔的知识论发展指出了一个分析知识本质的合理想法，并且进一步为面对知识的价值问题与怀疑论问题，提供了一个合理有效的解决途径。扎格泽波斯基的德性知识论作为一套“知识的伦理学”，奠基于“关怀人生”与“追求卓越”的理想目标，为德性理论的当代发展，开创了一个属于知识论研究的新颖想法，并为知识的价值问题拓展了一个既复古、又创新的见解视野。这两种德性知识论的差异，主要根植于基本目标的不同（知识 VS 美好人生）。在目标无法一致的前提下，未来德性知识论如何发展，似乎就得依赖这两种类型的智能德性能否相辅相成。

中国哲学的德性转向

西方最近已经开始有人注意到，并实际参与研究讨论德性理论与中国哲学之间的密切关联。这其实代表着，当我们面对与理解中国哲学时，有一条最新的诠释进路正在逐渐酝酿成形，即属于中国哲学的一种德性的转向。但是必须注意的是，一个完整的德性理论需要来自各种不同范畴、不同条件、不同环境、不同脉络的认知和理论互相整合与融贯，才能实现一种“幸福”“荣景”“逍遥”与“圣人”的境界。我们需要密切注意这个“德性转向”对中国哲学所带来的冲击与挑战。我们也可以乐观地认为，这个冲击与挑战正是中国哲学和西方哲学进行哲学对话的最好机会与切入点，不久的将来会变成真切的现实。

德治与法治：何种关系

王淑芹，《伦理学研究》2014 年第 5 期。

一、现代“德治”与“法治”内涵辨析与厘定

现代“德治”有三层含义：一是作为法治背后价值源头的“德治”，指道德精神和价值原则对法治的支撑和性质的规定；二是作为在法治框架下充分发挥道德独特作用的“德治”，指发挥好道德所具有的其他调节方式不可替代的功能与作用；三是作为道德实现良好状态的“德治”，指社会成员具有遵法守德的品行以及社会具有良好的道德风气。

“法治”的内涵亦有三层含义：“法治”的上位性是指法治是一个国家治理社会的根本原则与国家制度，即社会实行法的统治而对公权力制约和公民权保护；“法治”的中位性是指法的总合与性质，即社会的法律体系不仅健全、完备，而且法律合乎社会正义精神；“法治”的下位性是指法的实效性，即法律得到有效的贯彻、落实而具有法律效力、法律权威、法律尊严，社会成员具有法律信仰。

二、德治与法治关系的三种样态

第一种是法治框架下的德治与法治关系。在这个层面上，德治与法治的地位是不同的，法治具有至上性、绝对权威性，德治是在法治运行框架下而实施的。

第二种是法律渊源关系中的德治与法治关系。在这个层级中，道德具有上位性、统摄性。法律要受制于道德。法律对道德在价值渊源上所具有的依附性表明，道德是法律获得正当性的本质规定。

第三种是功能互补型的德治与法治关系。“德治”与“法治”各有其“能”的独特作用，道德依靠社会舆论、风俗习惯、个人内心信念、良心、耻感等使人自觉趋善避恶，法律依靠国家强制力对恶行的惩治使人趋利避恶。道德与法律各自所具有的独特制约机制，构成了对人的思想和行为的内外兼治的必需。

三、既非“并列”也非“主次”

德治与法治，不能归类为“并列关系”，德治与法治，也不能归类为“主次关系”，二者是一种共治关系。提高我国社会治理能力，需要发挥好道德和法律各自特有的功能而实现德法共治，既不能因强调法治在当代社会的统治地位而忽视或否认道德对法治的价值指导性和法治实现的道德基础性；同样，强调社会道德建设，深化思想道德教育，也不能离开法治的保障性。

“公地悲剧”中的伦理治理

刘　琳，《齐鲁学刊》2014 年第 5 期。

社会的公共品供给向来是伦理学、经济学、政治学等学科领域的难解之题。其关键在于通过个人的自利行为来增进公益是否可以成为现实。如果公共品的供给取决于私人，则每个人都试图以他人为代价，自己搭便车，这种难题在不同的领域以各种名称为人所知，比如“集体行动的问题”“囚徒困境”和“公地悲剧”。

一、道德公共品难题的“囚徒困境”

我国当前在关涉公共伦理领域中“真”“善”“美”的各个价值层面，都以引起极大关注的典型事件呈现出“公地悲剧”的蔓延态势。首先，在“真”价值层面表现为人们伦理交往诚信的丧失。其次，在“善”价值层面表现为公共慈善行为的公信力破坏。再次，在“美”价值层面表现为公共审美评价倒错为公共审丑娱乐。

二、缘何会有道德公共品难题

当每个人按照自己的私利模式处置公共资源时，私人的自利把公共利益破坏殆尽就成为必然的结果。透视我国道德领域的“公地悲剧”，可见以下几方面原因。

（一）价值观急剧转型致使主导价值观功能弱化。我国在改革大方向中出现了“市场可以解决一切问题”的“市场神化”倾向。市场机制运行的主体动机私人利益的追求，这种逐利动机推动形成了私人利益扩张的公共空间，包括公共舆论空间和公共行为空间，而这些都是“小悦悦”事件之所以会发生的累积性社会环境条件。

（二）个体道德选择的功利化倾向。随着我国向市场经济社会转轨，私利为主导的价值取向成为个体适应社会生活的主导原则，极端利己主义和拜金主义伴随着“反弹式”无节制的私利追逐而出现，公共生活规则的不健全却无法为个体私欲的最大化满足提供规制。

（三）个案效果更进一步削弱主体道德选择的软约束力强度。

三、道德公共品难题的治理之道

人类社会长期演进形成的互惠合作体系，保证了人类共同体的共同发展和进步，也形成了依靠规则包括道德和法律在内进行有效调节的伦理生态环境。伦理生态既和一个民族的传统文化相关，更与当下的经济、政治和文化环境相联。社会的道德公共品产出和维护的正常保证了伦理生态环境的健康有序。当前，在社会急剧转型期，我国需要着力于治理公共道德领域的“公地悲剧”现象。

（一）维护伦理正义的制度治理。正义的制度价值是社会成员承担道德责任的价值指向。正义的制度环境满足了社会成员的道德预期，“当我们受到——正如我们所看到的——不公正的对待时，我们想让自己对于事情的解释能得到他人的肯定。即便他人也许不能给我们以实质性帮助，我们也想让他们分担我们的怨恨”。

美国政治哲学家罗尔斯提出的正义制度的两个原则是值得借鉴的。第一，每一个人都有平等的权利去拥有可以与别人的类似自由权并存的最广泛的基本自由权；第二，对社会和经济不平等的安排应能使这种不平等不但（1）可以合理地指望符合每一个人的利益；而且（2）与向所有人开放的地位和职务联系在一起。

（二）综合运用多种社会治理手段。道德有属于个体情感心理的方面，这些与个体承担公共道德责任密不可分，道德主体处于不同的社会地位，在复杂的社会环境中作出道德选择，不但与公共环境有关而且与个体经验有关。因此，培育能够激发承担公共道德责任的社会机制非常重要。

（三）树立美德个案的典型治理。长期以来，在美德个案典型治理的手段中，塑造的大多是道德“高地”形象，也就是极端条件下的美德典型。但是，美德是要体现在实实在在的日常生活中的，社会成员不可能都成为英雄。因此，从日常公共生活中展现美德典型就是贴近大众获得认可的有效手段。

西方德性思想的价值与启示

江　畅　张　卿，《华中科技大学》（社会科学版）2014 年第 5 期。

西方德性思想源远流长，被称为人类德性思想的巨大宝库，对我国德性问题研究、个人德性品质培育和社会德性品质构建具有启示意义。

一、西方德性思想的学术贡献和实践意义

西方德性思想作出了显著的学术贡献，这里我们初步归纳为以下一些主要方面。

第一，自觉地将德性问题的研究纳入学术视野。德性问题的学术关注焦点地位在古希腊晚期和罗马时期得到巩固，直至中世纪托马斯·阿奎那，德性问题一直受到高度重视，甚至成为思想家们关注的中心问题之一。近代早期一直到 20 世纪中叶，虽然对个人的德性问题有所忽视，但社会的德性问题受到高度关注。

第二，对德性的一般性问题作出了丰富的回答。西方自古以来的德性研究具有一个重要特点，即注重研究德性的一般性问题。涵盖德性的本性、基础、源泉、类型、功能与其他心理特征以及心理活动的关系等问题。

第三，阐明了德性与人生、社会的内在关联。人类为什么要重视德性？这个问题是西方思想家一直持续关注的问题，他们通过世代延续不断地研究，阐明了德性与个人幸福、社会美好的内在关联，深刻揭示了德性对于人类生活的极其重要的意义。

第四，揭示了德性形成和完善的一些基本规律。虽然西方德性思想家对德性本性的看法不尽相同，但他们都承认德性是个人或社会内在的善的品质、性质或特性。这种善的东西不是个人或社会先天具有的，而是后天获得的。

第五，所概括和提炼的德目影响深广。自古以来的西方德性思想家都十分重视概括和提炼德目，几乎每一位德性思想家都有自己的德目及由其构成的体系。其中最有影响的德性体系也许可以列出三种。一是苏格拉底和柏拉图曾概括和提炼的智慧、勇敢、节制、公正作为“四主德”。二是托马斯·阿奎那概括和提炼的三种神学德性和四种主要德性，即“七德”。三是近现代西方思想家提出的“自由”“平等”“民主”“法治”“公正”“人权”等社会德性。这些德性不仅在今天的世界得到广泛的传播和认同，而且已经改变并正在改变着整个世界。

二、西方德性思想的经验和局限

漫长的西方德性思想史有许多经验可以总结，这里我们只是择要列举四个方面。

第一，不断强化德性的问题意识。西方德性思想之所以能取得如此丰富的学术成果，是与西方德性思想家有强烈的德性问题意识直接相关的。德性是人类必需的价值，但是人类要获得这种价值总是面临着诸多难题，这些难题使人类所希冀的这种价值的获得面临着种种困境。正是西方思想家敏锐地洞察到这些问题，才致力于从理论上解决这些问题。

第二，注重对德性问题的学理研究。时代和现实呈现的各种德性问题都是具体的，尽管有些是表面的，有些是深层次的。对于这些问题的研究解决有两种方式：一种是对策性的研究，这种研究可以对症下药，直接解决存在的问题；二是学理性的研究，这种研究并不能直接解决存在的问题，但可以为解决现实存在的问题提供指导。

第三，重视对德性德目的提炼、概括。德目是人们在长期的社会生活中逐渐形成的一些德性要求，它们既是人们判断和评价德性的标准，也是人们进行德性培育（包括德性教育和德性修养）的根据。

第四，尊重不同德性思想的存在权利和个性。西方德性思想史总体上看是百花齐放、百家争鸣的思想多元的历史，不仅不同时代的德性思想存在着重大差异，即使身处同一时代，德性思想家的见解也不尽相同。

毫无疑问，西方的德性思想不是十全十美的，它有自己的局限。从整个思想史的角度看，也有一些值得借鉴的教训。其中最主要的有四个方面：第一，对德性问题的分析缺乏历史的视角；第二，忽视德性的特殊性问题研究；第三，不重视现实德性问题的实证研究；第四，没有对德性问题的研究作出明确的学科定位。

三、西方德性思想的启示

第一，高度重视德性问题，将德性问题的研究作为伦理学和政治哲学的一个基本领域。第二，既注重德性的普遍性问题研究，又重视德性的特殊性问题研究。第三，既注重理论德性问题研究，又重视现实德性问题研究。第四，既注重个人德性问题研究，又重视社会德性问题研究。第五，根据不同的时代精神和实践要求概括和提炼出不同的德目。第六，营造不同德性思想产生的社会环境。

儒家的伦理底线、道德境界及其现实意义

张志刚，《北京大学学报》（哲学社会科学版）2014 年第 5 期。

众所周知，全球化趋势在推动人类文明进步的同时，也使人类面临着越来越多的严峻挑战，如全球生态危机、国际金融危机、政治和军事冲突、恐怖主义等等。面对如此种种难题，国际理论界不仅需要从科技、经济和政治等方面来分析原因，共商对策，而且亟待从信仰、道德和价值观上来深入反思，探求出路。因此，全球化时代的到来，呼唤着我们探索与建构人类共同伦理。正是基于上述立意，本文试论作为中国文化主流传统的儒家思想的伦理底线、道德境界及其现实意义。

一、何谓儒家的伦理底线

在儒家经典文献里，“伦理”概念主要是指“人伦之理”，即人与人相处的道理。所谓的“伦理底线”在儒家思想体系中应理解为，人与人相处的起码道理，或更普遍且具体地解释为，不同的个体、社群、种族、宗教、社会、国家等相处的基本伦理共识。由于“道德金规则”概念最早是在西方学界提出来的，许多中国学者也是照搬西方学界的提法，并迎合此种逻辑解释思路来阐发儒家伦理传统之于“道德金规则”的主要思想贡献。若要从跨文化的比较研究视野来研讨儒家思想的伦理传统，主要着眼于“己所不欲，勿施于人”显然是不够的，还必须深入到儒家创始人的思想核心，我们方能全面而深刻地阐明儒家伦理传统里所谓的“道德金规则”，以及这种饱含中国智慧的道德境界对于建构人类共同伦理的现实意义。

二、何谓儒家的道德境界

作者在此试用“道德境界”这个中国概念来表述儒家伦理传统里的“道德金规则”。这种带有跨文化意义的诠释学尝试，力图承上启下地解

决两方面的问题：一方面是想用这个中国概念来恰当地阐明上面提到的儒家创始人的核心思想；另一方面则是为了更准确地定位“道德金规则”。儒家创始人孔子思想的核心范畴是“仁”。“仁”这个范畴所注重论述的就是儒家创始人提倡的“道德境界”或“道德金规则”。

三、儒家伦理的现实意义

受研究现状制约，该文未能完整地勾勒出儒家道德境界的发展线索，但其基本精神还是能借前述简要的分析与论证而有所感悟的。第一，两极并重：伦理底线与道德境界并重。伦理底线问题并非某个社会或国家的独特难题，而是人类步入全球化时代后所面临的共同挑战，若想在全球化时代建构人类共同伦理，既要在跨文化的意义上阐明伦理底线，更要以文明对话的理论视野来追寻道德境界。所谓的伦理底线是取决于“仁者的境界”的，或作为最高道德原则的“境界”乃是“意义”“价值”和“理想”等范畴之所系。第二，修己意识：儒家伦理思路的现实意义。就求同存异的研讨思路而言，儒家传统所倡导的“以人为本的伦理观”，不但切合于全球化时代建构人类伦理之基本共识的现实需要，而且其“从我做起、推己及人、严以律己、将心比心”的逻辑前提与道义诉求堪称务实可行、不可推诿。第三，担当精神：儒家道德境界的现实意义。道德境界乃是人类生活不可或缺的精神信仰与崇高追求，它所唤起的是一种强烈的社会责任感与历史使命感，是一种“担当精神”。从整个人类文明发展史来看，凡有生机活力的文化传统，均有其薪火相传的道德境界及其担当精神。因此，面对全球化时代的重重难题、困境与危机，我们确有必要深入道德境界来展开比较与对话，以期从人类丰富多样的文化传统中发见能够互鉴、互补与互动的思想资源，凝聚成共同担当全球责任与人类伦理的精神力量。

正确行为与道德困境——赫斯特豪斯论美德伦理学的行为理论

李义天，《吉首大学学报》（社会科学版）2014 年第 5 期。

该文以赫斯特豪斯的《论美德伦理学》第一部分为基础，考察（新亚里士多德主义）美德伦理学的行为理论，澄清逻辑线索和惯常误解，并揭示其中的问题与启发。

一、作为伦理学组成部分的行为理论

美德伦理学作为规范伦理学（normative ethics）的一部分，以规约和

范导人的行为和生活方式为目的，并通过明确的公共化的外在规则来展示和实施规范性。与此同时，其所针对的对象为人的行为和生活方式。根据当代伦理学的共识，规则伦理学的规范性会更加自觉、集中地针对行为者的具体行为，而美德伦理学的规范性则可能面对较为宽泛且具整体性的生活方式。

此外，以相应的人性假设和心理预设为基础，以实际动机的推动作用和/或实际后果的影响范围为参照函数，以理解并获得正确行为为目的，包括功利主义、义务论与美德伦理学在内的所有规范伦理学的行为理论的核心问题在于：什么是正确的行为？该理论能否以及如何指导人们做出正确的行为？

二、美德伦理学语境下的正确行为：质疑与辩护

赫斯特豪斯相信，同义务论和功利主义等规则伦理学一样，美德伦理学也能提供关于“正确行为”的充分说明，并且，其提供的说明，至少在结构上，同功利主义和义务论的非常相似。针对美德伦理学行为理论的质疑集中于两个问题：第一，如何理解“美德行为者”概念及其空洞性、歧义性和循环论证风险？第二，如何理解美德伦理学的行为指南的可操作性及其与规则之间的关系。

对于第一个问题，赫斯特豪斯坦承，在“美德”得到界定之前，美德伦理学的论断——“一个行为是正确的，当且仅当，一位美德行为者在这种环境中将会典型采取的行为。”——确实不能说明什么是“美德行为者”，进而不能说明什么是“正确的行为”。然而，上述论断只是其行为理论的第一个前提，它必须也应当有待更具体的第二个前提，即“美德是一种……的品质特征”来填充和阐释。如果美德伦理学因其第一个前提的空洞性而需受指责，那么，功利主义和义务论也同样需受指责。可是，这种情况真的是理论缺陷吗？毋宁说，有待第二个前提来补充第一个前提从而确认“何为正确的行为”，恰恰是规范伦理学的行为理论的基本属性；规范伦理学对于正确行为的定义和指导，正是通过上述两条前提共同完成的。

对于第二个问题，诚然，美德伦理学的行为指南不具有明确的程序化特征，但这不代表美德伦理学关于正确行为的规定和论证方案必定与“规则”格格不入。美德伦理学对于正确行为的规定和指导，正是以源自美德行为者的内在品质但又体现为一定程度的“美德规则”作为基本形态的。

三、道德困境的复杂性与正确的行为

在遇到道德困境（moral dilemma）时，美德伦理学又如何界定“正确行为”并指导人们采取“正确行为”呢？要讨论该问题，必须了解赫斯特豪斯作出的两组彼此相关的区分，即行为指南（action guidance）与行为评价（action assessment）的区分，以及道德正确的决定（morally correct decision）与道德正确的行为（morally right action）的区分。行为指南与行为评价属于不同层面，同时，做出了“道德正确的决定”也不等于做出“道德正确的行为”。

根据对行为指南和行为评价的不同反应，美德行为者将面临如下四种道德困境：

美德行为者面临的困境类型	能否做出道德正确的决定（行为指南）	能否做出道德正确的行为（行为评价）
（1）可以解决的悲剧性困境	是	否
（2）冲突仅具有表面性的困境	是	是
（3）令人愉快的不可解决困境	否	是
（4）令人沮丧的不可解决困境/不可解决的悲剧性困境	否	否

四、结语

围绕“何为正确行为”“怎样做出正确行为”等行为理论的基本问题，美德伦理学所给出的思考与回答将会带来一些特别的启示。首先，在行为指南层面，美德伦理学不赞成强烈的法典化诉求。其次，美德伦理学承认行为指南与行为评价之间的区别，承认可能存在“虽然能够做出正确的决定但未必能够实施正确的行为”的情形。最后，与规则伦理学的抱负不同，美德伦理学承认世界上存在着无法提供行为指南的“不可解决的困境”。

仁义信和民本大同——中华核心价值“新六德”论

肖群忠，《道德与文明》2014 年第 5 期。

习近平总书记指出：“培育和弘扬社会主义核心价值观必须立足中华优秀传统文化。牢固的核心价值观，都有其固有的根本。抛弃传统、丢掉根本，就等于割断了自己的精神命脉。”这一论述着力强调了中华优秀传统文化对于培育和弘扬社会主义核心价值观的基础地位和根本作用。究竟应该继承中国古代哪些核心的优秀传统文化呢？习近平总书记要求我们，“深入挖掘和阐发中华优秀传统文化讲仁爱、重民本、守诚信、崇正义、尚和合、求大同的时代价值，使中华优秀传统文化成为涵养社会主义核心价值观的重要源泉”。

一、中华核心价值观的民族特色

一个国家的核心价值观是自己的文化身份标志、文化内核和文化符号，有没有属于自己的核心价值观是中国道路能否成立的前提条件，核心价值观有无鲜明的民族特色也是其能否具有中国或中华特色，从而影响世界的重要基础。越是民族的，越是世界的。也许正是在这一思想基础上，习总书记要求我们深入挖掘和阐发中华优秀传统文化讲仁爱、重民本、守诚信、崇正义、尚和合、求大同的时代价值，使中华优秀传统文化成为涵养社会主义核心价值观的重要源泉。

习总书记提出的这六个核心价值观念与德目无疑是中华文化自古以来长期追求的核心价值与德目，无论是从内容还是从话语表达形式上看，它们确实都是具有中国特色的中华核心价值和德目，是中华民族和中国人民长期追求并实践的。“讲仁爱、重民本、守诚信、崇正义、尚和合、求大同”六个方面体现了传统美德、政治理念、社会理想、民族精神方面的根本要求。

二、“新六德”的核心意蕴及其内在关系

“新六德”的内在关系可以分为两大类：道德德目、政治理念与社会理想。讲仁爱、崇正义、守诚信是传统美德的几个最主要方面，即传统“五常”德中的三德。尚和合包括和谐目标与合作精神两个方面，是社会目标与道德精神的统一。而重民本、求大同则是基本政治理念和社会理想。前四条都具有“德性”性质，都可以简化为一个字来表达，因此，用“仁义信和、民本大同”八个字来概括中华核心价值“新六德”

是恰当的。

仁是一个情感性的源头，是仁者爱人的道德情感，是忠恕之道的思维方式和行仁之方，是奉行克己复礼的实践规范，是追求“博施济众”的奉献精神和高尚境界。义，则是传统道德的另一精神渊薮，它是一种理性精神，是对社会秩序的追求，是对道义为先的价值观的追求，是对义务为本的人伦责任的追求。诚信，内诚于己、外信于人。因此，讲仁爱、崇正义、守诚信就不仅是道德，也必须贯彻体现在政治治理过程中。建设和谐社会是社会治理的目标，以人为本或以民为本是基本的执政理念，世界大同、协和万邦则是处理中国和世界关系的根本理念。民本是中国古代政治思想的基本理念，是政治活动最终追求的目标，是实现天下大治、社会和谐的根本。

三、“新六德”与社会主义核心价值观的关系

如何理解社会主义核心价值观与上述中华民族核心价值观的关系？按照习总书记的相关论述，一方面，社会主义核心价值观是对中华优秀传统文化、世界文明有益成果的继承与超越。另一方面，社会主义核心价值观必须根植于中华优秀文化传统这个民族文化土壤之中，从中汲取营养，否则就不会有生命力和影响力。

可见，社会主义核心价值与中华民族核心价值“新六德”是一个相互支持的关系，前者是对后者的继承超越，后者是前者的源头活水和生命力、影响力所在，因此，在培育和弘扬社会主义核心价值观的过程中，注重弘扬培育中华民族核心价值“新六德”，会进一步增强民众对社会主义核心价值观的认同和接受。

伦理视阈下的老年社会保障

陈寿灿，《浙江学刊》2014 年第 5 期。

一、完善老年社会保障制度迫在眉睫

党的十八大首次提出：“加紧建设对保障社会公平正义具有重大作用的制度，逐步建立以权利公平、机会公平、规则公平为主要内容的社会公平保障体系。”一年后的三中全会明确地将这一精神具体落实为：“划转部分国有资本充实社会保障基金。完善国有资本经营预算制度，提高国有资本收益上缴公共财政比例，2020 年提到百分之三十，更多用于保障和改善民生。”

社会的稳定和秩序不仅具有工具性意义，其本身亦有目的性价值，从“危邦不入，乱邦不居”（《论语·泰伯》）的角度来说，很少有人愿意生活在一个缺乏稳定性的社会环境里。如果一个社会的老年人生活境遇普遍悲惨的话，年轻人及中年人都将对未来失去信心，因为他们自己也终究要有衰老的时候，所以，中国政府提出：“老龄问题涉及政治、经济、文化和社会生活等诸多领域，是关系国计民生和国家长治久安的一个重大社会问题。”

二、完善老年社会保障制度的伦理依据

改革开放取得举世瞩目的成绩，其中中国的农民群体作出了巨大贡献，政府通过以农业用地价格征收、以建设用地价格出让，赚取差价至少30万亿。根据国务院发展研究中心课题组的报告，1987年到2001年间造成的失地农民数量至少达3400万，2000年至2030年间这一数量将增加7800万，这意味着我国失地农民规模将超过1亿人。在城镇化的最初阶段，相当数量农民的土地是被迫低价出让的，事实上是为国家发展作出了牺牲，国家理应通过补偿来帮助解决他们的养老问题。虽然全国绝大部分省市业已颁布面向失地农民的养老保险政策，但是其中还有不少问题，如有的是以农民个人缴费为主的形式补偿，有的是只面向当下的老年群体而排出了未来的老年群体，而且总体来说额度过低。只有进一步调整和落实补偿政策，才能实现社会正义。

三、人道主义

中国特色是我国独自具有的建立老年社保制度的伦理依据，包括以下两个方面。第一，中国特色传统。西方社会除了种族歧视和性别歧视之外，还有一种老龄歧视，专指将老年人视为生理或社会方面的弱者而加以歧视的现象，将老年群体边缘化。孟子曾具体描述过：“五亩之宅，树之以桑，五十者可以衣帛矣。……七十者可以食肉矣。……七十者衣帛食肉，黎民不饥不寒。”第二，中国特色社会主义。社会主义本应是在各方面都高于资本主义的社会形态，然而各种历史原因使得中国社会主义社会不可避免地带有其特殊性，那就是以落后的生产力水平为标志的初级阶段特征。这一特征决定了中国社会主义社会的主要任务是改善民生、增加人民福祉，如学者所言：“中国的现代国家建设是一个由经济发展、社会建设和政治改革三步走的战略系统，是一个以民生为主导的先易后难的渐进过程。”

四、完善和落实老年社会保障制度的伦理原则

如何在实践中完善和落实我国老年社保制度？建议参照以下两条伦理原则。

（1）力求公平对待

现有的老年社保制度受到最多诟病的是其违反了社会正义这一重要的伦理依据，使得养老资源只是因出生地域或职业选择这些偶然因素而任意分配，造成了极大的不公平。近年来，我国基尼系数居高不下，超过了国际警戒线水平，这些过大的差距中就包括养老差距。坚持社会统筹和个人账户相结合的基本养老保险制度，完善个人账户制度，健全多缴多得激励机制，确保参保人权益。实现基础养老金全国统筹，坚持精算平衡原则。

（2）增加参与机会

目前，我国的一刀切硬性退休制度基本是新中国成立后制定的，男职工 60 岁退休，女职 50 岁退休，女干部 55 岁退休，艰苦岗位男 55 岁、女 45 岁退休，均从退休时起领取养老金。半个多世纪过去了，由于社会和国人的各个方面都发生了天翻地覆的变化，显然这一制度已落后于时代。

宋明儒学的仁体观念

陈 来，《北京大学学报》（哲学社会科学版）2014 年第 5 期。

仁体的观念，至北宋开始显发，其原因是佛道二氏在本体论、心性论上的建构和影响，使得新儒家即道学（亦称理学）必须明确作出回应，以守护儒家的价值，发展儒学的生命，指点儒学的境界，抵御佛教的影响。在这个意义上说，是佛道二氏使儒家的仁体论被逼显出来，也是仁体本身在理学时代的自我显现的一个缘由。

北宋程明道最先指出仁体，“仁体”的提出，是其《识仁篇》思想的自然展开。明道注重的主要不是“仁是什么”，而是“如何识仁”。应该说程明道在《识仁篇》这里强调仁体的境界义、功夫义，但蕴涵着本体义。此本体义即是说，仁体本来是浑然与物同体，因此仁体是与物无对的，大不足以名之，天地的大用都是此本体的大用。从万物一体的语录这一段来看，也就是从手足不仁、气已不贯的说法来看，仁者以天地万物为一体，是因为天地万物本来是一体，仁体即是天地万物浑然的整体。这种一体性就其实体的意义说，与“气”密不可分，因为气贯通一切，是把一切存在物贯通为一体的基本介质。不过，程门以下，对这个问题看法不

同，认识也不同。

有关仁体之说，在南宋湖湘一派和龟山一派之后，乾道淳熙年间也曾引起讨论，朱子、张南轩、吕东莱都参加了这个讨论。朱子认为，孔子只讲求仁之方，即求仁的功夫方法，孔子从未要人“先”识仁体，所以这种先识仁体的说法，朱子是不以为然的。朱子这里是就功夫先后而言，绝不是否认仁体。不只是心学，朱子门下也有不少人习惯于从恻隐之心去体认仁体。这个说法也是以心体认取仁体，其所说是以满腔的恻隐之心说心体，以体认恻隐之心体认心体之仁，认为此即识得仁体。朱子自己并不认可这种说法，这个说法多偏在心学一边，而朱子始终强调“源头”的意义。

明代理学中，有关仁体的讨论多了起来，不论是心学还是理学，他们都乐于谈到这个问题。王阳明也提到过仁体，他不是强调仁体的存在意义，而是强调仁体的功夫意义，“全得仁体”便是指功夫，即保全和实现本来的仁体。其所说的仁体即是心体，心学以为人生皆有此心体，皆有此仁体，而人为私欲所蔽，故需要功夫来恢复其本体。但阳明以仁体说心体，与宋元心学有所不同，即此心必是与万物为一体，亲民爱物。阳明所谓识得仁体，乃是指一般人在心上作刮磨的功夫，此功夫能将心上的斑垢驳杂去除干净，便是识得仁体，此后才染纤尘，拂之便除，不费力气。其所谓识得仁体既是恢复心之本体。

程明道在北宋理学创立之初，已经明确提出“识得仁体”的问题，但即使到了心性之学已十分深入的明代后期，人们仍然认为仁体最难识得。在这种情况下，心学家亦多从道德实践指点，如王塘南要人在孝悌实践上尽力，他说人在真切实践孝悌时，仁心蔼然不能自已，在这个时候就会体会到仁体。这个说法也还是从心体来认取仁体。这种由道德实践去接近本体的思路，与康德实践理性所说是一致的。但仍有从不同方面来理解仁体的思考，如张阳的阳和就天地之心直指仁体，这个说法也是有所见的。

总之，历史上的儒学，自宋代以来，已经十分注重“仁体”的观念，大体上说，心学是把仁体作为心性本体，而理学哲学家则把仁体作为宇宙的统一性实体。在宋明理学的理解中，仁体是万物存在生生、全体流行的浑然整体，故天、地、人、物共在而不可分。仁体不离日用常行，即体现在生活和行为；无论是识仁还是体仁，人在生活中的践行和修养就是要达到仁者的境界，回归到与仁同体。

道德行为的生命安全限度

易小明　谢　宁，《兰州大学学报》（社会科学版）2014 年第 5 期。

随着社会的不断发展，人们对行为主体的道德要求也越来越受到关注。在中国传统观念中，人们常常将道德作为人的本质规定，以致形成了道德至上主义，认为人们为了一个道德行为可以随意牺牲自己的生命。我们则认为，牺牲生命只能局限于一定的具体环境，一般情况下生命的价值应当大于某种道德行为的价值，即一般情况下道德行为有其生命安全之底线或限度，提倡在实现道德价值时要以保护自身生命为前提。

一、对道德行为生命安全限度的界定

我们对忽视生命安全之道德行为的界定，是指在和平环境里、在日常生活中，人们为了某种道德价值而忽视自我生命的行为，都可能导致行为者为此献出自己的宝贵生命。本文的目的，是想就基于和平年代的一般常态下之道德行为的生命安全问题作一分析，以警惕人们提高生命安全意识，尊重自我的生命价值，不做无谓的牺牲。

二、道德行为存在生命安全限度的根据：生命本身的内在价值

我们这里所谈的生命价值，既指生命存在的意义，更指生命自身存在的内在价值。对于生命价值的探讨，应该基于以人为主体的社会实践活动。

在某种程度上，人具有目的性的内在价值往往超越了自身的生命自利价值。人类的生命体就是在自利的基础上超越自利，在尊重自我生命的同时也尊重他人的生命，把自己作为目的同时也把他人当作目的。我们强调人的道德生命体的尊贵，并不否定人的自然生命体的尊贵，因为所有的自然生命都是一种生命形式，都是尊贵的，人只有认识到自然生命本身的重要，才会认识到自我生命的重要，也只有认识到自我生命的重要，才会推己及人地认为他人生命的重要，草菅人命者往往是亡命之徒。

三、行为能力与道德生命安全限度

近年来，人们对于社会上出现需要救助的现象发表热议时，往往可以清楚地听到两种声音，一种是随着社会上许多“见死不救”的现象出现，人们感叹随着社会的飞速发展人们的道德却日益滑坡，甚至被标上道德沦丧的标签。相反，也有许多电视媒体不断地报道着各种英雄事件。在肯定

此“见义勇为”行为的同时，也从道德视角呼吁鼓励更多的人学习和传承这种不怕牺牲的精神。

这其实是一个问题的两个方面，即道德自由的应当性与道德自由的现实实现性问题。

康德认为人是理性自由的存在物，对此我们要从两个角度理解：第一，这只是从观念的角度谈的，是一种纯粹的理想设计；第二，人是理性自由的存在物，从现实的角度来讲是说人可以理性自由，但不一定必然或总是能够理性自由。

现实的道德自由的实现还有一个重要的基础，那就是主体的道德行为能力。主体道德行为能力是道德自由实现、是道德动机转化为道德结果的主观条件。所以道德行为的实现要以主体的道德行为能力的拥有与提升为前提，至于如何培养道德行为能力，主要应当从两方面入手，一是提高道德素养，二是提高一般行为能力。除此之外，有必要专门谈谈勇的问题。勇首先要符合道德指向，其次则要符合智慧原则。

四、小结

以上是从个体道德行为能力角度来讲的，从社会道德教育角度来讲，展开以人为本的道德教育，对于提升人们道德行为的生命安全意识也是非常重要的。所谓展开以人为本的道德教育，就是要以尊重教育对象的主体性为核心，以促进教育对象主体性道德人格养成为目标，力求教育对象具备自主人格、独立思维、批判意识，并体现对其权利、尊严、价值的确认。

总之，我们是在和平时代的一般常态生活的基础上，想澄清一般道德行为价值与生命价值的本然关系，以反对无条件地为了某些道德原则而轻易牺牲生命的行为。道德价值固然重要，但是不论条件的“舍生取义，杀身成仁”肯定存在问题。因为，生命是一切价值的基础，只有尊重生命，保障安全，我们才有不断延续道德行为的主体，一切梦想才有开花的可能和希望。

中国传统道德教化及其现代启示

姜晶花，《江苏社会科学》2014 年第 5 期。

中国传统道德教化具有深厚的资源可供挖掘。其发展演变的历史具备自身的逻辑和历史特征，包含一定的自然历史条件和社会制度特征。该文在梳理道德教化的基础上，探析中国传统道德教化的特性，针对当前社会存在的公民道德问题，试图从社会启蒙与社会进步的角度寻求有价值的解决路径。

一、传统道德教化形成的自然及制度基础

中国传统道德教化与其存在的自然环境密不可分。我国作为世界文明古国，有着得天独厚的地域优势，在其之上产生和蓬勃发展的古代文明灿烂辉煌。此外，中国人对自然、大地、河流有着天然的亲近和敬畏。这些反映在传统道德教化中，不仅体现为对自然的重视和膜拜，更延伸为对自然规律、天地道理的恪守和敬畏。

在制度上，自古代奴隶社会建立以来，中国古代一直以“家国一体”的宗法制度为基本的社会政治制度和社会组织形式。这种建构在农业型自然经济基础之上，以父权家长为中心，以嫡长子继承制为基本原则的宗法制度为中国传统道德教化确立了制度性基石，提供了对应的意识形态与思维方式，给传统道德教化打上了自己特有的烙印。首先，强调男性中心。其次，重视血缘关系。再次，强调等级层别。最后，强调义务本位。

二、中国传统道德教化的五大特性

1. 强调世俗性

中国传统道德教化强调教化的世俗功能，即面对普罗大众进行道德教化，注重在现实社会生活中培养人、塑造人，使之具备应有的人伦精神和服务意识，为现实的社会政治、经济生活提供大批有用之才。

2. 强调道德性

中国古代道德教化强调道德的地位和作用，强调人们的意识和行为不应以功利为最终目的或衡量标准，而应以实践的伦理价值和道德性为根本目的和评判标准。

3. 强调政教合一

从道德教化登上历史舞台的那一刻起，它就具有了强烈的政治性。此后，这一特性通过科举制度获得了进一步固化，成为传统道德教化乃至中国传统文化中一项较为明显的构成性特征。

4. 主张和谐

和谐是中国古代教化所追求的最高境界。古代统治者不仅推崇自然和谐、天人和谐，更强调人际和谐、社会和谐、家庭和谐，希望由身心和谐、人际和谐，达致天下和谐，进入太平盛世。

5. 强调整体性

中国古代把维护群体协调、社会安定作为教化的重要方面，个人利益要让渡于社会整体利益，只有整体利益的满足才能实现个体利益的满足。就整体性而言，这种整体性的价值取向造就了中国人重视整体、热爱集体、为国奉献的高尚品质。但对于整体性的过分强调，在一定程度上忽视了细节与个体，造成了个体主体性、能动性、创造性的压抑和禁锢。

三、中国传统道德教化的现代启示

1. 在传统道德资源中挖掘对社会启蒙的有利因素

无需置疑，人之初道德教化的启蒙一直是备受重视的，这对于人类社会同样重要。如何启蒙，利用传统资源的优势，是摆在面前的课题。其核心在于，如何利用理性进行反省和批判。在深厚的资源中挖掘对当下有价值的启示，批判沿袭传统中的误区，改造当下社会的道德教化认识和行为。此外，必须认识到，传统道德教化资源始终存在一个强大的民族心理遗传因素，不可简单人为地将其断裂，而应该正确面对和认识。只有基于民族的道德心理启蒙背景下，才能取中西道德教化之长，探寻适合自身民族发展的道德教化途径。

2. 寻求价值取向的整体性与个体性融合

中国传统道德教化十分重视整体的价值，个体服从整体是社会秩序的前提。如何把握整体与个体之间的平衡发展，即现代社会如何遵循一种适应现代社会发展规律的准则，不压抑个性，也不损害社会的整体利益。过于张扬个性与完全埋没集体，都是失衡的，这将使人得不到健康的道德培育。只有基于传统，改造传统，民众的心理价值取向才不会被人为地破坏，民众的心理价值依靠才有归属，面对现代化的浪潮，才不会觉得无所适从。而正因为有了传统的依靠，民众的价值选择才会有目的性。

3. 营造和谐社会促进社会道德进步

在人与人之间，在人与国家之间，由身心和谐达致天下和谐，一直是传统社会的理想。这对当代亦是如此，特别是在国际冲突不断出现的环境中，把持这样的国际关系原则，国际和谐关系才有可能。同样，反观国家内部，由于个体的利益差别加大，利益分层和阶层化，和谐关系的达成更为重要。

4. 依托传统资源打造适应现代社会的道德教化氛围

当下，要做的是教育机制和内容的再造。同样，国家的支持极其重要。第一，扶持传统道德资源的舆论导向必须清晰，相关政策制定和发布十分急迫。第二，急需一批有才干的人才队伍挖掘整理有价值的道德资源，结合现代社会的需要，梳理出适应民族发展的价值支撑。第三，必须研究适合的接受形式在广大民众中推广，结合现代手段，更有效地传播。第四，法律的保驾护航甚为紧要。吸取历史教训，任意毁坏打击传统文化的做法要警惕，法律的在场可以有力地阻止对传统道德资源恶意攻击的极端做法。

四、结语

传统中国的道德教化资源丰富而深厚，充满精华，也有糟粕。辩证地对待，有选择地接受，结合世情、国情、民情，进行有效的现代化转化是当前中国发展所需。改革发展走到当下，这一意识的觉醒不算晚，关键在于如何去执行。

内在理由与伦理生活

徐向东，《杭州师范大学学报》（社会科学版）2014 年第 5 期。

人们普遍同意道德评价在个人生活和社会生活中发挥着重要作用。与此相比，道德评价自身的复杂性却没有得到充分关注。道德理性主义的盛行是导致道德评价的复杂性受到忽视的一个主要原因，因为这种伦理学往往提出两个相关论点：其一，道德要求是绝对命令（大致说来，当其他考虑与道德考虑发生冲突时，后者必须推翻前者）；其二，对道德理由的认识必然会产生道德行动的动机。在威廉斯看来，如果一个行动者无论如何都不能通过慎思把某个所谓的道德理由与其主观动机集合（subjective motivational set）可靠地联系起来，就不能合理地认为他应该按照那个理由来行动。威廉斯的观点在激发很多批判性讨论的同时也受到了严厉批评，该文旨在讨论他对“内在理由”概念的论证，并试图回答对其观点提出的几个重要批评。该文第一部分澄清威廉斯的内在理由概念并重构他对内在理由的论证。在第二部分，批判性地考察一些理论家对威廉斯的内在理由概念的批评，并进一步阐明威廉斯对实践合理性和实践慎思的关系的理解。在第三部分，试图揭示威廉斯的内在理由模型对于我们理解伦理生活的本质的一些含义。

一、威廉斯对内在理由的论证

威廉斯提出内在理由和外在理由的区分，其目的就是要论证一个很大胆、也很容易遭受误解的主张：不仅所有行动的理由都是内在理由，而且动机性的理由在某些程序合理性（procedural rationality）条件下也是辩护性的理由。在这里，说一个理由是“内在的”就是说，在经过恰当的慎思（deliberation）后，这个理由能够与行动者的主观动机集合发生可靠联系。凡是不能满足这个条件的理由都是所谓的“外在理由”。可以把威廉斯对内在理由的论证分为两个部分。第一部分旨在表明所有行动的理由都必须是内在的而不是外在的，第二部分旨在表明并不存在外在的行动理由。

二、道德动机与实践慎思

以上我们已经考察和重建了威廉斯对内在理由的论证，现在需要考虑的问题是：威廉斯的论证是否可靠，或者是否确实没有外在的行动理由？

威廉斯的论证的关键前提是：除了激发行动者采取一个意向行动的东西外，没有什么东西能够说明那个行动。在威廉斯看来，能够激发一个行动者行动的东西必须与他的现存动机在慎思上具有某种联系。因此，如果一个行动者被认为有理由行动，那么，那个理由也必须与他现存的主观动机集合在慎思上具有某种联系。与此同时，雷切尔·柯亨、约翰·麦道尔等人对威廉斯的理论提出了质疑，但在他们的论证中都或多或少地存在问题。

三、规范性与伦理生活

到此为止我希望我已经表明：当威廉斯断言一切行动的理由都是内在理由时，他是正确的。当然，在回答有关的批评和非议时，该文对威廉斯的主观动机集合的概念作了适当扩展，使之包含按照理性信念来作出评价的倾向，相信威廉斯能够接受这种扩展。

规范性考虑是为了满足人类生活的正常需要而凸显出来的。因此，威廉斯的内在理由模型旨在强调一个健全的观点：当我们试图对别人作出道德评价时，确信我们已经真正地理解了那个人，或者至少从一个同情的和负责任的观点把我们要对他加以评价的那件事情彻底弄清楚。从威廉斯的内在理由概念中我们可以引出的一个教训就是：对人的平等尊重应被视为道德评价的一个基础和前提，一个好的社会应该是一个彻底消除用各种可能的方式来支配其他人以实现自己的私人目的的社会。

为善去恶亦良知——对王阳明良知观念的整体性解读

解本远，《中国哲学史》2014 年第 3 期。

一、知善知恶之良知

在解读王阳明的“知善知恶是良知”时，良知的“单一说”认为良知仅是一种“知善的能力”，仅能对行为的正确与否作出判断，而无法产生善意，也无法使行为者根据这一判断采取相应的行动。而在阳明心学框架内，无论是行为者的意念还是外在的天或者圣人都无法成为行为者为善去恶的动因。如果我们要对王阳明的理论形成一个融贯的理解，就需要超出对良知的这种单一解读方式，对良知及相关概念进行重新解读。

二、作为整体性概念的良知

在王阳明的心学体系中，良知并不仅仅表示辨别是非善恶的能力，而是一个具有多层次含义的整体性概念：良知既是人所应当遵守的道德规范，也是人所具有的相应的道德（认知、情感和意志）能力，还是这些规范和能力的载体，即道德主体自身。道德主体、道德能力和道德规范构成了良知整体。一个人能够知善知恶并为善去恶，也正是体现了良知对自身的体认和践行。

三、良知的“自知”与“自致”

为善去恶要求道德主体不仅在主观上要具有对道德规范的认知，而且必须在客观上完成相应的道德实践，也就是行为者要去“致良知”，践行良知所包含的道德要求。王阳明在《传习录》中回答弟子关于“知之非艰，行之维艰”的问题时表达了两层含义：如果良知没有受到遮蔽，则良知自身能够知善知恶，并使得行为者自觉自愿地为善去恶；而受到遮蔽的良知尽管无法自知和自致，需要外界因素的介入才能去除私欲，但是行为者最终是否能够为善去恶，仍然取决于良知自身。

求真与从亲——关于“孝”的一个比较文化研究

方旭东，《哲学研究》2014 年第 10 期。

儿女对父母尽反哺之责，亦即尽孝，是很多文化共同的道德要求，并不只是儒家文化才有。但如何尽孝，不同的文化则呈现出各异的价值取向。对父母说真话的问题，可以看作伦理学上说真话义务问题在家庭伦理中的一个应用。人是否有对别人说真话的义务？这种义务是有条件的还是无条件的？在伦理学史上，学者们对这些问题已作过持久而深入的讨论。儒家孝道强调儿女对父母具有尊敬的义务，那么，说真话的义务与尊敬的义务之间是什么关系？尤其是当这两个义务发生冲突时如何处理？

作者从西方经典之一的莎士比亚戏剧《李尔王》中一个重要人物的形象分析入手，这个人物完美地履行了对父母说真话的义务，但其是否履行了顺从父母的义务，在论者中间却存在截然相反的意见。科迪莉亚严格履行了对父亲说真话的义务，应无问题。存在争议之处是关于科迪莉亚是否履行了对父亲尊敬的义务。如果把“尊敬”理解为“顺从”或“不拂逆”，那么，科迪莉亚明显未尽礼数。这种声音从剧中一直到后世都不绝于耳。

现在让我们设想，如果一个儒者处于科迪莉亚的境地，即如果对父亲说真话，就会带来总体利益上的糟糕或者更坏后果，他会怎么做呢？虽然一般都不把儒家划入伦理学上的后果论，但从一部分儒家的论述来看，他们对问题的处理采取了与后果论者相同的做法。由于后果论并不预设任何立场，因此，可以设想，从后果论出发，儒家并不必然反对对父母说真话，如果对父母说真话对总体效用有利，儒家会毫不犹豫地支持对父母说真话。无论是《论语》还是《礼记》都特别强调对父母说真话（谏）时的方式问题，有所谓“几谏”“熟谏”之说，其要点是：“谏”须顾及父母情面。不过，同样清楚的是：顾及父母情面并不意味着，如果父母不接受批评或建议，子女就可以放弃“谏”。相反，子女对父母之过要反复“谏”之。一边是不对父母说真话（谏），从而导致父母为众人所恶；另一边是对父母说真话（谏），虽然让父母不高兴，却避免了父母为众人所恶。前者罪重，后者罪轻，正确的选择是避重就轻。孔子有关“谏”的思考充满了以上分析所示的利益权衡。荀子关于为子之道（子道）的讨论，也浸透了这种理性计算。孔子明确反对把“从父”作为衡量子“孝”的标准，相反，他强调争（诤）子对于父亲的重要意义。明白儒家实际上是以一种接近于后果论的思路处理孝道问题，我们就不应再接受那个沿袭已久却似是而非的教条：儒家孝道要求子女把服从父母的义务置于道德考量的首位。科迪莉亚的选择很容易得到来自康德主义的辩护，而儒家则采取了一种与后果论相近的立场来处理对父母说真话的义务。这个比较，乍看之下，让我们倾向于得出这样一种结论：相比于儒家灵活而务实的做法，康德主义对义务的严格显得迂腐和不近人情。

“正权之辨”与儒家传统上的“经权之辨”仅一字之差，但其意味却大有不同：如果说“经权之辨”旨在为权变提供合法性证明，那么，“正权之辨”则恰恰对权变作了严格限制，差不多等于宣告权变不可仿效或重复。遗憾的是，近世儒者对从后果论出发的“经权之辨”的这种反省，并没有被后来者吸取，这一点，我们从当代一些儒家学者仍旧从经权之辨的范式为儒家教条进行辩护的事实中，就不难窥见。今天，在讨论以及履行孝道时，求真还是从亲，依然是一个没有解决的问题。

试析个人的公正美德

向玉乔，《哲学研究》2014 年第 10 期。

人类历来强调个人公正美德，因为一个社会的公民是否普遍具有公正美德事关该社会的兴衰。该文从政治伦理学的角度对个人公正美德展开分析，以揭示其主要内涵、现实基础、修炼路径及其与社会制度的公正德性之间的相通性。

一、个人公正美德的利己性与利他性

亚里士多德说：“在各种德性之中，唯有公正关心他人的善。因为它是与他人相关的，或是以领导者的身份，或是同伴的身份，造福于他人。”人类可以拥有多种美德或德性，但只有“公正”这种美德涉及如何在人与人之间合理分配社会资源的问题；它“集一切德性之大成”，是个人所能拥有的最重要美德。“公正”是人类对物质财富、政治权利、发展机会等社会资源进行合理分配所体现的公平合理性，即分配正义。处于社会状态的每一个人都必须依靠各种社会资源来生存和发展，如何使参与社会资源分配的个人能有效地平衡、协调和统一他的利己德性和利他德性？首先，他需要承认每一个人都需要占有物质财富、政治权利、发展机会等社会资源才能过上幸福生活的事实。其次，他需要认识到所有参与社会资源分配的人的平等性。再次，他需要洞察每一个参与社会资源分配的人都兼有利己人性和利他人性的事实。

个人是社会资源分配活动的主体，也是能够表达分配正义诉求的主体。当人类以“个人”的身份参与社会资源的分配时，个人不可能仅仅

以利己主义价值观念来支配他们的所思所想和所作所为，也不可能仅仅以利他主义价值观念来支配他们的所思所想和所作所为，而是往往努力在“利己”和“利他”之间取得一种平衡、协调和统一。在社会资源分配问题上，个人不能过分强调“利己”，个人的公正美德只能建立在个人的自私本质和利他本质相互作用、相互影响、相互支持、相互贯通、相辅相成的基础之上。它应该是个人的利己德性和利他德性所达到的一种平衡、协调和统一。

二、个人公正美德中的“知德”“情德”“意德”和“行德”

个人的公正美德是个人道德修养的一种重要表现形式。在社会资源分配领域，个人道德修养集中表现为他的公正美德。完满的个人公正美德也应该体现“知德”“情德”“意德”和“行德”的完全贯通和高度统一。要形成健全的“知德”“情德”“意德”或“行德”，个人必须具备一定的主观条件。“知德”要求个人具有正常的道德思维能力，“情德”要求个人具有丰富而深厚的道德情感，“意德”要求个人具有坚强的道德意志力，“行德”要求个人具有果敢的实际行为能力。不过，并非所有现实的个人都能够完全具备形成“知德”“情德”“意德”或“行德”的主观条件。如果一个人在道德思维能力、道德情感、道德意志或道德行为能力方面有欠缺，那么他的“知德”“情德”“意德”或“行德”也一定存在缺陷，他的个人公正美德也会因此而残缺不全。社会条件的好坏优劣和社会制度状况及其执行情况也会对个人修炼公正美德的努力产生不容忽视的客观影响。

三、个人公正美德向社会制度的延伸

要养成完善的公正美德，个人必须跨越两个难关：一是很好地平衡和协调他自己的利己德性和利他德性；二是使他的公正美德在“知”“情”“意”“行”等四个环节上达到全面贯通和高度统一。真正的个人公正美德不是仅仅停留于主观性、抽象性和理想性基础上的，只有在现实的国家和社会中，个人在参与社会资源分配活动中追求和维护分配正义的伦理思想和精神才能得到真正的体现。个人公正美德一旦延伸至社会制度，它就变成了一种社会制度德性。社会制度是一种人为的建构，它的首要价值是保持和延续个人公正美德内含的伦理思想和精神。社会制度的公正德性是对个人公正美德的延伸和升华。只有进一步转化为一种社会制度德性，个人公正美德的价值才能够得到进一步拓展和提升。

无伦理的道德与无道德的伦理——解码现代社会的伦理—道德悖论

张志丹，《哲学研究》2014 年第 10 期。

长期以来，现代社会伦理—道德问题一直是哲学伦理学研究中具有持久热度的全球性学术热点和学术增长点。在全球化的背景下，现代社会伦理与道德之间的传统平衡与张力被打破，出现了伦理—道德的断裂、倒错、矛盾、悖论以及碎片化的时代“症候”，即“无伦理的道德”与“无道德的伦理”的吊诡性悖论。

对于伦理和道德这两个耳熟能详的最基础性的伦理学概念，人们却“熟知非真知”。在有些学者那里，伦理、道德经常被等义使用；在另一些学者那里，两者被严格加以区分。事实上，伦理与道德之分殊，为悖论的产生埋下了伏笔。在现代社会，它已然变为一个真真切切的现实性“真问题”。研究这种悖论乱象，有助于洞察时代本质，进而解码现代社会伦理—道德时代性变奏的基本轨迹与规律。

现代社会伦理—道德的双重悖论和基本症候的表现之一是“无伦理的道德”。它是指现代社会旧的传统伦理的规则、关系和秩序已经发生崩解、革新的情势中的道德境况，以及在全球化与科技革命的过程中整全意义上新的伦理规则和秩序尚未得以完全确立情势下的道德境况。另外，具有普遍性的伦理规则和伦理秩序的建构决非完全自然而然的自发过程，从根本上说，它是在历史提供的可能性空间中主体进行博弈与选择的结果。再者，现代社会伦理—道德的双重悖论和基本症候的另一表现是“无道德的伦理”，它是指在现代社会中失却了应然性和合理性、历史发展以及人性完善趋势的伦理以及在伦理的形式化、功利化和空心化或者脱离应有主体德性情况下的伦理境况。

撇开一般性的阐述和分析，重点批判与现代市场经济相适应的基本伦理形式——契约伦理潜藏或诱发的不道德或道德风险问题。大体上说，契约伦理的“无道德”的表现主要有三：其一，契约伦理所依托的基点和出发点是个体的私利，潜伏着不道德与道德风险的爆发；其二，契约伦理高扬契约主体——个人的权利，暗藏着引发无德与道德风险的极大概率；其三，契约伦理趋向于形式理性、程序理性、实践理性，走向形式化、空心化、功利化，进而导致实现其价值和体现其意义的道德（德性）被抽空。

综合来看，现代社会伦理—道德悖论之出现具有深刻的社会历史背景以及精神文化的根源。这里主要阐述三点。首先，主导性的、宰制性的根本原因是以私有制为基础的资本逻辑及其普遍化。其次，凸显的客观原因包括三个方面：其一，现代社会物质和科技基础的变化；其二，现代社会中时空倒错导致伦理—道德的脱域及其非法僭越；其三，现代社会价值多元、文化冲突，以及伦理道德理论“诸神竞争”，主流价值观遭受“冷遇”，各种扭曲价值观疯狂肆虐，对伦理—道德悖论也产生了深刻复杂的影响。最后，突出的主观原因是现代伦理学根基的“理性”和“普遍性”的双重误置以及现实应对的滞后乏力。

面对现代社会伦理—道德悖论，立足于“宏大叙事”与“细小叙事”结合的方法论基础上，应该有两点基本研判。其一，从战略上看，需要进一步认清时代特征、时代症候和历史趋势，以历史眼光来审视这一重大悖论，树立战略研究的视域。其二，从战术上看，需要缜密研究伦理—道德的新特点、新动向，具体问题具体分析，强化策略性研究。

客观地说，现代性的伦理道德事业是“未竟之业”，希望与梦想正在悖论矛盾之中孕育生成并逐步实现。因此，重构现代社会伦理—道德的基础，需要以历时性—共时性维度来把握伦理—道德的变奏演化的“发生学密码”和深层机理，洞察其中不变中的“变”与变中的“不变”；唯此，才能夯实当代伦理学的基础，进而逐渐超越四处弥漫“紧张的苦恼意识”的伦理—道德背离冲突的脱节时代，达到伦理—道德和谐平衡的理想之境。

哈耶克与罗尔斯论社会正义

周　濂，《哲学研究》2014 年第 10 期。

一、哈耶克论社会正义与正义

哈耶克对“社会正义”的批评分门别类，大致可区分为“语义学的批评”“知识论的批评”和“后果论的批评”。这三种批评彼此关联、环环相扣，最终都指向哈耶克对“社会”之本质的理解。需要特别指出的是，哈耶克虽然反对“社会正义”这个术语，却并不反对“正义”这个概念。首先，正义的规则是“抽象的”，“我们必须明确承认我们对于特定情势所具有的那种不可避免的无知”，所以我们只能从程序的角度而非结果的角度去寻求正义。其次，正义规则是“否定性的”而非“肯定性的"，它不是为了确保实现绝对的正义，而是为了防止最糟糕的不正义。第三，正义的追求与自生自发的秩序之间存在着密切的关系。

二、抽象规则与纯粹程序正义

罗尔斯在《正义论》中关于"分配正义"与"配给正义"作出区分。这一区分的重要意义在于，首先，它再次强调了社会基本结构是正义的主要对象；其次，它告诉我们"纯粹程序正义"是考虑分配正义（社会正义）问题最恰切的概念。哈耶克认为，对"自由主义的正义观念"而言，"真正重要的乃是竞争得以展开的方式，而不是竞争的结果"。由此可见，哈耶克虽未使用"纯粹程序正义"这个术语，但是他心中所想的正是这个概念，因为自生自发秩序在处理正义问题时完全满足"纯粹程序正义"的主要特征。

作者认为，二者虽然共同接受"纯粹程序正义"的重要性，但由于他们对于"竞争得以展开的方式"的"公平性"理解不同，对社会之本质的理解不同，因此他们之间的分歧是根本性的，不过在进入这个分析之前，该文首先探讨哈耶克与罗尔斯之间另一个隐而未显的潜在共识。

三、无知之幕与最可欲的社会

哈耶克的选择原则是这样的："我们应当把这样一种社会秩序视作是最可欲的社会秩序，亦即在我们知道我们于其间的初始地位将完全取决于偶然机遇的情形下我们便会选择的那种社会。由于这种基于对任何一个成年人所具有的吸引力都可能是以他已然拥有的特殊技艺、能力和品味为基础的，所以更为确切地说，最好的社会乃是这样一种社会，亦即在我们知道我们的孩子于其间的地位将取决于偶然机遇的情形下我们仍倾向于把他们置于其间的那种社会。"

相比罗尔斯，哈耶克既没有意识到与罗尔斯的共通之处，更没有自觉地将此方法拓展应用到整个思想体系，而且，他在术语使用上坚持使用"最具可欲性的社会秩序"而非"正义社会"——这似乎再次证明了他与罗尔斯之间的"字词之争"。接下来的问题是，哈耶克与罗尔斯存在实质之争吗？如果存在，其具体内容是什么？该文认为，如何评价"选择"和"环境"对于人生的影响，特别是如何理解"竞争所得以展开的环境"的"公平性"，乃是哈耶克与罗尔斯出现实质之争的关键所在。

四、个人选择、运气与正义

在展望最可欲的社会秩序时，哈耶克曾经隐然接受了"选择"与

“环境”的区分，但是他并没有将这一思路贯彻始终。相反，他反复强调的观点是，在接受自发秩序和法治的前提下，个体必须一方面接受“技艺”与“勤奋”对个体成败的影响；另一方面认可“运气”或者“纯粹偶然的事件”的横加干涉，在此过程中个人可以“向上帝或命运女神埋怨命运不公”，但断断不能以社会正义的名义对此结果进行修正。

而在罗尔斯看来，社会虽然是为了相互利益的合作冒险，但是在冒险的过程中，首先需要确立的是“社会作为一个世代相继的公平的社会合作体系的理念”。这个理念意味着：“在公平的正义中，人们同意相互分享各自的命运。他们在设计制度时，只是在有利于共同利益的情况下才会利用自然和社会的偶然因素。”

五、福利国家抑或财产所有制的民主

有论者认为哈耶克虽然反对以社会正义之名支持福利政策，但支持福利政策这个事实本身再次说明了他和罗尔斯之间只有字词之争。该文认为，这个论断仅仅看到了表象，忽视了哈耶克与罗尔斯在福利政策上两个根本性的差异。首先，在政治哲学以及一般意义的哲学思考中，理由的区别是最根本的区别，假定两种理论都支持同一种制度或者政策，如果证成的理由不同，则二者之间的差异就绝不只是字词之争，而更可能隐含了根本的实质之争。其次，也是最重要的，罗尔斯并非福利国家的资本主义的支持者——虽然这是最常见的流俗理解之一。哈耶克与罗尔斯最根本的分歧，即对自由的定义，特别是对经济自由和政治自由的定义和权重。

六、经济自由与政治自由

对哈耶克来说，自由的重要性不在于促成的目标有多崇高，而在于它为个体行动所打开的可能空间有多大。而罗尔斯反对仅仅从否定性去定义自由，在他看来，无论现代人的自由还是古代人的自由“都深深地根植于人类的渴望之中”。

哈耶克与罗尔斯在经济自由和政治自由问题上的分歧反映出二者根本问题感的差异。哈耶克终其一生，最关心的问题就是如何防止“一个强有力的全权主义国家重生的危险”。罗尔斯所关心的问题，就是如何通过确立一种正义的制度以使生活其间的每一个自由平等的道德人都能过上有价值的人生。相比哈耶克问题，罗尔斯问题关注的是“更高的理想”，所以二者的分歧远非字词之争而是实质之争。该文认为，立足于广义的自由主义传统，哈耶克与罗尔斯应该在原则上都会认同如下判断：“个体应该自由地追求他们自己的美好生活的观念，而政府的职能就是提供便利者。”但是比较而言，罗尔斯的理论要比哈耶克的理论更好地实现了这一价值理想。

论牟宗三道德的形上学建构与其宗教性的贯通

段吉福，《哲学研究》2014 年第 10 期。

现代新儒学是在 20 世纪 20 年代产生的以接续儒家“道统”为己任，以服膺宋明儒学为主要特征，力图用儒家学说融合、会通西学以谋求现代化的一个学术思想流派。现代新儒学在现代的崛起、形成与发展，具有双重关怀：一是对世界文化的开怀，响应世界现代性问题，即解决 20 世纪普遍的意义危机问题；二是对中国现代性问题的一种响应，寻求民主、科学救国的可能。牟宗三道德的形上学建构表征着现代新儒学走向了融通宗教与哲学的不懈寻求与探索之途，从而展现出其思想体系中特有的宗教维度。以牟宗三为代表的现代新儒学站在儒家的内在立场来谋求宗教与哲学的统一，认为“内在德性的真实”，即人心、人性是一切价值的根源，充分肯定人生意义与价值追求的重要性，认为人生的意义与价值在于实现人之所以为人的目的与本质，并由此开显出一套以存在为进路的道德形上学，对儒家传统的基本精神作了现代诠释。

牟宗三认为，中国儒家的道德哲学即含有一种“道德的形而上学”，并认为这是中西哲学在形上学方面的一个大的分野。在牟宗三看来，“知体明觉”或良知既是道德的实体，也是存有论的实体。道德的形而上学就是从良知出发，在本体论的层面对万物之存在所作的根源性的说明，是以道德的进路来接近形上学，是由道德的进路对一切存在作“本体论的陈述”与“宇宙论的陈述”，或综合成为“本体宇宙论的陈述”。牟宗三进而指出，他的“道德的形而上学”不同于“道德底形而上学”。在牟宗三看来，“道德的形而上学”既是实践的，也是理论的，它本身就是一种实践的智慧论。以良知为核心的儒家思想是牟宗三哲学的最终归宿和内在灵魂，牟宗三道德的形而上学建构过程实则是良知呈现、发用和返回自身的过程，康德哲学则为这一过程提供了主要的问题视域和基本的活动平台。在牟宗三看来，物自身乃是一种有着高度价值意味的概念，也就是一个伦理实体、道德实体，因而人们完全可以凭借“智的直觉”来认识它。牟宗三继承了中国传统儒家心性哲学上的基本看法，即从道德的入路来谈论形而上学。“他对形而上学的理解，明显体现出一种中国儒家心性哲学的情结。”在牟宗三看来，全部道德的形而上学是以对其“实体”“本体”或“实在”的证实与体验为根据与基础而建立的。依照牟宗三的看法，良知既然是绝对而无限的，则作为良知之用的直觉也应该是绝对而无限的，这种具有无限性的直觉自然不是感性直觉，而只能是智的直觉。牟宗三把陆、王的良知本体与康德的自由无限心相结合，打通本体与现象，建立了道德的形而上学。道德的形上学是全体大用之学，它能上通本体界，下开现象界。牟宗三的哲学是形上的、超越的、空灵的，它以现代哲学的语言、形式将儒家心性论发挥到了极致，彰显了道德实践中所包含的形上学和宗教性意义。

审视启蒙契约观的伦理边界

杨伟涛，《中国社会科学报》2014 年 10 月 20 日。

德国哲学家黑格尔通过对伦理实体家庭、市民社会和国家的区分判析，反对以契约形式、原子观点看待家庭和国家中成员之间以及个体与实体之间的关系，提醒人们慎重契约的应用限度。

契约是基于交换双方共同意志和自愿对交换活动的观念性确认和约定，给当事人提供自觉、自愿、平等的交换。而法律则为复杂的交换和契约提供权利界定、预期性保障和惩罚性补偿。黑格尔提醒人们，契约中的普遍意志以共同性的形式和形态出现，是以偶然性和特殊性为基础的，因而是有限和相对的，实现的普遍性也是有限的，其根本上是个人的目的和利益。不同个人利益的对立、冲突而造成交换的中断、契约的毁坏在所难免，契约关系并非普遍的永恒关系。

作为伦理实体的家庭，揭示的是宗法血缘的伦理关系及其秩序，作为家庭伦理精神的是爱。以“爱”为纽带的家庭排斥单个人的权利诉求而强调家庭统一体的责任，家庭成员不是作为独立的个人或孤立的契约者，而是首先作为一个整体中的成员并从中发现以天然的爱和情感为纽带的家庭统一体。家庭的基础是婚姻，婚姻的本质是一种情爱伦理和实体关系，注重于双方的精神联结和责任承担。黑格尔特别批评将婚姻关系看成是一种纯粹的物品交易和契约关系的观点，认为婚姻是两个独立人格扬弃自身独立性，同一化为一个人，不能以契约关系理解和处理，不适当地混淆家庭和市民社会原则，就可能偏离婚姻关系的本质。父母的生命与爱在子女身上得到存在和延续，父母对子女的爱中包含了抚养教育子女、使其成人的义务，家庭教育的目的是使子女成为伦理实体中的现实成员；父母以驯服和情感的结合，教育孩子成为一个有独立个性、有责任担当的人；父母和子女是生活共同体，进行着信息、情感的交流，扩展家庭成员之间的精神联结和实体性自由。黑格尔把国家视作伦理的完成，是对市民社会利益分散性、形式的普遍性克服的必须形态，也是家庭爱的同一原则与市民社会利益分立原则的扬弃和有机结合。黑格尔认为作为伦理实体的国家是自我意识和自由意识的充分发展，取得了法的真正的合理性本质，国家作为体现理性的共同体，不能仅将它视为其要素的集合，而应将它看作个体理性与普遍理性的内在统一和有机的结合；国家机构和政治制度是国家组织和国家内部关系中的有机生命组织和运行过程，国家权力的构成按照国家实体的理念划分，并结合为有机整体。国家制度的有机体性还体现为它是民族历史、民族意识的理性发展的结果，以及民族精神融合的成就。黑格尔批评近代启蒙哲学混淆市民社会财产交换原则与国家合理性、实体性原则，社会契约论只是把许多单个人的意志加以“集合并列”，至多是一种“共同意志”，不能达到作为普遍与特殊之内在统一的“普遍意志”；人与生俱来具有社会性，他的生命和事业构成民族延续和社会发展的内在因素，国家不是由单个人以契约结合而成的。在民族和理性国家中，人们基于自然禀赋、文化传承和分工组成社会，构建国家，相互之间密不可分，成为社会不可替代的因子，人们应从民族传承性、国家实体性认识和恪尽个人的责任、使命，相互之间也要相互尊重、关爱和团结。

黑格尔反对把家庭成员之间，特别是把婚姻关系当作契约，反对把个人与国家之间的关系当作单纯契约的原子主义、自由主义的观点，有效地标识了契约应用的限度，反对契约观的妄为僭越。这种反思和析解对当今社会考察和处理人与人之间、个体与社会国家之间的关系，重塑家庭和谐关系和优秀民族精神，提供了富有意义的理论启示。

中国慈善伦理的文化血脉及当代价值

周中之，《中国社会科学报》2014 年 10 月 22 日。

中国慈善伦理在走向现代文明的过程中，要立足于中国的国情，以社会主义核心价值观为导向，建立当代中国慈善伦理规范体系。在新的历史条件下，慈善伦理研究在人与自然的关系、人与人的社会关系方面获得了新的发展契机。近些年来，一系列以慈善为中心内容的重大热点事件，在社会中产生了广泛影响。在肯定慈善事业对当代中国社会发展的重大作用时，迫切需要解决如何让伦理之光照耀慈善发展道路问题。要深入、全面地研究当代中国的慈善伦理，首先必须追根溯源，揭示慈善伦理背后的文化血脉。

一、慈善伦理是在一定的民族的文化传统基础上形成和发展起来的，是民族文化发展的积淀物

中国传统文化中儒家的“仁爱说”和“性善论”是儒家慈善伦理的两大理论基础。以孔子为代表的儒家主张“仁者爱人”，但他的仁爱首先是“爱亲”，即把基于血缘关系的亲子之爱置于仁爱的首位，然后才是“泛爱众”。孟子将推己及人的实践途径具体化为“老吾老以及人之老，幼吾幼以及人之幼”，并在人际关系上倡导“出入相友，守望相助，疾病相扶持”的道德风尚。道家的“积功累德，慈心于物”是其慈善伦理思想的精练表达。道家认为“损有余而补不足”是天道，信徒应施舍多余财物以济贫扶困。道家主张每个人都要有“济世度人”的社会责任感，强调在社会生活中，每个人都应遵守社会的公共准则，友善地对待他人，在人与人之间要实行互助互爱。而佛家以“善有善报、恶有恶报”的因果报应论为理论基础，主张悲悯众生，提倡布恩施惠。

中国慈善伦理思想有着深远的文化血脉，内容是丰富的，既有以仁义为基础的儒家慈善伦理思想，又有以慈善积德为核心的道家慈善伦理和以慈悲为善为宗旨的佛家伦理思想。中国古代社会发展到宋代以后，儒、道、佛通过调和、会通、融合、吸收等办法，相互认同，合流已是主要倾向，三家的慈善伦理思想形成了更多的共识。

二、慈善伦理的状况是社会文明发展程度的标志，反映了一定社会的经济、政治和文化面貌，凸显的是社会成员在财富观和人生观上的价值取向以及社会道德风尚

中国慈善伦理在走向现代文明的过程中，要立足于中国的国情，以社会主义核心价值观为导向，建立当代中国慈善伦理规范体系。这一规范体系必须根植于中国传统文化的基座，才能为社会成员所认同、接受和践行。同时也应当看到，传统文化中的慈善伦理与现代社会的慈善伦理观念有着不少差别，必须吸收人类文明的优秀成果，在慈善伦理规范体系中注入法治的理念、平等的精神。

社会主义核心价值观是当代中国慈善伦理规范体系的灵魂。在当代中国慈善伦理规范体系中，必须包括自愿奉献原则、平等互尊原则、诚实守信原则。这三大原则是社会主义核心价值观特别是其中文明、自由、平等、诚信、友善的直接体现。自愿奉献原则体现了慈善的伦理本质，是慈善伦理规范体系的首要原则。人是自由和自主的，慈善捐赠、捐助是个人自由和自主选择的结果，是自愿的而非外在强制的。当代慈善伦理倡导奉献精神，但坚持理想性和现实性的统一，包容慈善动机的多元。在施助者和受助者之间，应该倡导人格平等、互相尊重。

当代中国慈善伦理规范体系的建设迫切需要制度的安排、法律的支持。由于中国现代慈善伦理在理念和运作上与发达国家还有不少差距，特别是有关慈善事业的法律建设比较薄弱，因此必须大力加强和完善慈善的法律建设。信息技术的突飞猛进，使当今世界进入了“大数据”时代。应通过信息技术，使慈善事业的运作透明化，从而提高慈善组织的公信力。法治是建立在客观事实基础上的，也需要大量的信息和数据做支撑。总之，当代中国慈善伦理规范体系的建设与法治建设、信息技术建设是合为一体的。

浅析话语伦理问题

董　辉，《光明日报》2014 年 10 月 22 日。

改革开放以来，中国社会的现代化转型不断加快，与经济市场化进程不断加速相随而来的是社会世俗化的加速，以及文化世俗化力量的快速增长，作者认为其中的重要标志之一，便是我们文化生活中的文化话语加速蜕变。作为一种文化后果，这种蜕变不仅造成了我们文化话语的失范、随意、粗俗乃至粗痞，造成文化话语之语意与语义标准的模糊、解构，而且在更深层次上造成我们社会在文化价值观念上的相对主义甚至虚无主义。对于一些基本的文化理解，人们所能共享的程度越来越低，对传统文化、价值理想（目标）、伦理精神和道德规范，人们所能共享或者共同坚守的程度似乎也是如此。

诚然，每个时代都有属于这个时代的特定话语。话语变迁和转换的背后，其实有着深刻的社会经济、政治、文化和道德价值观念的深层影响，尤其是所谓“伦理世态”和“道德心态”蜕变或更新的重要表征，不可轻视。譬如，曾经深刻而时常影响着人们行为的文雅、谦和、友善等品质，似乎被看作是懦弱、无能、过时的“作秀”或“做派”，甚至被视为老式的“矫情”，因而仿佛是自然而然地受到“大伙儿”的唾弃。可见，以“粗鄙化”为表征的日常语言的“背伦理化”现象并非偶然。“粗鄙化”无疑是“道德异化”的表现，且明显地与“反社会人格”联系在一起。而反社会人格是跟道德相对主义和道德虚无主义相关的，前者从根本上否认事物有是非对错或善恶之分，它对于一切道德规范既不作肯定性判断，也不作否定性判断。后者则试图逃离或游离于“道德的社会”之外，以一种对道德规范的刻意消解，来为自己的道德无政府主义行为辩护。这已然不只是一种态度上的道德冷漠，而是一种价值观念和价值立场上的非道德主义了。

问题是，文明的人类绝对不可能长期生活在这样一种是非界限模糊的非道德非文明状态之下，它必须建立这样或那样的社会伦理秩序和道德规范，并以此建立或形成具有积极约束力的文明礼貌和风俗习惯，以确保人类正常的社会生活沿着健全体面的轨道行进。历史的经验和教训告诉我们，与民众优良心性秩序和文明礼貌等精神品格之养成密切相关的道德教育，以及由此而来的文明得体的言行、举止和优雅风范，不是与生俱来的，而是长期的文化、制度规训和榜样示范等引导的结果。粗鄙无疑是一种道德恶疾，为了避免人们对之由一开始的讨厌到失望，进而渐渐适应、随遇而安、麻痹、冷漠，最后默默接受这种不正常情形的出现，促使社会文化与道德生活回到正轨，需要动员全社会的力量，进行有效的综合治理。作者提出以下三方面的解决之策。

其一，首先要明确，优良精神生活氛围和正派的道德生活风气的形成，既是一个自上而下的过程，同时更是一个自下而上的过程。因此，要从粗鄙化产生的深刻根源入手，采取实质性的措施，尤其是要营造一种风清气正的制度文化氛围，保障普通民众有一个正常的上升通道，使“承认”“尊重”“重视”“满足”等成为一种普遍的社会现实。

其二，借鉴“话语伦理”理论，努力建构个体之间的正常文化理解和意义共享。话语伦理的核心思想是：在不存在外在的强制与内心的心理压抑的条件下，理应通过语言的相互理解和理性的共识来协调因文化理解差异所导致的语言冲突。话语伦理的实践与建构坚持两条原则：一是普遍化原则，二是平等性原则。

其三，在中国优秀传统文化与核心价值观的有机耦合中，探寻、创制中国特色的话语文明之典型。语言文明是社会精神文明的载体与重要部分，语言及其相应的话语表达形式，体现着与该时代的文化和价值观念变迁相一致的文明水准。

发掘传统道德的“合理内核”

龚　群，《人民日报》2014年10月30日。

中华优秀传统文化博大精深，中华传统美德是其核心内容。从良莠并生、瑕瑜互见的传统道德中发掘其“合理内核”即中华传统美德，并结合时代需要实现创造性转化和创新性发展，对于培育和弘扬社会主义核心价值观具有基础性意义。

一般而言，任何社会历史阶段的道德都包含可以作出相对区分的两个部分：一是反映一定社会历史阶段特征的道德观念与道德规范，如我国传统社会中反映绝对君权与封建家长制关系的道德观念与道德规范；二是超越一定社会历史阶段、具有久远社会价值的道德观念与道德规范。正如列宁所说的，人类社会存在着数百年来人们就知道的、数千年来在一切处世格言上反复谈到的、起码的公共生活规则。例如，如何对待他人、如何对待国家和社会，就是超越一定社会历史阶段的伦理问题。相应地，建立维系社会公共生活、调节人与人之间关系的道德规范与道德准则，就具有长久的意义与价值。任何文化中都包含这样的道德因素。

我国传统道德是以“五伦”关系（君臣、父子、夫妇、兄弟、朋友）为基点、以一般公共生活为背景建构的，其核心范畴是所谓“三纲五常”。“三纲”即君为臣纲、父为子纲、夫为妻纲，是一种封建伦常秩序，即封建家庭关系秩序与政治关系秩序。总体而言，“三纲”所提倡的伦常秩序强调的是臣对君、子对父、妻对夫的绝对服从关系，这无疑不符合现代社会的道德要求，不符合平等的现代价值观，应当摒弃。“五常”即仁、义、礼、智、信，它高度凝练地概括了中华传统美德的精髓。从一定意义上说，“五常”超越了一定社会历史阶段，具有相当长久的社会价值。在“五常”中，“仁”是最重要的美德。“仁”，即仁爱。怎样才能做到仁爱？依孔子的解释，从积极意义上说，是“己欲立而立人，己欲达而达人”；从消极意义上说，是“己所不欲，勿施于人”。也就是说，在人际关系中，我们要积极主动地助人；同时要把自己放在他人的位置上，想到心同此理，自己不愿受到伤害，就不应当伤害他人。“义”，即按照“仁”的道德原则和要求行事，不做不“仁”之事。“礼”，即行为举止合乎礼仪规则，以及待人有礼。这是处理人与人之间关系最基本的要求。“智”是一种情境化的“实践智慧”，强调行为者在具体环境条件下，依据一定道德原则和具体环境条件作出价值判断。“信”，即人与人交往的诚信原则。儒家强调“民无信不立”，即不讲信用之人是不可以依赖的。要做到有信，就要有诚意。诚、信二者内在关联。诚为内因，发乎外则为信。因此，从诚与信的关系看，诚更为根本。“五常”所包含的道德观念与道德规范，今天仍然以“日用而不觉”的方式对人们的思想和行为产生深刻影响。显然，对它们进行扬弃，使之纳入社会主义核心价值观总体范畴，不仅可能，而且必要。

儒家家庭本位伦理与代际正义

文贤庆，《南京社会科学》2014 年第 11 期。

全球性的环境问题向我们提出了代际正义的问题，西方基于个体主义试图解决代际正义的进路存在很多的难题，而儒家家庭本位的思想作为一种不同于西方个体主义的思想尤其值得重视。儒家家庭本位的思想主张个人在家庭关系中不断地实践出各种美德，从而达到成己成人。这样一种以特殊共同体为思考起点的思想，为我们面对代际正义所遭遇的理论困境提供了新的解决思路。

一、以家庭本位为核心的儒家思想

家庭本位思想通过囊括一个核心家庭所包括的父子、夫妇、母子、兄弟等血亲关系，形成了中华文化的日用伦常准则和信念，这种思想尤其表现在儒家通过“孝、悌、忠、信”的家庭伦理信念去践行“父义、母慈、兄友、弟恭、子孝”等日常的道德行为准则。对于传统儒家文化而言，构成社会基本单位的不是个人，而是家庭。家庭既是一个有血亲关系的社会组织，也是集生产生活为一体的最基本团体，而个人并不是比家庭更基本的构成社会的基本元素。与此同时，儒家家庭本位的一个明显特征在于它呈现出一种双向维度的道德关系，即上对下维度和下对上维度。

二、一种美德伦理的框架

在儒家家庭本位思想中，道德性就体现在日用伦常之道中，这就意味着个人总是生活在时机化的特殊处境中，基于一种具体的历史和传统表现出应对各种人际关系的诸种美德。正是通过在生活中不断地实践各种关系，一个人表现出各种优秀和卓越的美德，诸美德为人生目的提供了一种生活结构，同时提供了一种能够在其中展开这样一种生活故事的叙事结构。在这个意义上，儒家家庭本位的思想表现出一种典型的美德伦理框架。并且儒家家庭本位思想作为一种美德伦理呈现出这样一种特征：家庭作为个人实践的背景，是个人通过血亲关系实现自我的基本框架，正是通过把个人的价值首先放置于家庭，使得个人的价值以诸如孝悌敬爱的诸美德在家庭的传统文化中实现出来。这样一种呈现个人价值的方式为我们处理基于个体谈论代际正义问题而面临的困境提供了新视角。

三、从家庭本位开展代际正义

代际正义的问题不仅包含我们当代人和后代人之间的问题，而且关涉到当代中青年人和老年人之间的问题。然而，对于当代人和后代人之间的问题，如果代际正义理论在根本上是一种权利和义务的主张，而权利和义务的主张又被认为是一种个人权利和义务的诉求时，我们会发现代际正义理论面临着许多困难，这种困难尤其体现在帕菲特提出的“非同一性问题”（non-identity problem）之上。另外，对于中青年和老年人之间的问题而言，代际正义理论则突出地体现为道德敬爱的沦丧。但家庭本位的思想因为把出发点置于一个共同体的家庭，而并非首先指向基于个体的个人利益、权利或义务，基于个体为出发点而产生出来的“非同一性问题”在根本上就被消融了。与此同时，家庭本位的思想认为代际正义应该是利益与情感的一体化，是一种道德。孝道不首先在于，也不主要在于物质利益的诉求，而更多地在于一种精神上的孝敬情感，在于通过父子关系实践出来的一种美德。

从儒家家庭本位的双重维度出发，通过挖掘家庭本位思想所具有的美德伦理框架，该文的研究表明，家庭本位的伦理思想为代际正义的发展提供了不同于基于个体而发展代际正义的新视角。一种家庭本位的美德理论把个人的发展与自我实现转化为个人作为家庭成员在相互的关系网中实践出来的美德和人格，个人的发展和自我实现不是首先关注个体的利益、权利或义务，而是首先在于把自己放置于一个共同体中，放置到一个民族整体，放置到人类整体的视野来成就自己，那么，基于个体利益、权利或义务来探讨个人道德的代际正义问题就可以转化为有关共同体、民族整体和人类整体的发展问题。从这样一种整体视角出发，我们重新反观个人的生活行为，就会发现，个人的道德性从来不首先在于从个体的角度而言实现了何种利益、权利或义务，而是在于在和他人、和自然打交道的过程中实践了何种关系，在这个过程中展现了何种美德。个人不是因为利益、权利或义务的获得而成就了自己，而是因为践行出了某种可以成为模范的美德而凸显了自己。

幸福社会何以可能——斯密幸福学说诠释

蒲德祥，《哲学研究》2014 年第 11 期。

自人类有文字可考以来，寻求“幸福社会”或“理想社会”便存在于一切历史发展的社会结构之中。近年来在我国，“幸福”成为人们热议的话题，构建幸福社会，实现国家富强、民族振兴、人民幸福的中国梦，已成为社会发展的主旋律。那么，构建幸福社会究竟如何成为可能？在对这一课题的探讨中，作为世界公认的现代经济学创始人，更作为一位伟大哲学家的斯密，其幸福学说将提供重要借鉴。

一、人性：幸福社会的基点

斯密以普通公众为对象、以同情心为起点、以行为的合宜性为视角，开始了人性论的探索。斯密认为，人性既不是绝对利他，更不是极端利己，而是推崇利己和利他相统一结合的互利原则，并认为这是维系社会有序运转最必不可少的道德原则。这种利己与利他相统一结合的互利原则和道德原则在个人思想和行为中的表现就是“合宜性”。合宜性是斯密道德观的核心概念和基本论点。在他看来，合宜性来自于同情，而同情又来自于激情。幸福来自于各种激情，激情依靠同情心，同情心导致合宜性，即幸福来自于合宜性。而人的激情和本能在合宜性的检视下通过利己与利他的结合才可能使幸福社会真正成为现实。

二、财富：幸福社会的根基

幸福社会的构建必须以财富作为根基。有了“物质基础”或“经济前提”，幸福社会才有可能成为现实，从而幸福社会的根基——财富得以实现。在斯密看来，分工和资本积累是必不可少的前提。

首先，关于分工与幸福的思想。人类之所以会有分工，并不是因为人类能预见到分工会产生巨大的利益，而是因为人类天生就具有进行相互交换的天性或倾向。人类互相之间的交换增进了彼此之间的幸福。按斯密的诠释，交换产生幸福，而分工起源于交换；分工促进财富增长，财富增长自动带来公众幸福。斯密通过分工阐明财富增长进而增进幸福的逻辑关系是：交换→分工→财富→幸福。

其次是关于资本与幸福的思想。按斯密的逻辑，先有资本，才有分工。而分工以前，先有交换，交换导致分工。这样，劳动分工是由市场交换促进的，分工提高劳动生产率和刺激资本积累，进而整个国家的产出水平得到增加；随着国家产出的提高，消费品会随之增加，这些消费品又构成了国民财富，而财富正是国家富强与人类幸福的基础。因此，资本全面地推动劳动成为增加财富的决定性因素。斯密关于资本的论证其意在表明的逻辑关系为：资本→交换→分工→财富→幸福。

斯密从财富视角论证了幸福，并认为财富的增进会自然而然地带来幸福。这是否意味着财富越多越好，财富越多越增进幸福？斯密在其著作中给予了否定回答。他认为，作为幸福社会的“物质基础”或“经济前提”，奢侈、过度的财富并不能带来幸福，幸福来自积极的人生态度和适度的财富。

三、美德：幸福社会的支柱

幸福社会要成为可能还必须是一个美德的社会，如果没有基本的社会美德作为构建幸福社会的精神支柱，幸福社会将无从谈起。那么，作为幸福社会支柱的美德要求人们具备哪些基本的品质呢？斯密认为：对自己幸福的关心，要求我们具有谨慎的美德；对别人幸福的关心，要求我们具有正义和仁慈的美德。而对既增进自身幸福又增进他人幸福的关心，要求我们具有“自制”的美德。因此，审慎、仁慈、正义和自制品质是斯密美德论中关于人的幸福的四种主要美德。自制是道德实践之核心，是实践德性之根本，其本质在于对激情的约束，从而促进我们更好地践行各种德性以获致幸福。

四、制度：幸福社会的保障

幸福社会要成为可能，最后还需要有正义的制度作为保障。斯密清楚，法律制度的目的是增进普通公众的利益和幸福。根据斯密的观点，“最明白最单纯的自然自由”的“正义制度”就是要创设一种自己要幸福首先必须让别人幸福的制度。更进一步地说，斯密认为政府应做“守夜人”，提供一种正义的制度让个人追求自己的幸福以不伤害、不破坏他人的幸福为界。其目的在于为公众按照他们自己的意愿进行自由选择去追求自身的幸福提供安全、便利的环境，以使个人能够享有“自然自由”的幸福生活，即只有这种“自然自由”的正义制度才能构筑幸福。

斯密一生所追求的终极目标是人类幸福。他的经济学就是教导全人类如何才能幸福的科学。“幸福社会”应遵循人性原则、财富原则、美德原则和制度原则才有可能真正成为现实。

论杨昌济伦理思想及其对毛泽东的影响

王泽应，《上海师范大学学报》（哲学社会科学版）2014 年第 6 期。

一、杨昌济伦理思想形成的背景及发展过程

杨昌济伦理思想形成的历史背景和条件是 19 世纪末、20 世纪初中国由旧民主主义革命转入新民主主义革命的转折或过渡时代。

1. 孕育于传统伦理的深厚土壤

杨昌济生于湖南长沙县东乡，原字华生。他出生于农村的读书家庭，父亲杨书祥为乡里宿儒，以授徒为业。杨昌济自小接受父亲的庭训。

2. 形成于负笈留学日英的峥嵘岁月

戊戌变法失败后，杨昌济感觉中国伦理文化的现代建设必须具有世界的眼光和西方近代伦理文化的参照，必须通过融合中西来建构新的理论形态。1903 年 3 月他与陈天华、刘揆一、石陶钧等 36 人从长沙乘船赴日本留学，启程前改名“怀中”。1909 年春赴英国厄伯淀（亦称勒伯淀，今阿伯丁）大学留学三年，专攻逻辑学、伦理学，师从巴莱教授研习伦理学。可以说，在英国阿伯丁大学的伦理学研修和德国的哲学考察，催生了杨昌济伦理思想的形成。

3. 成熟于回国执教的教书生涯

杨昌济 1913 年春天自欧洲回到阔别十年的祖国。回国后，杨昌济毅然返湘执教，并写下了“自闭桃源做太古，欲栽大木拄长天”的诗句以明志。自 1914 年起直到 1918 年上半年，杨昌济一直担任湖南第一师范学校修身课教师，培育出毛泽东、蔡和森等一大批优秀人才。1920 年 1 月 17 日病逝于北京德国医院，享年 49 岁。

二、杨昌济对伦理学的独创性贡献

1. 对西方伦理思想最早作出了全面介绍和研究

杨昌济是中国伦理学初创时期与刘师培、蔡元培齐名的伦理学家，为中国伦理学学科的正式形成倾注了全部心血，作出了突出贡献。刘师培的《伦理教科书》初步建构了一个中国伦理学的教科书体系，蔡元

培的《中国伦理学史》初步建构了一个中国伦理思想史的研究体系，杨昌济翻译的《西洋伦理学史》《伦理学之根本问题》和专题论文《各种伦理主义之略述及概评》等，初步奠定了中国现代意义上的西方伦理学史学科。

2. 初步建构了一个颇富现代色彩的伦理思想体系

杨昌济伦理思想，从其价值特质和伦理导向上看，强调个体对他人、社会和国家、民族的责任，比较深入地批判了利己主义、功利主义和禁欲主义，把道义论、德性论和自我实现诸说有机结合起来，凸显了群体生命、爱国主义和利他精神的伦理价值。

3. 凸显了伦理学改造社会和人心的独特功能

杨昌济初步建立了西方伦理思想史学科。他特别看重对现实道德问题的理解与处理，全面继承了湖湘伦理文化的精华，十分强调经世致用，主张兼收并蓄，推陈出新，服务现实，以为多灾多难的中国找到一条新的救亡和启蒙兼容的路径。

三、杨昌济伦理思想对毛泽东等人的深刻影响

杨昌济是中国近代哲学、伦理思想史上承上启下的关键人物，他从家学起步，上承程朱理学、王船山客观的辩证哲学思想、曾国藩的心性学说，下启毛泽东、蔡和森等一代青年，秉承了湖湘文化“穷究天人”“探索宇宙”“大本大源”的哲学思维，又强调立志修身、务实救国的经世致用之道。他的德性伦理观深深地影响了青年毛泽东等人世界观、人生观的形成，使之达成了一种奋斗的积极的向上的人生价值观，追求圣贤豪杰品格的自我完善，树立了改革社会的远大理想，并为此而努力奋斗，实现了变革社会的伟大政治理想。

杨昌济教导学生爱自己的国家，培养爱国家之心，为国家的前途命运而奋斗，并主张舍身殉国，强调“若己身之利益与社会之利益有冲突之时，则当以己身之利益为社会之牺牲”。在杨昌济看来，牺牲己身利益去成全社会公共利益或整体利益，实质上是在成全个人的道德理想主义。牺牲己身利益可以，牺牲个体道德理想主义则不行。一个真正有道德的人，就应该随时拿自己的利益去成全自己的道德理想。毛泽东在1920年6月7日《致黎锦熙信》中指出：“先生（指黎锦熙）及死去了的怀中先生，都是弘通广大，最所佩服。”

共同体：从传统到现代的转变及其伦理意蕴

王露璐，《伦理学研究》2014 年第 6 期。

对共同体的理解涉及众多学科，大体上，我们可以从政治哲学和社会转型两条学术进路上理解共同体的历史源流与变迁。尽管阐述的视角不同，但其共通之处在于，从社会变迁中考察共同体及其从传统到现代的转变。在传统共同体向现代共同体的转变中，共同体始终体现出强烈的道德指向和伦理内涵。

一、政治哲学视野中的共同体：从古希腊到当代共同体主义

西方哲学史上关于共同体的探讨大致集中于古希腊、近代政治哲学和当代共同体主义三个时期。在希腊文中，共同体表示一种具有共同利益诉求和伦理取向的群体生活方式。近代政治哲学将其对社会生活的反思建立在社会契约论的基础之上。20 世纪 70 年代，以罗尔斯的《正义论》为代表的新自由主义复活了近代契约论，同时也招致当代共同体主义的质疑和批判。共同体主义者与自由主义者的一个重要分歧便在于对共同体及其意义的理解。尽管共同体主义者对共同体的阐释有其不同的视角与侧重，但是，他们都突出强调被新自由主义所遮蔽的共同体对个体的构成作用及其相对于个体而言的优先性。

二、社会变迁中的共同体：从传统到现代

19 世纪以来的社会转型理论为我们理解共同体提供了另一条学术进路，其中最具资源意义的是马克思、涂尔干和滕尼斯的论述。

马克思把资本主义以前的社会阶段描述为共同体阶段，这种有机共同体的内部关系被概括为“人的依赖关系”。在资本主义阶段，个人不再通过内部关系发生直接联系，而是通过外部关系发生间接联系，由分工和交换发展带来了“人的依赖关系”向“物的依赖关系”的转变。马克思认为，在共产主义社会的“真正的共同体”，个人克服了对物的依赖而相互自由地联系，“各个人在自己的联合中并通过这种联合获得自己的自由”。

涂尔干以“机械团结”和“有机团结”这对概念来分析不同社会团结和整合的实现，认为机械团结是建立在传统社会中个人的同质性基础上的社会联系，有机团结则是建立在社会分工和个人异质性基础上的社会联系。传统社会是从“共同性”中生成的社会，共同的生产、生活方式和习俗规则，使社会成员产生共同的意识，并以此维系这种同质性的“共同体”。近代社会分工的发展，一方面导致人们在意识和信仰上的差异日

益增大，另一方面也使每个人在生产和消费上更加依赖他人。

滕尼斯以共同体（gemeinschaft）一词表示与社会（gesellschaft）相对应的一种人类共同生活的理想类型，与这两种形态直接相关的则是人的意志。共同体这一概念更多强调的是其内部成员间的亲密关系和共同的精神意识，以及在此种关系和意识基础上形成的归属感和认同感。他对“共同体”中人们通过温情脉脉的人际关系而形成的有机结合怀有深厚的感情，而对社会中人与人基于工具理性而形成的机械结合持悲观主义的观点。

三、共同体形成、结构和指向的伦理蕴涵

在社会变迁的视角中，共同体经历了从传统共同体向现代共同体的转变。但是，在这一转变中，共同体始终体现出强烈的道德指向和伦理内涵。

首先，就共同体形成的基础而言，共同体从不单纯意味着“共同的生活”，而且意味着在共同的生活中已经形成一种特定的伦理关系和共同的价值取向。其次，从共同体的结构看，正如滕尼斯所指出的，共同体以血缘共同体、地缘共同体和宗教共同体等作为基本形式，是由缺乏独立性和理性选择的个人依靠传统形成的封闭群体。但是，它们并非各个部分的简单相加，而是有机生成的整体。在组织结构上，共同体往往表现为垂直的等级制度和对威严或权威力量的服从。最后，从共同体指向的意义看，作为一种社会关系模式，共同体始终体现着一种向善的伦理价值和道德意义。

农村留守儿童道德教育的现状与思考

王露璐　李明建，《教育研究与实验》2014 年第 6 期。

一、农村留守儿童道德问题的易生性

第一，道德认知易欠缺。农村留守儿童在其道德发展过程中，长期缺少父母在身边所直接给予的道德知识和行为影响，受托的监护人大多数是年长且文化程度较低的祖父母，他们由于自身的知识限制难以给留守儿童科学的教育。第二，道德品质易弱化。留守儿童由于父母双方或一方长期不在身边，亲子关系的建立和维护受到一定程度的影响，血亲情感需要难以得到充分满足，可能导致耻辱感、荣誉感、幸福感等基本道德情感的削弱。第三，道德行为易失范。由于长期与父母双方或一方分开，农村留守

儿童在行为上缺少父母的约束，加之社会上一些错误价值观念的影响，在道德行为选择上容易出现偏差，对于一些观念和行为的善恶、荣辱界限可能缺乏甄别的能力。

二、农村留守儿童家庭道德教育的缺失

留守儿童获得来自父母稳定、有效的道德教育，而受托监护人的道德教育在内容与方法上往往会呈现出随意性、简单性等特点，家庭道德教育的基础性作用也就难以发挥，由此，留守儿童在思想道德、心理健康等方面易出现各种问题。其一，父母的道德示范教育缺失使得留守儿童难以直接发展道德行为。其二，受托监护人的道德教育弱化使得留守儿童难以提升道德素质。其三，家庭道德行为监督不力使得留守儿童难以增强道德观念。

三、学校道德教育是农村留守儿童道德发展的基本路径

道德教育是一项社会系统工程，真正有效的道德教育应实现家庭教育、学校教育和社会教育的有机统一。对于我国城市化进程中出现的留守儿童这一特殊群体而言，学校道德教育的重要性更为凸显。首先，学校教育是农村留守儿童道德教育的主阵地。其次，教师是农村留守儿童道德发展的主导因素。最后，班集体是农村留守儿童道德发展的重要载体。但是，就目前我国农村学校的总体情况看，学校道德教育在留守儿童道德成长中未能发挥主导地位。当前，加强留守儿童的学校道德教育，应当着力从以下几个方面展开。其一，完善学校道德教育制度。其二，创新学校道德教育活动。其三，加强德育教师队伍建设。其四，以学校道德教育为主导，实现学校、家庭、社会教育的有效结合。

伦理忧患及其文化形态

刘　波，《江苏社会科学》2014 年第 6 期。

一、文明进程中的伦理忧患

人类社会作为一种文化存在，是人在进行物质生产的同时又生产出的一套符号系统，这一符号系统的构成框架概括为政治、经济、文化三足而立的文化世界。政治向度考量的是如何使人类的制度最优化；经济向度主要考量的是如何分配和增加财富；文化则透视社会和人的存在。以伦理为核心的文化系统就是为人类个体的安身立命、人类整体的秩序安顿提供文化指导和干预，进行伦理诊断和道德评价。

在原始社会，人们靠狩猎生活，人就是自然的一部分而处于实体状态，自然如同神灵，人们因无法解释诸多自然现象而膜拜自然、对自然充满敬畏之心。原始狩猎社会主要不是物质社会或者说主要不以物质占有为核心价值观。

农业社会的生活方式是安居乐业型的，人们生活在稳定的、一成不变的方式中。在这样的产业模式下，中西方文明沿着不同的路线发展出中西不同的文明体系。近现代西方文明源头的古希腊文明和希伯来文明均着眼于人以外的世界，古希腊取向于自然界，将世界划分为理念世界和感性世界，以寻求客观世界的规律作为追求；希伯来文明取向于世界、自然的终极原因，是一种信仰主义。而中国文明则取向于人伦。

近两个多世纪以来，人类一直生活在以经济力量为主导的社会体系中。工业革命引发的技术革命的浪潮不断冲击和引导着农业、工业、交通、运输、通讯等领域的变化和发展，人类对科学、技术和机器的依赖已经紧密到无法分隔的程度，这已经是一个被技术和机器统治的时代。

二、伦理忧患的文化表达

此种危机以及对危机的忧患始终伴随着人类发展进程，终极忧患表现在中西两个文明中最有代表性的，一是西方文明中以尼采为代表发出的绝叹“上帝死了”；二是以伦理道德为主调和基色的中国传统文化所感喟的“人心不古”。

在西方传统中，从柏拉图开始，哲学家就把世界分为两个世界，尘世的世界和理念的世界，并认为理念的世界、非尘世的世界更为根本，尘世的世界是理念世界的模拟，真理、本源这些第一性的、纯理性的东西都在理念世界里。

以儒家思想为主调的中国传统文化不同于西方文化，中国人只有一个现实的生活世界，孔子所追求的对形而上的反思与超越，不是对感性世界和现实时空的超越，而恰恰就是在生活的世界和感性时空中。

西方文明最大的心愿是“回到古希腊”，那是因为西方文明从未回到过古希腊，西方人精神世界的原罪意识使得他们“回到上帝”成为根本的追求。中国文化在文明之初就设计了一个有别于禽兽的“人”的概念。

三、中国传统文化中的“道德之咒”

中国传统文化是最为典型的伦理型文化，有别于西方宗教文化的文明设计，中国文化在其文明的诞生、演化过程中有两个核心要素使之成为伦理型文化，一是对人性善的假设前提和终极信仰，二是以建立在现世生活中伦理道德的统一性。以“伦”为核心的伦理型文化中的“道”，是人的存在和世界的存在的最根本的依据与支撑，是人的存在最后的、终极性的东西。

西周覆灭以后，作为伦理实体的社会分崩离析，个体逐步独立出来，中国社会第一次被启蒙，因此，老子说：“大道废，有仁义”，孔子凄凄惶惶地“郁郁乎文哉，吾从周”。这种对文明认同危机的担忧最初就是由各个民族的文化英雄、文化天才觉悟到的，或者说就是其先知先觉的，这样的伦理忧患常常是以“道德咒语”的方式出现以达到警醒的作用。

四、“后”伦理忧患

伦理忧患的另一个表达形式就是道德的“后顾模式”，或者说是一种伦理上的“后意识”。在历史前进、代际更迭过程中，是所谓“过来人”对后一代的信心与信任问题，是对当下构建伦理统一性的价值基础的信心问题，这种疑忧交错的“后”意识本质上是人类对自身延续的精神链条和文化链条的伦理忧患，表达出来就是前一代已经成为“后”一代对即将成为“后”一代的忧患，是伦理忧患的当下表现形式。

当代中国农村集体主义道德的新元素新维度——以制度变迁下的农村农民合作社新型主体为背景

乔法容　张　博，《伦理学研究》2014 年第 6 期。

我国的改革开放以农村改革为突破口。这场改革通过调整农村生产关系，为进一步解放社会生产力开辟了前进道路，农民专业合作社就诞生在这场如火如荼的改革中。这标志着中国农村的生产方式经济结构、社会组织方式发生了深刻变化，与此变迁相适应，深深根植于新型经营主体间形成的经济关系、人伦关系沃土之中的集体主义道德，更是发生了深刻变化，平等、互利、公平、民主等新道德元素和价值维度日益突显，迫切需要理论上的新解读。

一、制度变迁下的农村集体主义道德演进

在农村生产方式的不断变迁和政治制度不断演化的大背景下，中国农村集体主义道德与其相伴共生共长。集体主义道德是在农民合作基础上的产物。

合作化运动确立了集体主义道德的地位。党在领导合作化运动的初期一切为了增加生产，并充分考虑群众的觉悟和实际情况，用群众的切身体验教育群众，引导农民走互助合作的道路，逐渐发展成为较高级的农业合作社组织。通过引导和民主建社，集体主义道德观念逐渐在农民群众中树立和发展起来。

农民家庭联产承包责任制使集体主义道德获得新生。农民在新的生产组织方式下越来越认识到，个人与集体之间应该具有的本质性关系，即只有在充分发挥个体的积极性的基础上才能最大限度地实现集体的发展，只有在充分尊重和实现个体利益基础上才能最大地实现集体利益。

二、农村集体主义道德的人文生态景观审视

农民群众有自觉选择合作发展方式的倾向，特别是在不改变公有制为主体和土地集体所有制，长期坚持农民土地承包责任制不变的情况下，经过对农民合作方式变迁的考察，合作组织已经萌生出许多新的伦理元素与价值向度，我们对集体主义道德的认识也必须有一个理性回归和跃升。

三、对当代中国农村集体主义道德的新认识

集体主义道德如同其他文化范畴一样，不是不变的道德原则，而是伴随着当代中国农村的深刻变革在传承中不断地增添新元素，展现新形态。

1. 合作共赢、平等互惠

农民在新的合作方式下形成的道德，在人与人之间的关系方面体现的是合作共赢和平等互惠。农民专业合作社中的成员可以通过联合生产、共同生活而应对市场环境，通过相互支持和鼓励形成的人际关系形成合作共赢、平等互惠和诚实守信等道德要求，从而获得个人成长及适应社会生活变化所需的社会资本。

2. 社会公正基础上的社会和谐和个人自由

公正是社会制度的道义基础。不可否认，社会公正在集体主义价值观中具有重要地位。公正应当作为处理集体和个人关系的根本原则，不仅要求个人对集体要有明确的权利和义务，而且要求集体要为个人的自由发展提供各种保障。因此，集体主义不仅是对个人的道德要求和约束，不仅是强调个人和集体关系中集体利益优先的原则，更重要的是，它是社会和谐的最高道德形式，这种和谐的本质就是马克思所说的“自由人的联合体”。

3. 集体利益和个人利益的有机统一

合作伦理体现集体利益与个人利益之间的辩证关系，决定了两种利益

之间互相规约与互相导向的关系。一方面，集体利益作为个人利益的总的代表形式，并不等于资产阶级功利主义所说的个人利益的简单相加，而是从集体利益的根本性质这个角度来理解个人利益的性质。另一方面，个人利益的实现程度与实现方式，也不仅仅是个人利益自身的事，而是要求集体或组织在尽可能的条件下，担负起实现个人利益的责任。

4. 利益关系调节彰显契约论向度

合作伦理中突显一种新的利益调节向度，即契约论。农民在不断的生产合作实践中，会有一种自觉、自主的协约来约束人们的行为，虽然这种协约从不写在纸上，但这是一种道德现象，用道德理论形态解释的话，就是一种契约论约束下的通达幸福的途径。

环境伦理学对物种歧视主义和人类沙文主义的反思与批判

杨通进　陈博雷，《伦理学研究》2014 年第 6 期。

环境伦理学是用伦理学的基本方法来研究与环境保护有关的伦理问题的一门新兴学科。从环境伦理学的角度看，要想解决目前威胁着人类文明之延续的生态危机问题，人类就必须调整好两类关系，即人与人之间的关系（包括当代人之间的关系、当代人与后代人之间的关系）和人与自然之间的关系。要调整好人与人之间的关系，我们需要履行人际伦理义务；要调整好人与自然之间的关系，则需要履行种际伦理义务（人类对其他物种以及整个自然的伦理义务）。这是两类性质不同的伦理义务，不能相互替代，也不能相互还原。在现代环境伦理学看来，物种歧视主义和人类沙文主义就是这类需要加以批判和扫除的错误观念和理论障碍。

一、物种歧视主义

1. 物种歧视的基本含义

民族歧视、种族歧视和性别歧视都是现代人非常熟悉的歧视形式。在《动物解放》一书中，物种歧视主义被理解为“偏袒人类自己成员的利益，并且压制其他物种成员的一种偏见或偏执态度”。当然，物种歧视主义不仅仅是指一种态度，它同时也指体现了这种态度的行为。物种歧视主义体现的是对一个物种之利益的偏袒，而这种偏袒是武断的，缺乏伦理合理性的。

2. 物种歧视主义的三种类型

从形式上看，物种歧视主要有三种类型。

（1）激进的物种歧视主义。在这种类型的物种歧视主义看来，只要不损害他人的利益，一个人选择任何一种方式对待动物在道德上都是许可的。

（2）极端的物种歧视主义。这种类型的物种歧视主义承认动物拥有苦乐感受的能力，因而拥有利益，但它认为，当人的利益与动物的利益发生冲突时，在其余情况相同的情况下，那种哪怕是为促进人的边缘利益或非基本利益而牺牲动物的基本利益的做法，在道德上也是许可的。

（3）关注动物利益的物种歧视主义。在这类物种歧视主义看来，当人的利益与动物的利益发生冲突时，在其余情况相同的情况下，那种为了人的利益而牺牲动物的类似利益的行为在道德上是许可的，但不能为了人的非基本利益或琐碎利益而牺牲动物的基本利益。

3. 如何避免并消除物种歧视主义

物种歧视主义的实质是武断地把物种本身作为从道德上区别对待不同物种之利益的依据。如果我们在看到非人类存在物的工具价值的同时，还承认它们拥有某种超越其工具价值的尊严并值得我们予以尊重，那么，我们就并没有犯物种歧视主义的错误。

物种歧视主义是可以避免的，只要人类能够时刻警惕、反思并改正自己思想、态度和行为中的物种歧视主义元素，从其余存在物的角度来思考和看待自己与其余自然存在物的关系，那么，从原则上说，物种歧视主义也是能够得到纠正的。

二、人类沙文主义

1. 何谓人类沙文主义

人类沙文主义指的是这样一种做法，即它总是以偏向于以对人有利的方式来选择和确定那些与道德有关的标准。

2. 人类沙文主义的两种形态

（1）弱式人类沙文主义

在弱式人类沙文主义看来，把人类当作价值和道德的唯一主体是天经地义的；人类是仅有的、唯一有资格获得道德关怀并具有价值的存在物。这主要是由于，第一，在日常语言中，道德概念的定义、逻辑或意义本身就决定了，道德关怀在逻辑上只能限制在人类的范围内；第二，人类具有某些特定属性，这些属性使他们有资格享有道德特权。

（2）强式人类沙文主义

强式人类沙文主义对人类的偏爱更为隐蔽。强式人类沙文主义的元伦理学预设是：价值是（或必定是）由人类或人格的利益来决定的。根据强式人类沙文主义的这种元伦理学预设，把价值和道德问题归结为人类的利益问题不仅是完全可以接受的，而且除此之外，不存在任何合理的或可能的其他选择；任何其他选择都是自相矛盾的。

在现代伦理学看来，只有接受了尊重自然、关心自然界其余存在物的世界观和价值观，人类才能从根本上走出现代文明的生态危机。

“孺子将入于井”的伦理想象

童建军，《社会科学辑刊》2014 年第 6 期。

该文通过借助对古代儒家一个典故的伦理想象，聚焦其揭示的具体的道德情感，反思德性伦理的价值与隐忧。

中国传统道德文化中的重要典故，是发挥伦理想象的重要空间。“孺子将入于井”对恻隐的点明就是极好的例证。

一、何为恻隐

“恻隐”是一种带着伤痛的怜悯或者同情。“恻隐”总是易于指向社会幼弱者的伤痛想象。“孺子将入于井”作为“人皆有不忍人之心”的例证的震撼力，不是来自逻辑严密的论证，而是出自人们与“在场者”的情感共鸣。孟子这里所论证的不是人皆有仁慈的美德，而是人皆有仁慈美德的可能（“心”）。“孺子将入于井”是孟子设计的独特思想实验，其故事情节不能是任意编排，而是为结论做铺垫，结论就隐含在故事情节之中。

二、为何恻隐

恻隐、同情或者怜悯是日常生活中常见的情感现象。我们能否对“在场者”的恻隐、同情或者怜悯意向做出一种刻画呢？休谟、叔本华、斯密和泰勒提出了关于同情或者怜悯意向的不同解释模式。休谟提出，同情是一种独特的机制，通过同情的机制，他人的情感被传导到我们，或者我们实现了对他人体验的再体验。叔本华认为，同情的本质是他人的祸福成为“我”的直接动机，“我”直接地为他想要福祉而不要祸害。斯密认为，同情是与受苦者设身处地。当我们看到对准一个人的腿或者手臂的一击将要落下来的时候，我们会本能地缩回自己的腿或者手臂；当这一击真的落下来的时候，我们会像受难者那样感觉受到伤害。泰勒认为，同情是对他人痛苦的原始（primitive）反应，它不仅具有某种直接且未经思考的特色，而且是人类生活的一个基本特征。这就意味着，人们之所以对他人的痛苦产生同情，不是源于仁慈或者其他的动机或者心理，恰恰相反，同情本身就是人性的重要组成部分，它无论是在事实上、逻辑上还是在价值上，具有同人类其他动机或者心理同等的地位。综合来看，泰勒的解释更适合“孺子将入于井”。“乍见”是重要的词汇，它突显的是“孺子将入于井”时不可算计的严峻性，从而排除了行动者“不忍人之心”的触动是基于外在功利得失的考量。“在场者”“乍见孺子将入于井”时的恻隐，就是这种本能。它就是一种人性的呈现，“人之有是四端也，犹其有四体也”。

三、恻隐的价值及风险

恻隐或者同情的道德价值在伦理思想史上一直存在争议。叔本华赋予它们极高的道德地位，与此同时，孟子也肯定恻隐的道德价值，甚至将之上升到判断为人或者非人的高度。但恻隐的风险也固然存在多种维度。最为常见的风险，是恻隐者为自身的恻隐之心之行所牵累，陷入“为善者不得善报”的不合理处境。但是更为严峻的恻隐风险不是关于恻隐者本人的风险，而是恻隐对他人形成的恻隐暴力、对社会造成的恻隐批判以及恻隐被操纵利用的风险。这种风险尤其出现在社会转型时期，它通过对苦难者痛苦的同情和对施害者暴行的谴责，表达着更广泛的社会义愤。这种通过情感表达参与政治的方式，既是对社会的一种批判性力量，也自始存在着被操纵的风险。

德性伦理学无疑是人类伦理思想史中发展最早且形态最成熟的道德哲学类型，但是，它能否在“德性之后”（after virtue）的转型社会中担负起“追寻德性”（after virtue）的期待，如何避免德性伦理学的当代复兴沦为哀伤的“文化乡愁”，确是无可轻言的重负。

共和主义在当代的困境及桑德尔的解决进路

朱慧玲，《哲学动态》2014 年第 12 期。

桑德尔在重新构建共和主义精神时认识到，公民共和主义的复兴容易遭到两种反对意见：第一种意见认为，由于现代世界的规模和复杂性，共和主义传统所追求的自治之理想在现代世界无法实现；第二种意见则认为，即使现代社会具有复兴公民共和主义理想的土壤，但由于公民共和主义带有强制性的危险，我们不应该倡导之。这两种反对意见确实中肯地指出了在当代复兴公民共和主义所面临的主要困境。桑德尔认为，在当代，任何强调或复兴共和主义传统的努力，都必须直面并力图克服这些困境。

一、普遍性政治形式与共和主义精神的内在张力

共和主义在当代的发展所遇到的第一个困境是：随着经济全球化的发展，现代经济生活的组织形式越来越规模化，并呈现世界一体化趋势。这种经济发展模式给政治体制的构建带来了很大的影响。然而，在桑德尔看来，“世界主义的理想，无论是作为道德理想，还是作为我们这个时代支持自治的公共哲学都是有缺陷的”。桑德尔确实提出了一个重要的问题，即不同民族或共同体的道德或政治认同问题。在他看来，现代社会要实现自治，就要依赖于一种既将权力向上集中，又将权力向下分散的政治制度：将权力集中以应对经济和市场的全球化，既规范约束全球性的经济发展，又更好地协调经济发展；将权力分散则是为了激发公民对特定团体的忠诚以参与公共生活。总之，桑德尔反对将国家主权界定为绝对的、不可分割的以及实现自治的唯一形式。

二、公民教育与灵魂塑造之间的悖论

共和主义在当代复兴需要面对的第二个困境就是如何避免强制性，这也是共和主义在当代最容易受到攻击的地方。共和主义强调共享自治的自由，因而强调公共参与对公民所具有的本质性作用和地位；而这种公共参与需要公民具备相应的德性和能力，因此，共和国便需要承担起公民教育的责任。从桑德尔的论述中我们可以看出，他实际上并没有提出切实有效的途径以应对这一困难。一方面，在他看来，卢梭的共和主义思想是建立在一种预设之上的，即公共善是单一的、不可争论的。另一方面，在公民教育所具有的灵魂塑造之强制性问题上，桑德尔承认这一强制性危险的存在，不过他认为公民教育没有必要一定要采取严酷的形式。桑德尔所赞同的学校、宗教等公共制度能够解决以上两个维度的问题所表达出来的张力吗？的确，学校一直承担着知识传播和道德教育的双重责任，学校必须教导人们如何进行批判性的推理，以提升人们的道德境界。这是任何一个政治制度都重视学校教育的根本原因所在。然而，学校并不能从根本上保证道德教育的有效性，尤其是培养公民德性的有效性。同样，宗教也并不是理想的公民美德教育的承担者，它可能会教导人们要遵守某些规则或道德规范，然而，它不太可能教导信徒理性地参与公共事务的讨论，并在此讨论过程中质疑或反思自己的信仰，宽容和尊重其他的信仰。而这种相互说服的公共商讨和参与，正是桑德尔共享自治的本质要求。

三、公共善的政治及其缺陷

桑德尔提出了一种新型的公共善的政治形式，试图更好地复兴公民共和主义传统并解决共和主义在当代所遇到的困境。桑德尔所列举的这些公共善之政治的主题，我们可以从两个方面来理解：一是他对共和主义公民身份和公民美德的强调；二是他对市场及其支配精神的批判。无论是对公民身份以及与之相关的公民参与、公民德性和公民教育的强调，还是对市场及其推理方式的反对，都反映出桑德尔所倡导的公共善之政治的根本宗旨，即利用共和主义传统的精髓，结合当代的社会形态，重新构建起一种适合于当代社会的强调公共善、强调公民参与的共和主义政治形式。然而，从他对公共善之政治主题的论述来看，他并没有具体构建起成熟而系统的理论框架。当代共和主义的另一位代表人物菲利普·佩迪特便对桑德尔所论述的共和主义思想提出了根本性的挑战，他认为桑德尔在几个关键问题上持有模糊的立场。

国家认同视域下的公民道德建设

李兰芬，《中国社会科学》2014 年第 12 期。

公民道德不仅是中国社会道德的自然演化，而且是社会主义市场经济条件下中国社会道德发展的选择性生成的必然要求。

一、国家与公民：公民道德的概念检视与认知范式

2001 年，《公民道德建设实施纲要》（以下简称《纲要》）发布以来，我国学术界关于公民道德建设的理论研究成果不少，但能够澄清、破解与引导中国当代面临许多重大而紧迫的社会道德问题的基础性理论创见并不多见。在回应与探究“建设什么”和“怎么建设”形而下问题的同时，既有的研究成果较少触及或追问公民道德“是什么”，即公民道德的本质和核心的形而上问题，故而很难聚合和激发公民道德建设到底是“为什么建设”的动力问题。对其进行形而上学的追问，寻找和建构公民道德及其建设的内在理据，应该是当前有价值的学术路径。

（一）公民道德的概念检视

当代中国公民道德研究的核心问题主要有两个：一是当代中国公民道德何以可能的理论逻辑；二是当代中国公民道德建设何以有效的实践路径。这两个问题发问和反思的是，公民道德生成、演化的发展规律以及建设公民道德的实践价值或合法性根据。《纲要》颁布以来对公民道德概念的界定类型化为以下四种：国家伦理说、公民身份说、公民美德说、广义狭义说。作者以为各种公民道德概念各自有其理据、效能及贡献。如何检视国家与公民的概念，勘定国家与公民的关系边界，以及实现国家权力和公民权利之间的平衡，既是我们观察公民道德生成、演化的历史维度，也是解读公民道德基本内涵、生成场域的现实逻辑，更是公民道德建设必须面对的深层次伦理难题。

（二）基于国家与公民关系的公民道德范式

在反思和批判性意义上，从公民道德所涉及的具体内容与阶段转换看，基于“国家—公民”关系来把握公民道德的观念和方式主要有以下几种范式：“城邦至上型”“权利优先型”“国家认同型”。从国家认同视域分析公民道德特别是我国公民道德建构的历史背景出发，在历史与逻辑的具体统一中，把握公民道德的历史意义与深层本质，以建构更为合理、全面地反映我国公民道德话语形态，将构成文章研究的重点。

二、国家认同与公民道德建构

合理性与合法性构成公民道德建构的两大基本维度。公民道德的合法性问题是对合理性问题的深化和内化，即公民对公民道德的一种内心认同态度。公民道德合法性的理论价值主要在于：以“我们感”“同一性”和“价值观”为特征的国家认同理念来建构公民道德建设的公民共识，从而引领和型塑公民道德的主体意愿及其能力结构的理性基础和内驱动力。

（一）多元道德场景中的公民道德建构与国家认同

改革开放和市场经济带来了道德观念上的多元迷茫。多元道德场景的存在，迫切需要国家认同引领公民道德建设。国家认同构成多元道德场景中公民道德建构的战略基石、信仰取向和动力选择，提升公民的国家认同感，将成为构建当代中国语境中公民道德建设多元主体合作发力的文化路径。

（二）理性、情感与美德：国家认同的公民道德建构功能

探究国家认同的表达形式及其精神品性，成为我们探讨国家认同视域下公民道德建构问题的重要现实问题。在公民道德建设过程中，国家认同之于公民道德建设有理性认知功能、情感体验功能、美德践行功能。

三、公民道德生成场域与社会主义核心价值观

以社会主义核心价值观引领和规范作为公民道德生成场所的公民身份和公共生活，探讨的是关于具有合法性、合理性的公民道德建设的现实路径问题。

（一）公民身份：公民道德的主体建构

公民道德作为一种社会意识形态，只有从“现实的人”出发才能揭示其深层的主体。公民道德建立于公民身份之上，公民身份认同构成了公民道德的心智基础。

（二）公共生活：公民道德的践行能力

没有真正的公共生活，就不可能生成真正的公民道德，澄清“公共生活”内涵及其丰富的道德意蕴，是阐释建构“公共生活”何以能够或应当成为公民道德的生成场域，以及人们如何过上正确的公共生活的学理基础。

结语

作为社会主义道德体系建设的重要组成部分，公民道德既是国家塑造公民人格和社会风尚的政治文化过程，更是在中国社会中公民生活的一种道德状态和精神耕耘。以社会主义核心价值观引领的公民道德建设，是实现“国家富强、民族振兴、人民幸福”民族复兴伟大梦想的必要文化路径。公民道德作为一种关于国家与公民关系的价值同构和协同创新的“间性”道德，作为一种嵌入公民身份与公共生活的生成性道德，既是个人自由的心灵秩序，也是社会秩序尤其是政治秩序维系的精神力量。致力于自由而平等的公民所组成的公正而稳定的社会，需要具备“权利与美德”两种力量来建构和平衡“国家—公民”的伦理关系。这种力量的平衡不仅是一种公民美德，更是一种社会秩序。只有在国家认同的社会秩序中，公民道德才能成为公民身份认同和公共生活能力再生产条件的价值规范和道德理念。

论道德—形上学的能力之知——基于赖尔与王阳明的探讨

郁振华，《中国社会科学》2014 年第 12 期。

引言

作者试图在赖尔和王阳明的哲学之间建构一种实质性的对话关系，通过两者的相互诠释，阐发一个道德—形上学的能力之知概念，希望以此来

推进这场正在展开中的争论。

一、理智主义和反理智主义之争

按凡特尔的概括，在命题性知识和能力之知的关系问题上大致存在三种立场：(1) 主张能力之知可还原为命题性知识；(2) 主张命题性知识可还原为能力之知；(3) 主张命题性知识和能力之知是独立的知识类型，不能相互还原。第一种立场可称为理智主义，后两种立场可称为反理智主义。其中第二种立场可称作强的反理智主义，第三种立场可称作弱的反理智主义。赖尔的立场比较复杂，首先他认为命题性知识和能力之知之间有种类差异，且强调两者之间的非类似性。除了命题性知识和能力之知在内涵和外延方面的上述基本差异，赖尔还强调两者之间的其他一些非类似性。其次，赖尔还进而主张能力之知优先于命题性知识。就命题性知识和能力之知的关系，当代西方哲学展开了激烈的争论，出现了理智主义和实践主义这两种极端的主张，赖尔的立场比较居中，但偏向于后者。了解赖尔在此思想光谱中的位置，特别是准确把握赖尔能力之知概念的内涵和外延，对于理解阳明知论具有重要意义，是我们阐明道德—形上学的能力之知概念的前提。

二、关于道德规范的实施性知识

王阳明接受了先儒关于德性之知和闻见之知的区分，阳明知论的重点是德性之知而非闻见之知。

（一）学术性知识和实施性知识

学术性知识和实施性知识的区分不限于道德领域，在赖尔那里，学术性知识和实施性知识是一对普遍的认识论范畴，这一区分，构成了命题性知识和能力之知经典区分的前身。

（二）知行脱节和知行合一

王阳明的知行合一说触及了知的两种含义，一种是由行来界定的，一种只可用道德规范来表达。王阳明把前者称作“真知”，赖尔也认为，只有实施性知识才算真正地知道、相信一条道德原则。就此而言，两人思想都有一种实践主义的倾向。王阳明知论的基本框架：通过致良知的功夫，道德主体克服了知行脱节，实现了知行合一，关于道德规范的实施性知识或道德的能力之知是这一框架的核心和指归。

（三）道德的能力之知和亲知

王阳明除了将知行合一意义上的知和知行脱节意义上的知相对照，还将其与“见好色”“闻恶臭”意义上的亲知相类比，指出亲知和能力之知与认知主体须臾不可分离。

（四）典范意义上的行与扩展意义上的行

王阳明拥有一个广义的行的概念，不仅包括了典范意义上的行，而且把通常我们不视为行的活动也包含在内。王阳明对行的理解不限于“行孝行悌”，在某些情况下，会把一些仅仅是心灵活动的内容视为行。王阳明对行的概念作了扩展，和典范意义上的行之间有种特殊的关联。王阳明知论事实上触及了多种形态的知，在多种形态中，切实行孝行悌意义上的知，是阳明知论的核心和指归。

三、稳定而灵动的实践智慧

智力和能力这两个成分同样存在于王阳明的知行合一论和致良知说之中。王阳明认为知行本体，即是良知良能。他的知行合一论和致良知说不仅包含了能力和智力这两个概念，而且两者是相互交织的。赖尔对体现智力的能力的讨论，隐含了一个重要思想，事关其发用特征。赖尔把能力理解为倾向。赖尔对体现智力的能力的讨论隐含了如下洞见，即其发用，既有稳定性，也有灵活性：既有一以贯之的一面，也有随机应对的一面。通过赖尔和王阳明思想的相互诠释、相互发明，道德的能力之知，不仅发为实际的道德行动，而且表现为一种既稳定一贯又活泼灵动的实践智慧。王阳明所说的知行本体、良知良能，其实质就是道德的能力之知。

四、道德的能力之知的形上意蕴

王阳明对知行合一论和致良知说与“万物一体”的思想一体相连，本节证立一个道德—形上学的能力之知概念。对王阳明来说，良知良能的作用范围远不止于人类事务，不仅是实践智慧，而且是形上智慧。实践智慧和形上智慧统一于良知良能，两者之间没有种类差异，后者是前者的推扩。王阳明认为，知行合一论和致良知说与万物一体的思想一气贯通，作为阳明知论之核心和指归的道德的能力之知。具有深厚的形上学意涵。在万物一体的道德的形上学的架构内，道德的能力之知升进拓展为道德—形上学的能力之知，后者的本质是实践智慧—形上智慧。其作用范围不以人类道德领域为限，而涵盖了作为道德共同体的整个宇宙。

结语

道德—形上学的能力之知概念，无论在王阳明那里，还是在赖尔那里，都不是现成的，赖尔的兴趣主要是一般意义上的能力之知，而非道德的能力之知，与此不同，王阳明主要关切是人类道德生活，其知行合一论和致良知说为我们阐明道德的能力之知提供了丰富的思想资源。在融会赖尔和王阳明两人洞见的基础上，我们提出了道德的能力之知概念，阳明知论的形上学维度，即万物一体的道德的形上学思想，启发我们作进一步的探索，去抉发一个道德—形上学的能力之知概念，在当代的理智主义和非理智主义之争中，这还是一个鲜有人触及的课题。

该文旨在表明，实现对传统的“工作坊的方式拥有”，让传统处于“上手状态”，不仅是可能的，而且是值得尝试的。在此过程中，我们将促进传统智慧的现代转化。凭借道德形上学的能力之知这一从儒家传统深处提炼出来的概念，我们介入了正在展开中的理智主义和反理智主义之争，在将传统智慧编织进世界性的哲学论辩之中的同时，也希望与世界各国学者一起，对义理的增长贡献力量。

城市发展的核心是培育城市伦理精神

姜晶花，《探索与争鸣》2014 年第 12 期。

城市发展依靠城市文化的发展得以延续。而城市文化发展的核心在于城市文化伦理精神的培育。这是一个漫长的过程，需要历史的积累、当下的坚守以及面向未来的创新。因此，如何构建符合于现代城市发展的城市文化伦理精神坐标，成为当今城市发展的当务之急。

一、城市文化的特征

城市提供的不仅是经济生活，更是文化进程。因此，现代城市发展不可避免对文化的发展产生依赖，尤其是文化伦理精神的依赖，这在三个方面凸显了城市文化的鲜明特征。第一，传承性。城市发展在其文化内核上必定依靠自身的文化传统背景，其关键在于城市在发展中重视这种对于文化传统的继承和发扬，在于城市开放性和包容性的精神空间能够延续这样的文化传统。这种文化传统从现今来看，体现在城市发展的整体规划上和制度安排上。第二，现代性。进入 21 世纪，传统文化的现代性转换，是每个具有深厚传统文化底蕴城市面临的共同课题。特别是对于中国这样的后发国家，如何根据自身的特点和现实情况，摸索出适合自身发展路径的城市的现代文明之路，成为主要问题。第三，多样性。世界文化的多样性是其吸引人的可贵之处。而后发国家的许多城市的发展不管自己的城市市民接受与否，都未将城市发展中独特的文化力量考虑其中。但是，城市不只是生存的最原始需要，还需要更多的精神生活和文化依靠。

二、城市伦理精神的特质

城市的伦理精神是城市发展中的核心，是城市中人们价值观的共同体现。不同的城市因其独特的历史性与文化性而具有不同的伦理精神。从各具特色的城市文化特质中，可以看出城市伦理精神一般具备以下特质。第一，人文性。城市伦理精神也即人的伦理精神，而伦理精神的本质在于时代的人文性是如何得到体现的。现代城市文明的人文性体现的是人的个体本位思想和自由精神。如何做到这一点，唯有制定规则，建立制度。第二，包容性。它体现在城市的发展必须坚守城市的传统文化资源，且城市在发展过程中，决不拒绝吸收任何有益于城市发展的经验和长处。即本地文化对外来文化的兼容并蓄、求同存异，有可能开出新的文化样式。第三，价值观。城市发展的文化伦理精神的背后是核心价值观的体现。核心价值观的形成是个长期的过程，其外在的载体是城市文化的发育、城市文化的样式以及城市文化的内涵。事实证明，缺乏核心价值观的城市文化是无实质精神支撑的。第四，契约性。城市的形成和发展是一个不断缔结契约的过程。换言之，契约的制度保证就是法律的健全。而城市法律只是契约精神的外化，能够做到对它的自律才是真正的关键，这样，城市才能获得现代化的发展方向。

三、塑造传统与现代融合的城市伦理精神

城市文化是城市发展与城市伦理精神相契合的桥梁。当前，中国城市发展在努力追求经济发展目标的同时，在文化目标的追求上，不可避免地陷入迷茫的境地。对此，作者认为应从三个方面考虑。第一，积极塑造以人为本的现代城市精神。城市市民的观念、行为、精神风貌最能反映所属城市的文化及其精神风尚，而城市政治、经济、社会各方面的发展都离不开市民的文化素质。因此，真正的城市精神，必定是城市中“人”的价值追求的精神体现。第二，大力培育具有自身特色的城市文化伦理精神。在现代城市发展中，人们面临着诱惑，时刻挑战着社会的伦理底线和价值尺度。因此，培育城市文化伦理精神，需从多个角度进行：一是要把人作为培育的核心对象，具体规划城市文化伦理发展目标；二是要营造城市的伦理文化环境，引导其建设方向；三是发挥榜样示范的作用，带动整个社会的伦理文化氛围；四是要以我为主，吸收世界先进城市文化伦理精神，形成自身伦理精神特质。第三，高度重视城市伦理发展的文化和环境生态。

城市的发展回避不了生态。因此，城市伦理文化精神，必须把生态环境的保护理念置于首要地位。城市发展和人的发展必须以环境为背景的可持续发展为依托，把生态的可持续平衡置于和经济文化发展同样重要的地位。

著作简介

拯救正义与平等

［英］G. A. 科恩著，陈伟译，复旦大学出版社2014年版。

科恩（G. A. Cohen，1941—2009），牛津大学万灵学院研究员、齐切利社会与政治理论教授，分析的马克思主义学派的开创者和旗手。代表作：《卡尔·马克思的历史理论：一个辩护》（1978年）、《历史、劳动和自由：来自马克思的论题》（1988年）、《自我所有、自由和平等》（1995年）、《如果你是平等主义者，为何如此富有?》（2000年）、《拯救正义与平等》（2008年）、《为什么不要社会主义?》（2009年）等。

《拯救正义与平等》全书分为两大部分，即拯救平等和拯救正义。第一部分“拯救平等”分为六个章节。在第一部分中，科恩首先向罗尔斯关于不平等之合理性的两个论证（即激励论证和帕累托论证）发难，接着反驳罗尔斯关于正义原则不适用于个人之选择的观点，最后对差别原则本身的内在矛盾提出挑战。第一章“激励论证”，科恩介绍了罗尔斯的“激励论证”，并对其作出检验，最终得出结论：罗尔斯运用经济激励来论证不平等的正当性是有问题的。在第二章“帕累托论证”中，科恩同样对“帕累托论证”进行阐述、驳斥和挑战。在关于不平等的帕累托论证问题上，罗尔斯承认帕累托的合理性。但科恩并不认同罗尔斯的帕累托论证，他通过一系列的推理和论证，发现上述论证存在不合理之处。对于这两个论证的反驳和推理，作者在第三章“基本结构异议”中进一步进行解释和说明。接着，科恩主要从两个层次反驳罗尔斯关于正义原则不适用于个人之选择的观点。第一个层次揭示出罗尔斯仅将正义原则适用于社会基本结构对其自身理论体系所造成的表面上的困难。第二个层次揭示出罗尔斯坚持正义原则仅适用于社会基本结构的深层困难。在第四章“差别原则”中，科恩对差别原则本身的内在矛盾提出挑战，认为差别原则向那种基于道德任意性的不平等妥协。科恩指出，使罗尔斯提出起点上的平等的那种理念，那种关于正义反对由道德任意性所带来的财产不平等的理念，暗含着正义关注不同人的不同所得这种人际比较关系。而在另一方面，差别原则又屏蔽了人际比较。

“拯救正义”是该书的第二个主题，可以归入元理论问题。在该部分中，罗尔斯为自己设定的目标是克服罗尔斯的建构主义方法对正义原则的侵蚀，把正义解放出来。在第六章“事实”中，作者阐述了罗尔斯在《正义论》中的观点，罗尔斯反对那些认为伦理学的首要原则应当独立于所有以事实为依据的假定的哲学观点，指出没有反对将首要原则的选择置于经济学和心理学一般事实基础之上的意见，“甚至在论证正义的首要原则时，一般事实和道德前提也都是需要的”。然而，在科恩看来，罗尔斯认为所有基本原则都是建立在事实基础上的判断恰恰是错误的。科恩深入地探讨了事实和规约性规则（rules of regulation）之间的关系，区分了建基于事实之上的原则与不受事实影响的原则（fact-free principle），并得出了基本原则并不反映事实的结论。科恩阐述了他的观点：一个原则之所以能够对一个事实作出反应，仅仅是因为它也对并不反映事实的更根本的原则作出反应。也就是说，如果原则反映事实的话，那么我们最坚信的原则无论如何是建立在某种非事实的基础上的。第二章“建构主义”，在科恩看来，建构主义者混淆了正义原则与我们所能选择的正确的或者最佳的生活规则。建构主义者认为正义原则是对“什么是规范我们社会生活的正确原则”这一问题的回答，对于科恩来说，对于这个问题的回答，既部分依赖于我们对于正义的信仰，同时又依赖于事实以及可行性，而事实和可行性并不与正义相关，而是与不同于正义的价值相关。在第八章中，科恩对安德鲁·威廉姆斯的公共性论证进行了详尽的阐述和剖析，对种族主义、正义和担保的概念及关系进行分析，担保要求提出“威廉姆斯类型的确定性吗”“正义需要精确度吗”一系列问题，指出家庭内、市场上和国家中都存在着不同的平等主义风尚，并指出公共性是正义的一种想望之物。此外，该书作者在总附录处对他思想的批判作出回应和分析。

当代哲学经典——伦理学卷

邓安庆编，北京师范大学出版社 2014 年版。

该书所选编的是，每个在 20 世纪产生了重大影响的伦理学派的一两篇能代表该学派伦理精神的作品，它们或是对该学派的伦理思想作出了奠基性的论述，或是对该学派的核心观念提出了新的论证和辩护。

该书力图呈现每一种伦理学形态的代表性论文。在伦理学形态上编者显然试图突破当代英美伦理学所强调的德性论、义务论、功利论和元伦理学这一“经典的”，甚至有些硬性的划分，实际上像存在主义的伦理学、现象学的伦理学、基督教的伦理学、福柯的“修身学”，要给它们贴上哪一个标签更合适，还真不好说。还有自马克斯·韦伯开始所致力于探讨的“责任伦理学”、在汉斯·约纳斯那里形成了新的伦理形态，包括汉娜·阿伦特都在探讨新的时代条件下的责任难题，这也不是原有的那些伦理学形态所能概括的。因此，该书所编选的论文有一个明确的意图，就是破除英美伦理学家对道德哲学过于狭隘的理解和规定，我们或许只有返回到活生生的伦理生活，返回到丰富多彩的伦理哲学的多重视野中，才能真正理解伦理学本身。

就学派而言，20 世纪新产生的类型有元伦理学、伦理现象学或价值论伦理学、存在主义伦理学、责任伦理学。在这四种伦理类型中，“元伦理学”和存在主义伦理学早就为人们熟知，但价值论伦理学（伦理现象学）国内的研究才刚刚起步，它的重要性在于不仅比英美的美德伦理学复兴运动更早（起码早半个世纪）地反思现代道德的困境，而且更加系统和深刻地努力把现代的规范伦理与古代的德性伦理整合起来，开创了一种新的伦理形态。如果说价值论伦理学是 20 世纪上半叶产生的新伦理类型的话，那么“责任伦理学”则是 20 世纪下半叶产生的一种新的伦理形态，它是技术文明时代的伦理学，是面向未来的伦理学，它把传统的“义务”概念具体化为“责任”概念，试图建立起面向人类持久幸存的共同责任模型。

我们许多人不把胡塞尔当作伦理学家，是因为我们之前基本上只是关注他的认识论的现象学或意识现象学，甚至不是知道他有大量的伦理学著作，该书特意刊登他的《伦理学引论》就是要引起国内学界对价值论伦理学的重视。胡塞尔后期提出哲学要回归“生活世界”绝不是一句空洞的口号，是有其实践现象学或现象学的伦理学为内容的。而且价值论伦理学在胡塞尔之前和之后形成了以“价值论”为特征的蔚为大观的伦理学运动，它既区别于亚里士多德传统的德性论，也区别于康德的义务论，是一种新的伦理学形态，值得我们研究。列维纳斯的“伦理学作为第一哲学”国内虽然早就知晓了这一说法，但大部分学人读不懂法文，因此也就无从把握这一说法本身究竟是什么意思以及列维纳斯究竟是如何重新理解“第一哲学”和伦理学的，因此，通过文章的发表我们才得以看见作者对这一问题的缜密论证，它将是推进我们重新理解哲学和伦理学的非常重要的文本。

伦理学之后——现代西方元伦理学思想**（修订本）**

孙伟平，中国社会科学出版社2014年版。

该书是一部系统地研究伦理学、梳理和评析现代西方元伦理学思想的学术专著。全书在结构上可分为三个部分。

导论和第一章为第一部分，讨论了什么是元伦理学，元伦理学与实践伦理学的关系，以及现代西方元伦理学兴起的背景和发展历程。

第二章至第九章为第二部分，对现代西方元伦理学的发展历程进行了系统的梳理，对元伦理学诸流派及其主要代表人物的思想进行了扼要的介绍和讨论。现代元伦理学思潮主要经历了三个发展阶段：以摩尔、普里查德、罗斯、尤因等为代表的直觉主义；以罗素、维特根斯坦、维也纳学派、艾耶尔、史蒂文森等为代表的情感主义；以图尔敏、赫尔等为代表的规定主义。自图尔敏、赫尔思想发展的后期始，一方面，以道德语言分析为中心，高度形式化、专业化的元伦理学已经得到了比较充分的研究，发展到这一阶段的顶峰，其弊端与不足之处也逐渐暴露出来，受到了越来越多的抨击和批判；另一方面，第二次世界大战以后，一系列尖锐的伦理道德问题凸显出来，要求人们给予合理的回答，并立即作出正确的抉择与行动。在这种情况下，与整个西方思想界的大反思相适应，西方伦理学又“调整”、发展而进入了一个新阶段，或者说进入了一个多元化的时代：元伦理学开始走向衰落，但仍依惯性保持一定活力；规范伦理学重新崛起，开始有选择地“收复失地”；应用伦理学异军突起，甚至渐成“显学”。特别是，在大多数宽容的伦理学家那里，它们之间不再相互对立、相互排斥，而是相互渗透、相互支持，甚至出现了“熔元伦理学、规范伦理学、应用伦理学于一炉”的新气象。

第十章和结语为第三部分，立足于哲学价值论的基本立场和方法，对现代西方元伦理学各派的观点进行了归纳和对比，对元伦理学研究的特点、价值与意义进行了概括和总结，对现代西方元伦理学的局限性进行了剖析和批判。应该说，元伦理学在西方的兴起是伦理学史上一次影响深远的革命，它彻底改变了伦理学的结构和面貌，改变了伦理学的目的、功能和精神实质。当然，现代西方元伦理学也存在明显的局限性，如没有将伦理学学科性质的反思彻底进行下去，在相当程度上忽视了伦理学的实践品格，偏离伦理学的“人学”本性；语言与逻辑分析和“只看病，不开药方”的研究方式，将伦理学这样一门具有浓厚生活气息的实践科学，变成了一种形式化、专业化、“学院化”的“技术”或“学问”，等等。因此，今后的伦理学研究只有回归伦理学的“人学”真面目，从道德与人的内在关系出发，深化对伦理学学科性质的分析、把握；与规范伦理学、应用伦理学研究相结合，在具体应用中致力于传统元伦理学问题研究的创新，深化、拓展已有内容的研究；深化具体的历史的道德生活实践，努力寻找伦理学发展的契机和灵感，开拓新的研究领域和研究主题；才可能逐步走出困境，开始“第二次创业”，通过实质性的创新重铸辉煌。

道德之维：可允许性、意义与谴责

［美］托马斯·斯坎伦著，朱慧玲译，中国人民大学出版社 2014 年版。

托马斯·斯坎伦（Thomas M. Scanlon，1940—　），美国著名道德哲学家，哈佛大学自然宗教学与道德哲学奥尔福德教授，已故美国哲学大师、伦理学巨匠约翰·罗尔斯的得意门生，继罗尔斯之后道德契约主义的当代代表人物；曾任哈佛大学哲学系主任、美国哲学学会东部分会主席；与托马斯·内格尔一起创办了著名哲学刊物《哲学与公共事务》（*Philosophy and Public Affairs*）并担任该刊的副主编。主要代表作有：《宽容之难》《我们彼此负有什么义务》。

托马斯·斯坎伦在整本书中论证了一些特殊的道德主张，包括关于哪些行为是可允许的、意图何时影响可允许性以及各种有关道德责任的主张。该书的另一个重要目标就是甄别并引起人们注意书名所说的“道德之维：可允许性、意义与谴责”。

该书包括四个章节。第一章“双重效应的虚幻吸引力”，作者详细地解释了“双重效应”，并认为双重效应之所以具有表面上的吸引力，是因为人们混淆了两种密切相关的道德判断形式，而这两者又基于同样的道德原则。第一种判断采取作者所说的慎议性使用原则来回答可允许性问题，亦即一个主体是否能够做某种行为。第二种判断采取批判性使用原则来评估一个主体在某种特定情形中决定做某事的方式。第二种判断取决于主体依靠什么样的理由来决定做什么。甚至当一个行为的可允许性并不取决于主体所采取的理由时，如果这两种判断没有被明确地加以区分的话，那么它也可能取决于主体所采取的理由。对双重效应学说为什么在表面上具有吸引力的解释，取决于一种特定的对道德可允许性的理解；而这一理解又导致了诸多更深层次的、关于怎样理解这一理论的支持者和反对者们之间分歧的问题。这一分歧可能决定了某些行为的可允许性或不可允许性。然而，这一分歧可能源于这样一个事实，即不同的派别正追问着不同的基本问题。很可能是这样一种情况：尽管许多双重效应的反对者关心可允许性问题，但诸多支持者则将其他道德观念——如善行的观念——作为基本问题。如果是这样，那么就会产生更深远的问题，即这些不同的道德观念是什么？基于什么理由而将其中的某一个观念而非其他观念，作为我们道德思维的核心？作者在第一章中提出了这些问题，然而作者并没有解答它们，因为作者认为这第一个问题最好是由双重效应的支持者们来解答。而作者希望能够引导我们更深入地讨论这个问题。

在第二章“意图的意义”中，作者证实了一些方式，在这些方式中，可允许性取决于一个行为主体的意图；同时还考察了某些其他的方式，在这些方式中，可允许性似乎取决于一个行为主体的意图，但实际上却不是或至少不是实质性地取决于主体的意图。在这种研究过程中，作者发现并探明了，一种行为的可允许性及其对于行为主体和他人所具有的意义——行为主体愿意根据他/她所给出的理由而行动的意义——之间有着明显的不同之处。尽管可允许性在总体上并不取决于一个主体的行动理由，但意义却显然取决于这一点，而且许多可允许性取决于主体行动理由的情形是那些可允许性取决于意义的情形。

第三章“手段与目的”，这里所说的手段和目的，实际上是把人当作目的和把人仅仅当作手段的两种思想，作者考察了这两种思想。一个行为是把人当作目的还是当作手段，取决于这一主体如此对待这个人所依据的理由。如果“总是把人当作目的而不是手段”这一律令是可允许性的一个标准，那么就会出现一种重要的情形：在这种情形中，一个行为的可允许性取决于主体实施这一行为所依赖的理由。作者首先考察了康德的那种把理性存在当作目的本身的观念，把一个理性存在当作手段来对待就等于没有把它当作目的本身。基于作者在第一章中在两种道德判断之间所作的区别，作者认为有两种方式来理解康德的这一观点。我们能合理地说，只有当一个行为与“把理性存在当作目的本身”这一观点相一致时，这个行为才是可允许的。然而，一个特定行为是否满足了这一标准则取决于支持或反对这一行为的理由，而不是取决于行为主体将这些原因看作什么。然而，这样一个主张——在一个特定行为中，一个主体把某人当作目的或没有当作目的——同样可以被看作是一种研究，它研究主体把什么当作他这样行为而不是那样行为的理由。如果这样理解，这就不是一个有关行为之可允许性的问题，而是关于其意义的问题。

第四章“谴责”。作者认为，当我们说一个行为值得谴责的时候，我们就是在对这个行为作意义上的评价，即这一行为表明了行为主体的一些态度，这些态度损害了他/她与别人之间的关系。在作者看来，谴责某人就是以这种判断认为合适的方式去理解这个人与别人之间的关系。在第四章中，作者详细阐释并维护这种关于谴责的解释，说明了它是如何与其他的对谴责的解释相区别，并且应当比它们更为可取，后者将谴责看作一种负面评价、一种责备或某种道德情感（如愤怒）的表达。作者考察了这种对谴责的伦理的解释所包含的那种含义——谁应当被谴责？谁能够谴责？以及何时一个人必须被谴责？作者还考察了为什么他会认为谴责仅仅适用于那些出于自由的行为，并且解释了为什么他所理解的道德谴责并不预设自由意志。

基督教生命伦理学基础

［美］祁斯特拉姆·恩格尔哈特著，孙慕义译，中国社会科学出版社2014年版。

恩格尔哈特教授是当代美国乃至世界上具有超凡学术功力的、卓越的生命伦理学与哲学学者，在某种意义上，也应该是东正教神学家。长期以来，他贡献给我们近20部生命伦理学与哲学专著、著作和200余篇学术文章。他的睿智与学术穿透力，在生命伦理学界很难有人与其相比，他本人也因此赢得了学术界普遍的赞誉，并已经成为当代世界医学人文学领域的主角。

《基督教生命伦理学基础》是恩格尔哈特的代表著作之一，该书中对道德神学的反思，大多是源自基督教前8个世纪的文学作品和教会圣典中汲取。通过这部作品，将使读者看到基督教所有教派在生命伦理学领域之观念的古代根源，尽管罗马天主教生发出它自己的观点；在此，当然不可忽视它建构了有关信仰和理性的强大辩证法，并在哲学上形成了巨大的影响力。该书主要是关于生命伦理学的哲学难题，并且更多是专注于宗教的视角。以宗教角度的思考将通过哲学反思和分析被引导到哲学界域。什么是我们所关注的那个哲学难题呢？那就是：假如我们相信“普世法则”的存在，那么，是否还存在特定的道德准则？如果每个人的价值观不同，他们显然会尊崇不同的道德准则，也就是，他们对于什么是正当的这个问题将有不同的理解。对于公共政策上的争议表明，由于道德考量的多元性，道德准则的多样性通常就不可避免。

该著作对于伦理学有着重大的意义。首先，在这部著作中，作者已经找到了俗世生命伦理学尝试“整全道德生活”失败的原因，他终于还没有放弃他和他的同伴对于信仰的追求，和对于灵性的敬拜；也就是说，在这部以基督教神学解读的生命伦理问题的著作中，他以最后的“上帝”信念保留了自己作为基督徒的思维逻辑根基，并且排除了所有世俗的干预，返回到最初出发时的耶路撒冷城墙，虔敬地聆听以斯拉的声音。其次，该书的意义，不仅仅在于生命伦理学理论上的突破，开阔我们的学科视域，而且，将其理论和思想置于汉语文化语境中，可以使我们体味生命伦理学的神学核心本质和基督教转移基因的结构，帮助我们真实地进入西方生命伦理文化腹地，与西方学者进行深入的对话与交流。

该书共分为六个章节。第一章“从基督教生命伦理学到世俗生命伦理学：全球化自由主义道德的建立”，该章节中，作者对于“道德是否专属于某一宗教”这一问题进行了分析和解答；讲述了人们对于基督教生命伦理学困惑，以及这一学派的衰落；并将基督教生命伦理学与世俗生命伦理学进行比较，发现两种伦理学之间的差别渐渐消弭。作者详细介绍了从宗教改革、启蒙运动到世俗生命伦理学的发展历程，指出启蒙运动对基督教伦理学发展的负面影响。在启蒙运动之后西方伦理学逐步走向理性，从而产生了世俗的医学伦理和医学人文，但随之而来的弊端逐渐显现。在作者看来，一个规范的、内容整全的世俗生命伦理学不能为一般世俗条款辩护，因而需要以后传统的基督教为背景，重新审视基督教生命伦理学。第二章“生命伦理学根源：理性、信仰与道德的合一”，作者通过对不同派别的伦理进行分析，例如宗教伦理、多元主义以及康德的理性主义等，并将它们与生命伦理进行对比和融合，探求出生命伦理学的根源实际上是理性、信仰与道德的统一。第三章“作为一项人权项目的基督教生命伦理学：认真地内在性考量”，作者提出“俗界三境”，即生活在一个无上帝话语的世界，这“三境”分别是：“作为一种框架的自由论世界主义”“作为一种生活方式的自由论世界主义”和“作为一种生活方式的自由世界主义”；而基督教的变革使得人们对基督教生命伦理学进行重新的审视。第四章“生命伦理学与超越：文化战争的核心”，作者重点区分了异端教派、邪教、原教旨主义和传统基督教生命伦理学，基督教生命伦理学不是一种异端学说，而是心灵的知识，是一种自然法；同时作者还着重分析了神学的双重含义以及基督教生命伦理学的双重含义。第五章“生育：生殖、克隆、流产和分娩”，在传统基督教性生命伦理学新兴和世俗自由世界主义观念产生共识的前提下，生命伦理学作为一门有生命的伦理学出现在众人眼前。生命伦理学为人们解释和分析众多社会和生命现象，帮助人类解决问题，例如：婚姻的神秘性性行为，克隆、制造胚胎与胚胎利用，避孕和一个适度人口的世界，绝育、变性手术、性角色改变与遗传工程，婚前性行为、未婚避孕和艾滋病，堕胎、流产与生育。第六章“痛苦、疾病、临终与死亡：意义诉求”，作者分析了人类面对痛苦、疾病甚至死亡时，基督教生命伦理学所起到的作用和意义。第七章“提供卫生保健：同意、利益冲突、医疗资源配置与宗教的整全性”，该章主要是分析基督教生命伦理对于医学上的帮助，共五个部分，分别是：“医学的定位：健康与寻求救助”“同意、欺骗和医生：对自由与知情同意的反思”“后基督时代的卫生保健”“被隔离的和世俗化的基督教：宗教作为一种私人活动”“基督教卫生保健制度的整全性”。第八章为“后基督教世界的基督教生命伦理学”。

西方古典学研究：羞耻与必然性

［英］伯纳德·威廉斯著，吴天岳译，北京大学出版社 2014 年版。

伯纳德·威廉斯（Bernard Williams，1929—2003），早年在英国牛津大学研究哲学和古典学，曾先后担任伦敦大学、剑桥大学、牛津大学和美国加利福尼亚大学伯克利分校的哲学教授。他于 1971 年被选为英国社会科学院院士，之后又当选为美国艺术与科学院外籍院士，并在

1999年因其在哲学上的重大贡献而被授予爵位。威廉斯的主要工作领域是伦理学、知识论、心灵哲学和政治哲学。他在早期古希腊思想和笛卡尔的研究上建树卓越，但他最重要的影响是在伦理学方面。威廉斯对功利主义和康德伦理学的批判，他对道德和道德要求的本质的探究，主导了近30年来西方伦理理论的思维，在某种意义上是这一时期最重要的道德哲学家。

《西方古典学研究：羞耻与必然性》是伯纳德·威廉斯影响最大的著作。尼采和维拉莫维兹都曾说过，唯有交付我们的鲜血和灵魂，才能让古人向我们发声。在该著作中，威廉斯以其特有的敏锐和深邃重温《荷马史诗》与古希腊悲剧和其他古希腊作品，在其特定的历史语境中展示其中有关人类行动和经验的洞见，澄清基于进步主义历史观的种种误解：古希腊人的思想并不原始，神灵、魔力、命运、机遇等不可控制因素的在场并没有妨碍他们理性地洞察人的自由与责任。威廉斯对古希腊人伦理传统的阐释饱含热情，然而，他并没有尊经复古的企图，他对古代世界观的重构始终渗透着对现代性的自我反思和重建，理解古人实际上就是在理解我们自己。

该著作共六章。第一章“古代的解放”，第二章“能动性的核心”，第三章“确认责任”，第四章“羞耻与自律”，第五章“必然的身份”，第六章“可能性、自由与权力”。在这六章中，作者以其出色的古典文本解读功力，力图从古希腊史诗与悲剧传统中寻找对当代道德哲学讨论有价值的元素。作者在书中断然否认了我们今天的伦理观是古希腊伦理观的一个发展的观点，而认为那些古典的观念可以用以解释我们自身。他重新考察了古希腊哲学中的主体、意向、实践智慧、意志的软弱性及必然性等观念，特别论述了耻辱、自责、悔恨和宽恕之间如何互动等。

道德恐慌与过剩犯罪化

汪明亮，复旦大学出版社2014年版。

该书根据作者在复旦大学演讲的讲稿整理。讲题围绕着“当前社会中的犯罪问题”而展开。这些讲题以现实中发生的热点犯罪问题为背景，结合理论，进行多方位的解读。作者从这些讲座中精选出十三讲，分为六大部分，分别是：犯罪化与非犯罪化、犯罪之形成与预防、犯罪治理对策转型、腐败治理新思维、量刑过程新发现、死刑与刑事调解制度。

第一讲“道德恐慌与过剩犯罪化”。这部分认为，过剩犯罪化是指作为社会控制手段而随便创设犯罪的倾向。过剩犯罪化是一种不当犯罪化，是犯罪化的异化。第二讲“犯罪化与非犯罪化得与失”。这部分认为，犯罪化指的是将未受刑法规制的行为，通过形式立法的增加或修改，或者通过立法和司法解释将其作为刑法上的犯罪，使其成为刑事处罚的对象；非犯罪化指的是将已经受刑法规制的行为，通过刑事立法的增加或修改，或者通过立法和司法解释将其不作为刑法上的犯罪，使其不再成为刑事处罚的对象。第三讲“社会信任缺失及犯罪生成”。这部分认为，当前中国正处于社会转型时期，社会信任结构在转型期呈现复杂化，表现为多种信任模式并存基础上，传统特殊主义信任模式、计划体制下同志式普遍信任模式的衰败化和现代普遍主义信任的无序化。第四讲“‘砍手党’犯罪行为之犯罪学分析”。这部分认为，广东“砍手党”以极其残忍的方法实施抢劫等暴力犯罪，严重威胁着公共安全，给公众带来了心理恐慌，引起了强烈的社会反响。第五讲“犯罪情境预防及其运用”。这部分认为，犯罪情境预防理论是一种实用主义的犯罪控制理论，已经成为20世纪末期最具影响力和占据主导地位的犯罪预防理论。第六讲“犯罪治理过程中市场机制”。这部分认为，在犯罪治理过程中引入市场机制不仅必要而且可行。第七讲“公众参与型刑事政策”。这部分认为，公众参与型刑事政策，是一种强调公众参与刑事政策过程的刑事政策，其在重视政府在刑事政策中的主导或引导作用的同时，更注重发挥公众的参与作用。第八讲“腐败之化学反应方程式”。这部分认为，当前腐败犯罪呈现三方面的特点：一是徒法不足以自行；二是腐败不讲底线；三是腐败案件查处难度大。第九讲“人际关系视角中的腐败犯罪窝案”。这部分认为，从人际关系角度解释当前腐败犯罪窝案现象意义重大。第十讲“死刑量刑法理学模式与社会学模式”。这部分认为，死刑量刑法理学模式，是指严格按照刑法条文规定，对已有的可能判处死行的犯罪事实作出判定，并据此作出死刑裁量（判处死刑还是不判处死刑，死刑立即执行还是死刑缓期两年执行）的过程。第十一讲“犯罪人格及其在量刑中的意义”。这部分认为，犯罪人格是“人身危险性”的一个重要表征，量刑时必须考虑犯罪人的犯罪人格，这是实现刑罚目的和刑法公正的基本要求。第十二讲“中国死刑废除不能操之过急”。这部分认为，从长远看，削减乃至全面取消死刑罪名是中国刑法发展的方向，这也是人类文明发展的必然，但这将是一个长期的过程。第十三讲“理性看待刑事调解制度”。这部分认为，刑事调解制度在我国之所以日益受到重视，主要是基于六方面的原因：面临两方面的困惑、刑事政策已经发生重大变革、域外经验的借鉴、多方博弈的结果、传统“无讼”文化借鉴、被害人学说的发展等。

道德何以可教？——民族际视野下的生成论道德学

沈云都，东南大学出版社2014年版。

该书的三个基本问题是：1. 道德是否可知（道德是否具有真理性）？2. 道德是否能够统一（道德是否具有普遍性）？3. 应该如何理解道德主体“人”？其中，问题1和2模拟和还原了道德教育过程的一般形式，即，德育的内容（道德）是确定可知的；道德教育作为一种主体与主体（师生之间或学生相互之间）的道德上共识的达成，其实现是可能的。问题3则是对前两个基本问题的思辨和提升，从而找到前两个基本问题在哲学上的规定性（或哈贝马斯所说的“规范性”）基础。论文的全部研究都是对这三个基本问题的思想史追究，并通过这种思想史进入三个问题本身的回答。

该书提出，道德的真理性（可知性，即问题1）因休谟的“从‘是’无法推论出‘应该’”的结论而陷入困境；主体“人”（问题3）也被解构为感知经验的片段式的存在。为了挽回休谟造成的道德学的困境，康德在经验领域和道德（实践）领域分别重建先验论形而上学，造成两个后果，一是道德的真理性被规定为现成论的；二是主体“人”在经验（幸福）和道德（实践）两个领域的分裂。至此，本来在中世纪神学独断论时代被视为当然的两个同一性分别崩溃，一是主客体同一性，二是主体自身的人格同一性（这一点又有两个层次，首先是主体“人”是否具有历史的延续性，这是休谟问题；其次是主体“人”在不同领域的一致的存在，这是康德问题）。此后的费希特、黑格尔和叔本华的哲学研究，本质上都是为了重建这两个同一性。这时近代哲学的重点从道德真理性问题转向主客体同一性问题。

马克思生成论的基本观点是主体和客体彼此参与对方的历史形成，从而在重建主客体同一性的同时突破了近代形而上学形式主义的思想建制，标志着哲学进入现代历程。其伦理学上的基本观点是，异化的本质就在于对人的对象性和物的属人性的双重掩盖。哈贝马斯在道德哲学领域片面地继承和转化了马克思的生成论，并依据和发展了科尔伯格的道德认知心理学结构模式来支撑这一道德哲学。并以专题的形式探讨哈贝马斯生成论道德学在政治学领域的运用和实现问题，以及民族的生活历史对于现代道德重建的意义，也就是道德动机问题。从而成功地回答了道德的可知性（真理性）、统一性（主体间普遍性）和主体“人”的历史生成性，以及主体自身的人格同一性等一系列德育基础理论问题。但是哈贝马斯撇开马克思劳动哲学的实践含义，仅承认交往的实践地位，从而未能回答主客体同一性问题，因此该书预言，生成论道德学需要通过“需求解释”这一重要概念来建立主客体同一性的理论关联。

生成论道德学不仅回答了道德教育在基础理论层面上的可成立问题，更重要的是，它断言，主体“人”因其不断自我生成的属性而对历史富有责任。因此大学德育对人的道德自由的现实意义回应了马克思的人学理想：“每个人的自由发展是一切人的自由发展的条件。”

马克思主义与道德观念：道德、意识形态与历史唯物主义

［加］凯·尼尔森著，李义天译，人民出版社2014年版。

凯·尼尔森（1926—　）是加拿大卡尔加里大学的荣休教授，现为加拿大肯考迪亚大学的兼职教授，曾任教于纽约大学。尼尔森著述颇丰，出版了30余本著作，发表了400多篇论文。他是加拿大皇家学会成员，加拿大哲学联合会前主席，《加拿大哲学杂志》（该刊是反映加拿大哲学研究最高水准的杂志）的创始人和原主编之一。

《马克思主义与道德观念：道德、意识形态与历史唯物主义》一书是尼尔森在马克思道德理论研究方面最重要的作品，不但广泛地为人引用，也被作者本人视为自己的代表作之一。在该书中，尼尔森指出，虽然根据历史唯物主义观点，作为意识形态的道德决定于统治阶级，但并非所有的道德观念都属于意识形态。在资本主义社会的整个上层建筑中，仍然存在不受资产阶级意识形态支配的道德观点。正是这些观点为人们从道德层面批判资本主义提供了资源和保证。

该书一共分了十二章，系统地介绍了马克思主义的经典理论，如马克思主义、道德与道德哲学，其内在的逻辑和关系是什么样的，恩格斯是怎样看待道德和道德理论的，马克思主义的名著《哥达纲领批判》

也作了系统解读，并且详细地阐述了马克思主义的意识形态观。同时作者看到了马克思主义关于正义的倡导，用四个章节来解释马克思的正义观，重访塔克—伍德命题，重新对马克思的正义进行了定义，马克思是怎样看待不平等主义者的，阶级利益与正义是否存在冲突，针对这些问题，马克思都作了系统的论述。通过对马克思道德的深刻阐述，从而能对马克思意识形态有重新的认识，从道德层面进一步批判了资本主义道德。

叔本华论道德与自由

［德］叔本华著，韦启昌译，上海人民出版社 2014 年版。

叔本华（Arthur Schopenhauer，1788—1860），德国哲学家，唯意志主义和现代悲观主义创始人。1814—1819 年间，叔本华完成了他的代表作品《作为意志和表象的世界》，后于 1844 年和 1859 年分别出版了该书的第二版和第三版。叔本华 1833 年移居法兰克福。1837 年，他首个指出康德《纯粹理性批判》一书第一版和第二版之间的重大差异。之后他出版了多种著述，于 1841 年出版了《论意志的自由》和《论道德的基础》两篇论文的合集。1851 年，他在《附录与补遗》这篇文章中完成了对作为意志和表象的世界的补充与说明，并因这篇文章获得声誉。

在现代哲学中，叔本华的唯意志论开始不断强调意志的重要作用。叔本华也因他的悲观主义而闻名，他的悲观主义与他那个时代欧洲大多数人所持的乐观主义形成了鲜明对比。虽然他的作品起初并没有得到承认，但是在他晚年时这些作品得到了广泛的关注。叔本华影响了理查德·瓦格纳、弗里德里希·尼采，以及托马斯·曼等诸多哲学家，开启了非理性主义哲学。

《叔本华论道德与自由》收录的是德国著名哲学家叔本华讨论人的道德与自由的五篇文章。本书详细讨论了何为善恶，做出善行或恶行到底是由什么因素决定，是由道德教条，抑或某种出自我们本性的直觉意识。道德或者不道德在叔本华的哲学中有着精确的含义界定，道德关乎人的意欲（本性），与智力、认知没有直接的关联。探究的就是人的本性及其发挥的规律，还有就是道德在人生中的含义。这本书里讨论道德的文章，探究的就是认得本性及其发挥的规律，还有道德在人生中的含义。

该书的头两篇文章（《论意欲的自由》和《论道德的基础》）是阐述

叔本华最高深思的重要文章。这两篇应征文章是叔本华专门为解答挪威皇家科学院和丹麦皇家科学院所提出的“伦理学的两个根本问题”而写的。首先，《论意欲的自由》所要解答的问题是：人到底是不是自由地意欲做出这样或者那样的行为，而“自由”在这里的意思，根据叔本华的分析就是“与必然性没有任何关联”“不依赖于任何原因”（文章第一节）。为解答这一问题，叔本华把认得行为发生过程与大自然其他事物的活动过程联系起来对照和比较，得出结论：人是大自然的一部分；人作为既定的存在物，其本质的发挥（行为）完全遵循着适用于大自然一切存在物的因果规律。在《论道德的基础》一篇中，叔本华找出了道德根源和依据。而这也就是关于道德的学科——伦理学的本来目标。叔本华认为，“伦理学的目标就是从道德的角度，说明和解释那些人与人之间差异极大的行为方式，找出其最终的根源。”这一最终根源就是人的行为的推动力，有三种：愿自己快乐的利己心、愿别人痛苦的恶毒心、愿别人快乐的同情心。叔本华认为道德或者不道德是与生俱来的，教育可以改变可供选择的手段，但改变不了我们最终的目标——这最终的目标是每个人的意欲根据其原初的本质制定出来的。

在《为何我们羞于暴露性行为以及性器官》和《论禁欲》里，叔本华描绘了可供我们选择的两条路。对生存意欲的肯定构成了我们这一自然世界。生存意欲就是除了保存自己以外，还着眼于延续下一代。具体表现就是强劲的性冲动，所以，叔本华把我们的性冲动形容为意欲的焦点。但事实上人们羞于暴露性行为，一旦行为暴露带来的是苦恼和懊悔。所以，肯定生存意欲所导致的结果就是不断地负债、还债，永无止境的劳作、困顿、苦难、无聊的人生，亦即佛教所说的六道轮回。

另一条路就是禁欲。禁欲是对生存意欲的否定，是为获得最终的解脱所作出的努力。叔本华所说的禁欲是以他的哲学理论进行探索的。《论禁欲》和《通往解决之路》为我们提供了叔本华对我们的生存本质、对我们将何去何从所作出的深刻、认真的思考。至于获救之后的境界，叔本华只能以“无”来形容，因为我们所运用的任何语言、意象都是属于这一意欲客观化的世界，并不足以形容意欲寂灭的境界。道德的行为不是目的，而是通往意欲寂灭、获得解救的手段而已。

发展价值与发展智慧——德尼·古莱发展伦理学研究

周　涛，广西人民出版社2014年版。

发展与其说是当今时代的主题，倒不如说是当今时代的问题和难题。现代性发展所带来的异化表现为：手段的绝对化，价值的物质化和结构的决定论。当人们所期待的美好生活被置换为单纯的物质追求时，人们发现，以往的发展不是真正的发展，而是反发展。

该书从国内外著名学者，特别是“发展伦理学之父”、美国圣母大学荣誉教授德尼·古莱关于发展伦理学论著的细心研读入手，运用发展现象学方法，以发展价值和发展智慧为独特视角，试图在探寻发展的真谛中，全面分析和评估古莱发展伦理学思想，为建构我国发展伦理学，构建社会主义和谐社会，提供精神动力、理论支持和伦理支撑。

绪论，主要讨论以下四个问题：一是古莱发展伦理学的研究现状与存在问题；二是研究的理论意义与现实意义；三是研究拟解决的主要问题及所要采取的主要方法；四是研究的基本框架。

第一章，研究古莱发展伦理学的滥觞，这是发展伦理学的一个根本性、前提性的问题。在这一问题上，国内外学者存在着较大的分歧，这种分歧折射出他们对发展伦理学缘起问题的不同的思考视角。研究发现，国内学者在阐述发展伦理学的滥觞时，往往从学科间的分野出发，而忽视从学科间的关联中阐明发展伦理学的缘起。而西方学者尤其是古莱，在讨论发展伦理学的滥觞时，既注意到了学科间的对立，也更加强调各学科之间的互动，认为发展伦理学是各学科“合力”催生的新结晶。

第二章，研究作为一种新的发展哲学的发展伦理学。在分析当代哲学、伦理学困境的基础上，试图从古莱发展伦理学的研究对象与基本问题，学科性质、功能与使命，以及认识论与方法论特色等方面揭示其新在何处，从而也就为发展伦理学作为一门新的学科是否可能找到了基本的构成要件。

第三章，主要研究古莱发展伦理学的基本内核之一：发展价值论。在揭示发展的现象学意义、梳理发展观嬗变的基础上，以脆弱性原理为指导，探讨发展的三个一般价值，即最大限度的生存、尊重与自由。生存、尊重和自由并不是孤立存在的，而是辩证统一的。古莱认为，如果生命没有某种程度的尊严，它显然是不值得持续的；如果完全缺乏尊重或者生活朝不保夕，真正的自由是不可能的；说生命存在着所以人们能使生命有意义，这并非同义反复，因为生命既是实现人类价值的前提，本身又是这些价值的条件；生活得好是生活的最终理由，因此，一切其他价值是美好生活的手段；免于无知与疾病的自由从属于争取实现的自由。

第四章，主要研究古莱发展伦理学的基本内核之二：发展智慧论。以脆弱性原理和存在理性原理为指导，依次阐述发展伦理学的规范性战略原则、基本战略、具体战略和评估标准。具体而言，它包括三个发展的规范性战略原则："拥有足够"才能"更佳存在"的原则，共同团结的原则以及民众广泛参与决策的原则；四项发展的基本战略：增长战略，伴有增长的再分配战略，基本人类需求战略以及源于传统发展的战略；五项发展的具体战略：作为对话的发展计划战略，技术受人类目的所驾驭战略，发展伦理融合生态智慧战略，保持文化的认同性和完整性战略以及慎重看待发展援助战略；三个发展的评估标准：符合优先需求的发展，以总体节约和使用货品的智慧为标志的发展，以及在标准化力量面前培育文化多样性的发展。

第五章，研究古莱发展伦理学的当代审视。从总体上看，古莱在发展伦理学方面，主要有三大贡献：一是作为古莱发展伦理学两大基石的脆弱性原理与存在理性原理；二是体现古莱发展伦理学方法论特色的发展现象学方法；三是较为科学而又完整的发展伦理学结构体系，包括发展伦理学的滥觞、发展伦理学作为一种新的发展哲学的基本构成要件、发展伦理学的价值论和智慧论。对这三个方面的分析、提炼和归纳，同时也是本书的主要创新之处。古莱发展伦理学对于破解我国当前的发展问题和难题具有极其重要的意义，尽管它也存在着某些局限与不足。

结语，探讨发展伦理学的未来路向。在陈忠看来，发展伦理学的范式包括三种类型：理想范式、问题范式和规律范式。刘福森强调，用中国哲学的精神来解决人与自然之间的全球性难题，在一定意义上同样指明了我国发展伦理学的未来路向。古莱对未来发展伦理学新趋向的洞见，获得了国际发展伦理学协会的认同。相应地，国际发展伦理学协会对发展伦理学划分为反思、应用和实践三个不同的却又互相补充的层次。作者认为，未来发展伦理学体系将包括发展价值论和发展智慧论两个部分。这一新路向始于古莱，但可惜的是，古莱并没有将其明确地概括出来。国内有学者如邱耕田和罗建文等虽然论及发展价值问题，但是没有关注发展智慧问题，更为重要的是，到目前为止，从发展价值与发展智慧相统一的角度来建构发展伦理学体系，是一个崭新的的课题。通过对古莱著述的认真研读，我坚信发展价值论与发展智慧论将代表发展伦理学的一种新趋向。

恶的美学历程：一种浪漫主义解读

［德］彼得－安德雷·阿尔特著，宁瑛、王德峰译，中央编译出版社2014年版。

彼得－安德雷·阿尔特（Peter-André Alt，1960—　），柏林自由大学现代德国文学教授，自2010年起任校长。著有《席勒——生平·作品·时代》《理性的睡眠：文学和近代文化史中的梦》《席勒》《弗兰茨·卡夫卡：永恒之子》《古典主义的终场：歌德和席勒的戏剧》《卡夫卡与电影：关于电影制片技巧的叙事》。

自浪漫主义以来，恶就是一个吸引人满怀兴趣地进行艺术渲染，并得到无数人同情的客体。在浪漫主义的作品中，充斥着魔鬼和吸血鬼、幽灵和重生者、谋杀者和疯子、玩世不恭者和撒旦式的人物、着魔的人和蛊惑人心者。犯罪、暴力和亵渎神明、打破戒律、疯狂和黑弥撒都是浪漫主义经常采用的主题。彼得－安德雷·阿尔特用令人吃惊的篇幅追溯了恶这一观念的起源与发展，揭示了一种非道德文学的秘密，在这个秘密里，恶的美学在其价值的彼岸渐渐浮现。通过这种方式，美的另一种历史从欧洲现代派的阴暗面被讲述出来。

在《恶的美学历程：一种浪漫主义解读》一书中，彼得－安德雷·阿尔特探究了各种类别的作品，诸如悲剧、侦探故事以及幻想小说、恐怖故事和战争报道等，恶的美学通过放纵、逾越、重复和讽刺改写的结构得出了一个大致轮廓。在从歌德经过霍夫曼、雪莱夫人、波德莱尔、于斯曼、王尔德、格奥尔格、卡夫卡直到容格尔和利特尔的欧洲文学广阔的光谱上，人们注意到了有一种恶的现象学，这种恶的现象学直至今天一直意味着一种道德丑闻。在该书的最后，作者对奥斯维辛之后恶的美学和伦理学准则进行了思考，这种伦理学准则也规定着后现代条件下文学的价值判断。

该书包括前言和七个章节。前言部分，作者对“恶的美学”的发展历史作了简单的介绍。黑格尔认为一种恶的美学自身存在矛盾。黑格尔认为，恶的魅力与黑格尔古典主义的作品理解以及他的艺术表象的概念有冲突。然而，早在1800年前后，莎士比亚、马洛等浪漫主义文学家的众多作品都以恶为对象。如果不进一步研究这些作家的作品，黑格尔几乎不能断言一种冲破美的概念的恶的美学的矛盾性。所以，他的海德堡的美学演讲和柏林的美学演讲很多地方都以恶在诗歌中的功能作为主题。直到18世纪末，一种独立的恶的美学在进行了得到一致赞同、令人信服的研究后才发展起来。1800年前后建立了一个纲领，它试图将艺术理解为一个独立于宗教、伦理和法律规则的部门。

在该书正文的七个章节中，作者按照时间顺序对“恶的美学”的发展历程的每个阶段作了详细的介绍，阐明了每个时期“恶的美学”思想的主要派别，介绍了派别的代表人物和中心思想。第一章“神话学中的序幕”，介绍了为哲学思想做铺垫的神学中的“恶的美学”，该章共四节，分别为：“晨曦之子路西法（Lucifers）坠落的故事（巴多罗买·福音）”“原罪的讲述和戏剧（家族谱系）”“缺失——模式（普罗提诺，奥古斯丁）”“开端的哲学和美学（克尔·凯郭尔和谢林）”。第二章“启蒙和心理学”，该章的第一至三节为“一种文学祛邪术的纲领（迈尔，让·保尔，克林格曼）”“梅菲斯特，作为自我观察者（歌德）”“撒旦的审美功能倍增（刘易斯，霍夫曼）”，介绍了“恶”这一伦理概念的启蒙阶段；第四、五两节“心理分析中的魔鬼（弗洛伊德）”“里比多——恶的纲领和培植（琼斯，莱克，荣格）”，详细介绍了心理学中精神分析学派的人物对“恶”的解释。第三章“通过内省的移置”，阐明内省机制对“恶”的解释和分析。该章包括：“黑色诗学（施莱格尔，黑格尔，罗森克兰茨）”“恶的灵魂的考古学（席勒，让·保尔）”“错综复杂的关系，被玷污了的概念（克莱斯特）”“从想象到取消区分（克尔·凯郭尔，波德莱尔，格奥尔格·曼）”。第四至六章作者介绍了作为文学作品对象的“恶”，在这里“恶”作为一种艺术的表现形式呈现在众人眼前，是“恶的美学”在文学的展露。第七章“不道德文学的道德含义”，哲学家们对文学著作中的“恶”进行了哲学的阐释，将看似不道德的“恶”赋予了道德的含义。该章分为四节，分别为“奥斯威辛之后的恶的艺术（阿多诺，凯尔泰茨，利特尔）”“后现代的模仿（鲍德里亚，埃利斯）”“受到自身限制的自主美学（伊泽尔，博雷尔）”“文学幻想及价值判断（康德，卢曼）”。

伦理选择与价值评判：劳伦斯·达雷尔重奏小说研究

徐　彬，复旦大学出版社2014年版。

该书是国内第一部有关英国现当代著名小说家劳伦斯·达雷尔研究的高质量的学术专著。鉴于达雷尔在英美文学尤其是后现代文学中不可忽视的贡献和地位，该书的出版必将促进国内英美文学研究及其相关领域的发展。在借鉴前人研究的基础上，作者对达雷尔重奏小说创作的渊源、类型、阶段和主题予以系统梳理，其间涉及文化批判、接受美学批判、叙事学批评、后殖民批评和文学伦理学批评等诸多批评视角。该书以“生、死变奏”“经典化与妖魔化之接受美学悖论”“自我嬗变”“场所与伦理间的动态辩证关系”“伦理与文化的双重叙事”“位移与身份的交互影响”为题从形式和内容两方面深度剖析了达雷尔系列重奏小说的独特艺术魅力。

该书的创新之处体现在三个方面。第一，扩宽了达雷尔重奏小说文本的研究范围。此前提及的达雷尔重奏小说仅限《亚历山大四重奏》和《阿维尼翁五重奏》两部。该书将《黑书》《亚历山大四重奏》和《阿芙罗狄蒂的反抗》都纳入达雷尔重奏小说之列，可谓开创了达雷尔重奏小说研究的先河，虽然由于资料所限本书并未对《阿维尼翁五重奏》深入研究，但就所选文本而言已经充分代表了达雷尔重奏小说的创作主旨和发展脉络。第二，在对达雷尔重奏小说叙事“实验性”的研究基础上，深化了对其“外指性”和“事实密度”的探讨，而上述探讨从文化、主体性和伦理学等视角展现出达雷尔小说主题上的“重奏性”。与《亚历山大四重奏》中形式与主题的多重奏不同，《黑书》与《阿芙罗狄蒂的反抗》凸显了“变奏”的主题，宽泛地讲，可以被看作是“二重奏”的表现形式；其中《黑书》中的“生、死变奏”既反映在以框架式文本为结构基础的双重叙事，又包含对身为作家的叙述者在与前驱作者和英国文化对抗过程中的生、死焦虑的书写。《阿芙罗狄蒂的反抗》是一部由《彼时》和《永不》组成的双层小说，“伦理悖论”的叙事主线贯穿其中，对现代文化的批判声不绝于耳；达雷尔在创造科幻乌托邦小说世界的过程中成功地融入了批判现实主义的元素。第三，在对达雷尔成名作《亚历山大四重奏》研究过程中，该书突破了形式主义研究的局限，从接受美学的视角出发，总结、分析了国内外英美文学界对作品“经典化”和“妖魔化”的内外在原因，为此后全面客观地理解该作品奠定了基础。此外，该书还对《亚历山大四重奏》中现代主义和后现代主义文化语境下叙事模式及其演变轨迹和蕴含其中的存在主义的哲学思考加以探究。尤其值得注意的是，作者能将社会学中场所与伦理关系的论述灵活地运用到对《亚历山大四重奏》的后殖民研究之中，不仅为国内外达雷尔研究提供了新的研究策略，还为国内外文学伦理学批评注入了新的活力。

何为道德：一本哲学导论

［德］诺博托·霍尔斯特著，董璐译，北京大学出版社2014年版。

诺博托·霍尔斯特生于1937年，获得法学博士、哲学博士和艺术学硕士学位。1974—1998年，他在美因茨大学担任法哲学和社会哲学教授。霍尔斯特出版的著作有：《非宗教国家中的安乐死》《关于保护胎儿的伦理》《伦理与利益》《动物是否有尊严?》《向上帝提问》以及《何为正义?》等。

《何为道德：一本哲学导论》一书不是从历史或理论流派的角度谈论道德，而是系统地解释了与道德有关的相关概念、列举不同的案例、讨论相应的后果，最终成功地阐释了“道德”这个概念。该书语言和思维脉络非常清晰、一目了然，论证严谨，案例令人印象深刻。诺博托·霍尔斯特步步铺垫，最终有说服力地回答了“道德规范与其他规范的区别”这个问题。《汉诺威广讯报》说道：“他的论证过程非常引人入胜……一部值得阅读的精炼的导论。”

该书共有七章，诺博托·霍尔斯特均是以阐明一些基本问题的方式将理论呈现出来，这些基本问题包括：“道德”这个概念的意思是什么？道德对于我们来说是预先规定的吗？宗教能够为道德奠定基础吗？“金科玉律”会帮助我们吗？道德对于所有的人必须一视同仁吗？坐享其成的行为不道德吗？道德是以意愿自由为前提的吗？每个问题独立成为一个章节，每章节作者通过提出问题，阐述和分析问题，最终得出结论的方式呈现。这样的写作特点和语言方式通俗易懂又意义深刻，并在最小的空间范围内将读者带入伦理学的基本问题中，使读者在产生兴趣的基础上理解“道德”。

道德的理由（第七版）

［英］詹姆斯·雷切尔斯 斯图亚特·雷切尔斯著，杨宗元译，中国人民大学出版社2014年版。

詹姆斯·雷切尔（James Rachels，1941—2003），亚拉巴马大学伯明翰分校哲学教授。著有《生命的终点：安乐死与道德》（*The End Of Life*：*Euthanasia and Morality*，1986）、《由动物创生——达尔文主义的道德意义》（*Created from Animals*：*The Moral Implications of Darwinism*，1990）、《哲学的问题》（*Problems from Philosophy*，2005）、《伦理学能够提供答案吗》（*Can Ethics Provide Answers*，1997）。斯图亚特·雷切尔斯（Stuart Rachels，1969— ），亚拉巴马大学伯明翰分校哲学副教授，前美国国际象棋冠军，美国定约桥牌联合会终身大师。主编第四版《做正确的事：道德哲学基础读本》（*The Right Thing to Do*：*Basic Readings in Moral Philosophy*，2006，之前的版本由詹姆斯·雷切尔斯主编）。在多家期刊发表学术论文。

该书结合现实道德生活展开了对各种伦理学理论的阐释、分析和评论，每一种伦理学理论对现实生活中的事例都会作出自己的理论分析和道德判断。该书通过分析这些判断是否具有充足的理由，既概述了西方伦理学史上重要的伦理学理论形态的主要思想，也分析了支持或反对这些伦理思想的主要论证，同时作出了作者自己的评判，并在全书的最后勾勒了令人满意的道德图景。

该书的重要特色之一是深入浅出。该书阐述的所有内容都是在具体的情境中、在引发我们思考的过程中娓娓道来，这使我们对深奥的理论有了更多的亲近感，理论对我们的生活也具有了更大的指导性。该书的另一重要特色是聚焦于理由。伦理学理论有着极为丰富的内涵，不同哲学家对伦理学的探讨是从不同侧面展开的。该书对于伦理学的阐述和介绍立足于给我们的行为选择提供指导，因此该书自始至终都在探讨行为的道德理由。

该书共分为十三章。第一章“什么是道德”，作者阐述了道德哲学的定义，即道德哲学是对道德的本质、道德要求我们做什么的研究；并且作者运用三个案例对此进行例证；作者还分析了理性和偏见、道德的底线概念。在该书的第二至十二章中，作者分别探讨了文化相对主义、伦理主观主义、神命论、伦理利己主义、功利主义、康德理论、社会契约论、女性主义、关怀伦理学、德性伦理学等各种伦理学理论所提出的理由。对于这些理论，作者会首先通过生活中的案例引出其基本的理论观点，然后探讨赞同或反对这一理论的论证。对所有这些论证的评判，作者的标准只有一个，那就是看它是否具有充分的理由。正如作者所说的，“如果我们想理解伦理学的性质，我们一定要聚焦于理由。”伦理学的真理是理由所支持的结论，它独立于我们的所思所想，是客观的。作者对其他道德理论的评判，是通过理性的推理而不是个人的好恶来评判理论的正确与否。该书的最后一章，作者勾画了他认为最有道理的“令人满意的道德理论”。令人满意的道德理论应当符合理性的要求、社会生活的要求，应当“同样地推进每个人的利益”。作者还认为根据多重策略的功利主义，我们应该根据我们的最佳计划生活，从而使所有有感觉的生物的利益最大化。

该书是《道德的理由》的第七版，第七版作者没有作重大修订，但很多部分都有所修缮。在第一章中，作者增加了在过去50年中死亡概念变化的具体细节。在第二章“文化相对主义的挑战”中，作者扩展了关于一夫一妻制的讨论。在第三章“伦理学中的主观主义”中，作者修改了杰里·福尔韦尔引用的米歇尔·巴克曼的引文的位置，修正了源于查尔斯·L. 斯蒂文森的关于信念与态度的一些术语，而且作者还扩展了关于同性恋的讨论。在第四章“道德是否依赖于宗教”中，作者修正了关于天主教对堕胎思想的历史描述。在第五章“伦理利己主义”中，同等对待原则已经改变了表述的形式：“我们应当以同样的方式对待别人，除非有充分的理由不这样做。”第六章章节名由“社会契约思想”改为“社会契约理论”。在第八章“关于功利主义的争论”中，作者重新表述了古典功利主义，解释了什么是“同等考虑”。并提到了功利主义在践踏个人权利的同时，会支持“多数人的暴政”。最后，对功利主义的第一辩护被重新命名为“质疑结果”。在第十章“康德与对人的尊重”的结尾，作者解释了复仇主义者和功利主义者之间的争论可能在于对自由意志的争论的原因。第十二章改为“德性伦理学”，作者重写了关于诚实这一节。

论个体主义：人类学视野中的现代意识形态

[法] 路易·迪蒙著，桂裕芳译，译林出版社2014年版。

路易·迪蒙（1911—1998），是战后法国人类学界的代表人物，马塞尔·莫斯最有成就的弟子之一。他在人类学的理论和方法上都作出了非常重要的贡献：在理论上，他修正并深化了列维—斯特劳斯的结构主义，使结构主义从语言学的仆人回归到民族志的事实，从而复兴了社会学年鉴派的基本主张。在方法上，他结合了田野民族志和意识形态研究，落实了莫斯提出的“总体社会事实”原则。

现代意识形态以全体社会从属于代表道义、独立和主权的个人为表征。这种意识形态将西方社会与其他社会区分开来，后者坚持以全体社会为价值主体，并倡导个人从属于社会。西方人为何如此不同于其他国家的公民？在该书中，作者从基督教最初发源的年代开始，探讨了西方个体主义的成因，内容涉及起源、宗教及政治等。

该书分为两部分：“现代的意识形态”和“比较原则：人类学的普遍性”。第一部分“现代的意识形态”由四章组成。这四章是作者不同时期写的文章，它们互不连贯，每篇文章最初是自成一体，因此有不少重复，特别是在基本定义方面。作者对标题进行了修改和补充，以突出它们在整体中的位置。该部分的前两篇文章均是在历史中追溯现代意识形态的起源和发展。第一章“起源（一）从出世的个体到入世的个体”，研究了最初几个世纪的教会，并推论到宗教改革，指出基督徒个体如何从与世界无关的最初状态逐渐深陷于世界之中。第二章“起源（二）13 世纪以来的政治范畴与国家”，指出自 13 世纪起，个体主义通过政治这一类别的解放和国家体制的诞生而取得进展。第三章“一个民族变体：赫尔德和费希特眼中的人民和民族”，对德国唯心主义的社会哲学而言，该章提出了十分重要的问题，此外，它涉及现代的民族概念在形成中的重要阶段。第四章“极权制的疾病：阿道夫·希特勒的个体主义与种族主义”，作者发表了对希特勒主义的总体看法。第二部分共分为三章，包括：“马塞尔·莫斯：生成中的科学”“人类学共同体与意识形态”“现代人与其他人眼中的价值”，其中第二章主要介绍了“人类学与意识形态的关系”和“平均主义不适用”。

第六篇
学术活动

《伦理学概论》学术思想座谈会

参加人员：来自中国社会科学院和全国部分高校的30余位专家学者

主办单位：北京师范大学哲学与社会学学院

时间：2014年1月11日

地点：北京师范大学

主要议题：向善的生活：伦理学体系阐释的新尝试

第一阶段的议题是"《伦理学概论》(2009)作为阐释伦理学体系的尝试"，由北京师范大学哲学与社会学学院院长江怡主持，中国伦理学会会长、清华大学人文学院院长万俊人作主旨发言。万俊人在追溯了伦理学发展的主要进路之后，指出在价值取向日趋多样化的现代社会，如何构建一个具有普遍解释力的伦理学体系，已经成为当代伦理学正在面临而且必须应对的挑战。在这个背景下，《伦理学概论》一书从德性伦理学的角度对这个问题进行了一次非常宝贵而前沿的探索。但是德性伦理学自身在现代社会也有一些需要解决的问题，比如德性与个人的人格、品德或角色、身份的关系问题，德性与伦理共同体的关系问题，等等。只有在现代语境下对这些问题进行重新审视，才能确定何种伦理学更容易切入现代生活，更能为现代社会提供一种合情合理的解释。

在随后的自由讨论中，廖申白首先指出了《伦理学概论》一书的两个主要缺陷：第一，没有足够明确地阐明"实践是一个普遍可能的原理"；第二，缺乏一种关于实践的心灵的概念。中国人民大学龚群则从总体上着眼，认为该书从德性伦理学的角度将现代重大的伦理问题涵盖其中，是对当代生活的一种很有解释力的理论概括，但"实践"概念及意志问题方面还需补充和完善。湖北大学江畅指出，该书代表了德性伦理学在现代世界的一个可能走向，是对亚里士多德伦理学体系的创造性重构，不足之处在于对规范伦理学与德性伦理学之争反映不足，对理智德性存在的理由缺乏充分说明，且第三编的逻辑关系比较难于把握。中国人民大学肖群忠认为，该书反映了改革开放以来中国伦理学的进步和发展，是众多成体系的伦理学著作之一，同时希望能够在此基础上更多地立足于中国传统及中国文化的核心概念。北京师范大学李春秋认为，该书从立意到体系都很新颖，只是少数提法及概念之间的相互关系还需斟酌。中国青年政治学院陈升对该书会通中西的努力表示肯定，同时指出该书关于中国哲学的部分论述还需完善，个别的注释和论述也需商榷。北京师范大学李景林对该书的学术个性以及其中的生活者观点和以中融西的宗旨表示赞赏，但也就其中的个别论断和篇目划分提出了自己的建议。北京师范大学刘孝廷认为该书的厚重在于以论包史，但在概与论、立场与宗旨之间存在着思想的张力。中国社会科学院哲学所甘绍平则提出“伦理学概论”有不同的写法，该书的突出优点就是显现出伦理的古今之别。

第二阶段的议题是“当今时代的伦理学体系”，由北京师范大学哲学与社会学学院学术委员会主任张曙光主持，中国社会科学院哲学所陈瑛作主旨发言。陈瑛首先肯定了《伦理学概论》一书内容厚重，立论谨严，视野高远，全书立足于亚里士多德而不局限于亚里士多德，将康德、罗尔斯、哈贝马斯等重要思想家与中国传统的伦理思想融会、归纳在一起，从德性伦理学入手而自成一个体系。同时，他也指出该书只是伦理学研究的多种角度之一，当今时代伦理学的发展应当保持开放性和多样性，进一步增强对现实生活的解释力，满足时代和社会发展的客观需要。

在随后的自由讨论中，廖申白认为伦理学曾是哲学所望“收获”的果实，当今时代依然需要并且更加需要伦理学，而这种伦理学应该是关心我们的心灵、具有匡正人心的力量的伦理学。中国人民大学葛晨虹提出伦理学主要面对应然层面的问题，即好生活是什么、如何获得好生活、个体应当成为怎样的人等；伦理学不应当“去政治化”，因为好人离不开好的社会。复旦大学高国希则将伦理学的时代性与《伦理学概论》一书结合起来，认为该书的理论体系包容了德性论和义务论，其内容的编排方式也体现出浓厚的康德色彩，但是在基于思想史的同时也希望更多地观照当下。南京师范大学高兆明指出，在最近十余年，中国的伦理学呈现出多元化发展的面貌，该书正是其中之一元，但是当代伦理学都必须面对以下两个问题：第一，现代语境下的道德奠基于何处？第二，中国文化传统的根基性如何在道德哲学的探索中得到体现？

第三阶段的议题是“德性伦理学讨论正在呈现的意义与问题”，由北京师范大学伦理学与道德教育研究所所长晏辉主持，湖北大学哲学学院伦理学研究所所长江畅作主旨发言。江畅系统而深入地论述了德性问题研究的六个难题及其思考。第一，德性论与德性伦理学的关系问题。第二，德性评价在人格中的地位问题，即如何理解人格；品质是人格的一种要素，还是一种状态？第三，品质的道德性与非道德性问题。第四，德性的主体问题，即德性所说的主体是什么；人的不同方面都存在品质问题，但是否都存在德性问题？第五，德性内容的根源在内还是在外的问题。第六，社会的德性问题。

在随后的自由讨论中，中国社会科学院哲学所赵汀阳认为，当“个人”成为价值判断的终端和经济结算的基本单位之后，重要的社会问题都已经从伦理问题转变为政治—法律问题。但是伦理学并未因此而丧失意义，因为它依旧作为文化的记忆和反思的工具而存在。清华大学肖巍则指出，就建立伦理学体系而言，首先要考虑方法论的问题，因为伦理学不但要抓住人的真实，还要真实地发问。首都师范大学王淑芹提出，现代性的社会分层导致了价值和利益的多元分化，但是德性伦理并不因此就失去意义，因为人性的要求肯定了德性伦理的必要性，只是不再期求从普遍可能转化为普遍实现。北京师范大学张曙光提出伦理学应该走出狭小的领域，从而获得更开阔的视野。北京师范大学朱红文则建议伦理学的研究不应忽略两个方面，即非理性主义的传统及其当代发展和现代社会的职业分化与角色的多重性。北京师范大学贾新奇提出亚里士多德伦理学与儒学都是传统价值观，伦理学研究应当重新审视传统价值观与现代价值观的二分是否真正成立，进而重新界定伦理学对现代社会生活的因应方式。北京师范大学晏辉指出，包括德性伦理学在内的伦理学研究应当重视六个问题：道德事实与道德判断的关系问题、事实逻辑与价值逻辑的关系问题、普遍与特殊的关系问题、社会结构及其道德基础的变迁问题、伦理问题研究与伦理知识教授的关系问题、伦理学与其他学科的关系问题。

《光明日报》报业集团、《哲学动态》杂志社、《道德与文明》杂志社、《中国人民大学学报》杂志社、高等教育出版社、北京师范大学出版集团等相关单位代表也出席了座谈会。

“信任与医患关系”国际学术研讨会

参加人员：来自美国、新西兰等国以及复旦大学、中山大学、中南大学、湖南师范大学、湖南中医药大学等高校的40多名学者

主办单位：中国特色社会主义道德文化协同创新中心、教育部人文社会科学重点研究基地湖南师范大学道德文化研究中心、湖南师范大学科技哲学与科技政策研究所、新西兰奥塔戈大学生命伦理学研究中心、哈佛中国基金“中国医患信任”项目

时间：2014年1月12日—1月13日

地点：湖南师范大学

主要议题：此次研讨会共设五个主题：（1）信任与医学伦理学；（2）中外医患关系的现状；（3）医闹的成因和防范；（4）信任与医患关系模式的变迁；（5）信任在解决医患纠纷中的作用。

美国哈佛大学医学院凯博文（Arthur Klein-man）教授在会议主旨发言中强调探讨医患关系的理论意义和现实价值。他认为，“关爱”是任何一个社会都必须重视的一种美德，它是人类处理人际关系和社会事务必不可少的；在处理医患关系问题上，“关爱”的重要性更是特别突出。一个医生能够给予病人的“关爱”有三种，即生理上的关爱、心理上的关爱和道德上的关爱。在这三种“关爱”中，道德上的关爱最重要，因为讲道德是人之为人的根本标志。医生真诚地“关爱”病人是人类社会处理好医患关系的关键所在。

新西兰奥塔戈大学聂精保教授重点探讨了当代生命伦理学应该如何从中国医学和伦理思想中汲取养分的问题。他认为中国传统医术和伦理学中包含大量可以为当代生命伦理学借鉴的思想资源。他集中分析了传统中医中的“医乃仁术”思想，并认为这种思想能够为当代生命伦理学的发展提供启示。他还强调，生命伦理学研究应该视野宽广，可以从多学科交叉融合的角度来进行，因为人类关于生命存在意义和价值的思考蕴含在哲学、伦理学、文学等诸多学科之中。他还强调了医患之间的“交流”对

于解决医患关系问题的重要性。

美国北卡罗来纳大学医学院周海青（Joseph Tucker）博士重点探讨了当今中国存在的“医闹”问题。在他看来，“医闹”现象引发了大量伦理思考，其中最重要的是反映了医患关系在当今中国的紧张状态。要解决“医闹”问题，一方面需要走法治的途径，即必须通过健全法制的方式来规范当今中国的医患关系；另一方面也需要依靠医生和病人的道德修养，即需要同时借助于医生和病人的道德品质来改善医患关系。

中南大学公共卫生学院肖水源教授从当今中国存在严重信任危机的角度来剖析当今中国的医患关系问题，分析我们为什么不相信中国医生的原因。他认为当今中国存在严重的信任危机，人与人之间缺乏信任已经成为一个普遍问题，医生和病人之间缺乏相互信任只不过是这种信任危机的一个表现形式而已。他把医患关系问题视为一个社会系统工程，认为该问题的解决不仅仅是医生的问题，也不仅仅是病人的问题，而是整个社会必须齐心协力才能解决好的问题。

湖南师范大学道德文化研究中心李伦教授认为，医患关系的状况与医方文化能力密切相关，医患关系不仅折射医生和病人之间的技术性关系，而且反映相互之间的文化关系。这种文化关系的确立使医患关系只有在文化之中才能得到合理的解读。他认为忽视文化能力是造成医患关系紧张的重要原因，提出应当提高医方文化能力，增强对文化差异的敏感性以及应对这种文化差异的能力，倡导创建病人友好型医院。

湖南中医药大学毛新志教授认为，利益冲突是影响医患关系的重要因素。没能将患者的最佳利益摆在首位、医疗活动过度市场化、医生职业道德和职业精神下滑、患者对医生的信任度不高是导致医患关系中的利益冲突的主要原因。为了协调医患关系中的利益关系，建立和谐的医患关系，医方必须把患者的最佳利益放在第一位，遵守医学职业精神、医学人文精神和医学伦理学的基本原则，建立政府、企业、医院、医生、患者及其家属等利益相关者的利益协调机制，对利益相关者进行培训和教育，提升各自的文化素养和道德水准，充分发挥伦理审查在协调医患关系中的利益冲突的作用。

复旦大学朱伟副教授认为，医患信任问题是整个社会信任危机的缩影和体现，因而有必要对医患信任危机的发生、发展，以及影响医患信任的因子进行历史学、社会学和人类学的分析，同时，还有必要从伦理学角度研究医患关系中的自主与信任、权威与脆弱等要素，从而在此基础上，构架分析医患信任关系的伦理框架，并提供相应的政策建议。

中山大学程瑜副教授通过对华南多家医院的实证研究，揭示了医患纠纷表现，探寻医患失信的原因，并在个人、制度和体系与社会文化等层面探讨了建立和谐医患关系的对策。

湖南财政经济学院周奕博士以传统思想文化与中医学发展为背景，围绕各个历史时期重要的医德观念、医家和医著，梳理了中国传统医学中的父爱主义思想的轨迹，揭示中国传统医疗父爱主义的道德原则和基本要求，结合当代医学伦理学的发展，分析了中国传统医疗父爱主义思想在建立和谐医患关系中的价值和局限性。

中南大学刘星博士通过实证研究揭示了当前医疗冲突和医疗纠纷的现状，探讨了造成医患双方不和谐现状的原因，对当前医患关系应对措施的状况进行了分析，并对如何构建和谐医患关系提出了对策建议。

湖南师范大学道德文化研究中心王泽应教授在发言中指出，生命伦理学研究应该贯通古今中外的医学思想、理论以及伦理思想和理论。他强调，医生应该在医患关系中扮演更先导性的角色；在医疗过程中，病人对“疾病”的了解毕竟是有限的，而医生是医疗领域的“专家”，敦促其发挥主导性作用十分必要。在这样的关系格局中，医生张扬治病救人的美德是人类社会处理医患关系的第一要务；医生与教师的职业一样，应该体现“乐于奉献”的伦理精神；生命伦理学应该首先致力于推动医生讲医德，应该首先要求医生成为有道德素养的人。

中山大学周大鸣教授、余成普副教授，湖南中医药大学陈新宇教授，美国华盛顿大学 Richard Hu 博士从人类学、社会学、医学和医院管理等视角探讨了我国医患关系紧张的成因，医患信任缺乏的危害，以及如何重建医患互信等问题。

湖南师范大学道德文化研究中心的张怀承、彭定光、向玉乔等教授在发言中认为，生命伦理学研究不应该仅仅停留在经验观察和归纳的层面上，其关键是要确立一些基本理念。只有首先确立仁爱、公正等基本理念，生命伦理学研究才具有理论深度，也才能提高人们对生命意义及价值的认识和理解。生命伦理学研究应该具有哲学意蕴，特别是应该更多地体现道德形而上学的意蕴。

在学术研讨会期间，哈佛中国基金“中国医患信任”项目课题组就他们的课题研究进展提供了详细报告，与会学者围绕报告提出许多问题，并就课题的进一步研究提出了很多有益的建议。

"民族伦理与少数民族道德生活史"学术研讨会

参加人员： 来自宁夏大学、曲阜师范大学、广西教育学院、百色学院、贵州师范大学凯里学院、云南大学、云南师范大学、昆明理工大学、云南民族大学、云南农业大学、云南财经大学、云南中医学院、昆明学院、大理学院、《道德与文明》杂志社、四川省社科联、云南省社科院等20多个单位的50余位专家、学者及30多位博士、硕士研究生

主办单位： 云南民族大学妇女/性别研究与培训基地、云南省民族伦理学会、广西壮族自治区伦理学会共同主办

时间： 2014年4月11日—4月13日

地点： 云南民族大学

主要议题： 民族伦理与少数民族道德生活史、少数民族伦理道德生活和伦理道德变迁以及民族伦理与少数民族妇女发展等

一、民族伦理道德建设与多民族社会道德生活史研究

李伟教授对民族伦理道德建设问题进行了分析。他指出，近年来我国在民族伦理学研究方面有了很大的转变，对道德的研究逐渐向生活和精神方面转移，这使民族伦理学的研究达到了一个新的高度。但是民族伦理道德的发展与建设仍然缺乏机理，民族伦理学研究还没有形成跨学科、跨区域、跨单位的学科团队，而这样一个学术团队的形成将会对伦理学、民族学以及社会学的发展起到积极的促进作用。李伟教授还提出，关于多民族道德生活史课题的总问题是中国多民族道德生活的形成、形态、变迁及价值问题，其研究对象是包括汉民族在内的我国多民族道德生活史。在研究问题时应注意以下几点：一是我国多民族的道德生活史并不是单一的，各民族的伦理价值体系不是某一民族能代表的；二是民族道德生活史不同于一般意义上的社会史、思想史和政治史，它包括各民族社会精英、普通民

众和社会制度在内的生动的、具体的道德生活史；三是民族道德生活史的阶段划分不能以朝代更替为标准，而应以社会转型变化、社会重大事件及变革为标志；四是要注重民族问题与道德生活的交流，包括汉族与各少数民族以及各少数民族之间的交流、碰撞与对话，以及每一民族与中华民族整体之间多样性与同一性的关系，总结中华民族由自发到自觉的历史脉络和发展趋势。

在民族伦理学研究的方法上，高力教授首先提出了民族伦理学学科属性的问题，他认为民族伦理学应该是伦理学的民族伦理学，这样的民族伦理研究具有理论特色、话语特色以及研究方法的特色，但在研究方法上并不排斥民族学、社会学、心理学的研究方法。在民族伦理学研究的内容上，他认为道德的民族性与民族的道德性的关系问题是基础性问题，道德的民族性界定了道德主体的民族归属以及道德主体的实践活动、民族特色，由此又引发了民族道德的多样性和共同性的关系问题。此外，民族伦理学研究的内容还包括道德的民族性和非民族性的问题、民族和国家的问题、民族道德与宗教道德的问题。

杜振吉教授针对近年来涉及伦理道德的社会热点事件提出了道德教育的问题，透彻地分析了个人利益与集体利益的关系，重新诠释了"人民"的含义。对社会上违背伦理道德的现象，他呼吁要构建合理的、可行的伦理道德规范体系，要求人们遵守人道原则、公正原则、生命原则。

苏丽杰教授以云南的孝文化传承为例，生动地阐释了"孝"字与"人"字的关系，认为孝是为人之本、家庭和睦之本、国家安康之本以及人类延续之本，要把握好时代的特色，将传统道德与社会主义和谐社会建设有机地统一起来。

二、少数民族伦理道德生活和伦理道德变迁

司霖霞教授认为侗族的伦理道德思想主要体现在侗歌当中，侗歌、民间故事和侗族合款是其伦理道德的载体。在漫长的社会发展过程中，侗族形成了独特的社会伦理与家庭伦理。

钟红艳教授介绍了壮族民间戏剧"壮剧"的形成和种类，通过各式各样的剧情反映出"真、善、美"的伦理道德思想，这种直观的伦理思想表现方式便于民众的理解和认同，有利于和谐社会的构建。

陈业强副教授阐述了瑶族"度戒"仪式，认为"度戒"是传承其传

统伦理道德的载体，度戒中传承的伦理道德对瑶族的生存和发展产生了深刻的影响，对建构瑶族现代伦理道德有着重要的启迪作用。

覃守达副教授以广西壮族民间传统宗教信仰的调查为例，认为民族道德生活史的研究必须将早期的民族生活史与田野调查的民族生活史相结合，才能切实研究好多民族的道德生活。

孙浩然副教授从宗教的角度阐释了慈善道德的内涵，指出宗教道德具有世俗性和神圣性，剖析了宗教伦理与世俗伦理、佛教慈善与儒教、道教、基督教、伊斯兰教慈善之间的异同，对慈善伦理的构建起到了不可忽视的作用。

三、民族伦理与少数民族妇女发展

与会代表认为，在少数民族社区，妇女在家庭、社会以及宗教事务中都拥有一定的地位和权利，在有些民族中妇女的地位比男性还高，特别是在家庭和谐、民族团结、边疆稳定的建设中，少数民族妇女发挥了积极的作用。也有学者认为，面对一个开放的现代社会，少数民族女性角色的构建不能只局限于家庭关系上，而且要注重女性整体素质的提高，以积极适应开放、竞争的社会。少数民族妇女既要重视政治参与，又要提升宗教信仰、文化教育、就业、卫生保健等各个方面的能力。

云南民族大学李勤副教授认为，保护生态与保护民族文化和保护妇女的利益是三位一体、相互联系的。生态文明制度建设与创新包括完善科学决策制度、强化法治管理制度和形成文化道德制度三个方面。而云南边疆地区是民族文化多样性和生物多样性凸显的地区，也是我国环境保护的重点区域，在这个区域建设生态文明本身就是社会经济跨越式发展的体现。在生态文明制度中文化道德制度的建立尤为重要，边疆民族文化传统中有许多有利于生态文化道德制度建立的文化制度体系，这些体系在过去社会经济发展过程中被破坏或忽略，而女性是生态环境的重要守护者和保护者。

云南民族大学杨庆毓副教授作了题为“大理白族传统婚俗中的伦理道德研究”的学术报告。她指出，白族传统社会性别观念深植于传统婚姻习俗这种潜规则、潜意识中，深刻影响着当代人的生活习惯与行为规范，由此决定了白族女性发展的复杂性、艰巨性。云南农业大学张慧博士以昆明三个社区为例，对城市化进程中失地女性的城市融入进行了研究。

她指出女性失地农民的城市融入在经济、文化、心理方面问题凸显，必须从建立和健全社会保障制度，加强素质教育和职业教育，进行城市文明化的宣传等方面着手，帮助失地女性克服困难，逐步适应城市生活的转变。

云南民族大学陈柳博士认为，在摩梭传统社会中，女性在其独特的“家屋社会”、婚姻形式和宗教信仰等方面的主导性作用，使摩梭女性获得了较高的地位，但是女性也面临着个体与家庭之间的矛盾冲突。20 世纪 80 年代以来，国家力量、市场经济、外来文化等因素对摩梭社会的文化造成了强烈的冲击，对摩梭女性地位产生了稳固和贬抑的双重作用。摩梭女性的现代发展仍面临着诸多问题，需要注意发展的全面性。

本次研讨会为伦理学工作者和女性学研究者提供了一个交流平台，为民族伦理学与民族女性学理论与实践的结合创造了契机，对实现男女平等、促进民族团结、维护边疆社会和谐稳定具有重要的意义。

第 22 次韩中伦理学国际学术大会

参加人员：中国伦理学会和韩国伦理学会的近百名学者

主办单位：中国伦理学会和韩国伦理学会

时间：2014 年 4 月 21 日—4 月 22 日

地点：韩国城南市韩国学中央研究院

主要议题：东洋思想与伦理教育

一、东西方伦理思想

与会学者主要探讨了“仁”“耻感”“敬畏感”“德性”等传统伦理思想的现代道德价值，其中，儒家伦理中的“仁”受到中韩学者的共同关注。河海大学陈继红教授分析了“仁”思想对道德冷漠的补救价值，认为儒家“仁”思想中蕴含的“仁者爱人”说明了人是一种道德性存在，道德主体有交互责任关系，它可以为人们的“亲类”行为提供理论依据，有利于解决道德冷漠中的“旁观者现象”。而儒家“仁”思想蕴含的“为仁由己”的灵魂是“以德性引导规则”的律令，这一道德律令克服了西方伦理思想中“美德”和“规范”的对立，使两者成为一种“指引”和“被指引”的关系，从而解决了“以规则取代良知”的道德冷漠窘境。在现实生活中，道德冷漠现象的最终克服需要道德行为主体具有“三达德”，即“仁”之“爱人”、“智”之“理性”、“勇”之“行动”，并实现三者的内在统一。

中国伦理学会秘书长、中国社会科学院孙春晨教授在大会基调演讲中，探讨了中国传统丧祭礼仪的伦理功能。丧祭礼仪的本质是一种过渡仪式，即从“阳世”向“阴世”的转换，这种转换体现着中国传统的生命观。家庭成员为死者举行丧祭礼仪，既符合礼的“终始俱善”要求，也是后人孝敬和尊重祖先的表现。在丧祭礼仪中，家庭以及家族成员以不同的身份扮演着不同的角色，承担着不同的责任和义务，由此促进了仪式参与者对家庭及家族共同体伦理关系以及道德权利和道德义务的理解与认同。丧祭礼仪具有道德濡化功能，在丧祭礼仪中，孝和责任意识在家庭和共同体中得到传承。

中山大学龙柏林副教授从新个人主义的角度探讨了无神时代个人伦理观所经历的由被动到主动、由独白到对话、由肯定到否定、由道德崇高到道德平凡的转变。东南大学许敏副教授认为，现代道德主体在由“实体性”存在向“原子式”存在转化过程中，经历了以家庭、学校、社会为内容的“伦理场”的空前解构，指出道德主体实体性的重建必须实现“伦理场”的重构。

二、东西方道德教育

关于东西方道德教育，与会学者讨论的焦点集中在以下三个问题上。

关于道德选择。浙江大学张彦副教授指出，在多元文化、差异共生的现代社会，多元共生式选择取代了过去的单项式判断，选择方式的变化意味着对各个价值选择项进行“顺序性”“优先性”排列的重要性。价值排序不仅关涉到多元选择中的各种价值原则之间的序列问题，也关涉相异的价值理念如何协调共生并保持必要的张力问题，更关涉到建构价值秩序进程中的道德行动和道德教育。作为一种新的教育模式，“价值排序”的创新之处在于它强调了道德价值的多元性、道德教育过程的复杂性、道德主体的责任性和道德方法的现实性。

关于人格教育。韩国首尔大学孙京元教授用实证方法探讨了重视分数和重视人格的家长对于青少年人格的形成具有不同的作用，强调家长仅重视分数对青少年健康人格的形成有不利影响。同济大学陈海清博士后阐释了德性养成与人格教育的关系，认为德性是人格教育的本质内涵，它存在于每一行为主体之中，通过对主体行为的自我约束发生作用。人格教育是德性养成的有效途径，通过人格教育，能够提高道德认知，培养道德情感，规范道德行为，而这恰恰是德性的应有之义。还有韩国学者用实证的方法分析了青少年使用网络语言对人格形成的影响。他们通过调查发现，经济原因、情感需要、娱乐精神、归属感、释放自我等因素是青少年使用网络语言的原因，其中归属感较之其他因素更为突出。因而，他们认为，要改变网络语言中的负面影响，就应该注意利用归属感引导青少年。

关于建筑的道德教育功能。北京建筑大学高春花教授认为，建筑是一种凝固的哲学，它承载和反映了人们的价值观念、生活方式、民族信仰、审美情趣。在伦理视域内，建筑的美来源于内容的善，建筑是美和善的统一，建筑审美能够促进人的全面发展。建筑的审美功能通过影响人们的心理基础和进入人们的日常生活而得以实现。

三、东西方社会中的道德现实

韩国伦理学会会长、首尔大学朴赞玖教授作了题为“韩国社会危机有没有”的基调演讲。朴教授通过问卷调查的数据客观地描述了韩国现代经济低速增长与幸福指数低、自杀率高的社会现状，分析了韩国不同群体不幸福的原因，提出提高国民幸福感的对策，即缩小贫富差距，增加福利，建设小规模的共同体推动社会共同体的发展，从追求物质的奴隶转变为追求幸福的自由者和支持者。

韩国教员大学金国铉教授探讨了韩国社会中的清廉伦理。他指出，清廉可以分为个人的清廉和管理者对组织的清廉，其中，个人清廉是更为基础的内容。请托、威胁是影响韩国清廉的最重要因素，个人、机构、关系、环境也是影响清廉的原因。建设清廉社会的根本途径是通过清廉教育培育个人的清廉品质。

与会学者对于中国的“德治”也进行了较为集中的探讨。上海财经大学徐大建教授引入西蒙的有限理性决策模型来为“道德治理”提供学理性说明和方法论支持。西蒙有限理性模型理论认为，现实的理性决策只能是相对理性的，因为单个人只能在“给定条件”下完成决策，个人理性的有限性使组织能够利用环境、心理等手段影响个人理性决策。组织的介入恰恰是德治可行性和必然性的依据，因为组织发挥影响的实质是价值观和道德规范的引导。上海师范大学王正平教授以新加坡为例，说明了新加坡通过住房政策、中央公积金制度和赡养父母法令等公共政策传递公共价值，推动公民践行社会道德，并形成良好的社会道德风尚和道德治理环境，从操作层面上为中国“德治”的实现提供了借鉴意义。中国人民大学李茂森教授认为，目前“以德治国”中存在的主要问题是过分强调道德与政治的关系，造成了民众对政治化道德的不认可，解决这一问题的途径是必须找到道德在生活中的基础，西方的社区、小型团体理论可以成为我们借鉴的方法论。

“伦理学研究前沿”第五届论坛

参加人员：来自复旦大学、同济大学、华东师范大学和上海社会科学院的师生 20 多人

主办单位：上海市伦理学会与上海社会科学院经济伦理研究中心

时间：2014 年 4 月 25 日

地点：上海社会科学院哲学所

主要议题：公民道德建设及其新途径新举措新载体研究

陆晓禾研究员认为，党的十八大三中全会提出“必须在新的历史起点上全面深化改革”，“要注重改革的系统性、整体性、协同性”，提出要“加强顶层设计和摸石头过河相结合”。这为我们落实十八大提出的“全面提高公民道德素质”，“推进公民道德建设工程”提供了新的研究思路和实践方向。她首先分析了公民道德建设目前存在的问题和面临的挑战，然后探讨了如何从全面深化改革来理解和推进公民道德建设，最后就公民道德建设需要的新路径、新举措、新载体发表了看法。她的基本观点是，十八届三中全会对于公民道德建设的里程碑意义在于，把我们今天的现实作为新的历史起点，用全面深化改革来从深层次和整体性上解决和回答公民道德建设面临的深刻矛盾和巨大挑战。

陆晓禾研究员的报告引起了大家的热烈讨论。与会者对她如下新观点

表示了欣赏和兴趣。一是，关于如何看待现阶段公民道德建设的争论，提出我们在对现阶段道德状况进行评价时，可以历史唯物主义为基本方法，结合生态的、社会调查的和隐性制度的评价方法，尽可能比较贴切地认识、把握和评价；二是，坚持唯物的观点，就要具体分析经济关系及经济基础的性质和具体结合情形，就要依据和尊重普通老百姓的社会道德实践经验和体验；三是，坚持辩证的观点，就要承认经济与道德的发展并不总是同步或者同向的，社会进步也不总是直线上升的，就要正视道德现状和问题，甚至道德滑坡现象，探讨具体事件发生的原因，正确认识经济关系对道德的影响，从而既对道德进步具有信心，又能自觉地发挥道德等上层建筑对经济关系的正向反作用和能动作用。

与会者提出的问题主要集中在以下四个方面：其一，“功利”的概念本身被做了多元化的理解，由此“功利主义”的含义也将是多元化的。提问者想要询问徐大建教授的理论中是否也有着不同的“功利主义”。其二，从理论上看，功利主义是自恰的，但是一旦运用到现实案例的分析中，功利主义的适用性往往弱于义务论，表现在功利主义解释的多元性，而义务论的解释则具有稳定性和一贯性。其三，由之引申开来，如何在理论与现实之间搭起桥梁，例如不同理论在逻辑上都能自圆其说，但如何将之与社会决策相关联，以及如何通过智慧，在不同的价值之间进行排序，等等。其四，功利主义和义务论的提出都具有各自的时代性，我们是否应该整合不同时代的理论，使之更加适应我们时代的需求。

针对这些问题，徐教授强调，理解和运用功利主义的关键在于如何衡量“最大多数人的最大幸福”，不同学科，例如经济学、哲学均有自己不同的衡量标准，多元性将会是一直存在的，这也是一个需要进一步思考的问题，但毫无疑问，GDP 的衡量标准显然不足。阿玛蒂亚·森关于扩大信息基础的主张或许有助于解决问题，这一点也得到了与会学者的肯定。关于功利主义相较于义务论在现实案例解释中的不确定性，徐教授认为确实存在这一现象，但不认为这是义务论优越于功利主义的方面，相反，其原因恰恰在于义务论的规范往往是传统的、保守的，因此在现实评判中容易具有一贯性，而功利主义原则的运用则是开放的、需要讨论的，所以才会出现缺乏一贯性的问题。为了克服这个缺陷，功利主义原则的运用重点在于制定规范，而不是指导具体的行为，用原则来直接评价行为当然会比较困难。

功利主义是一个关乎理论与现实的问题，它从不同侧面激起了所有参与者的兴趣。有人侧重理论建构，有人侧重现实关切。理论的交流与心灵的激荡，使“伦理学研究前沿”论坛在2014年的第一场讲座为学会在当年的活动开了一个好局。

“经济活动中的道德与创新”研讨会

参加人员：陆晓禾、赵修义、周祖城、周中之、陈泽环、余玉花、徐大建、郝云、高慧珠、段钢、何宝军、赵琦等

主办单位：上海市伦理学会与上海社会科学院经济伦理研究中心

时间：2014年5月9日

地点：上海市社联大楼

主要议题：西方经济伦理思想与经济人假设、中国经济伦理思想、近代民族工商业者的家国情怀、改革开放30年社会伦理思潮的变迁，“如何体现中国的主体性”“讲好中国经济伦理的故事”等

与会专家学者一致认为，要发展好中国经济伦理学一定要做到两点：发展有中国特色的经济伦理学；理论研究与实践调查相结合。就第一个点而言，首先一定要“讲好中国故事，传播好中国声音”。中华民族的经济活动历来都具有经世济民的伦理维度，今天在吸收西方伦理学的同时，有必要考察中华民族在古代、近代与新中国成立之后的经济伦理思想，尤其要了解具体的经济伦理实践，例如传统儒商的道德实践，近代张謇、卢作孚等爱国实业家的伦理精神，从而更切近地解读中华文明在一段时间里曾经成为世界上最大的经济体的原因，说明支撑整个经济体的经济伦理是什么。其次，要重点研究改革开放以来经济成功背后的伦理精神。自改革开放以来，中国的经济取得了令世界瞩目的巨大成就，需要从经济伦理角度总结中国经济成就背后的伦理精神，包括乡镇企业和后来的农民进城和大量的农民工，其中迸发的活力以及伦理精神。改革开放的成就不仅需要从高层的政策来说明，也需要从民间的经济伦理中借以说明。例如，陆晓禾研究员对河南信誉楼的调研表明中国服务行业的某些民营企业家在30年前就已经采用以服务而非业绩考核员工的方法，其业绩却长期位居

当地商圈之首，许多顾客驾车从附近的城市慕名而来。而非业绩考核的方式最近才为某些国际跨国公司所采用。最后，讨论未来中国经济伦理的走向，需要学者们回顾中华民族经济伦理的传统，了解其在改革开放30年以来的持续性和断裂性，并对改革开放以来伦理方面的正面和负面因素具有清醒的认识，结合理论知识研究中国经济怎样进一步迈向道德的康庄大道。

就第二个点而言，未来经济伦理学研究应该走理论与中国实际相结合的道路。首先，目前国内的经济伦理学研究主要还停留在理论研究的层面，对于现实的调研和关注还很不够。从中国人的文化传统和文化心理方面了解经济伦理的状况，不仅要重视思想层面，也要重视世俗生活的层面。其次，由于经济伦理学最先是西方国家创立的学科，中国在吸收其理论的过程中，必然经历照着讲、接着讲的不同过程，现在要通过中国人的经济实践，接着讲甚至对着讲自己的经济伦理。

2016年将在上海举办的第六届世界大会是世界第一个也是最有影响力的国际经济伦理研究组织（ISBEE）的世界大会，其支持者和参加者包括国际顶级企业组织、学者、学刊以及北美、欧洲、非洲、拉丁美洲等地区经济伦理组织，大会的宗旨是促进经济伦理学科及其实践在世界各地的发展，从伦理角度讨论在国内和国际范围内影响经济活动的企业、社会和环境问题。中国通过竞标获得了第六届世界大会的举办权，说明世界希望听到中国的声音，共商共讨世界经济伦理问题。与会者认为，这次世界大会应当体现中国的主体性。事实上，当代资本主义对自身的宏观制度具有诸多不满，其中观的组织形式也在寻求改变，此次大会应该充分讲好中国的故事，不仅可以借此机会推动中国经济伦理理论和实践的进一步发展，而且也能进一步加强中国与世界各国学者和企业的对话和交流。此外，专家们还就大会的具体细节展开讨论，对主讲人、会场、研讨会的主题、邀请的企业家与赞助者等问题献计献策。大家一致同意在未来两年中，要联合不同学科的力量，让更多学会与单位参与进来，集思广益，为举办好2016年的经济伦理世界大会做好充分准备，让此次大会成为推动中国乃至世界经济伦理学发展的契机。

“直面中国道德传统”学术研讨会

参加人员：来自全国各地高校的40多位专家学者

主办单位：中国社会科学院哲学所伦理学研究室和中国哲学研究室

时间：2014年5月10日

地点：北京

主要议题：在中国道德传统中，儒家伦理是最重要的组成部分，“仁爱”构成儒家伦理思想的核心。“仁”以孝父敬兄为先，然后扩大为“泛爱众”。但是，如何调节“爱有差等”与“外推”之间的张力？以现代性视角如何评估中国传统道德？如何对中国传统道德进行重新建构？

一、直面中国道德传统的现代性境遇

杨通进研究员首先指出中国人面临着价值观和伦理规范的危机，如何重建现代生活的基本规范就成了摆在中国人面前的一项艰巨的任务。现代社会的公民道德是以平等、自由、民主和人权等为特征的主流普世伦理，与中国传统以关系和角色为中心的伦理观念有着根本的区别。因此，在现代性的历史境遇中，我们能在多大程度上挖掘传统并为当下的现代性道德建设提供新的思路或一些有益补充，就成了我们不得不面对的挑战。

甘绍平研究员重点分析了以直接性和差异性为特征的中国道德传统的局限性，并指出其与以抽象性和平等性为特征的西方现代道德有巨大的差异。儒家建立在血亲基础上的道德呈现出重情感、轻理性、重熟人、轻陌生者的不足，道德思维还仅仅停留在直接性的阶段，缺乏抽象性与超越性，使平等的意识很难拥有生存的空间。当然，儒家的这种直接性的道德对于调节近亲关系永远是适用的。现代性伦理与之不同，由于现代性道德对象是范围更广的陌生人，因此，现代性的道德对象是抽象的、远距离的人，它的建构是完全不依赖血亲自然关系的重新建构，这是一种质的飞跃。这两种道德并无高下之分，只是适用范围不同，直接性、差异性的道德在近亲和熟人社会仍然起着调节人们行为的作用，而抽象性、平等性的道德则成为在广阔的国家性乃至全球性的社会里发挥普遍效力的行为规范。

二、现代性视域下对中国道德传统的辩护与质疑

张志强研究员认为，中国道德传统不是私性的“差序格局”伦理，而是以血缘为基础的公共伦理。第一，儒家内部有自身的公共性伦理体系，它是以血缘亲族关系为基点而形成的，并成为传统政治的基础。第二，孝亲是道德情感的起点。处于社会关系中的人都可以把陌生化为熟悉，就有了公共性道德的实现条件。第三，情与理和礼是直接相关的，理和礼既是对人的约束又是对人的范导，在理与礼的疏导和提升下，才能把普遍的“仁”推广开来。第四，儒家也强调从“天”出发建构公共性道德，超越血亲宗法制而变成公共道德。

陈明助理研究员指出，儒家传统强调自我与他人的共在性。儒家所强调的人性之“仁”即是基于人与人之间发自内心自然的温情与敬意的人类之间的相处之道，落实在不同人际关系中，呈现为具体的仪文形式，即“礼”。“仁”在每一个时代因应具体的历史条件而有不同的表现形式，“礼”作为“仁”的具体形式，则因时而变、与时俱进。

陈静研究员认为，中国传统伦理对人的理解主要是以角色关系为基准，“五伦”就是中国人最基本的关系。对于现代中国来说，建构新的公共性确实是必要的，但是公共生活并不是人的全部生活。所以传统伦理的具体规范在私人领域仍然是有意义的，而传统伦理中的一些基本精神，在建构新的公共性中也有其积极的意义。

杨通进研究员从中西伦理比较的角度提出质疑。他指出，我们的传统伦理中包含着某些普遍价值的因子，但现代社会的普遍价值并非是古已有之的东西。从对人理解的角度看，中国传统伦理对人的理解定位于角色，缺乏普遍抽象的人的概念。因此，传统伦理的角色中心因缺乏普遍抽象的人的观念与现代人权伦理不相协调。

徐艳东博士后认为，以文艺复兴为界限，德性论传统就应该被抛弃了。人类文明的历史发展如人的成长，以理性成熟为独立的标志。不应该再过分强调传统德性的重要性，而应该强调自由和权利的重要性。

三、中国道德传统的合理性、局限性及转型视角

李存山研究员以儒家伦理的道德起源和道德评价为核心，从辩护和反思两个角度提出了他的见解。他认为，儒家传统的道德体系简单地概括就

是“伦常名教”。从道德起源的角度看，中国传统在道德情感与道德理性上是统一的。孝悌为仁之本，道德就是从家庭成员的亲亲之情扩展出“泛爱众”。到了宋代理学家的思想中，他们提出了“天理”作为道德的本源。这样，“孝悌”就不是“仁之本”，而是“行仁之本”。此外，如何使情感与理性、道德与法治有相对的区分，这也是我们现在应该反思和加以创造性转化和创新性发展的。

孙春晨研究员在辨析中国传统道德与中国道德传统之区别的基础上，阐述了尊重道德传统的必要性。美国社会学家希尔斯（Edward Shils）在《论传统》一书中将传统定义为从过去延续到现在的被人类赋予价值和意义的事物，是围绕人类的不同活动领域而形成的代代相传的行为方式。一个人生来就处于道德传统之中，只有从道德传统中习得日常生活所必备的基本道德知识，才能获得发展自身善的可能性。在现代社会，一个民族的文化也总是在“涵化”的过程中发展，中国道德传统也不可避免地要与“他文化”发生交流和碰撞，从而在经济全球化时代愈加展示了自身的特色和魅力，其实现方式必然带有各自民族文化的特色。

马晓英副研究员对“五伦”中的朋友平等关系在现代语境中进行普遍性扩展的可能性进行了分析。她指出，五伦关系中的朋友关系最适应现代社会的道德要求。朋友关系的最大特点就是平等性，这种关系具有极大的包容性和延展性。此外，朋友关系从传统定义看，其基本道德要求是“有信”，它包含了人与人之间建立普遍道德契约的可能性。朋友之间的互契互助，这一点符合现代社会化分工和协作的基本要求。因此，从这个意义上说，朋友关系可以成为当代社会伦理建构的起点和基础。

四、多元观念下的道德传统与现代性

姜守诚副研究员指出传统文化具有多元性特点。其一，中国文明是由众多价值观如儒、释、道等哲学作为基本元素累积而成的。其二，地域风俗的差异性。其三，社会阶层的多元性。所以我们在评估中国传统道德观时，应全方位、多维度地予以综合考察和全面评估。

刘丰副研究员认为，中国道德传统虽然主要体现为儒家传统，但也不能少了道家等学派对其进行的补充，这就有利于认知新的伦理关系并建立相应的新的伦理规范。因此，应当重视道家思想对中国道德发展的作用。

陈霞研究员从道家角度解读“道”与“德”所展示的伦理意义，她指出，在老子的《道德经》中道与德是并举的。在道德起源上，否定“天命”观，提出“德”要跟从、效法“道”。从道的属性看，道是“迎之不见其首，随之不见其后”，具有形而上学性。“道”是“无所不在”地存在于自然界和人世间种种变动不居的情状之中，因而“道”又具有经验性。此外，作为道德的根据也是实践性的。“道”作为一条宽泛的原则，无目的指向和后果的考量，没有具体的德目和规定，具有普遍有效性。

龚颖研究员从日本近代以来一度放弃普遍性、强调特殊性的历史教训的角度来思考道德的特殊性与普遍性关系问题。日本在近代初期，价值观方面追求普遍性。后来，转向强调价值的特殊性，日本国民也被整合成所谓的大和民族。这一思想强化后最终成为日本法西斯主义的理论依据。二战中日本惨败，这一建立在强调其民族特殊性基础上的道德体系也随之崩塌。二战后，出现了一种追求“抽象的普遍性”的极端性倾向。目前，日本思想界的主流希望探寻到一种既能尊重民族文化的特殊性，又具有普遍意义的价值观和伦理观。

余涌研究员在总结发言中指出，直面中国传统道德涉及一系列关系的处理。我们要寻求最大公约数的价值认同，这种认同不能只是区域性的或文化特殊性的，而应当具有更普遍的特征。全球范围内不同文化的交流、市场经济的不断发展和民主政治的不断推进等都有助于形成最大公约数的价值认同。

“亚里士多德德性伦理学”国际学术研讨会

参加人员：牛津大学查理斯（D. Charles）教授、莱顿大学德哈斯（F. A. J. deHaas）教授、乌得勒支大学泰勒曼（T. Tieleman）教授、北京大学吴天岳教授、北京师范大学廖申白教授、山东大学谢文郁教授、中国人民大学刘玮副教授等

主办单位：北京师范大学哲学与社会学学院、莱顿大学哲学系共同举办

时间：2014 年 5 月 27 日—5 月 28 日

地点： 北京师范大学

主要议题： 亚里士多德德性伦理学与早期斯多亚派、中国儒家的比较、反思和展望

一、会议议题及方向

一是关于作为可能方案的亚里士多德德性伦理学。查理斯和廖申白的报告主要是在回应义务论和功利论的背景下进行的。查理斯通过一个思想实验（少妇贝蒂帮助年老的邻居埃文斯夫人种菜），对德性论相对于其他两大伦理学理论的特质进行了直接呈现。他把亚里士多德主义的要点表述为：（a）某一个德性的行动当且仅当它是一个有德性的人会去做的那种行动；（b）“有德性的”蕴含诚实的、正义的、大度的，等等，有德性的人以这种独特方式看待事情；（c）有德性的行动造成“做得好（well-doing)”。查理斯认为亚氏本想用“fine（ness)”去说明（虽未能说明）这种活动，但是当代德性论者并没有对亚氏的这种立场予以充分阐明。

廖申白则基于对亚里士多德对德性养成的心理史分析来表明这种亚里士多德主义方案的可能性。他认为，在亚氏的德性伦理学框架中，一个人要经历以特定方式养成好的感受行动和感情方式，才能经由理智（dianoia）与欲求（orektikae）的合作而形成德性且处在优先的地位。

德哈斯特别强调了心理学、生物学、医学与伦理学之间的关联，探讨了灵魂功能与肉体活动的相互缠结和统一关系。德哈斯试图证明，中道的行动指向和实践内涵证明灵魂活动与人的身体、社会和文化环境密切相关；而逻各斯是情境性的，培养理性灵魂之品性的德性训练与感知觉对伦理情境的把握、行为的选择等具身活动相关。

刘玮在报告中以“由苏格拉底提出、柏拉图发展的德性统一性问题”为基点，区分了亚氏哲学中的四种德性统一性，包括曾得到明确阐述的普遍正义（道德德性的根基）、大度（道德德性的王冠）和实践理性（全体道德德性的真正统一体）中的统一性，以及不太明确的、在智慧和沉思生活中的德性统一性。他指出，亚氏接受了柏拉图将哲学家作为最具德性之人的设想，并缓和甚至消除了柏拉图式的哲学家与政治共同体间的紧张关系。

二是关于亚里士多德与阿奎那。主要报告是吴天岳的《亚里士多德和阿奎那论混合型行为》。吴教授认为，尽管两位哲学家都曾试图在对自

然和自然运动的宽泛理解中找寻自愿行为的内在根源，但总体上阿奎那更强调意志自由和道德行为的内在根源，阿奎那的进路似乎更接近现代的自愿和道德概念，但亚氏对混合行为的现实分析和他的道德自我（首先是被人性及习性所界定）概念仍与现代人相关。

三是关于亚里士多德与早期斯多亚派。主要报告是泰勒曼的《早期斯多亚派和亚里士多德伦理学》。他认为，早期斯多亚派与亚氏在一些最为根本、关键的方面都有沿承之处。这不仅缘于芝诺及其继承人借用了亚氏的一些概念或划分，而且还涉及他们对现有一些存疑的文本段落中（与吕克昂学园及亚氏后继者泰奥弗拉斯托斯［Theoghrastus］有关）由亚氏所阐述的一些特定问题或选择的应用。而且苏格拉底的很多观点和激励元素或许也是通过亚氏而到达斯多亚派。

四是关于亚里士多德与儒家。主要报告是柏内塔杜的《亚里士多德与孟子论正义》与谢文郁的《对亚里士多德的"德性"与儒家之"德"的一种比较分析》。柏内塔杜依次讨论了正义之人性根基、超个人德性、正义的标准、理论目的等问题，强调"正义"和"仁义"概念具有内在的差异，但在功用上有会通。体现在：在前理论意义上，都从个人做好事的倾向上寻找正义的基础；将普遍意义上的法律及其修正的目的视为教育人有德性。而他们之间的差别则主要由其所服务的社会政治秩序的本质来衡量，即：民主制与君主制。但总体上看，正义概念在古希腊和中国哲学传统中都完全是原创性的。

谢文郁则更为关注亚氏与儒家德性观点的根本差异。他认为，亚氏将"德性"界定为习惯的结果，强调习惯的获得是通过训练而非自然，儒家的"德"则是一种通过遵循礼和培养自然所赠的一种"得"或结果，更强调德与自然（天命）的重要关系。亚氏的德性是外在力量或城邦权威加于人身，而非自然发展的结果；而重视礼制重建的儒家的努力方向则是寻求永恒、普遍的德性。

二、突出成果和主要特色

以对灵魂的结构、功能及人的条件和探讨为背景，围绕着德性、德行与感情等关键词，与会者对德性与知识、行为与意愿、习惯与自然、感情与认知问题进行了深入考察。

关于德性。德哈斯、刘玮、泰勒曼、谢文郁等的报告都是直接指向德性的分析。其共同点是从德性的定义、来源、形成或具体的德目入手，逐渐进入对人的生活整体、复杂的社会政治情境的考虑，并最终返回意涵更为丰富与明晰的德性。另外，以亚氏的各种划分为基础，对于灵魂各部分及其功能的相互关系，包括其中的主次之分，功用之别，与会者也进行了明确的辨析。

关于德行。与会者聚焦于人的条件或道德情境的不确定性与复杂性。例如吴天岳是以亚氏曾论及的充满悖论性、复杂性的混合型行为为对象，对此进行了一种超越行为本体论的、观照人性和品性之限度的现实性分析。相对于将德性伦理学定义为以行动者为中心（对应于“以行为为中心”的义务论和功利论）的主流见解，查理斯通过挖掘德行的价值来源来呈现亚氏德性论的出众之处。

关于感情。正如廖申白所言，按照亚氏说法，有德性的人不但做得好和活得好，而且还感受得好。但谢文郁认为，相对应儒家的道德主体开始其礼教的首要感情——“仁”，亚氏的分析很少讨论一个人在道德习惯化中的首要感情和对于城邦权威的尊重感情。陈玮在评论中对此进行了反驳，认识亚氏关于感情具有健全的观点。另外，泰勒曼特别提到斯多亚派与亚氏在感情问题上的可通之处，强调应该注意快乐、痛苦与其他感情的不同，以及感情与欲望的关系问题。

三、反思与展望

会议的讨论还留给我们众多值得反思之处与可展望之契机。

关于文本的择取与考证。力求回到文本，用亚氏自己的语言尽量真实地展现其思想原貌是与会者的普遍呼声。与此同时，泰勒曼对一些存疑文本的发掘，查理斯将亚氏《修辞学》中的段落作为讨论“fine（ness）”最重要的论据而相对减弱对《尼各马克伦理学》的讨论，廖申白对《尼各马克伦理学》第七章中一段核心性的文本的较少关注，谢文郁没有以特定时期儒家作品为文本依据而倾向于从思想史的普遍意义上来谈论，刘玮以柏拉图为背景而引入亚氏的德性统一性话题集中于《尼各马克伦理学》而较少触及《形而上学》的统一性概念；这些都或多或少地引起了一些争议。此外，泰勒曼还提到了不应忽视的口传问题，这就从解释学上开辟了另种路径。

关于视域的融合与问题的界限。泰勒曼在对吴天岳报告的评论中肯定，确实没有文本依据证明亚氏必须在某个点上放弃对于混合性行为的划分，他可能并不关心精神力量或意志力问题。德哈斯则针对刘玮的报告提问：解决德性的统一性问题是否也是亚氏所追求的目标？我们不应该用“同形同态”、身体与灵魂作为两个实体是如何统一的，否则就会造成亚氏体系内的某种紧张。总之，如何在发掘前人未发之意，探索古典思想资源的历史价值的同时，又避免用现代的价值观去猜度古人，是值得警惕的问题。

关于共识与分歧的并存。中西学者的对话使彼此更明晰了亚氏的德性论与其他伦理学谱系，尤其是儒家德性论的相通、殊异之处，而其中的分歧也显示了进一步交流、沟通的重要性。例如对“天命”“诚”等中国哲学概念的解读，中西学者的歧见较大且不易消弭。何者更接近真实？思想本身的深刻与可能的误读、定论与新见之间，在继续钩沉考证、共同探索中多一份审慎极为必要。

“伦理学研究前沿”第六届论坛

参加人员：来自上海社会科学院、复旦大学、同济大学和华东师范大学的师生 20 余人

主办单位：上海市伦理学会与上海社会科学院经济伦理研究中心

时间：2014 年 5 月 28 日

地点：上海社会科学院哲学所

主要议题：公民国家认同的政治伦理条件——兼论现代公民教育

余玉花教授通过阐释公民与国家的法律关系与伦理关系，提出了国家认同是公民道德基本要求的观点。她认为，公民的国家认同对国家的政治伦理提出了一定的要求，一个政务诚信的政府才能赢得公民的信任，从而获得公民对国家的认同。因此，推进政府的政务诚信，促进公民国家认同的条件，应该进入公民道德建设研究的视野。在当代中国，培育公民国家认同能够有助于维护国家的稳定与统一，提升社会凝聚力，引导公民主动承担对国家的义务与责任。在全球化时代，中国的国家认同面临“去中心化”的挑战，受到各种狭隘民族意识的束缚以及敌对势力的破坏，中

国转型时期出现的社会问题也影响着公民的国家认同。在这样的情况下，培育社会主义公民的国家认同需要做到以下两点：一是，培育公民赞同性的国家认同，即对国家、政府、执政党地位、政治规范，政治价值观合法性的承认；二是，培育公民对中华民族、中国历史与中国文化的归属性的国家认同。

余教授的观点引起了大家的热烈讨论。讨论主要集中在以下几个方面：第一，政府和国家的具体关系问题。理想的状况是由政府主导，发挥社会团体与民间组织的作用，政府无法也不可能包办一切；第二，要集中研究少数民族与中国台湾、香港等地国族认同缺失的主要原因；第三，国民与国家的关系不仅仅是法律关系，更应当是价值关系或伦理关系；第四，公民国家认同与中国社会现代化进程的关系。最后，余教授还同与会专家学者和研究生们还就公民与政府各自的德性及其培育问题作了进一步的分析和讨论。

“筑牢社会主义核心价值观根基”学术研讨会

参加人员：来自国内部分高校、期刊社的20多位专家学者

主办单位：河北大学马克思主义学院

时间：2014年6月27日—6月29日

地点：河北大学

主要议题：中国传统文化价值观的基本内涵、鲜明特色和现代价值，中国传统文化价值观与社会主义核心价值观的关系，社会主义核心价值观及其培育路径的研究

一、中国传统文化价值观的内容、特色及现代价值

与会代表一致认为，中国传统文化价值观源远流长、博大精深，在今天的社会环境下依然具有非常重要的现代价值。

焦国成认为，“善”的伦理意义内在地包含于活人与先人的伦理关系对待之中。他还认为，诚信是中华民族的传统美德，它是个体道德的基石，是社会秩序良性运行的基础，是规范的社会主义市场经济可持续发展

的必要条件。诚信的缺失将是一种社会灾难。

孙春晨认为，中华文明自身独特的文化传统和价值体系犹如中华民族生生不息的生命基因，植根于中国人的血脉之中，潜移默化地影响着中国人的价值观念和行为方式。以儒家伦理文化为核心的中国道德传统实际上已经成为规导和约束社会伦理生活和道德行为的一种“习惯法”，成为中国人道德生活中的一种文化遗传基因。

关于中国传统文化价值观的内涵和特征，田海舰认为，从理论形态上看，中国传统文化价值理论主要包括儒家人文主义或道义主义价值理论、道家自然主义价值理论，法家权势功利主义价值理论和墨家兼爱功利主义价值理论；从思想内容层面来看，中华民族传统文化价值观包括和而不同的和平发展思想、自强不息的奋斗精神、维护民族尊严的民族精神、天人合一与道法自然的和谐发展思想、讲究诚信的伦理价值传统、以人为本的价值取向等基本内容，具有追求和谐、重视整体、关怀他人、注重合作、崇尚道德、讲究情趣等鲜明特色。

许春华以《德充符》为例，疏释、诠解了庄子“和”思想的根本缘由和现代意义。他认为“和”之智慧是中国传统文化的精粹，庄子哲学“和”的智慧对于我们建设自然和谐的现代生态文明、人际和睦的和谐社会、内在心性的宁静致远有着深刻启发和长远价值。

二、中国传统文化价值观与社会主义核心价值观

与会代表一致认为，培育和践行社会主义核心价值观，既要吸收包括西方文化和价值观在内的人类文明发展的优秀成果，更应立足于中华民族悠久的文化传统。

孙春晨认为，社会主义核心价值观是对中国传统文化和当代价值观念的凝练。倡导、培育和践行社会主义核心价值观，既要吸收人类文明发展的优秀成果，也不能脱离中国当代文化环境下大众的精神生活世界，不能脱离中华民族自古以来所持守的价值观和理想信念，而应从中华民族的优秀文化系统中汲取丰富营养，否则就不会有生命力、说服力和影响力。

章凝认为，中国现代的新文明并不是在文化真空中构建的，它以中国传统文化和西方文化中的优秀元素作为构建的资源。五千年中华文化为社会主义核心价值观提供了一个文化基因和文化烙印，提供了一个文化氛围和文化环境，提供了必要的国家认同、文化认同、公民认同。

田海舰认为，中国传统文化中的封建主义价值观从根本上说是与现代化大生产和市场经济的社会基础不相适应的陈腐观念，具有很大的狭隘性、保守性与落后性，是培育社会主义核心价值观首先需要破除、加以否定和革新的。而中国传统文化中的优秀成果则与马克思主义有着诸多相通之处，包含着社会主义核心价值观所需的宝贵养料。

三、筑牢社会主义核心价值观根基的方法和途径

与会代表一致认为，筑牢社会主义核心价值观根基，需处理好多重关系，但关键在于处理好继承和创造性发展的关系，做好创造性转换和创新性发展，强化民族文化自信，普及弘扬中华优秀传统文化。

焦国成提出，友善应该成为新时代的道德基准。友善直接关系到人际和谐，关系到整个社会幸福指数的提升。友善这一价值准则作为社会主义核心价值观的重要内涵，在当前的社会条件下，无论是对个人、社会、国家抑或对自然来说，都应该大力提倡和鼓励。

孙春晨提出，延续中国道德传统是践行核心价值观的有效路径。中国道德传统既是一种文化观念的传统，同时也是一种生活方式的传统。中国道德传统的生命力是通过普通人的日常人伦关系和道德生活体现出来的，倡导、培育和践行社会主义核心价值观也应与人们的日常生活紧密联系起来。

乔法容探讨了德性论视域下的公民价值观培育。她提出，个人品德现状直接体现社会主义核心价值观，是社会道德水平的一个缩影。德性伦理学作为一种理论范式，重视道德认知与道德行为合一的道德修炼与教育，重视行为者本身内在的道德心理与道德意识的研究，重视道德典范的树立和影响力，既为研究个人品德提供了理论上的支持，又为个人品德建设提供了新的思路和向度。

章凝从市场经济的价值基础视角进行了审视。他提出，任何一种社会制度都有其相应的文化价值理念，不了解一个制度背后的文化价值理念便不可能真正理解一个社会制度本身的内涵。构建社会主义市场经济不可能沿用西方的文化价值理念，因此，我们必须有相应的社会主义核心价值观来支撑。从传统文化的创新出发，构建社会主义核心价值观必须强化文化自觉、文化自信、文化自强，为中华民族新的腾飞提供精神动力和文化根基。

靳凤林从培育公民美德层面进行了阐释。他认为，从公民道德建设的一般规律看，公民价值观的培育伴随个体理性的发展以及个体社会化程度的提高而循序渐进。公民价值观教育应遵循个体道德认知与发展的一般规律来进行价值引导，必须从家风入手培育公民对社会主义核心价值观的认同感，必须将青少年的价值观教育纳入国民教育全过程，必须加强社会诸领域尤其是党员领导干部、社会各界精英、大众媒体对公民价值观教育的引领示范作用。

高春花从西方社会思潮的视域进行了探讨。西方城市空间理论认为，“问题在哪里发生”对于解释问题为何发生和如何发生具有重要意义。该理论对城市空间非正义现象的探讨，为社会主义核心价值观的培育提供了启示。西方“日常生活理论”代表人物列斐伏尔认为，作为主体的人正是在日常生活中被发现和创造的，日常生活是个体生产和再生产的重要活动领域，它在历史的存在和发展中处于重要的地位。我们应该借鉴“日常生活理论”，把培育和践行社会主义核心价值观的任务落到实处，融入实际、融入生活，让人们在实践中感知它、领悟它、接受它。

柴艳萍从高校思想政治理论课视域进行了分析。她认为，要使广大师生对社会主义核心价值观尽快完成由认知到认同再到信仰的转变，必须做到以下几点：要讲清基本概念、基本理论和基本关系，澄清误解和疑惑；要开展多种形式的理论学习和研讨，加深理解、提高认识、坚定信念；要创新教育方式，提高教育实效，在抓好“融入”上下功夫，要抓好课堂教学“融入”、实践教学“融入”、重大活动“融入”、网络传媒“融入”；要牢记研究无禁区、宣讲有纪律。

田海舰提出，筑牢社会主义核心价值观的根基必须遵循中学为根、马学为魂、西学为鉴、综合创新的方法论，坚持“古为今用、洋为中用、推陈出新、取其精华、去其糟粕”的原则，正确处理社会主义核心价值体系、资本主义核心价值观、中国传统文化价值观、人类文明基本价值的关系，划清与封建主义腐朽文化价值观的界线，对中国传统文化价值观从理论和实践两方面进行自觉扬弃。

“我国多民族道德生活史研究”研讨会

参加人员： 来自中央民族大学、宁夏大学、兰州大学、西北民族大学、云南民族大学、西南交通大学、内蒙古师范大学、吉林师范学院、广西教育学院、湖北民族学院等十多所高校的专家和子课题负责人、各研究团队的核心骨干40余人

主办单位： 中国伦理学会民族伦理学专业委员会

时间： 2014年7月26日—7月30日

地点： 兰州大学

主要议题： 围绕“国内民族学的研究现状及展望”“道德生活史研究范式的转换”“回族道德生活史研究构想”“裕固族研究进展”“影视人类学方法”等学术专题作学术报告，并就民族道德遇到的生活史研究中的相关问题开展深入的探讨；第二阶段是与会代表奔赴甘肃省肃南裕固族自治县对裕固族的民族文化和道德生活状况进行实地考察

一、民族学和民族道德研究的理论与方法

中央民族大学杨圣敏教授以系统的理论和生动的案例详细论述了民族学的学科特点和研究方法。民族学工作者应当自觉坚持研究的应用性和实证性，紧密结合中国社会实际，抓住中国社会发展中的焦点和热点问题。他以所在团队与实验心理学研究团队合作开展边疆少数民族调查的成功案例为蓝本，生动地再现了民族学作为一种实证科学所具有的科学性和解释力。杨圣敏教授还详细阐述了民族研究中史学方法与民族学方法相结合的研究方法，指出只有把历史文献和田野调查的方法有机结合起来。在民族研究的过程中，只有追求细节的观察和深描，才能全面彻底地了解和掌握一个民族的历史和现状。通过多年的研究发现，人类的本性是普遍存在且稳定不变的，改变的只是环境和具体的行为方式，这应该是我们进行不同民族研究的基本原则和基本切入点。

内蒙古师范大学的萨·巴特尔教授指出，道德生活史研究首先离不开语言学，不同民族的语言和文字状况不同，本民族的固定词汇往往有特殊

含义，须加以重视；道德生活史的研究也离不开新史学的方法。此项研究必然是人文学科和社会科学的结合，是多学科研究方法的结合。在进行道德生活史研究时还要注重行为学的方法，不仅要用话语的分析，还要注重行为的分析，从每一个个体的实际生活入手来展示其道德生活之所在。

兰州大学的王海飞副教授提出应当用影视人类学的方法来记录和研究民族道德生活。他系统介绍了影视人类学在民族研究中的特殊意义，提出从文字的民族志文本到影像的民族志文本更能真切地反映和再现民族的历史和现实，影像的拍摄活动就是一种长期的调查活动，调查过程及调查追踪过程的无删减、无遗漏的诠释，呈现了原生态的民族生活状况。

二、民族道德生活研究的总体框架及指标体系

宁夏大学李伟教授着重阐述了“多民族道德生活史”研究的总体架构，阐述了多民族道德生活史研究中的主要问题、问题领域及核心概念。他尤其强调了“概念史”方法的具体应用，认为概念形成的过程即达成共识的过程，通过对概念的研究能够增进对特定时期整体历史的认识。应当将道德生活置于与当时社会政治文化有着密切关联的具体情景中，在活生生的社会文化中再现活生生的道德。李伟认为，鉴于课题研究的复杂性，应当采用多学科并用的方法，在唯物史观的指导下，广泛搜集文献资料和各种实证材料，坚持实证分析和价值分析相结合，把历史分析的方法和文化分析的方法结合起来开展研究。

兰州大学陈文江教授带领课题组围绕道德生活研究的指标体系与道德生活史研究路径开展了研究。他提出道德生活在本质上是一种社会关系基础上的人类活动，强调应当把道德作为理解社会生活的一个分析工具，道德研究不应仅仅局限于搜罗社会生活中的道德元素，而是应该打破政治、经济、文化等各学科之间的界限，在历时性和共时性的维度上进行整合，实现“史”“志”“境”的结合。在时间与空间交织的历史之网中，多点民族志提供了研究道德生活的一种可能方法。陈教授进一步指出，各民族的自我叙事是被历史性地建构出来的产物，通过探究政治、经济、文化等因素在影响各民族道德叙事的过程中呈现出的复杂张力，可以勾勒出其道德生活的变迁历程。陈文江教授提出了多民族道德生活研究的具体指标体系，围绕如何寻找道德生活存在的呈现空间进行道德生活研究作了细致的分析。

三、各民族道德生活史研究的进展

宁夏大学潘忠宇教授对子课题“回族道德生活史研究”中的几个问题进行了说明。与总体研究相呼应，回族道德生活史研究包括研究的视域和维度、回民族的基本特点、回族道德生活的特点、回族道德生活的形成机理及变化规律、存在形态和功能价值。他提倡运用新史学的方法描述“历史的镜像”，强调回族道德生活的形成和演变源于现实需求。他认为必须重视伊斯兰文化和儒家文化的融合过程，力图通过研究该民族的道德生活现况来增强民族伦理文化的自觉、自信、自强。

西北民族大学贺卫光教授介绍了裕固族的民族发展和文化状况。他首先介绍了学界对于裕固族由来的争论，介绍了裕固族的宗教、礼仪和禁忌，以及裕固族内部的不同部落之间在宗教祭祀活动上的不同特点。贺教授指出，在裕固族的文化中，女性的社会地位较高，这与汉族有很大不同。随着生产方式和生活方式的改变，文化形态及其功能的变化也是必需的。文化仪式只有通过功能的变化，其传统的形式才能得以保存，裕固族的文化才能真正得以保存和传承。

兰州大学陈文江教授就子课题“裕固族道德生活史研究”的进展情况进行了介绍。课题组受历史人类学对历史时期划分、历史文献及田野分析方法的启发。他认为，在民族道德生活史的研究中，应根据各民族道德生活变迁的历史轨迹来合理地分期；在文献的选取上应超越通常对文献的界定，从更加广泛的意义上发现和选取文献；只有将历史研究从文献的田野拓展到现实社会生活的田野和“活态的文化”中，才能更加丰富、鲜活地展示道德生活历史的真实性和复杂性。因此，要从道德社会学的视角出发，采用制度结构分析的方法呈现道德生活，这种分析过程才能整体性地呈现一个民族的道德生活状况及其与其他民族的关系。

四、田野点的实地考察

会议的第二阶段是与会专家赴甘肃省肃南裕固族自治县进行实地考察。裕固族是甘肃独有的三个少数民族之一，有着牧、农两种不同生产、生活方式的东、西裕固族人分别生活在甘青交界的祁连山腹地和河西走廊戈壁绿洲，也形成了各自不同的文化特质。考察组分别走访了代表不同生产、生活方式的三个考察点。在东部裕固族的牧民定居点康乐乡，专家们入户了解了当地牧民的生产、生活和居住情况，分别与牧民、家属和当地干部进行了交谈，了解当地人的生活习惯和生活状况。

在明花乡牧民定居点，考察组了解了半农半牧区裕固族人的生产生活情况，品尝了裕固族的美食，感受了裕固人豪爽奔放的性格、真诚热情的待客礼仪和诚实守信的处世方式。通过考察，专家们对东西部裕固族之间的联系和差异有了初步的认识。

在肃南裕固族自治县的县政府所在地红湾寺镇，考察组参观了县博物馆、非物质文化遗产研究保护中心。裕固族出身的裕固族研究专家贺卫光教授全程陪同考察并随时解答专家们的问题，同为裕固族人的县旅游局局长向考察组详细介绍了裕固族的族源、发展历史以及文化遗产保护和文化传承所面临的问题。考察中，专家们全面地了解了裕固族发展的历史与现实状态，感受到了在政府推动下民间力量和市场在裕固族民族文化的传承和保护中所起到的特殊作用。

本次学术研讨会采用理论探讨与实地调研相结合的方法，不仅围绕研究主题开展了学术交流，初步提出了各民族道德生活史研究的理论框架和指标体系，而且还围绕研究主题提供了可供参照的研究案例。通过理论交流和实地考察两个环节的工作，代表们不仅在基本研究规范和核心指标上达成了初步共识，也对通过合作研究建立起多民族道德生活史研究的数据库有了更加明确的认识。

“家训家风与文化传承”学术研讨会

参加人员：上海市妇联、上海市社联、上海市台湾研究会、上海市精神文明办及来自上海、台湾不同学科和领域的专家学者以及媒体代表 80 余人

主办单位：上海市精神文明办、上海市妇联和上海市伦理学会、上海市家庭研究会、上海市社区发展研究会、上海市台湾研究会联合举办

时间：2014 年 8 月 27 日

地点：上海社会科学院

主要议题：家训家风与文化传承

上海市妇联主席徐枫在致辞中谈道，家庭文明建设一直是妇联的主要工作领域，习近平总书记要求妇联“注重发挥妇女在弘扬中华民族家庭美德、树立良好家风方面的独特作用”，市妇联也希望通过这样的学术研讨会，提供更好的理论研究成果，有助于提高上海家庭文化工作的质量和水平。

上海市社联专职副主席刘世军认为，中国自古以来留下了很多核心价值观，有很强的文学性和感染力，我们可以征集整理优秀传统家训文化文献，用生活化的语言，丰富我们的精神生活。上海市台湾研究会副会长、著名学者章太炎的孙子章念驰认为，我们今天需要有能够成长为真正优秀人才的环境，第一是家庭，第二是社会。中华文化传承在台湾那里没有中断，台湾的现代化比大陆早，他们的经验具有亲切感，可以为我们所用。

接着会议研讨分主题发言和自由讨论。上海奉贤区委副书记袁晓林介绍了奉贤好家训好家风培育活动情况。台湾知名主持人、1881 台湾职业女性联谊会会长李悦心，交流了家训家风在台湾传承的情况。她以自己的普通家庭教育，以及她接受的中小学校训和青年守则为例，介绍了例如友爱、谦让、忠孝和“以助人为快乐之本”这些传统美德是如何通过家庭学校和社会环境而深入他们的精神骨髓的。

与会学者就家训文化与文化传承展开了理论研讨。华东师范大学教授朱贻庭提出“今天重建家训文化何以可能”的问题。他的研究结论是：尽管今天传统家训文化的社会基础和动力机制已不复存在，但家庭稳定对于社会稳定仍具有基础性作用，家庭建设仍是社会治理的重要内容，这就构成现代家训建设的外在动力；同时“家和睦邻”“家和万事兴”这一理念仍是现代家庭的基本理念和核心价值，是重建家训文化可以调动和发挥的内在动力。同济大学教授邵龙宝认为，古代家训产生于宗法小农自然经济的农耕社会，在今天信息化、网络化和金融时代的现代和后现代社会，历代家训中所阐发的深层意蕴“道”“仁”“义”等抽象价值仍然可以经创造性诠释而彰显其当代意义和价值。上海大学教授胡申生认为，家风是社风的基础，良好的社会风气是以良好的家庭风气为前提的。上海社区发展研究会常务副会长徐中振认为，我们提出家训家风与文化传承的主题，是希望个体通过家庭教育得到传承弘扬，但实际上家庭也在发生变化。随着社会变迁，家训文化要做些调整，不要墨守成规。《台商周报》社长杨文山从台北发生的捷运随机杀人事件凶犯父母当众下跪道歉案件，提出了当今家庭教育失能与家训家风断层的尖锐问题。他认为，今天的社会已不同于古代社会，应该着重于家训家风对人格品行的熏陶、对人的荣誉感和责任感培养的积极意义。与主题发言始于两岸家训文化传承相呼应，最后一位主题发言人上海社科院台湾研究中心主任王海良，以家训家风对两岸文化升华的重要意义为题，认为 1949 年以后家训家风在海峡两岸的际遇差异明显，今天重拾家训家风意味着要从家庭和个人做起，大陆民众尤其是年轻一代，可以从台湾社会及其文化传承学习很多大陆缺乏或不足的东西；同时生活在中华传统文化包括家训文化传承较好的台湾民众尤其年轻一代，也可以从大陆学习民族情怀、开放意识和进取作风等，改变目前存在的封闭、偏安、“小确幸”的文化偏向；认为两岸民众在取长补短、提升自身的同时，也是在整体上提升中华文化。

在接下来的自由发言阶段，市精神文明办副主任宋慧认为，从家训家风这样一个切入点，贯彻核心价值观，寻找小细实的切入点，是非常有效的载体途径，同时家训家风不仅是联结不同学科、领域和海峡两岸专家学者的重要纽带，也是传承中华文化的基础命脉，有助于我们构建共同的家园。

在今天这样的社会状况下，应当首先考虑传承什么的问题，然后才是如何传承的问题。华东师范大学教授余玉花提出，主题发言中更多提到的是名家官家大家族，即使台湾学者提到普通人家，但还是以名家官家为榜样，在今天可谓平民化的时代，既要传承古代优秀家风文化，同时也要提出新时代家风文化的问题。接着就要研究如何传承的问题。这个问题实际上包含两个问题，就是由谁来传承以及这个谁如何传承的问题。许多学者都认为，文化传承不只是家庭的事情。华东师范大学教授付长珍以孔子的“志于道、居于德、依于仁、游于艺”论证了古代教化离不开礼乐。也有人认为，文化传承不能都是政府的事情。九三学社的一位学者认为，政府应该有所为和有所不为，在未来的文化传承中，社会组织的作用应该更大些。既然家训家风文化传承不只是家庭的事情，还是社区、政府的事情，那么对这三者来说，都有一个如何传承的问题，还要探讨如何更好传承的方式。同济大学陈海清博士提出，政府推动要考虑有长效机制。妇联干部李汉琳提议，面对家庭个体化多元化的特点，在传承方式上，是否也可考虑采取私人定制的方式。社区发展专家徐中振对今天社会有哪些更好传承方式问题的建议是，应该注意从传统家族社会到今天法理社会、从原来血缘关系结构到今天地缘性共同体关系的不同。

对今天面临的个人本位与家庭本位冲突的问题，上海社科院哲学所赵琦博士认为，个人主义不仅存在于西方，也是实行市场经济的社会都会出现的取向。但个人主义与传统家庭并非水火不容，而是可以融合的，个人的价值在家庭中能够实现。

一些与会者不同意首先要弄清传承什么的问题。上海社科院哲学所副研究员张志宏认为，怎样做人的教化本性从古至今并没有变化。胡申生举出市文明办和妇联作的十一个区县现实调查，认为好家训家风活动发动很全面，今天有很多好家训，与古代没有不同。谭湘龙提出了“文化没有重建，只有如何传承发扬光大”的观点，认为关键是如何传承和弘扬。朱贻庭教授回应说，继承与重建并不矛盾，不重建如何传承。复旦大学博士叶方兴论证说，我们应该根据现代社会的要求，建构符合现代公民品格的家风。当然传统形式可以借鉴，传统道德价值观的内容可以吸纳，但同时还要根据现代社会需要吸纳当代社会的核心价值。

此外，对家训家风是文化传承载体的理解，也有学者提出不同看法。复旦大学教授高国希认为，家庭不仅仅是经济的单元、社会的细胞，而且是心理支撑的单元、安身立命的所在。家庭不应是功利性的工具。家训家风体现的也是法律不能管的事。所以社会环境、制度设计和政策选择，应该担负维护家庭存在的责任。

那么，如果出现制度或政策对家庭带来冲击这样的情况怎么办？华东政法大学副教授陈代建议成立中华优秀传统文化风险评估委员会，以避免一些法律政策、司法判决和政府决策对优秀传统文化可能带来的威胁和冲击。

研讨会最后，市妇联主席徐枫作了总结性讲话。她表示，妇联和文明办是负有传承弘扬优秀传统文化职责的部门，在今后工作中，进一步做好文明建设的服务工作。中国传统家训文化，在今天面临市场经济和社会转型冲击的同时，也是我们重建中华文化根基、重建家训文化和社会核心价值观的重要机遇。中华优秀传统家训文化已经并且还将以它的新的生命力继续成为中华民族生生不息、发展壮大的丰富滋养。

第八届寒山寺文化论坛暨中国环境伦理和环境哲学 2014 年年会

参加人员：全国各地 200 多名学者

主办单位：苏州市寒山寺主办，苏州和合文化基金会、中国伦理学会环境伦理学分会、中国自然辩证法研究会环境哲学专业委员会、青岛科技大学和文化研究院协办，寒山寺文化研究院、苏州科技学院公共管理学院承办

时间：2014 年 9 月 19 日—9 月 21 日

地点：苏州

主要议题：生态文明·和合天下

一、关于生态文明前沿问题与基础理论的探讨

万俊人教授指出，对于现代人类来说，最根本的不仅是认识和改造世界，而在于改善世界，因此重建世界观的核心和关键是重建我们的心灵和信念。生态危机实质上是现代性危机，其根源在于现代人之世界观、人生观和价值观的蜕化与缺失。杨通进研究员指出，生态文明文化自觉最核心的是精神层面，如何从传统走向现代关乎价值观重建问题；在制度层面，对现代性反思并不意味着抛弃现代性和现代思维，最重要的还是环保制度问题。刘福森教授认为，只有立足于“中道哲学”与“和合文化”来构建中国自己的生态哲学，才能消解西方文化无法解决的人与自然和谐相处问题。曹孟勤教授认为，相应于早期社会人类所扮演的顺从者角色，近现代人类所扮演的征服者角色，在当代应树立自然看护者角色，如此人类才能产生看护自然的行为。

包庆德教授对学界关于生态文明在历时性上是继原始文明、农业文明和工业文明之后的新阶段提出追问：工业文明拥有蒸汽机等技术以及煤油气等化石能源体系，生态文明作为新阶段有无相关技术能源体系支撑？陈泽环教授则提出有必要更合理地确定敬畏生命理念在现代环境哲学发展史中的地位。

二、关于生态文明现实问题与应用方略的探求

张杰院士指出，地球上的水是稀缺天然资源，社会用水系统循环必须服从自然循环规律，采取节制用水和污染物源头削减，污水再生再循环，污泥、厨余有机垃圾回归农田，控制城乡污染，流域水资源水环境综合管理等水健康循环方略。

王国聘教授报告了江苏率先建成生态文明建设示范区专题，包括指导理念、建设目标、组织管理、实施战略等顶层设计。方世南教授报告了苏州生态文明建设新思路。叶平教授深度解析《五常市国家重点生态功能区保护和建设规划》编制原则和方法，提出总体规划与特殊规划相冲突部分调节原则，谋求绿色发展、公正发展原则，红线规定与生态补偿纳入统一考虑原则，制度建设与伦理自觉并行原则，以及“禁止开发区”和“限制开发区”红线划定方法。温波教授专题研讨苏州城乡一体化进程给生态环境承载和资源环境消耗等所带来的诸多影响。曾建平教授提出，应从“五有”——学有所教，劳有所得，病有所医，老有所养，住有所居升华到“五优”——学有好教，劳有当得，病有良医，老有福养，住有宜居，外加“闲有美景”，这是美丽中国和中国梦的应有内涵。

三、关于中国哲学和合文化与生态智慧的探索

佘正荣教授认为，中国古德性论主张成己成物和利人利物的价值理念及其生态美德生活方式，对于当代生活方式的合理改变并消解西方环境伦理学负效应等具有重要价值。陈红兵教授以库珀和詹姆斯《佛教、德性与环境》为依据，认为佛教思想为我们提供了德性伦理关注环境问题的典范。胡可涛博士认为，佛教“净土论”纠偏发展至上主义误区，促使发展回归美好家园；“解脱论”遏制消费享乐主义侵袭，感悟生命真正价值所在；“缘起论”扭转人类中心主义僭越，调试人与自然和谐关系。崔红芬教授对圣严法师“心灵环保”生态观进行考论，强调心灵净化与人的品质提升。姚彬彬博士以生态环保与心灵环保为视角，对华严哲学“法界缘起”与“普贤行愿”的当代文明功能进行再诠释。伍先林研究员认为，以禅宗为本位而注重圆融和融通各种思想的和合佛教思想，对于实现中国梦，极具启示意义。

中俄“社会变革时期的道德问题”学术对话

参加人员： 来自中国人民大学、湖北大学、上海师范大学、江苏师范大学、黑龙江大学、东北农业大学和《道德与文明》《齐鲁学刊》的专家学者 13 人

主办单位： 中国人民大学伦理学与道德建设研究中心

时间： 2014 年 9 月 28 日—9 月 30 日

地点： 莫斯科大学哲学系

主要议题： 社会变革时期的伦理道德问题

在开场致辞中，葛晨虹教授回顾，新中国伦理学自 20 世纪 50 年代末开始建立以来就深受苏联伦理学与莫斯科大学伦理学的影响，我们这一代学者最初学习伦理学，都是学施什金、阿尔汉格尔斯基、季塔连科教授的伦理学教科书。在 20 世纪的后半期，中俄哲学界和伦理学界保持着密切的交流与合作。进入 21 世纪以来，这种交流相对较少，我们这次来就是为了再续前缘，开创未来，加强中国人民大学与莫斯科大学以及中国伦理学界与俄罗斯伦理学界的哲学与伦理学的交流合作，共同解决社会变革时期所面临的道德难题，共同促进伦理学的学术进步。

学术交流主要围绕政治哲学与当代社会中俄两国的核心价值观、道德变革等问题进行。俄方有 3 位教授发表论文，中方有 6 位教授发表论文。俄方拉金教授围绕“政治决策中的价值原则冲突”问题，探讨了功利主义在公共决策中的有效性与局限性、民主主义与公开性原则的关系等问题。古谢诺夫院士则从道德对经济、政治的独立性方面，分析了保持对经济、政治的道德反思、批判的必要性。另一位来自莫斯科大学政治哲学教研室的副教授谢金·安德列·葛欧尔基耶维奇则就个案分析了俄罗斯哲学家伊万伊林的政治哲学思想，大家对其思想中的“暴力制恶论”思想的正当性、适用范围、现实影响等问题进行了热烈讨论。

中方有 6 位报告人。焦国成教授以“社会道德的基准”为题发言，他认为任何事情都要有个基准，道德生活也不例外，他分析了中国传统社会的道德基准何以是孝，分析了现代社会道德价值的失落成因，并在此基

础上提出了其现代道德基准的“友善”说。肖群忠教授则以“中华核心价值新六德论”为题作了报告。他首先作为问题背景回顾了现代中国社会的几个大的历史发展阶段及其主要产生影响力的思想潮流，他认为，1949 年前的现代中国可以说处于启蒙、救亡、革命、解放时期。这时期，马克思主义、自由主义、保守主义并存；1949 年至 1978 年，可以称为革命—建设时期，这一时期，马克思主义思想占据主导地位；1978 年至 20 世纪末，可以称为改革—发展时期，这一时期，西方思想实际上对中国社会产生了很大影响；当前的中国社会可以说处于治国安邦时期。近年来中国官方与民间对儒学价值的重视可以说是时代使然，治国安邦、实现民族复兴和中国梦，我们必须有民族文化自信，因此，习近平最近指出：社会主义核心价值观的培育要立足于优秀传统文化，并要求我们深入挖掘“讲仁爱、重民本、崇正义、守诚信、重和合、求大同”的思想价值。肖教授将这六种观念概括为“中华核心价值新六德”。六种观念可以说是儒家伦理政治思想的集中体现，仁爱、正义、诚信恰恰是传统“五常”之三德，民本、大同是儒家最根本的政治理念，而和合既是社会治理目标，又是人的道德。江畅教授则以“当代中国的价值观”为题作了报告。他回顾了中国社会自周代以来价值观建构的历史进程，在此基础上，分析了当代中国价值观的核心内容，他认为这包括三个层次：终极目标是民族复兴的中国梦；核心内容是三个层面十二条内容，即富强、民主、文明、和谐，自由、平等、公正、法治，爱国、敬业、诚信、友善；基本原则包括共同富裕、坚持党的领导等方面。他认为当代中国价值观的特点是：人民性、平等性、集体性、道德性。他还较为深入地分析了建构当代价值观的若干难题。

围绕社会价值观问题，中俄学者进行了有益的讨论和分享。焦国成教授向俄方学者提问，请求介绍一下俄罗斯社会当前的价值观现状。拉金教授和古谢诺夫院士就这个问题给予了介绍回答。拉金教授说：自叶利钦开启新时代后，俄罗斯社会的价值观可以说是“具有俄罗斯特色的资本主义价值观”，以及保守主义的改革价值观，尊重并维护东正教和家庭的价值观，强调统一国家和人民性。古谢诺夫院士认为，当代俄罗斯社会，可以说并没有一个统一的价值观，几种价值观并存于社会，这就是极端亲西方的价值观，也有支持社会主义价值观的群体，还有群体秉持民族主义的价值观，即强调爱国主义，希望俄罗斯重返世界强国地位。在俄罗斯未来的发展中，不仅要面向西方，而且要面向东方，比如加强与金砖国家的联系与合作。

另外一个学术单元的问题，是探讨中国社会自改革开放以来的道德变迁问题。杜振吉教授以“中国的改革开放与道德生活的变革”为题作了报告，他分析了如下几方面的变革、成因与得失：第一，社会舆论与道德评价由严苛走向宽容；第二，道德立场由社会本位向个体本位转变；第三，道德要求由政治化向非政治化转变；第四，道德观念、道德准则由保守型向开放型转变；第五，在道德判断和道德选择上由被动型、习俗型向自主型、理性型转变；第六，在道德教育方面，由重说教、重灌输向重法制、重规范转变；第七，在理想人格的倡导和塑造方面，由君子型完美人格向事业型、创新型人格转变；第八，人们的道德生活关注点由重个人行为向人们共同面临的伦理问题转变。陈延斌教授以“如何评价改革开放以来中国社会的道德状况”为题发言，他首先讨论了评价道德进步与否的标准，从义利观、公私观、群己观、贫富观、竞争观、交往观等方面分析了道德观的变化，认为这三十多年来中国社会的道德总体是进步的，同时伴随着某些方面的退步。周中之教授则以“当代中国的消费伦理”为题作了报告。他认为，当代中国的消费观念发生了三个变化：第一，享受成为正价值，人们生活的目的不再仅是为了满足生存；第二，消费信贷（借钱）观念为人们接受，用明天的钱圆今天的梦，同时也出现了“月光族”现象；第三，健康环保的消费观念有所提升。在周教授看来，正确的消费伦理观应坚持适度、绿色、文明三个原则。

通过这次访问，不仅再次接续了中国人民大学、莫斯科大学及中俄伦理学界的学术联系，而且双方就今后的双边交流合作达成了初步共识。不仅交流了学术，而且增强了双方学者之间的友谊。

“儒学与社会主义核心价值观”公开论坛

参加人员：中国社科院、中国孔子研究院、北京大学、浙江大学、《光明日报》《学术月刊》等高校、科研机构和学术媒体的30余位专家学者以及相关部门领导

主办单位：上海市社科创新基地（文化观念与核心价值）、上海市伦理学会

时间：2014 年 10 月 11 日

地点：华东师范大学中北校区

主要议题：儒学与社会主义核心价值观的现实意义及其构建

在第一场研讨会上，浙江省社科院哲学所教授吴光首先发言，阐述了浙江精神与社会主义荣辱观的关系，并剖析了儒学的核心价值，强调了其复兴的现实意义。北京大学中国文化研究中心教授李翔海在发言中高度评价了习主席“传统文化是历久弥新的中国文化”的讲话，并从政治认同与文化认同、时代性和民族性的角度提出，儒学是涵养社会主义核心价值观的主要思想来源。中国孔子研究院院长杨朝明教授以“道以明德，德以尊道”为主题，深入剖析了传统文化的当代意义。他强调，“中国特色社会主义”的关键是“中国”，今天的中国是建立在历史中国的基础之上的，是它的延续，中国特色社会主义也必须扎根于传统文化的土壤。此后，赵修义教授的评论发言，引起了与会者激烈的思想碰撞。

热烈的讨论后，研讨会进入第二阶段。华东师范大学哲学系教授朱贻庭对社会主义核心价值观进行了深刻的解读。他认为民本、重义、贵和是社会主义核心价值观的文化根底。“民本”实际指民生，是执政者治国的根本；“重义”即重视调节等级关系的道德原则和行为规范；“贵和”就是以“和”为贵。民本、重义、贵和三位一体构成了儒家文化也是传统社会的核心价值观。上海社科院中国马克思主义研究所常务副所长方松华教授则从社会主义核心价值观与中国现代文明建构的角度指出，对社会主义核心价值观的研究必须特别关注以下三点：一是传统中国文明的思想资源；二是积极吸纳人类特别是西方现代文明的优秀成果；三是马克思的伟大思想。苏州大学哲学系教授蒋国保在发言中指出，要避免现代哲学与当代哲学的混淆。面对现今的儒学危机，他强调必须实现儒学从“贵族化”到“世俗化”的近世转向。而要实现这一转向，儒学迫切需要三大转变，即改变立场、改变观念，以及改变导向。

研讨会第三阶段，与会专家继续围绕如何认识儒学在社会主义核心价值观建设中的作用、如何更好地构建社会主义核心价值观等问题展开深入交流与讨论。中国人民大学教授张践指出，核心价值的建设离不开一个民族深厚的传统文化资源。他通过梳理中国传统社会和西方当代社会核心价

值的建构过程，重点阐述了儒家文化中“讲仁爱”“重民本”“求大同”对于涵养社会主义核心价值观的意义。上海师范大学教授陈泽环在发言中从解读习总书记对中国古代经典格言的引证和发挥着手，提出首先要学习和传承在我国大地上形成和发展起来的道德，然后才能在此基础上实现符合时代要求的创造性转化。中国社科院研究员赵法生从在尼山开展的乡村儒学实验谈起，提出了他对于儒学的新思考。他指出，近年来传统文化的流失在乡村较为严重，而为期一年多的乡村儒学建设效果明显，民风、村风得到了很大的改善。我校哲学系教授付长珍在发言中强调，通过追寻并激活民族的历史记忆和文化传统，增强民族凝聚力，不断利用自身文明的成就创造新的价值观，构建更加健全的中国文化当代形态。重思文化主体性与民族独特性问题，对于理解当今核心价值观的建构提供了一个重要的维度。

上海师范大学教授高惠珠从传承还是复古的角度出发，探讨了中华精神文脉与社会主义核心价值观之间的内在联系。她认为社会主义核心价值观是中华精神文脉的当代传承，马克思主义中国化不仅需要与中国实际相结合，而且也需要与中国文化相结合。上海师范大学副教授蔡志栋在发言中则从文化保守主义对中国古代仁政说高度赞扬的背景出发，提出了仁政与现代民主政治的关系。他梳理了若干中国近现代思想家对仁政说的批判，并以此来探讨这对于构建社会主义核心价值观的启发。华东师范大学教授陈卫平围绕《孟子》，分享了他对中国优秀传统文化与社会主义核心价值观的看法。在他看来，仁义礼智信是社会主义核心价值观的历史根基，是一脉相承的。与此同时，社会主义核心价值观也赋予了仁义礼智信新的时代内涵。

闭幕式上，华东师范大学社科创新基地主任杨国荣教授从三个层面分析了儒学价值系统对于当代的现实意义。他首先从中西方文化传统的比较入手，阐述了两种文明体系中价值观的差异性，指出儒学早期是以仁道为核心，而西方价值系统则是以正义为主轴。其次，阐述了“善”和权利的关系，指出“善”包含形式和实质两个层面，社群主义强调“善”高于“权利”，而自由主义则是权利高于“善”。最后，从儒家“成己成物”观的角度，指出儒家价值系统对于健全现实价值系统仍有重要的作用。本次论坛在掌声中圆满落幕。相信论坛的成功举办，能够引发学界对社会主义核心价值观的新一轮思考，也将对弘扬传统文化、促进儒学在当代的转型提供助力。

“社会思潮及价值观变化与上海教育创新”学术研讨会

参加人员：来自复旦大学、华东师范大学、上海大学、上海师范大学、上海社会科学院、上海市闸北八中的专家学者及上海市教委有关职能处室、市区有关教研员、高中政治教师、名师基地学员以及复旦大学思想政治教育专业的教师、博士生硕士生约80人

主办单位：上海市伦理学会课程与教学伦理专业委员会、复旦大学国家意识形态建设研究中心

时间：2014年10月18日

地点：上海远程教育集团国际会议中心

主要议题：本次研讨会，是复旦大学国家意识形态建设研究中心承担的上海市人民政府决策咨询课题的一个专家咨询论坛。这个课题由市伦理学学会课程与教学专业委员会成员承担。目前该课题在全市高校和高中展开多所学校数千份问卷调研，初步结果已经全部统计出来。

第九次全国应用伦理学研讨会

参加人员：来自全国40余所高等院校和科研单位的百余位专家、学者

主办单位：中国社会科学院应用伦理研究中心和山西师范大学政法学院

时间：2014年10月18日—10月19日

地点：山西师范大学

主要议题：应用伦理学视野中的人的问题

一、人及其基本问题

伦理学是以人与人之间的道德规范为研究对象的学科。人是道德的载体，也是道德的主体，当然也是伦理学研究能够展开的前提。什么是人，就成为理论工作者所面对的首要问题。中国社科院哲学所甘绍平研究员认为，与动物不同，人是能够借由语言和文字与感性世界拉开距离的具有强大能力的存在物。在伦理学看来，人是具有精神性的动物，人的本质就在其精神性。

西南大学任丑教授认为，“人是有伦理生命的存在者”构成应用伦理学可能并可行的基本前提。与人的自然生命相对应，伦理生命在祛除内在恶和外在恶的同时，更加要求追求内在善和外在善。广东省委党校吴灿新教授认为，人性是研究人和人的问题的关键与核心，应用伦理学研究人的问题的根本目的就在于社会至善和个体至善，二者相辅相成，彼此促进。宁夏大学李伟教授认为人的概念的道德来源在于各个民族的神圣叙事和传统叙事，因此才有丰富多彩的多民族道德生活史。

就人的普遍性来说，在文明类型的更替过程中，人是什么样的存在者。参会学者对此问题同样给出了解答。中南财经政法大学龚天平教授认为，人的人格样态经历了从渔猎文明时期的“自然人”到农业文明时期的“政治人”，再到工业文明时期的“经济人”和知识文明时期的“文化人”的交替。现代生态文明的人学基础就是与此文明类型相一致的“生态—文化人”。

自由是伦理学研究中另一个常谈常新的话题。广东省委党校李宁副教授提出，对自由而言，有集体本位的自由观和个人本位的自由观两种相互对立的认识。山西师范大学聂静港博士认为，对自由的自由主义式的二分理解已经不能完全解释我们的现实，应该转向对自由的第三种理解，即共和主义式的无支配自由。

此外，学者们热议了权利在应用伦理学中的落实问题。上海社会科学院陆晓禾研究员认为，义务和责任随着权利的扩展和自由空间的扩大而变化，应用伦理学应该进一步讨论不同层次的行为者的责任培育与践行问题。山西大学刘美玲副教授以德沃金的重要性平等原则为依据，以确立平等意识和明确政府职责为切入点，讨论了人的权利平等问题。

二、人权的伦理学意义

应用伦理学是实践性非常明显的学科，它所研究的现实道德问题与人权有着密切的关联。中国社会科学院孙春晨研究员区分了普遍主义人权观和历史主义人权观，强调人权是有历史性特征的存在物，这对应用伦理学诸领域人权问题的研究具有重要的启示意义。南京师范大学高兆明教授把人权放到区隔传统社会与现代社会的道德基础的意义上来分析。他认为，相比于传统社会，现代社会主要以现代性精神为灵魂，内在包含着启蒙和理性的要素。那么，现代社会的道德基础就不是超验力量、宗教等其他事物，而只能是人权。

如果把人权放到全球视野中考察会带来什么变化？中国社会科学院杨通进研究员提出，在日益加剧的全球化的趋势当中，不可避免地会遇到全球正义的难题。全球正义一定是超越国界的，我们不仅对所有人都负有义务，而且还要关心人类的整体福利。

三、历史文化资源中人的影像

过去是我们观照当下和未来的一面镜子，从历史中汲取营养也成为我们在应用伦理学视域中讨论人的一个正当选择。上海师范大学陈泽环教授从对具体人物的研究出发来解释人，认为梁启超的家庭道德教育是我们可以借鉴的宝贵资源。衡水学院曾小五教授认为，近代以来的科技大发展大进步带来了人的生存危机和道德困境。人类已经遗失了苏格拉底式的“自知其无知”与老子式的“为无为”的生存智慧，陷入了“自我毁灭”中。长沙理工大学成海鹰副教授则把目光转向西方 19 世纪以来的虚无主义思潮，寻找“荒诞人”的哲学意义。她认为，荒诞和虚无主义一样，指向了人生的无意义。要克服荒诞感和虚无感，就要使生活方式多元化和多样化，义无反顾地去生活，去追寻生活的意义并铭记于心。中国社会科学院徐艳东助理研究员以意大利政治哲学家阿甘本为分析对象，认为阿甘本的“空心人”思想极大地启示了我们对政治权力如何规训人的身体以及文化如何与身体政治发生联系的主题的思考。广东省委党校余泽娜副教授从马克思的“论犹太人问题”出发，认为马克思在批判宗教神学的历史唯物主义原则的过程中，以人为出发点，提出了高于政治解放的“人的解放”理想。河北大学黄云明教授认为，劳动人道主义批判继承了资本人道主义，更合乎人类本性，超越了个人主义和社群主义，推进了社会哲学的进步。

四、多元身份的人的境况

本次研讨会关于人的讨论不仅在人的普遍意义上展开，而且还具体到人的民族差异性和身份多元性。宁夏大学李伟教授认为，从人的道德生活史入手研究中国几千年伦理道德纲常的发生演变，特别是近代以来社会伦理秩序的巨大变化，使我国多民族道德生活史的研究呈现出人的多维道德空间形态和时间形态。此外，内蒙古师范大学斯仁教授聚焦于蒙古族的婚姻家庭道德，北京市委党校鄯爱红教授讨论了行政人的道德人格问题。

五、人与社会生活

本次研讨会的参会学者还就人在社会生活中的各种具体情境进行了广泛讨论。昆明理工大学韩跃红教授认为，医疗实践中人的尊严凝聚了宗教和世俗、伦理和法律、政府和民间的道德共识，是建制化行动的指南。深圳大学李隼副教授认为，要强调医学人文教育的重要意义，就必须明确“人是目的”的医学伦理规范。

山西大学张建辉讲师认为，要加强生态文明建设，必须调控权力、资本、科技和价值的作用，强调整体的人类与自然的互动，实现人与自然的和谐相处。山西省社会科学院杨珺副研究员认为，生态文明与伦理密不可分，合伦理性是生态文明的主要表征。山西大学博士生王晋丽认为，儒家的以义求利，仁义礼智信及仁和思想对晋商的辉煌起到了至关重要的推进作用。

本次研讨会首次围绕“应用伦理学视野中的人的问题”展开讨论，并兼及其他有关人的热点论题，比如，克隆人、3D 打印人体器官等。应当看到，作为自然当中唯一理性的存在者，人是伦理和道德的享有者，也是建构者，人是历史的、发展的、具体的，但同时也是普遍的、抽象的和平等的。关于人的争论必然在我们的理论研究和实践当中延续下去，我们有理由期待伦理学界将会有更多的研究成果来说明这个主题。

社会主义核心价值观教育研讨会

参加人员：来自清华大学、中国人民大学、复旦大学、东北师范大学、北京科技大学、湖南师范大学、上海理工大学等30余所高校的120余位教师代表

主办单位：上海市高校思想道德修养与法律基础教学协作组、上海理工大学社会科学学院

时间：2014年10月19日

地点：上海理工大学图文信息中心

主要议题：社会主义核心价值观教育的相关问题

一、如何理解社会主义核心价值观的科学内涵

深刻理解社会主义核心价值观的科学内涵，是推进社会主义核心价值观教育的首要问题。清华大学马克思主义学院院长、中央马克思主义理论研究和建设工程首席专家艾四林教授指出，党的十八大用24个字高度概括社会主义核心价值观以后，培育和践行社会主义核心价值观就成为一个理论和实践的课题，落实好社会主义核心价值观教育，首要环节就是如何讲好、讲准社会主义核心价值观。社会主义核心价值观中的很多概念和词汇来源于西方，他山之石，可以攻玉。他着重从“内与外”“相通与相异”“应然与实然”“攻与防”等四个角度，重点阐述怎样正确认识和对待西方价值观。我们构建的社会主义核心价值观，归根到底是我们国家现代化的价值观。他特别强调理论工作者要为凝练社会主义核心价值观的科学内涵作出自己的贡献。

复旦大学马克思主义学院院长、教育部高校思想政治理论课教学指导委员会委员高国希教授，就社会主义核心价值观的历史的、辩证的理论本质予以深刻的学理分析，强调了社会主义核心价值观的马克思主义特质。他认为，社会主义核心价值观和西方的核心价值观是不一样的，两者的区别主要在于社会主义核心价值观的背后有马克思主义指导思想这样深层次理论的支撑，它有更大的社会现实作用。社会主义核心价值观能够决定社

会制度具体设计和政策选择，要让社会主义核心价值变成现代治理体系的最大公约数，现代治理体系要体现社会主义核心价值观的要求。社会主义核心价值观既是国家的价值基础，又是个人行为的价值准则。

中国人民大学校长助理、马克思主义学院院长、中央马克思主义理论研究和建设工程首席专家郝立新教授，就社会主义核心价值体系与社会主义核心价值观、社会主义核心价值观的内涵特点以及社会主义核心价值观与“三个自信”“中国梦”之间的内在关系作了深刻的分析。他着重指出，我们要全面理解核心价值观具有的主导性、普遍性、超越性、包容性的四个特点。他认为，社会主义核心价值观体现了两个“三位一体”。一是从主体上看，既有国家的层面，又有社会的层面，还有公民个人的层面，这是三位一体的；另一个内涵上的三位一体，体现在社会主义的本质要求、传统优秀文化以及世界文明的三位一体。这两个三位一体抓住了，对核心价值观的理解就比较全面、到位。

二、如何理解社会主义核心价值观与传统文化和公民道德的关系

正确理解社会主义核心价值观与传统文化和公民道德的关系，是社会主义核心价值观教育的关键问题。与会代表从弘扬中华优秀传统文化和加强公民道德建设等多个角度进行解读。教育部人文社科重点研究基地清华大学高校德育研究中心副主任、中央马克思主义理论研究和建设工程首席专家吴潜涛教授，从分析社会主义核心价值观与传统文化的关系的角度，阐述了如何通过现代性转换和创新性发展，充分发挥中华优秀传统文化对于立德树人所具有的“思想之根”和“文化之源”的重要作用。吴潜涛特别指出，大学里讲的立德树人是“大德”，既包括思想教育的内容，也包括价值观、道德观和法制观的内容和心理素质，而不是特定场合讲的“小德”。弘扬中华优秀传统文化是为了建设社会主义的先进文化，为培育和践行社会主义核心价值观服务的；弘扬中华优秀传统文化，要与中国近现代的历史传统相结合；继承弘扬中华优秀传统文化，更要以中国共产党的革命文化为基本的遵循。

教育部高校思想政治理论课教学指导委员会委员、教育部人文社科重点研究基地湖南师范大学道德文化研究中心李培超教授，基于社会主义核心价值观和公民道德的密切关系的学理分析，明确提出要利用公民道德建设平台为核心价值观教育提供强大的群众基础和社会动力，推动社会主义

核心价值观教育日常化。他认为，公民是建设社会主义核心价值观最重要的主体因素，公民道德规范与社会主义核心价值观的内涵是相通的，公民道德规范为社会主义核心价值观提供基础。对于广大群众来说的，只要是合法经营，诚实劳动，客观效果有利于社会，就是为人民服务，也是践行社会主义核心价值观。从实践方式看，将公民道德建设与社会主义核心价值观结合是实现社会主义核心价值观的有效方式，它能为社会主义核心价值观提供强大的群众基础，能使社会主义核心价值观日常化、具体化、形象化、生动化。

三、如何协同推进社会主义核心价值观教育

立德树人，协同推进社会主义核心价值观教育，是一个长期的历史性任务。与会代表围绕社会主义核心价值观教育的地位和实施对策，展开热烈讨论，提出了许多建设性意见。东北师范大学党委副书记兼马克思主义学院院长、全国辅导员工作研究会副会长李忠军教授认为，社会主义核心价值观教育的本质其实就是“铸魂工程”，他从“空气论”的理论视角阐述了在大学生思想政治教育中，突出社会主义核心价值观教育的不可或缺性。他认为，社会主义核心价值观教育需要构建一套目标体系、内容体系、方法体系、制度体系、队伍体系，只有配套完善，社会主义核心价值观教育在实践中才有保障。

北京科技大学马克思主义学院院长、教育部马克思主义理论教学指导委员会委员彭庆红教授，结合自己的教学实践，就社会主义核心价值观教育的策略方法问题发表了独到的见解，给人以深刻启发。他认为，实施社会主义核心价值观教育，要在总结以往世界观、人生观和价值观教育经验的基础上，着力进行方法创新。一是要坚持以学生为本的基本原则，教师授课时“适当超越，点到为止”。二是基于学生需要的基本策略，教师要学会受到大学生欢迎的几种教学设计：基于从众心理的教学设计、基于功利的教学设计、基于求新的教学设计、基于自我实现的教学设计。三是进一步发挥学生的主体性和主动性，教师要根据学生实际灵活采取“讲动你、讲笑你、讲哭你”等方法。他还提醒教师对现实问题要有清醒、客观的认识，避免理论与实践脱节时遭遇的尴尬。

上海理工大学党委书记、德育研究中心主任沈炜教授，从学者和教育管理者的双重视角，就高校协同推进社会主义核心价值观教育的“三个

着力点”提出深刻见解。他强调指出，落实社会主义核心价值观教育任务，要着力推进家庭、学校、社会三位一体的协同育人机制，着力推进教师、学生二元联动的育人机制，着力推进个人成才梦和民族复兴梦一脉相承的协同育人机制。

在会议交流和专家咨询阶段，与会代表踊跃提问，就如何理解社会主义核心价值观的理论问题，如何增强社会主义价值观教育的实效性，如何加强马克思主义理论学科队伍建设，如何推进思想政治课教师和辅导员的协同发展等问题，进行了广泛而深入的探讨和互动交流。会议气氛热烈，体现了与会人员对当前社会主义核心价值观教育的高度关注。与会专家一致认为，本次研讨会既是社会主义核心价值观理论研究的高层论坛，又是主管部门和高校领导与一线教师共同参与的社会主义核心价值观教育教学的专题讨论。

“社会主义核心价值观的中国特色、民族特性和时代特征”研讨会

参加人员：专家学者共 20 余人

主办单位：上海市社会科学界联合会主办

时间：2014 年 10 月 25 日

地点：上海市维也纳国际大酒店

主要议题：社会主义核心价值观的中国特色、民族特性和时代特征

由上海市伦理学会、上海师范大学哲学学院承办的上海市社会科学界第十二届学术年会学科专场“社会主义核心价值观的中国特色、民族特性和时代特征”研讨会于 2014 年 10 月 25 日在上海市徐汇区桂林路 46 号维也纳国际大酒店正式召开。出席本次研讨会的专家学者共 20 余人，其中外地专家学者 3 人，研讨会共收到论文及摘要 14 篇。

研讨会开幕式由上海师范大学哲学学院院长崔宜明教授主持，上海市伦理学会会长陆晓禾研究员、中南林业科技大学副校长廖小平教授先后致辞。出席开幕式的有南京师范大学的高兆明教授、华东师范大学的余玉花教授、上海应用技术学院的张自慧教授、上海师范大学的毛勒堂教授、上

海师范大学的高惠珠教授等10余所高等院校和科研机构的20多位著名的专家学者以及《文汇报》和《解放日报》的记者、《社会科学》和《思想理论教育》杂志社的编辑。

开幕式后，会议围绕“社会主义核心价值观的中国特色、民族特性和时代特征”这个主题展开学术交流和讨论。上午的研讨，在陆晓禾研究员的主持下，中南林业科技大学副校长廖小平教授、华东师范大学的余玉花教授、上海师范大学的毛勒堂教授、上海师范大学的教师唐迅博士分别作了题为“论价值观建设之理念定位与人格特征”“探讨社会主义核心价值观教育”“马克思主义利益视域下的核心价值观思考”“社会主义核心价值观与公民意识”等主题报告，与会专家学者围绕主题报告展开了积极热烈的讨论，高兆明教授给予精彩点评。下午的研讨由毛勒堂教授主持，南京师范大学的高兆明教授、上海社会科学院的陆晓禾研究员、上海师范大学的周中之教授、上海师范大学的高惠珠教授、忻州师范学院的代训锋副教授、上海应用技术学院的张自慧教授、上海师范大学哲学学院院长崔宜明教授分别作了题为“民主与秩序重构”“社会主义核心价值观中的人权概念探讨”“中华传统美德与社会主义核心价值观”“论社会主义核心价值观与中华精神文脉的传承”“优秀传统文化是社会主义核心价值观的文化之根”“论社会主义核心价值观的传统文化基源”“社会主义核心价值观提出的哲学问题”等主题报告。华东师范大学的赵修义教授围绕研讨会主题进行了深入分析和解读，并对下午的研讨作了精彩的分析和点评。

上海师范大学哲学学院院长崔宜明教授对本次研讨会进行了总结，他认为，本次研讨会关注了当前社会主义核心价值观教育和建设中的热点问题，在与会专家学者的共同努力下，一批高水平的研究成果在会上得到了充分交流，一些研究中的问题在会上被提了出来并得到了认真探讨。最后，崔宜明教授再次感谢上海市社科联、上海市伦理学会，在它们的大力支持下，在哲学学院的精心组织和合理安排下，研讨会取得了圆满成功。

“信念伦理与社会主义核心价值观”学术研讨会

参加人员：来自全国多家高校及科研单位的70多位专家学者

主办单位：中国伦理学会和山东伦理学会

时间：2014年10月25日—10月26日

地点：山东师范大学学术交流中心

主要议题：信念伦理与德性伦理的哲学阐释以及如何探寻践行社会主义核心价值观的路径等

一、关于信念伦理与德性伦理的哲学阐释

山东伦理学会会长姜克俭指出，信念伦理，在某种意义上说，是德性伦理中最具基础性的元素，或者说是促成德性成长最重要的基元，其他德性或多或少都要受到它的影响和渗透。社会主义核心价值观从国家层面、社会层面、个人素质层面凝练出的德性要求，也都与信念伦理有机联结。信念直指人心，关系善恶，是人性达善的要件。信念伦理基于内心对某种道德准则合理性的坚定服膺和信仰，并将道德规则对自身行为的约束变成了一种来自灵魂深处的深刻自律，不论在道德行为的实施过程中外在条件如何于己不利，都要将这种道德准则毅然地贯彻下去。社会主义核心价值观建设是关乎国家命运和前途的战略工程，因此，要宣传好、践行好社会主义核心价值观，就要在全社会培育崇尚道德价值的信念伦理，深入挖掘信念伦理、德性伦理与社会主义核心价值观的内在关联，为其提供有力的理论支持。

中国伦理学会秘书长孙春晨研究员从“犬儒主义时代的信念伦理”入题，认为从社会道德的现状看，当今的时代可以称之为“犬儒主义时代”。由古代犬儒学派演变而来的当代犬儒主义对现时代各个领域的道德生活产生了深刻影响，导致去道德化现象日趋严重，道德价值、道德义务和道德责任的重要性被削弱。信念伦理强调对道德原则和价值观的自觉认同和接受，它是践行核心价值观的强大而有力的精神支撑。信念伦理与责任伦理不可分离，每一个公民都对践行核心价值观承担着道德责任。

山东社会科学院涂可国研究员认为，要准确把握信念伦理的内涵、结构、特点和意义，就必须对责任伦理加以关注和梳理。儒学所阐发的“责任伦理”既包含意图伦理或义务伦理，又包含结果伦理，但它又区别于严格意义上的道德功利主义。儒家责任伦理主要指一种道德使命，它确定人的道德责任，致力于事前责任与事后责任的统一，内在地包含义务伦理，从角色伦理维度规定责任伦理并通过各种礼仪规范和准则加以表达。儒家责任伦理提出了三种伦理责任类型：一是对自然的责任；二是对自己的责任；三是对社会的责任。推动儒家伦理学的应用有助于建立道德责任体系，有助于强化人的道德责任感，有助于培育社会主义核心价值观。

二、关于践行社会主义核心价值观的路径探寻

中国伦理学会常务理事、《道德与文明》责任主编杨义芹研究员从国家伦理的视角对社会主义核心价值观进行了富有启发性的解读。她从探寻社会主义核心价值观的认同路径入题，指出社会主义核心价值观的社会认同，是培育和践行社会主义核心价值观的根本举措。践行社会主义核心价值观，关键是求得全社会对核心价值观的广泛认同，使之成为社会的主导观念，进而内化为个体的坚定信念并付诸行动。而认知、识别、接纳一种价值观，需要个体长期的心理积淀和社会认同。面对主流意识形态趋于模糊和淡化，国家聚合力、认同感的缺失，如何把践行社会主义核心价值观转化成个体的价值自觉及责任和信念，以社会主义核心价值观认同消解价值冲突，凝聚民心，既是实现中国梦的强大精神力量，也是摆在我们面前的紧迫任务。杨主编认为，优秀传统文化基因是中华民族生生不息的文化资源，是社会主义核心价值观认同的理论基础，以优秀传统文化基因为基础，可以将社会主义核心价值观的意识形态功能与公民个人价值追求统一起来，使社会主义核心价值观转换成全社会的价值共识，进而转换成个体的道德诉求，引领规范人们行为方式的文化基础；公民道德建设是社会主义核心价值观认同的实践路径，丰富的公民道德建设实践是培育和践行社会主义核心价值观的有效途径和载体。对知识分子而言，应担负起时代赋予的使命，自觉成为社会主义核心价值观的传播者、推动者和践行者。

山东师范大学马永庆教授认为，任何一个社会都需要有与当时社会状

况相符合的核心价值观，不仅在于为人们确立做人的基本标准和发展方向，更为重要的是在于维护社会和谐有序。社会主义核心价值观的培育是社会与个体、传统与现实、知与行的价值互换过程，社会与个体的价值转换是输出和输入的双向循环发展，具有平等性、相互性和人本性的基本特征；中国特色社会主义的实践是核心价值观确立的基础。社会主义核心价值观是民族优秀传统、中国共产党人的价值观和时代精神的有机结合。社会主义核心价值观的价值转换需要通过舆论价值导向、建立实践平台、启迪个人自觉性等方式，使个人达到认知与实践的统一。

曲阜师范大学赵昆副教授认为，要践行社会主义核心价值观，需要解决两个问题：一是“信”，二是“行”。首先，信即确信不疑。何以为信？一般包含两个层面：信以为真，信以为值。其次是行。这是信念（或信仰）的应有之义。信念不仅在于信，更在于行，在于去践行和追求，身体力行。一定的思想理论或学说，要让人深信不疑，内化为人们的信念，离不开一定的理论认识，但仅靠理论认识还远远不够。信念（或信仰）中天然含有情感等非理性因素，并不是仅仅加强理论教育就可以实现的。因此，践行社会主义核心价值观，关键在于如何把核心价值观内化为人们的信念，进而指导人们的行为。

三、其他相关论点

参会的专家学者围绕会议主题，就核心价值观自身的价值、中国传统道德价值的现代转换、信念伦理的教育与传播方式、伦理决策与宗教信仰、职业信念与职业品质等问题进行了广泛而深入的研讨与交流。山东大学曹永福教授以“信念伦理之于医学伦理与生命伦理”为题，论述了践行社会主义核心价值观必须具备坚定的职业信念和职业操守；湖南大众传媒学院的周山东副教授以“孝”为中心，论述了道教弘扬传统社会主义核心价值观的方式；聊城大学王敬华教授从仁、士、儒的社会角色与社会担当层面论述了先秦儒家关于信念的探讨；泰山学院的刘胜梅副教授就信念伦理学校教育方式展开论述，提出了信念伦理在学校道德教育中的方法路径；亚美远传文化传播有限公司副总经理魏涛先生以企业家的伦理决策与宗教信仰为题，论述了企业管理决策中的伦理考量、企业家伦理的理性支持等，指出要践行社会主义核心价值观，企业家应体现自身的责任和使命，实现更高尚的信念追求。

“伦理视阈下的城市发展”学术研讨会

参加人员：来自多家高等院校、科研院所以及政府部门的专家、学者，欧洲建筑学会的国际友人等100多人

主办单位：中国伦理学会、北京伦理学会主办，北京建筑大学承办

时间：2014年10月25日—10月26日

地点：北京建筑大学

主要议题：“城市之善”，围绕城市发展与生态文明、绿色建筑与国际视野等议题

一、城市发展的“目的之善”

城市为谁而建？何为美好城市？这是城市伦理学首先要回答的问题。北京伦理学会会长、国家行政学院王伟教授，上海社会科学院陈忠研究员一致指出，伦理学作为一门“显学”日益渗透到社会发展诸方面，逐渐摆脱长期以来占统治地位的概念之网，改变宏大叙事的姿态，以“微伦理学”的表达方式重归人生、亲近生活，再现魅力。伦理学研究日益具有微观视阈，美好城市的微观问题研究日益成为一种时代精神。

北京市哲学社会科学规划办公室副主任李建平研究员认为，“城市之善”在于发展目的之善，我们既要关注环境生态，更要关注人文生态。万俊人教授说，城市发展中的“大城市病”问题归根结底是城市本质、城市形态的问题。他以法国巴黎和俄罗斯圣彼得堡为例说明，城市有两种形态，一种是看得见的城市，一种是看不见的城市。前者主要表现为高楼大厦、道路桥梁，后者则内蕴于城市的精神、文化和道德中。巴黎和圣彼得堡始终保持一种文化和精神的吸引力，置身其中，人们到处都能见到博物馆、文献馆，随时都可能邂逅“梦中情人”。我们既要建设“看得见”的城市，又要塑造“看不见”的城市，从伦理、文化的角度理解城市、建设城市，从而真正彰显城市的特点、意义和品质。

二、城市空间的“正义之善”

城市化进程的加快使中国正在进入一个空间崛起的时代，城市大开发、房地产火热就是最好的例证。城市空间不仅是人们栖息的物理容器，更是一个表征政治关系的社会舞台。许多学者认为，城市空间具有政治特征，空间现象是一个政治现象，空间问题在一定意义上是一个政治问题。中国社会科学院雷颐研究员从政治学角度阐述了中国城市空间与权力、政治的密切关系。中南大学李建华教授、北京建筑大学张华副教授都认为，空间的政治性表现在：空间是政治权力存在的前提条件和重要场所，而城市空间生产需要政治权力的支持。然而，城市开发、地产运营的结果并不能保证所有人公平享有城市空间。换句话说，城市空间的生产不仅积累起社会财富、道德和良善，同时也积累了问题、风险和积怨。于是城市空间正义就成了城市居民强烈主张的一种政治权利。作为一种“合目的性”的空间形态与空间关系，空间正义要求社会中的不同群体享有平等的空间权利，并相对自由而理想地进行空间生产和消费。然而，在现实的空间生产过程中，权力与资本的双重作用，导致了城市空间过度资本化，城市开发中权力不正当参与，城市空间生产、分配和消费行为出现价值混乱，城市空间正义缺失逐渐居于空间生产现实矛盾谱系的核心。现实的拯救方案是，将城市空间正义作为城市政策的优先价值，并在空间生产中进一步规范资本运营、科学转变政府职能、扩大城市规划中的公民参与率。

三、历史建筑的“存在之善”

城市历史建筑是城市历史的文化载体，也是连接过去与未来的历史桥梁。保护好历史建筑以留住城市记忆、延续历史文脉，是本次学术研讨会热议的又一话题。住建部科技司原司长、北京建筑文化研究基地首席专家李先逵教授论述了保护历史建筑的“合目的性”，认为失去历史记忆的城市是没有灵魂、没有情感的城市，保护好珍贵的历史建筑是当代人义不容辞的责任和使命。中国传媒大学李淑文教授认为，一个真正美丽的城市一定要有丰富的建筑文化遗产。故宫建筑表达了“大一统”观念，北京四合院建筑诉说着市井生活，上海欧式建筑体现出中西合璧的文化，城市建设通过留住宝贵的建筑文化遗产来传承城市文化基因、保留城市文化记忆、塑造城市文化形象、提升城市文化品位、丰富城市文化内涵。欧洲建筑学会设计师 Milan Svatac（米兰·斯瓦特克）以捷克首都布拉格为例解读了历史建筑保护对一座城市发展的重要性。布拉格以中世纪老城广场为核心，从里向外逐层发展，依次保存了罗马时期、哥特时期、文艺复兴时期、巴洛克时期、古典主义时期、19 世纪和 20 世纪等各个历史发展阶段的街区和建筑，被誉为最美的欧洲城市历史博物馆，列入了世界文化遗产名录。在此，新区旧城的和谐共存构成这座城市引人入胜的文化特色。

历史建筑以何种方式存在？李先逵教授认为，以往那种抛开旧城、孤立发展新区，或以破坏旧城为代价来推动新区建设的做法常常导致城市文脉支离破碎，他建议政府部门和学界同仁在解决了历史建筑“为什么”要保护以后，应该认真研究“如何”保护。中国建筑设计研究院建筑师朱起鹏以北京宏恩观为例，提出了城市建筑文化遗产保护、更新和发展的新思路。他认为，历史建筑的惯常存在方式是使其变成博物馆或旅游景点，这虽然是一种较为理想的保护方式，但就北京来说，两万处遗存的历史建筑和大量的历史街区，不能都像故宫一样定格成历史博物馆。因此，历史建筑还有另外一种存在方式，即在建筑中请进“伦常日用”，让建筑融入百姓生活。宏恩观就是以这样的方式保存下来的。经过几百年的历史演变，在宏恩观庙宇中，既能看到元代遗址、清代建筑、20 世纪 50 年代的厂房、90 年代的建筑，也有酒吧、咖啡厅、小剧场、小商品市场、菜市场、地下超市等。在这里，各阶层人都能找到自己的生活空间，宏恩观也因承载了日常生活而完成了另一种保护和传承。

总之，与会专家一致认为，“城市之善”在于城市发展的“目的之善”、城市空间的“正义之善”、历史建筑的“存在之善”。

“依法治国与司法公信”学术研讨会

参加人员：来自华东师范大学、上海社会科学院、华东政法大学、上海政法学院、上海对外贸易大学、上海财经大学、上海市第二检察分院、华东理工大学、海南大学、浙江旅游专科学校、解放日报社等单位的专家学者

主办单位：上海伦理学会、国家社科基金重大项目“推进政务诚信、

商务诚信、社会诚信和司法公信建设研究”课题组和华东师范大学公民发展与现代德育研究中心

时间：2014 年 11 月 8 日

地点：华东师范大学

主要议题：集中于“依法治国与司法改革”“司法公信与司法制度”“司法公信的社会条件”和“司法公信的文化条件”等展开讨论

华东政法大学蒋德海教授认为十八届四中全会重提依法治国是对依法治国提出 18 年来现状的一种总结。司法公信是依法治国的标志和底线性价值。推进司法公信的关键点是：一、依法治国是体现民主法治的基本原则；二、推进司法公信的关键是实现司法权独立。他认为目前影响司法公信的原因除了司法体制向领导负责外，人们对司法独立究竟是集体独立还是司法官个人的独立还弄不清楚。上海政法学院副院长关保英教授指出，世界历史上曾有各种治国模式，四中全会表明中国最终选择了“依法治国”的治国模式。对于如何实现依法治国的问题，他提出：一、司法公信力的构造必须与司法权特征结合起来。司法权的特征包括三方面：案件决定、碎片化和不告不理。上述特征只有形成制度才能为公信力构造找到正当逻辑。二、司法公信力的构造必须与法官的社会角色、与法官的素质结合起来，如行为中立、独立自信、品行端正、理想至上、法治思维等。三、司法公信力的构造必须结合四中全会《决定》，努力培育法治思维。他特别指出法治思维目前受到了来自传统文化和体制上的阻滞，这有碍于依法治国的实现。上海第二检察分院高级检察官董明亮主任结合司法实践指出现实中影响司法公信的负面因素，如司法机关官本位现象，法律守门人不守门，个别案件适用法律的随意性，“二审终审制”变为形式等。司法改革如何去行政化，改革价值取向是什么，这是我们当前需要回答的问题。上海对外贸易大学母天学教授认为，依法治国的核心是依宪治国，依宪治国在于党必须确立合理合法的执政方式。

上海伦理学会会长、上海社科院陆晓禾研究员提出法要以信为基础和前提，这种信不是服从，不是规则信任，而是对司法有了解、尊重的信任。依据十八届四中全会关于司法改革的几大亮点，她提出进一步需要研究和解决的几大关系：党的领导与依法治国的关系；党的意识形态与宪法意识形态的关系；依法治国与以德治国的关系；理解、信奉法治与实行法治的关系；党纪和国法的关系；民主集中制中的民主与集中关系。赵修义

教授从司法公信的文化条件的视角，提出了意识形态与科学认知的问题。认为要探讨推进依法治国中的科学认知问题和人们的行为文化问题。他认为，文化根深蒂固地存在于“制度化头脑”和“习惯性假设”中，左右着人们的行为。应该从渗透在行为方式的文化中看待法治。上海财经大学徐大建教授认为司法公信的必要条件和本质是司法公正。司法公正的必要条件之一是法律本身是良法，其二是有法必依。他认为，党的领导和依法治国并不冲突，共产党的信仰就是宪政，并且要领导人民去实现宪政。

解放日报社王珍副主任认为四中全会最重要的进步在于让依法治国成为大家共同关注和讨论的问题。郝宇青指出法治建设中制度精神的重要性。陈正桂副教授和姚晓娜副教授从文化角度谈了依法治国问题，呼吁法治教育应该从小抓起，法治教育不仅是对法官、检察官教育，而应该是全公民教育。这次学术研讨会给各位专家和全体与会者提供了讨论和交流的平台，大家提出了很多现实性的问题和有价值的建议。

第八次全国经济伦理学学术研讨会

参加人员：来自北京、上海、江苏、湖北、湖南、河南、河北等地的70余位专家学者、媒体代表以及来自日本的两位学者

主办单位：中国人民大学伦理学与道德建设研究中心、中国伦理学会经济伦理学专业委员会

时间：2014年11月15日—11月16日

地点：中国人民大学

主要议题：从理论和实践的不同角度，围绕“经济伦理与社会主义核心价值观”“经济伦理与社会主义市场经济”和“企业伦理与道德资本”等问题

一、经济伦理与社会主义核心价值观

与会学者从经济伦理的视角，对社会主义核心价值观的理论内涵、价值导向、认同机制和实现机制等展开了热烈探讨。

湖南师范大学王泽应教授认为，共同富裕作为中国特色社会主义的基

本价值目标、社会主义核心价值观的重要内容，含有普遍脱贫、通过鼓励勤劳致富以及扶贫帮困进而逐步走向富裕等丰富内涵。在他看来，一方面，发展生产力消除贫穷是共同富裕的前提条件，鼓励勤劳致富是共同富裕的内在要求，缩小贫富差距是实现共同富裕的重要内容，另一方面，共同富裕本身就彰显着社会主义的伦理进步性。首都师范大学王淑芹教授提出了经济伦理学发展中的“五个加强”，即加强与经济学等其他学科交流，加强与实业界的交流，加强经济伦理学研究的国际交流与合作，加强与政府决策部门的对话和交流，加强学界自身交流。华中师范大学龙静云教授看到了道德问题与提升文化软实力之间的必然联系，道德作为文化软实力的重要元素，应当辩证地对待。一方面，道德问题会成为我国文化软实力的负面因子，另一方面，道德问题治理又是提升文化软实力的重要路径。上海师范大学周中之教授着重探讨了慈善伦理的文化血脉及其价值导向的观点，在他看来，中国慈善伦理思想有着深远的儒家、道教、佛教的文化血脉，并且具有建立在宗法血缘关系基础上仁爱的文化认同的特点，因此，应当以核心价值观的相关要求，即自愿奉献、平等互尊、诚实守信三大原则为导向，来构建当代中国慈善伦理规范体系。中国人民大学葛晨虹教授指出，当下中国所面临的诸多道德问题、社会问题，和转型期社会特有的无序化、个体化、碎片化、价值紊乱、制度管理缺失等深层原因相关。她认为，现代治理体系和能力构建实施的前提之一，就是深层解读你所处的时代，望闻问切社会问题，找到症结所在，辨证施治。

二、经济伦理与社会主义市场经济

如何正确透过经济现象看到其中的道德弊病根源？如何通过经济伦理思想来检视市场经济活动的合理性？如何合理借助经济伦理中的道德力来推动社会主义市场经济有序地、可持续地发展？对于上述问题，与会者进行了热烈的讨论。

河南财经政法大学乔法容教授针对传统粗放式经济增长方式，提出了循环经济伦理，即经济社会可持续发展的伦理范式。它建立在以“减量化、再利用、资源化”为内容的“3R”原则基础上，其运行包括小循环、中循环、大循环三个层次，构建了经济—生态—社会诸关系和谐发展的链条，催生了诸多新的伦理关系与道德诉求。循环经济深蕴和谐、公正、可持续性三大理念，构架了经济社会可持续发展的伦理范式。上海社会科学院陆晓禾研究员认为，社会主义市场经济体制作为“以资本为基础的生产方式”，简单说来是资本主义的生产方式，一方面，应当推进与资本相适应的生产方式，使其向资本主义生产方式开放，另一方面，也应当运用社会主义市场经济伦理来正确规范和导向人们对资本的认识。河海大学的余达淮教授认为，资本作为一种现实性的“同质化”的抽象力量和一种“可感觉而又超感觉的物”，在道德实践层面具有善恶两面性，表现为以其增值本性所导致的剥削和贫困而呈现出罪恶的面孔，同时也因其带来的发展、竞争、繁荣与公平等而凸显出善的另一面。资本的矛盾性存在决定了我们必须辩证地对待资本。武汉大学乔洪武教授将马克思的货币伦理思想与西方主流经济学进行比较，对货币经济条件下人的异化进行了分析，并进一步探讨了资本主义货币伦理的出路。中国人民大学曹刚教授分析了企业排污权和环境权的冲突问题。南京师范大学王露璐教授基于对四个典型村庄的田野调查指出，一方面，农村改革进程带来了农民致富冲动的强化和经济理性意识的成长；另一方面，传统农业生产方式和生活方式中生成和强化的“土地情结”依然存在。商品化、市场化的发展，为乡村社会转型中农民理性意识的产生和发展提供了逻辑前提，也为“理性新农民”的生成提供了必要的条件。中南财经政法大学龚天平教授认为，当代社会兴起的伦理经济是经济主体运用经济伦理规则来引导、规范和塑造自身的经济行为，并监督、控制经济运行过程，以着眼于实现某些伦理性目的的经济活动。它具有伦理性、经济性特点，是对经济伦理的实践。

三、企业伦理与道德资本

企业伦理是经济伦理的重要分支。企业伦理蕴含着道德资本，道德资本是企业伦理的内在推动力，企业伦理则是道德资本的外在表现形式。与会者从这两个方面入手，积极联系社会实际，进行了多方位、多角度的对话与交流。

南京师范大学王小锡教授着重分析了企业道德资本类型及其评估指标体系。企业类型多样，涉及的具体企业又是千差万别，因此，道德资本评估指标会有差别，需要根据企业的具体生产内容和特点作必要的道德资本内容和表征表达的设计变换。但是，不管什么企业，尽管其道德资本评估指标的内容和表征表达方式上因企业不同而不同，但其道德资本评估的主旨理念是一致的。河南财经政法大学朱金瑞教授对改革开放以来中国企业社会责任的历史演进进行了梳理和分析，认为中国企业的社会责任不断进步，不仅企业社会责任与政治义务分离，而且现代社会责任意识不断觉醒并且日益清晰与自觉。南昌工程学院汪荣有教授从伦理的角度分析了现代企业制度，他认为，由于资本所有人和资本经营者之间的信息不对称和具体利益目标的偏离，现代企业制度下委托—代理经营方式中的伦理问题日益突出。因此，现代企业治理机构的形成过程，实际上是资本的所有权和经营权分散过程中一系列伦理关系的产生和解决过程。

日本经营伦理学会会长、日本白鸥大学高桥教授主要介绍了日本经营伦理学会的历史与现状，伦理是人内心的价值观，企业伦理作为组织共同体的行为规范，与组织共同体价值意识不同，会因企业形态、行业、创业的精神、创业的历史、最高经营责任者的想法不同而不同。他从企业统治、遵守法律、价值分享的角度对企业伦理进行考察，认为经营伦理是法令遵守的实践，并提出了几点需要制度化的建议。他还对作为内化规范的良心进行反思，认为实际工作中书面的规范极易被忘却，企业员工更多的是模仿组织中最高层执行总裁的行为。日本立命馆大学刘庆红教授介绍了日本经营伦理学关注的主要问题：一个建议，即资格考试和认定；两种倾向，即面向管理实践和本土化；三种观点，即正相关、负相关、复杂多变的关系。

会议期间还召开了中国伦理学会经济伦理学专业委员会换届大会，选举产生了新一届中国伦理学会经济伦理学专业委员会。中国伦理学会副会长、南京师范大学王小锡教授当选中国伦理学会经济伦理学专业委员会主任，王泽应、王淑芹、龙静云、乔法容、刘可风、孙春晨、李兰芬、陆晓禾、周中之、葛晨虹当选中国伦理学会经济伦理学专业委员会副主任，王露璐当选为秘书长。

“民族伦理与国家治理”学术研讨会

参加人员：来自中央民族大学、兰州大学、北京师范大学、首都师范大学、宁夏大学、北方民族大学、宁夏教育学院、曲阜师范大学、浙江工商大学、内蒙古师范大学、山西师范大学、吉首大学、西南交通大学、湖北民族学院、石家庄铁道大学、广西教育学院、百色学院、贵州大学、云南大学、云南民族大学、大理学院、《道德与文明》杂志社等20多个单位的30多位专家学者

主办单位：中国伦理学会民族伦理学专业委员会、云南省民族伦理学会、宁夏大学民族伦理研究所共同主办，云南省民族伦理学会承办

时间：2014年11月20日—11月24日

地点：大理学院古城校区

主要议题：民族传统伦理与国家治理、民族伦理学与民族道德生活史的研究范式和研究方法以及民族伦理与国家治理研究的新生力量等话题

一、民族传统伦理与国家治理研究

中国人类学民族学研究会副会长，国家民委原副主任周明甫先生就2014年9月28日在北京召开的第四次中央民族工作会议的精神作了专题发言。他指出，走出中国特色道路解决民族问题，首先应该在现有基础上进一步完善、发展、创新中国特色解决民族问题的路径；其次要走立足现代、面向未来的道路。学者首先应该把民族发展的规律、民族伦理、民族关系的规律以及各个方面的规律、标准、范式搞清楚，树立和坚守作为学者的学术伦理和职业道德。其次，在整个历史变迁过程中，学者们都要回答过去我是谁，现在我是谁，未来我是谁；过去做的已经过去，现在该怎么做，未来该怎么做。最后，学者们在原有的理论基础上，要有创新、有引领，用中国的话语、中国的理论，走中国特色解决民族问题的道路。

就民族伦理与国家治理问题，孙英教授提出一个总体标准、两个分标准来衡量国家治理的现代化问题。她认为这不仅是一个技术问题，而且也是一个价值问题，应根据利益多少和利益最大化的余额标准，来解决利益关系冲突情况下自我牺牲的必要性问题。

唐凯兴教授对古代壮族土司的政治伦理思想作了具体的阐述。他概括了忻城莫氏土司统治时期众多的政治伦理思想，包括以儒为道统，以儒治镇、治国，力主德治仁政，效忠王朝、仁民爱物、节俭勤政、教子修身、乐善改过等政治伦理思想，并对其与中华政治伦理中的相容性作了具体阐述。

王良范教授就国家认同与民族认同的关系问题，提出应在“国家剧场”“社会剧场”“民间剧场”的场景中构建民族与国家的双向认同关系，

在民族身份与国家身份统一的权利认证下促使民族关系和谐，团结进步。

二、民族伦理学与民族道德生活史研究范式

关于道德人类学的问题和命题，李伟教授认为需要注意以下三个基本问题：第一，民族生活图像的演变及其他的历史痕迹；第二，各民族用以组织和调节道德生活的实际做法和符号形式问题；第三，民族道德历史的本性问题。我国多民族道德生活史不仅是一部生活史，也是一部概念史。每个民族的核心概念不仅包含在语言文字中，也包含在民族的肢体语言、音乐语言、情感语言中，它们构成了丰富的道德生活。

陈文江教授围绕我国多民族道德生活史的分析路径与指标体系提出要建立一系列的指标与框架结构。他梳理了人类学、伦理学、社会学关于道德研究，尤其是关于道德生活研究的文献，提出了“神圣叙述”“世俗叙述”“职业生活领域”“家庭领域”“整个社会领域”等五大指标，这些指标应该回到历史学、人类学、社会学、伦理学当中寻找相关学理依据。另外，陈文江教授认为，民族学者所作的道德生活史研究存在着细碎、缺少统领性内容和理论指导等问题，缺少伦理学应有的理论高度，进而导致了研究过程的低水平重复，因此需要在方法上予以改进。

熊坤新教授就中国历代少数民族伦理思想的研究问题，试图站在民族学与伦理学相互交叉、融会的基础上，从宏观、中观和微观的角度进行研究。他指出民族伦理学在研究过程中所遇到的问题，亟须进一步夯实民族伦理学的理论基础，认真回答民族伦理是什么，并强调民族伦理学具有本学科特有的内在逻辑结构要求。

高力教授通过对纳西族道德生活史的研究，提出了“道德生活化”和“生活道德化”两个概念。他认为，“道德生活化”是我们在考察个民族的道德生活中发现的，它包括各种物质生活条件的价值判断和理想追求。“道德生活化”调节不同利益关系，化解各种利益冲突，使生活变得有秩序。这就引申到道德政治化问题，道德政治化使道德的功能发展具有多种可能性：道德成为政治意识形态以及统治阶级的工具；道德远离了社会基础而成为政治产物；政治成为道德生活的阻碍。

与会代表认为要不断探索、完善民族伦理学、道德生活史概念、范畴、架构及其体系的研究，才能不断扩大知识结构。因此，在进行民族伦理学的研究过程中，必须注意正确运用民族理论和民族政策，严格按照党

的十八大精神，在弘扬少数民族优秀传统伦理道德的同时，结合国家治理，真正推动民族地区的社会和谐与稳定。

三、各民族伦理道德与道德生活史研究方法

杨国才教授从白族生活史研究的方法和内容视角切入，认为白族社会历史发展有其特殊性，不能像以往从原始社会、奴隶社会、封建社会等历史研究的叙述逻辑入手，而应从白族社会生产力与生产方式的发展变化相适应的原始采集、狩猎、游牧、农业、手工业、商业视角切入，分析在每个阶段的民间神话、传说、风俗习惯、宗教信仰、恋爱婚姻、家庭、丧葬等生活中的价值判断与追求，以协调民族内部和周边民族之间不同利益冲突、使人们有规律地生活的价值标准与尺度。

陈寿灿教授以畲族生态伦理的研究现状与基本内容为题，对伦理学研究应该采取一种怎样的角度进行了分析。他认为人类学的非普遍主义立场和在田野调查基础之上的“深描”方法对民族伦理学的研究有着积极意义。他结合指标体系，从宗教、生产实践、乡规民约和文学创作等方面对畲族的生态伦理进行了大量的田野研究。

王文东教授以“宗教文化与民族道德生活之关系”为题作了发言。他认为宗教文化与道德生活在结构上具有共生关系。民族道德生活史的研究不应是一种还原主义的方法论，而应该从整体论视角进行跨学科研究。

鲁建彪教授从宗教信仰角度对傈僳族宗教伦理思想进行了阐释，指出信仰基督教的傈僳族人带有一定的排外性，他们的宗教伦理更多是基督教伦理。因此，在多元宗教信仰背景下，如何勾勒傈僳族的道德生活便成了一个重要问题。

胡茂成教授对当前土家族道德生活的研究现状和进展情况进行了分析，指出土家族在还原历史的问题上有着一定难度，且其来源还存在诸多争论。他率领的土家族道德生活史团队，已有 5 个小组开展了田野调查，且在开展田野调查前也都组织专家进行了深入研讨。

总之，与会者认为需要从伦理学和描述伦理学出发，综合运用民族学、人类学、社会学的研究方法。巴特尔教授认为民族的宗教研究在揭示民族道德生活史问题上具有引领作用，只有深入挖掘宗教思想，才能较好地保证道德生活史研究的有效性。

四、民族伦理与国家治理研究的新生力量

青年学者与青年学生组成的民族伦理学研究论坛主要讨论了以下内容。

宁夏大学青年学者胡玉冰从文献考证的角度探讨了清代回族学者马注的学术思想，他认为一要正本清源；二要去伪存真。吉首大学青年学者王银春与其藏族学生合作探讨了藏族传统慈善伦理及其现代价值，认为藏族作为一个古老而有智慧的民族，具有丰富的慈善伦理思想，这些慈善伦理思想在当代仍然具有重要的价值。中央民族大学博士生齐光勇探讨了傈僳族的伦理思想观念，其中澡塘会的风俗习惯引起了与会学者的关注。云南民族大学硕士生王韵在深入独龙江实地调查个案，分析了独龙族从不让孩子上学到义务教育普及和教育伦理观念的变迁及国家、民族认同的观念。施玉乔则以家族结构变化为切入点，提出从家庭道德教育入手，促进优秀传统家族人际伦理回归的观点。

大家的互动涉及的问题较为宽泛，主要聚焦在民族文化传统与民族现代性关系问题上，与会专家学者形成了两个对立交锋的观点。斯仁教授认为我们在批判学术研究与日常生活中的泛科学主义时，应当反思现代性，尤其应警惕现代性对民族传统文化的消解。而肖平教授则在肯定科学、理性的积极价值的基础上，对民族传统文化的发展持乐观态度。

“慈善伦理与核心价值观”学术研讨会

参加人员：来自湖南师范大学、华东师范大学、同济大学、上海社会科学院、上海社会主义学院、上海师范大学、首都师范大学、上海财经大学、北方民族大学、上海理工大学、吉首大学、上海社团局、上海惠迪吉公益人心理关爱中心的40余位专家学者

主办单位：上海市伦理学会、上海师范大学经济伦理研究中心、上海师范大学慈善与志愿者服务研究中心、上海师范大学教育发展基金会

时间：2014年12月2日

地点：上海师范大学

主要议题：如何以社会主义核心价值观为引领，让伦理之光照耀21世纪中国慈善事业的发展，是社会科学研究的前沿课题

一、关于慈善伦理与核心价值观

慈善的伦理精神与社会主义核心价值观是一种实实在在的关系，二者既相互促进又相互融合，不论是内化为心灵追求上的“自愿、平等、奉献”之精神，还是外化为实践交往中的“尊重、友爱、互助”之互动，都将助推社会主义核心价值观的培育和践行的效度。慈善文化是培育和践行社会主义核心价值观的有效载体。对此，上海师范大学周中之教授认为，社会主义核心价值观蕴含着向上和向善的精神，向上就是要进取，向善就是要做一个善人，而慈善伦理就是倡导一种向上、向善的实践精神。因此，社会主义核心价值观是当代中国慈善伦理规范体系的灵魂。而华东师范大学赵修义教授认为，慈善活动真正的伦理意义是在活动中通过带有伦理意义的感情的交流，形成斯密所说的“同感”，进一步形成“同情心”，而从事慈善的人也能获得某种精神上的愉悦和提升。要花点工夫去研究慈善在提升社会主义核心价值观的培育和践行效度方面的机制，总结出一些好的办法来。

与会人员一致认为，慈善文化是培育和践行社会主义核心价值观的有效载体。但同属于伦理文化亚型的慈善伦理与社会主义核心价值观如何相互契合呢？契合性如何从异质的伦理文化之间的互动中涌现出来？又如何内生契合性以社会主义核心价值观来引领慈善事业的发展呢？对此，华东师范大学朱贻庭教授认为，慈善包括不忍人之心的道德意识、不求回报的道德品性及扶贫济困的道德行为和效果，是善心、善举、善功的三者统一。“慈善伦理”要切合社会主义核心价值观，必须是对德性论—道义论—功利论的超越，是德性、道义、功效的三者统一。上海社会科学院陆晓禾研究员则从家训中的慈善文化来谈慈善伦理切合社会主义核心价值观问题，认为慈善或者说周济是中国传统家训文化中的重要内容；目前正在开展的家训文化的转型或重建，就是要使核心价值观与家训文化相结合、相同构。对于新时期家训中的慈善文化建设来说，不仅是形式，更重要的是内容；不仅是传统家训中的慈善文化精华的继承，而且是在核心价值观与家训中的慈善文化的同构上走出一条新路；不仅是政府和社区推动，而且是家庭、社区自身、社会整体的需要。吉首大学周忠华博士认

为，否定学的思路是筹划慈善事业发展的新角度、新凭借，人们需要按否定学的思路，以社会主义核心价值观来引领慈善事业的发展，即对“慈善现实”的辩证否定。对现实中慈善文化观念的突破，可以使慈善文化观念避免真空化、错位化、悬置化的倾向。

二、关于慈善伦理的文化血脉

不忘历史才能开辟未来，善于继承才能更好地创新。培育和弘扬慈善的伦理精神与培育和弘扬社会主义核心价值观一样，必须立足中华优秀传统文化，植根当代中国发展的实际。因此，要深入、全面地研究当代慈善伦理，首要的和基本的问题就是探求慈善伦理的文化血脉。

湖南师范大学周秋光教授认为，从古代到现在的中国慈善事业之所以能够逐渐发展，慈善的伦理规范与时代的精神之所以能够保持与延续，它与中国慈善文化的传承与创新紧密相连。中国从古到今的慈善经过了两次发展转型。第一次是从传统转向近代，其最突出的标志是慈善的民间性。近代慈善发展到现当代，本应进行第二次转型，但由于受极“左”思潮影响，其转型被延缓下来。直到改革开放后，以 2008 年出现的“全民慈善”为标志，才开始中国慈善史上由近代向当代的第二次转型。第二次转型是对政府和慈善组织的考验，政府应当从慈善官办的位置上退出，民办官助才是中国慈善发展的合理定位。

同济大学邵龙宝教授认为，讨论中国的慈善事业、慈善伦理观乃至构建慈善伦理价值观体系，通过源远流长的文化传统去寻求启示和方法不失为一种历史唯物主义的方法和路径。上海师范大学周中之教授则历数了中国慈善伦理思想的传统文化基础，认为既有以仁义为基础的儒家慈善伦理思想，又有以慈善积德为核心的道教慈善伦理和以慈悲为怀为宗旨的佛教伦理思想。但中国古代社会发展到宋代以后，三家的慈善伦理思想形成了更多的共识。代表国家意识形态的儒家慈善伦理思想在其中占有主导地位。上海市社会团体管理局基金会管理处王正敏处长立足于陌生人伦理反思中国传统慈善文化，分别阐述了爱有差等和陌生人伦理原则，指出现代慈善应信奉无特定对象，无远近亲疏，救人者都只是完成自己的社会责任契约。只有这样的慈善伦理精神才符合社会主义核心价值观的本质要求。

探讨慈善伦理的文化血脉问题，不仅需要深入研究本国的传统文化基础，也需要在与西方进行比较与借鉴中实现超越。上海师范大学赵晓芳副教授解读了卢梭的慈善思想，认为卢梭的慈善思想主要体现在三个方面：一是慈善的道德根基在于良知的呼唤；二是良知的原始要素是对他人痛苦的感同身受；三是慈善的本质要义是对正义的同情。北方民族大学张鲲博士解读了亚当·斯密的现代社会慈善伦理观，认为亚当·斯密结合现代社会人的生存境遇和社会运行机制，提出了一种符合现代社会秩序和心灵秩序、适宜于个体道德完善的慈善伦理观。

三、关于慈善伦理的理论建构与实践

伦理学以实践精神把握世界，必然要回应社会发展中提出的重大现实问题，特别是刚刚召开的十八届四中全会和2014年年初启动的慈善立法，为第二次慈善转型创造了良好的环境和条件。湖南师范大学周秋光教授提出在当代慈善发展转型中的五点建议：传承中国慈善的优良传统，创新当代慈善发展的理念，完善慈善组织运行机制，加强当代慈善文化建设，理顺政府与慈善事业的关系。华东师范大学朱贻庭教授认为，一要厘清民间慈善组织与政府的关系；二要通过“业缘”关系，培育人们的慈善伦理（包括慈善情感），发展民间慈善事业；三要扩展慈善内容，除钱、物之外，还应包括技术慈善、教育慈善、医疗慈善、心理慈善等。华东师范大学赵修义教授则认为必须立足于国情定位慈善：一是拾遗补阙，帮助政府解决一些困难群体的实际问题；二是推进社会上的道德建设，践行社会主义核心价值，形成不同社会人群的相互帮助和关切之风。

同济大学邵龙宝教授认为，建构慈善伦理价值体系，必须在借鉴吸收与批判继承的基础上，明晰个人财富的合法性、关注受赠者的尊严，超越亲缘关系而惠及陌生人、超越特权与资本的勾连、超越施善动机而关注施善效果、超越政府慈善、富人慈善而实现全民慈善。上海惠迪吉公益人心理关爱中心卢丽华副主任认为，在扶贫济困过程中，很多问题不是缺少钱的问题，而是对各种关系的融合感、温暖感、信任感、安全感、美感的缺失。因此，心灵建设是公益的灵魂。

针对慈善组织公信力、慈善异化等问题，学者们各抒己见。湖南师范大学王猛博士认为，公信力是慈善组织行为能力的基础，反映公众对慈善组织的满意度与信任度。上海师范大学张祖平副教授认为，信任在互动框架中产生，既受心理影响，也受社会系统影响。信任的破坏是“关闭了未来有利交易的可能性”。但是，信任也可以被重建。吉首大学王银春博士认为，目前慈善事业生态系统中存在部分慈善异化现象，它主要包括自我异化与交往异化，主要由权力贪欲、财富贪欲与声誉贪欲所导致的。应理性审视慈善异化，通过消解物对人的消极统治，化解权力运作的操纵等具体路径，推动慈善本质回归。上海社会主义学院姚俭建教授结合十八届四中全会精神，认为在整个社会慈善活动中存在三种文化心理倾向及与此相对应的慈善活动模式。由于传统伦理的作祟，往往导致法制的缺失，进而使现代慈善走入歧途。因此，需要加快慈善立法，营造法制思维与慈善伦理相契合的社会环境。把社会主义核心价值观落实到慈善立法、慈善执法、慈善司法和依法治理各个方面。

“社会主义核心价值观与公民道德建设”学术研讨会

参加人员：来自上海社会科学院、华东师范大学、同济大学、上海师范大学、上海体育学院等20余名专家学者

主办单位：上海市伦理学会、上海社会科学院经济伦理研究中心

时间：2014年12月19日

地点：上海社会科学院

主要议题：如何从伦理的角度探讨社会主义核心价值观与公民道德建设

赵修义教授从规则意识的角度解读公民道德。在讨论如何使人们遵守规则之前，首先要问“规则是否合理”。对于规则的践行，需要探讨规则意识的三个方面：第一是关于规则的知识，即了解规则；第二是具有遵守规则的愿望或习惯；第三是培育遵守规则的能力。在当下的中国社会，遵守规则面临特殊困难，原因主要是中国现代进程迅速使得许多人无法适应；中国传统文化讲究的是“分殊”的规则，它们与现代社会要求的普遍规则往往相悖；改革开放初期由于规则的不完善，各行各业的潜规则盛行，不少人以超越规则为荣。十八大以来对各项规则的梳理，与对规则的严格持之以恒地执行为解决这些问题指明了方向。十八届四中全会作出建设法治国家的决定，进一步强调“强化规则意识，倡导契约精神，弘扬公序良俗。发挥法治在解决道德领域突出问题中的作用，引导人们自觉履

行法定义务、社会责任、家庭责任”，让人们认识到尊崇规则的重要性。

陆晓禾研究员梳理了新中国成立后，我国在公民道德建设方面的衍变，并提出了自己对于核心价值观与公民道德建设新规范关系的看法。2001 年的《公民道德建设纲要》是我国迄今为止最完备的道德建设规范文件，它既规定了公民道德建设的实施体系，也规定了道德建设的规范体系。与新中国成立后的《共同纲领》、1954 年的《中华人民共和国宪法》以及“文革”后的两部宪法相比较，国家的法定道德建设权限和责任明显增大。十八大报告与 2001 年的《纲要》相比较，十八大报告在公民道德建设的实施体系方面更为清晰和概括，在公民道德建设的规范体系方面，增加了“个人品德”教育，弘扬中华传统美德等方面。十八大以后，习总书记对公民道德建设的要求作了新的概括，提供给我们两个重要启示，一是把道德建设与社会主义核心价值观联系起来，按照社会主义核心价值观来重视和加强道德建设；二是对道德建设作进一步的概括提炼，用简洁明晰的语言，把道德建设作为四个道德领域（社会公德、职业道德、家庭美德、个人品德）、四个基本道德规范（爱国、敬业、诚信、友善）和四个良好风尚（知荣辱、讲正气、作奉献、促和谐）构成的规范体系来把握和推进。可以以核心价值观中公民层面的爱国、敬业、诚信、友善为核心，以四个道德领域的基本行为准则和四个良好的社会风尚要求为主要内容，为我们在新的历史起点上推进公民道德建设提供清晰明确的基本遵循。

余玉花教授认为 2001 年提出的公民道德规范与党的十八大提出的社会主义核心价值观存在着许多方面的一致性，特别是核心价值观中的公民层次的价值要求基本上延续了 2001 年公民道德规范的内容。核心价值观要起到最大公约数的作用，其提出的要求就不应当是高不可攀的。以公民层次的价值观来看，其价值要求就是规范性质的，其含义与公民道德规范的要求具有同一性。从公民道德规范教育入手是培育社会主义核心价值观的重要路径。践行公民层面的核心价值观着重于信念的培育，而公民道德规范虽然也属于意识领域，却着重于行为的指导，更具有实践性的意义。从公民的道德行为到道德习惯，进而内化，建立信念，符合价值观培育的规律。

王荣发教授从三个方面说明公民道德建设与社会主义核心价值观的关系。首先，公民道德建设是培育社会主义核心价值观的实践土壤。改革开放以来我国公民道德建设的阶段性发展和社会主义核心价值观形成的过程，给我们的重要启示是公民道德建设是社会主义核心价值观孕育形成的土壤，而且是社会主义核心价值观继续发育成长丰满的土壤。没有公民道德建设的成果，社会主义核心价值观就成了无源之水，无本之木。其次，公民道德建设是践行社会主义核心价值观的根本手段，社会主义核心价值观的生命力恰恰在于公民的内化于心、外化于行，成为公民的价值信仰和道德实践。因此，必须把培育和践行社会主义核心价值观与公民道德建设有机有效地结合起来，在落细、落小、落实上下功夫。最后，公民道德建设是社会主义核心价值观发挥引领作用的基础工程。核心价值观的“三个层面”，个人层面是最基础的层面。社会主义核心价值观的引领作用只有落实到公民道德建设层面，落实到公民道德素质的提高，才能真正体现出来，才能保证社会层面、国家层面核心价值的真正落实。

邵龙宝教授从富强与文明的关系看中国公民的民主法治观。“富强”内蕴着“文明”的支撑。中国道路、中国模式或和平崛起内含着三个层次：一是经济奇迹；二是制度的合理与理性化，即国家或政府机体的高效运作；三是传统文化的深厚的软实力的滋养，富强理应需要内含伦理、道德的价值理想的文明的支撑，同时又把文明当作自身的目标和指向。写入十八大文献中的“民主、自由、平等、公正、法治”的内涵显然不是发达资本主义国家标榜的“普适价值”，我们需要反思和批判中国传统文化中阻碍现代化进程的负面因素，在批判的基础上继承和弘扬中国传统文化中的精髓，以与西方文化的积极因素相融合，创新我们的文化，以确立文化自信和价值自信。

周中之教授从慈善事业的角度谈论培育和践行社会主义核心价值观。市场经济建立和发展以后，出于利益诉求的差异产生了不少社会矛盾。增强慈善意识并且诉诸行动，能有助于落实社会主义核心价值观的“文明、和谐、公平”的要求。慈善意识是个人文明程度的标志。目前社会道德状况堪忧，道德失范，诚信缺失。慈善事业是正能量，能成为社会主义核心价值观实践的平台。

陈正桂副教授从道德认同探讨道德践行。通过梳理西方道德认同理论说明道德认同是形成责任判断的基础，即如果道德价值对于一个人的自我认同非常重要，就会产生一种高度的道德责任去实施道德行为。因此，道德认同是道德判断转化为道德行为的重要的自我调节机制，是激发道德行为的重要动机。对于如何使社会主义核心价值观得到更加有效的践行，西方的研究具有启发。

张亚月副教授认为十八大对核心价值的24字概括是社会价值的回归，反映了执政党的新动向：淡化意识形态，建立自我约束、自我治理的社会。2010年颁发的《国家中长期教育改革和发展规划纲要（2010—2020年)》与2014年教育部颁发的《完善中华优秀传统文化教育指导纲要》将公民社会道德与中华民族传统美德融入德育指导思想之中，使我国德育实现了历史性的变革，德育根基已由过去的政治认同转向了社会认同。

与会专家进行了热烈讨论。王正平教授主张重建道德真诚，为此学术界要避免道德研究的理论化、国家则要避免道德建设的政绩化，道德建设需要做细、做小、做实，职业道德应当成为践行社会主义价值的核心。陈泽环教授认为应当在核心价值的指导下谈论公民道德，社会主义核心价值观与社会核心价值体系是两回事，公民只要做到前者即可。朱贻庭教授在最后的发言中，提出了应当采用试错的逆向思维方法来建设道德的观点。他认为，正向思维是“人们应该如何做”，而逆向思维则是在人们的实验中，学习“什么是不正当”，从而学会如何行为正当。

伦理学研究前沿论坛第七场

参加人员：来自上海市伦理学会、上海市委党校、上海社会科学院哲学所的师生20多人

主办单位：上海市伦理学会和上海社会科学院经济伦理研究中心

时间：2014年12月30日

地点：上海社会科学院哲学所

主要议题：基因伦理学及其前沿问题

张春美教授从基因伦理学的两个关键词“基因技术”和“伦理两难”入手，指出基因伦理研究有两条路径：内在路径包括认识生命、改造生命、完善生命；外在路径包括技术风险、社会风险和文化风险。张教授认为基因伦理学研究应该遵从四项基本原则：行善原则、自主原则、不伤害原则和公正原则。

接下来，张教授主要讲了四个方面的内容。

第一，基因检测与基因决定论问题。基因测序成本在下降，效率在提高，2003 年 HGP 耗资 30 亿美元，耗时十三年。2007 年，沃森的个人基因组图谱耗资 100 万美元，耗时两个月。现在的目标是，2015 年基因测序只要 100 美元，测定时间仅为几小时。基因检测技术使得“定制医疗”应运而生，由此也可能导致基因歧视问题。

与之相关，有人持基因决定论观点，认为人的一切行为均由基因决定；人类所有疾病均是“基因病”；基因决定人类社会的文化进化。由此导致三个问题：基因有无好坏之分？如何看待致病基因？什么是病人？也有人持基因非决定论观点，并给出了理由。生物学理由是，生命具有整体性、复杂性和多样性；社会学理由是，环境、心理和生活习惯也是影响因素；伦理学理由是，人的价值和人的尊严应该被满足。简言之，基因并非人的主宰，人类不应该做基因的奴隶。

第二，基因信息数据与人权问题。关系基因身份、隐私、可及和安全/安保。人类基因信息的伦理特性有三：独特性、风险性和应用的社会性。关于这个问题，张教授讲了三点。首先，知情同意问题，可以归纳为知情、理解和自愿三原则。其次，基因隐私和保密问题。基因信息是指个人自身特有的基因图谱及其他的个人数据。基因隐私权是指公民就其个人基因信息及与基因信息相关的私人活动享有不被他人知晓并不被他人干涉的民事权利。基因信息的披露对象有个人、家庭和第三方。基因隐私的保密措施涉及收集基因信息的目的、生物样本的匿名和匿名化处理、生物样本保存中的匿名要求，以及遗传数据调阅和使用的授权。最后，应该保护人类受试者（脆弱人群）的权利。

第三，人类基因增强与代际伦理。基因增强是指采用类似基因治疗的技术原理，改变人体正常基因，以便增强人体性状或某种能力，包括认知能力增强、身体能力增强和情感能力增强。张教授举例说明。例一，聪明鼠的诞生，1999 年，科学家将 NR2B 基因转入“道奇”的大脑后，道奇的记忆比以前活跃得多，也显得比自己的同类聪明得多。例二，“超级运动员”是否可以出现？2002 年，美国宾州大学医学院的 Lee Sweeney 等人，利用胰岛素生长因子 -1（JFG -1），完成了改变小鼠肌肉功能的实验。研究表明，与普通小鼠相比，实验小鼠的肌肉体积和生长速度增加了 15%—30%。例三，基因兴奋剂与“不伤害原则”，是否违背体育道德？

是否破坏社会公平竞争要求？2002 年 3 月，国际反兴奋剂署（WADA）关注基因兴奋剂问题。2003 年，国际奥委会和 WADA 一起将基因兴奋剂列入反兴奋剂条例中的对象。例四，“设计后代”不是幻想。“植入前基因诊断”技术的出台，以及 2009 年 1 月 9 日英国首个“无癌宝宝”（cancer-freebaby）的降生。

这导致了三个问题。代际权利问题：后代人是否应拥有一套未被更改的基因组权利？现代人是否有权改造后代的基因组？道德滑坡问题：新优生学是否会助长新种族主义？非医学目的的基因增强，是否会破坏人的尊严？公平公正问题：“完美生命”破坏生物多样性吗？基因“超人”和基因“凡人”是否有对立和冲突？张教授认为一个基本的立场应该是，当代人对改变基因应持谨慎态度。

第四，人兽嵌合体（chimera）的伦理问题。张教授向大家介绍了两个重要的科学成果，一个是 2003 年，斯坦福大学的 Irving Weissman 将人类胚胎干细胞导入小鼠胚胎脑组织中，创造了具有 1% 人类神经元的小鼠。目的在于深入了解人类神经元功能，以便为研究治疗 Parkinson 和 Alzheimer 疾病提供科学依据。该成果获得诺贝尔奖。另一个是 2003 年 8 月，上海第二医科大学盛慧珍教授在《细胞研究》发表文章说，他们成功地将人类皮肤细胞与新西兰兔子卵融合，创造了 400 个胚胎，100 个存活若干天。这是第一个人类嵌合体胚胎。研究得到上海市的批准。但是，Science、Proceedings of the National Academy of Science 等世界顶级刊物拒绝刊登该研究成果。后发表在《细胞研究》第 13 卷。

关于人兽嵌合体，赞成的理由认为其具有科学价值，例如治疗疾病，通过异种移植，治疗疑难杂症；建立动物模型，为生物医学研究提供新材料；干细胞研究，干细胞移植到病人体内后如何行为？它们如何分化、移动和形成新组织？在人身上试验不道德，应首先在动物身上研究。反对的理由认为伦理难题难以克服。首先是风险性问题，关乎生殖和大脑。与生殖相关，如果将人胚细胞注射入动物胎儿，尤其在早期，它们很可能移动到发育机体的生殖系，产生人类的精子和卵。如果这两个嵌合体交配，可能在一个动物子宫里生长出一个人类胚胎。由此是否会带来新的道德滑坡？如果这种动物（例如嵌合体小鼠）产生的人类精子和卵子，用体外受精方法产生一个孩子，他或她的父母是一对小鼠？与大脑相关，人类干细胞植入高级灵长类动物脑中，是否会在动物身上生长出具有某种人性的功能？用人胚胎干细胞代替整个黑猩猩内层细胞团，在怀孕的黑猩猩体内发育的胚胎，可能具有人的能力？是否出现人的能力取决于物种间接近程度、数量、结构和环境。其次是本体论问题。人兽嵌合体是人还是动物？一个具有50%人的遗传材料和50%小鼠基因的嵌合体，能否说其既是人又是小鼠？大多数人的回答可能是“不”。但可能的选项是：这种嵌合体是一个人；这种嵌合体是一个小鼠；或既不是人又不是小鼠；既是人又是小鼠“both/and”。由此又引发出两个问题：人兽嵌合体的身份改变问题，嵌合体动物会不会被“人化”，具有“人性”？干细胞引入的受体发育越早，“人化”的可能性越大。如果这种身份改变是有可能的，那么在什么情况下或具有多少人的特性或能力，我们才可以说它“人化”了，具有了“人性”？嵌合体能否有双重本性的问题：宗教相关，耶稣具有既是神又是人的本性；经验相关，骡具有既是马又是驴的本性。最后是道德或伦理问题。人兽嵌合体是否破坏人的尊严？人兽嵌合体的道德地位如何？还有一个“理性不及”的问题，需要公共政策、伦理治理和法律保障。

在报告的结尾部分，张教授总结道，基因伦理研究有三大特点，即权利伦理、境遇伦理和责任伦理。而中国基因伦理学的发展则要解决国际化与本土化的关系问题。

基因伦理是一个吸引人的主题，大家认真聆听了张教授的报告，并对人兽嵌合体等问题展开了讨论。讨论在伦理学和哲学的语境下展开，而张教授的生物学背景，为讨论提供了跨学科的视野。

第七篇
主要课题

立项课题

1. 中国传统价值观变迁史，国家社科基金重大项目，李景林，北京师范大学

2. 公平感对人类决策影响的社会神经科学研究，国家社科基金重大项目，朱莉琪，中国科学院心理所

3. 文化产业伦理研究，国家社科基金重大项目，金元浦，上海交通大学

4. 培育和践行社会主义核心价值观研究，国家社科基金重大项目，袁银传，武汉大学

5. 文化强国视域下的传承和弘扬中华传统美德研究，国家社科基金重大项目，许建良，东南大学

6. “新市民阶层”核心价值观问题研究，国家社科基金重点项目，黄进，江苏科技大学

7. 民生幸福的价值自觉与中国特色社会主义的价值自信研究，国家社科基金重点项目，罗建文，湖南科技大学

8. 社会主义核心价值观的深度凝练与传播、认同对策研究，国家社科基金重点项目，陈延斌，江苏师范大学

9. 领导干部道德失范治理制度化研究，国家社科基金重点项目，高立伟，南昌航空大学

10. 所有权与正义——走向马克思政治哲学，国家社科基金重点项目，张文喜，中国人民大学

11. 中国传统道德本体建构研究，国家社科基金重点项目，张怀承，湖南师范大学

12. 中国传统士德研究，国家社科基金重点项目，陈继红，河海大学

13. 角色伦理视域下创新社会治理模式研究，国家社科基金重点项目，田秀云，河北师范大学

14. 中国价值安全与社会主义核心价值体系建设研究，国家社科基金重点项目，廖小平，中南林业科技大学

15. 康德实践哲学的义理系统及其道德趋归研究，国家社科基金重点项目，詹世友，上饶师范学院

16. 生态文明建设中的伦理问题研究，国家社科基金重点项目，卢风，清华大学

17. 当代中国劳资伦理法律规制问题研究，国家社科基金重点项目，秦国荣，南京师范大学

18. 身份秩序视阈中农民工的尊严诉求与社会政策建构研究，国家社科基金重点项目，方向新，湖南省社科院

19. 马克思主义公平正义理论的整体性研究，国家社科基金一般项目，刘化军，云南师范大学

20. 基于人类学哲学视域的马克思正义理论及其当代价值研究，国家社科基金一般项目，刘琼豪，广西师范大学

21. 全球视野下的马克思正义批判理论及当代价值研究，国家社科基金一般项目，宋建丽，厦门大学

22. 社会主义核心价值观助推中国梦实现路径研究，国家社科基金一般项目，曹学娜，黑龙江省委党校

23. 中国梦的精神实质与社会主义核心价值观培育研究，国家社科基金一般项目，李金和，贵州师范大学

24. 继承中华传统文化精髓与当代社会伦理道德的构建研究，国家社科基金一般项目，寇征，河北师范大学

25. 青海藏族优秀传统文化与社会主义核心价值观建设研究，国家社科基金一般项目，孙舒景，青海大学

26. 中国家训文化传承中的家庭德育创新研究，国家社科基金一般项目，马建欣，甘肃农业大学

27. 当代英美关于马克思主义与道德关系的论争研究，国家社科基金一般项目，吕梁山，辽宁大学

28. 港澳台青少年中华传统价值观认同研究，国家社科基金一般项目，李本友，北京广播电视大学

29. 日常生活中诚信价值观的培育与践行研究，国家社科基金一般项目，吴继霞，苏州大学

30. 培育和践行社会主义核心价值观机制研究，国家社科基金一般项目，谢维楚，湖南省委党校

31. 培育和践行社会主义核心价值观与抵御不良影响的对策研究，国家社科基金一般项目，程东旺，赣南师范学院

32. 少数民族社会主义核心价值观培育的认知维度与实践路径研究，国家社科基金一般项目，于兰，宁夏广播电视大学

33. 社会主义核心价值观培育中的问题及对策研究，国家社科基金一般项目，华雷，黑龙江省委党校

34. 西北地区少数民族社会主义核心价值观的认同与培育研究，国家社科基金一般项目，曹伟琴，宁夏大学

35. 新媒体公共领域对社会主义核心价值观的认同研究，国家社科基金一般项目，郭彩霞，福建省委党校

36. 新媒体时代西部欠发达地区社会主义核心价值观培育研究，国家社科基金一般项目，高太平，甘肃省社科院

37. 中西价值观比较视阈下我国当代核心价值观构建研究，国家社科基金一般项目，张学森，中央党校

38. 国家治理现代化视阈下的社会主义核心价值观研究，国家社科基金一般项目，李海星，福建省委党校

39. 理性选择视阈下农民的社会主义核心价值观认同研究，国家社科基金一般项目，吴春梅，华中农业大学

40. 社会主义核心价值观与社会民主主义基本价值观比较研究，国家社科基金一般项目，薛新国，天津师范大学

41. 西部民族地区城镇化进程中的道德支撑研究，国家社科基金一般项目，王永和，北方民族大学

42. 以传统文化核心精神推动当代精神家园建设研究，国家社科基金一般项目，王海英，吉林省委党校

43. 平衡视域下公民公共精神培育研究，国家社科基金一般项目，袭亮，山东警察学院

44. 党员领导干部道德考核机制建设研究，国家社科基金一般项目，刘勇，浙江省委党校

45. 网络反腐制度构建的伦理问题研究，国家社科基金一般项目，李晓红，华东交通大学

46. 马克思主义公正观的逻辑谱系、方法论特点及当代意义研究，国家社科基金一般项目，卢国琪，南京审计学院

47. 居住空间正义研究，国家社科基金一般项目，李春敏，同济大学

48. 中西伦理学比较视域中的儒家责任伦理思想研究，国家社科基金一般项目，涂可国，山东社会科学院

49. 当代西方德性知识论谱系、问题与合理性前沿研究，国家社科基金一般项目，毕文胜，云南师范大学

50. 传统孝文化的家庭养老模式在当代社会的可持续性研究，国家社科基金一般项目，肖波，湖北工程学院

51. 中国传统孝道养老伦理思想及其当代启示研究，国家社科基金一般项目，潘剑锋，湖南科技学院

52. 中国近代道德革命研究，国家社科基金一般项目，郭清香，中国人民大学

53. 城市外来务工人员道德引导机制研究，国家社科基金一般项目，易永卿，湖南城市学院

54. 从个体到民族、从产业到社会的当代中国死亡伦理研究，国家社科基金一般项目，姚站军，江苏师范大学

55. 当代中国“伦理生态”建设及协同治理研究，国家社科基金一般项目，祖国华，吉林师范大学

56. 基于“碰瓷”现象的公民道德研究，国家社科基金一般项目，李万县，河北经贸大学

57. 建构中华民族伟大复兴中国梦的伦理秩序研究，国家社科基金一般项目，郭良婧，南京大学

58. 西北回族道德选择研究，国家社科基金一般项目，顾世群，宁夏大学

59. 道德记忆研究，国家社科基金一般项目，向玉乔，湖南师范大学

60. 规范伦理与德性伦理的关系与作用研究，国家社科基金一般项目，聂文军，汕头大学

61. 《万国公报》与近代中西伦理思想的交流与冲突研究，国家社科基金一般项目，武占江，河北经贸大学

62. 胡塞尔现象学伦理学研究，国家社科基金一般项目，曾云，河南大学

63. 全球正义视域下的道德距离问题研究，国家社科基金一般项目，刘曙辉，天津社会科学院

64. 世界主义全球正义研究，国家社科基金一般项目，杨通进，中国社会科学院

65. 草原牧俗与道德生活研究，国家社科基金一般项目，斯仁，内蒙古师范大学

66. 环境美德研究，国家社科基金一般项目，姚晓娜，华东师范大学

67. 生态文明建设中的气候伦理研究，国家社科基金一般项目，唐代兴，四川师范大学

68. 慈善伦理的文化血脉与价值导向研究，国家社科基金一般项目，周中之，上海师范大学

69. 独生子女时代老龄社会伦理风险的实证研究，国家社科基金一般项目，周琛，东南大学

70. 工程风险的分配正义研究，国家社科基金一般项目，张铃，洛阳师范学院

71. 核威慑的正义考量，国家社科基金一般项目，罗成翼，南华大学

72. 马克思实践哲学的伦理向度研究，国家社科基金一般项目，牛小侠，吉林师范大学

73. 他者伦理研究，国家社科基金一般项目，吴先伍，安徽师范大学

74. 西方现当代机会平等理论跟踪研究，国家社科基金一般项目，刘宏斌，湖南大学

75. 代际正义——科学发展的政治哲学研究，国家社科基金一般项目，柯彪，许昌学院

76. 我国公民政治认同的伦理基础研究，国家社科基金一般项目，蒋德海，华东政法大学

77. 税收公平正义价值下房地产税立法的顶层设计研究，国家社科基金一般项目，张富强，华南理工大学

78. 西南边疆民族地区公民政治认同的民族伦理基础研究，国家社科基金一般项目，王茂美，云南师范大学

79. 当前中国社会秩序的价值基础研究，国家社科基金一般项目，于树贵，苏州大学

80. 社会转型中高等教育公正促进社会流动的机制研究，国家社科基金一般项目，徐水晶，南京邮电大学

81. 城乡社区信任与融合研究，国家社科基金一般项目，邱国良，江西农业大学

82. 当代中国农民价值观变迁研究，国家社科基金一般项目，董磊明，北京师范大学

83. 社会转型期人际冷漠现象及其发生机制研究，国家社科基金一般项目，周宁，云南师范大学

84. 社会阶层分化与分配公平感研究，国家社科基金一般项目，李黎明，西安交通大学

85. 后单位时代城市基层社会建设中共同体及其精神培育研究，国家社科基金一般项目，周建国，上海交通大学

86. 基督教德性伦理的中国叙事研究，国家社科基金一般项目，韩思艺，兰州大学

87. 英美新马克思主义文学伦理学思想研究，国家社科基金一般项目，柴焰，中国海洋大学

88. 中国当代文学中的正义伦理研究，国家社科基金一般项目，宋红岭，江苏师范大学

89. 莱·特里林的文化批评及其文学道德职责思想研究，国家社科基金一般项目，严志军，南京师范大学

90. 历史主义视角下的新文学伦理学批评研究，国家社科基金一般项目，李昀，华南理工大学

91. 俄罗斯文学经典与公民道德建设研究，国家社科基金一般项目，李建刚，山东大学

92. 麦克尤恩小说的叙事艺术与伦理思想研究，国家社科基金一般项目，尚必武，上海交通大学

93. 社会与政治的伦理表达——萧伯纳戏剧研究，国家社科基金一般项目，刘茂生，江西师范大学

94. 英国当代戏剧家庭伦理叙事研究，国家社科基金一般项目，毕凤珊，盐城师范学院

95. 消费主义伦理在20世纪初美国小说中的肇始与建构研究，国家社科基金一般项目，张俊萍，江南大学

96. 制度背景、社会责任履行与企业权益资本成本研究，国家社科基金一般项目，魏卉，石河子大学

97. 基于政府社会性规制的企业社会责任推进机制研究，国家社科基金一般项目，林军，甘肃政法学院

98. 企业社会责任行为向企业竞争优势转化的机理与效应研究，国家社科基金一般项目，吴定玉，湖南师范大学

99. 我国上市公司社会责任报告质量评价研究，国家社科基金一般项目，杨旭东，湖南文理学院

100. 组织道德气氛对员工态度和行为的影响机制研究，国家社科基金一般项目，张四龙，中南林业科技大学

101. 中国情境下领导风格、团队伦理气氛与员工偏差行为关系研究，国家社科基金一般项目，刘冰，山东大学

102. 人力资源系统与员工幸福感研究，国家社科基金一般项目，张兴贵，广东外语外贸大学

103. 我国公务员公共伦理胜任力提升机制研究，国家社科基金一般项目，熊节春，南昌大学

104. 现代职业教育中企业责任的实现机制与评价研究，国家社科基金一般项目，霍丽娟，北京师范大学

105. 民营企业新生代员工社会责任行为机制、效应及其引导策略研究，国家社科基金一般项目，陆玉梅，江苏理工学院

106. 伊利加雷女性主义身体哲学及其现实启示研究，国家社科基金一般项目，吴秀莲，华中师范大学

107. 新媒体时代社会思潮传播与引领研究，国家社科基金一般项目，毕红梅，华中师范大学

108. 当代大学生心态变化特点与心理疏导模式创新研究，国家社科基金一般项目，梅萍，华中师范大学

109. 社会主义核心价值观引领大学生思想政治教育研究，国家社科基金青年项目，李诗夏，湖北省委党校

110. 以榜样认同促进社会主义核心价值观培育践行的机制研究，国家社科基金青年项目，李蕊，信阳师范学院

111. 中美当代大学生核心价值观培育路径及形成机制的比较研究，国家社科基金青年项目，段妍，东北师范大学

112. 中西比较视阈下我国当代核心价值观构建研究，国家社科基金青年项目，张源，中央党校

113. 英国学校核心价值观教育研究，国家社科基金青年项目，邱琳，山东大学

114. 当代中国人的精神世界重建问题研究，国家社科基金青年项目，王海滨，中国人民大学

115. 超越私人——马克思公人思想及其规范意义研究，国家社科基金青年项目，谭清华，中国人民大学

116. 马克思主义分配正义视域下中国贫富差距问题研究，国家社科基金青年项目，杨娟，上海工程技术大学

117. 义观念研究，国家社科基金青年项目，陈乔见，华东师范大学

118. 先秦道家物德论研究，国家社科基金青年项目，叶树勋，清华大学

119. 日本近世初期神儒习合思想研究，国家社科基金青年项目，孙传玲，南京信息工程大学

120. 西方现代公共理性前沿问题研究，国家社科基金青年项目，陈常燊，上海社会科学院

121. 我国养老保障制度的价值基础研究，国家社科基金青年项目，王珏，华中科技大学

122. 现代化转型期的价值冲突与社会主义核心价值观建设研究，国家社科基金青年项目，张溢木，北京建筑大学

123. 优化与退化——土家族伦理文化现代变迁研究，国家社科基金青年项目，周忠华，吉首大学

124. 卢梭平等观在清末民初思想界的引入和诠释研究（1895—1919），国家社科基金青年项目，文雅，中央财经大学

125. 罗尔斯与桑德尔之争及其中国当代语境研究，国家社科基金青年项目，朱慧玲，首都师范大学

126. 亚里士多德德性类型及其统一性研究，国家社科基金青年项目，陈庆超，华侨大学

127. 当代中国食品安全的道德治理研究，国家社科基金青年项目，王伟，南昌工程学院

128. “微时代”技术引发的青少年虚拟自我认同危机及良性虚拟自我意识养成研究，国家社科基金青年项目，徐琳琳，沈阳师范大学

129. 现代技术风险伦理学前沿问题追踪研究，国家社科基金青年项目，牛俊美，中国矿业大学

130. 以赛亚·伯林道德哲学研究，国家社科基金青年项目，杨晓，郑州轻工业学院

131. 军事精神医学伦理研究，国家社科基金青年项目，常运立，第二军医大学

132. 新型城镇化进程中教育公平扭转贫困代际传递研究，国家社科基金青年项目，黄潇，重庆工商大学

133. 基于公平和效率准则下农民工公共服务供给标准研究，国家社科基金青年项目，王东升，中国标准化研究院

134. 当代西方政治哲学中的全球正义理论跟踪研究，国家社科基金青年项目，高景柱，天津师范大学

135. 当代青年公益慈善意识培养与行为塑造研究，国家社科基金青年项目，陈培峰，重庆大学

136. 当代中国青年道德心理特点及教育对策研究，国家社科基金青年项目，王云强，南京师范大学

137. 社会转型期青少年公民意识培育路径研究，国家社科基金青年项目，乐先莲，南京师范大学

138. 公信力危机背景下官办慈善组织的社会认同重构研究，国家社科基金青年项目，刘威，吉林大学

139. 适度伦理原则在解决社会工作伦理困境中的应用研究，国家社科基金青年项目，袁君刚，西北农林科技大学

140. 民国时期国耻教育研究，国家社科基金青年项目，熊斌，中国民用航空飞行学院

141. 美国“社会政治”的兴起——以道德改革和权利运动为中心，国家社科基金青年项目，曹鸿，中山大学

142. 早期中国的文化选择与价值重构研究，国家社科基金青年项目，李华，山东师范大学

143. 索尔仁尼琴创作中的道德意识与政治理念研究，国家社科基金青年项目，许传华，北京第二外国语学院

144. 企业社会责任视角下的人力资源管理模式创新研究，国家社科基金青年项目，王晓灵，上海师范大学

145. 马克思恩格斯的文明观及其实践价值研究，国家社科基金青年项目，戴圣鹏，华中师范大学

146. 马克思主义正义观视野下的劳动法“倾斜保护原则”，国家社科基金后期资助项目，穆随心，陕西师范大学

147. 《哥达纲领批判》中的公平分配理论研究，国家社科基金后期资助项目，李明桂，中原工学院

148. 中国特色社会主义视域中的公平问题研究，国家社科基金后期资助项目，韩焕霞，西南政法大学

149. 刘少奇《论共产党员的修养》研究，国家社科基金后期资助项目，任晓伟，陕西师范大学

150. 马克思的分配正义观念，国家社科基金后期资助项目，段忠桥，中国人民大学

151. 赛博技术伦理问题研究，国家社科基金后期资助项目，李蒙，西南石油大学

152. 《穀梁》政治伦理探微，国家社科基金后期资助项目，黎汉基，中山大学

153. 德国古典哲学中的法权与道德研究，国家社科基金后期资助项目，张东辉，上海财经大学

154. 中西老龄伦理比论，国家社科基金后期资助项目，刘喜珍，北方工业大学

155. 德性法律论证理论，国家社科基金后期资助项目，冉杰，广州大学

156. 恢复性司法与儒家伦理，国家社科基金后期资助项目，单纯，中国政法大学

157. 民法道德论，国家社科基金后期资助项目，王利民，大连海事大学

158. 壮族伦理道德传扬歌研究，国家社科基金后期资助项目，蒙元耀，广西民族大学

159. 网络文学价值取向研究，国家社科基金后期资助项目，陈定家，中国社会科学院文学研究所

160. 唐·德里罗小说中的后现代伦理意识研究，国家社科基金后期资助项目，朱荣华，江苏师范大学

161. 新闻从业者道德困境问题的认知框架与解困路径，国家社科基金后期资助项目，范明献，中南大学

162. 科学与伦理，国家社科基金后期资助项目，李醒民，中国科学院大学

163. 《老子》之道及其当代诠释，国家社科基金后期资助项目，林光华，中国人民大学

164. 荀子的个体道德认识论及其当代价值研究，国家社科基金后期资助项目，陈默，桂林医学院

165. 后果主义理论研究，国家社科基金后期资助项目，解本远，首都师范大学

166. 德性主义的公德探析，国家社科基金后期资助项目，曲蓉，宁波大学

167. 当今中国慈善法制研究——基于分配正义的立场，国家社科基金后期资助项目，吕鑫，浙江工业大学

168. 论公民福利权利之基础，国家社科基金后期资助项目，杨伟民，中国人民大学

169. 主体性视域下当代中国教育公平研究，国家社科基金后期资助项目，陈秀，安庆师范学院

170. 中国正义论的重建（英文），国家社科基金中华学术外译项目，侯萍萍，山东大学

171. 中国特色社会主义价值认同研究，国家社科基金西部项目，杨全海，重庆文理学院

172. 中国特色社会主义政治伦理建设研究，国家社科基金西部项目，张思军，西华师范大学

173. 培育和践行社会主义核心价值观研究，国家社科基金西部项目，杨中刚，湖北民族学院

174. 大数据时代青年社会主义核心价值观培育路径与方法创新研究，国家社科基金西部项目，邹绍清，西南大学

175. 民族地区社会主义核心价值观软传播研究，国家社科基金西部项目，秦永芳，桂林电子科技大学

176. 大学生社会主义核心价值观认同研究，国家社科基金西部项目，谢安国，安康学院

177. 非道德主义社会思潮对大学生思想行为的影响及对策研究，国家社科基金西部项目，李建森，西北大学

178. 社会主义核心价值观在回族地区的大众认同及践行路径研究，国家社科基金西部项目，张琳，北方民族大学

179. 儒家天理观与共产党员修养关系研究，国家社科基金西部项目，孙兵，中国延安干部学院

180. 边疆民族地区青少年社会主义核心价值观培育和践行研究，国家社科基金西部项目，李泽林，西北师范大学

181. 食品企业社会责任利益相关者评价机制研究，国家社科基金西部项目，李珂，四川省社会科学院

182. 食品企业社会责任评价与协同治理机制研究，国家社科基金西部项目，陈煦江，重庆工商大学

183. 文学伦理的现代嬗变与价值构建研究，国家社科基金西部项目，杨红旗，西华师范大学

184. 中国小说家庭伦理叙事的现代转型研究（1898—1927），国家社科基金西部项目，杨华丽，绵阳师范学院

185. 荀子“心”论及其现代价值研究，国家社科基金西部项目，吴祖刚，西南石油大学

186. 中国西部少数民族道德生活研究，国家社科基金西部项目，邢建民，青海大学

187. 我国西部民族地区公民思想道德建设研究，国家社科基金西部项目，杨宁，青海师范大学

188. 道德实践的动力机制问题研究，国家社科基金西部项目，邵明，宜宾学院

189. 藏族传统社会道德生活研究，国家社科基金西部项目，余仕麟，西南民族大学

190. 藏区生态文明建设中的伦理问题研究，国家社科基金西部项目，丹曲，甘肃省藏学研究所

191. 新疆公民意识与国家认同问题研究，国家社科基金西部项目，李建军，中共新疆维吾尔自治区委员会党校

192. “轴心时代”原始道家道德谱系源考及德育镜鉴，国家社科基金教育学项目国家一般，于洪波，山东师范大学

193. 城乡青少年传统价值观认同研究，国家社科基金教育学项目国家一般，于世勋，蚌埠学院

194. 新时期中小学家庭教育立德树人的综合研究，国家社科基金教育学项目国家一般，傅国亮，教育部关心下一代工作委员会

195. 黑格尔的道德教育思想研究，国家社科基金教育学项目国家一般，章忠民，上海财经大学

196. 教师四位一体德性结构的研究，国家社科基金教育学项目国家一般，金生鈜，浙江师范大学

197. 对不同社会地位个体的道德判断偏差及其神经基础，国家社科基金教育学项目国家青年，蒋明，南昌大学

198. 校本德育课程：基于儿童品德发展的情感基础的实证研究，国家社科基金教育学项目国家青年，李亚娟，南京市教育科学研究所

199. 网络使用对大学生公众价值观的影响，国家社科基金教育学项目国家青年，田媛，华中师范大学

200. 风险社会的道德教育，国家社科基金教育学项目国家青年，章乐，南京师范大学

201. 学校制度生活促进教师专业道德发展的发生机制与实践模式研究，国家社科基金教育学项目国家青年，傅淳华，北京师范大学

202. 社会主义道德语境下的道德虚构设计与实践研究，国家社科基金教育学项目国家青年，赵国栋，山西大学

203. 教育信息化背景下德育教师信息技术应用能力研究，国家社科基金教育学项目国家青年，王囡，北京开放大学

204. 艺术教育的道德人格培养原理研究：以音乐教育为中心，国家社科基金教育学项目国家青年，王玲，北京航空航天大学

205. 公平与自由：义务教育阶段城乡学生教育选择权实现问题的比较研究，国家社科基金教育学项目国家青年，康安峰，赣南师范学院

206. 道德建设视域中城市文明交通指数的建构与应用研究，教育部人文社会科学重点研究基地重大项目，周仲秋，湖南师范大学

207. 应得：正义的维度，教育部人文社会科学重点研究基地重大项目，王立，吉林大学

208. 学校道德教育与新农村文化建设研究，教育部人文社会科学重点研究基地重大项目，薛晓阳，扬州大学；吕丽艳，南京师范大学

209. 当代大学生社会主义核心价值观培育的机制与路径研究，教育部人文社会科学重点研究基地重大项目，史宗恺，清华大学

210. 公平感与国民心理健康素质之间的关系，教育部人文社会科学重点研究基地重大项目，梁福成，天津师范大学

211. 当代生命伦理学研究，教育部人文社会科学重点研究基地重大项目，邱仁宗，中国社会科学院哲学研究所

212. 中国特色的政治伦理研究，教育部人文社会科学重点研究基地重大项目，戴木才，中宣部思想政治工作研究所

213. 社会道德困境的宪法回应与宪法实施问题研究，教育部人文社会科学研究青年基金项目，秦小建，中南财经政法大学

214. 价值的意义建构和跨期理性对伦理困境评判及决策的影响研究，教育部人文社会科学研究青年基金项目，李倩倩，上海大学

215. 滋生企业非伦理行为的内外部因素——基于团队决策层面的理论和实验研究，教育部人文社会科学研究青年基金项目，翁祉泉，西南财经大学

216. 伦理型领导与员工创新行为：理论与中国的实证，教育部人文社会科学研究青年基金项目，王忠诚，江西财经大学

217. 中小学教师职业道德“两个认同”的现状、关系与提升研究，教育部人文社会科学研究青年基金项目，杨小芳，杭州电子科技大学

218. 中美研究生学术道德保障体系建设比较研究，教育部人文社会科学研究青年基金项目，陈翠荣，中国地质大学

219. 社会主义核心价值观大众化有效路径研究，教育部人文社会科学研究青年基金项目，李春山，大连大学

220. 大学生社会主义核心价值观认同的内在机理与培育路径研究，教育部人文社会科学研究青年基金项目，何小春，广东石油化工学院

221. 风险社会视域下当代中国道德失范问题研究，教育部人文社会科学研究青年基金项目，李清聚，河南科技大学

222. 生态伦理大众认同与践行机制研究，教育部人文社会科学研究青年基金项目，宫丽艳，黑龙江科技大学

223. 社会主义核心价值观的民间共鸣机制研究，教育部人文社会科学研究青年基金项目，陈昌兴，台州学院

224. 文化资本和社会资本双重视角下基础教育的公平性研究，教育部人文社会科学研究青年基金项目，朱晓文，西安交通大学

225. 教育公平视野下公共图书馆 MOOCs 教学支持服务研究，教育部人文社会科学研究青年基金项目，韩宇，中山大学

226. 《道德经》在英美国家的译介与译评研究，教育部人文社会科学研究青年基金项目，常青，鞍山师范学院

227. 《判断力批判》中审美与道德关系研究，教育部人文社会科学研究青年基金项目，程培英，复旦大学

228. “道德异乡人”的哲学溯源及其在当下西方生命伦理学中的理论形态研究，教育部人文社会科学研究青年基金项目，郭玉宇，南京医科大学

229. 多学科背景下的道德责任研究，教育部人文社会科学研究青年基金项目，刘晓飞，厦门大学

230. 世界主义国际伦理批判，教育部人文社会科学研究青年基金项目，张永义，湛江师范学院

231. 儒家“孝”伦理的精神哲学研究，教育部人文社会科学研究青年基金项目，王健崭，中国药科大学

232. 面向不确定情景的应急资源调配问题研究——基于公平与效率兼顾的目标，教育部人文社会科学研究青年基金项目，张汉鹏，西南财经大学

233. 程序公平、分配公平和互动公平对积极组织心理影响的不同路径：群体卷入模型的扩展研究，教育部人文社会科学研究青年基金项目，王艇，西南石油大学

234. 财富分配中的效率与公平问题引发的社会心理和神经反应研究，教育部人文社会科学研究青年基金项目，曾建敏，西南大学

235. 治理体系与能力现代化下的社会公德治理机制研究，教育部人文社会科学研究青年基金项目，薛惠，华中师范大学

236. 少数民族优秀传统文化与社会主义核心价值观的契合及践行研究——以苗族为例，教育部人文社会科学研究规划基金项目，王岚，西南民族大学

237. 中国环境下参考群体对非伦理消费行为决策的影响研究，教育部人文社会科学研究规划基金项目，赵宝春，中南民族大学

238. 我国商业银行信贷资产证券化道德风险管控研究，教育部人文社会科学研究规划基金项目，郭建鸾，中央财经大学

239. 人类增强的伦理社会基础与监管机制，教育部人文社会科学研究规划基金项目，冯烨，河南师范大学

240. 儒家文化背景下学校教育领导美德范畴与制度规约，教育部人文社会科学研究规划基金项目，彭虹斌，华南师范大学

241. 负面企业社会责任事件曝光的经济后果研究，教育部人文社会科学研究规划基金项目，李正，杭州电子科技大学

242. 个体道德能力发展的困境与出路研究，教育部人文社会科学研究规划基金项目，万时乐，南通大学

243. 中国梦的社会公平正义价值蕴涵研究，教育部人文社会科学研究规划基金项目，陈家付，山东大学

244. 当代西方左翼女性主义正义理论研究，教育部人文社会科学研究规划基金项目，鹿锦秋，山东理工大学

245. 媒介道德恐慌及其治理研究，教育部人文社会科学研究规划基金项目，邱杰，上海应用技术学院

246. 责任伦理视野下当代青年道德价值观问题研究，教育部人文社会科学研究规划基金项目，杜坤林，绍兴文理学院

247. 新农村建设视阈下农民社会主义核心价值观培育与践行研究，教育部人文社会科学研究规划基金项目，唐萍，盐城师范学院

248. 马克思公平正义视域下的意识形态安全研究，教育部人文社会科学研究规划基金项目，王丽英，浙江金融职业学院

249. 基于情境的青少年道德推脱干预研究，教育部人文社会科学研究规划基金项目，高玲，山西大学

250. 患者道德权利与和谐医患关系的建构，教育部人文社会科学研究规划基金项目，王晓波，滨州医学院

251. 资源环境紧约束条件下扩大消费需求实现消费公平的绿色公共消费政策研究，教育部人文社会科学研究规划基金项目，许进杰，玉林师范学院

252. 少数民族文化传承创新与社会主义核心价值观培育践行研究，

教育部人文社会科学研究规划基金项目，陈颜，西南民族大学

253. 新疆地区企业社会责任与和谐社会关系研究，教育部人文社会科学研究新疆项目，买生，石河子大学

254. 理想主义与功利主义：企业双元价值观平衡与绩效关系研究，教育部人文社会科学研究新疆项目，马晓苗，新疆财经大学

255. 社会主义核心价值观培育的理论逻辑和理论化路径研究，教育部人文社会科学研究专项任务项目（高校思想政治工作）一类课题，周志刚，武汉大学

256. 高校立德树人根本任务的实现路径和工作机制研究，教育部人文社会科学研究专项任务项目（高校思想政治工作）一类课题，李金杰，滨州学院

257. 大学生社会主义核心价值观分层分阶段培育研究，教育部人文社会科学研究专项任务项目（高校思想政治工作）一类课题，孔国庆，河南师范大学

258. 在大学生中培育和践行社会主义核心价值观的路径研究，教育部人文社会科学研究专项任务项目（高校思想政治工作）二类课题，王双群，武汉大学

259. 当代大学生对社会主义核心价值观的认同与践行机制研究，教育部人文社会科学研究专项任务项目（高校思想政治工作）二类课题，陈敏，曲阜师范大学

260. 当代大学生对社会主义核心价值观自觉认同的形成机制研究，教育部人文社会科学研究专项任务项目（高校思想政治工作）二类课题，段永清，四川师范大学

261. 马克思主义生态文明观视野下高校培育与践行社会主义核心价值观研究，教育部人文社会科学研究专项任务项目（高校思想政治工作）二类课题，王嫣，绍兴文理学院

262. 提升研究生德育工作质量有效形式与长效机制研究，教育部人文社会科学研究专项任务项目（高校思想政治工作）二类课题，石共文，中南大学

263. 大学生职业生涯教育中社会主义核心价值导向研究，教育部人文社会科学研究专项任务项目（高校思想政治工作）二类课题，冯瑛，西南民族大学

264. 培育和践行社会主义核心价值观的有效途径研究，教育部人文社会科学研究专项任务项目（高校思想政治工作）二类课题，柏路，东北师范大学

265. 当代大学生道德价值观形成发展规律及其培育路径研究，教育部人文社会科学研究专项任务项目（高校思想政治工作）二类课题，陈均土，绍兴文理学院

266. 社会主义核心价值观的形象化认同教育研究，教育部人文社会科学研究专项任务项目（高校思想政治工作）二类课题，孙婷婷，深圳大学

267. 当代大学生道德观教育问题研究，教育部人文社会科学研究专项任务项目（高校思想政治工作）二类课题，张艳伟，沈阳师范大学

268. 地方本科院校培育和践行社会主义核心价值观的有效途径研究，教育部人文社会科学研究专项任务项目（高校思想政治工作）二类课题，黄卫华，湖南工学院

269. 接受视域下的大学生社会主义核心价值体系教育实效性研究，教育部人文社会科学研究专项任务项目（高校思想政治工作）二类课题，岳宝德，山东建筑大学

270. 大学仪式活动的德育价值与作用路径研究，教育部人文社会科学研究专项任务项目（高校思想政治工作）辅导员骨干专项课题，胡文靖，安徽科技学院

271. 社会主义核心价值观与高职学生职业精神耦合培养机制研究，教育部人文社会科学研究专项任务项目（高校思想政治工作）辅导员骨干专项课题，杨军，安徽新闻出版职业技术学院

272. 系统论视域下大学生德育实践研究，教育部人文社会科学研究专项任务项目（高校思想政治工作）辅导员骨干专项课题，邬丽群，黑龙江科技大学

273. 培育和践行大学生社会主义核心价值观的有效途径探析——以高校公益性社团为例，教育部人文社会科学研究专项任务项目（高校思想政治工作）辅导员骨干专项课题，刘洁，聊城大学

274. 当代大学生诚信度评价体系构建研究，教育部人文社会科学研究专项任务项目（高校思想政治工作）辅导员骨干专项课题，郭晓勇，西北农林科技大学

275. 大学生综合素质测评中德育评价的创新性探索，教育部人文社会科学研究专项任务项目（高校思想政治工作）辅导员骨干专项课题，徐璐，浙江传媒学院

276. 高校团日活动的社会主义核心价值观教育功能开发与研究，教育部人文社会科学研究专项任务项目（高校思想政治工作）辅导员骨干专项课题，马强，天津师范大学

277. 经济学帝国主义思潮研究，山东省社科规划一般项目，赵昆，曲阜师范大学

278. 消费主义思潮对北京大学生价值观教育的影响及对策研究，北京市青年英才项目，贾雪丽，北京石油化工学院

279. 回迁补偿过程中家庭道德失范现象的现状分析及对策研究——以北京大兴区为例，北京市教委人文社科研究面上项目，贾雪丽，北京石油化工学院

结项课题

1. 推进当代中国社会公民道德发展研究，国家社科基金重大项目，王燕文，中共江苏省委宣传部

2. 用社会主义核心价值体系引领多样化社会思潮研究，国家社科基金重大项目，侯惠勤，中国社会科学院马克思主义研究院

3. 用社会主义核心价值体系引领多样化社会思潮研究，国家社科基金重大项目，韩震，北京师范大学

4. 中华民族共有精神家园建设研究，国家社科基金重大项目，陈洪、李翔海，南开大学

5. 社会主义核心价值体系引领道德建设研究，国家社科基金重点项目，龙静云、熊富标，华中师范大学

6. 角色伦理——构建和谐社会的伦理基础，国家社科基金年度项目，田秀云，河北师范大学法政学院，优秀

7. 新时期社会公平与利益协调，国家社科基金年度项目，高鸿桢，厦门大学经济学院计统系，优秀

8. 中国新闻伦理思想的演进，国家社科基金年度项目，徐新平，湖南师范大学新闻与传播学院，优秀

9. 发展伦理视阈中绿色经济责任问题研究，国家社科基金年度项目，

王玲玲，江西师范大学政法学院，优秀

10. 为社会主义平等主义辩护——G. A. 科恩的政治哲学追求，国家社科基金年度项目，段忠桥，中国人民大学哲学院，优秀

11. 基于政府绩效评估战略的当代中国政府公信力提升研究，国家社科基金年度项目，杨畅，湖南省社会科学院，优秀

12. 创建“中国价值”——社会主义核心价值体系研究，国家社科基金年度项目，孙伟平，中国社科院哲学所，优秀

13. 个人自由与社会和谐问题研究，国家社科基金年度项目，张曙光，北京师范大学哲学与社会学学院，良好

14. 和谐社会道德体系构建研究，国家社科基金年度项目，王义，中国人民解放军防化指挥工程学院，良好

15. 价值论视阈中的社会主义核心价值体系研究，国家社科基金年度项目，陈新汉，上海大学，良好

16. 教育发展与社会公平研究，国家社科基金年度项目，熊春文，中国农业大学人文与发展学院，良好

17. 20 世纪 70 年代的英美马克思主义伦理学研究，国家社科基金年度项目，张霄，中国人民大学，良好

18. 社会主义核心价值体系融入国民教育和精神文明建设对策研究，国家社科基金年度项目，陈延斌，徐州师范大学伦理学与德育研究中心，良好

19. 阶层分化视域下社会主义核心价值体系认同研究，国家社科基金年度项目，薛金华，中共武汉市委党校，良好

20. 我国人类胚胎干细胞研究中的伦理危机及其法律对策，国家社科基金年度项目，周燕，西南政法大学民商法学院，良好

21. 媒体类网络公司社会责任研究，国家社科基金年度项目，田虹，吉林大学商学院，良好

22. 健全的人格　和谐的生活——当代中国青年的价值困惑与出路，国家社科基金年度项目，陈绪新，合肥工业大学，良好

23. 产权正义论——当代中国产权改革的正义探析，国家社科基金年度项目，邵晓秋，江西师范大学政法学院，良好

24. 美德、权利与德政之治——美德政治学的历史演进与现实型构，国家社科基金年度项目，詹世友，南昌大学人文学院哲学系，良好

25. 中国古代家训与个体品德培育问题研究，国家社科基金年度项目，符得团，西北师范大学，良好

26. 马克思资本伦理批判思想，国家社科基金年度项目，刘琳，徐州师范大学法律政治学院政治教育系，良好

27. 道德建设有效论——我国道德建设有效性研究，国家社科基金年度项目，刘秀芬，山东省委党校，良好

28. 公共生活伦理研究——以中国的社会转型为背景，国家社科基金年度项目，杨清荣，中南财经政法大学哲学院，良好

29. 企业社会责任培育机制研究，国家社科基金年度项目，邓子纲，湖南省社会科学院，良好

30. 中国传统伦理思想——社会主义核心价值体系构建的文化底蕴，国家社科基金年度项目，姚小玲，北京航空航天大学，良好

31. 财富共享与人民幸福，国家社科基金年度项目，陈进华，苏州大学政治与公共管理学院，良好

32. 中国传统文化之精神，国家社科基金年度项目，陆卫明，西安交通大学，良好

33. 当代西方美德伦理学研究，国家社科基金年度项目，陈真，南京师范大学哲学系，良好

34. 江浙商人与民国慈善事业研究，国家社科基金年度项目，陶水木，杭州师范大学人文学院，良好

35. 旅游伦理诸问题，国家社科基金年度项目，夏赞才，湖南师范大学旅游学院，良好

36. 工程伦理与和谐社会，国家社科基金年度项目，梁军，中共陕西省委党校，良好

37. 当代伦理学视阈中的“是—应当”问题研究，国家社科基金年度项目，刘隽，首都经济贸易大学人文学院，良好

38. 公共领域中的隐私伦理研究，国家社科基金年度项目，吕耀怀，苏州科技学院，良好

39. 中国近代公民教育思想研究，国家社科基金年度项目，刘保刚，郑州大学，良好

40. 西方多民族国家的公民意识教育与族群认同研究——以美国为例，国家社科基金年度项目，王兆璟，西北师范大学学报编辑部，良好

41. 价值道义论的基础：在理由与行动之间，国家社科基金年度项目，颜青山，华东师范大学哲学系，合格

42. 社会主义荣辱观形成的个体心理过程研究，国家社科基金年度项目，李鹏飞，云南财经大学，合格

43. 伪善的道德形而上学形态，国家社科基金年度项目，王强，中共上海市委党校，合格

44. 民营企业社会责任履行的路径创新与制度博弈研究，国家社科基金年度项目，冯巧根，南京大学商学院，合格

45. 民间信仰与地域社会转型：太平天国历史根源的社会史考察，国家社科基金年度项目，唐晓涛，玉林师范学院，合格

46. 民间伦理共同体研究，国家社科基金年度项目，余文武，贵阳学院，合格

47. 宋代新儒学对士人和社会的道德、精神生活之影响，国家社科基金年度项目，文碧芳，武汉大学哲学学院，合格

48. 初次分配与再分配中的效率与公平问题研究，国家社科基金年度项目，王亚柯，对外经济贸易大学保险学院，合格

49. 企业社会责任与公司道德风险综合治理典型案例库研究，国家社科基金年度项目，孙伟，哈尔滨理工大学，合格

50. 当前中国公务员道德状况的实证，国家社科基金年度项目，鄯爱红，北京市委党校，合格

51. 生活秩序与道德生活的构建，国家社科基金年度项目，鲁芳，长沙理工大学，合格

52. 民族地区中国共产党的执政道德建设与社会整合能力研究，国家社科基金年度项目，朱前星，玉林师范学院，合格

53. 传媒商业化问题研究——从伦理学路径解析，国家社科基金年度项目，王卉，四川省社会科学院，合格

54. “多元一体”格局下西北少数民族地区社会主义核心价值体系建设，国家社科基金年度项目，周银霞，中共甘肃省委党校工商管理教研部，合格

55. 休谟“是”与“应当”问题研究，国家社科基金年度项目，张传有，武汉大学哲学学院，合格

56. 现代视域下公共道德及其基础的研究，国家社科基金年度项目，

廖加林，湖南科技大学，合格

57. 公务员薪酬对其廉洁行为影响机制研究，国家社科基金年度项目，李景平，西安交通大学人文学院，合格

58. 公司社会责任法律问题研究——以上市公司控制股东为分析进路，国家社科基金年度项目，张虹，四川省社会科学院法学研究所，合格

59. 新疆地区文化安全与社会主义核心价值体系建设研究，国家社科基金年度项目，贾友军，新疆农业大学，合格

60. 改造自然界的道德合理性研究，国家社科基金年度项目，曹孟勤，南京师范大学公共管理学院，合格

61. 人类安全观的演变及其伦理建构，国家社科基金年度项目，林国治，中国计量学院，合格

62. 儒家文化与传统民间信仰互动关系研究，国家社科基金年度项目，龙佳解，湖南大学岳麓书院，合格

63. 马克思的公平正义思想与社会主义核心价值观研究，国家社科基金年度项目，何建华，中共浙江省委党校，合格

64. 民族地区族群认同与社会治理——以川、滇、黔地区十个民族自治地方为研究对象，国家社科基金年度项目，付春，上海财经大学，免于鉴定

65. 由物及心提高农民幸福感觉——以广东经验为例，国家社科基金年度项目，谭同学，中山大学社会学与人类学学院，免于鉴定

66. 慈善组织公信力的评价体系与评价模型，国家社科基金年度项目，石国亮，首都师范大学政法学院，免于鉴定

67. 社会主义核心价值观调查及理论提升研究——以首都市民价值观状况调查为例，国家社科基金年度项目，杨奎，北京市社会科学院科学社会主义研究所，免于鉴定

68. 古典经济学派经济伦理思想研究，国家社科基金后期资助项目，吴瑾菁，江西师范大学

69. 当代中国环境公正论，国家社科基金后期资助项目，曾建平，井冈山大学

70. 颜李学派伦理思想研究，国家社科基金后期资助项目，吴雅思，中南财经政法大学

71. 发展的逻辑——走向人才大国之路的伦理思维，国家社科基金后

期资助项目，杨柳新，北京大学

72. 中国传统“和”文化研究，国家社科基金后期资助项目，杨文霞，人民出版社

73. 王船山礼宜乐和的和谐社会理想——以礼之调适为中心，国家社科基金后期资助项目，陈力祥，中南大学

74. 和谐社会视阈下的榜样与偶像研究，国家社科基金后期资助项目，彭怀祖，南通大学

75. 论卢梭实现的德性教育模式转换及其对我国思想政治教育的意义，教育部人文社会科学研究青年基金项目，赵义良，北京航空航天大学

76. 从道德认识到道德践履——当代大学生道德能力培养机制与路径，教育部人文社会科学研究青年基金项目，吕卫华，阜阳师范学院

77. 博弈论与伦理学，教育部人文社会科学研究青年基金项目，陆劲松，贵州大学

78. 教育政策过程中的伦理风险及其规避机制研究，教育部人文社会科学研究青年基金项目，罗红艳，河南师范大学

79. 商会治理与企业社会责任：传导机制和效应研究，教育部人文社会科学研究青年基金项目，冯巨章，华南师范大学

80. 基于声誉资本的企业社会责任价值创造机理与实证研究，教育部人文社会科学研究青年基金项目，毕楠，吉林财经大学

81. 基于公平理论下的新生代农民工城市融入机制研究，教育部人文社会科学研究青年基金项目，邹勇文，江西财经大学

82. 民族地区社会主义核心价值体系建设需要深化的若干理论与实践问题研究，教育部人文社会科学研究青年基金项目，董军明，内蒙古师范大学

83. 科学共同体的伦理基础研究，教育部人文社会科学研究青年基金项目，薛桂波，南京林业大学

84. 供应链金融创新、信贷分配及道德风险防范机制研究，教育部人文社会科学研究青年基金项目，李善良，苏州大学

85. 明清西北士绅与个体品德培育问题研究，教育部人文社会科学研究青年基金项目，陈新专，西北师范大学

86. 风险社会视阈下的网络传播——技术、利益与伦理，教育部人文社会科学研究青年基金项目，张燕，中国传媒大学

87. 低碳经济背景下创业企业的社会责任及其动力机制研究——基于现代服务业的数据，教育部人文社会科学研究青年基金项目，田茂利，杭州电子科技大学

88. 道德客观性及其限度——后形而上学时代的良善生活问题研究，教育部人文社会科学研究青年基金项目，王艳秀，黑龙江大学

89. 当代美国后“9·11”小说叙事伦理研究，教育部人文社会科学研究青年基金项目，朴玉，吉林大学

90. 专利法的伦理分析，教育部人文社会科学研究青年基金项目，胡波，暨南大学

91. 心理接近、伦理距离与供应商伦理管理：基于有限道德的伦理判断偏差的中介效应，教育部人文社会科学研究青年基金项目，陈银飞，江苏大学

92. 诚信的自然法基础与原理——以诚信义务为重点，教育部人文社会科学研究青年基金项目，陈永强，中国计量学院

93. 构建和谐社会背景下的企业社会责任研究，教育部人文社会科学研究青年基金项目，郑佳宁，中国政法大学

94. 高校生活德育模式研究，教育部人文社会科学研究青年基金项目，曾晓强，重庆工商大学

95. 和谐社会的公民伦理研究，教育部人文社会科学研究青年基金项目，周国文，北京林业大学

96. 经济伦理学研究的实验方法探索，教育部人文社会科学研究青年基金项目，沈昊驹，华中科技大学

97. 犹太伦理与叙事艺术：索尔·贝娄小说研究，教育部人文社会科学研究青年基金项目，刘兮颖，华中师范大学

98. 翻译伦理学研究，教育部人文社会科学研究青年基金项目，陈志杰，南京信息工程大学

99. 中国消费者伦理行为的测度及其影响因素研究，教育部人文社会科学研究青年基金项目，郑冉冉，浙江师范大学

100. 嵌入社会责任的公司治理研究，教育部人文社会科学研究青年基金项目，高汉祥，常熟理工学院

101. 他者的境域——列维纳斯伦理形而上学研究，教育部人文社会科学研究青年基金项目，黄瑜，广东财经大学

102. 意义体认视域下教师职前道德养成教育研究，教育部人文社会科学研究青年基金项目，韩玉，沈阳师范大学

103. 乡村社会“参与式”道德建设研究：基于婺源乡村的人类学调查，教育部人文社会科学研究青年基金项目，童建军，中山大学

104. 用社会主义核心价值体系引领资本运行研究，教育部人文社会科学研究规划基金项目，曹大文，安徽工业大学

105. 老龄化社会中老年生命质量的关怀伦理研究，教育部人文社会科学研究规划基金项目，周琛，东南大学

106. 密尔对功利原则的道德哲学辩护，教育部人文社会科学研究规划基金项目，刘琼豪，广西师范大学

107. 自力与他力——宗教伦理视阈下的基督教伦理与儒家伦理，教育部人文社会科学研究规划基金项目，田薇，清华大学

108. 身体：理解技术与伦理的独特视域，教育部人文社会科学研究规划基金项目，周丽昀，上海大学

109. 中、英现实主义小说叙事伦理比较研究，教育部人文社会科学研究规划基金项目，程丽蓉，西华师范大学

110. 学术道德与学风建设推进中高校学术不端行为的问题研究，教育部人文社会科学研究规划基金项目，胡林龙，宜春学院

111. 产业安全视角下群体性企业社会责任缺失的治理机制研究——以食品行业为例的实证，教育部人文社会科学研究规划基金项目，易开刚，浙江工商大学

112. 社会学视角下的“幸福感”模型初探，教育部人文社会科学研究规划基金项目，蔡禾，中山大学

113. 基于公平正义视角的国有企业高管薪酬制度研究，教育部人文社会科学研究规划基金项目，刘银国，安徽财经大学

114. 契约伦理的形上基础与现实建构，教育部人文社会科学研究规划基金项目，赵一强，河北经贸大学

115. 基督教与中国近现代平等观念的型塑，教育部人文社会科学研究规划基金项目，张晓林，华东师范大学

116. 法官职业伦理的法治功能研究，教育部人文社会科学研究规划基金项目，王淑荣，吉林大学

117. 农村社区伦理共同体之建构，教育部人文社会科学研究规划基

金项目，王维先，曲阜师范大学

118. 青少年道德推脱的发展特点及影响后果研究，教育部人文社会科学研究规划基金项目，杨继平，山西大学

119. 高校思想政治教育创新——大学诚信理论与实践的制度分析，教育部人文社会科学研究规划基金项目，党志峰，山西大学

120. 道德能力的维度研究，教育部人文社会科学研究规划基金项目，黄显中，湘潭大学

121. 基础教育领域公私合作伙伴关系的建立与教育公平研究，教育部人文社会科学研究规划基金项目，原青林

122. 当代未成年人道德观发展的实证研究（2006—2009 年），教育部人文社会科学研究规划基金项目，叶松庆，安徽师范大学

123. 中西文化比较视野中的老龄伦理，教育部人文社会科学研究规划基金项目，刘喜珍，北方工业大学

124. 基于演化博弈论的企业社会责任生成机制研究——以珠江三角洲为样本，教育部人文社会科学研究规划基金项目，王明亮，广东工业大学

125. 消费主导型经济增长与消费伦理的嵌融理论及对策研究，教育部人文社会科学研究规划基金项目，孙世强，河南大学

126. 魏晋时期的道德问题研究，教育部人文社会科学研究规划基金项目，马良怀，华中师范大学

127. “三本”取向的德育理念与实践研究，教育部人文社会科学研究规划基金项目，孙峰，陕西师范大学

128. 艺术设计伦理学体系建构及教育应用研究，教育部人文社会科学研究规划基金项目，李炳训，天津美术学院

129. 思想政治教育视野下生态文明观的伦理型塑研究，教育部人文社会科学研究规划基金项目，宋锡辉，云南师范大学

130. 社会主义核心价值体系建设与国家文化安全研究，教育部人文社会科学研究规划基金项目，曲士英，浙江金融职业学院

131. 中国私营企业诚信制度与企业成长，教育部人文社会科学研究规划基金项目，齐平，吉林大学

132. 管理导向的民营企业社会责任研究，教育部人文社会科学研究规划基金项目，陈丽新，重庆工商大学